中国石油天然气集团有限公司统建培训资源

高技能人才综合能力提升系列教材

采气工技师培训教材

中国石油天然气集团有限公司人力资源部 编

石油工业出版社

内 容 提 要

本书从五个模块系统介绍了采气工技师需要掌握的相关知识，内容包括：专业知识、数字化气田、设备管理与维护、故障分析与处理、采气HSE管理。

本书在理论和方法研究的基础上，紧密结合采气工作和现场实践，具有很强的实用性和操作性，可作为采气专业的技师、高级技师以及管理人员等相关专业人员优选的参考书、工具书和培训教材。

图书在版编目（CIP）数据

采气工技师培训教材 / 中国石油天然气集团有限公司人力资源部编. —北京：石油工业出版社，2024.6

中国石油天然气集团有限公司统建培训资源

ISBN 978-7-5183-6339-1

Ⅰ.①采… Ⅱ.①中… Ⅲ.①采气 - 技术培训 - 教材 Ⅳ.① TE37

中国国家版本馆 CIP 数据核字（2023）第 172694 号

出版发行：石油工业出版社

（北京市朝阳区安华里2区1号　100011）

网　　址：www.petropub.com

编辑部：（010）64256770

图书营销中心：（010）64523633

经　　销：全国新华书店

印　　刷：北京晨旭印刷厂

2024年6月第1版　2024年6月第1次印刷

787×1092毫米　开本：1/16　印张：32

字数：778千字

定价：110.00元

（如出现印装质量问题，我社图书营销中心负责调换）

版权所有，翻印必究

《采气工技师培训教材》编审组

主　　编： 王川洪

副 主 编： 赵　伟　张晓冬　万　戈　刘志成　刘德华

编写人员：（按姓氏笔画排名）

于　静　甘代福　付钟臻　代志军　冯丞科
朱英杰　任玉清　华婉舒　刘　洋　刘　萍
刘　辉　李　庆　李　青　杨　冰　杨永维
吴　娇　余　恒　沈　丹　沈大均　张凤琼
张宇昊　陈　佳　陈　依　陈　黎　陈艺才
陈富红　罗嘉慧　郑　静　胡太江　胡志国
钟均灵　钟朝富　徐　扬　徐学进　郭艳波
唐　钧　蒋　伟　蒋俏仪　韩　静　程　锋
谢利平　蒲　伟　蒲　磊　雍　芮　谭　建
熊　伟　吴骥阳阳

审核人员：（按姓氏笔画排名）

王春禄　车常飞　向凤武　江　明　肖涵予
邱　俊　宋　伟　张黎超　屈　彦　侯飞燕
徐红鹰　徐崇琼　诸宗秀　龚　伟　龚　敏
梁　兵　童雪菲　谭　红　谭攀峰

前言

采气工是天然气勘探开发过程中的重要工种。随着企业产业升级、装备技术更新改造步伐不断加快，对从业人员队伍素质提出了更高要求。培养成就一大批高超技艺和综合素质好的采气专业高技能人才，是增强企业核心竞争力和自主创新能力的需要，也是有力支撑集团公司建设世界一流综合性国际能源公司战略需要。为满足职工培训、学习需要，中国石油天然气集团有限公司人力资源部统筹安排本教材编写，由西南油气田承揽编写任务。充分结合天然气开采发展现状和其他油气田的需求，以专业能力硬实力提升为核心，系统介绍了采气工技师、高级技师培训需要掌握的相关知识。

本教材内容包括专业知识、数字气田、设备管理与维护、故障分析与处置、采气HSE管理五个模块。由王川洪任主编、赵伟、张晓冬、万戈、刘志成、刘德华任副主编，统筹编写组成员共同编写。

在教材编写过程中，得到新疆油田采气一厂、西南油气田分公司重庆气矿、西南油气田分公司相国寺储气库管理处等单位专家的大力支持和帮助，在此一并表示感谢。

由于编者水平有限，书中难免存在错误、疏漏之处，请广大读者提出宝贵意见。

编者
2024年6月

说 明

本教材可作为天然气开采行业采气工高技能人才培训专用教材。本教材在理论和方法研究的基础上，紧密结合采气工作和现场实践，注重教材的实用性，是从事采气专业的技师、高级技师以及管理人员等相关专业人员优选的参考书、工具书和培训教材。根据培训对象应掌握和了解的内容在本教材中的章节分布，培训对象可划分为：

（1）专业技术人员：自控维护人员、网络安全运行管理人员、设备完整性管理人员。

（2）现场操作人员：主要是指采气场站操作员工。

（3）现场服务人员：主要是指采气场站的技术人员和设备维修、服务人员。

（4）相关技术人员：天然气计量检定人员、现场安全管理人员。

针对不同岗位人员的培训要求及具体教学内容，可参照中国石油天然气集团公司采气工培训教学大纲，在本教材中，上述培训对象应掌握和了解章节如下：

（1）专业技术人员要求掌握模块一、模块二、模块四第四章、第五章；了解模块三、模块五相关内容。

（2）现场操作人员要求掌握模块一、模块三、模块四、模块五，了解模块二相关内容。

（3）现场服务人员要求掌握模块四、模块五相关内容，了解模块一、模块二、模块三相关内容。

（4）相关技术人员要求掌握模块二、模块四模块五相关内容，了解模块一、模块三相关内容。

目 录

模块一 专业知识

第一章 气藏开发基础 ... 3
第一节 气藏地质 ... 3
第二节 气藏工程 ... 15

第二章 高酸性气藏开采 ... 31
第一节 高酸性气藏概述 ... 31
第二节 高酸性气藏完井技术 ... 37
第三节 高酸性气藏采气技术 ... 42

第三章 凝析气藏开采 ... 48
第一节 凝析气藏概述 ... 48
第二节 凝析气藏完井技术 ... 50
第三节 凝析气藏采气技术 ... 53

第四章 非常规天然气藏开采 ... 59
第一节 非常规天然气藏概述 ... 59
第二节 页岩气藏开采技术 ... 66
第三节 致密气藏开采技术 ... 73

第五章 提高采收率措施 ... 78
第一节 气井维护 ... 78
第二节 排水采气 ... 84
第三节 增压开采工艺 ... 87

第六章 天然气处理技术 ... 94
第一节 天然气脱水工艺 ... 94
第二节 凝液回收 ... 99
第三节 气田水处理 ... 111

第七章 生产系统完整性管理 ... 123
第一节 气井完整性管理 ... 123
第二节 站场完整性管理 ... 131
第三节 管道完整性管理 ... 142

第八章　绿色低碳	180
第一节　节能瘦身	180
第二节　清洁替代	191
第三节　战略接替	194

模块二　数字气田

第一章　数据采集	203
第一节　静态数据采集	203
第二节　时序数据采集	207
第三节　数据传输	218
第二章　数据管理	224
第一节　数据编码	224
第二节　数据存储	227
第三节　数据调用	229
第三章　数据应用	233
第一节　概述	233
第二节　数字孪生体	236
第三节　智能化技术	239
第四章　网络安全	244
第一节　网络安全	244
第二节　工控系统安全	248
第三节　网络安全防护	255

模块三　设备管理与维护

第一章　设备管理与维护基础知识	263
第一节　概述	263
第二节　事后维护	265
第三节　预防性维护	266
第四节　以可靠性为中心的维护	269
第二章　静设备	273
第一节　井口装置	273
第二节　站场装置	279

第三章　动设备 ... 300
第一节　机泵类设备 ... 300
第二节　压缩机类设备 ... 309

第四章　特种设备 ... 320
第一节　特种设备的概念 ... 320
第二节　特种设备法律法规 ... 321
第三节　常用特种设备安全管理 ... 324

模块四　故障分析与处置

第一章　采气井井下生产故障分析与处置 ... 341
第一节　用生产数据分析井下故障及处理 ... 341
第二节　用试井资料分析井下故障及处理 ... 359

第二章　井口装置及地面管线故障分析与处置 ... 366
第一节　井口装置故障及处置 ... 366
第二节　地面管线故障及处置 ... 369

第三章　站场设备故障分析与处置 ... 372
第一节　换热类设备 ... 372
第二节　分离类设备 ... 376
第三节　塔类设备 ... 378
第四节　炉类设备 ... 383
第五节　机泵类设备 ... 386
第六节　压缩机类设备 ... 389
第七节　阀门类设备 ... 393

第四章　计量设备故障分析与处置 ... 399
第一节　流量计量设备 ... 399
第二节　压力测量设备 ... 404
第三节　温度测量设备 ... 405
第四节　液位测量设备 ... 407
第五节　气体检测设备 ... 409

第五章　自动化设备故障分析与处置 ... 412
第一节　远程终端控制单元（RTU） ... 412
第二节　可编程逻辑控制器（PLC） ... 414

第三节 SCADA 系统 ... 417
第四节 分布式控制系统（DCS）... 419
第五节 浪涌保护器 ... 421
第六节 信号隔离器 ... 422

模块五　采气 HSE 管理

第一章　风险辨识与控制技术 ... 425
第一节　风险识别相关理论 ... 425
第二节　风险评估 ... 430
第三节　工艺安全管理 ... 433

第二章　采气风险辨识与控制 ... 439
第一节　介质风险辨识与控制 ... 439
第二节　运行维护风险辨识与控制 ... 444
第三节　施工作业风险辨识与控制 ... 447

第三章　隐患管理 ... 469
第一节　隐患管理基本要求 ... 469
第二节　隐患排查 ... 472
第三节　隐患治理 ... 474

第四章　应急管理 ... 476
第一节　应急预防 ... 476
第二节　应急准备 ... 480
第三节　应急响应 ... 494
第四节　恢复与重建 ... 495

参考文献 ... 497

模块一
专业知识

第一章　气藏开发基础

第一节　气藏地质

一、岩石、地层和地质构造

岩石是指由各种矿物组成的复杂结合体，是地层的基本单元。根据其成因可将组成地壳的岩石分为三大类：岩浆岩、沉积岩、变质岩。

地层是某一地质历史时期沉积保存下来的一套岩层（岩层是指各种成层的岩石）。根据沉积规律和实践证明，在正常情况下，老地层（先沉积）在下，新地层（后沉积）在上。

地质构造是指在地球的内应力、外应力作用下，岩层或岩体发生变形或位移而遗留下来的形态。在层状的沉积岩岩石分布地区最为显著，地壳运动使已形成的岩层发生变形或断裂，形成褶皱、断层，或者使地壳某一部分产生上升或下降，造成沉积物的间断和缺失。

若地层遭受剧烈的构造运动，改变了原有正常位置，就可能形成各种类型的地层接触关系。研究清楚地层，才能找出生气层至储气层，指导天然气勘探。

二、储层物理特性及分类

石油和天然气储集在地下岩石的孔隙、裂缝之中。把具有一定的储集空间（包括孔隙、缝洞）和渗透性，能够聚集油、气、水的地层称为储层。其中，储集油的地层叫油层，储集气的地层叫气层。

（一）储层的物理特性

储层的物理特性主要是指其孔隙度、渗透率、饱和度等，它们不仅是储层研究的基本对象，而且是储层评价和预测的核心内容，同时也是进行定量储层表征的最基本参数。

1. 孔隙度

孔隙度是指岩石中孔隙体积占岩石总体积的百分数，它是控制油气储量及储能的重要物理参数。通常依据孔隙的大小、连通状况以及对流体的有效性，将孔隙度分为绝对孔隙度、有效孔隙度以及流动孔隙度。

1）绝对孔隙度

岩样中所有孔隙空间体积之和与该岩样总体积的比值被称为绝对孔隙度或总孔隙度，可用式（1-1-1）表示：

$$\phi_t = \frac{\sum V_p}{V_r} \times 100\% \tag{1-1-1}$$

式中　ΣV_p——所有孔隙空间体积之和，cm^3；

　　　V_r——岩样总体积，cm^3；

　　　ϕ_t——绝对孔隙度，%。

2）有效孔隙度

有效孔隙度是指互相连通且在一定压差下（大于常压）允许流体在其中流动的孔隙总体积（即有效孔隙体积）与岩石总体积的比值，可用式（1-1-2）表示：

$$\phi_e = \frac{\sum V_e}{V_r} \times 100\% \tag{1-1-2}$$

式中　ΣV_e——有效孔隙体积，cm^3；

　　　V_r——岩样总体积，cm^3；

　　　ϕ_t——有效孔隙度，%。

3）流动孔隙度

流动孔隙度是指在一定的压差下，流体可以在其中流动的孔隙总体积与岩石总体积的比值，可用式（1-1-3）表示：

$$\phi_f = \frac{\sum V_f}{V_r} \times 100\% \tag{1-1-3}$$

式中　ΣV_f——可以流动的孔隙总体积，cm^3；

　　　V_r——岩样总体积，cm^3；

　　　ϕ_f——流动孔隙度，%。

一般情况下，同一岩样的绝对孔隙度＞有效孔隙度＞流动孔隙度，储层的有效孔隙度一般在5%～30%之间，最常见的为10%～25%。

通常文献中所提到的孔隙度一般是指绝对孔隙度，根据储层绝对孔隙度或有效孔隙度的大小，可以粗略地评价储层的性能。

2. 渗透率

在一定的压差下，岩石本身允许流体通过的能力称为储层的渗透性。渗透性常用渗透率来表示，它具有明显的方向性，通常可分为水平渗透率（K_h）和垂直渗透率（K_v）。

1）绝对渗透率

如果岩石孔隙中只有一种流体存在，而且这种流体不与岩石起任何物理反应、化学反应，在这种条件下所测得的渗透率为岩石的绝对渗透率。在实际工作中，常用气体来测定绝对渗透率，计算公式为：

$$K = \frac{\overline{Q} \mu_s L}{(p_1 - p_2) F t} \tag{1-1-4}$$

式中　K——岩样的绝对渗透率，D；

$\overline{Q}$——t 秒内通过岩样中的平均气体体积流量，cm³；
p_1——岩样前端压力，atm；
p_2——岩样后端压力，atm；
F——岩样的截面积，cm²；
L——岩样的长度，cm；
μ_s——气体的黏度，mPa·s；
t——液体通过岩样的时间，s。

注：渗透率的单位在标准化计量中为平方微米，即 μm²，通常简写为 D（达西），1μm²=1.013D；1×10⁻³μm²=1.013mD。

2）有效渗透率

当有两种以上流体存在于岩石中时，对其中一种流体所测得的渗透率称为有效渗透率，也称相渗透率，通常用 K_o、K_g、K_w 来分别表示油、气、水的有效渗透率。

3）相对渗透率

各流体在岩石中的有效渗透率与该岩石的绝对渗透率之比称为相对渗透率，分别用符号 K_{ro}、K_{rg}、K_{rw} 来表示油、气、水的相对渗透率。

大量实践和室内实验证明，有效渗透率和相对渗透率不仅与岩石性质有关，而且与流体的性质及其饱和度有关。随着该相饱和度的增加，其有效渗透率随之增加，直到岩石全部被该单相流体所饱和，这时，其有效渗透率等于绝对渗透率。

3. 饱和度

通常在油气储层中的孔隙为油、气、水三相所饱和，压力高于饱和压力的油藏则为油、水两相所饱和。所饱和的油、气、水含量分别占总孔隙体积的百分数称为油、气、水的饱和度。

倘若储层中含油、气、水三相，则：

$$S_o = \frac{V_o}{V_P} = \frac{V_o}{\phi V_f} \quad (1\text{-}1\text{-}5)$$

$$S_g = \frac{V_g}{V_P} = \frac{V_g}{\phi V_f} \quad (1\text{-}1\text{-}6)$$

$$S_w = \frac{V_w}{V_P} = \frac{V_w}{\phi V_f} \quad (1\text{-}1\text{-}7)$$

$$S_o + S_g + S_w = 1 \quad (1\text{-}1\text{-}8)$$

式中 V_o——油在孔隙中体积，cm³；
V_g——气在孔隙中体积，cm³；
V_w——水在孔隙中体积，cm³；
V_P——孔隙体积，cm³；
V_f——岩石体积，cm³；
ϕ——岩石孔隙度，%。

在勘探阶段测得的流体饱和度称为原始流体饱和度，它包括原始含油饱和度、原始含水饱和度和原始含气饱和度。

现今已发现的油气藏绝大部分储层属于沉积岩，它们最初完全被水所饱和。油、气是后期才从侧面或底部向储层中运移并聚集，并逐步排驱原来饱和在孔隙中的水。对于一个含油气系统，油气在运移及聚集的过程中，是由流体之间的密度差所产生的"浮力"来驱使水从毛管孔隙中排出。

按勘探开发阶段，可以将饱和度分为原始含油饱和度、原始含气饱和度、原始含水饱和度、残余油饱和度、残余气饱和度、残余水饱和度和束缚水饱和度。储层流体饱和度是油气田开发的必要参数：（1）确定原始含油饱和度，才能准确地进行储量计算；（2）中期、晚期的含油饱和度可以帮助人们了解油田开发动态，做到动态检测、计算剩余储量和掌握剩余油的分布情况等；（3）流体饱和度自始至终是油田研究的重要参数，是一个难以算准的变量。

（二）储层分类

储层评价的内容分为储层分类、储层特征、储层控制因素、储层分布预测、储层综合评价，这里重点介绍储层分类。

根据 SY/T 6285—2011《油气储层评价方法》中储层按物理性质分类方法，碳酸盐岩储层可以划分为四类储层，见表1-1-1。

表1-1-1 碳酸盐岩储层级别划分

储层分类依据					储层分类	储层综合评价
孔隙度 %	渗透率 D	中值喉道宽度 μm	排驱压力 MPa	分选系数		
≥12	≥10	≥2	<0.1	≥2.5	I类	好
12～6	10～0.1	2～0.5	1～0.1	2.5～2	II类	较好
6～2	0.1～0.001	0.5～0.05	5～1	2～1	III类	中等
<	<0.001	<0.05	≥5	<1	IV类	差

砂岩储层可以划分为六类储层，见表1-1-2。

表1-1-2 砂岩储层级别划分

储层分类依据				储层分类	储层综合评价
孔隙度 %	渗透率 D	中值喉道宽度 μm	渗透性能		
>25	>0.1	>3	高渗	I类	很好
25～20	0.01～0.01	3～1	中渗	II类	好
20～15	0.01～0.001	1～0.5	低渗	III类	较好
15～8	0.001～0.0002	0.5～0.2	近致密	IV类	较差
8～3	0.0002～0.000005	0.2～0.03	致密	V类	差
<3	<0.000005	<0.03	超致密	VI类	非储层

三、储层流体性质

储层储集空间中参与渗流的液体或气体称之为储层流体,包括石油、天然气、地层水等。

（一）天然气性质

1. 天然气的组成

天然气的成分因地而异,大部分是甲烷,其次是乙烷、丙烷、丁烷等,此外还含有少量其他气体,如氮气、硫化氢、一氧化碳、二氧化碳、水气、氧、氢和微量惰性气体氦、氩等。

2. 天然气的主要物理化学性质

1）分子量

分子量计算常用的方法是当已知天然气中各组分 i 的摩尔组成 y_i 和分子量 M_i 后,天然气的分子量可由下式求得:

$$M = \sum_{i=1}^{n}(y_i M_i) \quad (1\text{-}1\text{-}9)$$

式中　M——天然气分子量;
　　　y_i——天然气各组分的摩尔组成;
　　　M_i——组分 i 的分子量。

2）密度

天然气密度可由下式求得:

$$\rho_g = \frac{m}{V} = \frac{pM}{RT} \quad (1\text{-}1\text{-}10)$$

式中　ρ_g——天然气的密度,kg/m^3;
　　　m——单位体积的天然气质量,kg;
　　　V——标准状态下天然气的体积,m^3;
　　　p——标准状态下天然气的压力,MPa;
　　　T——标准状态天然气的温度,K;
　　　R——气体常数,0.008314MPa·m^3/(kmol·K)。

气体的密度与压力、温度有关,在低温高压下与压缩因子 Z 有关。

3）黏度

天然气的黏度是指气体的内摩擦力。黏度就是气体流动的难易程度。黏度使天然气在地层、井筒和地面管道中流动时产生阻力,压力降低。

4）临界温度和临界压力

每种气体要变成液体,都有一个特定的温度,高于该温度时,无论加多大压力,气体也不能变成液体,该温度称为临界温度。相应于临界温度的压力,称为临界压力。

5）气体状态方程式

在天然气有关计算中,总要涉及压力、温度、体积,可用气体状态方程式表示压力、温度、体积之间的关系：

$$pV=ZnRT \tag{1-1-11}$$

式中　Z——气体的压缩因子；
　　　n——气体的物质的量，mol。

6）含水量

描述天然气中含水量的多少，统一用绝对湿度和相对湿度表示，即每 $1m^3$ 的湿天然气所含水蒸气的总质量称为绝对湿度。

7）体积系数与膨胀系数

以地面标准状态下 20℃，压力为 1 个标准大气压，天然气体积 V_g 为基准作为标准量（分母），以它在地下（某一 p、T 条件下）的体积 V 为比较量来定义天然气的体积系数，天然气的地下体积系数 B_g 可定义为：

$$B_g = \frac{V}{V_g} \tag{1-1-12}$$

天然气的膨胀系数为天然气的体积系数的倒数，用 E_g 表示。

$$E_g = \frac{1}{B_g} \tag{1-1-13}$$

8）压缩因子

天然气偏差系数又称为压缩系数（因子），是指在相同温度、压力下，真实气体所占体积与相同量理想气体所占体积的比值。

（二）地层水

地层水是和天然气或石油埋藏在一起，具有特殊化学成分的地下水，也称为油气田水。

1. 地层水的物理性质

地层水通常是带色的（视水的成分而定），但颜色一般较暗，呈灰白色；透明度不好，混浊不清（特别是刚从气井中出来的水）；由于溶解的盐类多，矿化度高，一般在 10g/L；黏度高，一般溶解盐分越多，黏度也越高；相对密度一般大于纯水（地面水）；具有特殊气味，如硫化氢味、汽油味等，一般具有咸味；具有一定的温度，并随含水层埋藏深度增加而增加；导电性强。

2. 地层水的化学性质

地层水的化学成分非常复杂，所含的离子、元素种类甚多，其中最常见的阳离子有：Na^+（钠离子）、K^+（钾离子）、Ca^{2+}（钙离子）、Mg^{2+}（镁离子）、H^+（氢离子）、Fe^{2+}（亚铁离子）。常见的阴离子有：Cl^-（氯根）、SO_4^{2-}（硫酸根）、CO_3^{2-}（碳酸根）、HCO_3^-（碳酸氢根）。

地层水中以 Cl^- 和 Na^+ 最多，故气田水中以 NaCl（氯化钠）含量最为丰富。非地层水虽然也含有地层水的大部分离子，但其含量相差悬殊。根据气田水含有的特殊化学组分来与非气田水进行区别。

3. 地层水的特征

（1）含有机物质。气田水中含有环烷酸、酚以及氮的有机化合物等有机质。虽然水中含量甚微，但水中的环烷酸和酚与油气中的环烷酸和酚有关。在一定的条件下水中的有机物质是含油气的直接标志。

（2）含烃类气体。煤类气体（甲烷、乙烷、丙烷、丁烷等）为油田水、气田水特有的气体成分。这些气体是从石油和天然气中直接进入地下水中的结果，尤其是重烃气体，若在水中发现，则是含油的直接标志。非油田水、气田水则几乎不含乙烷以上的重烃类气体。

（3）含微量元素。微量元素碘（I）、溴（Br）、硼（B）、锶（Sr）、钡（Be）、锂（Li）等在油田水、气田水中富集，且其含量往往随水的矿化度增加而增加，一般埋藏越深，封闭性越好，也越富集，可作为油藏、气藏保存的有利地质环境的间接标志。同时因为碘元素主要是有机生成，故碘可作为含油性的良好标志。

（4）含硫化氢（H_2S）及氦（He）、氩（Ar）等气体。硫化氢易溶解于水，因此油田水、气田水中常含有硫化氢，其含量不定。硫化氢是还原环境下的产物。除硫化氢外，油田水、气田水中有时还含有氦、氩等稀有气体，含量甚少，通常不超过水中总溶解气体的1%，可作为封闭环境的标志。

（5）地层水矿化度高。为了表示地层水中所含盐类的多少，把水中各种离子、分子和各种化合物的总含量称为水的矿化度。在实际工作中，常以测定氯化物或氯根（Cl^-）的含量即含盐量代表水的矿化度。单位用 mg/L 表示。地层水的氯根（Cl^-）含量一般较高，可高达数万 mg/L。

4. 地层水分类

地层水包括边水、底水、层间（夹层）水。

根据以上特征，特别是含有有机物质、烃类气体，就可以区别气田水与非气田水。

5. 非地层水

气田在开采中，从气井内产出的水，除气层水外，还有非气层水。非气层水主要有以下几类：

（1）凝析水：在生产过程中由于温度降低，天然气中的水汽组分凝析成的液态水。氯根含量低（一般低于 1000mg/L），同时杂质少。

（2）钻井液：钻井过程中钻井液渗入井筒附近岩石缝隙中，天然气开采时随气被带出地面来的水。此水呈浑浊、黏稠状，氯根含量不高，固体杂质多。

（3）残酸水：气井经酸化措施后，未喷净的残酸水滞留在井底周围岩石缝隙中，气井生产时被天然气带至地面的水。此水有酸味，pH 值小于 7，氯根含量不高。

（4）外来水：气层以外来到井筒的水，包括上层水和下层水。因其来源不同，水型等均不一致。水的特征视来源而定。

（5）地面水：由于进行井下措施等把地面上的水泵入井筒，部分水被渗入气井产层周围，随着气井生产被天然气带出地面。特点是 pH 值近似等于 7，氯离子含量低，一般低于 100mg/L。

由以上情况说明，了解了地层水的特点，就能在气井出水时判断水的性质，为采取措施维持气井正常生产提供依据。

（三）凝析油

在地下构造中呈气态，在开采时因为降温降压，凝结为液态而从天然气中分离出来的轻质石油，称为凝析油。

在常温常压下凝析油中 $C_5 \sim C_{16}$ 的烷烃为液态。它是一种特殊的石油，是介于天然气和石油之间的物质，主要成分是 $C_5 \sim C_{10}$ 的烷烃。

它的性质介于天然气和原油之间。凝析油的相对密度比原油小，一般在 0.75 左右。凝析油的燃点比原油低，易引起火灾。

四、圈闭

圈闭是具有一定几何形态的储层与盖层的集合，构成一个向上和周边封闭的、烃类只进不出的储集容器，储层与盖层分别组成圈闭的容积和遮挡两个方面。储层和盖层的存在常常是大面积的，圈闭则是最终确定气藏位置、规模、形态、特征的关键因素。油气圈闭有多种分类方法，按储层的形态可以划分为层状、块状和不规则状圈闭；按圈闭周边的封闭状况可以划分为全封闭型、半封闭型和少封闭型圈闭；按圈闭的规模和开采价值也可以划分为工业性和非工业性圈闭。而最具实质性和实践意义的则是按成因分类，通常将圈闭分为构造圈闭、地层圈闭、水动力圈闭、复合型圈闭四大类。

（一）构造圈闭

构造圈闭是指储层及其上盖层因某种局部构造形变而形成的圈闭，主要有褶皱作用形成的背斜圈闭、断层作用形成的圈闭、刺穿作用形成的圈闭、裂隙作用形成的圈闭和上述各种构造因素综合形成的圈闭，常见的有以下几种：

1. 背斜圈闭

背斜圈闭是上半空间闭合呈龟背状凸起的圈闭。

2. 断层—构造圈闭

断层—构造圈闭也称断背斜圈闭，是除包括背形、半背形、鼻状背形、挠曲、单斜等各种形态的盖层外，断层构成封闭气藏遮挡边界的一部分而形成的圈闭。

3. 底辟圈闭

底辟圈闭是除刺穿体周边的上翘盖层外，刺穿体构成封闭气藏遮挡边界的一部分而形成的圈闭。

4. 裂缝圈闭

裂缝圈闭是除盖层外，产生裂缝系统的储层本身致密脆性岩体成为裂缝性气藏封闭边界的一部分而形成的圈闭。

前三种既是构造成因圈闭又是构造形态圈闭，后一种则仅仅是构造成因圈闭，形态上属于不规则类型。

（二）地层圈闭

地层圈闭是由储层岩性横向变化或地层连续性中断而形成的圈闭。主要有由透镜体砂岩、岩相变化、生物礁体等形成的原生岩性地层圈闭，也有由地层不整合、成岩后期溶蚀作用等形成的次生岩性地层圈闭，常见的有以下几种。

1. 超覆或尖灭圈闭

超覆或尖灭圈闭是除盖层外，储层是超覆或尖灭边界组成封闭气藏遮挡边界的一部分而形成的圈闭。

2. 岩性圈闭

岩性圈闭是除盖层外，储层中非渗透性岩类（如泥质岩、膏盐岩等）对镶嵌其中的具储渗性能的岩类（如河道相、冲积相、滩相等孔隙性砂岩或碳酸盐岩）构成封闭气藏边界的一部分而形成的圈闭。

3. 物性圈闭

物性圈闭是除盖层外，同一类储层中物性变差部分对储层物性较好的部分构成封闭气藏边界的一部分而形成的圈闭。

4. 礁体圈闭

礁体圈闭是除盖层外，礁组合周边非渗透性围岩组成封闭气藏遮挡边界的一部分而形成的圈闭。

5. 侵蚀圈闭

侵蚀圈闭也称古地貌圈闭，古风化壳圈闭，是除侵蚀古地貌上覆的盖层外，充填侵蚀沟槽、侵蚀洼地的致密岩类，或风化面上的储层侵蚀边界构成封闭气藏遮挡边界的一部分而形成的圈闭。

（三）水动力圈闭

水动力圈闭是除盖层外，边水或底水的水动力发生变化造成流体遮挡，构成油气藏遮挡或封闭的一部分而形成的圈闭。

（四）复合型圈闭

复合型圈闭是指由上述两种或三种圈闭因素共同作用形成的圈闭。常见的复合型圈闭主要有：构造—岩性复合圈闭、构造—水动力复合圈闭、构造—侵蚀复合圈闭、岩性—水动力复合圈闭、构造—岩性—水动力复合圈闭、潜山圈闭及角度不整合圈闭。

五、油气藏及气藏类型

（一）油气藏定义

在同一圈闭内具有同一压力系统的油气聚集称为油气藏。在圈闭内只有天然气的聚集称为气藏，只有石油的聚集称为油藏。

一般的气藏都是一个地质单元（如背斜构造）的一部分，在所处的圈闭内，气、水常常是按密度分布：气在上部、水在下部。为了说明气藏中气、水分布特征，常采用以下几个概念。

（1）含气高度（气藏高度）：气水接触面与气藏顶部最高点间的海拔高差。
（2）含气内边界（含水边界）：气水界面与储层底面的交线。
（3）含气外边界（含气边界）：气水界面与储层顶面的交线。
（4）含气面积：气水界面与气藏顶面的交线所圈闭的面积，也就是含气外边界圈闭的构造面积。

（二）气藏类型

气藏分类可以按气藏的地质特征（构造、储层、岩性、储渗通道、驱动方式、边底水等的特征）和天然气的特征进行分类，不同的研究角度有不同的分类，见表1-1-3。

表1-1-3 气藏分类表

序号	分类依据	气藏类型
1	按圈闭成因（气藏受构造控制情况）分类	构造气藏：包括背斜气藏、断层遮挡气藏
		岩性气藏：包括岩性封闭气藏、生物礁气藏、透镜体气藏
		地层气藏：包括不整合气藏、古潜山气藏
		裂缝气藏：包括多裂缝系统气藏、单裂缝系统气藏
2	按储层的均质情况分类	均质气藏
		非均质气藏
3	按储层岩石类型分类	碎屑岩气藏
		碳酸盐岩气藏
		泥页岩气藏
		火成岩气藏
		变质岩气藏
		煤层甲烷气藏
4	按储渗通道结构分类	孔隙型气藏
		裂缝型气藏
		裂缝—孔洞型气藏
		裂缝—孔隙型气藏
		孔隙—裂缝型气藏
5	按渗透性能分类	高渗透气藏（有效渗透率＞50mD）
		中渗气藏（5mD＜有效渗透率≤50mD）
		低渗气藏（0.1mD＜有效渗透率≤5mD）
		致密气藏（有效渗透率≤0.1mD）
6	按气藏的驱动方式分类	气驱气藏
		弹性水驱气藏
		刚性水驱气藏
7	按气藏相态因素分类	干气藏
		湿气藏
		凝析气藏
		水溶性气藏
		水合物气藏
8	按气藏有无边底水分类	有边底水气藏
		纯气藏

续表

序号	分类依据	气藏类型
9	按气藏外围与天然水源的连通情况分类	开敞式气藏
		封闭式气藏
10	按气藏地层压力系数分类	常压气藏（0.9≤地层压力系数＜1.3）
		异常压力气藏（低压、高压、特高压）
11	按天然气组分含硫情况分类	不含硫气藏
		含硫气藏
12	按气藏埋藏深度分类	浅层气藏（气藏中部埋深＜500m）
		中浅层气藏（500m≤气藏中部埋深＜2000m）
		中深层气藏（2000m≤气藏中部埋深＜3500m）
		深层气藏（3500m≤气藏中部埋深＜4500m）
		超深层气藏（气藏中部埋深≥4500m）

六、地质储量

（一）分类

气田的地质储量是指储藏在气田的气层孔隙中的天然气总数量。气田可包含一个或多个气藏。根据气田探明程度，地质储量分为以下几类：

（1）预测地质储量：在地震或其他方法确定的圈闭内，经钻探获得工业油气流或油气显示，按区域地质特征及分析研究结果，用容积法估算的储量。

（2）控制储量：在预探井发现工业油气流后，并经少数评价井钻探，证实为油气田，出油气层位、岩性清楚，圈闭形态已经查明，油气藏类型和储层特性、流体分布有了初步了解，并取得储量计算各项参数的必要资料，或邻近地区相同油气藏类型的类比资料，经综合研究后估算的储量。

（3）探明地质储量：在油气田评价钻探阶段完成后或基本完成后计算的储量。

（4）单井控制储量：单井控制面积（供油面积）内的地质储量。

（二）储量计算

气藏地质储量计算公式：

$$G = 0.01 \times A_g \times h \times \Phi \times S_{gi} \times 1/B_{gi} \quad (1-1-14)$$

或

$$G = A_g \times h \times S_{gf} \quad (1-1-15)$$

参数说明见表1-1-4。

表1-1-4　储量计算公式中参数名称、符号、计量单位及取值位数

参数 名称	符号	计量单位 名称	符号	取值位数
天然气地质储量	G	亿立方米	$10^8 m^3$	小数点后二位
含气面积	A_g	平方千米	km^2	小数点后二位
储层有效厚度	h	米	m	小数点后一位
有效孔隙度	Φ	百分比	%	小数点后一位
原始含气饱和度	S_g	百分比	%	小数点后一位
原始天然气体积系数	B_g	无因次		小数点后五位

（1）含气面积：按气水界面以上计算各个气藏含气面积。对于构造相对平缓的有水气藏按地层厚度划取纯气区与气水过渡带，分纯气区和气水过渡带分别求取相关参数计算。

（2）孔隙度：储量计算以岩心孔隙度为主，未取心井或未取心层段则用测井孔隙度补充。

（3）储层厚度（储层有效厚度）：由于不同气藏构造、储层物性等各方面的差异，有效厚度根据孔隙度下限取值，根据实验以及经验求取。一般物性较好的中—高渗透石炭系气藏孔隙度下限按照2.5%划取，物性较差的低渗透气藏取3%。根据孔隙度下限值，将校正后的岩心孔隙度大于等于下限，或测井补充的孔隙度大于等于下限的单层厚度累计结果，在经铅直校正而得。对于气水过渡带储层厚度，按照参数井的50%计取。

（4）含水饱和度：因 $S_g=1-S_w$，所以一般含气饱和度是通过实测含水饱和度计算而得。有岩心分析的直接使用岩心含水饱和度，无岩心段的含水饱和度，将测井计算的孔隙度，利用气藏岩心孔—饱关系式求取。对于气水过渡带，按照实测含水饱和度的70%计取。

（5）天然气体积系数：按储量规范要求，计算参考面取气藏高度1/3处原始地层压力以及地层温度计算求取。

（三）实例

川东地区观音桥区块石炭系气藏为裂缝—孔隙型储层，储量计算含气面积内有3口参数井，根据构造形态结合3口完钻井储层厚度划分纯气区为一个储量计算小区，气水过渡带为一个储量计算小区。

气藏气水界面为-4500m，纯气区含气面积以-4500m最低圈闭线作为含气面积边界，西北部以断层为界。圈定含气面积为 5.1km²，其中纯气区含气面积为 2.8km²；气水过渡带含气面积为 2.3km²。

有效厚度采用气藏孔隙度下限取2.5%，参数井有效厚度为大于孔隙度下限的有效厚度累积值。

有效孔隙度采用岩心分析和测井资料处理解释结果，X1用岩心分析孔隙度，X2、X3井无取心资料，直接用测井处理解释结果，取 $\Phi \geq 2.5\%$ 岩层计算有效厚度加权平均。

含气饱和度（S_g）用 $1-S_w$（含水饱和度）求得。

体积系数根据实测压力、地温资料计算天然气体积换算系数（$1/B_g$）。

将标准温度、标准压力、气藏温度、气藏压力及气体偏差系数等参数代入式（1-1-14）计算观音桥区块石炭系气藏储量，天然气体积换算系数为334。

本次将气藏分区计算纯气区、气水过渡带储量，纯气区用X1井参数，气水过渡带用X2、X3井参数。将前述各项参数代入容积法储量计算公式[式（1-1-14）]，由此得到地质储量 17.25×10⁸m³。其中纯气区储量为 15.68×10⁸m³；气水过渡带储量为 1.57×10⁸m³。储量计算结果见表1-1-5。

表1-1-5 观音桥区块石炭系气藏储量计算结果表

分区	含气面积 km²	有效厚度 m	孔隙度 %	含气饱和度 %	体积系数倒数 $1/B_g$	地质储量 10⁸m³
纯气区	2.8	32.8	6.1	83.8		15.68
气水过渡带	2.3	7.76	4.0	65.7	334	1.57
气藏	5.1	21.4	5.8	81.6		17.25

第二节 气藏工程

一、气田开发方式

（一）天然气开发方式

根据天然气藏的特点，选取合理的开发方式，按照确定的产能目标建设天然气田。一般先依靠气层自身能量进行开采；当天然能量不足时，通过增压、就地利用等工艺措施进行开采，最大限度地提高天然气藏的采收率。

由于天然气密度小，井筒气柱对井底的压力小；天然气黏度小，在地层和管道中的流动阻力也小；又由于膨胀系数大，其弹性能量也大。因此天然气开采时一般采用自喷方式。这和自喷采油方式基本一样。不过，因为气井压力一般较高，加上天然气属于易燃易爆气体，对采气井口装置的承压能力和密封性能比对采油井口装置的要求要高得多。

（二）天然气开采特点

首先，天然气和原油一样与底水或边水常常是一个储藏体系。伴随天然气的开采进程，水体的弹性能量会驱使水沿高渗透带窜入气藏。在这种情况下，由于岩石本身的亲水性和毛细管压力的作用，水的侵入不是有效地驱替气体，而是封闭缝洞或空隙中未排出的气体，形成死气区。这部分被圈闭在水侵带的高压气，数量可高达岩石孔隙体积的30%～50%，从而大大地降低了气藏的最终采收率。其次，气井产水后，气流入井底的渗流阻力会增加，气液两相沿井柱向上的管流总能量消耗将显著增大。随着水侵影响的日益加剧，气藏的采气速度下降，气井的自喷能力减弱，单井产量迅速递减，直至井底严重积水而停产。

目前治理气藏水患主要从两方面入手，一是排水，二是堵水。堵水就是采用机械卡堵、化学封堵等方法将产气层和产水层分隔开或是在气藏内建立阻水屏障。目前排水办法较多，主要原理是排除井筒积水，即排水采气法。

二、压力系统及井间连通性

压力系统又称为水动力系统，对裂缝性气藏又称为裂缝系统。在同一压力系统内压力可以相互传递，任何一点压力的变化将传播到整个系统。

在一个气田中常包含许多气层，当各气层相互隔绝时，每一个气层各自成为独立的压力系统。同一个气层在横向上也可能因断层、岩性尖灭、渗透性的变化，以及裂缝发育不均等被分割成几个独立的压力系统。

每一个独立的压力系统即为一个气藏，因而正确划分压力系统是气田开发的首要问题。通常利用气层的地质、压力和温度资料划分压力系统。

（一）压力系数

气藏压力系数是指气藏原始地层压力与同深度的静水柱压力的比值，由于水的密度都接近1，因此往往采用原始地层压力与相应深度的比值。通常采用折算压力计算压力系数，根据压力系数可将气藏分为低压、常压、高压、异常高压气藏。在同一压力系统内具有相同的压力系数。

（二）储层温度和地温梯度

气藏中气体的温度即为储层温度。储层温度在气藏开发过程中变化微小，可以认为是恒定的，仅仅随埋藏深度而变化。

温度每升高1℃所增加的深度称为地热增温率［式（1-1-16）］，其倒数称为地温梯度。

$$M = \frac{\Delta D}{\Delta T} \tag{1-1-16}$$

式中 M——地热增温率，m/℃；
ΔD——地层深度差，m；
ΔT——地层温度差，℃。

天然气性质受温度影响很大，温度是气藏开发的重要参数。利用气井实测温度绘制井深（海拔）—温度曲线，可以计算储层温度、地温梯度。如图1-1-1所示为某气井实测井温曲线，其测点有很好的线性关系。

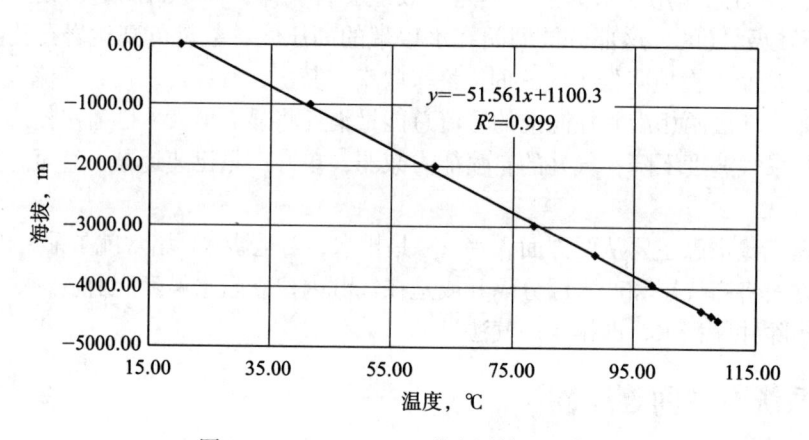

图1-1-1 MX001-X3井实测静地温曲线图

经回归计算得到气藏地温计算公式：

$$T = 21.340 - 0.01939H \tag{1-1-17}$$

$$R^2 = 0.9990$$

式中 H——计算点海拔，m；
T——计算点温度，℃。

其地温梯度为0.01939℃/m，地热增温率为51.57m/℃。

由于地球的热力场并不是均匀的，故地热增温率或地温梯度有区域性，各地不同。在同一压力系统中，具有相同的温度场和同样的地温梯度。

（三）储层压力和压力梯度

在储层中，气、水都承受着一定的压力，这种压力称为储层压力。对气体来说，储层压力表示储层中各个点上气体所具有的压能，它是推动气、水在气层中流动的动力。

储层压力随深度的变化率称为压力梯度，同样可利用气井实测压力绘制井深（海拔）—压力曲线，获取回归方程，计算得到储层压力、压力梯度。

在同一压力系统中，压力梯度为一常数值，同一深度有相同的气层压力。

（四）储层折算压力

将储层中各点的压力折算到某一个基准面上，这个压力称为折算压力，如图 1-1-2 所示。

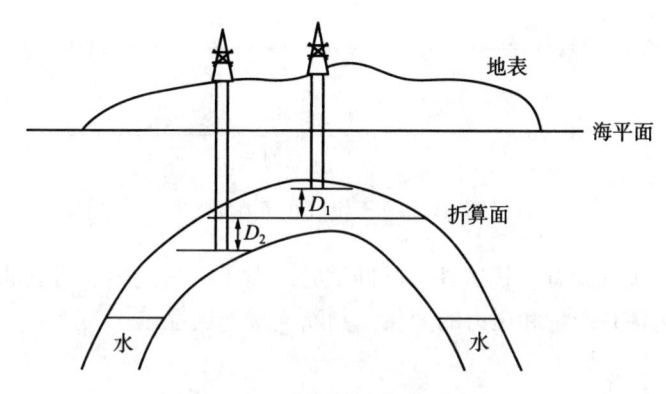

图 1-1-2　气层压力折算示意图

储层压力按下式折算：

$$p = p_1 + 0.01 \rho_g D \tag{1-1-18}$$

式中　ρ_g——天然气密度，kg/m^3。

通常选用原始气水界面之上，气藏含气高度的三分之一处作为折算时的基准面。因为计算需要，有时直接用原始气水界面作为折算基准面。同一压力系统在原始状态具有相同的折算压力。

（五）气藏连通性分析

在气藏连通范围内应属同一压力系统，因此判断气藏连通性是划分气藏压力系统最直接的方法。目前通常采用以下的方法。

1. 气藏构造和储层分析

从气藏地质结构上研究气藏的连通性，主要从构造形态、断层特征、储层的横向分布、缝洞的发育规律、孔隙度和渗透率的变化情况、储层中气水分布等方面进行分析，研究影响气藏连通性的因素，寻求造成气藏不连通的地质原因，分析气藏连通的可能性。

2. 气藏流体性质分析

进行气藏流体组分分析和物性分析，研究造成流体组分和物性差异的原因，判断气藏连通的可能性。

3. 井间干扰分析

构造和储层、流体性质是气藏连通的辅助分析方法，井间干扰是气藏连通性最确切的分析方法。在连通的同一压力系统中，任意一口井的产量或压力发生变化，必将引起其他井的压力或产量发生相应的变化，如图 1-1-3 所示。因此，观察和分析各井产量和压力变化，能有效判断井间连通性。

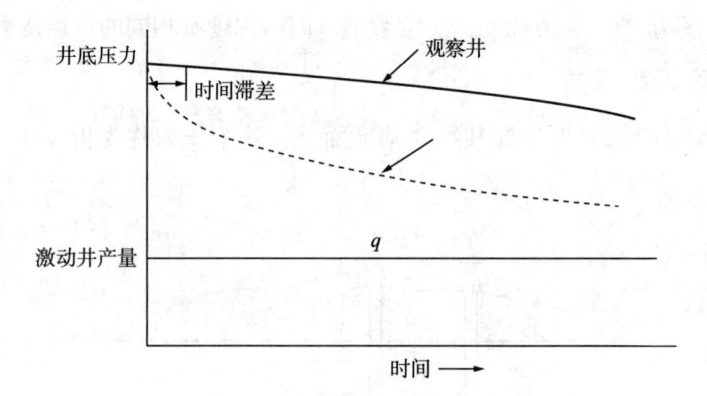

图 1-1-3　干扰试井压力反映

专门的井间干扰试验有干扰试井和脉冲试井。对于有一定生产历史的气藏，可通过采气曲线分析，对比各井产量和压力的变化，判断气藏连通性。

三、气藏储量计算

对于一个新发现的气藏，首先关心的是气藏的储量有多少？可采储量有多少？只有对这些问题确定后，才能估计这些气田的开发效益、产能建设规模。物质平衡法在气藏开发中应用很广，可用此法来进行气藏开发动态、开采机理等的分析，以达到认识和了解气藏的开发状况的目的。

（一）物质平衡法计算动态储量基本原理

气藏在开采过程中要不断地核实储量，分析气藏动态，判断气藏驱动机理，估算侵入气藏的水量，这些重要规律的认识主要依靠气藏物质平衡的原理来计算。

一个实际的气藏可以简化为封闭或不封闭（具有天然水侵）储存天然气的地下容器，在这个地下容器内，随着天然气的采出，气、水体积变化服从于质量守恒定律。按此定律建立的方程式称为物质平衡方程式。

对于一个统一的水动力学系统的气藏，在建立物质平衡方程式时，应遵循下列基本假定：

（1）在任意给定的时间内，整个气藏的压力处于平衡状态，气藏内部没有大的压力梯度存在。

（2）高压物性（PVT）资料能够代表气层天然气的性质，不同时间内流体性质取决于平均压力。

（3）整个开发过程中，气藏保持热动力学平衡，即地层温度保持不变。

（4）不考虑气藏毛管力和重力的影响。

（5）气藏储层物性和液体性质是均一的，各向同性的。

（6）随着地层压力的下降，溶解于天然气中水的放出量忽略不计。

根据以上假设，可以得到气藏物质平衡通式：

地下产出量 = 地下天然气膨胀量 + 含气体积的减小量（束缚水膨胀量 + 气藏孔隙体积减小量）+ 地层水侵入所占的体积，即：

$$G_p B_g + W_p B_w = G(B_g - B_{gi}) + G B_{gi} \frac{(C_w S_{wc} + C_f)}{1 - S_{wc}} \Delta p + W_e \quad (1\text{-}1\text{-}19)$$

式中　G——天然气地质储量，10^8m^3；

　　　G_p——累计产气量，10^8m^3；

　　　B_g——目前地层压力下天然气的体积系数，无量纲；

　　　B_{gi}——原始地层压力下天然气的体积系数，无量纲；

　　　C_w——地层水的压缩系数，MPa^{-1}；

　　　C_f——岩石的有效压缩系数，MPa^{-1}；

　　　Δp——气藏压力之差，MPa；

　　　W_p——累计产水量，10^8m^3；

　　　W_e——累计天然水侵量，10^8m^3；

　　　S_{wc}——原始束缚水饱和度。

（二）水驱气藏储量计算

由于地层束缚水和地层岩石压缩系数，同天然气的弹性膨胀系数相比甚小，通常忽略不计；但在有边底水气藏中，由于天然水驱作用，地层水侵入所占的体积不能忽略，因此，根据式（1-1-19）整理为：

$$G = \frac{G_p B_g - (W_e - W_p B_w)}{B_g - B_{gi}} \quad (1\text{-}1\text{-}20)$$

写成压降方程为：

$$\frac{p}{Z} = \frac{p_i}{Z_i} \left[\frac{G - G_p}{G - (W_e - W_p B_w) \frac{p_i T_{sc}}{p_{sc} Z_i T}} \right] \quad (1\text{-}1\text{-}21)$$

式中　p/Z——目前视地层压力，MPa；

　　　p_i/Z_i——原始视地层压力，MPa；

　　　p_{sc}——地面标准压力，MPa；

　　　T_{sc}——地面标准温度，K；

　　　B_w——地层水的体积系数，无量纲。

从式（1-1-19）可以看出，在天然水驱气藏中视地层压力（p/Z）和气藏累计采气量（G_p）不呈线性关系，随着水侵量（W_e）的增加，p/Z 的下降速度减小，因此，不能利用水驱气藏的 $p/Z \sim G_p$ 曲线外推天然气地质储量。

一般情况下，天然气流动速度大于地层水流动速度，地层水的侵入有一段滞后时间。因此，在开采初期，水侵量 $W_e \to 0$，由式（1-1-21）可知，$p/Z \sim G_p$ 仍可近似呈直线关系，可由早期的直线段外推天然气地质储量。但采用早期的直线段计算储量，可能由于采出量较低产生较大的误差，因此要采用水驱物质平衡方程式和水侵量计算模型进行计算。

将式（1-1-20）经过简化上式变为：

$$\frac{G_p B_g + W_p B_w}{B_g - B_{gi}} = G + \frac{W_e}{B_g - B_{gi}} \qquad (1-1-22)$$

如考虑平面径向非稳定流封闭边界水侵模型，即：

$$W_e = B_R \sum_0^t \Delta p_e Q_D(t_D, r_{eD})$$

则：

$$\frac{G_p B_g + W_p B_w}{B_g - B_{gi}} = G + B_R \frac{\sum_0^t \Delta p_e Q_D(t_D, r_{eD})}{B_g - B_{gi}} \qquad (1-1-23)$$

令：

$$y = \frac{G_p B_g + W_p B_w}{B_g - B_{gi}} \qquad (1-1-24)$$

$$x = \frac{\sum_0^t \Delta p_e Q_D(t_D, r_{eD})}{B_g - B_{gi}} \qquad (1-1-25)$$

则得：

$$y = G + B_x \qquad (1-1-26)$$

因此，水驱气藏的物质平衡方程式，同样可以简化为直线关系式。直线的截距即为气藏的原始地质储量，斜率为气藏的水侵系数。采用迭代法求解上面的方程得到不同点的 x、y 值。

例如：万顺场石炭系气藏已有 5 口井产地层水，气藏存在明显水侵，用关井压降法计算储量会产生一定的偏差。根据该气藏生产实际，应用水驱物质平衡法计算动态储量为 $73.67 \times 10^8 \text{m}^3$（图 1-1-4）。

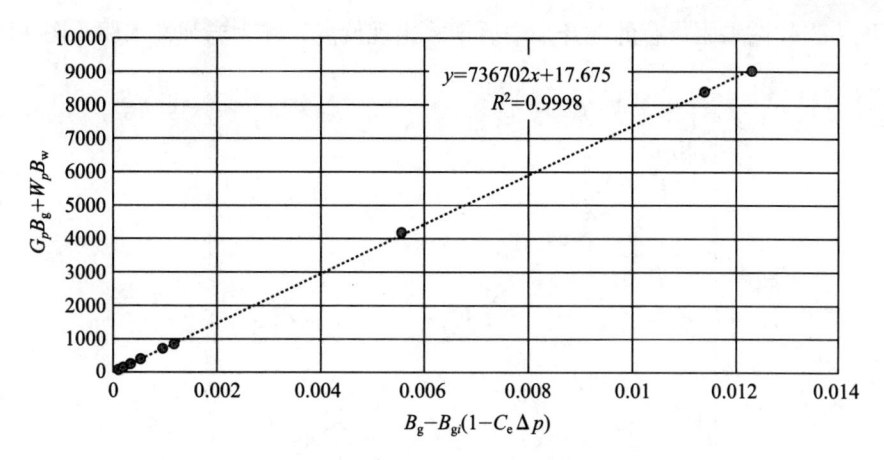

图 1-1-4 万顺场石炭系气藏水驱物质平衡法曲线

（三）气驱气藏储量计算

天然气的采出主要靠自身膨胀能量的气藏称为气驱气藏，这类气藏一般是封闭的，无边底水的侵入，在开采过程中储气体积认为是不变的（或称为定容封闭气藏）。由式（1-1-21）可知，当 W_e 和 $W_p=0$ 时（1-1-21）可以写成：

$$\frac{p}{Z} = \frac{p_i}{Z_i}\left(1 - \frac{G_p}{G}\right) \qquad (1-1-27)$$

由式（1-1-27）可以看出，在不同坐标上 $p/Z \sim G_p$ 呈一直线关系，称为压降储量线，外推直线与横轴的交点即为储量。该方法在川东计算动态储量中是最主要的方法，在水侵较小时，采用该方法可靠性很高。

（四）压降储量计算的特点

根据现场众多压降储量线的统计，气藏（井）压降储量线有以下几种类型。

1. 直线性

在气藏（井）开采过程中，压降线始终为直线反映气驱（定容封闭气藏）的特征。压降储量线为直线型的气藏（井）主要具有以下特点：

（1）气藏储层的孔隙度和渗透率一般较高。储层的微裂缝和孔隙搭配较好，且分布均匀，横向变化不大。

（2）该类气藏是封闭的，没有地层水的推进，或虽有边水局部推进，但水侵能量较小，不影响气藏的开采过程。

（3）井间连通较好，地层压力分布均衡，气藏中没有形成较大的地层压降漏斗，各种方法计算的平均地层压力都较接近。

2. 水驱型

气藏（井）在开采过程中，由于边水、底水的推进，气藏能量得到部分补充，$p/Z \sim G_p$ 不呈直线关系，而是偏离气驱线向上抬起。根据水侵能量不同，有的在开采初期就偏离气驱直线，称为强弹性水驱；有的在开采中后期才出现偏离，称为弱弹性水驱（图1-1-5）。

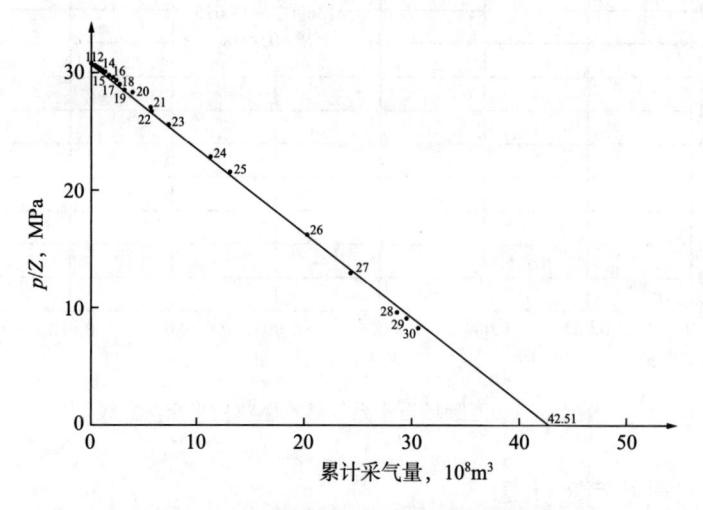

图1-1-5　相国寺石炭系气藏压降储量图

强弹性水驱一般出现在底水气藏中（石炭系较少），这类气藏如果在资料获取和整理中稍有不当，用$p/Z \sim G_p$数据作图，并延长该线段，可能造成储量偏大。

弱弹性水驱一般出现在边水气藏中（石炭系气藏主要为这类气藏）。在碳酸盐岩气藏中，裂缝发育部位一般在构造受力强的顶部和轴线主体部位，其翼部与外围裂缝和孔隙均不发育，致使外围的边水弹性能量不大。而渗透率的降低又阻碍了边水向气藏中心部位的推进，因此在气藏开采早期、中期，边水推进困难，气藏驱动仍呈气驱特征，$p/Z \sim G_p$的关系为直线关系。当气藏采出程度大于50%~60%以后，边部和顶部的地层压差逐渐增大，使边水有所推进，边部气井可能水淹，此时压降储量线开始偏离直线，出现水驱特征（图1-1-6）。但此时气藏地层压力已较低，采气速度也减小，加上能量有限，在这种情况下，地层水的入侵对气藏开采指标的影响较小。

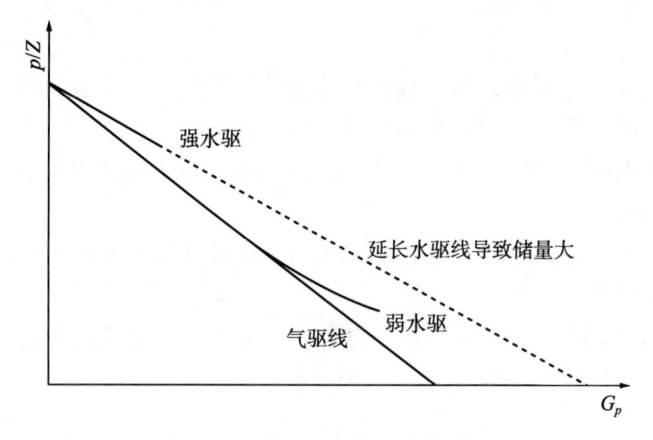

图1-1-6　水驱型气藏压降储量图

3. 上翘型

在裂缝—孔隙型非均质无水（封闭）气藏（井）开采过程中，虽然无边水、底水的活动，但由于高渗透区、低渗透区的存在，开发井大都部署在构造顶部或轴线主体部位，边部气井较少，产量低，天然气主要从高渗透区的高产气井中采出。随着开采的进行，以高渗透区为中心逐渐形成压降漏斗。随着压降漏斗的加深和扩大，外围的低渗透区气量不断向顶部高渗透区补给，使气藏（井）的压降储量随着天然气累计产量的增大而扩大。$p/Z \sim G_p$ 的关系偏离直线，发生上翘（图1-1-7）。

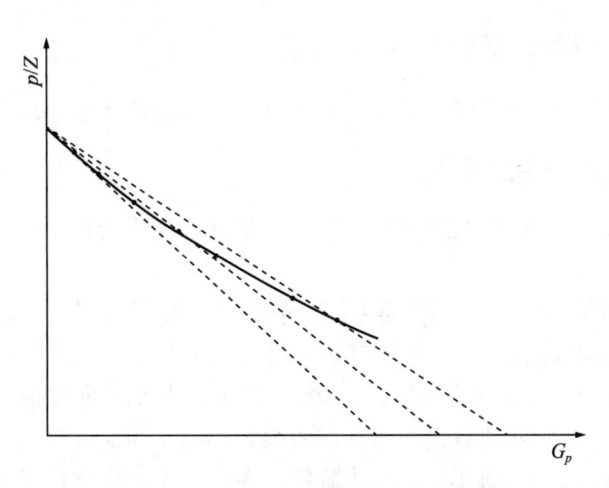

图1-1-7 有低渗区补给的气藏压降储量图

从压降储量线的特点来看，它和弹性水驱型的压降线有极为相似之处，气藏能量在开采过程中不断得到外来的补给，仅补给的流体性质不同，储气容积在开采过程中都是变化的，因此，仅根据压降储量线来判断气藏属于弹性水驱还是弹性气驱是不够的。压降储量线偏离气驱直线，发生上翘，是判断弹性水驱的必要条件，但不是充分条件，其充分条件还应补充下列资料：

（1）开发井出水和水淹资料。
（2）边水、底水层观察井的液面和压力变化资料。
（3）气井中带出水的水性变化资料。
（4）有条件时还应有生产测井录取的地层采气、水剖面的资料。

（五）异常高压气藏储量计算

一般指压力系数大于1.8的气藏，这类气藏中由于岩石孔隙骨架和气藏束缚水处于异常高压环境，都具有较高的压缩性。因此，气藏开采过程中，随着压力下降，岩石孔隙骨架和气藏束缚水必将膨胀，致使气藏储气体积随之减小，在计算压降储量时，如果忽略这一因素，将会造成较大的误差。

异常高压气藏物质平衡方程可以用下式表示：

$$\frac{p}{Z}f(p) = \frac{p_i}{Z_i}\left(1 - \frac{G_p}{G}\right) \quad (1-1-28)$$

$$f(p)=\frac{1}{1-S_{wi}}\left[e^{-c_f(p_i-p)}-S_{wi}e^{a(p_i-p)+b/3(p_i^2-p^2)}\right] \quad (1\text{-}1\text{-}29)$$

$$a=(3.8546-0.01052T+3.9267\times 10^{-5}T^2)\times 10^{-6} \quad (1\text{-}1\text{-}30)$$

$$b=(4.77\times 10^{-7}T-8.8\times 10^{-10}T^2-0.000134)\times 10^{-6} \quad (1\text{-}1\text{-}31)$$

式中 C_f——岩石的有效压缩系数，MPa^{-1}。

在计算异常高压气藏压降储量时作 $\frac{p}{Z}f(p)\sim G_p$ 的普通坐标，两者呈线性关系。

（六）动态储量计算注意事项

在实际操作中，由于资料取得不准，动态储量计算结果会产生较大的误差，在取准资料方面应注意以下几点：

（1）应采用高精度压力计。现场生产一般比较重视累计产气量。但与之相关的凝析油量和地层水量计量精度较低，在凝析气藏和有水气藏开采中应予特别重视。

（2）全气藏各气井要定期同时关井，测井底压力恢复数据和最大关井井底压力。对高渗透气藏来讲，压力恢复到静止状态不需要很长时间，而对低渗透气藏，压力恢复到静止状态则需要很长时间，少则几月，多达数年，在实际生产中难以实施。根据石炭系气藏计算压降法储量的经验，最短关井一般15d，最长30d，按此方法在采出量达到3%～5%时就可能获得较准确的压降储量。

（3）当含气面积较大时或因生产需要，不可能全气藏关井时，则可以在短时间内（1月左右）对气井分片轮流关井，测关井井底压力恢复数据和最大关井井底压力。应用这种方法计算压降储量时，平均压力点有所波动，在采出程度达到10%～15%时，计算的压降储量有较高的可靠性。

（4）累计产气量中应包括各种情况下（完井测试、放空试井、吹扫管线）的放空气量，而放空气量往往是估计的，对早期压降储量计算的精度影响较大。

（5）在使用物质平衡法计算储量时，气藏平均地层压力用单井或观察井的地层压力来代替均会造成较大的误差。总体上应根据地层压力等直线图（图1-1-8）按体积加权平均求取。当储层分布较均匀、井间连通关系较好时，可以采用算数平均计算。

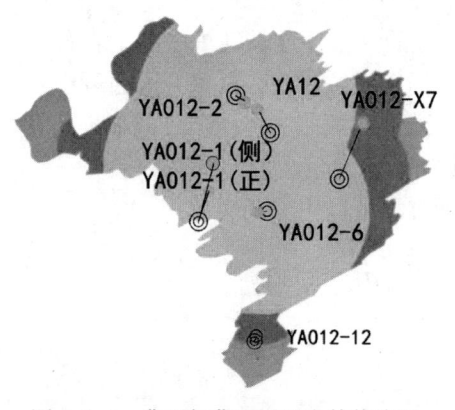

图1-1-8 典型气藏地层压力等值线图

四、试井解释

（一）试井分析理论基础

在气田勘探和开发中，气井试井是必不可少的手段。试井资料的解释是建立在不同类型的油气藏及井模型的基础上，应用流体在多孔介质中的渗流理论，通过一定的数学方法，求得有关地层及井的参数信息。这实际上是信号分析问题，属于最优匹配的故障查寻系统。

对一个已知的系统 S，施加一个已知的输入信息 I，则系统就会有一个相应的响应，即有一个输出结果 O。这种已知系统的结构和输入信息，求出未知的输出，称为数学上的正问题求解：$I \times S \to O$。

与此相反，如果系统为未知，而要由已知的输入 I 和已知的输出 O 来反求该系统的结构（特性参数），称为数学上的反问题求解：$I/O \to S$。

试井分析的实质就是一个反问题求解。它把地层和井看作一个系统 S，对于定产生产，产量为已知的输入 I，测试的压力为已知的输出 O；对于定压生产的情形，生产压力为已知的输入 I，测试的流量为已知的输出 O。试井分析的目的就是从已知的输入 I（流量/压力）和输出 O（压力/流量变化）以及可能的某些其他信息，去决定系统 S 的特性参数（渗透率 K，井筒储存系数 C，表皮系数 S 等）。因此，试井分析的主要任务是确定系统的结构（试井的理论数学模型及其参数识别方法）。

（二）试井解释参数概念

1. 无因次量

度量一个物理量，首先必须引入一定的计量单位系，如我国的法定计量单位制。但也有一些量不具有因次，如体积系数、含气饱和度、孔隙度、表皮系数等。无因次的量值与计量单位制无关。

在试井解释中常常把某些具有因次的物理量无因次化，即引进新的无因次量，用下标 D 表示"无因次"，如 p_D 表示无因次压力，t_D 表示无因次时间。一般来说，引进的无因次物理量是这些物理量与别的一些物理量的组合，组合的结果恰好使其因次为 1，并且无因次量与这些物理量本身成正比。如进行试井解释常用的无因次量中，无因次压力 p_D 与压差 Δp 成正比。

$$p_D = \frac{Kh}{1.842 q \mu B} \Delta p \tag{1-1-32}$$

式中　K——渗透率，md；

　　　h——储层有效厚度，m；

　　　q——产气量，$10^4 \text{m}^3/\text{d}$；

　　　μ——流体黏度，mPa·s；

　　　B——气体地层体积系数，无量纲；

　　　Δp——油气藏压降，MPa。

无因次方法不是唯一的，往往根据不同的需要，用不同的方法来定义同一个无因次量。

如在不同的场合，使用不同的无因次时间，有用井的半径定义的，有用井的有效半径定义的，有用气藏面积定义的，还有用裂缝半长定义的，等等。

用无因次量来讨论问题有许多好处，如：

（1）由于有关的因子（物理量）已经包含在无因次量的定义中，因而减少了变量的数目，使关系式变得很简单，易于推导、记忆和应用。

（2）由于使用的是无因次量，所以导出公式时避开了所有的单位，所得结果不受单位制的影响和限制。

（3）可以使得在某种前提下进行的讨论具有普遍意义。

2. 井筒储集系数

气井刚开井或刚关井时，由于气体具有压缩性等多种原因，地面产量 q_{wh} 与井底产量 q_{sf} 并不相等。$q_{sf}=0$（开井情形）或 $q_{sf}=q$（关井情形）的那一段时间，称为"纯井筒储集"阶段，简写作 PWBS（Pure Wellbore Storage）。当气井刚开井或刚关井时所出现的这种现象称为"井筒储集效应"或"井筒储存效应"。用"井筒储集系数"来描述井筒储集效应的强弱，即井筒靠其中天然气的压缩等原因储存天然气或靠释放井筒中压缩天然气的弹性能量等原因排出天然气的能力，用 C 表示：

$$C = \frac{\mathrm{d}V}{\mathrm{d}p} \approx \frac{\Delta V}{\Delta p} \tag{1-1-33}$$

ΔV 是指井筒所储流体体积的变化，Δp 是指井底压力的变化。

井筒储集常数 C 的物理意义：

在关井情况下，要使井筒压力升高 1MPa，必须从地层流入井筒 C（m³）的天然气；在开井情况下，当井筒压力降低 1MPa 时，靠井筒中天然气的弹性能量可以排出 C（m³）天然气（图 1-1-9）。

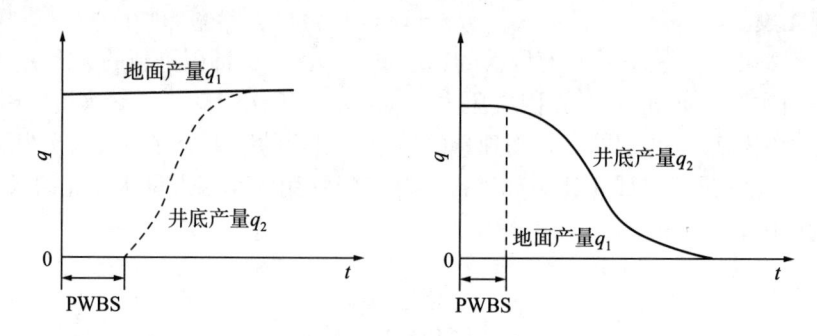

图 1-1-9　井筒储集效应造成的井底产量变化图

一般情况下，井筒储集系数是常数，称为井筒储集常数。如果在井筒储集效应阶段，井筒中发生相态改变，则井筒储集系数将发生变化。

纯井筒储集阶段的压力变化与测试层的性质毫无关系，不反映测试层任何特性。因此，希望尽量消除或减弱井筒储集效应，于是提出了"井底关井"的方法。

需要说明的是，当井的流动条件发生任何变化（如产量的明显增大或减小）时，都会出现井筒储集效应。

3. 表皮效应与表皮系数

由于种种原因，如在钻井、固井、射孔和增产措施等作业中，钻井液和其他物质侵入、射开不完善、酸化、压裂见效等，设想在井筒周围存在一个很小的环状区域，这个半径为 r_s 的小环状区域的渗透率 K_s 与气层渗透率 K 不相同。因此，当天然气从气层流入井筒时，在这里产生一个附加压力降。这种现象称为表皮效应。

将附加压力降（用 Δp_s 表示）无因次化，得到无因次附加压降，用它表征一口井表皮效应的性质和严重情况，称之为表皮系数，用 S 表示：

$$S = \left(\frac{K}{K_s} - 1\right)\ln\frac{r_s}{r_w} \tag{1-1-34}$$

上式中 r_w 为气井半径，在均质地层中一口井有 $S=0$、$S>0$、$S<0$ 三种情形的附加压力降，它们分别表示井未受污染（完善井）、受污染（不完善井）和增产措施见效（超完善井）的情形，而 S 的数值则表示污染或增产措施见效的程度。

4. 调查半径

一口井开井生产后，井底流动压力就会逐渐降低，附近地层中的压力也会随着逐渐降低。任何时刻，离井越近的地方（r 值越小），地层中的压力降得越多；任何地方，生产时间越长（t 值越大），地层中的压力也降得越多，从而形成一个不断扩大和不断加深的"压降漏斗"。理论上，地层中即便是在离井很远的地方，从开始生产那一时刻，压力就开始下降。但在某一时刻之前，在离井一定距离之外，压力降低很小，小到根本测不出来，似乎仍然保持着开井前的原始压力。因此，对于每一时刻，存在这么一个距离，在离井比较近的地方，压力已经有所下降，而比较远的地方，压力降还小到可以忽略不计。通常就说该井生产影响"波及"到了 r_i 远，在进行测试时就说：测试的"调查"范围或"探测"范围扩大到了以井为圆心、以 r_i 为半径的圆。把 r_i 称之为"调查半径"或"探测半径"。调查半径只与地层及其中流体的物性和测试时间有关，而与产量等其他参数无关（图 1-1-10）。

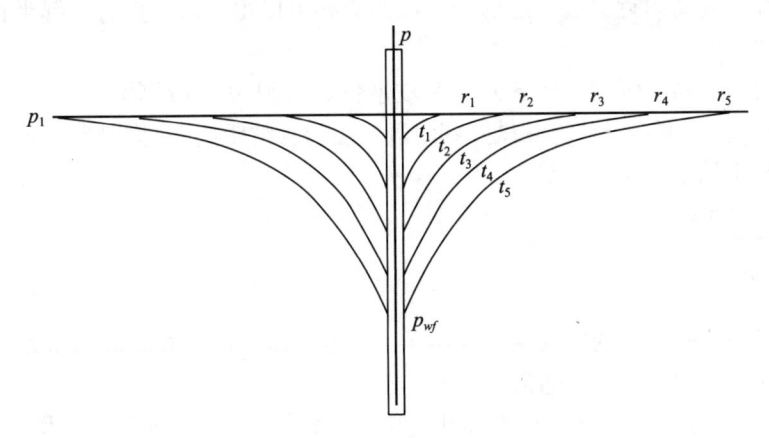

图 1-1-10　压降漏斗和调查半径示意图

5. 流动阶段

把压力降落或压力恢复的压差数据画在双对数坐标系中，可以得到一条曲线，称为"双对数曲线"。一般来说，完整的试井曲线分为早期阶段、过渡阶段、径向流动阶段、晚期阶段四个阶段（图 1-1-11）。

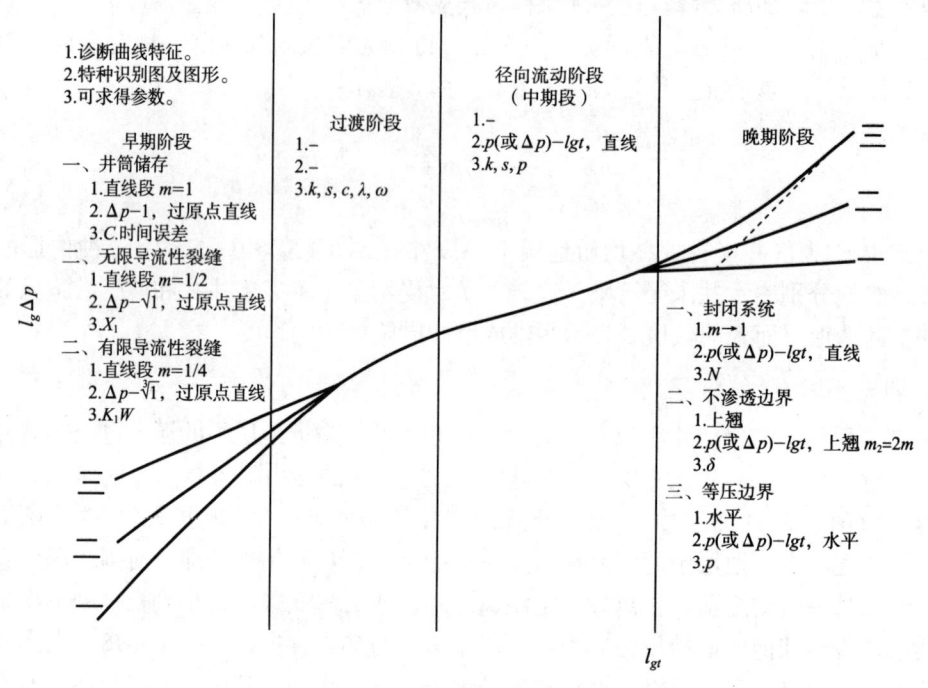

图 1-1-11 双对数曲线及流动阶段示意图

第一阶段：刚刚开井（压降）或刚刚关井（恢复）的一段短时间。分析这一阶段可以得到井筒储集系数 C。

第二阶段：井筒附近情况。从这一阶段的资料可以得到的参数有裂缝半长 x_f、储能比 ω 和窜流系数 λ 等。

第三阶段：径向流阶段。计算 K_h、表皮系数 S、地层压力 p^* 等。

第四阶段：边界反映，计算测试井到附近气层边界的距离 L、排泄半径 r_e、控制储量 G、排泄面积 A 和平均地层压力 p 等。

五、气井产能

产能意指一定回压下的供气量。地层压力一定，以不同的井底流动压力测试气井的产气量，称气井的产能试井，即通常所说的回压试井。

同一气藏的气井，即使地层压力和井底流动压力都相同，彼此的产气量却很少会一样。这说明，每口气井都有其各自的流入特性。

（一）气井 IPR 曲线分析

气井的流入特性，通常通过产能试井工艺认识。根据短期产能试井录取的资料，经过整理，可以确定反映该井流入特性的产能方程，或称流入动态方程。根据所得方程，代入不同井底流压可解出相应的产气量，从而描绘出一条完整的产量与流压的关系曲线，称为气井的流入动态曲线，简称气井的 IPR 曲线，又称指示曲线。就单井而言，IPR 曲线是油气层工作特性的综合反映，因此它既是确定油气井合理工作方式的主要依据，又是分析油气井动态的基础。根据油气层渗流力学的基本理论可知，IPR 曲线的基本形状与油藏驱动类型、完井方式、油藏及流体物性有关。短期产能试井所得到的 IPR 曲线，在一段时期内可用于气井动态预测（图 1-1-12）。

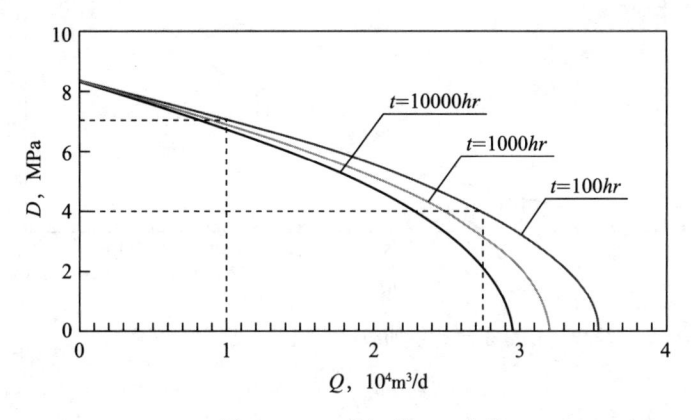

图 1-1-12　某气井 IPR 曲线

（二）气井合理产气量确定

气井的合理产量，就是对一口气井而言，有相对较高的产量，在这个产量上有较长的稳定生产时间。确定合理的气井产量是实现气田长期高产、稳产的前提条件。影响气井合理产量确定的因素很多，包括气井产能、流体性质、生产系统、生产过程、气藏的开发方式和社会经济效益等，不同区域、不同位置、不同类型的气井，在不同生产方式下，有不同合理产量的选择。确定气藏合理工作制度，可以获得满意的产气量和较长的稳产期，使气藏有较高的采收率和最佳的经济效益。

常用的确定气井合理产量的主要方法有气井类型曲线法和无阻流量百分比法。

1. 气井类型曲线法（采气指数法）

气井的采气方程可用二项式表示为：

$$p_R^2 - p_{wf}^2 = Aq_{sc} + Bq_{sc}^2 \tag{1-1-35}$$

$$p_R - p_{wf} = \frac{Aq_{sc} + Bq_{sc}^2}{p_R + \sqrt{p_R^2 - Aq_{sc} - Bq_{sc}^2}} \tag{1-1-36}$$

从式（1-1-35）可见，在二项式产能方程 $\Delta p^2 = Aq_{sc} + Bq_{sc}^2$ 中，Aq_{sc} 项用来描述气流的黏滞阻力，Bq_{sc}^2 用来描述惯性阻力。当产量 q_{sc} 较小时，地层中气体流速较低，产量与压差平方成线性关系，黏滞阻力占主导地位；随着产量 q_{sc} 的增大，气体流速增大，惯性阻力的作用逐渐明显，以致占据主导地位，此时表现为非线性流动，气井产量与压差的关系不再是线性关系，曲线逐渐向压差轴弯曲，甚至出现增大生产压差而产量减小的情况。也就是说，在配产产量大于采气指示曲线上直线段末端产量时，气井生产就会把一部分压力降消耗在非线性流动上。因此，应该将采气指示曲线 $\Delta p^2 \sim q_{sc}$ 上直线段末端产量作为气井的最大合理产量（图1-1-13）。

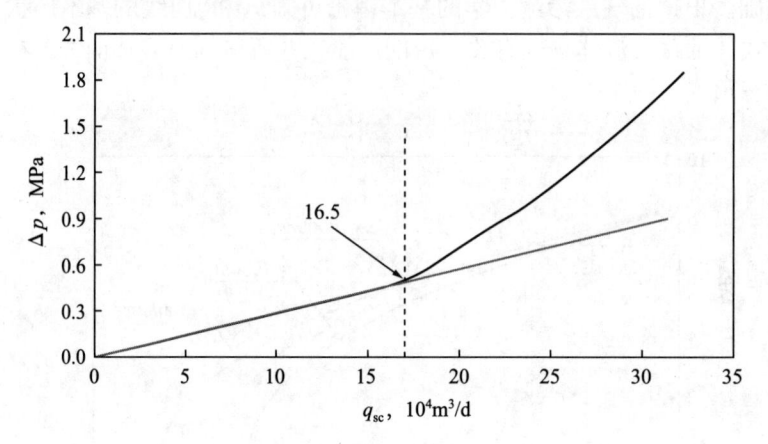

图1-1-13 采气指示曲线确定气井合理产量示意图

2. 无阻流量百分比法

根据气井无阻流量大小，结合地质、试采资料，确定百分比与气井的无阻流量相乘即得合理配产，以此作为配产依据。一般在初期大致是按绝对无阻流量的1/5～1/6作为气井生产的产量。一般不建议井底压力降低到地层压力的25%，具体范围还要视气藏各井的具体情况而定。在生产的中后期大致是按绝对无阻流量的1/3～1/4作为气井生产的产量。

经验法是在国内外大量气井生产实践的基础上总结出来的配产方法，需要在具体生产过程中不断加以分析和调整。

第二章 高酸性气藏开采

第一节 高酸性气藏概述

一、高酸性气藏定义

按照 GB/T 26979—2011《天然气藏分类》对气藏的分类，其中按天然气组分因素分类，含硫化氢（H_2S）气藏划分见表 1-2-1，含二氧化碳（CO_2）气藏划分见表 1-2-2。

表 1-2-1 含硫化氢气藏分类

分类	微含硫气藏	低含硫气藏	中含硫气藏	高含硫气藏	特高含硫气藏	硫化氢气藏
H_2S，g/m³	< 0.02	0.02～< 5.0	5.0～< 30.0	30.0～< 150.0	150.0～< 770.0	≥ 770.0
H_2S 的体积分数，%	< 0.0013	0.0013～< 0.3	0.3～< 2.0	2.0～< 10.0	10.0～< 50.0	≥ 50

表 1-2-2 含二氧化碳气藏分类

分类	微含 CO_2 气藏	低含 CO_2 气藏	中含 CO_2 气藏	高含 CO_2 气藏	特高含 CO_2 气藏	CO_2 气藏
CO_2 的体积分数，%	< 0.01	0.01～< 2.0	2.0～< 10.0	10.0～< 50.0	50.0～< 70.0	≥ 70.0

高酸性气藏是指天然气中硫化氢（H_2S）质量含量大于 30.0g/m³ 或体积分数大于 2.0% 的气藏，或者天然气中二氧化碳（CO_2）体积分数大于 10.0% 的气藏。

二、高酸性气藏天然气的特征

（一）高酸性天然气在流动条件下的物理特征

当物质的压力和温度高于其临界压力和临界温度时，即处于超临界区域。处于超临界区域内的流体是区别于气态和液态而存在的具有类似液态性质，同时还保留气体性能的第三类流体，称为超临界态流体。

天然气中酸性气体组分 H_2S 的临界压力为 9.008MPa，临界温度为 100.4℃，CO_2 的临界压力为 7.38MPa，临界温度为 30.978℃。当它们在高温高压流动环境中，常常以超临界态流体形式出现。

超临界态流体的密度约为液体的三分之一，为气体的数百倍，这使得它具有类似液体的溶解能力，而且这种溶解能力随着温度和压力变化而连续变化。一般来说，超临界流体的密度越大其溶解能力就越强。在超临界流体状态下，压力或温度的适度变化可使它的溶解能力在100～1000倍的范围内大幅度变化。

酸性天然气由地层向地面的流动过程中，其压力和温度环境是不断下降的，一旦外界压力、温度低于它们临界点之下，CO_2和H_2S就会发生相态的转变，在瞬间由超临界态转变为气态，体积剧烈膨胀数十甚至上百倍，严重时甚至会发生爆炸。

（二）高酸性天然气在流动条件下的化学特征

在开采过程中，从地层到井筒、地面管线到净化厂的整个流通路径上，压力和温度不断下降，在整个流动过程中会出现相态的变化、元素硫的沉积和水合物的生成等。

1. 相态变化

酸性天然气含有较多的H_2S和CO_2组分，而且大多都溶有一定的元素硫，组成上的差别使得高酸性气体的相态变化与常规天然气比较具有特殊的规律。

伴随着高含H_2S和CO_2天然气由高温高压地层环境向地面流动过程中，酸性气体体系相态会出现复杂的变化。由于天然气中H_2S和CO_2、烃类气体等组分之间的沸点存在一定的差异，当其中某些组分主要以液相存在时，必然会有些组分在其含量较高时以气相存在。如当H_2S主要以液态存在时，这时甲烷、乙烷等烃类气体则主要以气态存在。因此整个体系中也会出现元素硫和天然气之间的气固、气液、液固、气液固的动态相平衡。

2. 元素硫沉积

高含硫天然气由于富含硫化氢气体，元素硫能以多种形式存在于高含硫气体中。地层中的元素硫主要依靠三种运载方式与气流一起运移：一是与硫化氢结合生成多硫化氢溶于天然气中；二是溶于高分子烷烃；三是在高速气流中元素硫以颗粒状或微滴状（地层温度高于元素硫熔点时）随气流携带到地面。在高含硫气田的开发过程中，随着天然气压力、温度的降低，在地层、井筒及地面集输系统中都可能发生硫沉积（图1-2-1、图1-2-2）。硫沉积是高含硫气藏开发过程中广泛存在而又必须解决的关键难题之一，危害巨大。

图1-2-1　岩心中的硫沉积

图1-2-2　分离器分离头硫堵塞

1）硫的性质

硫属于氧族元素，俗称硫黄。单质硫可以固相、液相和气相等状态存在，硫在固态条件下一般为黄色晶态物质，摩尔质量为32.06g/mol，无味，其密度比水大，难溶于水、微溶于酒精、易溶于CS_2。单质硫存在很复杂的相态行为，元素硫存在四种相：正交硫（R）、单斜硫（M）、液态硫和硫蒸气。硫所处的状态取决于它的温度、压力、密度、组成等状态参数，当压力和温度等条件变化时，元素硫的各相态之间会相互转化。

2）硫溶解与沉积机理

硫在硫化氢中的溶解是指在一定的条件下，硫单质能分散在 H_2S 气体中，使整个混合物呈现单一气相。在高含硫气藏中，硫单质的溶解和沉积存在两种作用机理：即物理溶解和化学溶解。元素硫的溶解和沉积是物理溶解和化学溶解共同作用的结果，化学溶解是元素硫被含硫天然气吸收和沉积的主要控制因素。

（1）化学溶解。

化学溶解是指元素硫在地层条件下与 H_2S 反应生成多硫化氢，多硫化氢分子充当着元素硫的"运载工具"，它在某点的载硫量，主要取决于该点的压力和温度。在高含硫气藏中，硫和硫化氢之间满足如下的化学反应动态平衡：

$$H_2S + S_x \underset{T,\,p\downarrow}{\overset{T,\,p\uparrow}{\rightleftharpoons}} H_2S_{x+1}$$

该化学反应是一可逆反应，适用于高温高压地层。当地层温度和压力升高时，化学反应平衡向生成多硫化氢的右方进行，元素硫被结合成多硫化氢形式，使得元素硫在天然气中的溶解度增大。反之，当地层温度和压力降低时，则化学反应平衡向左进行，此时多硫化氢分解，从而生成更多的硫化氢和元素硫。当气相中溶解的元素硫达到其临界饱和度时，继续降低温度和压力，则元素硫就会析出并在一定条件下沉积下来。

（2）物理溶解。

经高压压缩的高含硫气体对元素硫存在显著的物理溶解作用。物理溶解是指在一定温度和压力条件下，元素硫溶解在高含硫气体中，从而以气体形式存在。物理溶解与化学溶解的主要区别是没有新的产物生成。当压力、温度和硫化氢含量较高时，硫在高含硫气体中的溶解度较大。在低温和低压下，由于化学反应速度比较慢，化学溶解作用对硫的沉积影响不大，对硫沉积起主要作用的是硫的物理溶解。

3）硫沉积的影响因素及其条件

影响元素硫溶解与沉积最重要的因素是元素硫在含硫天然气中溶解度的变化，一般来说，元素硫在高含硫气体中的溶解度主要受压力、温度和气体组成等的影响。

（1）压力影响：不论是在纯硫化氢气体中，还是在酸性气体混合物中，压力越高，元素硫的溶解度越大。反之，压力越低，元素硫的溶解度越小。

（2）温度影响：在高含硫气体混合物中，元素硫的溶解度随温度的升高而增大；反之，溶解度随温度降低而减小。

（3）气体组成影响：

①高含硫气体中硫化氢含量对元素硫的溶解度影响最为明显。硫化氢含量越大，硫的溶解度越高，因而发生元素硫沉积的可能性就越大，但这并不是唯一的因素。有的天然气含硫高达 34.35% 也未见硫堵，而有的仅含 8.4% 就发生硫堵。

② C_1 以上的烃类气体组分对元素硫的溶解度也有影响。烃类的碳原子数越多，溶解度越大。

综上所述，压力和温度等条件的变化，都会影响硫在高含硫气体中的化学和物理溶解作用。当硫在高酸性气体中的溶解达到饱和状态时，进一步降低压力和温度，析出的元素硫就会以液态或固态形式沉积下来，最终使整个混合物由单一气相状态转变为气液两相或气固两相或气液固三相。

3. 水合物形成

通常情况下天然气中还含有水，水在天然气中以气态或液态形式存在。在地层高温条件下，水蒸气分压高，天然气中的水含量相对较高。在井口和管输过程中，尤其在冬季气温较低情况下，天然气中的水蒸气将以液态水的形式析出，在一定条件（合适的温度、压力、气体组成、水的矿化度、pH 值等）下，水可以和天然气中的某些组分形成类冰的、非化学计量的、笼形结晶固体混合物，即称为天然气水合物（Natural Gas Hydrate）。

在同一温度下，当气体蒸气压升高时，形成水合物的先后次序分别是硫化氢→异丁烷→丙烷→乙烷→二氧化碳→甲烷→氮气。因此，在天然气所有组分中，H_2S 是最好的水合物生成剂，并且能形成非常稳定的水合物结构。含水酸性天然气在流动过程中，在温度和压力等条件满足时，酸性天然气中的 H_2S 就会和水形成结晶水合物。当酸性天然气中 H_2S 含量超过 30% 时，生成水合物的温度基本上与纯 H_2S 相同。

某组分高酸性天然气水合物形成温度见表 1-2-3，某组分低酸性天然气水合物形成温度见表 1-2-4。由此可见，在相同压力条件下，高酸性天然气较低酸性天然气水合物形成温度低 7～8℃。

表 1-2-3　高酸性天然气水合物形成温度预测

（r_g=0.67，H_2S=6.8%v，CO_2=9.0%v）

压力，MPa						
2	3	4	5	6	7	8
水合物形成温度，℃						
7.6	11.4	14.0	15.9	17.3	18.5	19.4

表 1-2-4　低酸性天然气水合物形成温度预测

（r_g=0.58，H_2S=0.06%v，CO_2=1.5%v）

压力，MPa						
2	3	4	5	6	7	8
水合物形成温度，℃						
冰先形成	3.1	5.7	7.7	9.5	11.0	12.3

水合物一旦形成后首先悬浮在流体中，然后趋向于积聚变大，形成更大的固体，最终堵塞管线及计量、仪表等。一旦发生水合物堵塞，处理起来非常困难。

（三）腐蚀特征

1. H_2S 腐蚀

干燥的 H_2S 对金属材料无腐蚀破坏作用，H_2S 只有溶解在水中才具有腐蚀性。H_2S 是易溶于水的气体，常温常压下饱和浓度可达到 3000mg/L，与 CO_2 和 O_2 相比，H_2S 在水中的溶解度最高。H_2S 一旦溶于水，便立即电离，使水的 pH 值下降，呈酸性。H_2S 在水中的离解反应为：

$$H_2S \longrightarrow 2H^+ + S^{2-}$$

氢离子是强去极化剂，它在钢铁表面夺取电子后还原成氢原子，这一过程称为阴极反应；失去电子的铁离子与硫离子反应生成硫化铁，这一过程称为阳极反应，铁作为阳极加速溶解反应而导致腐蚀。在 H_2S 溶液中含有 H^+、S^{2-}、H_2S 分子，它们对金属的腐蚀是氢去极化过程：

阳极极化：$Fe \longrightarrow Fe^{2+}+2e$

阴极极化：$2H^++2e \longrightarrow 2H$

腐蚀产物：$XFe^{2+}+YS^{2-} \longrightarrow Fe_XS_Y$

不同浓度下生成的腐蚀产物性质不同，H_2S 浓度为 5.0mg/L 时形成的腐蚀产物为 FeS 和 FeS_2，FeS 较致密，有一定的保护性；H_2S 浓度为 5.0～20mg/L 时形成的腐蚀产物是 Fe_9S_8，Fe_9S_8 疏松，无保护作用。

硫化氢还可引起多种类型的腐蚀，如氢脆和硫化物应力开裂等。硫化氢腐蚀是氢去极化腐蚀，吸附在金属表面的 HS^- 促使阴极放氢加速，同时 HS^- 及硫化氢又能阻止原子氢结合成分子氢，从而促使氢原子聚集在钢材表面，加速了氢渗入钢材内部的速度。HS^- 可使氢向钢内扩散速度增加 10～20 倍，引起钢材氢鼓泡、氢脆及硫化物应力腐蚀开裂。

此外，硫化氢含量较高的气井在生产过程中析出、沉积单质硫，沉积的单质硫对设备、管道的腐蚀是相当严重的。因单质硫沉积不均匀，现场设备、管道的腐蚀表现为局部腐蚀。

硫化氢主要腐蚀类型及破坏特征见表 1-2-5。

表 1-2-5　硫化氢主要的腐蚀类型及破坏特征

类型	破坏特征
电化学腐蚀	1. 表面有黑色腐蚀膜 2. 金属表面均匀减薄及局部腐蚀坑点，严重的呈溃疡状 3. 腐蚀速度受硫化氢浓度、溶液 pH 值、温度、腐蚀膜的形态、结构等影响 4. 腐蚀介质中二氧化碳、氯离子的存在会加速腐蚀 5. 管壁存在凝析液加速腐蚀
硫化物应力开裂	1. 材料受拉伸应力作用或存在残余应力 2. 破坏形式是材料脆性断裂 3. 低应力下破裂，无先兆、速度快 4. 主裂纹垂直于受力方向 5. 裂纹发生在应力集中部位或者马氏体组织部位 6. 一般断裂处材料硬度高 7. 对低碳低合金钢，发生在低于 80℃的工作温度下
氢致开裂	1. 环境中硫化氢分压高于 0.002MPa 2. 材料未受外应力或拉伸应力 3. 裂纹发生在金属内部带状珠光体内，为台阶状，平行于金属轧制方向，裂纹连通后造成失效 4. 裂纹扩展速度慢，在外力作用下促使扩展 5. 表面常伴有氢鼓泡 6. 常温下发生

2.CO_2 腐蚀

在没有电介质（水）存在的条件下，CO_2 本身是不腐蚀金属的。CO_2 只有溶于水中生成碳酸，才会引起腐蚀。

CO_2 是一种易溶于水的气体，常温常压下饱和溶解度为 1000mg/L，随温度上升溶解度下降，随压力升高溶解度上升。CO_2 溶于水后形成弱酸，降低了体系的 pH 值。游离 CO_2 在水中产生的弱酸性反应为：

CO_2 溶于水：$CO_2+H_2O \longrightarrow H_2CO_3$；

碳酸电离：$H_2CO_3 \longrightarrow H^++HCO_3^-$；

二次电离：$HCO_3^- \longrightarrow H^+ + CO_3^{2-}$。

由于水中H^+量的增多就会产生氢去极化腐蚀，氢离子是强去极化剂，极易夺取电子还原，促进阳极铁溶解而导致腐蚀。所以游离的CO_2腐蚀，从腐蚀电化学的观点看，就是含有酸性物质引起的氢去极化腐蚀。

阳极极化：$Fe \longrightarrow Fe^{2+} + 2e$；

阴极极化：$2H^+ + 2e \longrightarrow H_2$；

腐蚀产物：$Fe^{2+} + CO_3^{2-} \longrightarrow FeCO_3$。

上述腐蚀机理是对裸露的金属表面而言。实际上，在含CO_2油气环境中，钢铁表面在腐蚀初期可视为裸露表面，随后将被碳酸盐腐蚀产物膜所覆盖。所以，水溶液对钢铁的腐蚀，除了受氢阴极去极化反应速率的控制，还与腐蚀产物是否在钢表面成膜、膜的结构和稳定性有着十分重要的关系。

CO_2腐蚀又称为甜腐蚀，其腐蚀特征是深坑和环状腐蚀，这种腐蚀金属表面比较清洁。当含水达到40%时，呈现的腐蚀现象就很严重。油管螺纹的损坏主要是CO_2腐蚀造成的。

CO_2腐蚀不仅与分压有关，而且与温度也有密切的关系：

（1）低温（40℃）以下，腐蚀形态表现为均匀腐蚀。

（2）中温（100℃）左右，腐蚀速度达到最大，腐蚀形态表现为坑蚀。

（3）高温（150℃）以上，此时金属表面生成薄而致密的$FeCO_3$保护膜，腐蚀速度变小。

钢材受游离CO_2腐蚀而生成的腐蚀产物都是易溶的，在金属表面不易形成保护膜。综合压力和温度两个因素，对于比较深的气井，因为井底温度高，油管下部腐蚀并不严重，而是中部比较严重。

3. H_2S、CO_2相对含量对腐蚀的影响

在H_2S和CO_2腐蚀介质同时存在的情况下，H_2S与CO_2相对含量对腐蚀具有复杂的影响。当H_2S和CO_2以不同比例存在于环境中时，对腐蚀的影响程度不同。当H_2S含量高于H_2S和CO_2总含量的70%时，H_2S和CO_2互相促进腐蚀；当H_2S含量低于H_2S和CO_2总含量的30%时，则出现互相抑制腐蚀；H_2S、CO_2含量接近时，互相促进腐蚀更显著。

H_2S和CO_2对腐蚀的总体影响与H_2S和CO_2分压比有关，如图1-2-3所示，整个腐蚀区域可分为三个部分。第一部分：$p_{CO_2}/p_{H_2S} < 20$，此时腐蚀以H_2S为主；第二部分：$20 \leq p_{CO_2}/p_{H_2S} < 500$，此时腐蚀以$CO_2$和$H_2S$共同作用为主；第三部分：$p_{CO_2}/p_{H_2S} \geq 500$，此时腐蚀以$CO_2$为主。

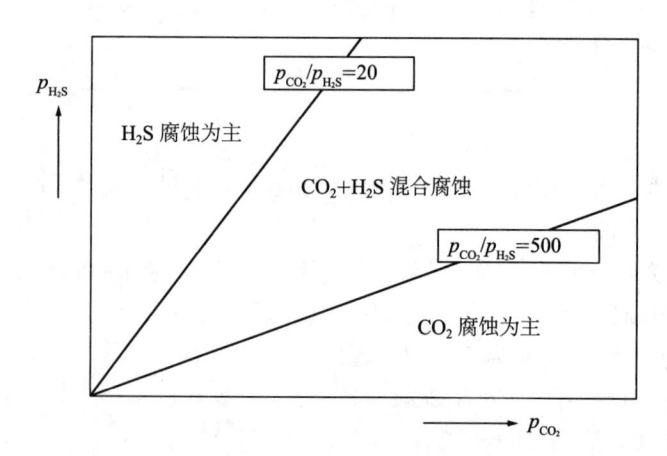

图1-2-3　H_2S和CO_2分压比

第二节 高酸性气藏完井技术

完井工程是衔接钻井和采油工程而相对独立的工程，是从钻开油层开始到下生产套管注水泥固井、射孔、下生产管柱、排液，直至投产完成的一项系统工程，在对储层地质结构、储层性质、岩石力学性质和地层流体性质分析的基础上，根据油气层地质特性和勘探开采技术要求选择最佳的完井方法，在井底建立油气层和井筒间有效的连通方式，以保证高效开发油气田、延长油气井寿命、提高采收率、发挥最大产能。

一、完井方式

为确保安全作业和后续增产措施和产能要求，根据储层类型、厚度及产能等条件，可采用套管射孔完井方式或裸眼完井方式。

二、完井管柱

高酸性气田通常采用的完井方式是套管（尾管）射孔完井，一次性下入射孔完井管柱，或者射孔后取出射孔管柱重新下入完井管柱。完井管柱主要考虑以下措施：

（1）采用永久式封隔器完井管柱，同时在环空中注入保护液，以保护封隔器以上套管及油管柱外壁免受酸性气体的腐蚀，同时避免套管承受高压。

（2）完井管柱以及油层套管采用抗酸性介质腐蚀的管材。

（3）封隔器、井下安全阀等井下工具采用抗酸性介质腐蚀材质。

（4）完井管柱配套助剂注入系统，通过注入缓蚀剂或硫溶剂，以减缓腐蚀和防止硫堵。

（一）完井管柱

对高酸性气井井下管柱通常采用带永久式封隔器的一次性完井管柱，除了油管和永久式封隔器之外，管柱还配套其他井下工具，如井下安全阀、流动短节、井下温度压力测试系统、循环阀等，根据不同的开发需要进行组合设计。

根据生产需要，可将一次性完井生产管柱分为三种类型：一是带井下封隔器和井下安全阀的生产管柱，一般在斜井和产量较高的井中使用，如图 1-2-4（a）所示；二是带加药阀和毛细管的生产管柱，一般在产量较低易产生硫沉积的气井中使用，如图 1-2-4（b）所示；三是带井下压力计的生产管柱，可实时监测井底温度和压力，一般只在直井中使用，如图 1-2-4（c）所示。

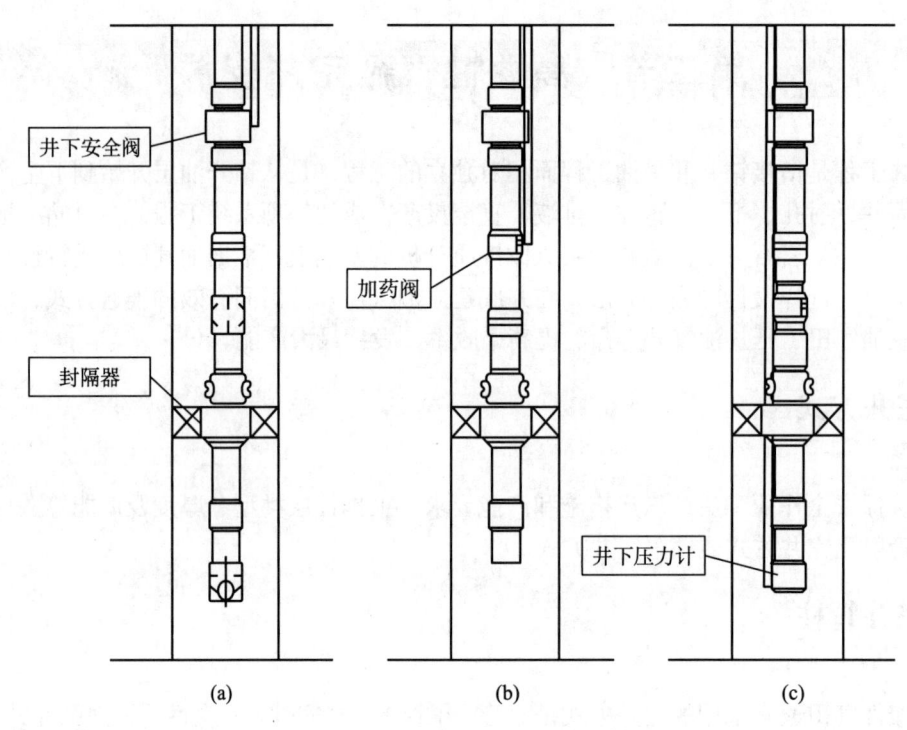

图 1-2-4　一次性完井生产管柱结构图

井下油套管材质的选择主要依据天然气的组分、酸性气体含量、H_2S/CO_2分压和地层温度等来确定。目前国内对于高含硫井井下工具材质的选择尚无较完善的专用标准可遵循，选择高抗硫材质的基本依据或最低标准应遵循美国腐蚀工程师协会即NACE MR—0175/ISO 15156—1《石油天然气工业—油气开采中用于含H_2S环境的材料》、API Spec 5CT—2018《套管和油管规范》、ANSI NACE TM 0177—2016《金属在H_2S环境中抗硫化物应力开裂和应力腐蚀开裂的实验室标准试验方法》、EFC16《含H_2S环境条件下碳钢和低合金钢的选材准则》、EFC17《石油天然气开发用耐蚀合金H_2S服役条件下选材和测试方法》、SY/T 6194—2003《石油天然气工业油气井套管或油管用钢管》等系列标准规范，并结合工程经验和实验室试验数据进行选材，且应优先选用标准化的、经工程经验验证合格的产品。

目前，在国内高含硫气田开发中，井下管柱主要采用SS级的高抗硫油套管、双金属复合油管和镍基合金钢材质，如镍基合金825、028、G-3主要作为油套管使用，与之配套的井下工具选用实效强化合金718。川渝地区高含硫气藏井下管柱常用材料见表1-2-6。

表1-2-6　川渝地区高含硫气藏井下管柱常用材料

套管材质	油管	其他
TP80SS、TP90S、TP95S TN95SS、TN110HS VA90SS、VA95SS NKAC90S、NKAC95S SM95SS、BG-80S C90SDST95SS、KO-13Cr-80	L80 VM80SS G3 NKAC80SS	井下工具 718.4140 封隔器座封位置处采用SM2535

（二）井下工具

1. 封隔器

高酸性气井中封隔器的主要作用是封隔生产套管与产层，使套管在完井作业及开采期间不承受高压和免受酸性气体的腐蚀，是完井管柱中的重要工具。应用于高酸性气井中的封隔器必须能承受较高的温度和压力，具有较强的耐腐蚀性，才能满足恶劣生产条件的要求。

对于高压、高温的酸性气田，常用的生产封隔器为液压坐封封隔器，根据封隔器起出方式的不同分为可取式封隔器和永久式封隔器两种类型。

可取式封隔器一般采用单向卡瓦，主要由支撑机构、密封机构、坐封机构和防解封锁定机构等组成。封隔器装配好后，随油管下入指定位置后向油管加压即可完成坐封；生产时自身所具有的锁定机构可防止封隔器自动解封；需要解封时通过在油管顶部施加一定的上提力，上提管柱使封隔器解封，随生产管柱一次起出。

永久式（不可取）封隔器一般采用双向卡瓦，为保证封隔器上部管柱能够在下次作业时正常起出，配备有插入式密封，主要由双向卡瓦、密封机构、坐封机构和插入式密封等组成。锚定密封可实现油管与封隔器锚定密封、旋转脱扣以及重新插入对接；卡瓦上开有沟槽，坐封时可充分张开，与套管的内壁接触，牢牢卡在套管内，坐封稳固；封隔器下到坐封深度后通过坐封活塞传递油管压力（液压）坐封，坐封后不可取出，起出时需要专业工具进行磨铣打捞。永久式封隔器示意图如图 1-2-5 所示。

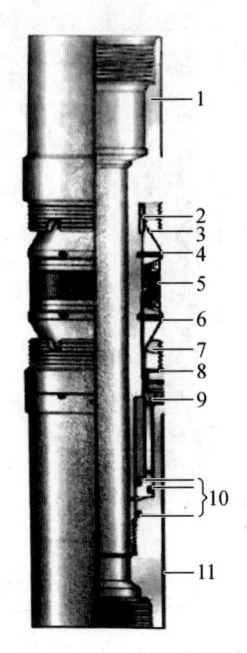

图 1-2-5　永久封隔器示意图

1—封隔器主体；2—锁键；3—上卡瓦；4—剪切销钉；5—密封胶筒；6—剪切销钉；
7—下卡瓦；8—本体锁紧环；9—剪切销钉；10—"O"形圈；11—下接头

2. 井下安全阀

对高含 H_2S 和 CO_2 的气井，为了确保安全生产，需要在井口安装地面安全阀和在油管柱上安装井下安全阀。井下安全阀有油管回收式和钢丝绳回收式两种安装方式，油管回收式安全阀直接连接在油管柱上。钢丝绳回收式安全阀和匹配的钢丝锁心连接在钢丝上，通过钢丝作业坐落在油管柱上的坐落短节内。由于连接在油管上的安全阀可靠性高，因此，通常采用此型安全阀。

地面和井下安全阀均由地面控制系统统一控制。井下安全阀由安置在油管外部的液压控制管线连接到地面，通过液控管线泵压，推动安全阀活塞向下运行，打开阀瓣，持续的液压使安全阀保持全开状态；当出现紧急情况时，安全阀液控管线卸压，活塞在弹簧作用下向上运行，阀瓣关闭，油管内流道也被关闭。

井下安全阀有两种，一种是带有自平衡机构的自平衡式安全阀（图1-2-6），另一种是不带自平衡机构的非自平衡式安全阀。自平衡式安全阀压力平衡系统包括一个平衡柱塞、一个平衡弹簧和一个阀瓣。它的压力平衡机理是在打开过程中，液控管线打压，流管开始向下移动，接触并下压平衡柱塞，打开金属—金属密封，柱塞开孔与阀瓣下连通，阀瓣下部高压流体进入阀瓣以上油管内，使阀瓣上下压差减小，从而平衡压力并打开阀瓣。

在高含 H_2S、CO_2 的环境下，通常井下安全阀采用耐腐蚀合金，如Inconel718、Inconel725等。

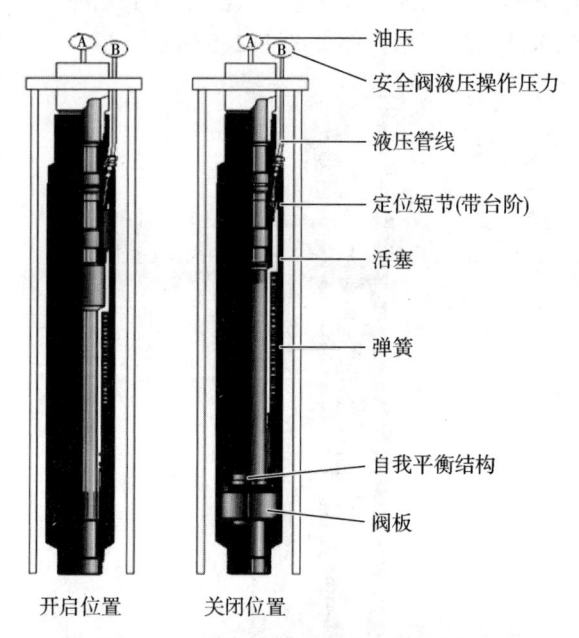

图1-2-6 井下自平衡式安全阀结构图

三、井口装置

井口装置的选择主要是根据气井最高关井井口压力、环境温度和流体性质执行。API规范6A提供了一套决策程序来确定高含 H_2S 和 CO_2 天然气井口和采气树各部件规格品种的等级（PSL），以满足在恶劣环境中可靠使用，如图 1-2-7 所示。

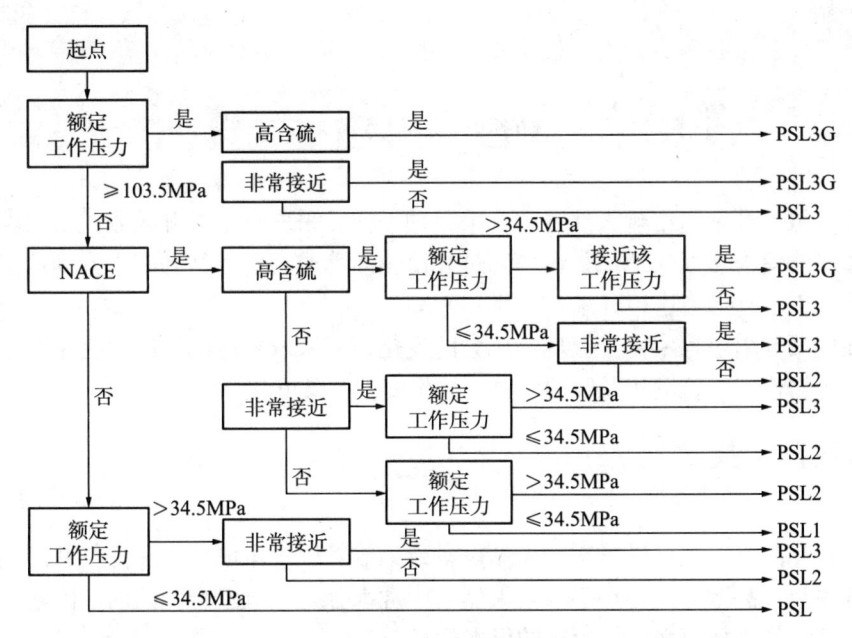

图 1-2-7 API 推荐的井口装置主要部件的产品规范与等级

对于高压气井，高压部件冲蚀、腐蚀会造成严重后果。采油树系统防腐的关键是正确选型，针对不同腐蚀环境选用相应的采油树材料等级。CO_2 分压可作腐蚀严重度分级的依据，这是因为采油树系统含 CO_2 时，流动诱导腐蚀和冲刷腐蚀加剧了电化学腐蚀。H_2S 的主要危害是应力开裂问题，选用了抗开裂的材料后，流动诱导腐蚀、冲刷腐蚀和电化学腐蚀就成了腐蚀和材料选用的控制因素。采油树材料防腐蚀等级划分见表 1-2-7。

表 1-2-7 采油树材料防腐蚀等级划分

材料类别	工况	二氧化碳分压，MPa
AA	一般环境，无腐蚀	≤0.05
BB	一般环境，轻度腐蚀	0.05～0.21
CC	一般环境，中度腐蚀到严重腐蚀	≥0.21
DD	酸性环境，无腐蚀	≤0.05
EE	酸性环境，轻度腐蚀	0.05～0.21
FF	酸性环境，中度腐蚀到严重腐蚀	≥0.21
HH	酸性环境，严重腐蚀	

川渝地区高含硫气井井口装置材质选择主要参照 API 6A—2018《井口装置和采油树设备规范》（2019 版）、Q/SY XN 2015—2006《高酸性气田地面集输管道设备材质技术要求》、NACE MR-0175—2015《石油天然气工业——油气开采中用于含 H_2S 环境的材料》等标准规范执行，通常选用规范级别在 PSL3 以上、性能级别 PR2、材料级别 EE 级以上的采气井口。目前，高抗硫采气井口装置主要使用进口产品，如罗家寨使用法国 MALBRANQUE 公司生产的井口装置，包括 $3\frac{1}{16}$-10000psi FF 级和 $4\frac{1}{16}$-10000psi FF 级等规格，铁山坡和龙岗等使用美国 WOM 公司的井口装置，包括 $3\frac{1}{16}$-10000psi FF 级、$4\frac{1}{16}$-

10000psi FF级和$2^9/_{16}$-10000psi、$3^1/_{16}$-10000psi HH级等规格，普光气田使用喀麦隆、MFC等公司的产品。

第三节　高酸性气藏采气技术

高酸性气藏的开采与常规天然气的开采原理一样，采取衰竭式开采方式，初期主要依靠气体的膨胀能使天然气从地层采出，经过井筒（油管或套管）从井底举升到地面，后期辅以相应的人工举升措施进行开采。

高酸性气藏开采过程中由于温度、压力的变化，应采取相应的措施解决生产过程中可能出现的水合物堵塞、硫沉积及腐蚀问题，确保安全高效开发。

一、水合物防治技术

水合物若在井筒、井口针形阀、场站设备或集输管线中生成，会降低气井产能，严重地影响正常生产，甚至造成停产事故。天然气中含水分是生成水合物的内在因素。因此，脱除天然气的水分是杜绝水合物生成的根本途径。

（一）提高节流前天然气温度

如果节流压降不变，提高节流前天然气的温度也等于提高了节流后天然气的温度。如果将节流后的天然气温度提高到高于水合物的生成温度，可预防节流后生成水合物。

（二）加注水合物抑制剂

加注水合物抑制剂是防治水合物形成的重要措施，它能减轻水套炉热负荷，降低能耗。抑制剂有热力学型和动力学型两大类。

1. 热力学抑制剂

目前使用最广泛的热力学抑制剂是甲醇、乙二醇和二甘醇，甘醇类的醚基和羟基团形式相似于水的分子结构，与水有强的亲和力。向天然气中注入醇类抑制剂，天然气中的水汽被高浓度甘醇溶液所吸收，与凝析水形成冰点很低的溶液，导致水合物生成温度明显下降。热力学抑制剂的主要缺点是用量大（相当于水相浓度的10%～60%），最常用的甲醇有一定毒性，储存、使用、回收不方便，还会对环境造成污染。常用的热力学抑制剂的物理化学性质见表1-2-8。

表1-2-8　常用水合物抑制剂的物理化学性质

项目	甲醇	乙二醇	二甘醇	三甘醇	四甘醇
分子式	CH_3OH	$C_2H_6O_2$	$C_4H_{10}O_3$	$C_6H_{14}O_4$	$C_8H_{18}O_5$
分子量	32.04	62.07	106.1	150.2	194.2
凝固点，℃	-97.8	-11.5	-8.3	-7.2	-5.6
1atm条件下的沸点，℃	64.7	197.3	245.0	287.4	327.3

续表

项目	甲醇	乙二醇	二甘醇	三甘醇	四甘醇
25℃条件下的蒸气压，mmHg	120	0.12	<0.01	<0.01	<0.01
25℃条件下的密度，g/cm³	0.790	1.110	1.113	1.119	1.120
25℃条件下的黏度，mPa·s	0.52	16.5	28.2	37.3	44.6
60℃条件下的密度，g/cm³	/	1.085	1.088	1.092	1.092
60℃条件下的黏度，mPa·s	/	4.68	6.99	8.77	10.2
闪点，℃	12	116	124	177	204
着火点，℃	/	118	143	166	191
比热，J/(g·K)	2.5	2.3	2.3	2.2	
热分解温度，℃		165	164.4	206.7	237.8
性状	无色易挥发性易燃液体	甜味无色黏稠液体	无色无臭的黏稠液体	中等臭味的黏稠液体	中等臭味的黏稠液体

2. 动力学抑制剂

动力学抑制剂是通过显著降低水合物的成核速率，延缓乃至阻止临界晶核的生成，干扰水合物晶体的优先生长方向及影响水合物晶体定向稳定性等方式抑制水合物的形成。国外从20世纪90年代起开始研制动力学抑制剂。Duncum等人在1993年首次在其专利中阐述了水合物动力学抑制剂—酪氨酸及其衍生物。随后，Anselme等人在其专利中确认了多种聚合物对四氢呋喃水合物晶体在冰晶晶种上的生长速率的抑制作用。

动力学抑制剂主要包括：

（1）酰胺类聚合物。该类聚合物是动力学抑制剂中最主要的一类，目前已被用作动力学抑制剂的有聚N—乙烯基己内酰胺、聚M—乙烯基己内酰胺、聚丙烯酰胺、N—乙烯基—N—甲基乙酰胺、含二烯丙基酰胺单元的聚合物。

（2）酮类聚合物。该类聚合物被用作气体水合物动态抑制剂的酮类聚合物主要是聚乙烯基吡咯烷酮。

（3）亚胺类聚合物。现已开发的亚胺类聚合物水合物动力学抑制剂有聚乙烯基—顺丁二烯二酰亚胺和聚N—酰基亚胺。

动力学抑制剂已在美国和英国的油气田进行了试验和应用，国内目前尚未在工业上应用。对于高含硫天然气生产系统，国外也缺乏动力学抑制剂的实验室研究和现场试验数据。

动力学抑制剂的主要优点是用量较少，但价格较贵。

（三）脱水

当酸性天然气必须通过长距离输送到脱硫厂时，采用加热的方法存在建设费用及操作成本高的问题，这种情况下可以采用井场脱水的方法来防治水合物生成。天然气经过脱水后，可以保证在后续集输管线中不会析出游离水或析出少量凝析水，降低形成水合物的概率。

二、硫沉积防治技术

（一）硫沉积的危害

（1）降低地层渗透率。元素硫在岩石孔隙喉道中沉积形成硫堵，堵塞天然气的渗流通道，降低地层渗透率，影响气井产能。

（2）堵塞井下油管及地面管线。油管及地面管线发生硫堵，影响气井产量下降甚至停产。

（3）加剧设备设施腐蚀。高含硫气井元素硫沉积会改变设备设施所处环境，影响耐蚀合金钢的抗腐蚀开裂能力，加剧设备设施的腐蚀。

（二）对硫沉积的几点认识

目前在硫沉积规律上，主要有以下几方面认识：

（1）硫的沉积主要发生在距井筒周围2m的范围内，当含硫饱和度超过大约20%时，硫堵就会迅速发生，并且硫的沉积量与距井筒中心距离的平方成反比，与压降成正比，这使得元素硫越靠近井筒，沉积越迅速，沉积量越大。

（2）井筒附近出现硫沉积，引起表皮系数增大并可能出现正值，使气井产能下降，影响气井产能发挥。

（3）气井的产量越大，元素硫的析出量也越大，越易发生硫堵；但气体流速高，也越易携带出元素硫，减轻硫堵。

（4）当元素硫沉积在岩石孔隙之内时，对气体相对渗透率的影响不大，而当沉积在孔喉处时，会大大降低气体的相对渗透率，从而降低气井产能。

（三）硫沉积的防治方法

解决硫沉积的方法大致可归纳为三个类型：化学反应、加热熔化及用溶剂（或溶液）溶解硫（表1-2-9）。

表1-2-9 解决硫沉积问题的方法

方法类型	名称				
化学反应	用空气氧化	与烯烃反应			
加热熔化	蒸气循环	热溶剂循环			
溶剂溶解	以苯为溶剂	以二硫化碳为溶剂	硫化物或二烷基二硫化物为溶剂	胺类或烷基醇胺为溶剂	无机盐溶液为溶剂

在工业上主要采用溶剂溶解硫的方法。溶剂主要分为物理溶剂和化学溶剂，不与硫产生化学反应仅起溶解作用的是物理溶剂，与硫产生化学反应的为化学溶剂。一般物理溶剂仅能处理中等程度的硫沉积，而化学溶剂对处理严重的硫沉积十分有效。各种溶剂的溶硫能力见表1-2-10。

第二章　高酸性气藏开采

表 1-2-10　溶剂的溶硫能力

溶剂类型		溶剂名称	25℃时溶硫量（质量分数）	备注
物理溶剂		庚烷	0.2	溶硫能力很低
		甲苯	2	—
		二硫化碳	30	有毒、易燃
化学溶剂	二硫化物	Merox	40～60	有臭味
		二硫化二甲基	>100	价格贵
	胺或烷醇胺	D-Tron′溶剂	>10	腐蚀较严重

　　物理溶剂携带硫的能力低于化学溶剂，脂肪烃最低，芳烃较好，它能在芳香环状体系和元素硫 S_8 环状体系之间产生反应，能增大对硫的溶解能力。二硫化碳（CS_2）具有较高的溶解能力，缺点是有毒性，闪点低，易于自燃。在 CS_2 中掺入其他工业溶剂可以提高燃点而不影响溶硫能力。在 CS_2 中掺入 16% 工业正戊烷可使燃点提高到 357℃。也可以在 CS_2 中加水组成一种高内相比的非牛顿型乳状液，其中内相（CS_2）的体积比例至少应为 60%。以这种乳状液作为硫溶剂可以降低 CS_2 的毒性和减少着火危险。

　　Merox 是一种硫醇（RSH）氧化的产物，常用在含 H_2S 气井中防止硫沉积，是一种有效溶解剂。其缺点是必须用胺对 Merox 混合物进行活化以提高其溶解硫的能力。

　　胺或烷醇胺是应用较多的化学溶剂。它们和酸气中的 H_2S 反应形成硫氢根离子（HS^-），然后再和元素硫作用而使之溶解。当用乙醇胺为溶剂时，溶硫后的溶剂可用 CO_2 处理回收。

$$RNH_2（水溶液）+H_2S+S_8 \longrightarrow RNH_3+HS_9^-$$

$$RNH_3+HS_9^-（水溶液）\xrightarrow{CO_2} S_8\downarrow+RNH_2（水溶液）+H_2S\uparrow$$

　　美国宾华公司推出的 SUIFA-HITECH（硫速通 HT）是一种新型的硫溶剂，它是二甲基二硫（DMDS）在 3%～5% 的二甲基替甲酰胺（DMF）和 0.15%～0.5% 的氢硫化钠（NaSH）催化剂作用下，不仅对硫进行物理溶解，还发生硫与 DMDS 结合的化学作用。反应机理如下：

（1）引发：

$$NaSH+CH_3SSCH_3 \longrightarrow CH_3SSH+CH_3SNa$$

（2）延伸：

$$CH_3SNa+S_8 \longrightarrow CH_3SS_8Na$$

$$CH_3SS_8Na+S_8 \longrightarrow CH_3SS_{16}Na$$

（3）终止：

$$CH_3SS_{16}Na+CH_3SSCH_3 \longrightarrow CH_3SS_{16}SCH_3+CH_3SNa$$

（4）老化—歧化作用：

$$CH_3SS_{16}CH_3+CH_3SSCH_3 \longrightarrow CH_3SS_{10}CH_3+CH_3SS_6SCH$$

该硫溶剂和其类的硫溶剂比较具有许多优点：

（1）硫溶剂具有很高的吸硫速率（表 1-2-11）。

（2）能溶解大量的硫。

（3）具有长时间的稳定性，并保持其活性。

（4）可以再生循环使用。

（5）可以间歇注入和连续循环使用。

表 1-2-11　常用的硫溶剂吸硫量比较

溶剂	24h 内吸硫量，25℃/g	溶剂	24h 内吸硫量，25℃/g
硫速通 HT	140	二硫化碳	35
二甲基二硫	2	煤焦油	2.8~7.8
二烷基二硫	35~58		

现场常用的物理溶剂为 CS_2，化学溶剂中含催化剂的二甲基二硫（DMDS）硫溶剂是目前广泛使用的最佳硫溶剂。

三、防腐技术

缓蚀剂分薄膜型和钝化型两大类，薄膜型主要有胺类，如伯胺、聚胺、酰胺类、咪唑啉、鳞化物等。钝化型主要有钒酸盐、铬酸盐等。薄膜类是在金属与介质间形成不渗透阻挡层，钝化类主要是在金属表面形成保护性氧化层。

（一）缓蚀剂防腐技术

1. 气井加注缓蚀剂

第一类是普遍采用的环空注入法。环空加注缓蚀剂既能保护套管内壁、油管外壁，又能保护油管内壁，甚至对地面集输管线还有保护作用。该加注方法适用于油管、套管连通的气井。

第二类是从油管内投放缓蚀棒，保护油管内壁。该加注方法适用于油管、套管不连通的气井。

第三类是从毛细管定期加注缓蚀剂，通过注入阀进入油管，保护油管内壁。该加注方法适用于油管、套管不连通且安装了注入阀的气井。

2. 地面管线加注缓蚀剂

第一类是周期性加注缓蚀剂。利用缓蚀剂加注装置向管道内加注缓蚀剂，借助管道内天然气的流动携带缓蚀剂涂敷到管线内壁，达到防腐的目的。该方法适用于小管径、短距离输送的管线。

第二类是定期进行缓蚀剂预膜。利用清管通球装置定期注入缓蚀剂，利用清管球（蛛头球）推动缓蚀剂涂敷到管线内壁，达到防腐的目的。该方法适用于大管径、长距离输送的管线。

加注缓蚀剂防腐应根据腐蚀监测、检测结果合理制定缓蚀剂加注制度，及时优化调整缓蚀剂加注制度，确保缓蚀剂防腐效果，同时确保气井平稳生产。

（二）双金属复合油管

为了增加防腐措施的可靠性、降低耐蚀钢或耐蚀合金油管的成本，可采用双金属复合管。在普通油管内插入薄壁耐蚀钢，用机械或液压方法将内衬管与常规石油管贴合在一起，两端接头采用特殊结构连接。内衬管可选用 Super13Cr、22Cr 或镍基合金等。这种类型石油管具有较高可靠性，价格将比整体耐蚀钢低 50% 以上。因此，双金属复合管具有十分广阔的应用前景，它将在石油输送管、油管、石油注水管等石油石化领域广泛应用。由于双金属复合管在防腐蚀方面具有很高的可靠性和良好的经济效益，近年来已经成为各管材生产厂家和研究机构的研究热点，先后提出了冶金复合、爆炸复合、钎焊复合、液压复合、拉拔复合等方法，并进行了一些试验性探索，国内外部分厂家已开发出冶金复合、爆炸复合、液压复合的专用生产线。

（三）电法保护

金属在电解质溶液中，由于金属本身存在电化学不均匀性或外界环境的不均匀性，都会形成腐蚀原电池。在原电池的阳极区发生腐蚀，不断输出电子，同时金属离子溶入电解液中。阴极区发生阴极反应，视电解液和环境条件的不同，在阴极表面上析出氢气或接受正离子的沉积。如果给金属通以阴极电流，整个腐蚀原电池体系的电位将向负的方向偏移，使金属阴极极化，这就可以抑制阳极区金属的电子释放，从根本上防止金属腐蚀。

电法保护是根据电化学和电学的原理和方法，达到保护金属的目的。电法保护包括外加电流阴极保护、牺牲阳极阴极保护、直流杂散电流排流保护、交流杂散电流排流保护等措施。

1. 外加电流阴极保护

外加电流阴极保护又称强制电流阴极保护，它是根据阴极保护的原理，用外部直流电源作阴极保护的极化电源，将电源的负极接到被保护构筑物，将电源的正极接至辅助阳极，在电流的作用下，使被保护构筑物对地电位向负的方向偏移，从而实现阴极保护。给管道实施阴极保护时，用金属导线将管道接在直流电源的负极，将辅助阳极接到电源的正极。外加电流阴极保护适用范围比较广，只要有便利的电源，邻近没有不受保护的金属构筑物的场合几乎都适合选用外加电流阴极保护。

2. 牺牲阳极阴极保护

在腐蚀电池中，阳极腐蚀，阴极不腐蚀。根据这一原理，把某种电极电位为负的金属材料与电极电位为正的被保护金属构筑物相连接，使被保护的金属构筑物成为腐蚀电池中的阴极而实现保护的方法称为牺牲阳极阴极保护。

为了达到有效保护，牺牲阳极不仅在开路状态（牺牲阳极与被保护金属之间的电路未接通）有足够负的电位，而且在闭路状态（电路接通后）有足够的工作电位。这样，在工作时即可保持足够的驱动电压。

牺牲阳极阴极保护不需要外部电源，对邻近金属构筑物干扰较小。因此，该方法特别适用于缺乏外部电源和地下金属油套管的防护。

常用的牺牲阳极材料有镁及镁合金、锌及锌合金；在海洋环境中还有铝合金。

3. 直流排流保护

将管道中流动的直流杂散电流排出管道，使管道免受电蚀的方法称为直流排流保护。依据排流接线回路的不同，直流排流可分为直接、极性、强制、接地四种排流方法。

第三章　凝析气藏开采

第一节　凝析气藏概述

一、凝析气藏定义

地下深处高温高压条件下的烃类气体经采出到地面后，由于温度和压力降低，会凝结出液态石油，这种液态的轻质油称为凝析油，气藏称为凝析气藏。该类型气藏在初始储层条件下流体呈气态，储层温度处于压力—温度相图的临界温度与最大凝析温度之间，在衰竭式开采时储层中存在反凝析现象。

二、凝析气藏形成条件

压力和温度是形成凝析气藏的重要条件，压力起主导作用，温度次之。气层埋藏深度越深，压力和温度越高。气藏压力通常都超过14MPa，气藏温度超过38℃；多数凝析气藏的压力再21～42MPa、温度在93～204℃。根据美国1945年前发现的224个凝析气田的统计，气柱约80%深度都大于1500m。油气在地下条件下的比例、烃类混合物的原始组成以及各种地质条件等是形成凝析气藏的必要条件。

三、凝析气藏流体组成

（一）凝析气藏具有足够数量的气态烃

凝析气藏流体组分中90%（体积分数或摩尔分数）以上是甲烷、乙烷和丙烷，在高温、高压下气体才能溶解相当数量的液态烃。

（二）凝析气藏具有一定数量的液体烃

气相中的凝析油含量是由凝析油的密度、馏分组成、族分组成（烷烃、环烷烃、芳香烃等）以及某些物理性质（相对分子质量和密度等）所决定的。环烷烃含量越高，油的含量越低。随着密度和沸点降低，凝析油含量增加。在较低的温度下，凝析油含量相对较高。

在地层条件下，凝析油含量存在临界值，高于此值，凝析油不可能处于气相状态，它与气油比的临界值相当。气油比大于临界值时，油气体系处于气相状态，小于临界值则为液相。气与油临界比值主要取决于烃类组成及气层的热动力条件。

（三）凝析气藏具有一定的甲烷同系物

在高压下，液态烃在甲烷气体中的溶解度非常低，但当高分子气态同系物增加时，可以明显地提高液态烃的溶解度，有利于凝析气藏的形成。

四、凝析气井采出井流物组成分布

凝析气藏井开采初期，采出的原始井流物组成分布一般具有以下特征：

（1）甲烷（C_1）含量约在 75%～90%，C_{2+} 含量在 7%～15%。若 C_{2+} 含量大于 10%，凝析气藏一般有油环。

（2）气体干燥系数 [C_1/（C_2+C_3），均为摩尔或体积含量比] 在 10～20 之间。

（3）气体的湿度（C_2/C_1，均为摩尔或体积含量比）在 6～15 之间。

（4）分离器气体的相对密度（对空气，空气相对密度设为1）在 0.6～0.7 之间。

（5）油罐油（或称稳定凝析油）的相对密度（相对于水，水相对密度设为1）在 0.726～0.812 之间。

（6）地面凝析油的动力黏度（μ_o）小于 3mPa·s。

（7）凝析油的凝固点一般小于 11℃。

（8）凝析油的初馏点一般小于 80℃，而且小于 200℃的馏分含量大于 45%。

（9）含蜡量一般小于 1.0%。

（10）胶质沥青质含量一般小于 8%。

（11）俄罗斯统计气油比（GOR）一般在 18000～1000m^3/m^3，美国统计气油比在 17600m^3/m^3 左右。都认为气油比小于 600～800m^3/m^3，只能形成油藏，不可能形成凝析气藏。

（12）俄罗斯统计气油比上限的凝析油含量（CN）为 39.6～44.1g/m^3，美国统计凝析油含量为 40.9～45.0g/m^3。

五、凝析气藏分类

国际上较多地按以下标准来划分各种凝析气藏：

低含凝析油的凝析气藏：5000m^3/m^3 < GOR < 18000m^3/m^3；45g/m^3 < CN < 150g/m^3。

中等含凝析油的凝析气藏：2500m^3/m^3 < GOR < 5000m^3/m^3；150g/m^3 < CN < 290g/m^3。

高含凝析油的凝析气藏：1000m^3/m^3 < GOR < 2500m^3/m^3；290g/m^3 < CN < 675g/m^3。

特高含凝析油的凝析气藏：600m^3/m^3 < GOR < 1000m^3/m^3；675g/m^3 < CN < 1035g/m^3。

世界上还有凝析油含量超过 1035g/m^3 的凝析气藏，如美国加州卡尔—卡尔纳凝析气田的凝析油含量达 1590g/m^3。

我国 GB/T 6168—2012《气藏分类》给出了按凝析油含量分类标准，见表 1-3-1。

表 1-3-1　凝析油气藏按凝析油含量划分（GB/T 6168—2012《气藏分类》）

分类	凝析油含量，g/m^3
特高含凝析油凝析气藏	> 600
高含凝析油凝析气藏	250～600
中含凝析油凝析气藏	100＜250
低含凝析油凝析气藏	50＜100

第二节 凝析气藏完井技术

凝析气藏的完井技术与一般气藏的完井技术相似，应根据气藏类型、埋藏深度、气层温度和压力、油藏物性和流体性质，合理选择完井工艺。

一、完井方法选择

目前完井方法有多种类型，都有各自的适应性和局限性，必须根据油气藏类型和油气层特性选择最适应的完井方法，确保油气井最佳产能。

根据国内外油气井完井实践及各凝析气田气藏地质特征，总结对比直井射孔、裸眼和衬管三种完井方法的适应条件及优缺点，见表1-3-2。

表1-3-2 直井完井方法对比

完井方法	适应的地质条件	优点	缺点
射孔完井	1. 有底水、有含水夹层、易坍塌夹层 2. 各层间存在岩性、压力等差异储层，要求实施分层作业 3. 砂岩储层、碳酸盐裂缝性储层	1. 最有效的层段分隔，可以完全避免层段之间的窜通 2. 可以进行有效的生产控制、生产监测、任何选择性增产增注作业	1. 相对较高的完井成本 2. 储层受水泥浆的侵害 3. 射孔操作技术要求较高
裸眼完井	1. 岩石坚硬致密，井壁稳定不坍塌 2. 不要求层段分隔的储层 3. 单一厚储层 4. 天然裂缝性碳酸盐储层	1. 成本最低 2. 储层不受水泥浆的侵害，油井完善程度较高	1. 疏松储层，井眼可能坍塌 2. 难以避免层段之间的窜通 3. 难以进行选择性增产增注作业
衬管完井	1. 无底水、无含水夹层和易坍塌夹层 2. 单一厚储层 3. 不要求层段分隔的储层 4. 岩性较为疏松的砂岩储层	1. 成本相对最低 2. 储层不受水泥浆的侵害 3. 可防止井眼坍塌	1. 不能实施层段分隔 2. 无法进行选择性增产增注作业

水平井的生产压降小，凝析油反凝析出量少，水平井开采可以作为防治反凝析液影响、改善气井产能的措施。杰贝尔·比萨凝析气田曾做过比较，直井周围的凝析油饱和度可达15%，而在相同产量下水平井周围不超过6%，水平井的产量也比直井高2~3倍。正确选择水平井完井方法是为了保证井眼的稳定性，以适应开发生产及调整以及必要的井下作业施工，同时还有利于油气井产能的发挥。水平井完井方法对比见表1-3-3。

表1-3-3 水平井完井方法对比

完井方法	适应的地质条件	优点	缺点
射孔完井	1. 要求实施层段分隔的注水开发储层 2. 要求实施水力压裂的储层 3. 裂缝性储层	1. 最有效的层段分隔，可以避免层段之间的窜通 2. 可以进行有效的生产控制、生产监测和增产增注作业 3. 可增加裂缝间的连通能力	1. 相对较高的完井成本 2. 储层受水泥浆的侵害 3. 水平井段固井质量尚无保证

续表

完井方法	适应的地质条件	优点	缺点
裸眼完井	1. 岩石坚硬致密，井壁稳定不坍塌 2. 天然裂缝性碳酸盐储层或硬质砂岩 3. 不要求层段分隔	1. 成本最低 2. 储层不受水泥浆的侵害 3. 合用可膨胀式双封隔器，可实现生产控制和分层段的增产作业	1. 难以避免层段之间的窜通 2. 可选择的增产作业有限
衬管完井	1. 井壁不稳定，可能发生井眼坍塌 2. 不要求层段分隔的储层 3. 天然裂缝性碳酸盐岩或硬质砂岩储层	1. 成本相对最低 2. 储层不受水泥浆的侵害 3. 可防止井眼坍塌	1. 不能实施层段分隔 2. 无法进行选择性增产增注作业 3. 无法进行生产控制，不能获得可靠的测试资料

二、完井管柱结构及材质选择

（一）完井管柱直径选择

完井管柱选择应通过气井产能与地层压力、井口压力以及与油管直径的敏感性分析，合理优化设计完井管柱直径，同时校核管柱抗拉强度、抗流体冲蚀性能、自喷带液性能。根据气井产能设计完井管柱的同时，还要综合考虑完井后储层改造的需求，低渗储层水力压裂时可能需要大排量、大液量加注压裂液，应尽可能选用较大内径油管，以降低酸压流动摩阻，有效提高储层的酸压效果；而开发生产时可能选用较小内径油管，以减少液体滑脱损失，有效提高自喷带液效果。因此当完井管柱不能同时满足储层改造及开发生产时，储层改造时可采用独立的管柱，改造结束后优化为生产管柱。

（二）完井管柱材质选择

完井管柱材质要适应储层流体介质，满足抗腐蚀要求，同时采取必要的防腐措施，降低因腐蚀更换管柱的频次，从而减少因压井作业对储层产生伤害。

干燥的 H_2S 对金属材料无腐蚀破坏作用，H_2S 只有溶解在水中才具有腐蚀性。在湿 H_2S 环境中金属氢损伤通常表现为硫化物应力开裂（SSC）、氢诱发裂纹（HIC）和氢鼓泡（HB）等破坏形式，而硫化物应力开裂所造成的事故往往是灾难性的。美国腐蚀工程协会（NACE）的 MR0175—97"油田设备抗硫化氢应力开裂金属材料"标准定义湿硫化氢环境为：酸性气体系统—气体总压 $\geq$ 0.4MPa，并且 H_2S 分压 $\geq$ 0.0003MPa；酸性多相系统—当处理的原油中有两相或三相介质（油、气、水）时，条件可放宽为：气相总压 $\geq$ 1.8MPa 且 H_2S 分压 $\geq$ 0.0003MPa，当气相压力 < 1.8MPa 且 H_2S 分压 $\geq$ 0.07MPa；或气相 H_2S 含量超过 15%。国内定义湿硫化氢环境为：在同时存在水和硫化氢的环境中，H_2S 分压 $\geq$ 0.00035MPa，或在同时存在水和硫化氢的液化石油气中，液相的 H_2S 含量 $\geq 10 \times 10^{-6}$。硫化氢的防护措施如下：

（1）选用抗硫化氢材料。抗硫化氢材料主要是指对硫化氢应力腐蚀开裂和氢损失有一定抗力或对这种开裂不敏感的材料，同时采用低硬度（强度）和完全淬火+回火处理工艺对材料抗硫化氢腐蚀是有利的。

（2）添加缓蚀剂。实践证明添加缓蚀剂是防止含 H_2S 酸性油气对碳钢和低合金钢设施腐蚀的一种有效方法，缓蚀剂通常为含氧的有机缓蚀剂（成膜型缓蚀剂），有胺类、米唑啉、酰胺类和季铵盐，也包括含硫、磷的化合物。

（3）控制溶液的pH值。维持溶液pH值在9～11，这样不仅可有效预防硫化氢腐蚀，又可同时提高钢材疲劳寿命。

（4）金属保护层。在需保护的金属表面用电镀或化学镀的方法，镀上Au、Ag、Ni、Cr、Zn、Sn等金属，保护内层不被腐蚀。

（5）保护器保护。将被保护的金属如铁作阴极，较活泼的金属如Zn作牺牲阳极，阳极腐蚀后定期更换。

根据CO_2分压数值判断CO_2腐蚀程度，优选管柱材质如下：

（1）无腐蚀：CO_2分压小于0.021MPa，不需采取防CO_2腐蚀措施。

（2）中等腐蚀：CO_2分压0.021～0.21MPa，可选择性采取加药、涂层等防CO_2腐蚀措施。

（3）严重腐蚀：CO_2分压大于0.21MPa，需采用特殊管材防CO_2腐蚀措施。

三、凝析气藏完井工艺优化设计实例

以塔中Ⅰ号带奥陶系凝析气藏为例，介绍该气藏完井工艺技术选择。

（一）气藏基本情况

塔中Ⅰ号带位于新疆维吾尔自治区且末县境内，包括塔中26井区、塔中24井区、塔中62井区、塔中82井区。为进一步深化降低开发风险、落实开发部署，为下一步大规模开发奠定基础，优选塔中62—82井区建立开发试验区，开发方法采用一套开发层系，衰竭式开发，井型以直井为主，水平井为辅。塔中62—82井区奥陶系为裂缝—孔洞型碳酸盐岩凝析气藏，井深4500～5900m之间，油藏温度130℃左右，地层压力为55～64MPa，属于正常温压系统。油藏物性表明，塔中62—82井区属于低孔低渗储层，CO_2含量0.1381%～3.4782%，H_2S含量33.4～11309mg/m³，地层水平均密度1.08g/cm³，总矿化度103196mg/L，$CaCl_2$水型。

（二）完井方法优选

塔中62—82井区储层岩石强度较高，不会出砂，但是完井投产时必须进行储层酸压改造，而在塔里木轮古油田裸眼井酸压后出现井壁坍塌现象，推荐该井区直井采用套管射孔完井或衬管完井，为大型压裂酸化、调整作业提供较好的井筒条件；水平井推荐采用衬管完井为主，对于处于油水过渡带附近的油气井、需要进行生产测井的重点井，采用射孔完井。

（三）完井管柱优选

塔中62—82井区在开发初期必须采用压裂酸化增产改造，需采用直径为ϕ88.9mm酸压管柱，对于单井产量大于20.0×10⁴m³/d的气井，直接采用酸压管柱投入生产；对于单井产量小于20.0×10⁴m³/d的气井，需要采用直径小于等于ϕ73.0mm的生产管柱，不具备酸压管柱的使用条件，因此建议酸压时采用独立的管柱，即先下入直径为ϕ88.9mm酸压管柱，酸压结束后更换为正常的生产管柱。

塔中 62—82 井区天然气 CO_2 分压高，属于较强的 CO_2 腐蚀环境；H_2S 分压高，为 H_2S 腐蚀环境；地层水氯离子含量高，为氯离子腐蚀环境；因此塔中 62—82 井区为高浓度盐水、CO_2、H_2S 共存的腐蚀环境，多组分协调作用，会造成金属严重腐蚀，因此对于高温高压含硫深井套管或油管，要求材质抗硫化氢和二氧化碳腐蚀。本着经济、有效的原则，建议生产管柱结构为油管+永久式封隔器+井下安全阀+配套工具，油管应从工艺技术和表面工程技术上解决腐蚀问题。根据气井深度和温度梯度多方面综合考虑，优先选取抗硫化物应力开裂的钢材，用这种钢材来喷涂涂层以防止电化学腐蚀，一旦涂层有损伤，钢材在井下只发生电化学腐蚀，而不会发生灾难性的硫化物应力开裂断裂。套管材质选择为：封隔器上部采用 ϕ177.8mmTP110SS 套管，封隔器下部生产套管选用日本住友 SM2535—110 合金套管。

塔中 62—82 井区采用酸压—完井一体化生产管柱的气井，井底积液后需采取措施时可在原酸压管柱内直接安装直径较小的连续油管作为生产管柱，连续油管需防硫化物应力腐蚀和电化学腐蚀。

第三节　凝析气藏采气技术

凝析气藏在世界气田开发中占有十分重要的地位。据相关资料显示，世界上富含凝析气田的国家如美国、加拿大等，都拥有丰富的开发凝析气田的经验。早在 20 世纪 30 年代，美国就已经开始使用回注干气保持压力的方法来开发凝析气田，20 世纪 80 年代又发展了注氮气技术。苏联则主要采用衰竭式开发方式，采用各种屏障注水方式开发凝析气顶油藏。目前，在北海地区，也有冲破"禁区"探索注水开发凝析气田的做法。

凝析气藏是一种既不同于一般气藏也不同于油藏的特殊类型气藏，其开采技术比一般气藏和油藏复杂。开发凝析气藏除了考虑天然气采收率外，还要考虑提高凝析油采收率，防止在地层压力下降时出现凝析油的损失。世界凝析气藏的开发实践表明，开发凝析气藏需要综合考虑凝析气藏的地质条件、气藏类型、凝析油含量和经济指标。总之开发凝析气藏的方式包括衰竭式开发、保持压力式开发、油环凝析气藏开发。

一、衰竭式开发

在地层压力高于露点压力时，采用衰竭式开采凝析气藏与开采常规气藏相同，但是由于开采过程中地层中会析出凝析油，需要确定凝析油产量和凝析油析出对地层内气体流动的影响，因此需要考虑凝析油气组成随压力下降而变化的因素。

凝析气藏具备以下条件，可以采用衰竭式开发：

（1）原始地层压力高。如果储层的压力远远高于初始凝析压力（上露点压力），第一阶段开发可以充分利用天然气能量，采用衰竭方式开发。

（2）气藏面积小，凝析油含量高。有些凝析气藏虽然凝析油含量较高、面积较大，但被断层分割为不连通的小断块，形不成注采系统，保持压力开采无经济效益，也可采用衰竭式开发。

（3）凝析油含量少。如果凝析气藏的高沸点烃类含量少，凝析油的储量就比较小，而且主要含轻质、密度不大的凝析油，采用衰竭式开采也能获得较高的凝析油采收率，就可以不考虑保持压力。

（4）地质条件差。气层的渗透率低，吸收指数低，非均质性严重，裂缝不发育及断层分割等。

（5）边水比较活跃。边水侵入可以降低地层压力的下降速度，保证气藏达到较高的凝析油采收率。

利用衰竭方式开发凝析气藏，通常采出的凝析油量很少。在凝析油气体系中，返凝析液体所占体积很少超过烃类总体积的20%～25%，在凝析气区最高凝析液饱和度均低于流动临界值。在衰竭开采期，反凝析液将达到最大值，然后随着压力的下降发生二次蒸发，但作用效果较小，较重的和更有价值的成分将残余在液相中，造成损失。损失的凝析油通常可达50%～60%以上。

二、保持压力开发

保持压力开发方式是提高凝析油采收率的主要方法，其原理主要是利用注入剂驱替富含凝析油的湿气，同时保持压力，避免在储层中发生反凝析作用。对凝析油含量较高的凝析气藏，不保持压力开采，凝析油的损失可达到原始储量的30%～60%。有这样一种看法，认为对于地层深度2000m左右的凝析气藏，回注干气的下限是凝析油含量在80～100g/m^3，较深的地层所要求的含量还要高。保持地层压力的有效性和合理性取决于气中的凝析油含量、气和凝析油的储量、埋藏深度、钻井设备、凝析油加工和其他因素。

从世界凝析气藏开发的实践来看，保持压力开发分为以下四种情况。

（1）早期保持压力。地层压力与露点压力接近的凝析气藏，通常采用早期保持压力的方式开发。如美国黑湖（Black Lake）凝析气藏。

（2）后期保持压力。即经过降压开发，使地层压力降到露点压力附近甚至以下后，再循环注气保持地层压力。如美国吉利斯—英格利什—贝约凝析气藏。

（3）全面保持压力。如果能够比较容易获得注入气，通常是在达到经济极限之前，将整个气藏的压力保持在高于露点压力的水平上。

（4）部分保持压力。如果气藏本身自产的气不能满足注气量的要求，而购买气又不合算，则采取部分保持压力，即采出量大于注入量。部分保持压力可以使压力下降速度减缓，从而减少凝析油的损失。最早是加拿大采取此种方法，俄罗斯还开展了最大凝析压力以下（正常蒸发阶段）注气的工业试验。

为了保持压力，注入剂的选择也是一个很重要的问题，通过大量的试验研究，目前可供选择的注入剂主要有以下五种：

（1）干气。通常将气田（气井）本身产的天然气经过凝析油回收和处理后再回注到气层，注入的干气与地下的湿气（凝析气）混合，使地层中反凝析现象减弱，甚至消失。

（2）氮气或氮气与天然气的混合物。试验证明，注氮气可以使部分烃类液体蒸发，并能使气藏以较高的速度生产。但注纯氮气将导致露点压力上升，从而引起地层中液体较早的析出。经研究提出，首先注入氮气和天然气的混合物，形成缓冲段塞带，这样可以消除注纯氮气的不利影响,然后再注入纯氮气。

(3)空气。空气中的氮气含量约占80%,但其中含有的氧气可能引起氧化反应,即燃烧(高温氧化)和低温氧化。碳氢化合物与氧气的燃烧最低有效温度接近343℃,通常比气层温度高很多;碳氢混合物与氧气的低温氧化温度是148℃以上。我国在滇黔桂实施了油藏的低温氧化注空气试验,在胜利油田实施了燃烧试验。

(4)二氧化碳。研究表明,二氧化碳与凝析油可混相。

(5)水。早在20世纪60年代就提出了凝析气藏可以注水保压的问题,但实际应用的报道较少,仅收集到美国阿登纳凝析气田开展了注水开发。参照油田气水交替注入提高石油采收率的经验,水气交替注入很值得注意,它能明显地改善注气波及体积,防止气窜,也能早期利用天然气和提高凝析油采收率,从而降低成本,提高开发的经济效益。

三、带油环凝析气藏开发方式

当凝析气藏带有油环时,由于开发时必须要同时考虑气藏的凝析问题和油环的开发问题,使其开发方式变得异常复杂。根据多年来带油环凝析气藏国内外的开发经验,有以下几种典型的开发方式。

(1)先衰竭开发凝析气区,暂不开发油环。衰竭方式开采凝析气区导致气区和油区之间产生较大的压差,油区原油向气区推进,油气界面上升,油区压力下降,油区形成非生产性衰竭和原油脱气,使得凝析油和原油的损失较大,通常原油采收率小于10%。因此,此种开发方式不太合理,只有在市场迫切需要天然气和资金严重受限的情况下才被采用。

(2)衰竭方式同时开发油区和气区。按比例同时衰竭式开采油区和气区,控制开采速度和油层压力,形成从气区到油区的压力差,保持油气界面的基本稳定,防止原油侵入气区,降低原油的损失。该方法投资成本低,可同时开采原油、凝析油和天然气,较早实现经济效益。由于是衰竭式开采,原油、凝析油的采收率均较低,对于油环较大、凝析气区凝析油含量高的情况不太适用。

(3)先开发油环,再开发凝析气区。随着油区的开采将形成从气区到油区的压力梯度,在采出大部分原油储量后再开发凝析气区,充分利用凝析气区气体的弹性能量来驱替原油,油区能较长时期的自喷生产。但随着气区压力下降,气区储层将出现反凝析现象,造成部分凝析油损失在地层中。如果气区孔隙体积远大于油区,并且凝析油含量不高,这种开发方式所造成的反凝析损失则不明显。

(4)先开发油环,凝析气区保压开发。通过向气区储层顶部注入干气,保持气区压力来减少先开发油环方案中气区反凝析现象的发生,同时根据油区的实际情况选择衰竭式或者向油区注水保持压力的方式进行开采,并适当保持从气区到油区的压力差,这样可以保证原油采收率更高,整个油气藏的开发都能达到很好的效果。

(5)油区采油,凝析气区循环注气。在油区采油的同时,凝析气区采凝析油,加工分离出的干气又回注到气区以保持地层压力。这种方法比较适用于原油和凝析油储量较大、凝析油含量高的带油环凝析气藏。

(6)打注水屏障,同时开采油区和凝析气区。沿油气界面注水可以将含油区和气区分开,同时也保持了油区和气区压力,阻止原油侵入气区,再选择最佳开发方式同时分别开发油区和气区。通常将这种方法应用于油环宽度大和油水界面很少移动的情况。打注水屏障也会造成部分凝析气被封闭，形成一定的残余气饱和度，导致部分凝析油损失在地层中。另外，完钻大量的注水井也大大增加了开发成本。

带油环凝析气藏的开发方式多种多样，但必须根据气藏的实际情况选择相应的开发方式，以提高油环原油和气区凝析油的采收率，达到减小投资成本，早日实现经济效益的目的。

四、减少井筒及近井地带反凝析液措施

衰竭式开发凝析气藏和凝析气井过程中应重视和解决井筒及近井地带反凝析液的影响，提高单井产量及最终采收率，可采取以下措施：

（1）在采取气井处理措施前，首先应对衰竭压降阶段气井的开采情况做出评价。评价反凝析对气相相渗透率的影响，近井地带可能造成的附加压降，预测气井压力分布剖面、凝析液饱和度分布剖面和相渗透率分布剖面，预测气井的产能。

（2）注干气单井吞吐处理近井地带，提高凝析气井产能。俄罗斯在科勃列斯克和阿斯特拉罕凝析气田的两口井（15井和16井）做了类似于主干气单井吞吐试验设计。采用注甲烷气处理气井，其注气量为（10～80）×10^4m^3，压力低于最大凝析压力，预测干气处理后可在相当长时间内提高气井的日产量，预计气井投产后其日产气量是处理前的4～5倍，设计者认为压力高于最低凝析压力的气井处理效果不如压力低于最大凝析压力的效果。此项技术于2002年9月至10月已在中国塔西南柯克亚凝析气田井口井实施，实施后停产凝析气井恢复了生产。

（3）采用富气处理近井地带。这类气体为脱了凝析液的富含C_3～C_4的气体，他可大大降低气体—凝析液的界面张力，同时，由于溶解了中间烃组分，凝析油的流动性增加。俄罗斯在乌克蒂尔凝析气田26号井、89号井和98号井，做了用富气处理井底试验，可采出35%析出的凝析油。如果注宽馏组分轻烃和干气，大概只能采出12%～15%析出的凝析油。

（4）预热。若注干气和富气，再与加热相结合，效果更好，可使凝析油的蒸发量增加和黏度下降。可用井口、井底加热器或注入能产生放热反应的化学物质，如用地层气作燃料的井底气体加热器、微波加热器和电磁加热器等。

（5）脉冲排液法。苏联发展了一种脉冲排液法，不需要增加额外的任何井口和井底装置，其作业过程是：关井，使井底压力上升到接近地层压力，然后多次（8～15次）打开油管闸阀放喷，随后使气井恢复生产。

（6）优化管柱直径，使气井产量大于最小携液量。优选积液模型，根据携液最小临界流速及流量公式，优化设计生产管柱直径，使生产管柱满足携液需要。对于浅井，建议选择李闽模型优选管柱直径；对于深井，建议选择特纳（Turner）模型优选管柱直径；也可以结合气井现场实际生产情况，对模型进行校正。

李闽模型携液临界流速：

$$v_c = 2.5\left[\frac{\sigma(\rho_l - \rho_g)}{\rho_g^2}\right]^{0.25} \quad (1-3-1)$$

特纳模型携液临界流速：

$$v_c = 5.5\left[\frac{\sigma(\rho_l - \rho_g)}{\rho_g^2}\right]^{0.25} \quad (1-3-2)$$

携液临界流量：

$$q_c = 2.5\times 10^4 \frac{Apv_c}{ZT} \quad (1-3-3)$$

式中　ρ_l——液体密度，kg/m³；

ρ_g——气体密度，kg/m³（$\rho_g = 3.4888\times 10^3 \frac{\gamma_g p}{ZT}$）；

σ——气水界面张力，N/m；

γ_g——气体相对密度；

A——油管横截面积，m²；

p——气体压力，MPa；

T——气体温度，K；

Z——气体压力、温度条件下的偏差系数；

v_c——携液临界流速，m/s；

q_c——携液临界流量，10^4m³/d。

（7）泡沫排液处理。向气井加入起泡剂，使井筒中气体、液体很好的分散到起泡剂中去，形成低密度的混合物，防止滑脱损失，排出井筒积液，可有效地降低井筒积液对井底的回压，增大生产压差，提高气井产量。选用的起泡剂要具有抗凝析油的能力，即在含凝析油条件下有很好的发泡能力、稳泡性能好。

（8）调节润湿性，使多孔介质亲水化。

（9）增压喉增压。以高压气带低压气，从而降低气井井底回压，增大生产压差，提高气井产量。

（10）选用其他排水采气工艺，如小直径管排液，多级气举阀气举排液，抽油机排液，电潜泵排液，柱塞举升排液，复合排液（液氮＋连续油管诱喷排液，液氮＋泡沫排液，气举＋泡沫排液等）。

（11）注丙烷。实验证明，注丙烷不仅可降低露点，还可再蒸发凝析油，其效果比注CO_2强。

（12）注甲醇。注甲醇可同时消除近井带凝析油和地层水的阻塞，应用时应开展甲醇与地层水和岩石微粒配伍性实验，避免互相反应引起附加阻塞。

（13）水力压裂。水力压裂可大大地增加凝析气有效流入面积，降低生产压差，延迟井周围凝析油析出的时间。

五、凝析气藏循环注气开发方案实例

大港油田所属板桥油气田的大张坨凝析气藏，凝析油含量高达630cm³/m³以上，是中国高含凝析油凝析气藏的典型代表，开发方式的合理选择为日后成功开发该气藏起到了决定性作用，并为以后更好地开发凝析气藏起到了借鉴作用。

（一）气藏地质特征

大张坨凝析气藏是一个断鼻状岩性构造凝析气藏，气藏目的层板Ⅱ。气层组在平面上连片，边底部以构造控制为主，气层分布集中在渗透砂岩主体部位。储层为单一砂体，气层平均有效厚度为5.62m，孔隙度为20%，渗透率为150mD。

（二）开发方案设计

1. 注气开发方式和注入介质

由于气藏受外来气源限制，设计使用自身产出的天然气，经过处理厂脱油、净化后再回注到气藏中，以部分保持地层压力和驱替湿气。通过对比研究，采用回注80%的处理厂残余气，比回注100%的干气减少凝析油采收率10%左右，但比采用衰竭式开采可提高凝析油采收率26%，具有良好的经济效益。注入气的介质构成为：C_1为87.19%，C_2为9.58%，C_3为0.36%，C_4为0.01%，CO_2为2.35%，N_2为0.51%。

2. 循环注气速度和时间

从多种方案中优选出日产气量为$40\times10^4m^3$井流物的方案为最佳方案。回注气量按采出分离器气量的80%计算，日回注气量为$30\times10^4m^3$。注气7年后，注入干气前缘将到达生产井，干气突破后会大大降低气驱效率，导致产油量大幅度下降，经济效益降低。因此，循环注气时间确定为7年，之后采用衰竭式开采。

3. 开发方案数值模拟预测

在历史拟合的基础上，预测了多种方案，优选出注入气体为天然气处理厂残余气，前期循环注气开采7年，后期衰竭式开采8年的开发方案。其中，前5年实行"二注三采"，5—7年时实行"二注二采"，8—15年时对2口井采气，预计该方案凝析油采收率可达60.2%，干气采收率达65.66%。而衰竭式开采凝析油采收率为34.98%，干气采收率为68.23%，注气开发比衰竭式开发可提高凝析油采收率26%，凝析油采出量提高1.72倍。

从技术指标上看，"二注三采"方案的效益最好，故作为推荐方案，但从现场条件看，"二注二采"方案更容易实施。该方案利用气体处理厂残余气循环注气7年，停注后用板52井、板53井进行衰竭式开采，20年开发指标累计产出凝析油$94.38\times10^4m^3$，采出程度为59.48%，累计采气$10.67\times10^8m^3$，采出程度为67.37%。截至2014年，由于气藏压力衰竭，2口采气井均已停产，故建议采用循环注气7年和衰竭式开采8年的"二注二采"方案实施，以提高开发的总体效益。

（三）开发实施效果

（1）注采基本平衡，凝析油含量稳定。日产凝析油200t，日产气量$37\times10^4m^3$，日注气量$30\times10^4m^3$，累计注采比为0.760，凝析油含量稳定在500cm^3/m^{3}左右。

（2）气藏压降速度减缓，单位压降采出量增加。注气前衰竭式开发时单位压降采出量为$0.72\times10^3m^3$/MPa，注气后单位压降采出量为$2.12\times10^8m^3$/MPa，提高近2倍。

（3）凝析油量增产明显。注气开发比衰竭式开发平均月增产凝析油3000t，阶段采收率提高6.01%。

（4）地层流体构成中间组分含量相对增加，反映在气藏低部位注气见效明显。

第四章　非常规天然气藏开采

第一节　非常规天然气藏概述

一、非常规天然气资源定义

（一）非常规天然气资源概念

非常规油气资源是指成藏机理、赋存状态、分布规律及勘探开发技术等方面有别于常规天然气资源的烃类资源。由于经济社会发展对油气资源需要量不断增加，技术进步和规模化的应用使非常规天然气资源开发利用的成本大幅下降，特别是世界高油价和良好的政策环境，使非常规天然气资源大规模商业性的开发利用成为可能。随着天然气勘探开发领域的不断拓展和针对性的工程工艺技术逐渐成熟，在全球能源结构中，非常规天然气资源逐步开始扮演着重要角色，成为常规天然气资源的战略性补充或替代。

非常规天然气资源也是能源的重要组成部分，其赋存方式多样、分布更加普遍，因此，资源量远大于常规天然气资源。随着我国经济快速发展和碳达峰及碳中和目标，对天然气资源的需求持续增长，在常规天然气产量增长潜力有限的情况下，加强非常规天然气资源地质研究和规划工作，加大勘探开发投入力度，对于实现我国非常规天然气资源的突破和发展，满足我国日益增长的天然气需求，保障国家能源供给安全，具有十分重要的意义。

（二）非常规天然气资源特征

与常规天然气资源相比，非常规天然气资源因其类型的差别对形成富集条件的要求变化加大，因此，非常规天然气资源具有分布的连续性、普遍性，资源量大、单井生产寿命长，但同时具有"四低"特征——资源丰度低、储层低孔低渗、单井日产量低、勘探开发效益低。非常规天然气资源属于低品质天然气资源，需要特殊的勘探开发技术，开发成本较高。因此，针对性的技术采用、规模化生产、高效运行组织是实现非常规天然气资源商业开发的关键。

（三）非常规天然气资源分类

非常规天然气资源可分致密砂岩气（深盆气）、煤层气、页岩气、浅层生物气、水溶气、天然气水合物等。

二、页岩气气藏

（一）页岩气概念

页岩（Shale），主要由固结的黏土级颗粒组成，是地球上最普遍的沉积岩石。页岩看起来像是黑板一样的板岩，具有超低的渗透率。在许多含油气盆地中，页岩作为烃源岩生成油气，或是作为地质盖层使油气保存在生油储层中，防止烃类有机质逸出到地表。然而在一些盆地中，具有几十米至几百米厚、分布几千平方千米至几万平方千米的富含有机质页岩层可以同时作为天然气的源岩和储层，形成并储集大量的天然气（页岩气）。页岩既是源岩又是储层，因此页岩气是典型的"自生自储"成藏模式。这种气藏是在天然气生成之后在源岩内部或附近就近聚集的结果，也由于储集条件特殊，天然气在其中以多种相态存在。这些天然气可以在页岩的天然裂缝和孔隙中以游离方式存在、在干酪根和黏土颗粒表面以吸附状态存在，甚至在干酪根和沥青质中以溶解状态存在。

页岩气（Shale gas）是指以游离态、吸附态为主，赋存于富有机质页岩层段中的天然气，主体上为自生自储的、大面积连续型天然气聚集。在覆压条件下，页岩基质渗透率一般小于等于0.001mD，单井一般无自然产能，需要通过一定技术措施才能获得工业气流。

（二）页岩气赋存机理

与常规天然气不同，对于页岩气来说，页岩既是烃源岩又是储层，因此，无运移或极短距离运移，就近赋存是页岩气成藏的特点；另外，泥页岩储层的储集特征与碎屑岩、碳酸盐岩储层不同，天然气在其中的赋存方式也有所不同。认识和了解页岩气在储层中的赋存机理是理解页岩气成藏机理的重要组成部分。由于页岩气在主体上表现为吸附或游离状态，体现为成藏过程中的没有或仅有极短的距离的运移。页岩气可以在天然裂缝和粒间孔隙中以游离方式存在，在干酪根和黏土颗粒表面上以吸附状态存在，甚至在干酪根和沥青质中以溶解状态存在。生成的天然气一般情况下先满足吸附，然后溶解和游离析出，在一定的成藏条件下，这三种状态的页岩气处于一定的动态平衡体系。

1. 吸附机理

页岩中页岩气的含量超过了其自身孔隙的容积，用溶解机理和游离机理难以解释这一现象，因此，吸附机理就占据着主导优势地位。吸附机理是通过吸附作用实现的，该过程可以是可逆或不可逆的。吸附方式可分为物理吸附和化学吸附。吸附量与页岩的矿物成分、有机质、比表面积（孔隙、裂隙等）、温度和压力有关。

2. 游离机理

游离状态的页岩气存在于页岩的孔隙或裂隙中，气体可以自由流动，其数量的多少决定于页岩内自由的空间。这一部分自由气体，称为游离态气体。当气体分子满足了吸附后，多余的气体分子一部分就以游离状态进入岩石孔隙和裂隙中。

3. 溶解机理

当天然气分子从满足吸附后很可能进入液态物质中发生溶解作用。页岩气一部分以溶解态存在于干酪根、沥青和水中。溶解机理主要以间隙充填和水合作用的形式表现出来。

第四章　非常规天然气藏开采

4. 综合赋存机理

页岩气以上述三种机理赋存并不是相互独立的，一成不变的，当页岩生烃量发生变化或外界条件改变时，三种赋存机理的表现形式可以相互转化。

（三）页岩气藏基本特征

富含有机质的页岩本身可以作为页岩气的气源岩，又可以作为储层，页岩气的赋存方式、成藏机理和成藏过程与常规天然气有很大不同，因此，页岩气藏具有独特的地质特征。

1. 自组生储盖体系

在页岩气藏中，富含有机质的页岩是良好的烃源岩，页岩中的有机质、黏土矿物、沥青质等，以及裂隙系统和粉砂质岩夹层又可以作为储气层，渗透性差的泥质页岩为页岩气藏充当封盖层。

（1）烃源岩：含有大量的有机质含量、分布广泛、厚度较大的泥页岩。可以生成大量的天然气，并且具有供气长期稳定持续的特点。

（2）页岩储层：与常规天然气的砂岩储层不同（表1-4-1），主要特点：

①储集岩为泥页岩及其粉砂岩夹层。

②微孔隙、裂缝是页岩气储集的主要空间，裂缝发育程度和走向变化复杂，一般页岩裂缝的宽度在2mm内，裂缝密度一般较大。

③天然气的赋存状态多变性。吸附、游离是页岩气赋存的主要方式，少量以溶解方式赋存。

④岩石物性较差。因为页岩较为致密，孔隙度、渗透率都比常规储层岩石低，仅在裂缝发育处，渗透率才能有所改善，但对孔隙度的改善不明显。

表1-4-1　页岩储层和常规砂岩储层对比表

对比项目	页岩储层	砂岩储层
岩石成分	矿物质、有机质	矿物质
生气能力	有	无
气源	本层	外源
储气方式	吸附、岩性圈闭	圈闭
储气能力（相对）	较高	较低
孔隙度	一般小于10%	一般大于5%
孔隙大小	多为中微孔	大小不
孔隙结构	双重孔隙结构	单孔隙或多孔隙结构
裂隙	发育裂隙系统	发育或不发育
渗透性	0.001～2mD	高低不等
毛管压力	具有较高的束缚水饱和水	可以为油气动力或阻力
比表面积（相对）	较大	低
储量估算	孔隙体积法不实用	可以用孔隙体积法
开采范围	较大面积	圈闭以内
井距（相对）	小	大
断裂	断裂可以增加裂隙形成	断裂可以起圈闭
储层中的水	一般阻碍气的产出，一般先排水	推进气的产出，不需要先排水
气水作用机理	活塞式，可以为置换式	置换式

续表

对比项目	页岩储层	砂岩储层
开采深度	较浅	不等
产气量（相对）	低	高
储层压力	差别较大，400～4000psi	产气的动力
生产曲线	负下降曲线，产气量先上升，很快达到高峰后缓慢下降	下降曲线
压裂	一般需要压裂，需要人工造隙，处理压力相对较高	低渗透储层才需要压裂，容易产生新的裂缝，处理压力相对较低

（3）盖层：在常规天然气藏中，因为泥页岩较为致密、渗透率较低，通常可以作为盖层。虽然页岩气的赋存方式与常规天然气有所不同，但是致密的泥页岩仍然对页岩气藏具有封盖作用。美国的五大页岩气系统盖层的岩性多变，包括页岩（阿巴拉契亚盆地和福特沃斯盆地）、冰碛岩（密执安盆地）、斑脱岩（圣胡安盆地）和页岩/碳酸盐岩（伊利诺斯盆地）。

2. 页岩气藏圈闭类型

页岩气的赋存方式和赋存空间的特殊性，决定了页岩气藏具有隐蔽性特征和裂缝型圈闭。构造圈闭对页岩气藏的形成并不起主导作用，但是一个长期长期稳定的构造背景，对页岩气聚集可能具有一定的积极作用。泥页岩的孔隙较小且不发育，游离状态的页岩气主要赋存于裂缝系统中，泥页岩中的裂缝发育带往往是页岩气的有利聚集带，因此，裂缝型圈闭是页岩气藏的主要圈闭类型。裂缝产生的原因主要是上文中提到的气体的连续生产所产生的页岩内外压力差，另外构造作用也是产生裂缝的原因之一。

3. 页岩气藏含气特征

由于泥页岩既是烃源岩，又是储层，页岩气可以以吸附方式赋存，因此页岩具有广泛的含气性，在大面积内为页岩气所饱和。与常规气藏的地层普遍含气性机理不同，页岩气藏普遍含气性的内涵较广，在岩性上包括了泥页岩、致密的砂岩或砂质细粒岩，在赋存状态上包容了吸附、游离与溶解，在成藏机理上则包含了吸附与扩散、溶解与析出、活塞与置换等运聚过程。在通常情况下，泥页岩与致密砂岩（泥质粉砂岩与粉砂质泥岩等）之间的互层分布为这种多相态、多机理的地层普遍含气性提供了有利条件。

因为页岩较为致密，孔隙度、渗透率都比常规储层岩石低，使得页岩的含气量较低，页岩的含气量变化幅度较大，从 $0.4m^3/t$ 到 $10m^3/t$，一般小于 $5m^3/t$。同时由于页岩的孔隙半径小，所以大分子烃饱和度含量较低。

4. 页岩气成藏条件与储量丰度关系

选取美国正在进行商业性开采的5套页岩层系的成藏条件参数—热成熟度（镜煤反射

率 Ro)、储层厚度（Thickness）、总有机碳含量（Toc）和页岩气资源特征参数—吸附气含量（Absorbed Gas）、页岩气资源丰度（GIP）作图，进行页岩气的有机地化特征与地质特征比较，发现关系图形状各异，五项关键参数之间的关系有出人意料的变化，说明，页岩气成藏条件与储量丰度关系复杂。

5. 页岩气藏生产特征

由于泥页岩岩性致密、孔隙度和渗透率较低，以及赋存方式多样，因此，页岩气生产以产量低、生产周期长为特征，并呈现负下降曲线特征，产气量由低先上升，很快达到高峰后缓慢下降。

当页岩层压力降到一定程度时，页岩中被吸附的气体开始从裂隙表面分离下来，成为页岩气的解析。由于节理中的压力降低，解析出的气体和游离态、溶解态天然气混合通过基质孔隙和裂隙扩散进入裂隙网络中，再经裂缝网络等输导系统流向井筒。页岩气的产出可以分为三个阶段。

（1）第一阶段：随着井筒附近中压力微幅度的降低，首先产水，井筒附近只有单相流动。

（2）第二阶段：当储层压力继续降低时，开始有一部分甲烷从页岩孔隙和裂隙中解析出来，并和游离态的天然气混合，开始形成气泡，阻碍着水的流动，水的相对渗透率下降，但气体不能流动，无论在基质还是在节理中，气泡都是孤立的，并不相互连接为非饱和单相流。

（3）第三阶段：当储层压力进一步降低时，有更多的气体解析出来，水中含气达到饱和，气泡相互连接成线状，气的相对渗透率大于水的相对渗透率，随着压力下降，饱和度降低，气产量不断上升，呈现两相流状态。

上述三个阶段是连续的过程，随时间的推进，从井孔向周围的地层逐渐蔓延。这是一个循序渐进的过程，脱水降压时间较短，波及的范围较大，吸附气的解析范围越来越大。从美国主要的五个页岩气系统的产水量和产气量分析得出，页岩气产量常呈现出来负的下降曲线（图 1-4-1）。开始水产量较高，随着排水采气作业的持续进行，水产量逐渐降低，而单井产气量逐渐上升，一般在开采的两年后达到高峰，此后缓慢降低。与常规天然气的单井生产相比，页岩气单井日产量较小（一般小于 1000m^3/D），但是日产量稳定（产量下降较慢）、生产周期较长。

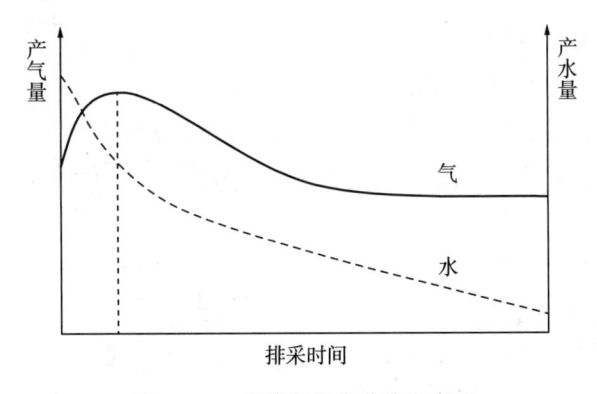

图 1-4-1 页岩气生产曲线示意图

三、致密气气藏

（一）致密砂岩气概念及其特征

致密砂岩气，又称致密气或深盆气，是指在孔隙度低（＜12%）、渗透率低（＜0.0001D）的致密砂岩层中形成的连续型天然气聚集，天然气在储层中流动速度缓慢，一般无自然产能，需要通过压裂或特殊采气工艺技术才能产出具有经济价值的天然气。

致密砂岩气藏一般具有以下特征：

（1）储层致密，以低孔低渗为特征，一般孔隙度＜12%、渗透率＜0.00001D；含水饱和度＞40%，储层大规模连续分布。

（2）烃源岩多样，含煤层系和湖相、海相烃源岩均可，母质类型可以是Ⅰ型干酪根、Ⅱ型干酪根、Ⅲ型干酪根，有机质的各个演化阶段均可生成气态烃。

（3）油气分布不受构造带控制，斜坡带、凹陷区均可以成为有利区，连续分布，局部富集。

（4）气水关系复杂：油、气、水的重力分异不明显，在毯状致密砂层中气和水呈明显的倒置关系，在透镜状致密砂岩含气层系中一般无明显的水层，致密气藏一般不出现分离的气水接触面，产水不大，含水饱和度高（＞40%）。

（5）油气运移以一次运移或短距离二次运移为主，油气聚集主要靠扩散方式，浮力作用有限，油气渗流以非达西流为主。

（6）致密砂岩中碎屑颗粒一般较细，碎屑成分以长石、石英和岩屑为主，富含黏土和碳酸盐胶结物。成岩作用以压实、胶结、溶蚀和破裂作用发育为特征。

（7）油气具有多期多阶段成藏特点，成藏机理特殊，与常规油气藏互补。

（8）资源丰度低，自然产能低，需要采取特殊的钻井完井技术和增产措施才能达到工业开采的要求。

（二）致密砂岩气藏类型

综合前人研究成果及国内外致密砂岩油气勘探开发实际，依据致密砂岩形成机理及成藏特点，将致密砂岩气藏划分为两种类型：原生沉积型致密砂岩气藏和成岩改造型致密砂岩气藏。

1. 原生沉积型致密砂岩气藏

该类气藏储层致密化主要由沉积作用造成，我国陆相沉积盆地原生沉积型致密砂岩气藏，多分布于冲积扇、三角洲前缘相。形成冲积扇致密砂岩储层的主要原因是颗粒分选差、杂质支撑、泥质含量高，形成湖盆三角洲前缘相致密砂岩储层的主要原因是碎屑颗粒细、分选差、泥质含量高。

2. 成岩改造型致密砂岩气藏

依据致密砂岩油气的成藏机理、源岩生排烃高峰期油气充注与储层致密化的关系，进一步将成岩改造型致密砂岩气藏划分为"先成型"深盆气藏和"后成型"致密气藏。

"先成型"深盆气藏：储层致密化发生在源岩生排烃高峰期油气充注之前，储层先致密后油气注入，是致密储层与源岩紧密相连形成的气水倒置关系气藏。

"后成型"致密气藏：储层致密化发生在源岩生排烃高峰期油气充注后，储层后期致密，对早期油气聚集起着锁闭作用。

（三）致密砂岩气藏成藏条件

1. 烃源岩

致密砂岩气藏中天然气的来源可有多种途径，烃源岩可分别是海相、陆相暗色泥页岩、煤系地层、碳酸盐岩或它们的组合。从北美已发现的致密砂岩气藏来分析，除了暗色泥页岩外，煤系地层作为致密砂岩气藏的烃源岩更为常见。

2. 储层

对于致密砂岩气藏来说，储层的孔隙度和渗透率，尤其是起关键控制作用的孔喉半径必须小于一定的临界值，才能使毛细管压力与天然气运移的其他阻力发挥作用，达到天然气驱孔隙中的自由水而又不能穿越储层孔隙而向上渗漏，从而使致密砂岩气藏的含气丰度不断提高。

致密砂岩气藏能否形成、形成规模范围大小和具体位置，主要受致密储层的性质特点（如物性特征）控制。并不是所有的致密储层都可以形成致密砂岩气藏。究其原因，除了致密储层与源岩、构造等因素的关系匹配以外，主要与致密储层本身的特点相关。

3. 源储关系

致密砂岩气藏的形成必须使致密储层与有效源岩直接接触或通过疏导系统沟通。致密砂岩气藏的无边底水及其储层的致密性特点，要求储层与源岩大面积直接接触，形成致密储层对源岩在空间上的紧密包裹。致密砂岩气藏的源储关系大致有3种形式：互层（或夹层）、上下邻层及同层，3种源储关系类型并无优劣之分，在沉积盆地中也常一起出现。只要满足致密储层及其他非渗透层对源岩的严密包裹，则不论煤系、泥页岩还是碳酸盐岩，均可作为致密砂岩气藏的有效气源岩。

致密砂岩气藏有效源储关系形成在特定的地质环境和条件下，如有序的储层物性变化、恰当的源储组合、丰富的气源供应、有效的封隔层阻隔等。

4. 输导条件

当致密砂岩储层与源岩没有直接接触时，断裂系统、沉积间断面均可作为天然气的运移通道，为致密砂岩气藏的形成提供气源。

5. 构造沉积条件

综合分析认为，有利于形成致密砂岩气藏的构造沉积条件主要有：早期发育而后期相对稳定的负向构造单元、有利于干酪根大量堆积和富含有机质细粒碎屑大量堆积的沉积环境、强烈的成岩胶结作用以及有机质持续生烃需要的稳定构造背景等。另外，已发现致密砂岩气的盆地中几乎都有构造回返过程发生。盆地在构造回返过程中，源岩的有机质热演化受到不同程度的滞缓，源岩生气速率变慢、生气时限变长，加上生烃造成致密储层内部源岩的流体压力封闭和烃浓度封闭，对致密砂岩气的成藏非常有利。

6. 良好的保存条件

与常规天然气藏相比，由于储层致密、渗透性差，致密砂岩气藏对构造活动和保存条件的要求相对较低，但构造活动过于强烈的开启环境，也会造成致密砂岩气藏中天然气的散失。在一般情况下，是否具有异常压力可作为保存条件的识别标志。

第二节　页岩气藏开采技术

一、钻完井工艺

国外页岩气开发先后经历了直井、单支水平井、多分支水平井、丛式井、丛式水平井钻井（PAD水平井）的发展历程，丛式水平井已成为页岩气开发的主要钻井方式。完井方式主要采用套管完井或裸眼完井，完井工艺主要采用分段加砂压裂，采用套管排液试油，后期完井管柱采用常规油管完井为主。

当前，国外主流完井方式有套管完井和裸眼完井两种，两种方式的优缺点见表1-4-2。

表1-4-2　页岩气井套管完井和裸眼完井优缺点比较

完井方式	优点	缺点
套管完井	（1）技术成熟，有条件实现大排量大液量体积压裂 （2）压裂无级数限制 （3）可人为控制压裂起始部位 （4）施工后可以实施动态测试和后期修井	（1）作业次数多、工序较复杂，通畅需要钻磨桥塞 （2）施工周期长，设备多 （3）存在过项风险，压裂液需求大
裸眼完井	（1）不需要固井和下套管，费用较低 （2）一趟管柱能实现连续多级压裂施工，施工周期短 （3）地层薄弱点起裂，破裂压力低	（1）压裂级数有限 （2）对井壁稳定性要求较高 （3）"一次性"管柱，难以开展动态测试和后期修井 （4）需要钻磨桥塞

套管完井可有效避免完井和生产阶段发生井壁垮塌，适应地层构造复杂且非均值性极强的地质条件，方便进行优化压裂设计，灵活控制压裂起裂部位。裸眼完井将裸眼封隔器完井管柱直接下入裸眼段，施工风险大；在坐封封隔器前，需要将高密度的钻井液顶替为完井液，这个过程可能会发生严重的井壁垮塌，影响封隔器坐封和后续的压裂施工；压裂结束后反排和稳定生产阶段，井壁无法保证稳定性，垮塌的岩石可能堵塞滑套，对后期生产带来影响。

二、储层改造

目前全世界所开发的页岩气藏都属于"自生自储"气藏，页岩气储层既是烃源层又是储层。原始状态下的页岩虽然天然裂缝发育，但因极其致密，所以渗透率极低，含气主要以吸附气为主，游离气为辅，成分以甲烷为主，不含硫化氢，低含二氧化碳。要实现页岩储层的有效开采，必须经过人工压裂改造，尽可能地在储层中形成复杂的裂缝网格。

（一）影响缝网形成的因素

页岩储层压裂能否形成复杂的裂缝网络，主要受储层特征、工程因素等综合影响，这里介绍影响缝网形成的主要地质及工程因素。

1. 影响缝网形成的地质因素

影响页岩储层压裂缝延伸的地质因素包括储层的岩石矿物成分、岩石力学性质、地应力特征以及天然裂缝分布等。在以下条件下，压裂施工更易形成复杂的裂缝网络：

（1）页岩中黏土矿物含量越低，石英、长石、方解石等脆性矿物含量越高。

（2）岩石的脆性越高，岩石越容易发生断裂形成网络裂缝。

（3）天然裂缝越发育，压裂后越容易形成复杂裂缝。

（4）在高水平应力差下页岩不易产生复杂裂缝，在低水平应力差下页岩容易产生复杂裂缝。

2. 影响缝网形成的工程因素

影响页岩储层裂缝延伸的工程因素主要包括施工净压力、压裂液黏度、射孔方式、施工排量等。在以下条件下，压裂施工更易形成复杂的裂缝网络：

（1）裂缝中的净压力越高，越有利形成复杂裂缝。

（2）压裂液黏度越高，液体越不容易进入或沟通天然裂缝；反之黏度越低，压裂过程中液体越容易进入或沟通天然裂缝，从而形成复杂裂缝网络。

（3）在非常规油气藏压裂中，一般采用分簇射孔方式，同时配合大量的压裂施工，压裂时，多簇裂缝同时扩展，形成复杂的空间网状裂缝。

（二）压裂工艺技术

目前针对水平井分段压裂工艺主要有裸眼封隔器投球滑套多级压裂、水力喷射多级压裂、固井滑套分段压裂、速钻桥塞分段压裂、液体胶塞分段压裂等。

1. 裸眼封隔器投球滑套多级压裂

裸眼封隔器投球滑套多级压裂系统。一般采用可膨胀封隔器或者裸眼封隔器进行分段封隔，将水平井段分隔成若干段，水力压裂施工时水平段趾端滑套为压力开启式滑套，其他滑套通过投球打开，从水平段趾端第二级开始逐级投球，进行有针对性的分段压裂施工。其技术关键在于封隔器（压裂封隔器和可膨胀封隔器）、滑套可靠性和安全性，尤其是管外封压裂管柱的可膨胀封隔器和开启滑套的高强度低密度球材料决定技术的成功与否。

2. 水力喷射多级压裂

水力喷射多级压裂，是一种喷射流体在地层中形成裂缝的方法，通过油套环空泵入液体使压裂层压力小于裂缝延伸压力，射流出口周围流体速度最高，但压力最低，射流流体卷吸环空周围液体，一起进入地层驱使裂缝向前延伸，并且因为压裂层压力低于裂缝延伸压力，所以在喷射压裂下一层时，以前压开的层段裂缝不再延伸。水力喷射压裂技术可以在裸眼、套管完井的水平井中进行加砂压裂，可以用一趟管柱在水平井中快速、准确地压开多条裂缝，水力喷射工具可以与常规油管或连续油管相连接入井。

3. 固井滑套分段压裂

固井滑套是在固井时随套管一起入井的特殊工具。在每一段放置一个投球滑套作为压裂点,下套管固井,当投入特制的可溶性金属球打开滑套后滑套所在位置即为压裂液的通道,压裂液进入地层开始压裂储层。可溶性金属球由可溶性金属材料制作,在时间、温度和完井液共同作用下逐渐溶解,最多可以压裂50级,压力等级达到68MPa,温度等级达到148℃。通过投球开启固井滑套,可以极大缩短施工时间;压裂过程无须使用爆炸物射孔,更加安全;不受水平段长度限制,在超长水平井中也能表现优异;但压裂完成后井筒内有球座,需要全通径井筒时要将球座钻磨掉。

4. 速钻桥塞分段压裂

泵送桥塞分簇射孔分段压裂技术在当前国内页岩气压裂施工中得以大规模推广应用。根据建产的不同需求,桥塞工具不断发展,目前主要有速钻桥塞、大通经桥塞、可钻大通经桥塞、可溶桥塞四种类型。本节重点介绍速钻桥塞分段压裂。

速钻桥塞由复合材料或结合极少铸铁材料加工而成,带有井口投球或固定球笼式单流阀,允许在压裂后逐级及时排压裂液;可以采用电缆、钢丝、连续油管或普通油管下井坐封,利用导鞋处皮碗、张力监测、液力泵送桥塞到达预定位置,并且具有出色的可钻性能,可以采用连续油管或普通油管携带普通三牙钻头、PDC钻头或磨铣工具快速钻掉,大大节省钻塞时间,减少长时间钻磨对套管的损坏以及压裂液长时间滞留对地层的二次伤害。桥塞钻磨后为后续作业和生产留下全通径井筒,其复合材料密度较小,钻磨后的碎块可随油气流排出井口。

5. 液体胶塞分段压裂

液体胶塞分段压裂可以代替封隔器等工具进行分段压裂改造。用高强度的液体胶塞封堵不压裂的井段,然后对目的层进行压裂,压裂施工完成后,在控制时间内胶塞破胶返排。液体胶塞分段压裂多用于解决复杂结构水平井、套管变形井、段间距过小、井下有落物等无法使用机械封隔器和其他分段改造工艺施工井的分段压裂难题。

各类型水平井分段压裂工艺的适应性对比见表1-4-3。

表1-4-3 不同水平井分段工艺适应性对比表

工艺类型	大排量	分簇射孔	分段级数	压后井筒全通径	作业时效	完井方式
固井滑套分段压裂	能	否	受限	是	高	套管
水力喷射多级压裂	否	能	不受限	是	较高	套管/裸眼
裸眼封隔器投球滑套多级压裂	否	否	受限	否	高	裸眼
速钻桥塞分段压裂	能	能	不受限	是	较低	套管
液体胶塞分段压裂	能	能	不受限	是	高	套管

(三)射孔工艺技术

针对页岩气水平井,常用有3种射孔方式:连续油管传输射孔、电缆传输射孔和水力喷砂射孔。

连续油管传输射孔常用于速钻桥塞分段压裂第一级压裂前的射孔,连续油管传输射孔管串结构如图1-4-2所示。

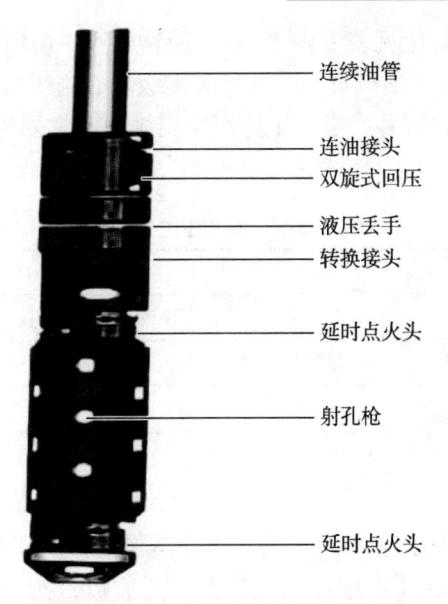

图 1-4-2　连续油管传输射孔管串结构

电缆传输射孔和水力喷砂射孔可与速钻桥塞配合，进行桥塞坐封、射孔联作，其中桥塞＋电缆射孔联作方式应用最为广泛，桥塞＋水力喷砂射孔联作仅在少数井中应用。桥塞＋电缆射孔常规管串结构如图 1-4-3 所示，桥塞＋水力喷砂射孔常规管串结构如图 1-4-4 所示。

为了提高作业效率，套管启动滑套在页岩气水平井中得到广泛应用。下套管时下入套管启动滑套，第一段压裂时通过井筒憋压打开套管滑套，从而建立井筒与地层之间的通道，不用连续油管进行射孔。

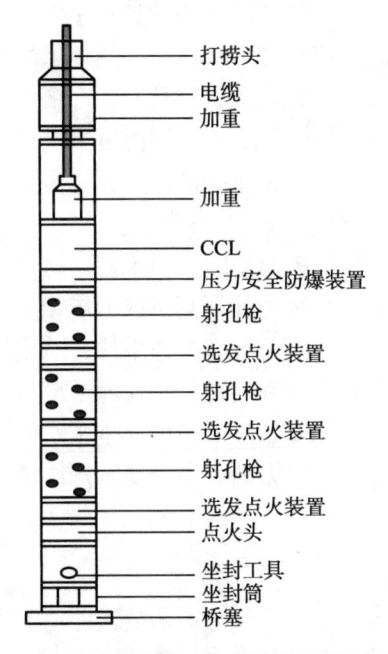

图 1-4-3　速钻桥塞＋电缆传输射孔管串 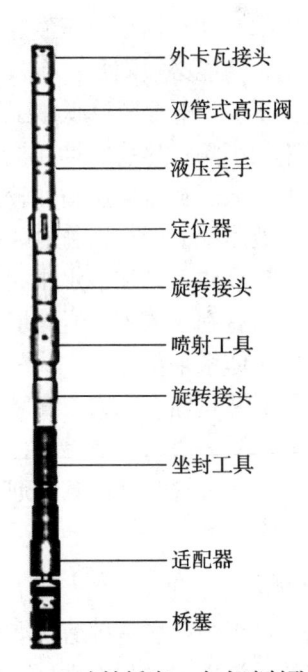　　图 1-4-4　速钻桥塞＋水力喷射孔管串

以上三种射孔工艺的对比见表1-4-4。因"速钻桥塞＋电缆传输射孔"联作操作简单，作业成本低，且施工效率高，适应页岩气水平井多级压裂施工作业，目前该技术已经成熟，且工具可靠，并在多口页岩气井中进行了应用。川渝地区常采用"速钻桥塞＋电缆传输射孔"联作工艺为主体射孔工艺，连续油管传输作为补充工艺。

表1-4-4 射孔工艺对比表

工艺类型	操作	风险	作业时间	成本	适应请况
连续油管传输射孔	较复杂	小	较长	较高	补充工艺
"速钻桥塞＋电缆传输射孔"联作	较简单	较大	短	低	主体工艺
"速钻桥塞＋水力喷砂射孔"联作	复杂	较大	长	高	较少

（四）压裂液体系

压裂液是压裂过程中的最重要的部分，起到传递压力、形成和延伸裂缝、携带支撑剂的作用，压裂液性能的好坏直接影响压裂作业的成败，按不同阶段主要发挥以下四方面作用。

1. 前置液

前置液用于形成和延伸压裂缝，为支撑剂进入地层而建立必要的空间，降低地层温度以保持压裂液黏度。

2. 携砂液

携砂液可进一步延伸压裂缝，将支撑剂带入压裂缝的预定位置充填裂缝。

3. 顶替液

将井筒内携砂液全部顶入压裂缝避免井底沉砂。压裂液体系的选择主要根据储层的特征和改造目的，性能必须满足：有效悬浮和输送支撑剂到裂缝深部；与地层岩石和地下流体配伍；滤失量少；低摩阻降低施工泵压；低残渣、易返排，降低对生产层的污染和对填砂裂缝渗透率的影响；热稳定性和抗剪切稳定性，保证压裂液不因温度升高或流速增加引起黏度大幅度降低。页岩储层脆性较好，层理发育，根据压裂液的选择原则，滑溜水是一种优秀的压裂液体系，且在川渝地区普遍运用。

滑溜水压裂液体系是在清水压裂的基础上发展完善起来的一项工艺，目的是形成更密布的网状裂缝，有利于致密页岩储层内气体流动，与水平井配套可以形成相当大范围的泄油面积。滑溜水体系采用在线方式配制，随用随配，减阻剂溶解速率快，减阻效果明显，能够较大地降低井口施工压力，有利于压裂作业安全顺利进行。不仅能适应各类型地表水水质（如水库水质、河水水质等），而且能使用矿化度较高的境地反排水水质，其减阻性能基本保持不变。配置时常用减阻剂及表面活性剂、阻垢剂、黏土稳定剂、杀菌剂、破胶剂、防膨剂等添加剂。

4. 支撑剂

页岩压裂过程中存在一种剪切滑移过程，剪切过程产生的剪切裂缝即使在闭合情况下也具有一定的导流能力。川渝地区页岩气压裂支撑剂采用"70/140目石英砂＋40/70目陶粒"，其中70/140目石英砂打磨孔眼、暂堵降滤，并支撑微裂缝；40/70目陶粒进入地层深部，利用暂堵、转向、支撑作用形成复杂裂缝，可以在压裂后期加入少量30/50目大颗粒支撑剂提高近井地带的倒流能力。对在压裂过程中不利的裂缝扩展延伸，可以采用暂堵剂实时处理，提高裂缝波及储层面积。

三、采气工艺

早期开发的页岩气井投产初期主要采取套管生产，快速降低井口压力，大排量返排压裂液；现阶段投产的页岩气井适当控制气井产量，缓慢降低井口压力，有助于提高页岩气井的EUR。

页岩气井投产初期依靠自身能量带水采气，当地层压力下降自喷带液生产能力困难时可采取优选管柱、泡沫排水、柱塞举升、气举排水、平台增压等工艺措施。

（一）优选管柱

1. 油管直径选择推荐

（1）页岩气井油管直径选择，应根据不同区块的生产特征，以利于排水采气为原则，综合考虑生产管柱理论最大产气量、井筒压力损失、抗气体冲蚀能力、携液能力、后期稳定生产、油管投入经济效益等因素。

（2）在气井生产状况发生较大变化时，可考虑在油管内下入更小尺寸的连续油管。

2. 油管下入时机和生产方式

气井测试定产后，井口压力不低于10MPa，在确保带压作业安全的前提下尽早下入油管。气井下入油管后，根据生产情况变化，可选用油管生产或油套环空生产。

3. 油管下入深度

上倾井油管宜下至A点以上，且管鞋垂深应高于射孔最大垂深10～20m；下倾井油管宜下至射孔段顶部以上10m左右。

4. 油管下入方式

可采取带压作业方式下入油管，下入油管前应确保井筒的清洁、畅通。

5. 井下工具选择

页岩气井下入油管时应预置柱塞井下缓冲装置座放短节或柱塞井下缓冲弹簧卡定器，柱塞井下缓冲弹簧卡定器下深宜在井斜角55°～60°，柱塞井下缓冲装置座放短节下深宜在井斜70°左右。每个平台回音标下入不少于1口井，下入深度为距井口油管总长2/3的位置。

（二）泡沫排水

页岩气井起泡剂加注装置应使用自动化橇装装置，结合平台井生产情况，统筹优化设计泡排加注工艺，确保气井带液生产困难时能及时加注起泡剂。

需要向井内加注杀菌剂的平台，应将杀菌剂、起泡剂加注装置纳入场站标准化并在平台投产前建成，该加注装置同时连接套管和油管加注流程，实施泡排前用该加注装置向井内加注杀菌剂，实施泡排时加注复合杀菌起泡剂，或者从套管加注缓蚀剂、从油管加注杀菌剂。

页岩气井实施泡沫排水的时机应结合气井生产情况确定，例如四川长宁区块规定：在套压低于9MPa、油套压差大于1.0MPa，日产气量低于$8×10^4m^3$，日产水量小于$25m^3$，水气比低于$4.5m^3/10^4m^3$时实施泡排。

（三）柱塞举升

1. 选井原则

（1）关井套压高于输压1.5倍。

（2）产水量宜小于$20m^3/d$。

（3）每千米井深气水比宜大于$250m^3/m^3$。

（4）生产管柱通畅无穿孔。

（5）不出砂或出砂较少的气井。

2. 工艺设计要求

页岩气井宜以平台为单位编制柱塞举升排水采气工艺设计，工艺设计格式可参照Q/SY 01014—2017《柱塞气举技术规范》。

3. 工艺投运时机

采用油管生产，日产气量下降至携液临界流量1.2倍时实施柱塞举升排水采气工艺。

4. 工具及施工运行要求

（1）柱塞井口设备承压等级应不低于气井最高关井压力1.25倍。

（2）配套井下限位器无法座放至柱塞卡定器座放短节内，可选用其他类型井下限位器及缓冲装置座放至合适位置。

（3）动液面在柱塞卡定器座放短节以下且井筒较干净，宜使用带单流阀的井下限位器。

（4）柱塞的选择主要考虑可靠性、耐用性、下落速度、重量等，试运行初期推荐刷式或柱状柱塞清洁井筒，正式投运后优选具有防偏磨、防偏心的柱塞，明显磨损或损坏应及时更换。

（5）柱塞举升工艺开关井控制阀、柱塞防喷管和捕捉器组成生产流程宜采用整装式结构。

（6）柱塞防喷管和捕捉器应与柱塞尺寸匹配，柱塞捕捉器与防喷管连接扣型应优选由壬型，捕捉器宜选择双出口型。

（7）开关井控制阀优先选用气动薄膜阀，阀芯尺寸宜不小于1in。

（8）柱塞与泡排组合工艺井薄膜阀气源管线应在非泡排剂加注端。

（9）柱塞控制器具备远程数据传输及控制接口。

（10）柱塞运行困难时，可采用气举方式辅助柱塞运行。

（11）柱塞举升工艺运行诊断及故障解决措施参照Q/SY 01014—2017《柱塞气举技术规范》。

（四）气举排水

页岩气井出现带液困难停产时可采取关井复压间隙生产，当井筒积液严重关井复压无法恢复气井生产时可采取间隙气举，气井复产后应尽快采取排水采气工艺措施。复产后仍然不能连续自喷的气井可实施连续气举，辅助气井生产。

1. 选井原则

（1）自喷带液困难气井间隙气举助排。
（2）水淹停产井优先推荐气举复产。
（3）其他工艺措施运行困难的气井辅助连续气举。

2. 气举要求

（1）气举气源应使用天然气或氮气。
（2）平台应预留气举阀门(法兰)，各井应预置气举管线，且相互连通，方便切换气举井。
（3）油套环空注气，油管无气液返出时，可向油管内注入一定量的气体，降低油管内静液面高度，然后再恢复油套环空注气气举。
（4）气举作业记录参数，包括不限于油压、套压、井口温度、累计注气量、累计排水量、累计产气量等。

（五）平台增压

气井通过其他井筒工艺措施不能连续稳定带液生产，井口回压成为制约气井产能的主要因素时，应实施平台增压。平台增压是降低井口回压的主要手段。

第三节　致密气藏开采技术

一、钻完井工艺

致密气藏与页岩气藏钻井方式一致，采用丛式井钻井方式，井型为直井或水平井。完井方式主要采用套管完井，裂缝发育的储层完井工艺采用光油管射孔—酸化—测试联作工艺完井，采用油管柱试油，油管柱需满足储层改造需求；裂缝欠发育的储层完井工艺主要采用套管完井，分段加砂压裂工艺，采用套管排液试油，后期完井管柱采用常规油管完井为主。

通过调研，苏里格气田、中江气田以及新场气田等致密气井主要以常规油管完井为主。四川地区致密气藏主体完井方式为一次性下入射孔完井管柱，套管射孔完井（电缆射孔+速钻桥塞分段完井），如图1-4-5和图1-4-6所示。

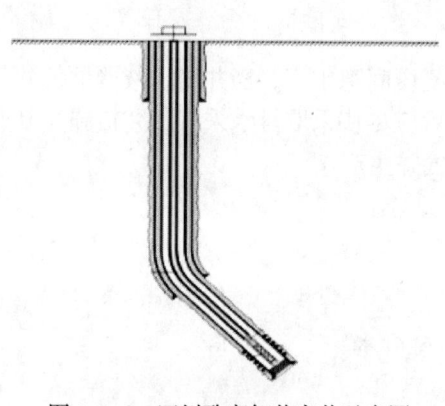

图 1-4-5　四川致密气井完井示意图
（射孔、酸化联作）

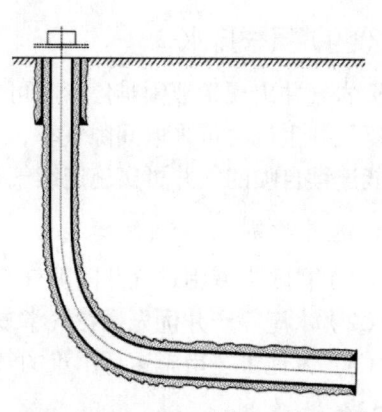

图 1-4-6　四川致密气井完井示意图
（套管完井）

二、储层改造

裂缝较发育的致密储层改造以酸化解堵为主，优先采用光油管射孔—酸化—测试联作工艺完井，裂缝欠发育的致密储层以加砂压裂为主，采用桥塞＋电缆分簇射孔完井工艺，满足大型加砂压裂需求。

（一）压裂优化设计

1. 压裂优化设计理念

压裂优化设计是在给定的油气层地质、开发与工程条件下，借助气藏产能模拟模型、水力裂缝扩展模拟模型与经济模型等计算软件，反复模拟评价形成的裂缝形态、产能及不同经济效益，从中选出能实现投入少、产出多的压裂设计方案，用以指导现场施工作业，并作为检验施工质量、评价压裂效果的依据。随着目标储层地质条件的变化，储层改造工艺技术的进步和配套工具的发展，压裂优化设计的理念与方法也相应地发生变化，但其目标都是为实现储层的有效和高效动用，使其产量和经济效益最大化。

1）体积改造

通过压裂的方式将具有渗流能力的有效储集体"打碎"，形成裂缝网格，使裂缝壁面与储层基质的接触面积最大，使得油气从任意方向由基质向裂缝的渗流距离"最短"，极大地提高储层整体渗透率，实现对储层在长、宽、高三维方向的"立体改造"，大幅提高单井产量，提高气藏最终采收率。

2）体积改造实施手段——多层多段改造

致密气藏的增产改造设计理念注重"多层或多段改造"油气藏，已经从简单的单井单层压裂发展到多层多段"改造"油气藏，直井压裂立足多层有效控制和动用，水平井采用长井段多段压裂，并在地质条件具备的情况下，开展大规模压裂，使裂缝最大化接触油气藏，以期获得最大泄流能力，尽可能地提高单井产量。

3）低伤害改造技术

致密气藏通常具有"小孔喉、少裂缝、孔喉连通性差、排驱压力高、连续相饱和度偏低和主贡献吼道小"的特点。对于致密气藏，低伤害改造的理念贯穿压裂优化设计的全过程，包括压裂液体系优选、压裂工艺优化设计、压后返排控制等多个方面。

2. 压裂优化设计方法

1）直井多层压裂优化设计

（1）多层压裂方式优选：根据测井资料对压裂井计算分层应力剖面，以确定各层分层砂体间的应力差值和产层隔层的应力差值，研究隔层不同应力和岩性遮挡条件下裂缝的垂向延伸规律，为分层压裂工艺的选择提供决策依据。

（2）裂缝参数优化：裂缝参数优化主要是针对低渗透、特低渗透储层需要采取压裂措施方可实现开发的区块，进行的裂缝系统与现有开发井网和储层物性参数之间的优化匹配研究。

（3）施工参数优化：施工参数优化的目标是实现裂缝方案优化中关于缝长和导流能力的优化结果。主要参数包括前置液百分数、排量、砂量、砂比等，这些施工参数主要受气层有效渗透率或气层有效厚度影响。

2）水平井分段压裂优化设计

与直井压裂相比，水平井压裂更为复杂，主要表现在：裂缝与井筒的夹角关系、裂缝条数和位置等因素都直接影响水平井的增产效果。

（1）水平井段长度优化：不同水平井筒长度条件下的单井控制面积和裂缝条数的选取以等裂缝间距为准，由于每种方案的单井控制储量不同，因此以采出程度为目标函数进行优化。

（2）裂缝参数优化：主要考虑改造体积大小、次裂缝间距、次裂缝导流、主裂缝长度、主裂缝导流5个参数。

（3）施工参数优化：施工参数优化需考虑段间距距离、射孔参数、施工排量等参数。

（二）压裂工艺

目前主导致密气改造的主体技术按照井型划分包括直井分层、水平井分段，按照施工规模、液体使用的方式划分包括大规模压裂、滑溜水压裂技术及复合压裂技术。

直井分层压裂是实现直井纵向储层均匀改造的重要手段。针对纵向上多层、层间遮挡明显或应力差异较大的多层均可采用直井分层的方式提高产能。

水平井多段压裂技术针对平面砂体分布稳定，纵向砂体单一，厚度较大的水平井开采。

大规模压裂、滑溜水压裂技术及复合压裂技术可单独或联合用于直井分层压裂和水平井分段压裂中。一般具有以下特征的储层可采用大规模压裂技术：气测渗透率小于0.1mD；砂体厚度一般在20m以上，且平面上分布稳定；人工裂缝方位与有利砂体展布方向一致。具有以下特征的储层可采用滑溜水压裂技术及复合压裂技术：低渗透、致密气藏，高杨氏模量；水平两向主应力差较小。

1. 直井分层工具及分压工艺技术

国内致密气常用直井分层为封隔器分层压裂工艺技术。

2. 水平井分段压裂工具及分压工艺技术

水平井分段压裂包括裸眼滑套封隔器分段压裂技术、桥塞分段压裂技术、水力喷射分段压裂技术及固井滑套分段压裂技术。

裸眼封隔器可开关滑套压裂技术基本技术原理是通过裸眼封隔器与滑套随套管一起入井，下入至指定位置后井口投球、打压胀封，利用裸眼封隔器进行段间分隔裸眼完井。主要过程是在压裂第一段时，投球打开滑套，利用套管对目标段进行压裂，第一段施工结束后投球打开第二段滑套，压裂第二段，后续压裂依次重复进行。

桥塞分段压裂技术能够满足大排量、一次多缝的需求，同时使用直井分层压裂。桥塞有复合可钻桥塞、大通径快钻桥塞、可溶免钻桥塞三种类型。

水力喷射压裂是集射孔、压裂一体的增产改造技术。油管水力喷射技术有拖动管柱和不动管柱两种方式，连续油管水力喷射技术有管内加砂压裂和环空加砂压裂两种方式。水力喷射不受压裂层数限制，可以进行定向射孔。可以用于筛管完井和均质性较好的裸眼、套管井。不适应于地层应力复杂、层间应力差异大、出砂严重的水平井、边水距离较近的井，以及天然裂缝发育、渗漏严重的井。

套管固井滑套分段压裂技术是将滑套与套管连接在一起并一趟下入井内，实施常规固井，再通过下入开关工具或飞镖或投入憋压球，逐级打开各段滑套，进行逐段改造。改技术施工压裂级数不受限制、管柱内全通径、无须钻除作业、利于后期液体返排及后续工具下入等优点。通过滑套的可开关功能结合工具，实现对目标层段的打开或关闭。

（三）压裂液体系

压裂液作为加砂压裂的重要环节，决定施工压裂成败和压后效果。选择压裂液的原则主要是降低伤害，提高裂缝导流能力。国内采用的压裂液多为水基压裂液，小部分为泡沫压裂液，油基压裂液使用很少。

1. 压裂液选择依据及思路

（1）致密储层普遍物性较差、孔喉半径小、压力系数低，更易受压裂液伤害，优选高效、低伤害、适合储层特征的压裂液。

（2）既要实施深度改造以获得更高的有效支撑，又要求裂缝与储层物性和井网优化匹配。

（3）有利于助排的压裂液体系。

（4）选择高效和低伤害的压裂液体系，配合优良添加剂。

（5）尽量降低稠化剂浓度，并保证液体彻底破胶。

（6）考虑水相圈闭、配伍性等伤害因素。

2. 致密气储层用压裂液体系

1）低浓度羟丙基瓜尔胶压裂液体系

羟丙基瓜尔胶压裂液是压裂增产措施中使用最多的液体体系，主要原因在于瓜尔胶是一种天然植物胶，其性能稳定、适应性广。

低浓度羟丙基瓜尔胶压裂液技术的关键是交联剂技术，长链螯合的有机硼交联剂能够使更低浓度的瓜尔胶交联，具备常规压裂液体系的流变性能。其次，由于羟丙基瓜尔胶适应性广，与现有的大多数添加剂配伍性好，因此添加剂选择更为容易。

2）羟甲基瓜尔胶压裂液体系

羟甲基瓜尔胶压裂液体系稠化剂使用浓度低，聚合物和交联剂之间可形成的交联点少，需要更长时间才形成交联强度较弱的凝胶，耐温性及抗剪切性能也受影响。因此交联技术是羟甲基瓜尔胶压裂液首先要解决的关键技术。其次，添加剂的种类及其作用机理对羟甲基瓜尔胶压裂液性能影响很大，必须掌握各种添加剂的作用原理，保证每种添加剂之间的配伍性，才能制出性能优良的压裂液体系。

3）阴离子表面活性剂压裂液体系

当表面活性剂的浓度增大到一定值或溶液中加入特定的助剂后，球型胶束可转化成蠕虫状或棒状胶束。胶束之间相互缠绕可形成三维空间网状结构并表现出复杂的流变性。由于带电头基间的强烈排斥作用，大多数离子型表面活性剂在溶液中能形成球形胶束，溶液黏度近似溶剂的黏度。阴离子清洁压裂液依靠自身网状结构形成黏弹性，从而对压裂液的悬砂性能产生影响。

4）干法 CO_2 压裂液体系

在 CO_2 泡沫压裂液的基础上发展了纯液态 CO_2 作为携砂液的干法压裂技术，有压后易返排、对储层无固相残留及低伤害等特点，成为水敏性、低渗透、致密油气藏的一种高效压裂方式。但存在 CO_2 黏度低，携砂能力差、液体容易滤失、泵注压力高等问题。

（四）裂缝诊断与评估

1. 水力裂缝测斜仪测试解释技术

水力压裂过程中，裂缝会引起岩石形变，形变虽小，但通过极为精密的测斜仪工具，在地面不同位置及井下测量倾斜量和倾斜方向。测斜仪水力裂缝测量原理类似"木匠水平仪"，测量倾斜量的仪器非常精密。测斜仪裂缝解释技术是通过对倾斜量的反演拟合裂缝参数，形成单一的水平缝或垂直缝的示意图。由于变形场与储层内水力裂缝特征相关，对变形值进行地质力学的反演，推算出水力压裂的几何形状、方位、倾角等信息。

2. 微地震裂缝监测技术

微地震监测提供了目前储层中最精确、最及时、信息最丰富的监测手段。可根据微地震"云图"实时分析裂缝形态，对压裂参数实时调整，优化压裂方案。

水力压裂改变了原位地应力和孔隙压力，导致脆性岩石的破裂，使得裂缝张开或者产生剪切滑移。微地震监测水力压裂、油气采出等石油工程作业时，诱发产生的地震波，由于其能量与常规地震相比很微弱，通常震级小于0，故称"微震"。

三、采气工艺

裂缝发育的致密气藏采用完井试油管柱投入生产，裂缝欠发育的致密气藏试油后采用套管生产，当气井压力下降至具备带压下油管时下入常规油管完井管柱。致密气藏开采中后期根据气井压力、产气量、产水量及井身结构优选排水采气工艺，及时开展工艺助排，确保气井稳定生产。

第五章　提高采收率措施

第一节　气井维护

一、管柱优化

（一）工艺原理

气井在生产初期气水产量较大，两相流动的压力摩擦阻力损失是生产的主要矛盾，为获取最大产能通常下入较大尺寸的油管。随着气井产量下降（甚至部分井开始产出地层水），气水两相流动的滑脱损失成为主要矛盾，此时为使得气流有足够的举液能力，应及时优化管柱确保气井携液能力。因此生产管柱优化既要满足配产需求（摩擦阻力较小），又要满足临界携液需求（滑脱损失较小）。

（二）管柱适应性评价

结合气井节点分析的方法对当前管串的适应性进行评价。

1. 生产管柱敏感性分析

建立气井节点分析系统，选取井底为解节点，则地层外边界至井底为流入部分，压力损失为地层的压力损失；井底到井口为流出部分，压力损失为井筒中（油管）的压力损失。在一定的地层压力下，相同产量的气体通过不同尺寸的油管时压力损失不一样，油管直径越小、压力损失越大，应根据气井配产合理选择油管直径，如果选用的油管不能满足配产需求，则需优化油管直径。

某井中部井深 H=3000m，地层压力 30.00MPa，地层温度 72.0℃，气井产能方程为 $p_e^2-p_{wf}^2=51q_{sc}+4.3q_{sc}^2$。油管敏感性分析曲线如图 1-5-1 所示。若该井配产为 $7.0×10^4m^3/d$，如果选择 1.0in 油管，气井最大产能仅 $6×10^4m^3/d$，不能满足配产需求；如果选择 1.5～2.0in 的油管，气井最大产能（8.0～9.0）$×10^4m^3/d$，能满足配产需求；如果选择 2.5～3.0in 油管，气井最大产能约 $9.0×10^4m^3/d$，能满足配产需求，但是管径越大、成本越高。

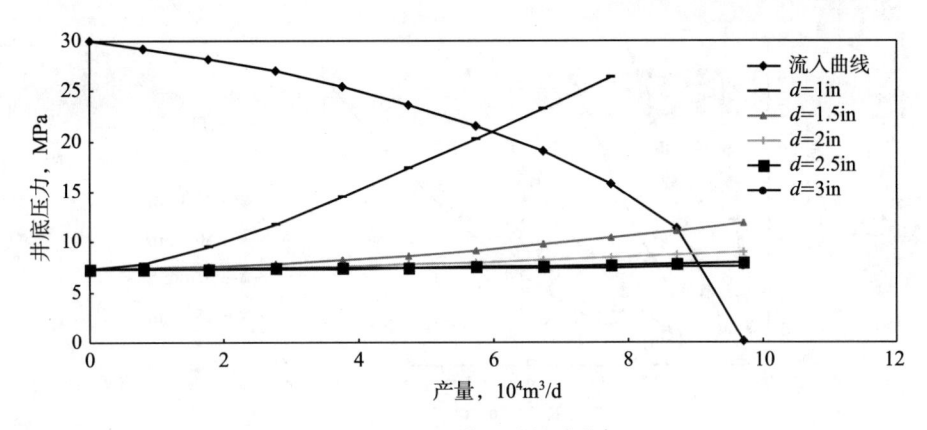

图 1-5-1　油管尺寸敏感分析

2. 携液临界流量分析

在气井产能较低的开采中后期，气水两相流动的滑脱损失是主要生产矛盾，同理建立节点分析系统，选取井底为解节点，则地层外边界至井底为流入部分，井底到井口为流出部分，绘制井底流压—产气量流入曲线及井底流压—不同油管直径临界携液流量曲线。气体通过不同尺寸的油管时所需要的临界携液流量不一样，应根据气井产能合理选择油管直径，满足携液的需求。

例：某直井井深 H=3000m，地层温度70.0℃，产能方程 q_{sc}=0.184×($8.0^2-p_{wf}^2$)$^{0.8}$，确定气井连续携液的油管尺寸。

解：（1）假设一系列井底流压，根据地层压力和产能方程计算产气量（表1-5-1中第二列）。

（2）根据特纳临界携液模型，计算不同井底流压、不同油管直径的临界携液流量。

（3）绘制井底流压—产气量流入曲线、井底流压—不同油管直径临界携液流量曲线，如图1-5-2所示。

表 1-5-1　不同油管尺寸下的临界流量

序号	井底压力 MPa	气井产量 $10^4m^3/d$	临界流量，$10^4m^3/d$				
			25mm	40.3mm	50.3mm	62mm	76.0mm
0	1.00	5.06	0.29	0.73	1.13	1.72	2.57
1	2.00	4.87	0.40	1.03	1.60	2.43	3.65
2	3.00	4.54	0.48	1.26	1.98	2.99	4.49
3	4.00	4.07	0.56	1.47	2.28	3.46	5.19
4	5.00	3.45	0.64	1.64	2.56	3.89	5.82
5	6.00	2.65	0.69	1.81	2.81	4.26	6.38
6	7.00	1.61	0.75	1.95	3.03	4.62	6.92
7	8.00	0.00	0.81	2.08	3.25	4.94	7.40

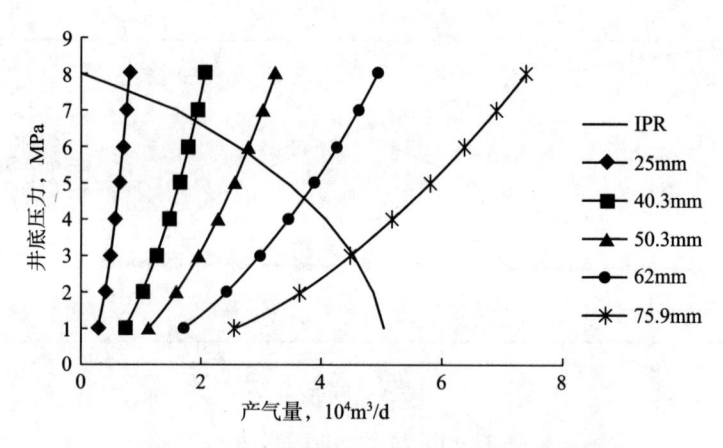

图 1-5-2　不同油管尺寸下的临界携液流量

由图 1-5-2 可见，不同油管尺寸在不同井底压力下的携液临界流量不同。在同一井底压力下，油管尺寸越小，携液临界流量越低。假设当前该井产能为 $2\times10^4m^3/d$，则宜选择油管直径为 40.3mm，油管直径大于 40.3mm 时所需携液临界流量大于 $2.0\times10^4m^3/d$，高于实际产量，因此不能携液，若选择直径大于 40.3mm 油管需要辅助其他排水采气措施，如柱塞、泡排等。

（三）管柱优化其他要求

（1）管柱优化设计时应结合气井井深校核所选油管的抗拉强度，油管抗拉强度满足规范要求。

（2）含硫化氢的气井须选用 API 标准规定的抗硫油管。

（3）管柱优化可与泡排、柱塞、气举等工艺组合应用，增强排水效果、延长工艺适用期。

二、储层改造

气井提高采收率在储层改造方面，最常用的有酸化处理及水力压裂改造。

（一）酸化

酸化就是向储层注入一定类型、浓度的酸液和添加剂组成的配方体系，溶蚀地层岩石中部分矿物、胶结物或孔隙、裂缝内的堵塞物，提高地层或裂缝渗透性，改善渗流条件，达到恢复或提高油气井产能（或注入井注入能力）的目的。

1. 酸化选井依据

（1）储层含油气饱和度高、储层能量较为充足。

（2）产层受污染的井。

（3）邻井高产而本井低产的井应优先选择。

（4）优先选择在钻井过程中油气显示好，而试油效果差的井（层）。

（5）产层应具有一定的渗流能力。

（6）油、气、水边界清楚。

（7）固井质量和井况较好。

在考虑具体井的酸化方式和酸化规模时，应对井的动态阻力和静态阻力进行综合分析，确定储层物性参数，并根据物性参数及油井的历史情况综合分析，准确确定出油气井产量下降或低产的原因以及该井可改造的程度，为酸化作业提供地质依据。

2. 酸化工艺选择

1）酸洗

砂岩、碳酸盐岩油气层的表皮解堵及疏通射孔孔眼宜选择酸洗，也称表皮解堵酸化。将少量低浓度酸注入和浸泡预处理井段，或通过反循环使酸液沿射孔孔眼或井壁流动，用酸量少，一般 3～5m³，酸浓度低，一般小于 8%～10%。

2）基质酸化

钻井、完井、大修等入井液体及产水沉积物引起近井地带的伤害，宜选择基质酸化，也称常规酸化。在低于储层岩石破裂压力下将酸液挤入储层孔隙空间，使酸液沿径向渗入地层而溶解地层孔隙空间内的颗粒以及其他堵塞物，扩大孔隙空间而恢复或提高地层渗透率。不压开地层，用酸量较大，一般为 20～50m³。

3）压裂酸化

清除井壁附近污染、沟通井筒附近高渗带或其他裂缝系统、增大油气向井底流动面积，宜选择压裂酸化，也称酸压。压裂酸化包括普通酸压和前置液酸压，其增产原理是改善油气向井底流动方式和增大井底附近渗流能力。

3. 酸液体系要求

酸化设计必须针对施工井的具体情况选择适当的酸液，选用的酸液应满足以下要求：

（1）溶蚀能力强，生成的产物能够溶解于残酸水中，与储层流体配伍性好，对储层不产生污染。

（2）加入化学添加剂后所配制成的酸液其物理性质、化学性质能够满足施工要求。

（3）运输、施工方便，安全。

（4）价格便宜，货源广。

4. 酸液对储层的伤害与保护

酸化施工结束后，停留在储层中的残酸液由于其活性已基本消失，不能继续溶蚀岩石，而且随 pH 值的升高，原来不沉淀的金属会相继产生氢氧化物沉淀。为了防止生成沉淀及悬浮在残酸中的一些不溶性物质沉淀下来堵塞孔道，最终影响酸化效果，一般来说，应缩短反应时间，限定残酸水的残余浓度在一定值之上就将残酸液尽可能排出。为此，应在酸化前就做好排液和投产的准备，施工后立即排液。

5. 酸化气井的管理

1）施工后反应时间的控制

酸化后关井反应时间要控制适当，不宜过长。对碳酸盐岩地层，一般注酸完毕后关井反应半小时即开井排液，对于白云岩地层应适当加长反应时间。如果反应时间过长，酸液浓度降得过低，酸反应沉降物就易沉淀在地层孔隙中，形成二次堵塞。

2）排液速度的控制

酸化后的地层岩石颗粒间的胶结物（常为碳酸钙和黏土）被部分溶解，岩石的微粒会大量脱落、悬浮在残酸中，如排液过快，微粒会以紊流方式聚集阻卡在更细的孔隙喉道部，阻碍气流流过。排液速度适当，微粒以层流流动方式通过孔隙喉道，被排出到井内。

3）资料的收集

应认真收集残酸排液量、残酸浓度以及喷出物的颜色、喷势等资料，了解排液程度和排出物性质变化，注意观察是否有地层水的显示，以了解是否在措施后沟通了水层。

4）选择适当的针形阀开度生产

储层改造井投产初期应选择与措施前相同的针阀开度进行较长时间的生产，如果增产效果很好，可逐步加大针形阀开度进行生产，经过观察和试验，从中选取一个能保持产量和压力都稳定的针形阀开度长期生产。

（二）水力压裂

水力压裂是利用地面高压泵将压裂液挤入油（气）层，使油（气）层产生裂缝或扩大原有裂缝，然后再挤入支撑剂，使裂缝不能闭合，从而提高油（气）层的渗流能力。水力压裂主要用于砂岩油气藏，在部分碳酸岩油气藏也得到成功应用。

1. 水力压裂选井评层依据

任何成功的压裂作业必须具备两个基本的地质条件：储量和能量，前者是压裂改造的物质基础，后者是较长增产有效期的保证。压裂选井应具备下列条件：

（1）处理层有效厚度、渗透率、孔隙度、含气饱和度、供给半径尽可能大一些，一般孔隙度为6%～15%；若储层厚度大，最低孔隙度为6%～7%。

（2）足够的地层系数：一般要求 $K_h > 0.5 \times 10^{-3} \mu m^2 \cdot m$。

（3）有油气显示，但试气效果较差的井。

（4）同储层条件下，比邻井产量低，且储层在横向上又较为稳定的井。

（5）产层受损害或被堵塞的井。

此外，压裂井是否适合压裂或以多大规模压裂，还应考虑距边水、底水、气顶、断层的距离和遮挡层条件，并结合天然裂缝原则，最大水平主应力与油水井不相间原则，井网与最大水平主应力有利原则等考虑压裂工艺，并考虑井筒技术条件。

根据现场实践经验，具有下列情况的井不宜压裂：

（1）高含水层不宜压裂。

（2）气—水过渡带或靠近断层的产层，不宜压裂。

（3）高渗透层、地下亏空大的井。

（4）固井质量不好，有管外窜槽以及套管损坏的井。

2. 压裂施工程序

（1）替清水洗井：用干净水反替出井内压井液，充分洗井，使返出水质杂质含量小于0.2%。

（2）注前置液：前置液用于形成和延伸裂缝，为支撑剂进入地层建立通道，同时可降低地层温度以保持压裂液黏度。

（3）注携砂液：大排量向地层注入携砂液，进一步延伸压裂缝，并将支撑剂带入压裂缝中预订位置，形成高渗透支撑裂缝带。如管柱安装有永久式封隔器，需用压裂车向套管加压平衡压力。

（4）注顶替液：地层压开裂缝，加砂完毕，注顶替液，把地面管线和油管中的携砂液全部顶替到地层裂缝中。

（5）关井：顶替液注完后，关井待压裂液破胶，降低黏度。

（6）排液求产。

3. 压裂液类型选择

（1）水基压裂液：是国内外使用最广泛的压裂液，但不适用于水敏地层，水敏油气藏遇水易引起黏土膨胀和迁移，在井眼附近引起油水乳化、未破胶聚合物、不相容残渣和添加剂引起支撑裂缝带渗透率损失。

（2）油基压裂液：油基压裂液可避免水敏性地层引起的水基压裂伤害，且稠化油压裂液遇地层水自动破乳，但油基压裂液易燃、成本高、流动摩阻高，且在高温下稳定性不强，通常用于不太深的水敏性油气藏改造。

（3）乳化压裂液：乳化剂被岩石吸附而破乳，故排液快，对地层污染小，但温度升高其聚状乳化压裂液变稀，不适用高温井。

（4）泡沫压裂液：泡沫液滤失系数低，液体滤量小，浸入深度浅，返排速度快，对地层伤害小，摩阻损失小，压裂液效率高，裂缝穿透深度大，适用于低渗低压水敏性油气藏，但是温度稳定性差，黏度不够高，难以适应高砂比要求。

4. 压裂液对储层的伤害与保护

压裂液对地层的伤害机理包括压裂液与地层岩石和流体不配伍，压裂液残渣对地层孔喉的堵塞和压裂液的浓缩。

压裂液对地层的伤害机理包括压裂液与地层岩石和流体不配伍，压裂液残渣对地层孔喉的堵塞和压裂液的浓缩。

1）液体伤害

压裂液挤入地层后，由于破胶水化后的滤失作用，滤液进入孔隙介质，与储层岩石及其中流体发生物理反应、化学反应，导致地层被伤害。

（1）黏土水化与微粒运移：水化堆积物随压裂液一起流动、分散和运移，堵塞在毛管孔喉处引起地层伤害。可用岩心测试评估地层条件下压裂液对储层的伤害程度，加入2%氯化钾可有效防止黏土水化。

（2）压裂液在孔隙中的滞留：压裂液滞留于低渗低孔隙度地层，增加了水相饱和度，毛管力作用将水束缚于储层，使排液困难。可加入表面活性剂降低液体表面/界面张力，注入CO_2或N_2均有利于增加液体返排能力。

2）压裂液固相堵塞

基液或成胶物质的不溶物、降滤剂或支撑剂中的微粒、压裂液对地层岩石浸泡而脱落下来的微粒，以及化学反应沉淀物等固相颗粒。一方面形成滤饼后阻止滤液侵入地层更远处，提高了压裂液效率，减少了对地层的伤害；另一方面，它又要堵塞地层及裂缝内孔隙和喉道，增强了乳化液的界面膜厚度难以破胶，降低了地层和裂缝渗透率。压裂液残渣对地层的污染与残渣含量、残渣在破胶液中分散状态下的粒径大小及分布规律有关，与地层岩石和裂缝孔隙参数共同决定其污染程度。压裂液对低渗透储层基质的伤害主要由滤液引起。

配制压裂液时应加强质量控制，优先选用低水不溶物稠化剂和易降解破胶的交联剂，尽可能使用大粒径支撑剂等以减小固相造成的污染。

3）压裂液浓缩

压裂液的不断滤失和裂缝闭合，导致交联聚合物在支撑裂缝内的浓度提高（即浓缩）。支撑剂铺置浓度对压裂液浓缩因子影响较大。随着铺砂浓度降低，压裂液浓缩因子提高，此时不可能用常规破胶剂用量实现高浓缩压裂液的彻底破胶，形成大量残胶而严重影响支撑裂缝导流能力。

提高破胶剂用量有利于减轻压裂液浓缩引起的地层污染，但将严重影响压裂液流变性，甚至失去压裂液造缝携砂功能，胶囊破胶剂可解决此问题。

5. 压裂后气井的管理

（1）施工后反应时间的控制：加砂压裂后关井反应时间要保证高黏度压裂液在地层中的破胶时间，可根据地层温度通过实验确定所使用的破胶剂。

（2）排液速度的控制：加砂压裂的地层，排液过快，压差过大，有可能使裂缝中的砂子，特别是缝口的砂子退出裂缝，返排到井内，降低压裂效果；排液速度的大小要根据排液过程中排出物的分析而定，如发现砂子大量排出，就要控制排液压差。一般应采取低压差多次排放方式，逐渐排尽残液。

（3）排液资料和测试资料的收集：分析残液中的含砂量，残液黏度等，以了解地层出砂情况和破胶程度。排液中的井口压力变化也要详细记录。将上述资料绘制成综合（压力、氯根含量、流量—时间关系或压力、含砂量、黏土—时间关系）曲线图，就能对排液全过程一目了然。

测试资料的收集内容与生产井基本相同，但要注意地层水的显示，以了解是否在措施后，沟通了水层。

（4）选择适当的针形阀开度生产：储层改造井投产初期应选择与措施前相同的针阀开度进行较长时间的生产，如果增产效果很好，可逐步加大针形阀开度进行生产，经过观察和试验，从中选取一个能保持产量和压力都稳定的针形阀开度长期生产。

第二节　排水采气

一、概述

（一）垂直管流流动原理

天然气从地层中流到井底后，在从井底上升到井口，随着压力和温度的不断下降，其流体的流动形态随之发生变化。对于不产水的纯气井，井筒天然气一般呈单项气流；对于存在两相或多相流动的气水同产井，气液混合物在上升过程中随着温度和压力的下降，气体不断膨胀、冷凝、分离，形成各种不同的流动形态。一般分为气泡流、段塞流、环雾流、雾流，在实际采气中，同一气井可能同时出现多种流态。

气井举升流体（气、油、水）出井口的能量来源主要是井底流动压力和气体的弹性膨胀能；而其能量消耗主要是流体本身的重力、流动摩阻、井口回压（油压）和滑脱损失。其中流动摩阻随流速、产量的增大而增大，滑脱损失随油管内径的增大而增大，在举升一定量的液体时，气量越大，滑脱损失越小。综上，只有当流体从地层中带入的能量大于举升消耗的能量时，举升才能正常进行。即：井底流压+气体膨胀能>气液柱重力+摩阻损失+滑脱损失+井口回压。

（二）气井积液

气井一般都会产出一些液体，井中液体的来源有两种，一是地层中的游离水或烃类凝析液与气体一起渗流进入井筒；二是地层中含有水汽的天然气流入井筒，由于热损失使温度沿井筒逐渐下降，出现凝析水。图1-5-3描述了气井的积液过程。由图1-5-3可见，多数气井在正常生产时的流态为环雾流，液体以液滴的形式由气体携带到地面，气体呈连续相而液体呈非连续相。当气相流速太低，不能提供足够的能量使井筒中的液体连续流出井口时，液体将与气流呈反方向流动并积存于井底，气井中将存在积液。

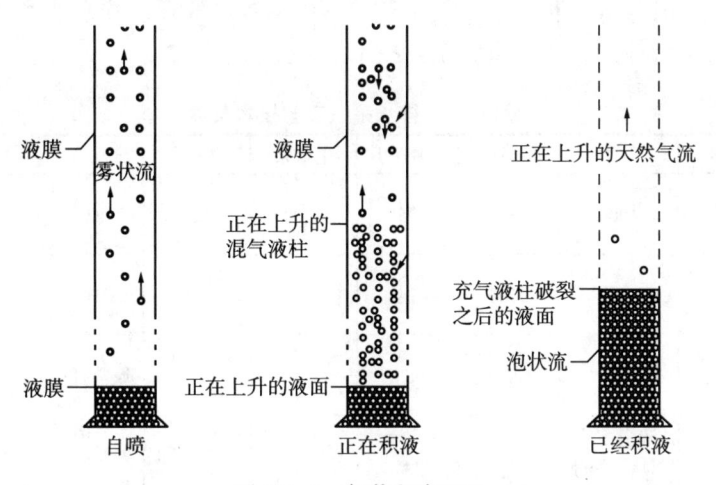

图1-5-3 气井积液过程

对于积液来源于凝析水的气井，在积液过程中，由于天然气通常在井筒上部达到露点，液体开始滞留在井筒上部。当气井流量降低到不能再将液体滞留在井筒上部时，液体随之落入井底，井筒下部压力梯度急剧增高。一般来说，只需少量积液就会使低压气井停喷。

井筒积液将增加对气层的回压，限制井的生产能力。对于低压气井，井筒积液量太大，可使气井完全停喷，高压井中液体会以段塞形式出现。另外，井筒内的液柱会使井筒附近地层受到伤害，含液饱和度增大，气相渗透率降低，气井的产能受到损害。

（三）携液临界流量

气井开始积液时，井筒内气体的最低流速称为气井临界携液流速，对应的流量称为气井临界携液流量。

Turner液滴模型，即：排出气井积液所需的最低条件是使气流中的最大液滴能连续向上运动。

携带最大液滴的最小气体流速公式为特纳模型携液临界流速公式[式（1-3-2）]。

如果气井井深较深、含硫化氢等复杂情况，可将最小气体最小流速增加20.0%～30.0%的安全系数。

计算气井携液临界流量适用于井筒雾流、环雾流流态，当处于气泡流、段塞流时已不适宜通过计算携液临界流量来分析气井油管柱带液能力。由携液临界流量公式可以看出，携液临界流量与压力、温度、流速、横截面积有关，当井下油管柱为组合油管时，宜计算大直径油管所需携液临界流量；当井下油管柱为单一直径管柱，宜计算压力较高位置处所需携液临界流量。

二、排水采气工艺措施

（一）排水采气工艺选择

目前常用的排水采气工艺措施包括泡排、气举、优选管柱、柱塞举升、电潜泵、螺杆泵、射流泵、负压开采等多种排水采气工艺，其中泡排、气举、柱塞排水采气工艺在现场得到了大量的推广及应用，排水采气工艺技术条件见表1-5-2。

表1-5-2 排水采气工艺技术条件

项目	泡排	气举	优选管柱	柱塞举升	电潜泵	螺杆泵	机抽	射流泵	负压开采
最大排液量，m^3/d	120	1000	100	25	1000	120	60	300	低压、小水量气井
最大井深 m	5500	6058	5500	4946	4050	1850	2500	4000	
最大井斜（°）	/	45	/	68.8	43	通常直井			
适用范围	弱喷、间喷井	水淹井复产，弱喷、间喷井助排，气藏水井强排	自喷井	弱喷、间喷井	弱喷、间喷井助排，水井强排	弱喷、间喷井助排，水井强排	弱喷、间喷井助排，水井强排	弱喷、间喷井助排，水井强排	

当地层能量下降或气水同产井自喷带液生产困难时，应及时采取工艺措施辅助气井带液生产。排水采气工艺措施的选择原则是充分利用地层自身能量，结合地质情况、完井方式、井身结构、井筒情况、气井剩余地质储量、井底压力、产气量、产液量、地面气水集输条件、动力电源、高压气源、井场环境及其他开采条件，最终选出经济可行的排水采气工艺措施。

近年来，随着智能化、信息化技术的发展，泡沫排水采气、柱塞举升排水采气已实现了远程智能化管理，可以根据气井实时生产数据在线智能优化泡排加注制度、柱塞生产制度，使气井始终处于最佳生产状态，同时节省了大量人力、物力及财力，实现了气井节能环保开采。

（二）常用排水采气工艺应用注意事项

1. 泡沫排水采气

（1）油管柱一般下在气层中部，使产出的水全部能进入油管，不在井底聚积。如果油管柱未下到气层中部，起泡剂流到油管鞋处即被气流带走，达不到排除积水的效果。

（2）油管柱严密不漏，无破裂，油管挂密封可靠，防止起泡剂短路，流不到井底。

（3）同一气井需要更换起泡剂时需开展新旧起泡剂配伍性实验，防止不同起泡剂相互反应生产成沉淀，堵塞气流通道。

（4）当同一气井需要加注多种入井液时，需要对所有入井液开展配伍性实验，避免入井液之间发生反应生产成沉淀，堵塞气流通道。

2. 气举排水采气

（1）气举排水采气需要向气井注入高压气体，注入气体对井底会产生一定的回压，当地层压力较低时生产压差下降，引起产气量、产液量下降，应及时优化工艺措施。

（2）气举排水采气井应定期开展油管压力剖面测试，分析井筒液面情况，为气举阀工况诊断及气举参数优化提供依据。

3. 柱塞气举排水采气

（1）油管柱完好畅通，管串上工具内径和油管内径一致。

（2）对于油套环空畅通的气井气液比大于 $250m^3/m^3/1000m$，油套环空有封隔器的气井气液比大于 $500m^3/m^3/1000m$。

（3）根据气井产出流体情况，合理选择柱塞类型，如出砂井宜选择鱼骨柱塞或刷式柱塞。

（4）井下缓冲弹簧卡定器应位于液面以下适当位置，否则应调整卡定器坐放位置。

（5）采用钢丝绳坐放缓冲弹簧卡定器总成时，应避开狗腿度变化较大的部位。

第三节　增压开采工艺

随着气田中的天然气不断采出，地层压力逐渐降低，当气井井口压力低于集气管网压力时，天然气无法进入集气管网，需采用增压开采工艺将低压气源增压后输入集气管网。增压开采工艺的应用不仅可以增加低压气井天然气的压力，同时还可以加大气井采气压差，达到提高气藏最终采收率的目的。常见的往复式活塞压缩机组因具备可靠性高、工况适应范围广的特点，成为气田增压开采的主力机型，下面对往复式活塞压缩机组选型进行介绍。

一、确定增压方式

（一）区块集中增压采气

区块集中增压，即以一个增压中心系统（增压站），对全气田低压气井或气田部分低压气井集中增压，可以提高整个气藏最终采收率，获得较好的经济效益。这种方式适用于

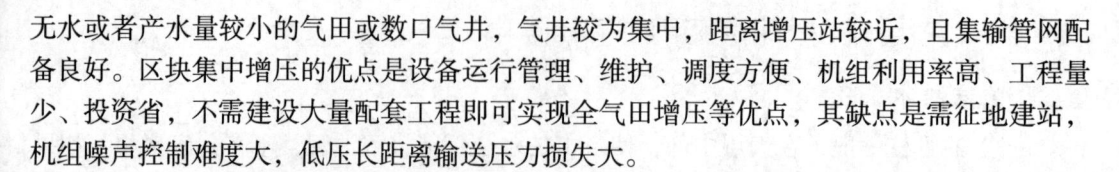

无水或者产水量较小的气田或数口气井，气井较为集中，距离增压站较近，且集输管网配备良好。区块集中增压的优点是设备运行管理、维护、调度方便、机组利用率高、工程量少、投资省，不需建设大量配套工程即可实现全气田增压等优点，其缺点是需征地建站，机组噪声控制难度大，低压长距离输送压力损失大。

（二）单井分散增压采气

单井分散增压采气，就是在单井直接安装低吸气压力、小压比的小型压缩机，把各气井的天然气增压后输往集气站，再经集气站的大型压缩机集中增压输往干线或用户。或在单井直接安装低吸气压力的多级压缩机，把气井的天然气增压至干线压力或用户用气压力，直接输送到集气干线或用户。该方式主要适用于气井单井控制地质储量大，气量较大，且受井口流动压力影响较为严重、濒临水淹的气水同产井以及压力极低的情况，压缩机应尽可能靠近井口安装。采取单井分散增压是深度强化开采的客观要求，该种增压方式的缺点是加大了管理难度和基本建设投入，增加备用机组设置以及气量匹配等问题。

二、确定增压规模

（一）确定增压气量

增压站的增压气量根据气藏剩余储量，同一压力系统的增压井数，增压站下游管网输送能力及生产单元的处理能力进行综合考虑。下面用一个实例进行讲解。根据××气田开发方案中推荐方案以3口井生产，执行方案以日产规模 $23.7 \times 10^4 m^3$ 为基础进行编制。各单井配产见表1-5-3。

表1-5-3　××气田最大增压规模各井配产

气田	井站	目前生产，$10^4 m^3/d$	增压规模，$10^4 m^3/d$
××气田	××1井	13.2	11
	××2井	4	3
	××3井	12.8	9.7

（二）确定机组进排气压力

压缩机的进气压力的确定，通常主要是依据气田开发方案中的最低气井废弃压力确定最低进气压力，实施负压开采的气田压缩机的最低吸气压力可低于标准大气压力。压缩机排气压力则需综合考虑下游管网是否有新气源接入，管网后期降压运行等因素，按照常年最高输送压力的1.15~1.20倍确定机组的额定排气压力，而机组的设计压力则应按照机组额定排气压力的1.2倍确定。如：上述的××1井、××2井和××3井所产天然气进入××4增压站进行增压。××4增压站的实际进站压力为5.0~5.2MPa，出站压力为5.3MPa，考虑下游净化厂检修影响，决定按正常生产排压5.3MPa作为机组核算压力，即机组的额定排气压力为6.36MPa，机组的设计压力应为7.63MPa。

（三）增压装机功率

1. 压缩机的功率计算

1）指示功率

$$N_{id} = \sum_{I=1}^{B} N_i d_i = 16.662 \sum_{I=1}^{B} p_{si} V_{ti} \lambda_{vi} \frac{K_{Ti}}{K_{Ti}-1}[(\frac{p_{di}'}{p_{si}'})^{\frac{K_i-1}{K_i}} - 1] \cdot \frac{Z_{si}+Z_{di}}{2Z_{di}} \quad （1-5-1）$$

式中　N_{id}——压缩机的指示功率，kW；
　　　p_{si}——第 i 级的名义吸气压力，MPa；
　　　V_{ti}——第 i 级气缸行程容积，m³/min；
　　　λ_{vi}——第 i 级的容积系数；
　　　p_{di}'，p_{si}'——第 i 级气缸考虑压损后的实际排气和吸气压力，MPa；
　　　K_{Ti}——第 i 级理想气体的绝热指数；
　　　K_i——第 i 级实际气体的温度绝热指数；
　　　Z_{si}，Z_{di}——第 i 级名义吸气和排气压力状态下的气体偏差系数。

考虑吸排气过程压力损失 δ_s 和 δ_d 的实际压力，按式（1-5-2）、式（1-5-3）式求取：

$$p_{si}' = p_{si}(1-\delta_{si}) \quad （1-5-2）$$

$$p_{di}' = p_{si}(1+\delta_{di}) \quad （1-5-3）$$

式中 δ_{si}、δ_{di} 可在图 1-5-4 中查得。

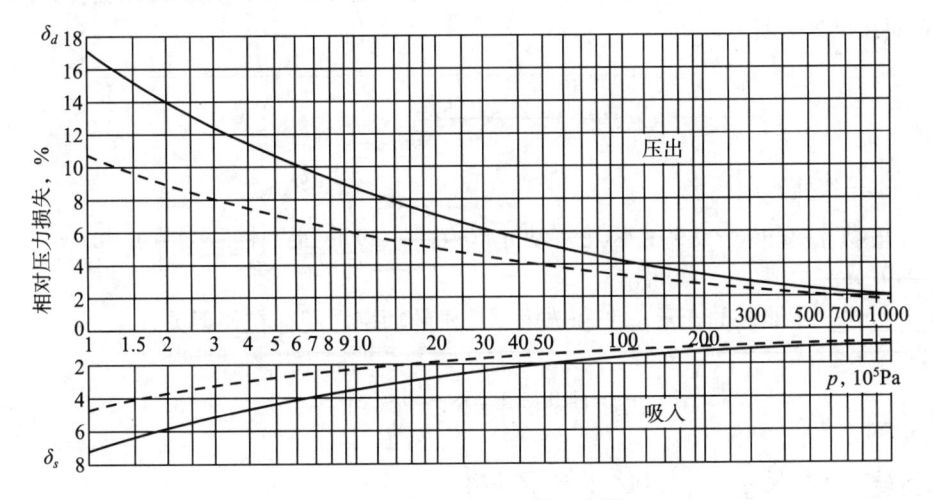

图 1-5-4　相对压力损失曲线

图 1-5-4 是根据空气以及重度接近空气的气体，在活塞平均线速度为 3.5m/s 的压缩机绘出来的。当气体的重度和活塞平均线速度不同时，应进行修正。

当重度不同时，图 1-5-4 中的 δ 值按式（1-5-4）修正。

$$\delta' = \delta \left(\frac{\gamma}{1.29}\right)^{\frac{2}{3}} \tag{1-5-4}$$

式中　δ'——修正后的压损率；
　　　γ——压缩气体的重度。

当活塞平均线速度不同时，图1-5-4中δ值按式（1-5-5）修正：

$$\delta' = \delta \left(\frac{C_m}{3.5}\right)^2 \tag{1-5-5}$$

式中　C_m——实际压缩机活塞平均线速度。

图1-5-4中实线适用于压力损失较大的吸排气系统；虚线适用于压力损失较小的系统。

2）轴功率

从压缩机的曲轴端输入的功率称为轴功率，轴功率包括压缩机的指示功率N_{id}和运动零部件的机械损失功率N_f。机械损失功率很难精确计算，通常以压缩机的机械效率η_m来衡量，故轴功率N为：

$$N = \frac{N_{id}}{\eta_m} \tag{1-5-6}$$

对大中型压缩机，η_m=0.90～0.95；小型压缩机，η_m=0.85～0.90。

3）驱动机功率

驱动机功率还应考虑到压缩机的脉动载荷以及工况的波动影响，需留有轴功率的5%～15%的储备量，其次还需考虑传动装置的功率损耗，即传动效率影响。因此驱动机功率N_e应按下式计算：

$$N_e = (1.05 \sim 1.15)\frac{N}{\eta_e} \tag{1-5-7}$$

式中　η_e——传动效率。

皮带传动η_e=0.96～0.99；齿轮传动η_e=0.97～0.99；半弹性联轴节η_e=0.97～0.99；刚性联轴节η_e=1。

综上所述，压缩机的指示功率和选用驱动机的功率之间存在如下关系：

$$N_e = (1.05 \sim 1.15)\frac{N_{id}}{\eta_m \cdot \eta_e} \tag{1-5-8}$$

无压缩机结构尺寸，计算压缩机所需功率：

$$N = 0.04 \frac{k}{k-1} T_s Q \left[\left(\frac{p_d}{p_s}\right)^{z_s \frac{k-1}{k}} - 1\right] \tag{1-5-9}$$

式中　N——压缩机所需功率，kW；
　　　k——气体绝热指数；
　　　T_s——压缩机吸气温度，K；

Q——压缩机排量，$10^4 m^3/d$；
p_s——压缩机吸气压力，MPa；
p_d——压缩机排气压力，MPa；
Z_s——吸气条件下气体偏差系数。

2. 压缩机的效率

压缩机的理论循环功率与实际消耗功率的比值称为压缩机效率。它是衡量压缩机经济性的指标。分为等温效率和绝热效率。

等温效率等于等温功率与轴功率之比：

$$\eta_{is} = \frac{N_{is}}{N} \qquad (1-5-10)$$

绝热效率等于绝热功率与轴功率之比：

$$\eta_{ad} = \frac{N_{ad}}{N} \qquad (1-5-11)$$

在评价压缩机的经济性时，常用等温效率来衡量水冷压缩机，用绝热效率来衡量冷却较差以及压缩高临界温度气体的压缩机。我国目前气田天然气增压中常用的几类压缩机的等温效率为 0.64～0.73。

三、压缩机选型

压缩机组选型包括压缩机、驱动压缩机及配套的辅助设备比选。

（一）选型原则

（1）可靠、耐久、轻便、操作灵活方便。
（2）燃料消耗低，水、电、润滑油耗量少。
（3）排量、压比调节方便，调节范围大，易于实现自动控制。
（4）机型成熟、气田增压使用较广。
（5）易损件少，便于维修和安装，机组间配件通用性好、配件容易采购。

（二）压缩机选型

目前气田常用的主要机型是往复式压缩机，往复式压缩机主要有整体式燃气压缩机机组、分体式压缩机机组。

1. 结构形式的选择

压缩机组应选用成熟可靠产品，型号和台数应根据开发方案及开发调整方案各阶段处理总气量、总压比、气质和机组备用方式等，进行技术经济比较后确定。对位于偏远地区且气井分布较为分散的气田，压缩机处理量小于 $20×10^4 m^3/d$ 的单井增压采气，宜选用整体式天然气压缩机，此类型压缩机不需外供电源、维护工作量小、运行成本低、故障率低。对于基础设施完善，处理量较大的气田集中增压，宜选用大功率分体式压缩机组，此类机组处理量大，能够满足气田增压开采各阶段的生产要求。

2. 驱动方式的选择

气田开采用压缩机，优先选用以天然气燃气发动机作为驱动机的压缩机组，既能减少了增压站建设费用，又节约了压缩机组的运行成本。对于气质达不到压缩机燃料气气质要求、周边环境对噪声和炭排放有特殊限制，燃气发动机不符合所在地区环保规定的，宜选用电驱分体式压缩机组。

3. 冷却方式的选择

压缩机冷却方式主要有空冷和水冷。水冷其优点是换热系数较高、受环境影响较小、介质冷却后可接近大气温度，换热器自身无噪声、冷却塔噪声小，结构紧凑、占地面积小，无运动部件、可靠性高、运行费用低。但同时也具有需要独立的循环水冷却系统、配套设施较多，需要充足的水源，对水质有一定要求、需要软化处理，一次性投资相对较高。但整体投资相对较低等特点，因此在水源充足的地方，水冷要比空冷更为经济。

空冷主要分为机带空冷器和独立空冷器。机带空冷器的优点是不需要外部供电，缺点是厂房面积大、散热要求高、噪声叠加大、损耗压缩机功率。独立空冷器的优点是厂房面积较小、散热要求低、噪声叠加小，不损耗压缩机功率，缺点是需要外部供电。

根据上述对比现场条件均满足空冷和水冷方式的情况下，首选水冷。在选择风冷时因而采用机带空冷器不需要外部供电，可降低能耗，因此推荐选择采用机带空冷器冷却方式。整体式压缩机组冷却器宜采用主机皮带传动直接驱动。大功率分体式压缩机组冷却器在皮带传动或轴传动存在困难的情况下，可采用电动机独立驱动，电动机宜采用变频调速电动机。冷却器运行状况应与压缩机组运行连锁监控。

四、压缩机组及辅助设备配置

压缩机组及配套系统的配置应满足 API 11P 等相关标准规范要求。压缩机组的成套方案应尽量减少站场与之配套的辅助系统，应控制压缩机组运行的综合能耗。

（1）压缩机组的天然气进口端应设置分离过滤设备，增压天然气应满足压缩机组对气质的要求。过滤效果要求除去：≥5μm 粉尘 99.9%，≥5μm 液滴 99.0%。

（2）压缩机进排气管道直径应不小于压缩机进排气管口的直径。排气管和易出现冷凝的部位不应采用架空管道。压缩机工艺管道应采用地上或埋地敷设，不宜采用明沟或暗沟敷设。

（3）压缩机组的原料气放空和排污应分别接入站场的排放系统。活塞杆填料的泄漏气不应在厂房内排放，单台机组宜独立设置排放系统。机组燃料气放空应接入站场低压放空系统，燃料气分离过滤器排污系统应设置止回阀。

（4）压缩机组进气管道宜设双阀控制，中间加放空。原料气工艺系统应设置置换口，进气管道宜设置在截断阀后，排气管道宜设置在出口止回阀与截断阀之间。

（5）压缩机组应采用 PLC/RTU 控制系统，宜设置在增压站仪控室。系统应是机组监控的独立单元，应具有压缩机组启动、停车、监视控制、连锁保护、紧急停车等功能，同时应可靠地与站控系统信息交换。

第五章 提高采收率措施

（6）压缩机组紧急停车系统应在 PLC/RTU 控制系统外设置硬连线控制回路，紧急停车按钮应分区设置。停车信号输出后继电器状态反馈应有监控。

（7）控制系统应实现对机组的燃料系统、点火系统的控制；燃料系统切断放空、点火系统切断接地应独立设置、联合受控。

（8）PLC/RTU 控制系统应采用不间断电源系统（UPS）供电，UPS 的运行和报警应能在站控系统中监视。压缩机组的供电回路应单独设置。

（9）系统所有供电、信号、通信回路均应设置浪涌保护器或信号隔离处理器。

（10）压缩机组就地 MURPHY、ALTRONIC 仪表控制系统应增设电磁阀的磁性开关转接器（Magnetic Switch Adapter），并宜增设点火系统控制箱。

（11）压缩机组仪表控制系统的选型及安装应符合 SY/T 6650《石油、化学、和天然气工业用往复式压缩机》、API 11P《油气生产用配套往复式压缩机规范》及 SY/T 0090《油气田及管道仪表控制系统设计规范》等的要求。

（12）增压站宜设置独立的 ESD 系统，通过网络和硬线与相关系统连接。站控系统应对压缩机组运行状态进行全过程信息的综合管理，数据报表、事件报表、趋势分析应具有分阶段、分类查询功能。

（13）增压站宜设置 1 台小型发电机组（或采用压缩机组主机驱动发电机的方式供电）为机组仪表及站控系统备用供电，并宜考虑应急照明和事故通风设施的需要。

（14）当压缩机组使用仪表风时，仪表风的压力、流量、露点、过滤精度等应满足设备要求。仪表风系统可与压缩机组启动气共用。

（15）整体式压缩机组可采用缸头直接启动方式或气马达起动方式，分体式压缩机组采用气马达启动方式。

（16）启动气可采用压缩空气或压缩天然气。启动气的气质、压力等参数应符合压缩机组制造厂的要求。

（17）启动气管线应设置超压保护装置，宜设置缓冲罐，并应具有排污功能，管道流通能力应满足压缩机组启动过程瞬时流量要求。

（18）采用天然气启动系统的管道上宜设置双阀，中间设放空系统。启动天然气放空不应在厂房内排放，宜单台机组独立设置排放系统并与站场低压放空系统连接。气马达启动系统的背压应满足正常启动的要求。

（19）燃料气应设调压和对单台机组的计量，应设超压保护装置。燃料气在进入压缩机厂房前及每台压缩机组前应设截断阀，单台机组的燃料气应设置停机或故障时的自动切断气源及排空设施，由站控系统和 ESD 系统控制。

（20）增压站宜设置桶装油存放棚区，应设置废油回收罐或污油池。污油池应作防渗处理。

（21）压缩机组供油系统应作过滤加注及计量设计。过滤器应为全流量精油过滤器，精度为 5μm 或更细。

（22）当发动机、压缩机采用不同润滑油品时，应分别设置供油系统。

第六章 天然气处理技术

第一节 天然气脱水工艺

一、分类

从地层开采出来的天然气，常常含有水（游离水、汽态水），对于处于液体状态的水，在天然气的集输过程中，通过分离器就可以使其从天然气中分离出来。但在一定压力、一定温度下，天然气中所含有的处于饱和状态的水汽，就不能通过分离器来分离了。由于天然气中水分的存在，在一定条件下会形成水合物，堵塞管路、设备，影响平稳供气；另外，对于含有 CO_2、H_2S 的天然气，由于水分的存在，形成具有强腐蚀性的酸液，造成设备管线的腐蚀。因此，有必要脱除天然气中的水分，以满足管输和用户的需求。

天然气的脱水方法多种多样，按其原理可归纳为低温冷凝法、化学试剂法、溶剂吸收脱水法、固体吸附脱水法四种。

（一）低温冷凝法

低温冷凝是借助于天然气与水汽凝结为液体的温度差异，在一定的压力下降低含水汽的温度，使其中的水汽与重烃冷凝为液体，再借助于液烃与水的相对密度差和互不溶解的特点进行重力分离，使水被脱出。

这种方式的效果是显而易见的。但为了达到较深的脱水程度，应该有足够低的温度。如果温度低于常温，则需要有制冷设施，这样会使脱水过程的工程投资、能量消耗增加，并进一步提高天然气处理的生产成本。

（二）化学试剂法

化学试剂法是采用可以与天然气中水发生化学反应的化学试剂与天然气充分接触，生成具有很低蒸汽压的另一种物质。这样可以使天然气中的水汽完全被脱出，但化学试剂再生很困难，因此这种方法在工业上很少采用。

（三）溶剂吸收脱水法

溶剂吸收脱水法是利用某些液体物质不与天然气中水发生化学反应，只对水有很好的溶解能力从而来进行天然气脱水。溶水后的溶液蒸汽压很低，且可再生和循环使用的特点，将天然气中水汽脱出。这样的物质有甲醇、甘醇等。由于吸收剂可以再生和循环使用，故脱水成本低，已在天然气脱水中得到广泛的使用。

（四）固体吸附脱水法

固体吸附脱水法是通过某些固体物质比表面高、表面孔隙可以吸附大量水分子的特点来进行天然气脱水。脱水后的天然气含水量可降至1ppm，这样的固体物质有硅胶、活性氧化铝、4A和5A分子筛等。

固体吸附剂一般容易被水饱和，但也容易再生，经过热吹脱附后可多次循环使用。因此常被用于低含水天然气深度脱水的情况。

根据上述四种脱水方式的特点，可采用两种方式相结合的两段脱水法：第一段用溶剂吸收法使高含水变为低含水，第二段用固体吸附法使低含水变为微小含水；或者第一段采用外加制冷低温分离法脱水，第二段采用固体吸附法脱水。特别在天然气深度分离中，采用两段脱水生产非常稳定可靠。

二、醇类脱水工艺

吸收法脱水是目前天然气工业中使用较为普遍的脱水方法，在油气田的天然气技术工艺中，为保证管输天然气在输气过程中不形成水合物，而需对气体脱水时，常采用甘醇吸收法脱水。甘醇吸收法脱水是目前广泛使用的天然气脱水工艺，能达到较高的露点降（即吸收塔进出口天然气的水露点差）。

甘醇是直链的二元醇，其通用化学式是$C_nH_{2n}(OH)_2$。二甘醇（DEG）和三甘醇（TEG）的分子结构如下：

$$CH_2—CH_2—OH \qquad\qquad CH_2—O—CH_2—CH_2—OH$$
$$|\qquad\qquad\qquad\qquad\qquad |$$
$$CH_2—CH_2—OH \qquad\qquad CH_2—O—CH_2—CH_2—OH$$
$$\text{二甘醇（DEG）} \qquad\qquad\qquad \text{三甘醇（TEG）}$$

甘醇可以与水完全溶解。从分子结构看，每个甘醇分子中都有两个羟基（-OH）。羟基在结构上与水相似，可以形成氢键，氢键的特点是能和电负性较大的原子相连，包括同一分子或另一分子中电负性较大的原子。这是甘醇与水能够完全互溶的根本原因。

这样，甘醇水溶液就可将天然气中的水蒸气萃取出来形成甘醇稀溶液，使天然气中水汽量大幅下降。

一般说来，用作天然气脱水吸收剂的物质应对天然气有高的脱水深度，对化学反应和热作用稳定，容易再生，蒸汽压低，黏度小，对天然气和烃类液体的溶解度小，对设备无腐蚀等性质，同时还应价廉易得。甘醇通常都能把天然气脱水至不饱和状态。在初期，甘醇法大多使用二甘醇（DEG），由于再生温度的限制，其贫液浓度一般为95%左右，露点降约25～30℃。由于三甘醇再生贫液浓度可达98%～99%，露点降通常为33～47℃，甚至更高，用三甘醇替代二甘醇作为吸收剂的优点有：

（1）沸点较高（287.4℃），比二甘醇约高30℃，可在较高的温度下再生，贫液浓度可达98%以上，露点降比二甘醇多8～22℃左右。

（2）蒸汽压较低。27℃时，仅为二甘醇的20%，携带损失小。

（3）热力学性质稳定。理论热分解温度（207℃）约比二甘醇高40℃。

（4）脱水操作费用比二甘醇法低。

三甘醇（TEG）脱水工艺（图1-6-1）主要由甘醇吸收和甘醇再生两部分组成。含水天然气（湿气）经原料气分离器除去气体中的游离水和固体杂质，然后进入吸收塔。在吸收塔内原料气自下而上流经各层塔板，与自塔顶向下流动的贫甘醇液逆流接触，天然气中的水被吸收，变成干气从塔顶流出。

三甘醇溶液吸收天然气中的水后，变成富液自塔底流出，与再生后的三甘醇贫液在换热器中经热交换后，再经闪蒸、过滤后进入再生塔再生。再生后的三甘醇贫液径冷却后流入储罐供循环使用。

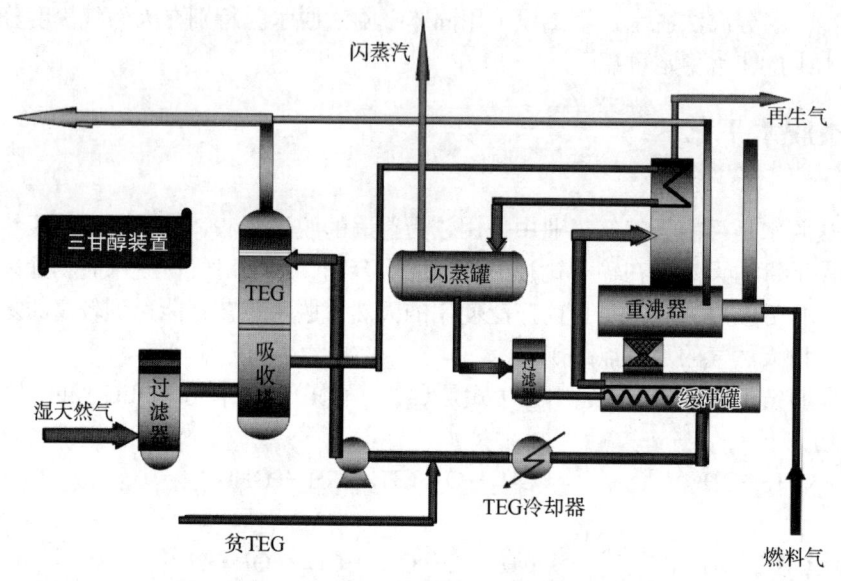

图 1-6-1 三甘醇脱水工艺流程图

三、分子筛脱水工艺

固体吸附脱水是利用干燥剂表面吸附力，使气体的水分子被干燥剂内孔吸附而从天然气中除去的方法。常用的干燥剂有硅胶、活性氧化铝、分子筛等。而其中分子筛脱水应用最广泛，技术成熟可靠，脱水后干气含水量可低至1ppm，水露点低于-90℃。分子筛脱水工艺作为固体吸附法的典型工艺技术，已经广泛应用于国内外天然气脱水、对水露点要求高的领域。

分子筛脱水技术已经广泛应用于高含硫天然气的脱水。在加拿大，有的高含硫分子筛脱水装置建于20世纪60年代，到目前总体运行情况良好。比如：加拿大北部高含硫气田（H_2S：3%～20%）Husky采用了两套分子筛脱水装置，BPCanada采用了1套。这些分子筛脱水装置较多使用两塔切换流程，再生气和冷吹气均使用未脱水的原料天然气。再生气和冷吹气的量均约为装置处理量的10%，再生气的温度约为280℃，再生气和冷吹气的介质流向均为自上而下，均采用高压再生，高压冷吹（比吸附压力约高200kPa）。

目前天然气工业用的脱水吸附器主要是固定床吸附塔，为保证装置连续操作，至少需要两个吸附塔。分子筛工艺一般分为两塔流程、三塔或多塔流程。

两塔流程—湿气再生工艺如图1-6-2所示。

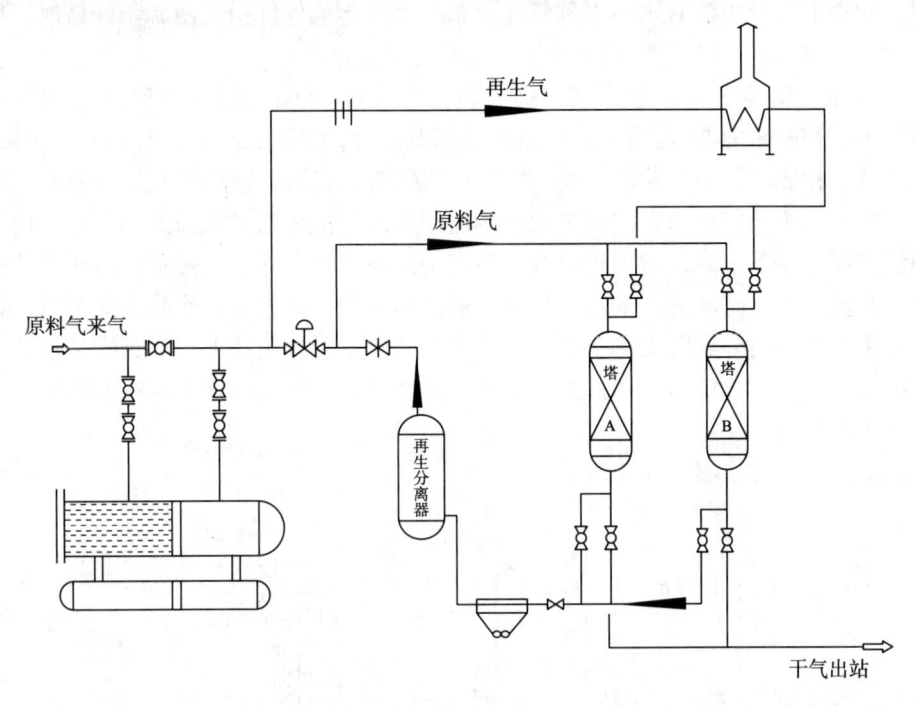

图1-6-2 两塔流程—湿气再生工艺

酸性湿天然气首先进入进口过滤器，过滤器上层塔板填充有过滤和聚结材料。气流流经聚结材料时，会被过滤除去混杂在其中的固体颗粒和直径大于或等于0.3μm的液滴之后进入脱水干燥器，脱水干燥器有两个床塔，每个床塔都填充有分子筛，一个用来吸附，另一个用作再生。湿天然气从顶部进入酸气脱水干燥器，然后由上至下通过分子筛床层，进行脱水吸附过程，得到达到水露点要求的干气。从脱水干燥器出来的干气进入干气过滤器除去干气中的固体颗粒杂质后出脱水装置。再生气从进口过滤器出口管线上接出。气体流入再生气加热器，温度可达260℃，达到了分子筛再生所需温度。热的再生气进入脱水床层，从上至下，流经分子筛床层，加热蒸发掉水分，以再生分子筛。湿热的湿再生气进入再生气冷却器被冷却至50℃，水分被凝结出来。随后在两相分离器中把水分离出去。从再生气分离器分离出来的液相水流入旁边的污水罐。仍然处于水饱和态的冷却再生气，循环流入干燥单元，与到吸附床层的湿原料气混合。

四、低温分离脱水工艺

低温分离法的原理是利用天然气饱和含水汽量随温度降低、压力升高而减小的特点，将被水汽饱和的天然气冷却降温或先增压再降温的方法脱水。冷却方法包括直接冷却法、加压冷却法、节流膨胀制冷和机械制冷等方法。低温分离法具有流程简单，特别适合用于高压气体。该方法是国内气田中除三甘醇法外应用较多的天然气脱水方法，对于要求深度脱水的气体，低温分离法一般作为辅助脱水措施将天然气中大部分水分先行脱除，然后再用其他方法进一步脱水，我国陆上油田气的脱水方法均采用这样的做法。但当天然气压力不足时，使用低温分离法脱水达不到管输要求，而增压或外部引入冷源不经济时，则必须采用其他脱水方法，J—T阀脱水属于低温分离法脱水的一种。

J—T阀也称焦耳—汤姆逊节流膨胀阀，利用高压气体经过节流膨胀后温度下降的原理。当气体有可利用的压力能，而且不需很低的冷冻温度时，采用节流阀（也称焦耳—汤姆逊阀）膨胀制冷是一种比较简单的制冷方法。当进入节流阀的气流温度很低时节流效应尤为显著。

节流过程的主要特征为，在管道中连续流动的压缩流体通过孔口或阀门时，由于局部阻力使流体压力显著下降，这种现象称为节流。工程上的实际节流过程，由于流体经过孔口、阀门时流速快、时间短，来不及与外界进行热交换，可近似看作是绝热节流。如果在节流过程中，流体与外界既无热交换及轴功交换（即不对外做功），又无宏观位能与动能变化，则节流前后流体比焓不变，此时即为等焓节流。天然气流经节流阀的膨胀过程可近似看作是等焓节流。

低温法工艺流程如图1-6-3所示。

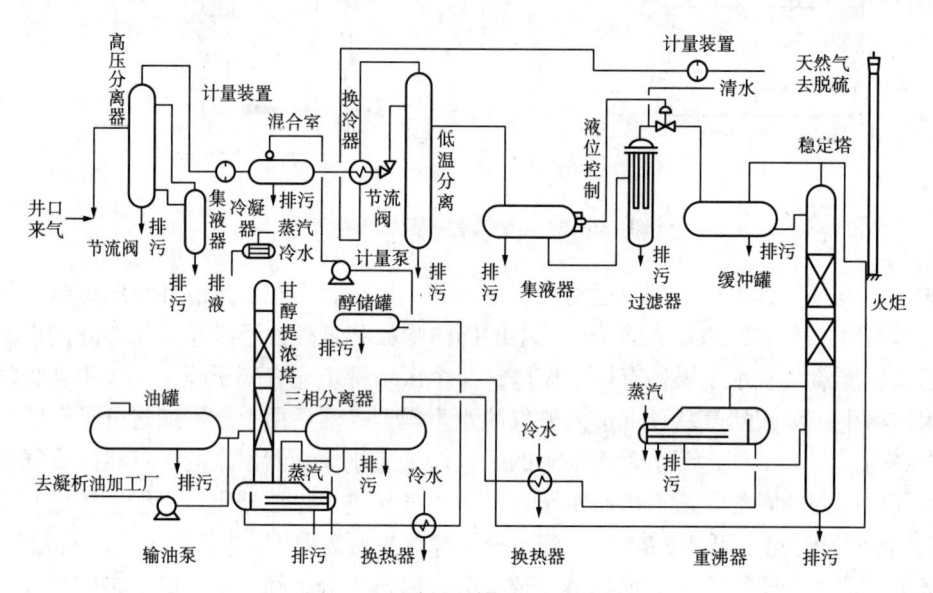

图1-6-3 低温脱水工艺流程图

气井来气进站后，经一级节流阀节流调压到规定压力，使节流后的气体温度高于形成水合物的温度。气体进入一级分离器脱除游离液（水和凝析油）和机械杂质，流经流量计后，进入混合室与高压计量泵注入的浓度为80%的乙二醇水溶液充分混合，再进入换冷器，与低温分离器出来的冷气换冷，预冷到规定的温度，（低于形成水合物温度），经预冷后的高压天然气，在节流阀处节流膨胀，降压到规定的压力，此时天然气的温度急剧降低到零下若干度。在这样低温冷冻的条件下，在第二级分离器（低温分离器）内，天然气中的凝析油和乙二醇稀释液（富液）大量地被沉析出来，脱除了水和凝析油的冷天然气从分离器顶部引出，作为冷源在换热器中预冷热的高压天然气后，在常温下计量和出站输往脱硫厂进行硫化氢和二氧化碳的脱除。而从低温分离器底部出来的冷冻液（未稳定的凝析油和富液），进入集液罐，经过滤后去缓冲罐闪蒸，除去部分溶解气后，凝析油和乙二醇水溶液一起去凝析油稳定装置。稳定后的液态产品进三相分离器进一步分离成凝析油和乙二醇富液。乙二醇富液去提浓装置，提浓再生后重复使用。稳定后的凝析油输往炼油厂做原料。

第二节　凝液回收

一、凝液回收工艺

（一）定义

1. 天然气凝液

天然气凝液是从天然气中回收的烃类混合物的总称，一般包括乙烷，液化石油气和稳定轻烃。

2. 天然气凝液回收装置

天然气凝液回收装置是采用特定的工艺方法从天然气中回收凝液的装置，陆上天然气凝液回收装置一般采用冷凝分离法和冷油吸收法等2种工艺方法。

3. 冷凝分离

冷凝分离是采用制冷工艺使天然气中部分组分冷凝并分离出天然气凝液的过程。

4. 凝液分馏

凝液分馏是根据被分离组分相对挥发度的差异，按产品技术要求对天然气凝液进行分离的过程。

5. 节流制冷

节流制冷是利用天然气自身的压力，流经节流阀进行等焓膨胀产生焦耳—汤姆逊效应使气体温度降低的一种工艺方法。

6. 膨胀机制冷

膨胀机制冷是利用天然气膨胀机中进行等熵膨胀，使气体温度降低并回收有用功的一种制冷方法。

7. 冷剂制冷

冷剂制冷是利用液态冷剂相变时的吸热效应产生冷量，使天然气降温的制冷方法。

8. 热分离机

热分离机是利用高速脉动气流喷入变压管时的动能和位能变化，使气体在变压管中压缩，并通过变压管向外传递热量，使管内气体焓值降低，从而制冷的一种设备。依照构造特点可分为静止喷射膨胀型和转动喷射膨胀型。

9. 直接换热（DHX）工艺

直接换热（DHX）工艺是指脱乙烷塔塔顶冷凝液与低温气相在直接接触换热塔塔内逆流接触，同时进行传热和传质，将低温气相中的绝大部分 C_3 组分冷凝下来的工艺。

10. 冷油吸收工艺

冷油吸收工艺是指用制冷剂将装置自产稳定轻烃冷冻后作为吸收剂回收原料气中 C_3 及以上重组分的方法。

11. 冷凝率

冷凝率是天然气物流降低温度后冷凝的凝液数量与物流总量的比值。

12. 收率

收率是回收的产品中某组分与原料气中该组分数量的比值。

13. 气相过冷工艺

气相过冷工艺是指将膨胀机入口低温气体分流一部分，冷凝过冷后进入脱甲烷塔上部；过冷流体与脱甲烷塔内物流逆流接触传质，将气相中的绝大部分 C_2 组分冷凝下来的工艺。

14. 液相过冷工艺

液相过冷工艺是指低温分离器分离出的液相过冷后作为脱甲烷塔顶冷回流，与脱甲烷塔内物流逆流接触传质，将气相中的绝大部分 C_2 组分冷凝下来的工艺。

15. 部分干气循环工艺

部分干气循环工艺是指在气相过冷工艺的基础上，将压缩后外输干气分流一部分，冷凝过冷后与脱甲烷塔内物流逆流接触传质，将气相中的绝大部分 C_2 组分冷凝下来的工艺。

（二）冷凝分离

冷凝分离一般包括冷剂制冷、节流阀制冷、热分离机制冷、膨胀机制冷、液体及气体过冷工艺、DHX 工艺、冷油吸收工艺等工艺，其中冷剂制冷、节流阀制冷、热分离机制冷、膨胀机制冷等工艺主要用于凝液分离，液体及气体过冷工艺、DHX 工艺、冷油吸收工艺等工艺主要用于凝液回收。

1. 液体及气体过冷工艺

1）工艺原理及国内外应用情况

国内天然气凝液回收装置以回收 C_{3+} 组分为主，少数装置回收 C_{2+} 组分，包括大庆油田、中原油田、辽河油田的天然气深冷装置，其中大庆油田的装置回收 C_{2+} 混合轻烃，中原油田、辽河油田的装置回收乙烷及其他单组分。随着油气田地面工程提质增效工作的不断深入，轻烃回收深度加大，近年长庆油田、塔里木油田等油田已开始着手建设大型回收 C_{2+} 天然气深冷装置。

自 20 世纪 80 年代以来，国外以节能降耗、提高液烃收率为目的，对天然气凝液回收工艺做了许多改进，出现了许多新工艺。对于回收以 C_{2+} 轻烃为目的产品的膨胀机制冷流程，较典型的工艺改进有过冷液体回流工艺、过冷气体回流工艺和干气回流工艺。

过冷气体回流工艺是在常规膨胀机流程的基础上，增加过冷气体回流流程，将膨胀机入口低温气体分流一部分冷凝和过冷，降压闪蒸后进入脱甲烷塔顶部作为回流。塔顶回流起到了吸收油的作用，进一步回收塔顶气的轻烃，同时溶解塔顶气中的CO_2，对干冰形成起到了一定的抑制作用。

干气回流工艺是在过冷气体回流工艺基础上，将压缩后部分脱甲烷塔顶干气冷凝和过冷，降压闪蒸后进入脱甲烷塔顶部作为回流，接近纯甲烷的塔顶回流可将塔顶气绝大部分残余乙烷回收下来。

各工艺乙烷收率对比：干气回流工艺＞过冷气体回流工艺＞过冷液体回流工艺，其中干气回流工艺乙烷收率可高达98%。各工艺对CO_2含量适应性对比：过冷液体回流工艺＞过冷气体回流工艺＞干气回流工艺，其中过冷液体回流工艺回流液体组成最富，对CO_2溶解度大，对CO_2含量适应性最强。

国内在运的油田伴生气深冷装置均采用过冷液体回流工艺，乙烷回收率高，对CO_2适应能力强。长庆油田和塔里木油田在建深冷装置采用了干气回流工艺。

2）工艺选型建议

回收C_{2+}工艺应根据原料气组成、乙烷收率要求CO_2含量、流程设置等因素通过技术经济对比，选择液体或气体过冷工艺：

（1）原料气较富、CO_2含量较高，宜采用过冷液体回流工艺。

（2）原料气较贫，宜采用过冷气体回流工艺。

（3）要求高乙烷收率并且干气增压外输时，宜采用干气回流工艺。

2.DHX工艺

1）适用范围

直接换热法一般用于C_3含量相对较低，气体流量较大，C_3收率要求较高的场合。C_3收率提高的幅度主要取决于原料气中C_1/C_2的比值。原料气中C_1/C_2的比值越小，脱乙烷塔顶气相中低温凝液率越高，DHX工艺中C_3收率提高幅度越大，一般要求原料气中C_1/C_2的比值小于7，原料气中C_3的含量一般在10%以下，应根据具体工艺条件经技术比选确定。

2）工艺选型建议

（1）回收C_3宜采用DHX工艺，DHX工艺的选用可经技术经济比选后确定，并应满足下列要求。

（2）原料气较贫，气体流量较大，C_3收率要求较高。

（3）原料气中C_1与C_2的比值较小。

（4）塔理论板不宜少于6块。

（5）增压机设在膨胀机之后时，DHX塔的最高操作压力不应小于工艺气经增压后的压力。

3.冷油吸收工艺

（1）原料气较富、C_3含量较高且要求C_3收率较高时，经技术方案比选后，可采用装置自产稳定轻烃为吸收剂的冷油吸收工艺。

（2）冷油吸收工艺宜采用吸收与脱乙烷在同一个塔内完成的工艺，吸收剂宜设置缓冲罐。

（3）吸收剂宜采用预饱和措施，脱乙烷塔顶气与吸收剂混合后进入蒸发器冷却后分离，分出的凝液作为吸收剂打入脱乙烷塔，分出的气体作为干气复热后外输。

（4）原料气经贫富气换热器冷却后，分出的凝液经贫富气换热器复热后进入脱乙烷塔底部，分出的气相进入脱乙烷塔上部。

为了提高 C_3 的收率，对于原料气较富的气体，可采用以装置自产稳定轻烃为吸收剂的冷油吸收工艺。根据生产经验，冷油吸收工艺宜用于 C_3 含量大于 10% 的气体凝液回收。

（三）凝液分馏

（1）回收乙烷及更重组分的装置，应先从凝液中脱除甲烷再从剩余凝液中分出乙烷。回收丙烷及更重组分的装置，先脱除甲烷及乙烷。剩余的凝液需要进一步分馏时，可根据产品的要求、凝液的组成，进行技术经济比较后确定。

（2）脱甲烷塔的顶底温度差和浓度（甲烷含量）差都比较大，适当采用侧重沸器以利用各种温度等级的冷量，以及采用多股凝液按不同的浓度分别在与塔内浓度分布相对应的部位进料，可以合理利用冷量、提高分离效率和减少回流比。此外，还可利用多股低温进料的冷量来冷却原料气，使进料的温度升至与进料板相当的温度，以减少由于有温差的物流混合所造成的冷量损失。采用侧重沸器后，塔板数可能略增，但可以从节约能耗方面得到补偿。

脱甲烷塔宜采用较低的压力，一般可在 0.6～0.8MPa，否则将浪费冷量。因为物流之间的换热温度可以设计得比较接近，低压下塔的冷量可通过侧重沸器回收，使能量得到合理利用。

（3）脱乙烷回流设置要求：

①对不回收乙烷的装置，就是否设脱乙烷塔的塔顶回流冷凝器，作了下述方案的比较。取 10 个不同组分的原料气，丙烷及更重烃类组分的含量为 186.5～611.9g/m^3，两种流程的入口条件、丙烷收率和外输压力均相同。计算的结果是，设置了回流冷凝器以后，对于膨胀机制冷的装置，膨胀机的出口温度提高了，原料气的增压压力和生产费用降低了；对于冷剂制冷的装置，制冷温度提高了，生产费用降低了。结果表明，在条件许可时，脱乙烷塔的塔顶宜设置由冷剂提供冷量的回流冷凝器。

②回收乙烷组分的脱乙烷塔，塔顶出商品乙烷产品，可以是液态或气态。该塔是一个完全塔，塔顶应采用冷剂或相应温度等级的物流提供冷量，操作压力的控制方法与脱丙烷塔（或脱丁烷塔）的基本相同。

（4）分馏塔控制要求：

①对于有提馏段无侧线产品的分馏塔来说，产品质量取决于塔的压力、温度、回流比和塔的结构。实际只要保持塔的压力、塔底温度和回流量稳定，产品质量也就稳定了，可不对塔顶温度自动调节。

②在运行过程中，由于塔的结构和尺寸已定，塔的内回流量只能控制在允许范围内。回流过多时会出现泛溢，回流减少时会降低组分分割效果，过少时，将不能正常运行。因此对塔的压力和塔底温度进行自动调节时，回流量也要保持基本稳定。进料量减少时，可以在保证产品质量的条件下适当减少回流量，但不能保持原有的回流比。

（5）脱甲烷塔底重沸器设温度控制的目的是控制塔底轻烃甲烷含量，若不进行控制，塔底产品质量受原料气的温度影响较大。侧沸器入口管线设调节蝶阀的目的是控制其热虹吸循环量，从而控制其加热负荷，使重沸器和侧沸器负荷合理分配，塔的温度剖面合理。

（6）塔顶压力是塔平稳操作的重要因素，一般可根据塔顶介质的状态选择合适的调节方案。塔顶气体不冷凝时，塔顶压力可以用塔顶气相出口的调节阀调节；塔顶气体部分冷凝时，压力调节阀可装在回流罐出口不凝气管线上；塔顶气体全部冷凝时，塔的压力的调节方法比较多，综合装置情况可采用以下几种方法：

①如图1-6-4（a）所示，通过改变气相流量调节可利用的冷凝面积，当调节阀关闭时，冷凝器的压力下降，而冷凝器的液位上升，塔压就升高。冷凝液的配管必须按重力流动设计，应注意冷凝器的高度，调节阀的位置、大小和配管。

②如图1-6-4（b）所示，通过改变流出冷凝器的冷凝液流量，调节可利用的冷凝面积。需要注意冷凝器的高度，调节阀的位置和大小、管线尺寸和布置。

③如图1-6-4（c）所示，压力信号也可以取回流罐的压力。如果塔的压力下降，则调节阀使旁路流量增加，提高回流罐中的压力，于是提高了冷凝器中的液位，减少冷凝器的传热面积。该方法即为热旁路调节法。

④如图1-6-4（d）所示，控制回流罐的压力低于塔的压力，通过改变从冷凝器来的冷凝液流量调节可利用的冷凝面积。

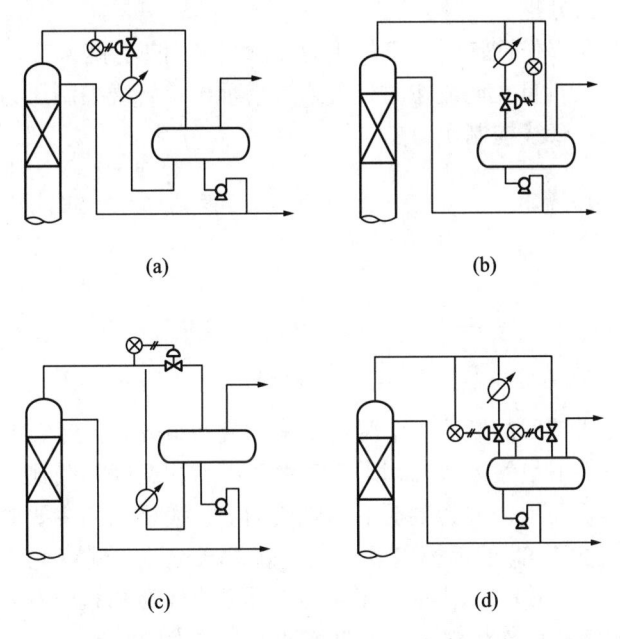

图1-6-4 塔顶压力调节方法

（7）凝液分馏的工艺流程应根据产品要求确定。

（8）脱甲烷塔的流程设计，应符合每股凝液宜按不同浓度及温度分别在与塔内浓度及温度分布相对应的部位进料，并考虑防止CO_2冻堵的措施。

（9）宜设置1～3台重沸器和侧沸器，重沸器和侧沸器的设计应符合下列规定：

①塔底温度无控制要求时，重沸器和侧沸器应组合在多股流换热器流道中。

②重沸器和侧沸器宜采用热虹吸循环方式。

③应利用塔底物流的冷量，冷却原料气或冷剂。

（10）膨胀机同轴增压设在膨胀机之后时，脱甲烷塔的最高操作压力不应小于工艺气经增压后的压力。

（11）脱乙烷塔的流程设计，应符合下列规定：

①乙烷不作为产品时，脱乙烷塔可采用无回流脱乙烷塔的形式；回收率要求高或技术经济比选有较高的收益时也可采用回流塔。

②乙烷作为产品时，脱乙烷塔应有回流，操作压力应根据塔顶产品冷凝温度、冷却介质温度及下游工艺要求等情况确定。脱丙烷塔、脱丁烷塔等流程设计，应符合下列规定：

a.塔底物流的热量应回收利用，可用于加热塔的进料物流。

b.塔顶冷凝温度不宜超过55℃。

c.塔的工作压力应根据塔顶产品的冷凝温度、泡点压力和压降确定。

（12）分馏塔的控制，应按下列要求设计：

①塔底温度及液位和塔顶压力均应自动调节。

②塔顶用分凝器产生回流时，应保持提供的冷量基本稳定，宜采用自动调节控制冷却介质的流量。

③脱甲烷塔底重沸器宜设温度控制；应在入口管线上设手动或自动调节蝶阀调节重沸器和侧沸器的加热负荷分配。

④脱丙烷塔等由泵提供回流时，塔的压力控制宜采用热旁路调节。

⑤塔顶出气相产品，且无回流罐时，可通过塔顶出口管线控制压力。当有回流罐时，可通过回流罐气相出口管线控制压力。

二、凝析油稳定工艺

（一）定义

1.凝析油

凝析油是指从凝析气田的天然气中凝析出来的液相组分。天然气中部分较重的烃类在油层的高温、高压条件下呈气体状态，采气时由于压力和温度降低到地面条件，这些较重的烃类从天然气中凝析而出，成为凝析油（轻质油）。凝析油的主要成分是$C_5 \sim C_8$烃类的混合物并含有少量大于C_8的烃类以及二氧化硫、噻吩类、硫醇类、硫醚类和多硫化物等杂质，馏分多在20～200℃，比重小于0.78，其重质烃类和非烃组分的含量比原油低，挥发性好。凝析油可直接用作燃料，并且是炼油工业的优质原料。

2.未稳定凝析油

未稳定凝析油是指从凝析气中分离出的未经稳定的烃类液体。天然气经低温分离脱油脱水后产生液态的天然气凝液（未稳定凝析油），属于甲A类火灾危险类别。天然气凝液及其产品应密闭储存储罐应选用钢制压力球形罐或卧式罐。

3.稳定凝析油

稳定凝析油是指从未稳定凝析油中提取的以戊烷及更重的烃类为主要成分的油品。未稳定凝析油经稳定处理后属于甲B类火灾危险性类别，在储存和运输过程中安全性高于未稳定凝析油。

（二）凝析油稳定的目的

为降低油气集输过程中的蒸发损耗，将凝析油中挥发性强的轻组分脱除，以降低凝析油在常温常压下的蒸汽压使凝析油的蒸汽压达到一定的要求。也是凝析油在运输和储存过程中的安全保障。这种在凝析油储存前将轻组分从凝析油中除去的工艺为凝析油稳定，主要是对未稳定凝析油中挥发性最强组分 $C_1 \sim C_4$ 的分离分离得越多越彻底，凝析油稳定的程度越高。由于凝析油饱和蒸汽压主要取决于凝析油中易挥发组分的含量，所以凝析油稳定的深度通常可以用最高储存温度下凝析油的饱和蒸汽压来衡量。

（三）凝析油稳定的方法

稳定方法基本上分为闪蒸法（一次平衡汽化可以在负压常压微正压下进行）和分馏法两类。采用哪种方法应根据凝析油的性质、能耗、经济效益等因素综合考虑。凝析油稳定工艺设计的出发点是如何在能耗最小的情况下，达到最理想的稳定效果。

凝析油稳定的标准一般是按照 SY/T 0069—2023《原油稳定设计规范》该规范要求，国内各油田的原油稳定后的饱和蒸汽压，在其最高储存温度下的设计值不宜超过当地大气压的0.7倍，对于采用敞口储运（如铁路、公路、水路等）的原油，其稳定后饱和蒸汽压可略低一些，但稳定装置对于 C_5 和 C_5 以下组分的收率不应超过未稳定原油在储运过程中的原油自然蒸发损耗率。由于各国具体情况不同，对稳定凝析油饱和蒸汽压的要求不完全一致。国外一般是以雷诺蒸汽压衡量即雷诺蒸汽压小于 68.9（夏天）～82.7kPa（冬天）。凝析油稳定装置典型工艺流程如图1-6-5所示。

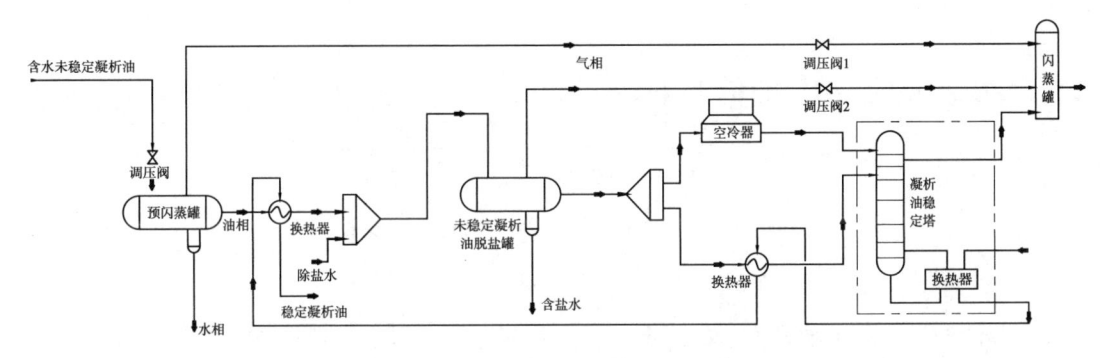

图1-6-5 凝析油稳定装置典型工艺流程

由图1-6-5可见，含水未稳定凝析油经过调压后进入预闪蒸罐进行油水气三相的初步分离，分离后的油相经过换热器加热并与除盐水混合进入电脱盐罐除去凝析油中大部分的盐，脱盐后的凝析油分两路进入凝析油稳定塔，一路经空冷器冷却后进入塔顶一路经与塔底稳定凝析油换热后进入塔中，这两路凝析油经过凝析油稳定塔内的传质传热达到稳定状态，稳定后的凝析油从塔底排出，经过两次换热达到储存要求后输送到稳定凝析油储罐。

另外从预闪蒸罐、电脱盐罐及凝析油稳定塔分离出的气相一般是集中或分别输往脱硫单元（天然气处理厂内用来除去原料气中的 H_2S 和 CO_2 等所设置的装置）脱除 H_2S 后，进入燃料气管网或进入后续脱水脱烃等其他处理装置。

某些工况下，凝析油稳定塔操作压力较低，无法满足塔顶闪蒸汽压力输送要求，需考虑设置闪蒸汽增压机。

凝析油稳定装置设计能力应与整个凝析气田或区块凝析油产量相适应，装置允许的进料波动范围宜取 60%～120%。

（四）凝析油稳定装置关键设备及参数

凝析油稳定装置的关键设备主要包括：预闪蒸罐、电脱盐罐、凝析油稳定塔。

1. 预闪蒸罐

预闪蒸罐一般是采用三相分离器，对含水未稳定凝析油进行油水气的分离。

1）预闪蒸罐结构形式

常用的预闪蒸罐结构形式如图 1-6-6 所示。

图 1-6-6 为典型的预闪蒸罐—三相分离器的结构，通常包含入口段、沉降段和分离段。

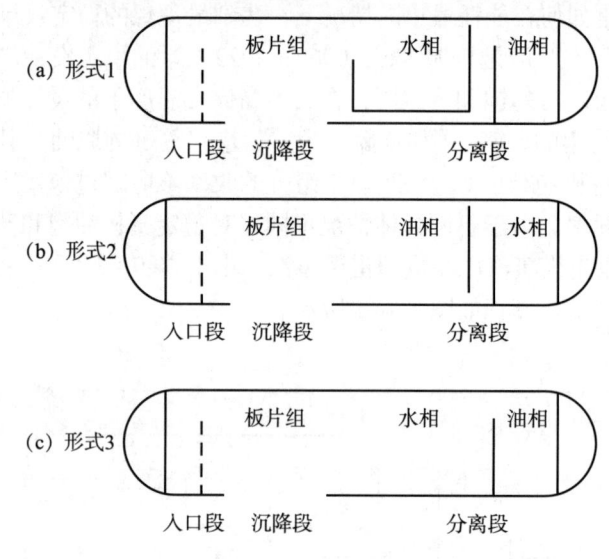

图 1-6-6　预闪蒸罐—三相分离器构造形式

（1）入口段：

①液体通过装备由输入设备的进流口进入到入口段。对于入口设备，存在有两种可能性：直接通向容器顶部的管道或开槽管。

②在入口和沉降段之间，应该安装稳定导流板 [开口板，如图 1-6-6（b）虚线] 以在沉淀舱中生成稳定的流体，从而增进两相液体的分离。典型导流板的净自由面积为 30%，厚度至少为 12mm。导流板厚度越大，导流板后的顺流就越均匀。在导流板的底部，允许有很小的开口以利于清洁。

③三相分离器的入口段应该足以容纳流入的液体并容许到稳定导流板一个合理的流动距离。入口段长度至少 0.5D（切线和稳定导流板之间的距离）。

（2）沉降段：

沉降段可看作是两个水平区域：上部区域在每个流动情形中轻状态的液体从上部流过，从而可以使重状态液滴沉降下来；下部区域在每个流动情形中重状态液体从下部流过。流动状态如图 1-6-7 所示，沉降段在液体出口处结束。

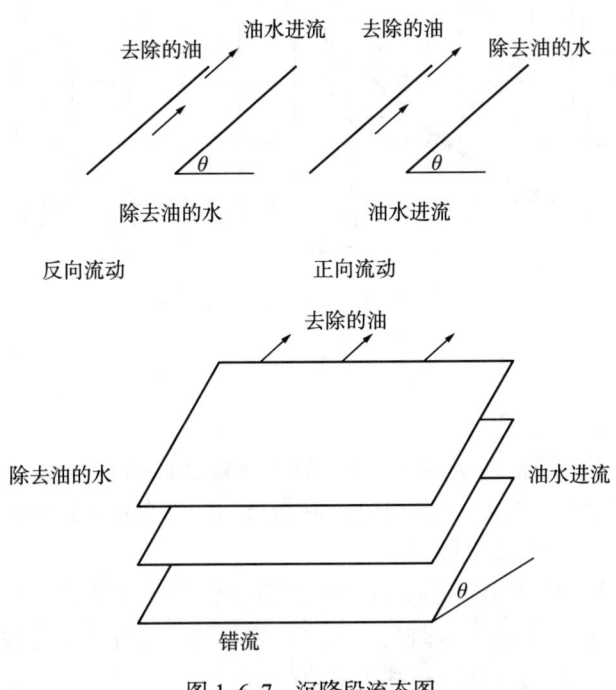

图 1-6-7　沉降段流态图

（3）出口段：

出口舱应该足以容纳两个液相出口，其典型的长度为 $0.25D$。

2）分离要求

三相分离器的分离要求在工作温度和工作压力下能达到规定的处理量和分离效率：水相中的油含量应小于 500mg/L，油相中的水含量小于 500mg/L。

3）三相分离器操作压力

三相分离器的操作压力应是在满足后续压力要求的情况下尽可能低：气相输往脱硫单元压力要求在 0.7MPa（g）左右。油相由于电脱盐罐操作压力要求比 70℃时流体饱和蒸汽压高 0.3MPa 左右，以某工程为例（图 1-6-8）可以看出，在 70℃的露点压力约为 29MPa，所以电脱盐罐的操作压力应为 3.2MPa。故预闪蒸罐压力应是 $P=3.2\text{MPa}+\Delta P$（换热器）$+\Delta P$（调节阀）。

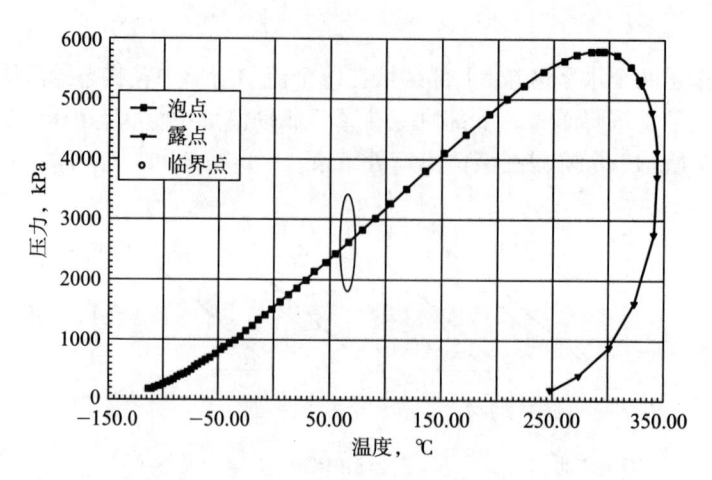

图 1-6-8　不同温度下物流对应的饱和蒸气压

2. 电脱盐罐

1）设置电脱盐罐的必要性

（1）从地下开采出来的凝析油，含有 NaCl、MgCl$_2$、CaCl$_2$ 等盐类。这些盐类绝大部分溶解在凝析油所含的水中，一小部分悬浮在凝析油中，直接处理凝析油将会造成设备的腐蚀，增加装置能耗，影响操作稳定。

（2）含水凝析油通常情况下会携带一些固井泥浆及压井修井液运行时油水形成乳状物，导致油水无法分离。但在脱盐时会注入水和破乳剂，这样大部分泥沙就会溶解到水中随水排出起到净化凝析油的效果，有利于稳定操作。

2）脱盐后含盐量的要求

脱盐后含盐量：若以防腐为目的脱盐后含盐量不大于 5mg/L；若为了后续加工过程中的催化剂，则需要深度脱盐后含盐量不大于 3mg/L。

3）电脱盐效果

电脱盐效果主要取决于破乳剂的种类和数量、电脱盐罐内构件形式、电流形式、注水量和油水混合强度。

（1）破乳剂的作用是削弱乳化颗粒表面膜张力，破坏表面膜的稳定性。破乳剂的形式主要有：超高分子量破乳剂、生物破乳剂、非聚醚型破乳剂等。

（2）电脱盐罐内构件基本形式有水平式电极板、立式悬挂电极板、单层及多层鼠笼式电极等。

（3）电流形式主要包括交流电、直流电、交直流共用、脉冲电流等。

（4）注水的作用是溶解原油中的无机盐和部分有机物，使其随着洗涤水而脱除。电脱盐注水量一般为 5%～10%，水质要求不含盐或低含盐，另外 pH 值也有要求碱性有利于有机盐的脱除，微酸性则有利于钙盐的脱除。

（5）油水混合强度。油水混合强度低，洗涤效果差；混合强度高，乳化层太稳定不易破乳，影响脱盐效果。凝析油混合强度在 0.03～0.1MPa 范围内。

4）操作参数

电脱盐的操作参数温度一般为 70℃，操作压力比 70℃时凝析油泡点压力高 0.3MPa。

3. 凝析油稳定塔

1）操作压力对产量和热负荷的影响

在其他参数不变（塔顶和塔中的进料比为 0.57 ∶ 0.43）的情况下，稳定凝析油符合相应标准要求，见表 1-6-1。

表 1-6-1 不同操作压力对比表

稳定塔操作压力 kPa（a）	塔顶和塔中进料比	塔底稳定凝析油量 t/h	塔顶闪蒸气量 t/h	塔底重沸器负荷 kW
900	0.57 ∶ 0.43	150	15	9233
500	0.57 ∶ 0.43	149	16	6265

2）进料分配对产量和热负荷的影响

在压力不变的情况下，塔中和塔顶不同进料分配对凝析油的产量和塔底热负荷有一定影响，见表 1-6-2。

表 1-6-2 不同进料分配对比表

稳定塔操作压力 kPa（a）	塔顶和塔中进料比	塔底稳定凝析油量 t/h	塔顶闪蒸气量 t/h	塔底重沸器负荷 kW
900	0.57 ∶ 0.43	150	15	9233
900	0.25 ∶ 0.43	147	18	6344

减少塔顶进料，增加需换热的塔中进料同样能起到降低塔底热负荷的作用，目的产品稳定凝析油的损失也较少，因此在能够制造合适的未稳定凝析油/稳定凝析油换热器的前提下，应较多地采用塔中进料换热后进入稳定塔，以降低能耗，节约成本。

三、富气回收工艺

（一）定义

气田天然气经加热节流、降压、分离等工艺处理后，产品除包括干气和稳定轻烃外，还有部分不能直接回收利用的气体，该类气体含有较多 C_3 及 C_3 以上烃类组分，通常称为富气。

（二）富气回收工艺应用情况

1. 分子筛脱水工艺

盆 5 气田日产富气 5000～8000m^3，甲烷含量 70% 左右，丙烷、丁烷含量在 15%～20%，含水较多，2007 年引进了分子筛脱水工艺，其分子筛脱水工艺流程为：富气经脱水后，依次经过分离器、分子筛、分离器，最后进入加热炉作为燃料气利用。分离器与分子筛都可进行排污。

该分子筛脱水装置处理气量为 $2 \times 10^4 m^3/d$，再生气采用塔内存留湿气以洛茨风机循环、空冷、分离、加热、解吸的方式进行内循环，解决了以往分子筛脱水工艺再生气消耗量大的问题。但该工艺对于气量大、轻烃含量高的情况，存在以下不足：无法脱除烃类组分，且烃类组分易堵塞分子筛,使脱水效果变差,需定期对分子筛清理更换;再生过程耗热高。

因此,该工艺仅适用于气量小(低于 $1 \times 10^4 \text{m}^3/\text{d}$)$C_3$ 及 C_3 以上烃类组分含量较低且处理后的富气能就近利用的情况,否则液烃析出影响回收利用。

2. 增压处理工艺

玛河和克拉美丽气田天然气处理装置单套设计处理能力均为 $150 \times 10^4 \text{m}^3/\text{d}$,采用两套并行运行。天然气处理均采用注醇防冻、节流膨胀制冷、低温分离工艺。凝析油稳定采用换热闪蒸分离、稳定塔稳定,与天然气换热降温后储存、装车外运。富气产生于凝析油稳定过程中,因富气量为 $(3 \sim 5) \times 10^4 \text{m}^3/\text{d}$,分子筛脱水工艺已不适应,玛河气田和克拉美丽气田采用了增压回收工艺。玛河气田富气增压工艺流程如图1-6-9所示。

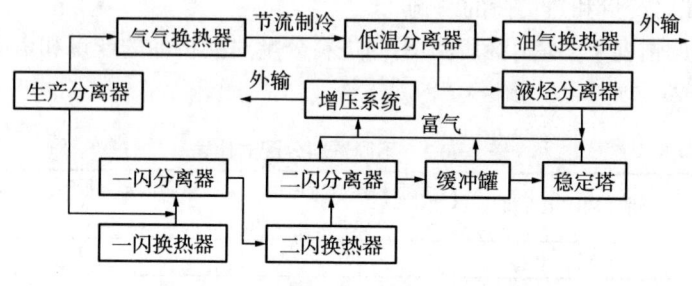

图1-6-9 玛河气田富气增压工艺流程

克拉美丽气田增压回收富气工艺与玛河气田有所区别:增压后的富气与节流后低温天然气混合后进行脱水脱烃再处理。设备方面,玛河气田压缩机采用电驱,克拉美丽气田压缩机采用变频电驱。克拉美丽气田富气增压工艺流程如图1-6-10所示。

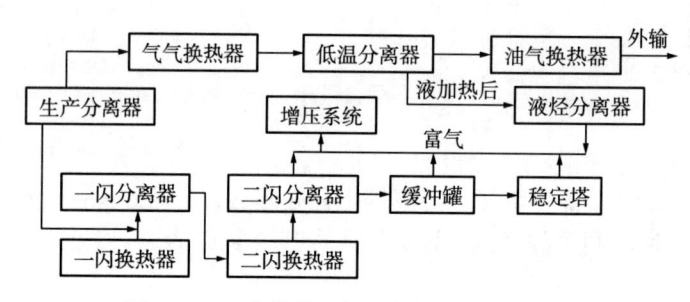

图1-6-10 克拉美丽气田富气增压工艺流程

克拉美丽气田 DW-5/6-65 型电驱压缩机试车投用以来,通过不断优化调整,使其处于最佳工作状态。由于采用了变频技术,节能效果好;同时,电动机的转速可随来气压力的变化而自动调整,避免了来气量不稳造成超压放空及低压抽空现象。另外,该压缩机为 D 型(对称平衡型)压缩机,惯性力矩小,机器运转平稳,振动小,噪声较小。

3. 效果分析

通过富气回收,在现场实际应用中产生了一定的经济效益。下面对盆5气田、玛河气田、克拉美丽气田富气回收利用情况进行对比分析(表1-6-3)。

目前新疆油田富气回收量 $2442 \times 10^4 \text{m}^3/\text{a}$,在克拉美丽气田产量达到设计规模后,日

第六章　天然气处理技术

回收富气也将达到 $4 \times 10^4 \mathrm{m}^3$ 左右，按此计算，年回收富气将达到 $3102 \times 10^4 \mathrm{m}^3$。

表 1-6-3　富气回收一览（年运行 330d）

气田名称	日处理富气量，$10^4 \mathrm{m}^3$	年富气回收量，$10^4 \mathrm{m}^3$
盆 5 气田	0.4	132
玛河气田	4	1605
克拉美丽气田	2	660
合计	6.4	2442

（三）富气回收工艺优缺点

1. 优点

分子筛脱水工艺适合气量小、重组分含量低的富气回收该工艺对于流量为 $(1 \sim 2) \times 10^4 \mathrm{m}^3/\mathrm{d}$、甲烷含量在 70% 以上富气的回收效果较好。但同时由于该富气增压再处理可以较好地实现富气的完全回收，达到零排放的目的。从新疆油田富气回收工艺对比来看，克拉美丽气田富气回收工艺相对较好，在降低设备运行成本的情况下，提高了外输商品气交气率与凝析油产量。

2. 缺点

盆 5 气田分子筛脱水仅能脱除富气中的水分，脱水后的富气中重组分较多，且压力低，不能进入外输管网，仅作为站内自用气利用，在富气量大的情况下，需要部分放空。

玛河气田对富气增压分离后，气体直接掺入合格天然气中外输，虽然能保证外输天然气整体质量合格，但因分离出的气体中饱和水及烃的存在，外输天然气水露点将升高，同时，随着温度降低，液体在外输管线中析出量增加，从而影响管输效率。

工艺受 C_3 及 C_3 以上组分影响很大，从而降低其脱水能力。另外，含 C_3 及 C_3 以上组分的富气如果直接利用，对工艺设备要求较高，冬季管线需要加热，避免 C_3 及 C_3 以上组分冷凝，富气作为燃料气，需要炉类设备的燃烧器能够油、气两用，因此，该工艺应用的局限性较大。

第三节　气田水处理

一、常规气田水处理工艺

目前，气田水的处理方式有回注和外排两种方式。在气田水回注过程中，气田水的常规处理回注方式分为：直接回注、简单处理回注及加药处理回注三类，其对应的预处理工艺为简单沉降工艺、沉降+过滤工艺、沉降+过滤+药剂处理工艺。

（一）简单沉降工艺

这类工艺的回注流程为：气田水池→回注泵→回注井井口，没有专用的沉降池和过滤装置。气田水进入回注站的气田水池后，通过重力作用进行自然沉降，这一过程需要花费一定时间，期间需要保持水池的相对静止、无搅动，利用时间来确保气田水内含有的固体悬浮颗粒、石油类等物质进行沉降分离。回注泵的进水口需要处于回注池中部，回注期间回注水液面（顶部含有石油类物质）必须高于进水管顶部。

这类回注工艺简单，能耗低。但其缺点也比较明显：气田水的预处理工艺过于简单，效率低下，无法实现连续稳定回注；回注水中的固体悬浮颗粒、石油类不易被去除，COD、BOD等未做处理，回注到地层易造成回注层的空隙、裂缝发生堵塞；在回注过程中，易发生将含有固体悬浮颗粒、石油类的气田水回注进回注井，导致回注水中的固体悬浮颗粒及石油类不达标，造成对回注地层的伤害。

（二）沉降+过滤工艺

这类预处理工艺的回注流程为：气田水池→转水泵→过滤器→转水泵→回注井井口。除回注水池外，还建设有专用过滤装置（石英砂、活性炭）。气田水进入回注站的气田水池后，通过转水泵将气田水输送进入过滤装置进行过滤，之后再进入回注水池回注。

这类回注工艺实用，能耗低。气田水的预处理应用了过滤器（石英砂、活性炭），去除了水中的固体悬浮颗粒、石油类，COD、BOD等未做处理，能基本实现气田水的连续达标回注。但过滤器在运行过程中经常发生堵塞，需要定期对过滤器进行反冲洗，期间需要停止回注。反冲洗出来的石油类、固体悬浮颗粒又返回到气田水池，导致已经沉降完成的气田水中的固体悬浮颗粒及石油类的含量升高，需要重新进行沉降，增加了后续处理的难度。同时，气田水池内的淤泥含量逐渐增多，需要定期（3~5年）进行清掏及气田水池大修，同时开展过滤器的清洗及滤芯更换，费用较高。

（三）沉降+过滤+药剂处理工艺

这类回注站气田水预处理装置齐全，其预处理工艺流程为：气田水接水池→沉降池→转水泵→药剂处理→斜管沉淀→气浮（普通气浮）→转水泵→过滤器→回注水池→回注泵→回注井井口。该工艺能连续稳定实现气田水的达标回注，但运行成本高、药剂管理难度大且风险较高。

二、纳米气浮预处理技术

纳米气浮预处理技术是一类较为新型的预处理技术，主要原理就是往气田水池中冲入大量纳米（微纳米）级气泡，利用（微纳米）级气泡的活性，充分与气田水悬浮颗粒、石油类、COD、SRB、氨氮等进行反应。大直径的固体悬浮颗粒因重力作用下沉掉入池低，小直径的颗粒则上浮至水面，石油类、COD、SRB等则经过生化反应得以分解降解，氨氮则从气田水内溢出。

（一）纳米气浮预处理技术特征

1. 比表面积大

气泡的体积和表面积的关系可以通过公式表示。气泡的体积公式为 $V=4\pi/3 r^3$（r 为气泡半径），气泡的表面积公式为 $A=4\pi r^2$，两公式合并可得 $A=3V/r$，即 $V_总=n·A=3V_总/r$。

第六章　天然气处理技术

也就是说，在总体积不变（V不变）的情况下，气泡总的表面积与单个气泡的直径成反比。根据公式，10μm 的气泡与 1mm 的气泡相比较，在一定体积下前者的比表面积理论上是后者的 100 倍。空气和水的接触面积就增加了 100 倍，各种反应速度也增加了 100 倍。

2. 上升速度慢

根据斯托克斯定律，气泡在水中的上升速度与气泡直径的平方成正比。气泡直径越小则气泡的上升速度越慢。从气泡上升速度与气泡直径的关系可知，气泡直径 1mm 的气泡在水中上升的速度为 6m/min，而直径 10μm 的气泡在水中的上升速度为 3mm/min，后者是前者的 1/2000。如果考虑到比表面积的增加，微纳米气泡的溶解能力比一般空气增加 20 万倍。

3. 自身增压溶解

水中的气泡四周存有气液界面，而气液界面的存在使得气泡会受到水的表面张力的作用。对于具有球形界面的气泡，表面张力能压缩气泡内的气体，从而使更多的气泡内的气体溶解到水中。根据杨—拉普拉斯方程，$\Delta P = 2\sigma/r$，ΔP 代表压力上升的数值，σ 代表表面张力，r 代表气泡半径。直径在 0.1mm 以上的气泡所受压力很小可以忽略，而直径 10μm 的微小气泡会受到 0.3 个大气压的压力，直径 1μm 的气泡会受高达 3 个大气压的压力。微纳米气泡在水中的溶解是一个气泡逐渐缩小的过程，压力的上升会增加气体的溶解速度，伴随着比表面积的增加，气泡缩小的速度会变的越来越快，从而最终溶解到水中，理论上气泡即将消失时的所受压力为无限大。

4. 表面带电

纯水溶液是由水分子以及少量电离生成的 H^+ 和 OH^- 组成，气泡在水中形成的气液界面具有容易接受 H^+ 和 OH^- 的特点，而且通常阳离子比阴离子更容易离开气液界面，而使界面常带有负电荷。已经带上电荷的表面一般倾向于吸附介质中的反离子，特别是高价的反离子，从而形成稳定的双电层。微气泡的表面电荷产生的电势差常利用 ζ 电位来表征，ζ 电位是决定气泡界面吸附性能的重要因素。当微纳米气泡在水中收缩时，电荷离子在非常狭小的气泡界面上得到了快速浓缩富集，表现为 ζ 电位的显著增加，到气泡破裂前在界面处可形成非常高的 ζ 电位值。

5. 产生大量自由基

通过大流量泵加速污水，高速水流通过特殊结构的曝气装置与空气接触，高速水流将空气流剪切，在高速水流中形成纳米级水气泡。

产生大量微纳米气泡：本纳米净水系统主要产生 1～3 微纳米级气泡，与目前的微纳米曝气装置有质的区别。1～3μm 的气泡因表面张力降低，水分子与氧分子或矿物质组合略重于水导致气泡缓慢下沉（沉降速度约为每小时 1m），可将水下大部分悬浮物逐渐气浮至水体表面，并为水体提供充足溶解氧。

气泡的表面积显著扩大：气泡粒径 3～10μm，表面积增大 1 万倍，微气泡附着污染物能力大幅提升，同时可使微生物活性大大提高，生化反应速度明显加快。产生羟基（自由基），表面活性作用，分解剥离污染物；1～3μm 的气泡带负电荷，并可向较大范围扩散，有效去除水中的重金属、盐类等污染物。

旋流剪切作用：将水中悬浊物和大分子剪切成较小分子，便于微生物分解消化。微纳米气泡在水中存留时间长（最长可存留24天），长期保持净化水。

微气泡破裂瞬间，由于气液界面消失的剧烈变化，界面上集聚的高浓度离子将积蓄的化学能一下子释放出来，此时可激发产生大量的羟基自由基。羟基自由基具有超高的氧化还原电位，其产生的超强氧化作用可降解水中正常条件下难以氧化分解的污染物如苯酚等，实现对水质的净化作用。

（二）纳米气预处理浮技术应用方向

1. 生态修复

研究发现富含微纳米氧气气泡的水对动植物都具有促进生物活性的作用。这是由于微纳米气泡在水中存在时间长，内部承载气体释放到水中的过程较慢，因此可实现对承载气体的充分利用，提供充足的活性氧以促进水中生物的新陈代谢活性。向污染的缺氧水域中鼓入微纳米气泡时，随着气泡内溶解氧的消耗不断向水中补充活性氧，可增强水中好氧微生物、浮游生物以及水生动物的生物活性，加速其对水体及底泥中污染物的生物降解过程，实现水质净化目的。

2. 污水处理

微纳米气泡是直径小于50μm的极细微气泡，微纳米气泡在水中上升速度慢、停留时间长、溶解效率高，并具备自增氧、带负电荷和富含强氧化性的自由基等特性。这些特点使得微纳米气泡在水处理上具有广泛的应用前景。

悬浮物的吸附去除：纳米气泡不仅表面电荷产生的电位高，而且比表面积很大，因此将微纳米技术与混凝工艺联用在废水预处理中，对悬浮物和油类表现出了良好的吸附效果与高效的去除率，对COD、氨氮及总磷也具有较好的去除效果。

难降解有机污染物的强化分解：纳米气泡破裂时释放出的羟基自由基，可氧化分解很多有机污染物，目前在难降解废水处理与污泥处理方面，已表现出了潜在的应用前景。为了促使微纳米气泡在水中能够产生更多的羟基自由基，常采用其他强氧化手段进行协同作用，如紫外线、纯氧以及臭氧等强氧化手段，以更好地发挥对废水中有机污染物的氧化分解作用。

（三）纳米气浮气田水预处理装置

纳米气浮气田水预处理装置工艺流程如图1-6-11所示。

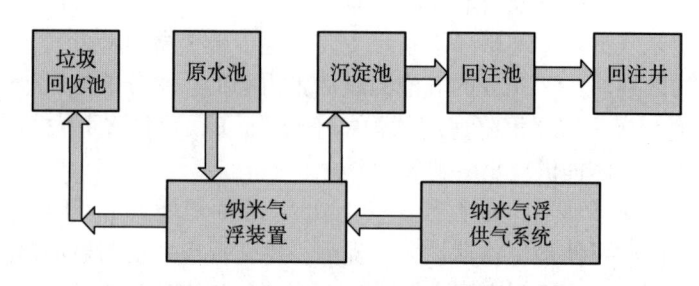

图1-6-11 纳米气浮气田水预处理装置工艺流程图

第六章 天然气处理技术

纳米气浮反应装置（图1-6-12）：运用纳米曝气系统产生大量的活性氧离子去除气田水中85%的固体颗粒悬浮物及80%的石油类有机物。水面漂浮的泡沫由刮渣板刮入回收池，处理后的气田水通过转水泵进入二级沉淀池。

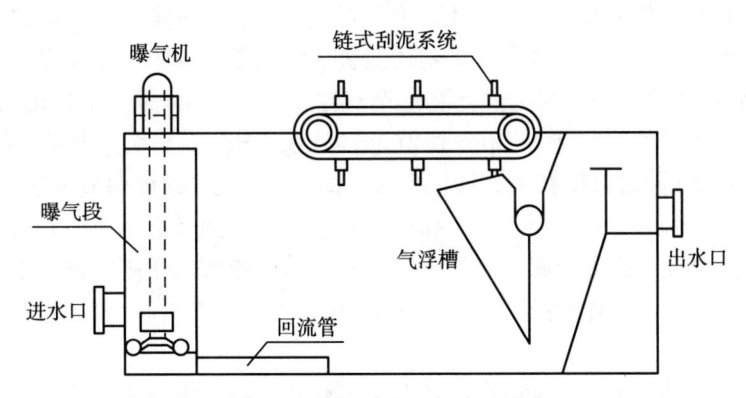

图1-6-12 纳米气浮气田水预处理装置图

纳米气浮供气系统：运用纳米曝气系统产生大量的活性氧离子进入气浮设备，与气田水中硫化氢和石油类进行反应，将气田水中的石油类分解，从而降低气田水中硫化氢和石油类含量。同时利用纳米气浮技术将石油类分解物及残余的固体悬浮颗粒物一起分离，表层刮除上浮油脂和悬浮固体，通过微纳米系统净化水中部分盐类；达到气田回注水标准。

控制系统：由软件系统和硬件系统构成，硬件系统主要由纳米曝气头、供气系统、转水泵组成。软件系统主要负责对硬件系统进行精确控制。

硬件系统构成：
（1）纳米曝气头2套。
（2）设备整体尺寸：3.3m×1m×2.5m，池体板厚6mm。
（3）潜水泵3台，2.2kW，380V。
（4）供气系统各2套。

纳米曝气装置（图1-6-13）：通过大流量泵加速气田水，高速水流通过特殊结构的曝气装置在空气进入口处形成局部真空将空气吸入曝气头内与高速水流接触，高速水流将空气流剪切，在高速水流中形成纳米水气泡。

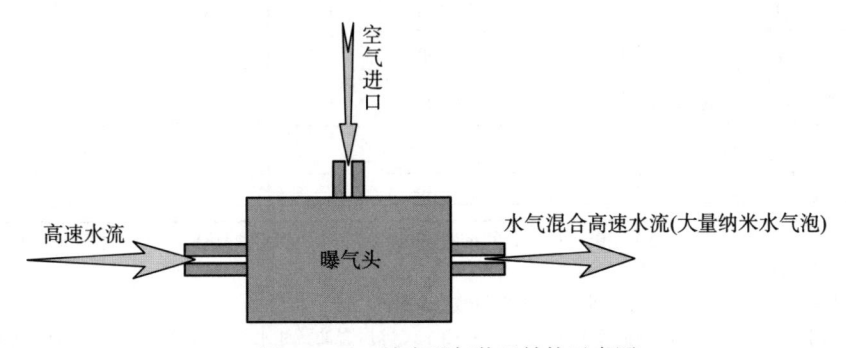

图1-6-13 纳米曝气装置结构示意图

该装置的原理及特性如下：

原理：通过大流量泵加速污水，高速水流通过特殊结构的曝气装置与空气接触，高速水流将空气流剪切，在高速水流中形成纳米水气泡。

特性：产生大量微纳米气泡。该装置主要产生1～3微纳米级气泡。1～3μm的气泡因表面张力降低，水分子与氧分子或矿物质组合成略重于水导致气泡缓慢下沉（沉降速度约为每小时1m），可将水下大部分悬浮物逐渐气浮至水体表面，并为水体提供充足溶解氧；气泡的表面积显著扩大：气泡从3μm到10μm粒径，表面积增大1万倍，微气泡附着污染物能力大幅提升，同时可使微生物活性大大提高，生化反应速度明显加快；产生羟基（自由基），表面活性作用可分解剥离污染物；1～3μm的气泡带负电荷，并可横向较大范围扩散，能有效去除水中的重金属、盐类等污染物。其旋流剪切作用可将水中悬浊物和大分子剪切成较小分子，便于微生物分解消化，微纳米气泡存留期最长为24天，能长期保持净化水质。

挥发性气体的脱硫处理：气田水中含有大量硫化氢等有毒有害气体，纳米活化净水系统可氧化去除部分硫化氢，但仍有部分挥发至空气中，需进行收集处理。在纳米活化处理装置上部设置PVC收集罩，通过引进风将有毒有害气体送入简易脱硫塔中，将硫化氢等有毒有害气体处理后放入大气中。

三、回注水质要求

为了充分利用回注层资源，满足回注井腐蚀防护要求，确保回注层和回注井不发生堵塞，回注水水质应保持相对稳定，气田水处理工艺应满足回注水水质基本要求，回注水水质基本要求符合《气田水回注水质指标》（Q/SY 01004—2016）见表1-6-4，未达标水不得回注至气田水回注井。

表1-6-4 气田水回注推荐水质指标及要求（Q/SY 01004—2016）

回注井（层）类型	缝洞型储层	孔隙型储层
pH 值	6～9	6～9
溶解氧*，mg/L	≤0.5	≤0.5
石油类，mg/L	≤100	≤50
悬浮固体含量，mg/L	≤200	≤100
硫酸盐还原菌（SRB）*，个/mL	≤25	≤25
铁细菌（IB）*，个/mL	$n \times 10^4$	$n \times 10^4$
平均腐蚀速率**，mm/a	≤0.125	≤0.125

注：（1）"*"表示回注井油管采用碳钢材质时的水质控制指标，若采用耐蚀合金或玻璃管材质时，则不执行上述腐蚀类水质控制指标。

（2）"**"表示评价材质采用现场实际使用的钢材或A3钢。

（3）$1 < n < 10$，水质分析方法参照标准SY/T 5329—2022《碎屑岩油藏注水水质指标技术要求及分析方法》执行。不同水源的水质混合回注时，应首先进行室内配伍性实验并出具有效报告，确保地层水之间及其与回注层配伍性良好，确保对回注地层无伤害后才能回注。钻井、试油废水等非气田水不得与气田水混合回注，应指定专用回注站处理后回注到专用回注井。

第六章　天然气处理技术

应建立和完善水质检测管理体系，加强水处理前后的水质检测，日常生产检测项目为pH值、石油类和悬浮固体含量三项指标，碳钢油管水质检测日常检查项目间隔周期应不大于3个月，其余检测项目间隔周期应不大于半年，气田水出现异常情况应及时取样分析，当两次检测数据发生较大变化时取样分析间隔周期不应超过1个月，非金属及耐蚀合金钢油管水质检测每半年检测一次。选取的取样点应具有代表性。

加强气田水回注监测跟踪分析，根据回注井、回注压力和回注量制定各井的监测周期，监测回注井回注油压、套压、环空压力、液面等，发现异常情况，立即停止回注，进行检测分析整改。

加强回注井井场、监测井的监测及管理，加强周边河流、饮用水源的监测，若浅层水体特征污染物监测数据发现异常，应立即停止回注并进行分析调整治理。监测周期至少不应低于枯水期、平水期、丰水期各一次。

四、气田水外排

（一）达标外排标准的选择

气田水属于工业废水，处理排放首先要满足 GB 8978—1996《污水综合排放标准》要求。外排水应结合当地水源情况，排放出去的水并非用于集中式生活饮用水，主要在农灌。建议气田废水处理排放执行和 GB 5084—2021《农田灌溉水质指标》，见表1-6-5。

表1-6-5　农田灌溉水质指标表（GB 5084—2021）

序号	项目类别	水作，mg/L	旱作，mg/L	蔬菜，mg/L
基本控制项目标准值				
1	生化需氧量（BOD_5）≤	60	100	40，15
2	化学需氧量（COD_{cr}）≤	150	200	100，60
3	悬浮物≤	80	100	60，15
4	阴离子表面活性剂（LAS）≤	5	8	5
5	水温，℃≤	35		
6	pH值	5.5～8.5		
7	全盐量≤	1000（非盐碱土地区），2000（盐碱土地区）		
8	氯化物≤	350		
9	硫化物≤	1		
10	总汞≤	0.001		
11	镉≤	0.01		
12	总砷≤	0.05	0.1	0.05
13	铬（六价）≤	0.1		
14	铅≤	0.2		
15	粪大肠菌群数，个/100mL≤	4000	4000	2000，1000
16	蛔虫卵数，个/L≤	2		2，1

续表

序号	项目类别	水作，mg/L	旱作，mg/L	蔬菜，mg/L
\multicolumn{5}{	c	}{选择性控制项目标准值}
17	总铜≤	0.5	\multicolumn{2}{c	}{1}
18	总锌≤	\multicolumn{3}{c	}{2}
19	总硒≤	\multicolumn{3}{c	}{0.02}
20	氟化物≤	\multicolumn{3}{c	}{2.0（一般地区），3.0（高氟区）}
21	氰化物≤	\multicolumn{3}{c	}{0.5}
22	石油类≤	5	10	1
23	挥发酚≤	\multicolumn{3}{c	}{1}
24	苯≤	\multicolumn{3}{c	}{2.5}
25	三氯乙醛≤	1	0.5	0.5
26	丙烯醛≤	\multicolumn{3}{c	}{0.5}
27	硼≤	\multicolumn{3}{c	}{1.0（对硼敏感作物），2.0（对硼耐受性较强的作物），3.0（对硼耐受性强的作物）}

注：（1）对硼敏感作物，如黄瓜、豆类、马铃薯、笋瓜、韭菜、洋葱、柑橘等。
（2）对硼耐受性较强的作物，如小麦、玉米、青椒、小白菜、葱等。
（3）对硼耐受性强的作物，如水稻、萝卜、油菜、甘蓝等。

（二）达标外排工艺

1. 预处理工艺

常见的废水处理技术主要有混凝、沉淀、气浮、吸附和过滤等。处理装置的核心任务是去除悬浮物、有毒有害气体、结垢离子等，缓解回注水对地层的污染，保持回注层的吸水能力。由于目前气田水主要采取回注方式，对回注水质要求较低，未采取气浮和吸附工艺。

气田开发废水中悬浮物、石油类、COD、Cl^-等含量较高，原水硬度较高。靠单一预处理技术不能达到相关要求，针对原水硬度和悬浮物较高需采用"纯碱+石灰+高密度沉淀池"进行软化处理，石油类和COD超标采用"高级催化氧化"进行处理，从而达到下一步处理要求。

具体工艺流程（图1-6-14）：废水进入调节池进行均质均量后，进入高密度沉淀池，加石灰+纯碱的方式进行软化，去除硬度后进行高级催化氧化进一步使COD和石油类等物质达到排放要求，固液分离后淡化水进入清水池消毒后待用。处理时产生的污泥和沉淀物进行深埋或焚烧处理。

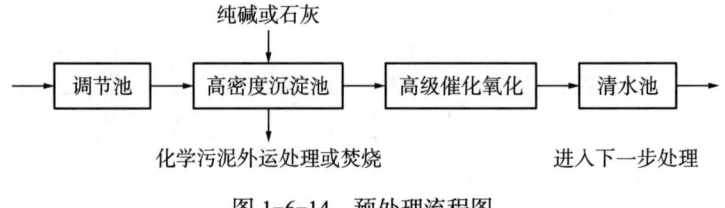

```
                      纯碱或石灰
                          ↓
→ 调节池 → 高密度沉淀池 → 高级催化氧化 → 清水池 →
                          ↓
              化学污泥外运处理或焚烧        进入下一步处理
```

图1-6-14 预处理流程图

1）石灰—纯碱软化

可在不加热的条件下去除碳酸盐硬度及非碳酸盐硬度，降低水的硬度，达到水质软化的目的。

第六章 天然气处理技术

纯碱用于去除非碳酸盐硬度，与非碳酸盐硬度发生如下化学反应：

$$CaSO_4+Na_2CO_3 \longrightarrow CaCO_3+Na_2SO_4$$
$$CaCl_2+Na_2CO_3 \longrightarrow CaCO_3+2NaCl$$
$$MgSO_4+Na_2CO_3 \longrightarrow MgCO_3+Na_2SO_4$$
$$MgCl_2+Na_2CO_3 \longrightarrow MgCO_3+2NaCl$$

2）高密度沉淀池

高密度沉淀池是以体外污泥循环回流为主要特征的一项沉淀澄清新技术如图1-6-15所示，它借助高浓度优质絮体群的作用，大大改善和提高了絮凝和沉淀效果。它的基本工作原理是通过回流污泥，并进行加药，使水中的悬浮物形成大的絮凝体，增大了絮凝体的密度和半径，也就增加了它的沉淀速度。可以做到在水量一定的条件下，沉淀池容积大为减少且效果更佳。浓缩污泥的外循环不仅保证了搅拌反应池的固体浓度，提高了进泥的絮凝能力，使形成的絮凝体更加均匀密实，而且采用了斜板沉淀原理，高效斜板的设置以及污泥的回流强化了絮凝过程。斜板沉淀池中可用于泥水分离的面积为普通沉淀池的数倍，其中包含了大量的相互独立的沉淀单元。

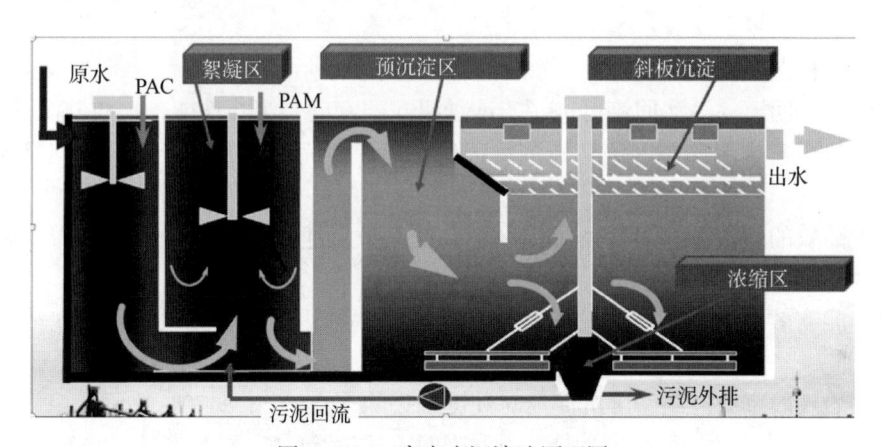

图1-6-15 高密度沉淀池原理图

高密度沉淀池（图1-6-16）主要包括"混合凝聚，絮凝反应，沉淀分离"三个功能区域，具有以下特点：

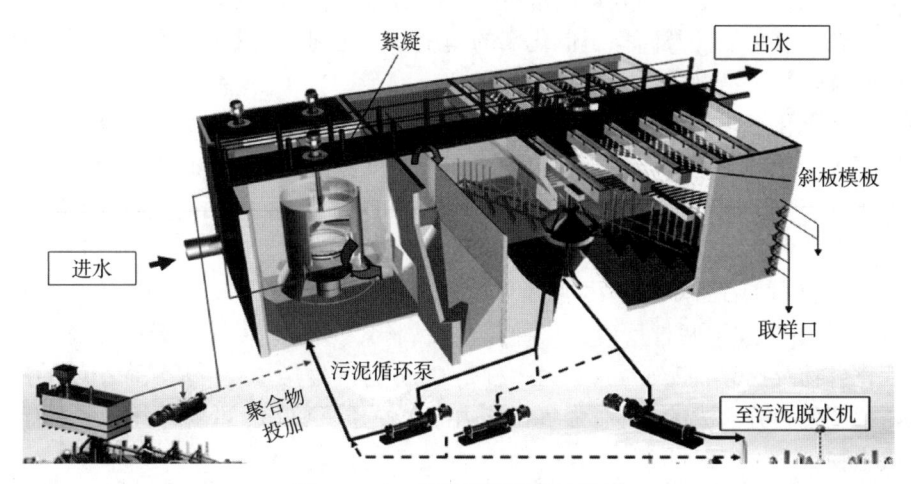

图1-6-16 高密度沉淀池结构图

（1）混合区：在混合池内设置快速搅拌机，使投加的混凝剂快速分散，与池内原水充分混合均匀，用以形成小的絮体。可投加生石灰和碳酸钠去除水中的硬度。

（2）反应区：经过预混凝的原水流至反应池内圆形导流筒的底部，原水、回流污泥和助凝剂由导流筒内的搅拌桨由下至上混合均匀。由慢速搅拌反应池和推流式反应池组成串联反应单元，已获得较大的絮体，达到沉淀区内快速沉淀。带有污泥回流的快速絮凝，由快速搅拌器搅拌，以确保快速絮凝及絮凝所需要的能量。絮凝剂投加在搅拌器的下方。从污泥浓缩区到快速絮凝区进行连续的外部泥渣回流，极高的污泥浓度提高了絮凝的效果。

（3）沉淀浓缩区：絮凝矾花慢速进入到沉淀区，这样可以避免矾花损坏。絮凝矾花在沉淀池下部汇集成污泥并浓缩。斜板设置在沉淀池的上部，用于去除多余的矾花，保证出水水质。部分浓缩污泥在浓缩区内由污泥循环泵送至反应池入口，另一部分剩余污泥由污泥泵抽出，送至污泥脱水间或进行其他处理。

沉淀浓缩区保证了矾花增长所需的慢速絮凝，生成的矾花具有较高的密度，然后水慢速流至沉淀区以保证矾花的完整性。高密池底部刮泥机的连续刮扫促进了沉淀区污泥的浓缩，实践上，如果沉淀浓缩区没有刮泥系统就不能有效地排泥，往往就会降低高密度沉淀池的性能。

3）技术特点

（1）污泥回流，污泥回流可进一步增加矾花的密度和沉降性能，加快其沉淀速度。

（2）从慢速推流反应区到斜板沉淀区矾花能保持完整，并且产生的矾花颗粒大、密度高。

（3）高效的斜板沉淀可保证沉淀区较高的上升流速（可达 20~40m/h），絮凝矾花可得到很好的沉淀。

（4）能有效地完成污泥浓缩，沉淀池排泥浓度可达 15%，无须进行再次浓缩，可直接脱水处理。

（5）处理效率高。高密度沉淀池对硬度的去除率在 60%~70% 之间。

（6）集混凝、沉淀和浓缩功能为一体的水处理构筑物，结构紧凑，降低了土建造价并且节约了建设用地。

2. 高级催化氧化

高级催化氧化技术是目前处理高浓度、难降解有机废水的公认先进技术，该技术的特点是氧化剂在高氧化活性及高稳定催化剂的作用下，达到多相催化氧化的目的，有效地降解废水中的难降解污染物质。

新型高效催化氧化技术——三相催化氧化技术，运用臭氧或二氧化氯等氧化剂，通过载体金属离子催化剂的催化作用，有效生成和增加反应体系内的自由基，从而产生全面和激烈的氧化反应，以去除或分解转化高难降解的 COD 成分。反应无须在高温、高压下进行，在通常条件下即可达到反应要求，获得很高的氧化处理效率。

该技术可应用于各种难降解污水的预氧化、深度处理与回用、反渗透浓水处理等。

O_3 溶于水后会发生两种反应：一种是直接氧化，反应速度慢，选择性高，易与苯酚等芳香族化合物及乙醇、胺等反应；另一种是 O_3 分解产生羟基自由基从而引发的链反应，此反应还会产生十分活泼的、具有强氧化能力的单原子氧（O），可瞬时分解水中有机物质、细菌和微生物。

第六章 天然气处理技术

$$O_3 \longrightarrow O_2 + (O) \quad (1)$$
$$(O) + H_2O \longrightarrow 2OH \quad (2)$$

臭氧的氧化机理如图 1-6-17 所示。

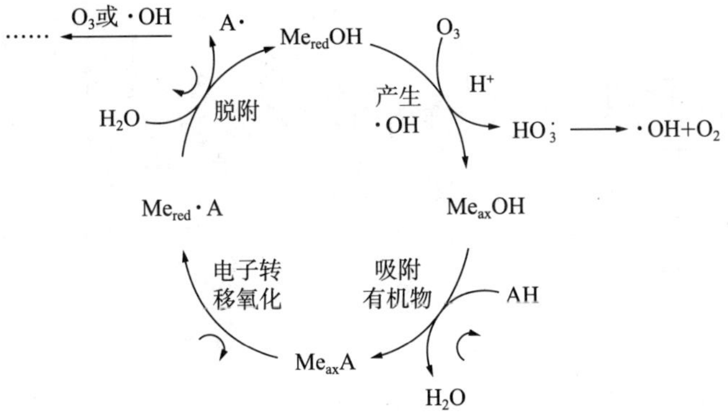

图 1-6-17 臭氧的氧化机理

O_3 分子和有机物分子被快速吸附在催化剂表面；催化剂引发 O_3 分解，产生比 O_3 活性更高且基本无选择性的活泼自由基·OH；有机物分子形成自由基态，大幅降低了后续氧化反应的活化能。羟基是强氧化剂、催化剂，引起的连锁反应可使水中有机物充分降解。当溶液 pH 值高于 7 时，O_3 自分解加剧，自由基型反应占主导地位，这种反应速度快，选择性低。

臭氧不仅有很好的快速杀菌、消毒性质，而且具有极高的氧化有机和无机化合物的能力，同时通过氧原子的直接氧化作用能够极大的提高污水的可生化性，降低整体运行费用。臭氧的反应完全、速度快，从而可以减小构筑物体积。剩余臭氧会迅速转化为氧气，能增加水中溶解氧，效率高，不产生污泥，不造成二次污染。

整体操作过程简单，能够便捷的实现过程控制全自动化无人操作。具有极强的脱色功能，针对化工废水的高色度特点非常有针对性。没有危险化学原材料的使用，可直接利用工厂空分装置产生的氧气即可。

3.MVR 蒸发结晶技术

气田水含盐量高，经过预处理后 Cl⁻ 含量超高时，可采用 MVR 蒸发结晶技术进行处理。MVR（mechanical vapor recompression）蒸汽机械再压缩技术，是由相互串联的多个蒸发器组成，低温（90℃左右）加热蒸汽被引入第一效，加热其中的料液，使料液产生比蒸汽温度低的几乎等量蒸发。产生的蒸汽被引入第二效作为加热蒸汽，使第二效的料液以比第一效更低的温度蒸发。这个过程一直重复到最后一效。第一效凝水返回热源处，其他各效凝水汇集后作为淡化水输出，一份的蒸汽投入，可以蒸发出多倍的水出来。同时，料液经过由第一效到最末效的依次浓缩，在最末效达到过饱和而结晶析出，由此实现料液的固液分离。

经过 5～8 效蒸发冷凝的浓缩结晶过程，分离为淡化水（淡化水可能含有微量低沸点有机物）和浓缩晶浆废液；无机盐和部分有机物可结晶分离出来；不能结晶的有机物浓缩废液可采用滚筒蒸发器，形成固态废渣，焚烧处理；淡化水可返回生产系统替代软化水加以利用。

该处理技术的主要工艺流程如图1-6-18、图1-6-19所示。

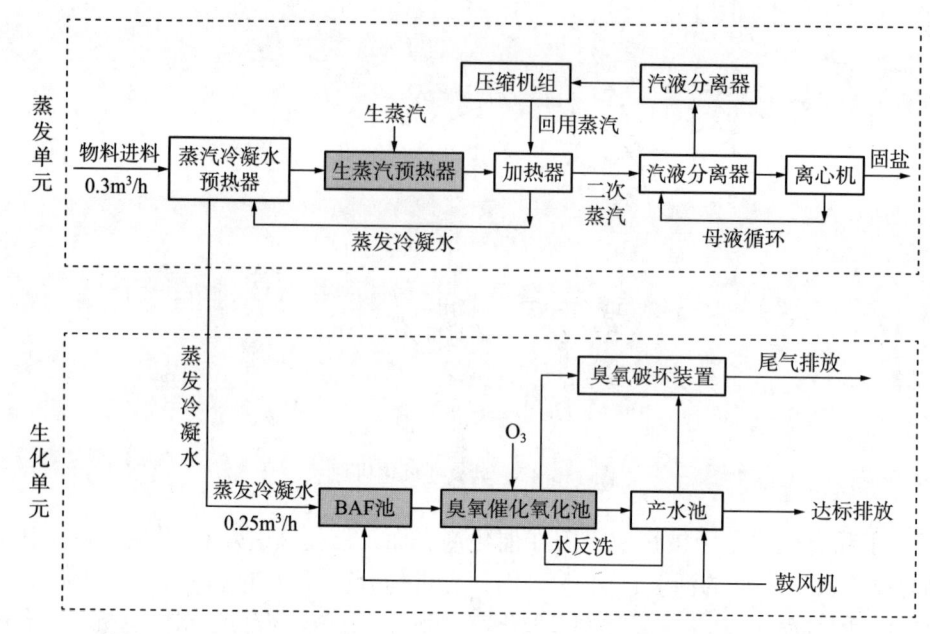

图1-6-18 高矿化度、高含有机废水达标外排水处理技术工艺流程框图

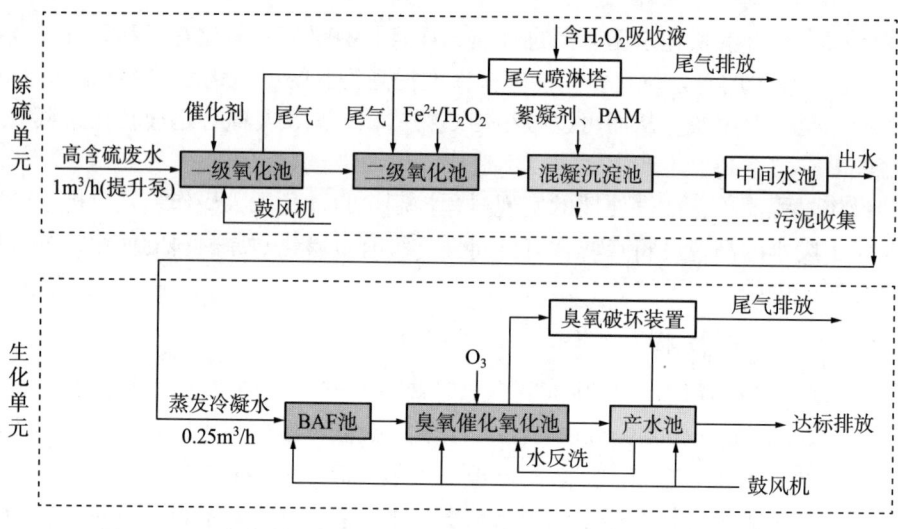

图1-6-19 高含硫、高含有机废水达标外排水处理技术工艺流程框图

工艺特点：

（1）装置采用混程给水，使处理相同水量的电耗较常规工艺减少40%～50%。

（2）由于混程给水，废水从高温效依次进入低温效，浓度逐渐升高，温度逐渐降低，有效减轻了高温效的结垢和腐蚀情况。

（3）水量在蒸发器上分布均匀，避免了现有装置喷头式给水不均匀易堵塞的缺点。

（4）真空系统采用差压抽气装置，各效间准确形成设计压差，使得装置运行稳定。

第七章 生产系统完整性管理

第一节 气井完整性管理

一、管理范围

气井完整性管理是采用系统的方法来管理全生命周期的井完整性，包括通过规范管理流程、职责及井屏障部件的监测、检测、诊断、维护等方式，获取与井完整性相关的信息，对可能导致井完整性问题的危害因素进行风险评估，根据评估结果制定合理的技术和管理措施，预防和减少井完整性事故发生，实现井安全生产的程序化、标准化和科学化的目标。它既是贯穿于油气井整个生命周期的全过程管理，又是应用技术、操作和组织措施的全方位综合管理，可以有效降低地层流体在井眼整个寿命期间无控制地排放的风险，从而将油气井建设与运营的安全风险水平控制在合理的、可接受的范围之内，达到减少气井事故发生概率、同时经济合理地保证油气井安全运行的目的。

二、管理要求

（一）定义

气井完整性是指井口装置及井筒始终处于安全可靠的服役状态，包括井口装置及井筒在物理和功能上是完整的，气井处于受控状态，气井管理者不断采取相关措施预防和减少井完整性事故发生。

气井完整性管理是指气井管理者为保证井口装置和井筒的完整性而进行的一系列管理活动，具体指管理者通过规范管理流程、职责及井屏障部件的监测、检测、诊断、维护等方式，获取与井完整性相关的信息，对可能导致井完整性问题的危害因素进行风险评估，根据评估结果制定合理的技术和管理措施，预防和减少井完整性事故发生，实现井安全生产的程序化、标准化和科学化的目标。

（二）内涵

气井完整性管理是对所有影响气井完整性的因素进行综合的、一体化的管理，主要包括：
（1）拟定工作计划、工作流程和工作程序文件。
（2）进行风险分析和安全评价，了解事故发生的可能性和将导致的后果，制定预防和应急措施。
（3）定期进行气井完整性检测与评价，了解气井可能发生事故的原因和位置。

（4）采取修复或减轻失效威胁的措施。

（5）培训和管理现场操作人员，不断提高人员素质。

（三）原则

气井完整性管理应遵循以下原则：

（1）在设计、钻完井和新投产时，应融入气井完整性管理的理念和做法。

（2）结合各区块或各气井特点，进行动态的完整性管理。

（3）要建立负责进行气井完整性管理的机构和管理流程，配备必要的手段。

（4）要对所有与气井完整性管理相关的信息进行分析、整合。

（5）必须持续不断地对气井进行完整性管理。

（6）应不断将各种新技术运用到气井完整性管理过程中去。

气井完整性管理是一个循环往复、不断改进的过程。应建立系统的方法来管理全生命周期的井完整性。其管理内容包括：数据收集与分析，风险评估、检验、监控和测试，完整性评估、缓解、干预和修复。完整性管理流程图如图 1-7-1 所示。

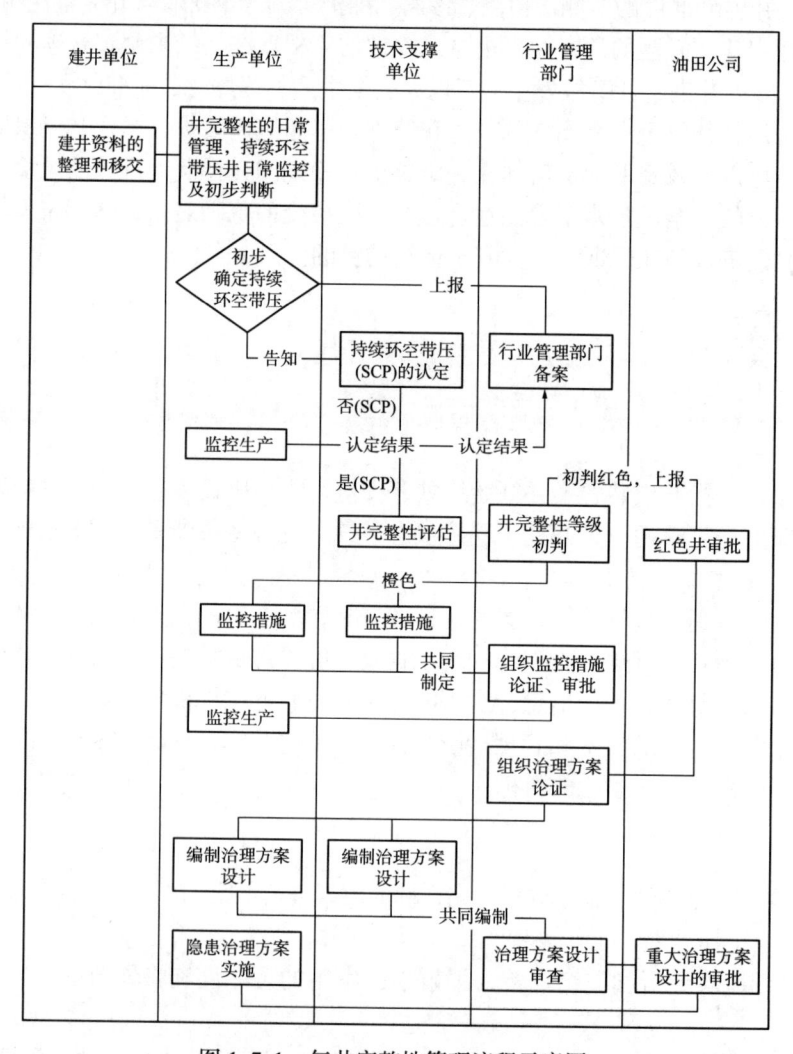

图 1-7-1 气井完整性管理流程示意图

三、管理技术

气井完整性管理主要包括数据管理与分析、检/监测技术、完整性评估、缓和干预及修复技术 4 大技术体系，具体内容如图 1-7-2 所示。

```
气井完整性管理技术体系
├── 数据管理与分析
│   ├── 套管和油管的设计载荷工况
│   ├── 井屏障部件的技术规格和材料证书
│   ├── 井完整性测试记录
│   ├── 环空压力记录
│   ├── 井屏障示意图
│   ├── 检验和维护保养记录
│   ├── 井的永久弃置方案和文件
│   ├── 井屏障部件的测压记录
│   └── 井移交文件
├── 检/监测技术
│   ├── 井口装置超声波相控阵探伤技术
│   ├── 井下电感探针腐蚀监测技术
│   ├── 环空压力诊断检测技术
│   ├── 多臂井径仪磁测厚组合井下腐蚀检测技术
│   ├── 高频超声波测井技术
│   └── 多层管柱磁成像腐蚀检测技术
├── 完整性评估
│   ├── 屏障退化或失效原因的诊断分析
│   ├── 存在缺陷的屏障可使用性评估
│   └── 数据统计和趋势分析
└── 缓和干预及修复技术
    ├── 井口装置带压换阀
    ├── 井口装置带压堵漏
    ├── 修井更换油管
    └── 老井封堵技术
```

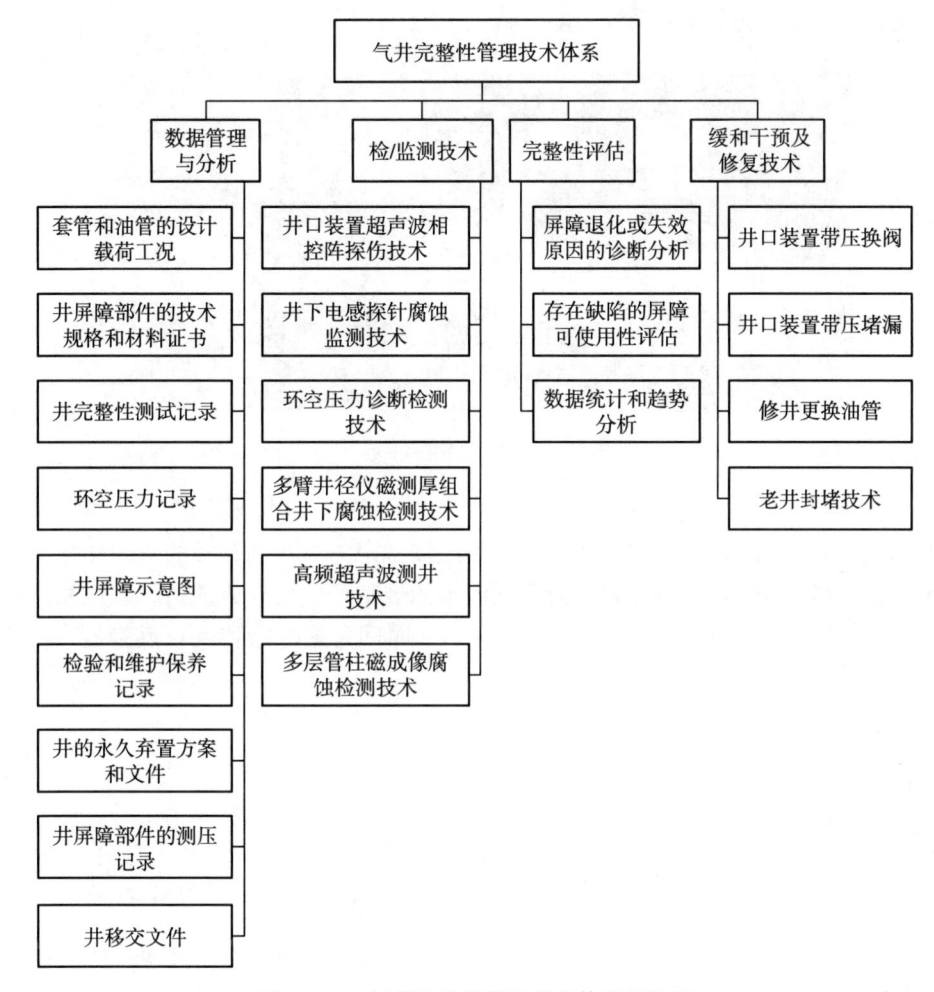

图 1-7-2　气井完整性管理技术体系架构图

（一）数据管理与分析

数据管理与分析是完整性管理的重要内容之一，为完整性管理的后续程序奠定坚实的基础，提供有力的依据。

建立完整的气井基础资料数据库，主要包括气井基础资料、钻井资料、试油资料及生产资料。比如：套管和油管的设计载荷工况、井屏障部件的技术规格和材料证书、井屏障部件的试压记录、井完整性测试记录、环空压力记录、井屏障示意图、井控演习记录、检验和维护保养记录、井的永久弃置方案和文件、井移交文件。

（二）检/监测技术

1. 井口装置超声波检测技术

1）井口超声波检测装置简介

井口超声波检测装置（图 1-7-3）主要由集测厚、内壁扫查、数据采集功能于一体的现场检测设备和三维成像解释系统两部分组成。

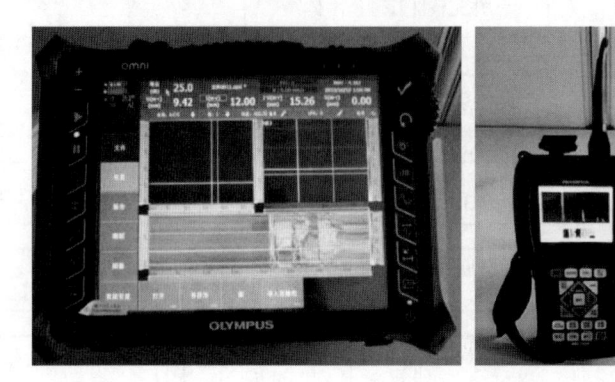

图 1-7-3　超声波检测装置

2）检测原理

声波通过机械振动在介质中传播，这些声波以特定的声速和预知的方向在给定的介质中传播，当遭遇不同介质的边界时，会根据简单的规则产生反射或透射。超声相控阵由一系列独立的晶片组成，每个晶片有它自己的接口、时间延迟电路和 A/D 转换器。

计算厚度值公式为：

$$D = V \times T/2 \tag{1-7-1}$$

式中　D——厚度；

　　　V——材料声速；

　　　T——超声波往返一次的时间。

3）检测方法

使用超声波无损探伤仪系统对井口装置关键部位进行检测，在检测过程中对每一个关键部位以 4 等分点进行环形检测，并录取检测数据。现场检测完成后，采用数据解释软件进行处理，处理完成后，统一提交检测报告。检测部位选取依据：

一是由于过流面积发生变化，从而引起流速和流态的变化，加速内壁冲蚀，易导致采气树的腐蚀和冲蚀，列为重点检测部位。

二是由于流体在小四通部位流向发生改变，形成涡流和紊流，加速壁厚减薄速率，列为重点检测部位。

井口装置参考检测部位示意如图 1-7-4 所示，实际检测中将根据现场情况对检测部位进行适当调整。

第七章　生产系统完整性管理

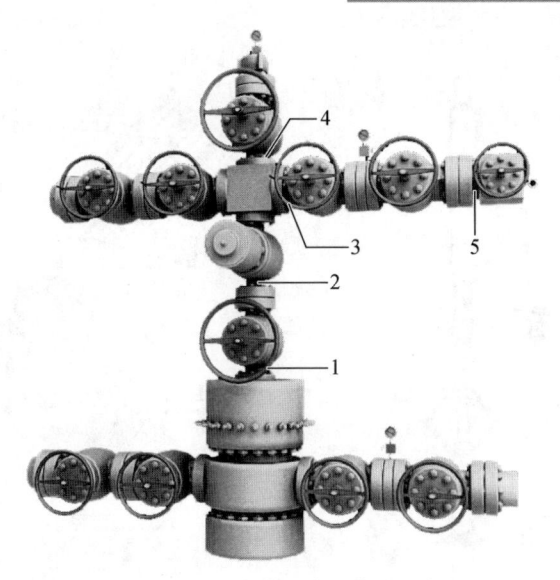

图 1-7-4　井口装置检测位置示意图
1-1 号阀颈；2-4 号阀颈；3-9 号阀颈；4-7 号阀颈；5-11 号阀颈

2. 井筒检测技术

1）24 臂井径测井仪测井原理及技术指标

24 臂井径测井仪测井原理（图 1-7-5）：触臂由铜铍合金制成，尖端外表度一层碳化钨，电动机打开触臂后，上提进行油管、套管测井，触臂检测油套管内径变化。触臂上提运动过程中，内径改变量通过曲轴传递—连轴臂—运动块—至测筒内压力杆轴上，进行相应的连续运动，同时信号进行连续记录，直到测井结束。连续记录的信号被转变成输出信号，输出信号被转化为电压信号和数字信号。仪器同时带有定位仪，可以确定井斜角和方位角。仪器携带的温度传感器为软件温度校正提供数据，随着温度的改变，传感器参数连续改变。完整的测井数据或者编制成编码通过电缆传输到地面记录系统和显示系统，或记录到存储模块里。在地面电脑人工操作下，完成对信号的编译和解码，最终计算出油管、套管内径的变化量，达到测试目的。

24 臂成像井径仪主要可以实现油套管腐蚀、破损评价，油套管形变、结垢评估，油套管射孔、质量评估，油套管纵向、横向裂缝定位。

2）电磁探伤 EMDS 检测测井原理及技术指标

电磁探伤 EMDS 工作原理：电磁探伤仪的物理基础是法拉第电磁感应定律。给发射线圈供一电流，接受线圈产生时间变化的感应电动势 ε，即：

$$\varepsilon = -\frac{d\Phi}{dt} \qquad (1-7-2)$$

$$d\Phi = dS \times B \qquad (1-7-3)$$

式中　ε——接收线圈的感应电动势；
　　　S——接收线圈总面积（$S=KS_1N$，S_1 为第一线圈面积、N 为线圈匝数；K 为磁滞常数）；
　　　Φ——磁通量；
　　　B——磁场强度。

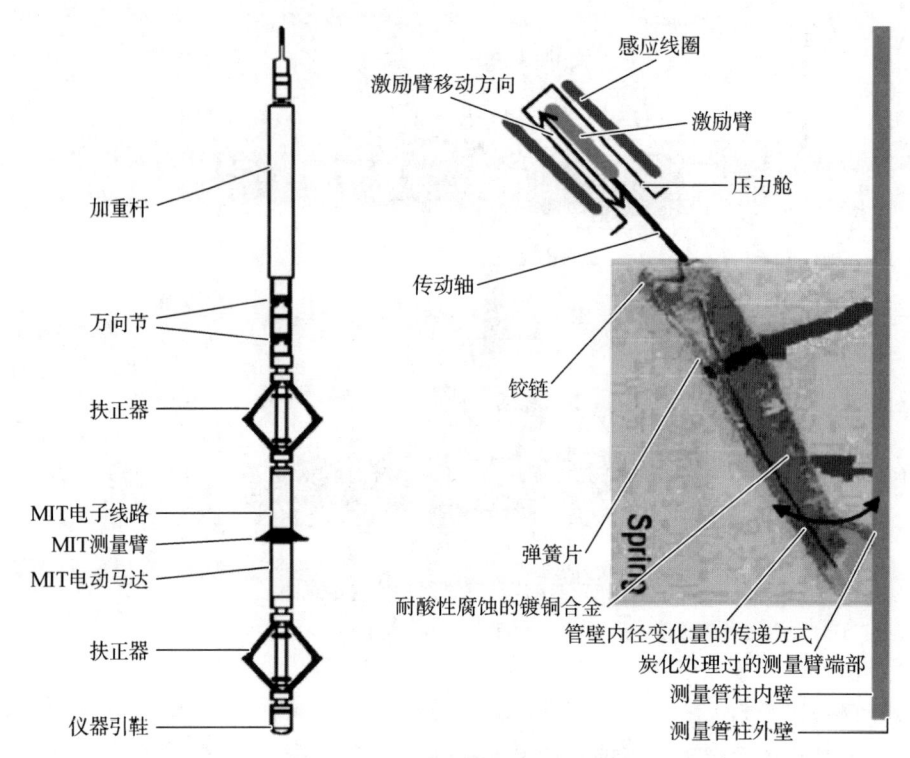

图 1-7-5　多臂井径仪工作原理图

当一个磁探头制作完成之后，参数 S 便成为仪器常数。给发射线圈提供一个恒定的正直流脉冲，其幅度为 3V，脉冲宽度和脉冲间隔都是 138ms，在脉冲间隔时间段，接收线圈完成对 ε 的测量（图 1-7-6）。在直流脉冲时间段内，仪器周围将产生一定强度的磁场强度，在套管或油管中所产生感生电流的大小是由套管或油管的形状、位置及其材料的电磁参数决定的，而直流脉冲之后接收线圈中的磁场强度 B 和磁通量变化率 dΦ 受感生电流大小的影响，因此，接受线圈中感生电动势 ε 是套管或油管的形状、位置及其材料电磁特性的函数。

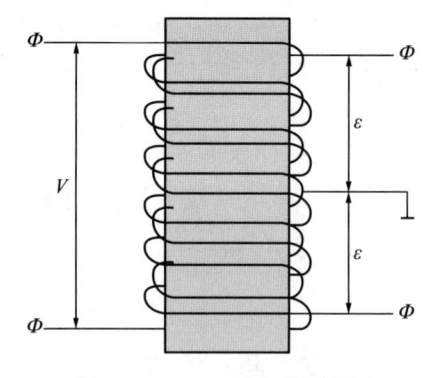

图 1-7-6　EMDS 工作原理图

当钢管（油管、套管）厚度变化或存在缺陷时，感应电动势 ε 将发生变化，通过分析和计算，在单套、双套管柱结构下，可判断管柱的裂缝和孔洞，得到管柱的壁厚。EMDS

仪器测井示意图如图 1-7-7 所示。

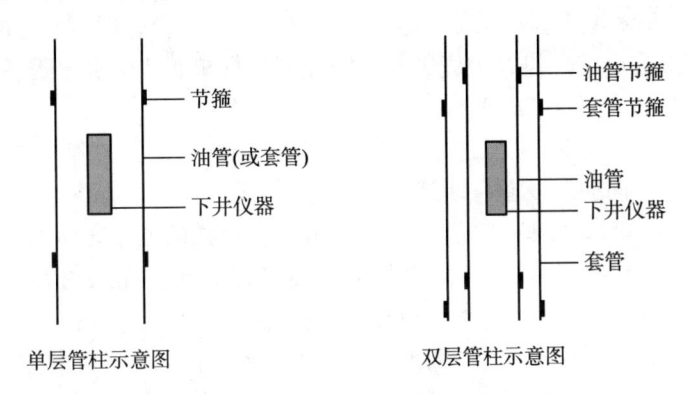

图 1-7-7　EMDS 仪器测井示意图

对于油气水井，影响感应电动势 ε 的主要因素有：

（1）套管因射孔、腐蚀、机械加工和撞击等原因造成套管磁导率和电导率等参数发生改变，ε 幅度值减小，由其计算的厚度值随之减小。

（2）套管存在裂缝、挫断和孔洞时，导磁介质缺损，发生在套管上的感生电流减小，ε 的幅度值减小，由其计算出的厚度值随之减小。根据其幅度值，可评价套管的破损程度，指出破损处是否还有铁磁介质存在。

（3）套管在缩径或扩径的情况下，套管壁相对探头在几何位置上发生了变化，ε 的幅度值相应地增加或减小，在没有损伤的情况下，套管厚度没有变化，反之套管厚度值小。

因此，利用 EMDS 多层管柱磁探伤仪测量油气水井感应电动势 ε 的变化，可及时、有效地检查油气水井油管及套管的壁厚变化及损坏（如：纵裂缝、横裂缝、孔洞、腐蚀等）。

EMDS 仪器结构及组成，以 DTS43-201S 电磁探伤测井仪为例，主要由发射线圈、接收信号探头和上扶正器、下扶正器组成（图 1-7-8）。

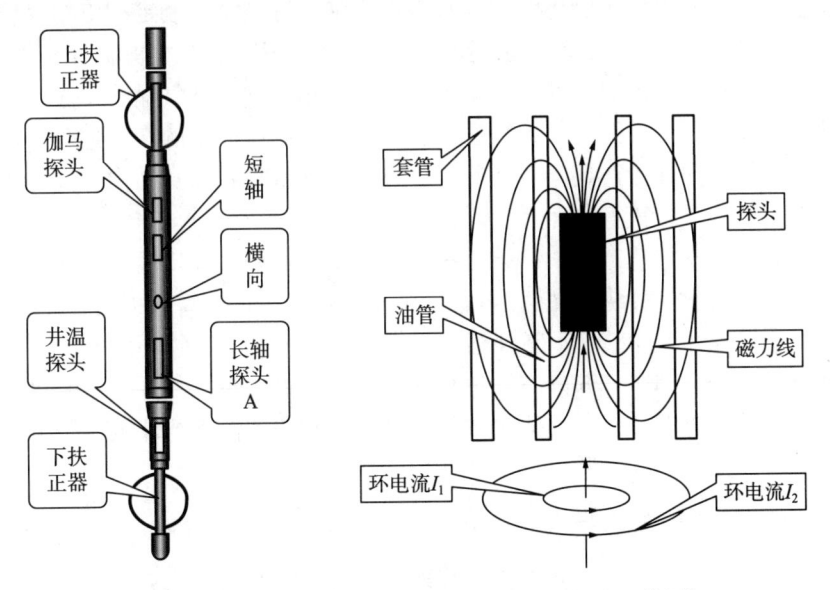

图 1-7-8　DTS43-201S 仪器结构示意图及探头工作原理

对于纵向长探头A，其线圈截面的法线方向和管柱的轴向方向平行；当磁力线穿过油管进入套管，在油管和套管壁是分别产生环电流I_1和I_2，I_1和I_2的方向遵循右手安培定则。在直流电脉冲结束之后，I_1和I_2为克服原磁场强度的衰减而产生次生磁场，次生磁场在接收线圈A中产生感电动势ε，ε是I_1和I_2共同作用的结果。

纵向探头A用于：①探测1、2、3层管的管柱结构；②计算第1层管柱和第2层管柱的厚度；③探测纵向裂缝及套管断裂。

对于横向探头B和短探头C，其线圈轴线方向和管柱的轴线方向垂直。横向探头B，短探头C是两个完全相同的探头，沿设备轴心成90°分布。在探测对称性损伤（接箍、环状细槽及断裂）时，会收到完全相同的操作谱。在探测非对称性损伤时（纵向裂缝、横向裂缝、穿孔）时，损伤谱会有差别，因为每个探头所成图像因设备在井中的重复角度不同。

横向探头B用于：①判定第一套管的横向裂缝；②判定第一套管错断（包括变形）；③测量第一套管的厚度（补充测量）。

短轴探头C用于：①计算油管或单层套管厚度；②判断油管或单层套管的纵向裂缝；③确定油管或单层套管的腐蚀。

（三）完整性评估

完整性评估主要是对该井的屏障进行分析，对气井完整性进行风险评估，然后进行完整性等级划分的一个过程。

风险评估主要是确定气井泄漏或失控等相关事件可能产生的后果；人员健康、周边环境、企业声誉、财产损失等的影响；确定事件发生的可能性；根据后果和发生可能性的综合影响，确定每一种气井失效相关事件的风险等级；通过风险评估矩阵，可以根据后果和发生可能性的综合影响对风险进行分类或评级；根据风险评估结果，确定气井监控、维护类型及频率，以及制定下步管理措施、响应时间和应急方案等。

交井后，建设单位应组织或委托相关单位对气井投产前和生产期间完整性进行评估，划分井口装置、井筒完整性风险等级，并且根据完整性评估结果制定相应的处理措施和应急预案。当气井在生产过程中出现异常情况，应重新组织相关部门对井筒完整性进行评估。

静态评估。根据气田的总体开发方案，从气井在钻井期间油气显示（流体性质），潜在的危险地层（如盐或活性黏土）、高压地层等；试油测试期间的产气量、产水量、气体性质、流体性质等；完井投产期间气井配产等方面数据从气井井身结构、固井质量、完井管柱、井下工具及井口装置等方面开展评估。

动态评估。结合气井静态评估结果，根据气井生产过程中井口温度、井口压力、环空压力、环空流体性质、井口装置腐蚀/冲蚀、油管腐蚀、生产套管磨损及腐蚀等方面资料，开展生产过程中气井井筒完整性动态评估。

完整性等级划分。利用气井静态评估和动态评估数据，建立气井井口装置、井筒完整性等级评价模型（热力学分析、气井失效分析等），对完整性进行评级或分类。这种方法简称为"交通灯"方式（红、橙、黄、绿）。

（四）缓和干预及修复技术

完整性管理是实施气井维护科学化、管理科学化的重要内容，完整性修复技术是完整性管理风险削减和减缓的重要措施,是保证气井安全运行的重要内容之一;通过缓和干预及修复,将隐患及缺陷风险降低,进一步确保了气井运行的完整性,避免了事故的发生。

气井修复技术主要有:更换管柱、套管修复与侧钻、井下打捞、封堵作业、带压更换井口阀门、日常维护等。

第二节 站场完整性管理

一、管理范围

站场完整性管理是指管理者不断根据最新信息,对站场运营中面临的风险因素进行识别和评价,并不断采取针对性的风险减缓措施,将风险控制在合理、可接受的范围内,使站场始终处于可控状态,预防和减少事故发生,为其安全经济运行提供保障。站场完整性管理的总体目标是保障气田站场设备设施的本质安全,控制运行风险,延长使用寿命,提高管理水平,实现站场全生命周期经济、安全、平稳运行。

二、管理要求

(一)总体要求

站场完整性管理工作流程包括数据采集、风险评价、监/检测评价、维修维护、效能评价5个环节。通过上述过程的循环,逐步提高完整性管理水平。工作流程示意图如图1-7-9所示。

图1-7-9 气田站场完整性管理工作流程示意图

(1)数据采集:应结合站场竣工资料和生产运行与维修维护资料,进行数据采集工作,采集对象宜包括静设备、动设备、仪表系统,采集数据宜包括属性数据、工艺数据、运行数据、风险数据、失效管理数据、历史记录数据和监/检测数据、维护维修记录等。

(2)风险评价:利用采集的数据,对站场内的静设备、动设备和仪表系统进行危害辨识,并对辨识的危害开展风险评价,确定站场内的高风险区域及关键设备,并提出站场监/检测工作建议。

(3)监/检测评价:根据风险评价结果,确定监/检测对象,制定站场监/检测计划;应针对监/检测对象、失效模式,依据相关标准,选择合适的监/检测设备和方法,制定现场监/检测方案并实施监/检测评价,提出站场维修维护工作建议。

(4)维修维护:应针对监/检测评价结果,确定维修维护对象,制定站场维修维护工作计划；依据相关标准，制定维修与维护实施方案，按照方案实施站场的维修维护工作，并做好过程的质量监控与数据采集工作。

（5）效能评价：针对完整性管理方案的落实情况，考察完整性管理工作的有效性，提出下一步工作改进建议。

（二）站场完整性管理工作原则

（1）合理可行原则：科学制定风险可接受准则，采取经济有效的风险减缓措施，将风险控制在可接受范围内。

（2）分类分级原则：基于风险管理的理念，实行站场分类、站内设备设施风险分级的管理措施，实现站场和设备设施的差异化管理。

（3）有序开展原则：按照先重点、后一般，先试点、再推广的顺序开展完整性管理工作。

（4）防控为主原则：在对风险分析和预测的基础上，整体规划、主动防护、动态调整。

（三）分类分级管理要求

1. 站场分类

按照处理规模、工艺类型、在集输气田中的工艺作用等因素，将气田站场划分为一类、二类、三类站场。油气田公司可结合自身实际，适当调整分类，见表1-7-1。

表1-7-1　气田站场分类表

类别		名称
站场	一类	处理厂、净化厂、天然气凝液回收厂、LNG厂、提氦厂、储气库集注站
	二类	增压站
	三类	集气站、输气站、配气站、储气库集配站、脱水站、采气井站、阀室

注：油田公司可结合自身实际，适当调整站场的类别。

2. 设备设施分类

根据站场内设备设施承担功能的不同，将站场设备设施分为静设备、动设备、仪表系统（安全仪表系统和监测仪表系统等）。

站内设备设施按风险等级划分为高风险级、中高风险级、中风险级和低风险级四个等级。

（四）站场完整性管理策略

一类、二类、三类站场的完整性管理策略见表1-7-2至表1-7-4。

表1-7-2　一类站场完整性管理策略

项目	设备分类	要求
风险评价	静设备	开展RBI评价。
	动设备	关键设备应开展RCM评价。
	仪表系统	在建设期内宜开展SIL评价；运行期内每5年可开展一次SIL评价。
	工艺安全	在建设期应开展一次HAZOP分析；在运行期重大工艺变更之前或每5年宜开展一次HAZOP分析。

续表

项目	设备分类	要求
监/检测评价	静设备	(1) 压力容器和压力管道应按相关标准执行检验。 (2) 应根据 RBI 评价结果制定监/检验计划并执行。
	动设备	根据 RCM 评价结果制定监/检测/监测计划并执行。
	仪表系统	(1) 按要求进行定期校验。 (2) 根据 SIL 评价结果，制定整改措施。
维修维护	静设备	根据监/检测和风险评价结果，制定维护策略并实施
	动设备	
	仪表系统	

表 1-7-3　二类站场完整性管理策略

项目	设备分类	要求
风险评价	静设备	(1) 开展定性 RBI 评价。 (2) 在设备设施、工艺介质、工艺流程和外部环境类似的区域，可采用区域性的定性 RBI 评价。
	动设备	关键设备宜开展 RCM 评价。
监/检测评价	静设备	(1) 压力容器和压力管道应按相关标准执行检验。 (2) 根据 RBI 评价结果制定监/检验计划并执行。
	动设备	根据 RCM 评价结果制定监/检测/监测计划并执行。
维修维护	静设备	根据监/检测和风险评价结果，制定维护策略并实施
	动设备	

表 1-7-4　三类站场完整性管理策略

项目	设备分类	要求
风险评价	静设备	(1) 开展定性 RBI 评价。 (2) 在设备设施、工艺介质、工艺流程和外部环境类似的区域，可采用区域性的定性 RBI 评价。
监/检测评价	静设备	(1) 压力容器和压力管道应按相关标准执行检验。 (2) 根据风险评价结果，结合腐蚀防护分析制定监/检测方案并执行。
维修维护	静设备	根据监/检测和风险评价结果，制定维护策略并实施

对不同类别站场实施风险评价后，依据风险评价结果确定监/检测范围，并实施有针对性的监/检测评价，及时采取维修维护措施，使风险处于可控状态。

对于二类、三类站场，可按照区域完整性管理的方式执行。包括但不限于以下特征，可划分为一个区域：

（1）各站场处于一个开发区块或储层为同一储层。

（2）各站场均按标准化设计和标准化建设，工艺基本一致。

（3）各站场建成投产时间相差不宜超过一年。

（4）站场设备设施介质中主要危害性组分（毒性、易燃易爆、腐蚀性等）含量基本相同。

（5）设备设施主要材质类型（碳钢、低合金钢、高合金钢）相同。

（6）工况基本相同（温度、流量、压力等）。

三、管理技术

（一）基于风险的检验（RBI）

RBI 是 RiskBased Inspection 的缩写，即基于风险的检验。RBI 是一种科学的、系统的基于风险的评价方法，通过确认设备／管线的损伤机理计算出失效可能性和失效所造成的后果，进而计算出其风险大小，通过有针对性的腐蚀管理、预防性检验／维护监控及工艺监控来有效地管理风险和降低风险。RBI 分析对象包括站内容器、工艺压力管道和安全阀。

RBI 执行包含如下各主要步骤，流程图如图 1-7-10 所示。

（1）数据收集、整理、分析，把数据录入 RBI 基本数据表格。
（2）对不能获得但评价必须的数据，采用现场检测获得并完善 RBI 基本数据表格。
（3）腐蚀回路和物流回路的确定。
（4）RBI 风险分析。
（5）制定检验计划。

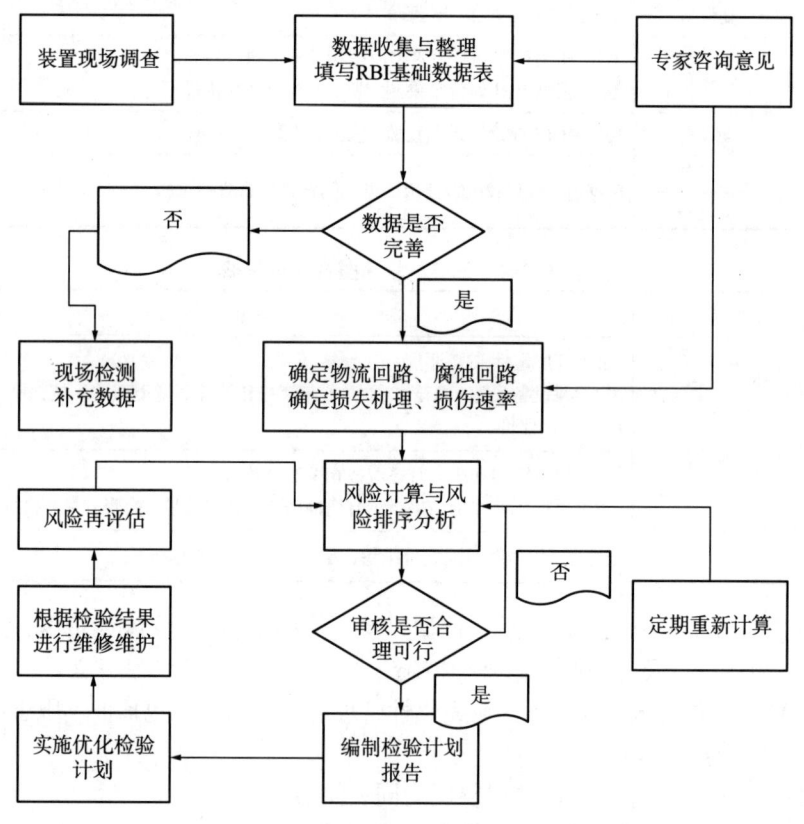

图 1-7-10　RBI 执行流程

设备或管道失效风险＝失效可能性 × 失效后果。

失效可能性的计算是基于失效机理的性质和发展速率的函数进行的，失效的可能性一般用极限状态分析与可靠性指数法求得。分析计算的步骤如下：

第七章　生产系统完整性管理

（1）识别损伤机理。
（2）预计退化的速率。
（3）评估检验历史。根据过去所采用检验方法对检出各种不同形式损伤与损伤速率的有效性来并确定置信度。失效后果按照泄出流体物料的性质与量进行计算，物料泄出量与泄出速率的主要影响因素有失效孔的大小、流体黏度与密度以及操作压力。物料性质对后果的影响主要是毒性、易燃性与化学活性等因素，这些因素影响到后果危害的区域大小与损伤程度。

将风险计算的结果与风险可接受准则进行比较，进行风险等级的划分。风险可接受准则表明了在失效发生时可以接受的风险。风险可接受准则帮助分析人员注重于高风险项目以制定适合的检验计划来降低其风险。风险可接受准则应与公司的 HSE 政策相符。

在 RBI 分析中，可接受准则被转化成为更适合于不同种类风险的风险矩阵格式。风险矩阵的 Y 轴表示失效可能性等级。风险矩阵的 X 轴表示后果等级。为了方便对设备的风险排序，采用了表 1-7-5 所示的 5×5 矩阵图的方法，对设备风险简化分级，矩阵图中对失效可能性按失效可能系数划分 1、2、3、4、5 级，对后果划分为 A、B、C、D、E 级，后果可按不同后果种类，如 PLL（潜在生命损失）、安全影响面积、总经济损失给出。

表 1-7-5　风险矩阵

POF				COF			
5	> 0.1	中高	中高	中高	高	高
4	≤ 0.1	中	中	中高	中高	高
3	≤ 0.01	低	低	中	中高	高
2	≤ 0.001	低	低	中	中	中高
1	≤ 0.0001	低	低	中	中	中高
POF 等级	POF / COF	A	B	C	D	E
COF 等级	PLL	0～0.01	0.01～0.1	0～1	1.0～10.0	> 10.0
	安全影响面积 m²	0～9.29	9.29～92.9	92.9～279	279～9290	> 9290
总经济损失，万元		≤ 4.5	4.5～55	55～550	550～5500	> 5500

（二）以可靠性为中心的维护（RCM）

RCM 是 Reliability Centered Maintenance 的缩写，即以可靠性为中心的维护。RCM 是一个系统的、以风险为基准的确定维护维修策略的方法，其目的在于产生优化的、提高设备运转可靠性的维修策略以确保整个系统和装置可靠性的提高。

RCM 评价包括基础数据收集分析、设备和系统技术层次划分、失效模式影响分析、风险可接受准则的确定、FMEA 风险分析、制定维修策略等六个步骤，执行包含如下各主要步骤，流程图如图 1-7-11 所示。

（1）数据收集、评审和工艺访谈。
（2）系统划分和确定设备的技术层次。
（3）制定风险可接受准则。

（4）失效模式影响分析和风险评估。
（5）FMEA 讨论会。
（6）制定和优化维护策略。
（7）提交最终报告。

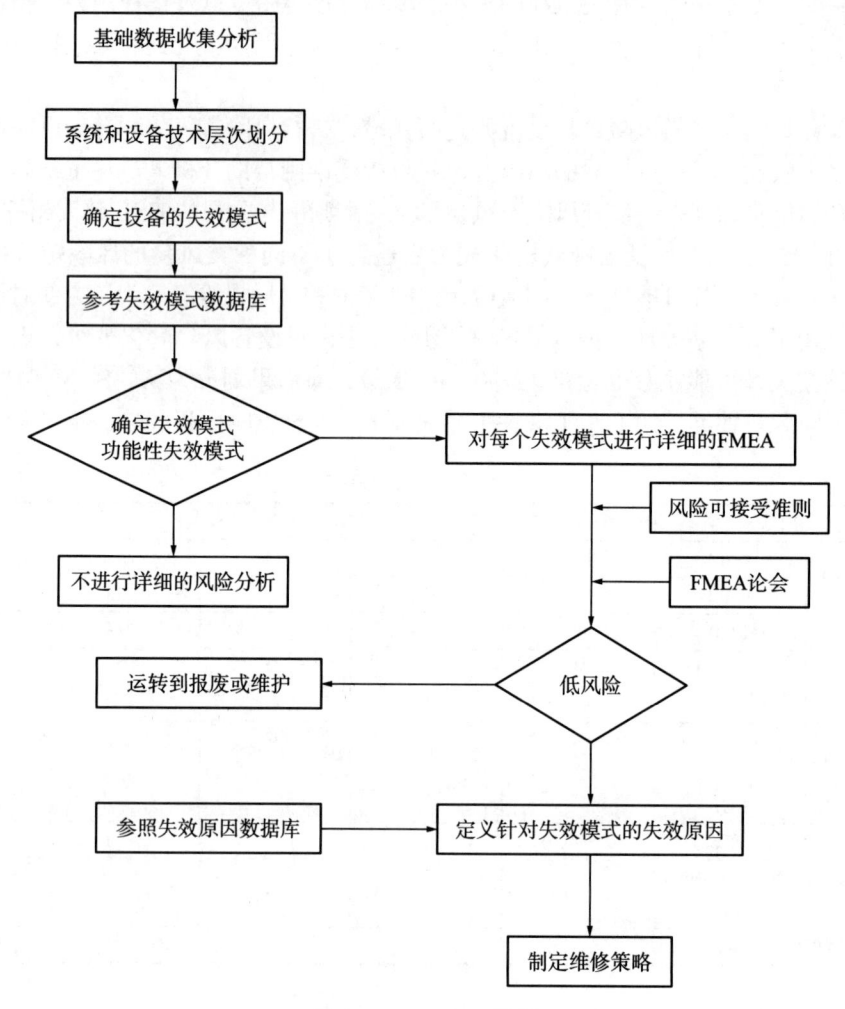

```
基础数据收集分析
      ↓
系统和设备技术层次划分
      ↓
确定设备的失效模式
      ↓
参考失效模式数据库
      ↓
确定失效模式 ──→ 对每个失效模式进行详细的FMEA
功能性失效模式        ↑
      ↓          风险可接受准则
不进行详细的风险分析    ↑
                 FMEA论会
                    ↓
运转到报废或维护 ←── 低风险
                    ↓
参照失效原因数据库 → 定义针对失效模式的失效原因
                    ↓
                 制定维修策略
```

图 1-7-11　RCM 流程

  系统划分主要是对整个生产装置按照其功能或用途划分为不同的工艺系统，在不同的工艺系统中又可根据各系统的设备和仪表等组成以及功能特性再细分为子系统。在对装置进行系统划分后，确定在系统中所包含的设备。
  失效模式应对应设备单元的等级水平，所用的失效模式分为 3 种：
  （1）未获得预期的功能（如不能启动）。
  （2）对某项功能的偏离超出公认的极限之外（如高输出）。
  （3）观测到的失效迹象，但没有立即和严重影响设备单元的功能（如泄漏）。首先进行失效模式识别，识别出哪种失效模式会造成功能性的失效，进行失效模式影响分析及风险分析；其次考虑失效影响，应综合考虑到设备的冗余、维修的时间和重新投入使用的

第七章 生产系统完整性管理

时间，以及如果失效/故障发生对安全、环境、生产运行和后续成本的影响。

风险可接受准则的确定是根据公司实际情况并结合国内场站完整性评价的通用准则确定。其中可能性等级的划分结合目前国内工程应用和 SY/T 6714—2020《油气管道基于风险的检测方法》规定的数值，后果等级参考各单位相关规章制度，从健康风险、安全风险、环境风险三个方面确定 HSE 可接受后果。

本次评价风险可接受准则失效可能性见表 1-7-6，失效后果见表 1-7-7 至表 1-7-9。

表 1-7-6 失效概率等级

失效概率等级	量化定义失效概率
5	> 0.8
4	0.1～0.8
3	0.02～0.1
2	0.002～0.02
1	≤ 0.002

表 1-7-7 安全风险后果等级

后果等级	定义
A—轻微受伤（损失时间受伤）	影响工作，诸如禁止活动，禁止工作或职业病或必须休假几日以康复（损失工时）。较轻的可康复的健康影响，如皮肤刺激，食物中毒
B—重大受伤	1 人以下重伤或 3 人以下轻伤（一般事故 C 级），长期影响工作，如长期不能工作。没有失去生命却不可康复。如：噪声引起的听力丧失，慢性的背部受伤，过敏，手足颤动综合症，肢体重复性劳损
C—一人伤亡事故	1 人以下死亡或 3 人以下重伤，或 3 人以上 10 人以下轻伤（一般事故 B 级）每年由事故或职业病引起。严重残疾或死亡所造成的不可康复的健康损失，如：腐蚀灼伤，心脏病，致癌（少部分人）
D—多人伤亡事故	3 人以下死亡，或 3 人以上 10 人以下重伤，或者 10 人以上轻伤（一般事故 A 级），由事故或职业病引起。如：化学窒息或致癌（大部分人）
E—重大伤亡事故	3 人以上死亡，或 10 人以上重伤

表 1-7-8 环境风险后果等级

后果类型	定义
A—轻微影响	轻微影响在系统中轻微的环境破坏，没有经济后果。
B—较轻影响	较轻影响较轻的环境破坏，超出设备模块但在系统中，较轻的经济后果。
C—局部影响	（1）局部影响处理泄漏的应急计划或地方财力解决的污染。 （2）一般环境事件（Ⅳ级）：发生 3 人以下死亡，中毒（重伤）10 人以下；因环境污染造成跨县级行政区域纠纷，引起群体性影响的。 （3）4、5 类放射源丢失、被盗或失控。 （4）发生在环境敏感区的油品泄漏量为 1t 以下，以及在非环境敏感区油品泄漏量为 15t 以下，造成一般污染的事件。
D—较大影响	较大影响可以寻求地方支持和省内支援处理。
E—重大影响	重大影响必须通过中央、地方政府和国际团体等外部协助来处理

表1-7-9 生产运行成本后果等级定义

后果等级	时间定义	金额定义
A—轻微影响	≤8h	≤2.5万元
B—较轻影响	≤24h	2.5万～25万元
C—局部影响	≤48h	25万～250万元
D—较大影响	≤120h	250万～2500万元
E—重大影响	＞120h	≥2500万元

注：生产运行成本后果以不超过装置年度运行时间的0.1%，即每年停产时间为小于0.1%年。考虑生产运行后果的目标是要尽可能的避免场站的重大危险事件导致的停产损失降到最低。依照场站生产的实际情况，以每次的最长停车时间损失不超过2.5万元为第一等级，以此为基础，确定其他等级。

依据风险分析的结果制定优化维护策略。对所有中及高风险的失效模式应确定其失效直接原因及根本原因，借助于维护策略来避免可能失效的发生，进而降低失效风险以提升设备运转的可靠性；对于低风险的失效模式则采取纠正性维护，避免过度维护以提高人员工作效率。维护任务可分为以下几类：

（1）基于状态的维护。该种维护策略是用在可以观察到故障发生的情况下，基于对使用状态的观察来决定是继续运转还是执行额外的维护任务。

（2）基于时间的维护。不管使用状态如何，都是在固定的时间内进行维护，时间间隔可以是日历小时或设备的运转小时。

（3）功能测试。该种策略多用在安全联锁及控制系统，主要进行系统测试并观察其是否工作。

（4）纠正性维护。即运转到坏再进行维修/维护，一线维护（操作工巡检任务）在正常运转情况下进行的维护活动。

（5）设计和操作更改。如果失效是因为错误的设计或操作引起的，则更改设计和操作。

（三）安全仪表系统评价（SIL）

SIL评价是通过识别不能达到SIL等级要求的安全仪表功能，对安全仪表系统进行充分的维护，确保安全仪表功能设置合理，将风险降低到可接受的范围内，评价过程主要包含两个方面的内容：

（1）SIL等级的评估：根据标准要求，确定安全仪表功能的SIL等级。

（2）SIL等级的校核以及测试周期的确定：针对现有安全仪表系统的配置，定量计算其PFD大小，验证是否现有的配置能够满足所需SIL等级的要求，并确定相应的测试周期，其流程图如图1-7-12所示。

SIL等级的评估主要包含以下步骤：

①系统划分及确定EUC。

将整个装置按照其功能或用途划分为不同的工艺系统，在不同的工艺系统中再根据各系统的设备和仪表等组成以及功能特性细分为分系统。火灾气体探测系统单独划为一个系统。

②确定安全仪表系统的安全仪表功能（SIF）。

第七章 生产系统完整性管理

在确定 EUC 后，对每一个 EUC，分析其安全仪表系统的设置，在确定安全仪表系统的设置后，对每一个安全仪表系统应分析并描述其安全仪表功能（SIF）。

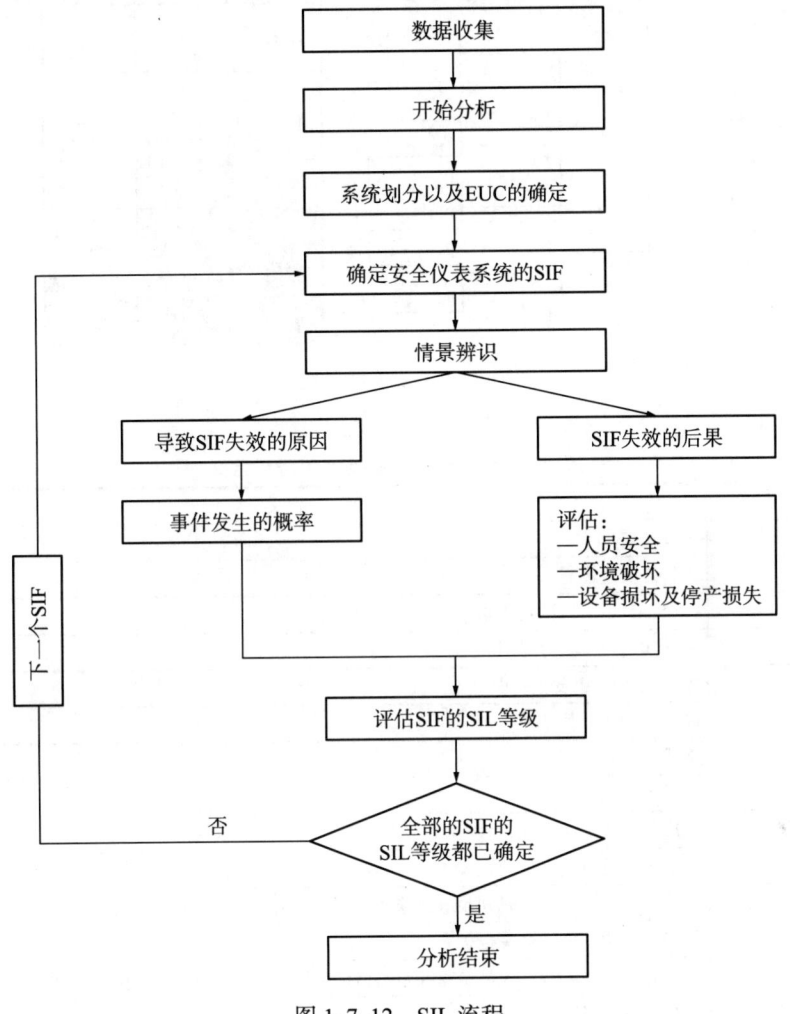

图 1-7-12 SIL 流程

（3）情景辨识。

对于安全仪表功能来说，存在不同的原因使其动作，所造成的后果可能也都会是不同的，因此必须要对所有的原因以及其所造成的后果进行全面分析，即进行情景辨识，按照如下步骤进行分析：

①分析造成 SIF 动作的原因；
②分析此原因发生的频率；
③SIF 失效后造成的后果，分别从安全后果、环境后果和经济后果三个方面进行分析。

（4）确定 SIF 所需要的 SIL 等级。

在评估了所有原因发生的频率以及造成的不同的后果后，以安全、环境、经济三个修正风险图表法中 SIL 等级最高的作为最终的 SIL 等级。三种失效后果的风险图如图 1-7-13、图 1-7-14、图 1-7-15 所示，各符号含义见表 1-7-10、表 1-7-11、表 1-7-12。

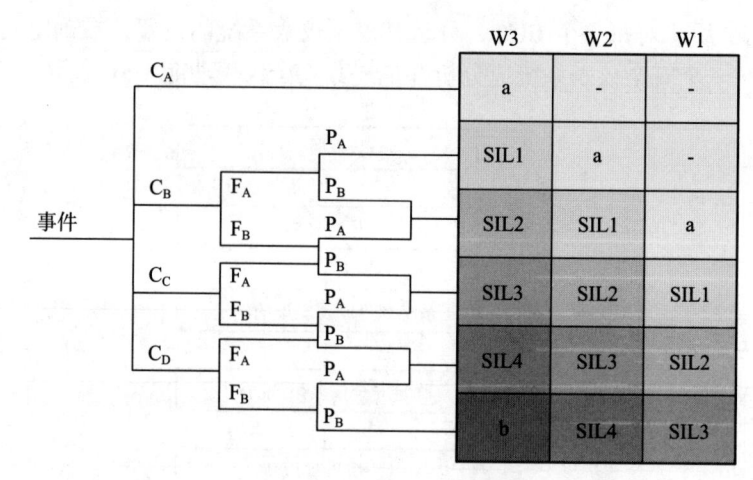

图 1-7-13　安全后果风险图

表 1-7-10　安全后果风险图符号含义

符号	含义
-	无安全需求
a	无特殊安全需求
b	一个 SIF 不足以满足需求
W1	低；10 年（以上）发生一次
W2	中；1 到 10 年发生一次
W3	高；1 年内发生多次
C_A	造成多人重伤
C_B	造成 1 人死亡
C_C	造成和就 2～4 人死亡
C_D	造成 5 人及以上人员死亡
P_A	在一定条件（警报，时间足够逃避）下可能避免
P_B	几乎不可能（无逃避警报）
F_A	极少处在危害区域，人员暴露在危害区域的时间与正常工作时间的比率小于 10%
F_B	经常处在危害区域

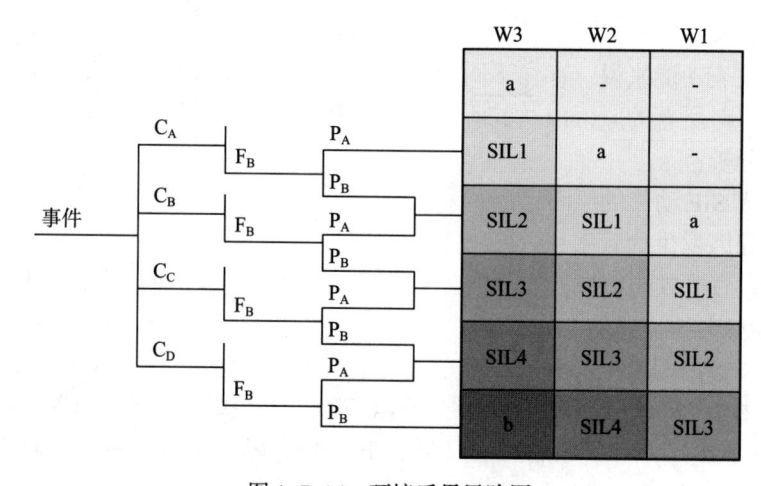

图 1-7-14　环境后果风险图

第七章　生产系统完整性管理

表 1-7-11　环境后果风险图符号含义

符号	含义
-	无安全需求
a	无特殊安全需求
b	一个 SIF 不足以满足需求
W1	低；10 年（以上）发生一次
W2	中；1 到 10 年发生一次
W3	高；1 年内发生多次
C_A	轻度破坏，不是很严重但必须上报管理层
C_B	在站场内造成重大破坏
C_C	重大破坏，影响至站场外，但没有长期后果影响
C_D	造成 5 人及以上人员死亡
P_A	在一定条件（警报，时间足够逃避）下可能避免
P_B	几乎不可能（无逃避警报）
F	不使用

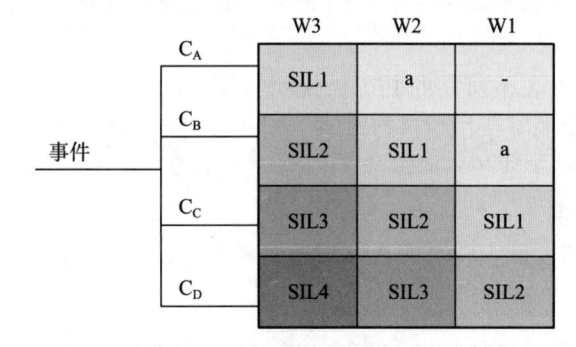

	W3	W2	W1
C_A	SIL1	a	-
C_B	SIL2	SIL1	a
C_C	SIL3	SIL2	SIL1
C_D	SIL4	SIL3	SIL2

图 1-7-15　环境后果风险图

表 1-7-12　环境后果风险图符号含义

符号	含义
-	无安全需求
a	无特殊安全需求
b	一个 SIF 不足以满足需求
W1	低；10 年（以上）发生一次
W2	中；1 到 10 年发生一次
W3	高；1 年内发生多次
C_A	经济损失小于 2h 的生产损失
C_B	经济损失 2 到 8h 的生产损失
C_C	经济损失 8 到 24h 的生产损失
C_D	经济损失大于 24h 的生产损失

SIL 等级的验算包括：

①安全仪表系统中触发器、逻辑控制单元、执行元件逻辑关系的确定。

安全仪表系统作为保护人员以及安全生产不可或缺的一部分，在设置触发器、逻辑控制单元、最终元件时，充分考虑到可靠性的需要，会对一些元件采用冗余的设计方式，因此在确定了 SIF 以后，应判断触发器、逻辑控制单元以及最终元件各自的逻辑关系。

②确定每种元件的可靠性数据。

根据触发器、逻辑控制单元以及执行机构的类型，选择相应的可靠性数据，数据来源于产品本身的 SIL 认证数据或国际通用的数据库。

③PFD 计算。

安全仪表系统的反应失效可能性为其组成元件的反应失效可能性之和：PFD SafetySystem=PFD Initiator+PFD Logic+PFD FinalElement 根据触发器、逻辑控制单元以及最终元件的不同配置，采用不同的可靠性计算方法，计算相应的 PFD。

④验证 PFD 是否满足所需的 SIL 等级的要求。

对于相应的 SIF 进行计算得到相应的 PFD，根据 PFD 大小来验证其是否满足所需 SIL 等级要求，可能结果有以下几种：

a. 计算所得的 PFD 小于或等于所需的 PFD，那么说明按现有的配置状态满足 SIL 等级的要求。

b. 计算所得的 PFD 大于所需的 PFD，说明按现有的配置状态不满足所需 SIL 等级的要求，要对现有配置中的冗余配置进行改进，对于改进后的安全仪表功能进行再次计算，直到计算所得的 PFD 小于或等于所需的 SIL 等级为止。

（5）确定测试周期。

在验证完成后，即可确定整个安全仪表系统和各个元件所需的测试周期。

第三节　管道完整性管理

一、管理范围

（一）完整性管理定义

管道完整性管理（Pipeline Integrity Management，PIM）是指管道管理者为保证管道系统的完整性而进行的一系列的管理活动，具体指管道管理者针对管道不断变化的因素，对管道运营中面临的风险因素进行识别和评价，制定相应的风险控制对策，不断改善识别到的不利影响因素，采取各种风险减缓措施，将风险控制在合理、可接受的范围内，建立通过监测、检测、检验等各种方式，获取管道完整性的信息，最终达到持续改进、减少和预防管道事故的发生、经济合理地保证管道安全运行的目的。

（二）内涵

管道完整性（Pipeline Integrity）是指管道始终处于安全可靠的服役状态，包括管道在结构和功能上是完整的，管道处于受控状态，管道管理者不断采取措施防止管道事故的发生等内涵。

管道完整性管理是对所有影响管道完整性的因素进行综合的、一体化的管理，包括：

（1）拟定工作计划、工作流程和工作程序文件。

（2）进行风险分析和安全评价，了解事故发生的可能性和将导致的后果，指定预防和应急措施。

（3）定期进行管道完整性检测与评价，了解管道可能发生事故的原因和部位。

（4）采取修复或减轻失效威胁的措施。

（5）培训人员，不断提高人员素质。

二、管理要求

为保证管道完整性管理的顺利实施，指导完整性管理工作实践，中国石油于2009年发布了《管道完整性管理规范》，其参照SY/T 6684—2017《气田商业评估技术要求》和SY/T 6621—2016《输气管道系统完整性管理规范》并借鉴了美国管道完整性管理经验编制而成。2017年，为科学推进油气田管道和站场完整性管理工作，助力上游业务提质、降本、增效发展，中国石油股份公司结合《安全生产法》《特种设备安全法》《环境保护法》《石油天然气管道保护法》组织编制并发布《中国石油天然气股份有限公司油田气管道和站场完整性管理规定》及《中国石油天然气股份有限公司集输管道检测评级及修复技术导则》《中国石油天然气股份有限公司气田技术管道检测评价及修复技术到则》等相关管理规定。

（一）完整性管理工作的原则

1. 合理可行原则

科学制定风险可接受准则，采取经济有效的风险减缓措施，将风险控制在可接受范围内。

2. 分类分级原则

对管道和站场实行管理分类，风险分级，针对不同类别的管道和站场采取差异化的策略。

3. 风险优先原则

针对评价后位于高后果、环境敏感等区域的高风险管道和站场，要及时采取相应的风险消减措施。

4. 区域管理原则

突出以区域为单元开展高后果区识别、风险评价和检测评价等工作。

5. 有序开展原则

按照先重点、后一般，先试点、再推广的顺序开展完整性管理工作。

（二）管道分类原则

管道按照介质类型、压力等级和管径等因素，将管道划分为Ⅰ、Ⅱ、Ⅲ三类管道，分类原则详见表1-7-13、表1-7-14。

表1-7-13 采气、集气、注气、输气管道分类

采气、集气、注气管道分类				
	$p \geq 16$	$9.9 \leq p < 16$	$6.3 \leq p < 9.9$	$p < 6.3$
DN≥200	Ⅰ类管道	Ⅰ类管道	Ⅰ类管道	Ⅱ类管道
100≤DN<00	Ⅰ类管道	Ⅱ类管道	Ⅱ类管道	Ⅱ类管道
DN<100	Ⅰ类管道	Ⅱ类管道	Ⅱ类管道	Ⅲ类管道
输气管道分类				
	$p \geq 6.3$	$4.0 \leq p < 6.3$	$2.5 \leq p < 4.0$	$p < 2.5$
DN≥400	Ⅰ类管道	Ⅰ类管道	Ⅰ类管道	Ⅰ类管道
200≤DN<400	Ⅰ类管道	Ⅱ类管道	Ⅱ类管道	Ⅱ类管道
DN<200	Ⅰ类管道	Ⅱ类管道	Ⅱ类管道	Ⅲ类管道

注：（1）p，运行期管道采用最近3年的最高运行压力，MPa，建设期管道采用设计压力；DN，公称直径，mm。
（2）硫化氢含量大于等于5%（体积分数）的原料气管道，直接划分为Ⅰ类管道。
（3）Ⅰ类、Ⅱ类管道长度小于3km的，类别下降一级；Ⅱ类、Ⅲ类管道长度大于等于20km的，类别上升一级；Ⅲ类管道中的高后果区管道，类别上升一级。

表1-7-14 气田水管道分类

气田水管道分类				
	$p \geq 16$	$6.3 \leq p < 16$	$2.5 < p < 6.3$	$p \leq 2.5$
DN≥200	Ⅱ类管道	Ⅱ类管道	Ⅲ类管道	Ⅲ类管道
DN<200	Ⅱ类管道	Ⅲ类管道	Ⅲ类管道	Ⅲ类管道

注：（1）p，运行期管道采用最近3年的最高运行压力，MPa，建设期管道采用设计压力；DN，公称直径，mm。
（2）含硫气田水管道、生态环境敏感管道、高后果区管道类别上升一级。

（三）管道风险等级划分原则

管道按照风险等级划分为高风险级管道、中风险级管道和低风险级管道三个等级，风险等级划分示意详见表1-7-15。

表1-7-15 风险等级示意

80%～100%	5	中 5	中 10	高 15	高 20	高 25
60%～80%	4	低 4	中 8	中 12	高 16	高 20
40%～60%	3	低 3	中 6	中 9	中 12	高 15
20%～40%	2	低 2	低 4	中 6	中 8	中 10
0～20%	1	低 1	低 2	低 3	低 4	中 5
失效概率 失效后果		1 一般	2 中等	3 较大	4 重大	5 特大

注：（1）失效概率是指发生失效的可能性，最低为0，最高为100%。
（2）失效后果是指失效后产生后果的严重程度，考虑人员伤亡、环境破坏、财产损失、生产影响、社会信誉等方面，可分为一般、中等、较大、重大、特大。
（3）风险=失效概率×失效后果。根据风险数值可分为高、中、低三个等级。

（四）完整性管理目标

管道完整性管理的总体目标是保障气田管道本质安全，控制运行风险，延长使用寿命，提高管理水平，助力上游业务提质、降本、增效和高质量发展。

1. 管道完整性管理的失效率控制目标

（1）Ⅰ类管道失效率不高于 0.001 次／(km·a)。
（2）Ⅱ类管道失效率不高于 0.003 次／(km·a)。
（3）Ⅲ类管道失效率不高于 0.005 次／(km·a)。

2. 管道完整性管理等级目标

（1）新投产区块集输管道完整性管理等级达到八级。
（2）2025年气田集输管道完整性管理等级整体达到七级。

（五）建设期管道完整性管理

建设期分为规划设计阶段、施工阶段和验收阶段。

1. 规划设计阶段

规划设计阶段应开展高后果区识别和风险评价，根据高后果和风险评价结果优选管道路由，充分结合安全、环境影响、职业病危害和地质灾害等专项评价和安全设施设计、消防建审提出的风险控制结论，以先期规避或减缓管道风险，提出有针对性的风险控制措施。规划设计阶段应考虑运行期管道检测评价所必需的附属设施等条件，提出完整性管理相关要求，明确完整性管理涉及的相关内容。

2. 施工阶段

应执行建设期的相关标准和要求，加强质量监督和工程验收管理，确保施工质量，完成完整性管理相关数据的采集工作。

3. 验收阶段

在工程交工验收前，应进行管道走向、埋深、防腐层及阴极保护检测，记录相关的检测结果和整改情况。竣工验收前，应完成设计阶段的专项评价报告、施工阶段的质量控制相关报告和基础数据的交接，保存整改报告，完成数据移交工作并及时更新。项目建设单位应确保管道投产时为"零占压"。

（六）运行期管道完整性管理

1. 总体要求

管道运行期完整性管理工作流程包括数据采集、高后果区识别和风险评价、检测评价、维修维护、效能评价5个环节。通过上述过程的循环，逐步提高完整性管理水平。工作流程示意图如图1-7-16所示。

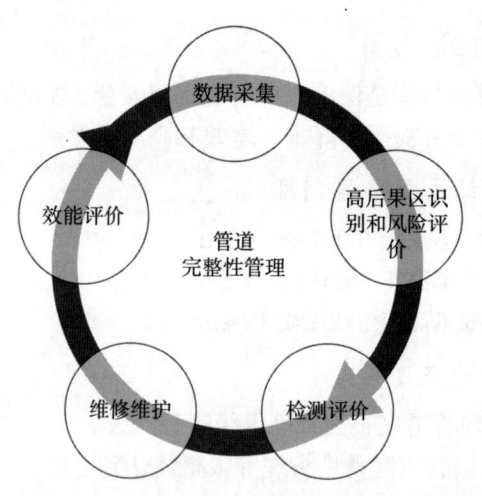

图 1-7-16 管道完整性管理工作流程示意图

1）数据采集

数据采集：结合管道竣工资料和历史数据恢复，开展数据采集、整理和分析工作。运行期主要收集的数据包括：运行数据、输送介质数据、风险数据、失效管理数据、历史记录数据和检测数据等。

2）高后果区识别和风险评价

高后果区识别和风险评价：综合考虑周边安全、环境及生产影响等因素，进行高后果区识别，开展风险评价，明确管理重点。

3）检测评价

检测评价：通过实施管道检测或数据分析，评价管道状态，提出风险减缓方案。可采用的完整性评价方法包括内检测、外检测（直接评价）、压力试验以及其他经过验证和认可、能够确认管道完整性的方法，应根据管道面临的各种危害因素和检验实施的可行性，选择一种或几种检测评价方法。

检测评价方法主要有：内检测评价法、打压试验、直接评价法及其他方法。

（1）内检测评价法。

通过内检测器检测出管体缺陷，然后根据缺陷尺寸和其他数据对管体状况进行评价。内检测方法包括变形检测器检测、轴向漏磁检测器检测、周向漏磁检测器检测、三维漏磁检测器检测、超声壁厚检测器检测、超声裂纹检测器检测、其他智能内检测器检测等。内检测器的选择应根据风险评价结果，针对管体存在缺陷风险状况，针对性确定检测方法。对所检测缺陷类型不敏感或不适合的检测器检查的结果不能够正确的评价管体的完整性。

内检测应按照 SY/T 6597—2018《油气管道内检测技术规范》、API 1163—2013《管道内检测系统的资格》、NACE RP0102—2002《管道内检测的推荐做法》等标准的要求进行。

（2）打压试验。

通过对管道打压，根据管道能够承受的最高压力或要求压力，确定管道在此压力下的完整性，暴露出不能够承受此压力的缺陷。

打压方法参照国标 GB/T 16805—2017《输送石油天然气及高挥发性液体钢质管道压

力试验》的要求进行。

（3）直接评价法。

通过历史数据的收集整合，借助一定的管道外检测结果和开挖检测结果进行系统评价的方法，得出管道外腐蚀或内腐蚀状况，从而判断管体的整体状态。直接评价可以作为对管道的基础性评价或辅助性评价，直接评价只限于评价三种具有时效性的缺陷对管道完整性威胁的风险，即外腐蚀、内腐蚀和应力腐蚀。

直接评价一般在管道处于如下情况下选用：
①不具备内检测或打压试验实施条件的管道。
②不能确认是否能够打压或内检测的管道。
③使用其他方法评价需要昂贵改造费用的管道。
④无法停止输送的单一管道。
⑤打压水源不足并且打压水无法处理的管道。
⑥确认直接评价更有效，能够取代内检测或压力试验的管道。
⑦管道外腐蚀直接评价参照 NACE RP—0502—2002《管道外部腐蚀的直接评价方法（ECDA）》执行。

（4）其他评价方法。

技术上被证明能够确认管体完整性的方法。

完整性评价的各种方法都有一定的优点和针对性，同时也有一定的局限性，管道管理者应根据管道的状况来选择合适的评价方法。开展完整性评价，首先应确认对所评管道适用的评价方法。

4）维修维护

维修维护：依据风险减缓方案，采取有针对性的维修与维护措施，包括缺陷修复和日常维护两方面的工作。

主要的维修方法：（1）换管；（2）打磨；（3）钢制修补套筒 A 型套筒；（4）钢制保压修补 B 型套筒；（5）玻璃纤维修补套筒（复合材料纤维缠带）；（6）焊接维修/堆焊/打补丁；（7）环氧钢壳修复技术；（8）临时抢修—夹具。

5）效能评价

效能评价：通过效能评价，考察完整性管理工作的有效性。

管道管理单位应形成管道完整性管理方案（包括一线一案或一区一案），对年度完整性管理活动做出针对性计划和安排。

2. 不同类别管道完整性管理策略

Ⅰ类、Ⅱ类、Ⅲ类管道的完整性管理策略见表1-7-16至表1-7-18。对不同类别管道开展高后果区识别和风险评价后，依据风险评价结果确定检测范围，并实施有针对性的检测评价，根据评价结果及时采取维修维护措施，使风险处于可控状态。

输气管道委托有资质的检验机构开展定期检验时，应覆盖完整性管理所要求的检测评价项目，并满足完整性检测评价的技术要求。

表 1-7-16　Ⅰ类管道完整性管理策略

项目			要求
高后果区识别和风险评价			高后果区识别每年一次。风险评价推荐半定量风险评价方法，每年一次，必要时可对高后果区、高风险级管道开展定量风险评价或地质灾害、第三方损坏等专项风险评价。
检测评价	直接评价	智能内检测	具备智能内检测条件时优先采用智能内检测。
		内腐蚀直接评价	有内腐蚀风险时开展直接评价。
		外腐蚀直接评价 敷设环境调查	开展管道标识、穿跨越、辅助设施、地区等级、建（构）筑物、地质灾害敏感点等调查。
		外腐蚀直接评价 土壤腐蚀性检测	当管道沿线土壤环境变化时，开展土壤电阻率检测。
		外腐蚀直接评价 杂散电流测试	开展杂散电流干扰源调查，测试交直流管地电位及其分布，推荐采用数据记录仪。
		外腐蚀直接评价 防腐层(保温)检测	采用交流电流衰减法和交流电位梯度法（ACAS+ACVG）组合技术开展检测。
		外腐蚀直接评价 阴极保护有效性检测	对采用强制电流保护的管道，开展通断电位测试，并对高后果区、高风险级管段推荐开展CIPS检测；对牺牲阳极保护的高后果区、高风险级管段，推荐开展极化探头法或试片法检测。
		外腐蚀直接评价 开挖直接检测	优先选择高后果区、高风险段开展开挖直接检测，推荐采取超声波测厚等方法检测管道壁厚，必要时可采用C扫描、超声导波等方法测试；推荐采取防腐层黏结力测试方法检测管道防腐层性能。
	压力试验		无法开展智能内检测和直接评价的管道选择压力试验。
	专项检测		必要时可开展河流穿越管段敷设状况检测、公路铁路穿越检测和跨越检测等。
维修维护			开展管体和防腐层修复，应在检测评价后1年内完成。开展管道巡护、腐蚀控制、第三方管理和地质灾害预防等维护工作

表 1-7-17　Ⅱ类管道完整性管理策略

项目			要求
高后果区识别和风险评价			高后果区识别每年一次。风险评价推荐半定量风险评价方法，每年一次。
检测评价	直接评价	内腐蚀直接评价	具备内腐蚀直接评价条件时优先推荐内腐蚀直接评价。
		外腐蚀直接评价 敷设环境调查	开展管道标识、穿跨越、辅助设施、地区等级、建（构）筑物、地质灾害敏感点等调查。
		外腐蚀直接评价 土壤腐蚀性检测	当管道沿线土壤环境变化时，开展土壤电阻率检测。
		外腐蚀直接评价 杂散电流测试	开展杂散电流干扰源调查，测试交直流管地电位及其分布，推荐采用数据记录仪。
		外腐蚀直接评价 防腐层检测	采用交流电流衰减法和交流电位梯度法（ACAS+ACVG）组合技术开展检测。
		外腐蚀直接评价 阴极保护有效性检测	对采用强制电流保护的管道，开展通断电位测试，必要时对高后果区、高风险级管段可开展CIPS检测；对牺牲阳极保护的高后果区、高风险级管段，测试开路电位、通电电位和输出电流，必要时可开展极化探头法或试片法检测。
		外腐蚀直接评价 开挖直接检测	优先选择高后果区、高风险段开展开挖直接检测，推荐采取超声波测厚等方法检测管道壁厚，必要时可采用C扫描、超声导波等方法测试；推荐采取防腐层黏结力测试方法检测管道防腐层性能。
	压力试验		无法开展内腐蚀直接评价时开展压力试验。
维修维护			开展管体和防腐层修复，应在检测评价后1年内完成。开展管道巡护、腐蚀控制、第三方管理和地质灾害预防等维护工作

第七章　生产系统完整性管理

表 1-7-18　Ⅲ类管道完整性管理策略

项目			要求
高后果区识别和风险评价			高后果区识别每年一次。风险评价采用定性风险评价方法或半定量风险评价方法，每年一次。
检测评价	腐蚀检测	内腐蚀检测	对管道沿线的腐蚀敏感点进行开挖抽查。
		土壤腐蚀性检测	测试管网所在区域土壤电阻率。
		防腐层检测	对于高风险级管道，采用 ACAS+ACVG 组合技术开展检测。
	外腐蚀检测	阴极保护参数测试	对采用强制电流保护的管道，开展通/断电位测试；对牺牲阳极保护的高后果区、高风险级管段，测试开路电位、通电电位和输出电流。
		开挖直接检测	优先选择高后果区、高风险段开展开挖直接检测，推荐采取超声波测厚等方法检测管道壁厚；推荐采取防腐层黏结力测试方法检测管道防腐层性能。
	压力试验		无法开展内、外腐蚀检测的管道可进行压力试验。
维修维护			开展管体和防腐层修复，应在检测评价后 1 年内完成。开展管道巡护、腐蚀控制、第三方管理和地质灾害预防等维护工作

三、管理技术

（一）风险识别和风险评价

管道的风险评价是指用系统的、分析的方法来识别管道运行过程中潜在的危险、确定发生事故的概率和事故的后果。在管道完整性管理中，风险分析和风险评价是进行完整性管理的必要步骤。它的目标是对管道完整性评估和事故减缓活动进行优化排序，评价事故减缓措施的效果，确定对已识别危险最有效的减缓措施。通过对管道风险评价、对管道完整性管理活动进行排序，合理制定完整性管理计划，优化维修策略，降低管道运行成本。

风险评价分为系统评价和专项评价，对管道高后果区的风险评价一年一次。专项风险评价包括地质灾害风险评价、第三方破坏风险评价等。当管道发生显著变化是，外界条件发生变化时及操作情况发生变化时，都应再次进行风险评价。还应将完整性评价的结果作为风险再评价的因素予以考虑，以便反映管道的最新状况。

1. 高后果区识别和风险评价流程

高后果区识别和风险评价具体流程如图 1-7-17 所示。

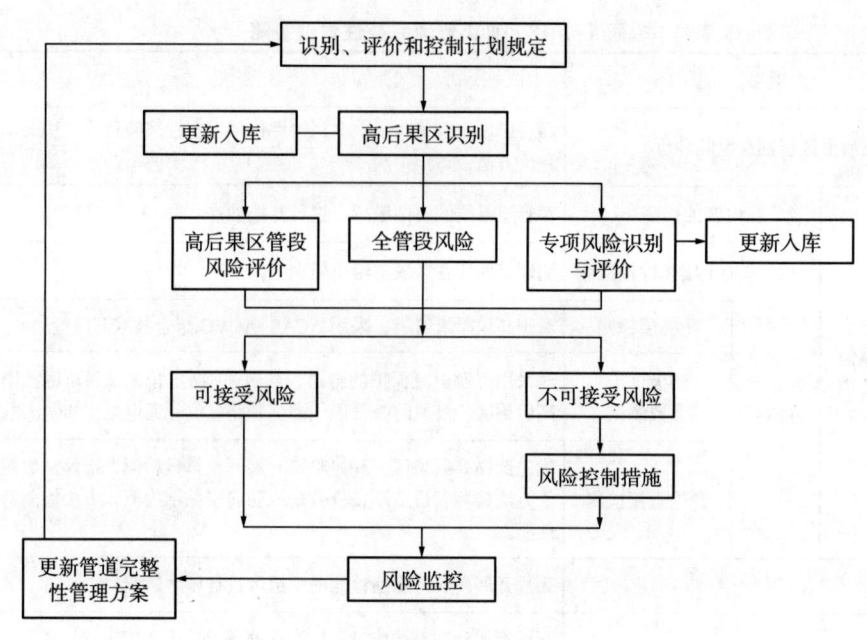

图 1-7-17 管道风险管理流程示意图

2. 管道高后果区识别技术

管道的高后果区识别按照管道分类分级管理原则实施：管道高后果区识别工作应每年开展1次，并形成高后果区识别报告或高后果区识别清单。如发生管道改线、周边环境重大变化时，应及时开展识别并更新识别结果。

1）识别流程

高后果区识别流程如图1-7-18所示。

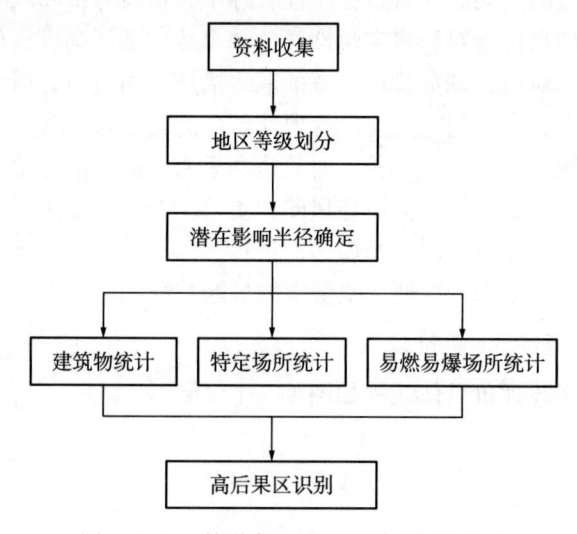

图 1-7-18 管道高后果区识别工作流程图

2）地区等级划分及特定场所

按管道沿线居民户数和（或）建筑物的密集程度等划分等级，分为四个地区等级，相关规定如下：

（1）沿管线中心线两侧各200m范围内，任意划分成长度为2km并能包括最大聚居户数的若干地段，按划定地段内的户数应划分为四个等级。在农村人口聚集的村庄、大院及住宅楼，应以每一独立户作为一个供人居住的建筑物计算。地区等级应按下列原则划分：

①一级一类地区：不经常有人活动及无永久性人员居住的区段。

②一级二类地区：户数在15户或以下的区段。

③二级地区：户数在15户以上100户以下的区段。

④三级地区：户数在100户或以上的区段，包括市郊居住区、商业区、工业区、规划发展区以及不够四级地区条件的人口稠密区。

⑤四级地区：四层及四层以上楼房（不计地下室层数）普遍集中、交通频繁、地下设施多的区段。

（2）当划分地区等级边界线时，边界线距最近一户建筑物外边缘应大于或等于200m。

（3）在一级、二级地区内的学校、医院以及其他公共场所等人群聚集的地方，应按三级地区选取。

（4）当一个地区的发展规划，足以改变该地区的现有等级时，应按发展规划划分地区等级。

特定场所是指除三级、四级地区外，由于管道泄漏可能造成严重人员伤亡的潜在区域。包括以下地区：

特定场所Ⅰ：医院、学校、托儿所、幼儿园、养老院、监狱、商场等人群难以疏散的建筑区域。

特定场所Ⅱ：在一年之内至少有50d（时间计算不需连贯）聚集30人或更多人的区域。例如集贸市场、寺庙、运动场、广场、娱乐休闲地、剧院、露营地等。

3）潜在影响半径确定

气田管道的潜在影响区域是依据潜在影响半径计算的可能影响区域。气田管道潜在影响半径，可按式（1-7-4）计算：

$$r = 0.099\sqrt{d^2 p} \qquad (1\text{-}7\text{-}4)$$

式中　d——管道外径，mm；

　　　p——管段最大允许操作压力（MAOP），MPa；

　　　r——受影响区域的半径，m。

集输气管道常见管道外径、压力与潜在半径关系表见表1-7-19。

表 1-7-19　气田管道常见管径、压力与潜在半径关系

序号	管道外径，mm	压力，MPa	潜在影响半径，m
1	1219	12	417.9
2	1016	10	318.0
3	711	10	222.5
4	711	7	186.2
5	660	6.4	165.2
6	610	6.3	151.5
7	508	4	100.5
8	457	3.4	83.4
9	426	4	84.3
10	108	1.6	13.5

4）识别准则

管道经过区域符合如下任何一条的区域为高后果区：

（1）管道经过的三级、四级地区。

（2）管径大于762mm且最大允许操作压力大于6.9MPa或管径小于273mm且最大允许操作压力小于1.6MPa，其天然气管道潜在影响半径内有特定场所的区域，潜在影响半径计算见式（1-7-4）。

（3）其他管道两侧各200m内有特定场所的区域。

（4）除三级、四级地区外，管道两侧各200m内有加油站、油库、第三方油气站场等易燃易爆场所。

对于输气管道，在识别高后果区的基础上，应按照GB 32167—2015《油气输送管道完整性管理规范》的规定进行高后果区分级，见表1-7-20。

表 1-7-20　高后果区分级

管道类型	识别项	分级
输气管道	1.管道经过的四级地区，地区等级按照GB 50251—2015《输气管道工程设计规范》中相关规定执行	Ⅲ级
	2.管道经过的三级地区	Ⅱ级
	3.如管径大于762mm，并且最大允许操作压力大于6.9MPa，其天然气管道潜在影响区域内有特定场所的区域，潜在影响半径按照式计算	Ⅱ级
	4.如管径小于273mm，并且最大允许操作压力小于1.6MPa，其天然气管道潜在影响区域内有特定场所的区域，潜在影响半径按照式（1-7-4）计算	Ⅰ级
	5.其他管道两侧各200m内有特定场所的区域	Ⅰ级
	6.除三级、四级地区外，管道两侧各200m内有加油站、油库等易燃爆场所	Ⅱ级

对于同沟敷设的天然气管道，分别计算沟内所有管道的潜在影响半径，较大者范围内有特定场所的区域即为高后果区，程度严重者为最终等级。

3. 高含硫管道高后果区识别技术

1）识别准则

硫化氢含量大于或等于5%（体积分数）的气田管道高后果区识别准则，管道经过区域符合如下任何一条的区域也列为高后果区：

第七章 生产系统完整性管理

（1）硫化氢在空气中浓度达到100ppm（144mg/m³）时暴露半径范围内有50人及其以上人员居住的区域，硫化氢暴露半径公式详见式（1-7-5）。

（2）硫化氢在空气中浓度达到500ppm（720mg/m³）的时暴露半径内有10人及其以上人员居住的区域，硫化氢暴露半径公式详见式（1-7-6）。

（3）硫化氢在空气中浓度达到500ppm（720mg/m³）的时暴露半径内有高速公路、国道、省道、铁路以及航道等的区域，硫化氢暴露半径公式详见式（1-7-6）。

注：对于同沟敷设的天然气集输管道，分别计算沟内所有管道硫化氢中毒暴露半径，根据硫化氢中毒暴露半径较大者进行识别。

2）含硫气田管道暴露半径

暴露半径（ROE）是指根据分散计算确定的在硫化氢浓度达到规定水平（常为0.01%或0.05%）释放点的距离，其计算公式如下：

扩散后，硫化氢（H_2S）为100ppm（144mg/m³）时的情况：

$$X_m = (8.404nQ_m)^{0.6258} \quad (1-7-5)$$

扩散后，硫化氢（H_2S）为500ppm（720mg/m³）时的情况：

$$X_m = (2.404nQ_m)^{0.6258} \quad (1-7-6)$$

式中 n——混合气体中硫化氢（H_2S）的（mol）百分比；

Q_m——在标准大气压下（0.101MPa）和15.6℃条件下每天泄放的最大容积，m³，Q_m按照式（1-7-8）进行计算；

X_m——暴露半径（ROE），m。

3）计算介质泄漏速度

对于气体介质，按式（1-7-7）计算介质泄漏速度 W_g：

$$W_g = 0.0063 S_k P \sqrt{\frac{M}{T}} \quad (1-7-7)$$

式中 W_g——介质泄漏速度；

S_k——泄漏面积，mm²，可保守地取为计算管道的横截面积；

M——介质相对分子质量；

P——介质运行压力，MPa；

T——介质运行温度，K。

4）估算泄漏时间

按所评估管道的实际情况，确定泄漏持续时间，如果不能实际确定，则按表1-7-21至表1-7-23确定监测系统和切断系统的等级，并按表1-7-23估算泄漏持续时间 t。

表 1-7-21　监测系统等级

监测系统类型	等级
监测关键参数的变化从而间接监测介质流失的专用设备	A
直接监测介质实际流失的灵敏的探测器	B
目测，摄像头等	C

表 1-7-22 切断系统等级

切断系统类型	等级
由监测设备或探测器激活的自动切断装置	A
由操作员在操作室或其他远离泄漏点的位置人为切断装置	B
人工操作的切断阀	C

表 1-7-23 泄漏时间估算

监测系统等级	切断系统等级	泄漏时间估算
A	A	小规模泄漏为 1200s；中等规模泄漏为 600s；较大规模泄漏为 300s
A	B	小规模泄漏为 1800s；中等规模泄漏为 1800s；较大规模泄漏为 600s
A	C	小规模泄漏为 2400s；中等规模泄漏为 1800s；较大规模泄漏为 1200s
B	A 或 B	小规模泄漏为 2400s；中等规模泄漏为 1800s；较大规模泄漏为 1200s
B	C	小规模泄漏为 3600s；中等规模泄漏为 1800s；较大规模泄漏为 1200s
C	A、B 或 C	小规模泄漏为 3600s；中等规模泄漏为 2400s；较大规模泄漏为 1200s

注：小规模指泄漏面积小于 15mm^2，中等规模指泄漏面积小于 500mm^2，较大规模泄漏指泄漏面积大于 500mm^2。

5）估算泄漏量

泄漏量 Q_m 按下式估算：

$$Q_m = \min(W_g \times t, q) \tag{1-7-8}$$

式中 q ——泄漏段管容，m^3。

4. 管道风险评价

管道的风险评价按照管道分类分级管理原则实施：

（1）Ⅰ类管道风险评价推荐半定量风险评价方法，每年一次，必要时可对高后果区、高风险级管道开展定量风险评价或地质灾害、第三方破坏等专项风险评价。

（2）Ⅱ类管道风险评价推荐半定量风险评价方法，每年一次。

（3）Ⅲ类管道宜开展定性风险评价，每年一次。

1）定性风险评价流程

定性风险评价流程如图 1-7-19 所示。

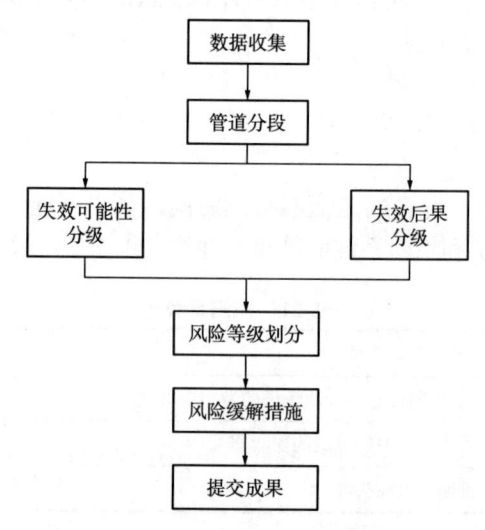

图 1-7-19 风险管道评价流程

第七章　生产系统完整性管理

2）失效可能性指标

失效可能性指标见表1-7-24。

表1-7-24　风险失效可能性指标等级表

序号		失效可能性指标		等级
第三方损坏	1	气田集输管道沿线是否存在露管	是	2
			否	1
	2	巡线频率	一周及其以下一次	1
			半月以下一次	2
			半月及其以上一次	3
	3	气田集输管道沿线两侧5m范围内是否存在第三方施工	是	2
			否	1
	4	气田集输管道沿线两侧5m范围内是否存在违章建筑、杂物占压	是	2
			否	1
	5	气田集输管道沿线是否存在重车碾压且未采取相应保护措施	是	2
			否	1
	6	气田集输管道沿线标志桩、警示桩是否齐全	是	1
			否	2
	7	管道地面装置是否有效保护	是	1
			否	2
腐蚀	8	气田集输管道输送介质是否含水	是	2
			否	1
	9	气田集输管道输送介质是含硫化氢	是	2
			否	1
	10	气田集输管道是否采取有效内腐蚀措施	是	1
			否	2
	11	气田集输管道采用的防腐层类型	石油沥青、环氧煤沥青、聚乙烯胶带	2
			3PE	1
	12	气田集输管道外防腐层质量	好	1
			一般	2
			差	3
	13	气田集输管道沿线是否采取有效阴极保护	是	1
			否	2
	14	气田集输管道沿线是否存在杂散电流干扰	是	2
			否	1
	15	气田集输管道沿线敷设土壤环境	山区、旱地、沙漠戈壁	1
			平原庄稼地	2
			盐碱地、湿地	3
设计与施工缺陷	16	设计安全防御系统是否完善设备选型合理	是	1
			否	2
	17	根据运营历史经验和内检测结果是否存在轴向或环向焊缝缺陷	是	2
			否	1

续表

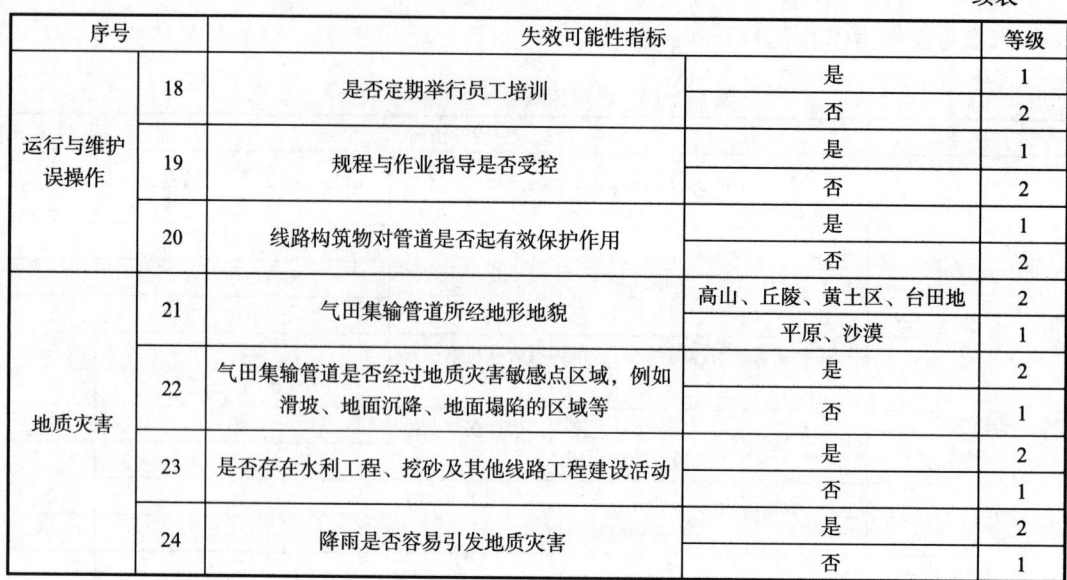

序号		失效可能性指标		等级
运行与维护误操作	18	是否定期举行员工培训	是	1
			否	2
	19	规程与作业指导是否受控	是	1
			否	2
	20	线路构筑物对管道是否起有效保护作用	是	1
			否	2
地质灾害	21	气田集输管道所经地形地貌	高山、丘陵、黄土区、台田地	2
			平原、沙漠	1
	22	气田集输管道是否经过地质灾害敏感点区域，例如滑坡、地面沉降、地面塌陷的区域等	是	2
			否	1
	23	是否存在水利工程、挖砂及其他线路工程建设活动	是	2
			否	1
	24	降雨是否容易引发地质灾害	是	2
			否	1

3）失效后果指标

失效后果指标见表1-7-25。

表1-7-25 风险失效后果等级划分

序号	失效后果指标		等级
1	气田集输管道经过的地区等级	四级地区	3
		三级地区	2
		一级、二级地区	1
2	气田集输管道经过一级地区、二级地区时管道两侧各200m内是否存在医院、学校、托儿所、幼儿园、养老院、监狱、商场等人群难以疏散的建筑区域	是	2
		否	1
3	气田集输管道经过一级地区、二级地区时管道两侧各200m内是否存在集贸市场、寺庙、运动场、广场、娱乐休闲地、剧院、露营地等	是	2
		否	1
4	气田集输管道两侧各200m内是否有高速公路、国道、省道、铁路	是	2
		否	1
5	气田集输管道两侧各200m内是否有易燃易爆场所	是	2
		否	1

4）定性风险评价流程风险等级计算方法

（1）风险失效可能性等级根据风险失效可能性指标确定每项等级。即失效可能性指标和除以管道失效可能性指标实际项数（Ni）后向上圆整，如下式所示：

$$失效可能性等级 = ROUNDUP\frac{(\Sigma 失效可能性指标每项等级)}{Ni}$$

（2）失效后果等级根据风险失效后果指标确定每项指标等级。即失效后果指标和除以管道失效后果指标实际项数（Nj）后向上圆整，如下式所示：

第七章　生产系统完整性管理

$$失效后果等级 = ROUNDUP \frac{(\sum 失效后果指标每项等级)}{Nj}$$

（3）失效可能性等级、后果等级结合风险矩阵确定气田集输管道的风险等级。

5）风险等级划分

风险等级划分见表 1-7-26、表 1-7-27。

表 1-7-26　风险等级标准

后果严重程度		失效可能性		
		较不可能	偶然	可能
		1	2	3
轻微的	1	低	低	中
较大的	2	低	中	中
严重的	3	中	中	高

表 1-7-27　风险等级划分

风险等级	要求
低（等级Ⅰ）	风险水平可以接受，当前应对措施有效，不必采取额外技术、管理方面的预防措施
中（等级Ⅱ）	风险水平有条件接受，有进一步实施预防措施以提升安全性的必要
高（等级Ⅲ）	风险水平不可接受，必须采取有效应对措施将风险等级降低到Ⅱ级及以下水平

6）半定量风险评价

（1）半定量风险评价流程如图 1-7-20、图 1-7-21 所示。

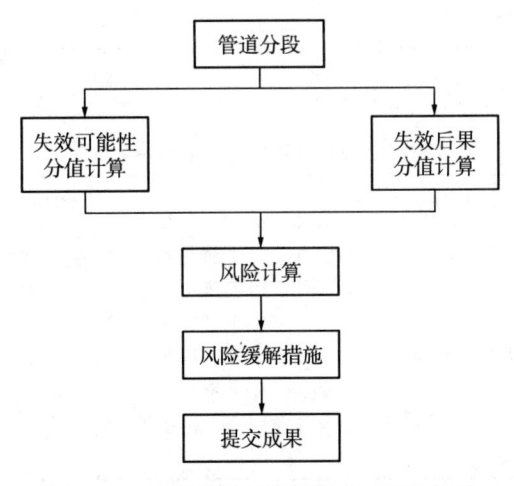

图 1-7-20　半定量风险评价法工作流程图

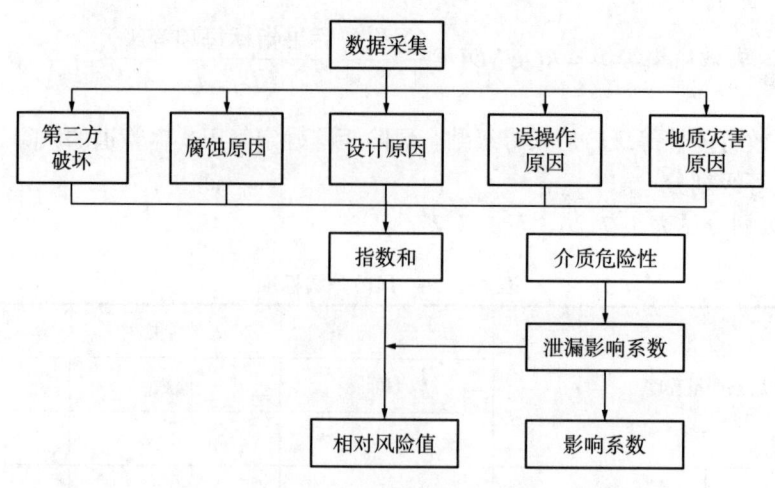

图 1-7-21 半定量风险评价模型

（2）失效可能性指标。

半定量风险评价方法是将造成管道事故的失效可能性指标大致分为五大类：即第三方损坏、腐蚀、设计与施工缺陷、运行与维护误操作、自然地质灾害。一般情况，第三方损坏，腐蚀和自然地质灾害评分总分100分，设计与施工缺陷和运行与维护误操作评分总分50分，总数最高400分，指数总和在0～400分之间。造成管道事故的失效后果指标主要分为三大类：介质危害性、影响对象和泄漏扩散影响系数，介质危害性和影响对象分别为10分，泄漏扩散影响系数为6分，失效后果为这三项指标之乘积，总分为600分。

（3）管道相对风险等级划分见表 1-7-28。

表 1-7-28 管道相对风险等级划分标准

风险等级	相对风险分值 R
低风险	$R > 25$
中风险	$5 < R \leqslant 25$
高风险	$R \leqslant 5$

（4）风险缓解措施见表 1-7-29。

表 1-7-29 风险缓解措施一览表

序号	主要风险	主要的风险缓解措施
1	第三方损坏	（1）增加套管、盖板等管道保护设施； （2）巡线； （3）管道标识； （4）增加埋深； （5）更改路由； （6）安装安全预警系统； （7）公众警示。

续表

序号	主要风险	主要的风险缓解措施
2	腐蚀	（1）防腐层修复； （2）内外检测及缺陷修复； （3）排流措施； （4）更改路由； （5）输送介质腐蚀性控制； （6）清管； （7）内涂、内衬等。
3	制造与施工缺陷	（1）内外检测，压力试验及修复； （2）降压运行。
4	地质灾害	（1）增加埋深； （2）更改路由； （3）水工保护工程； （4）地质灾害治理； （5）更改穿越方式； （6）管道加固。
5	误操作	（1）员工培训； （2）规范操作流程； （3）超压保护； （4）防误操作设计、防护。
6	后果	（1）安装泄漏监测系统； （2）手动阀室变更为RTU阀室； （3）增设截断阀室； （4）更改路由； （5）应急准备

7）定量风险评价

定量风险评价如图1-7-22所示。

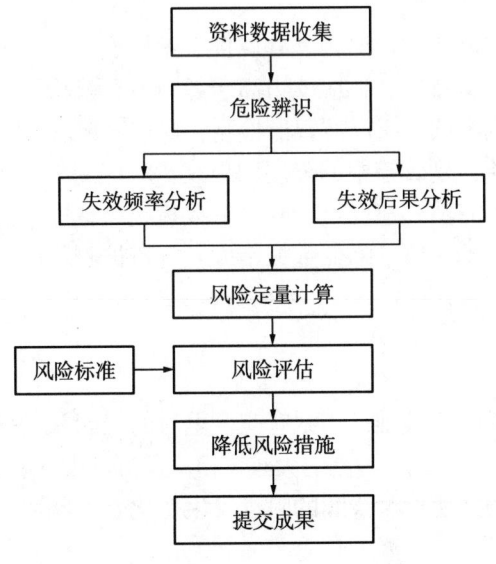

图1-7-22 定量风险评价法工作流程图

定量风险评价参照标准 Q/SY 1646—2013《定量风险分析导则》中的算法，同时考虑 Q/SY 1594—2013《油气管道站场量化风险评价导则》和 AQ/T 3046—2013《化工企业定量风险评价导则》等标准的要求。

（二）管道检测与监测

1. 内检测技术

管道内检测是利用无损检测中的漏磁原理、超声波技术或涡流技术，通过清管通球的方式，对管道进行全面检验。

1）漏磁检测

漏磁检测即运用清管通球的方式，利用设备自身携带的磁铁，在管壁上产生一纵向磁场回路。如果关闭没有缺陷，则磁力线封闭于管壁内，均匀分布，而管道内外壁上的任何异常会使磁通路变窄，磁力线发生变形，部分磁力线穿出管壁产生漏磁，探测器探测和录取漏磁量，根据漏磁量识别缺陷的尺寸和各类其他因素，如管件、阀门、焊缝等。检测工具由电源、磁化装置、腐蚀传感器、内/外径腐蚀传感器、数据记录装置、定位系统、里程轮组成。漏磁检测器如图 1-7-23 所示。

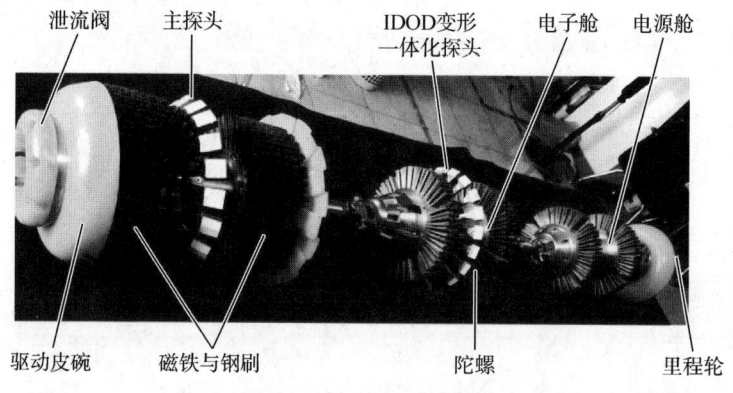

图 1-7-23 漏磁检测器

漏磁检测的优点：它能检测内腐蚀、外腐蚀、壁厚变化、环形焊缝、凹陷、阀门、三通、金属接近物和其他管道特征，适应能力高于超声波智能检测、能通过所有标准管道部件，对焊缝敏感，操作成本低于超声波智能检测，操作简单。

漏磁检测缺点：不能识别管道中的夹层和裂纹，对检测工具运行速度有较高要求，速度过快时检测数据录取不完整，速度过慢时会造成检测设备停顿次数多，再次启动时速度过快，导致检测数据录取不完整，降低数据精度。管道被磁化后，在焊接维修过程中，需要进行消磁处理。

2）电磁涡流检测

（1）检测原理。

涡流检测是以电磁感应为基础，当载有交变电流的线圈靠近导电材料时，由于线圈磁场的作用，材料中会感生出涡流。涡流的大小、相位及流动形式受到材料导电性能的影响，而涡流产生的反作用磁场又使检测线圈的阻抗发生变化。因此通过测定检测线圈阻抗的变化,可以得到被检测材料有无缺陷的结论。涡流检测只适用于导电材料,同时由于涡流检测是电磁感应产生的,故在检测时不必要求线圈与被检测材料紧密接触,从而容易实现自动化检测。电磁涡轮检测示意图如图1-7-24所示。

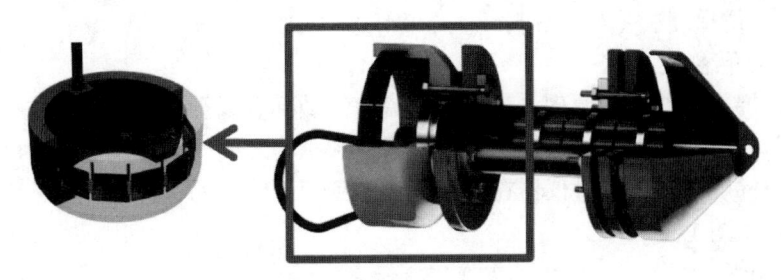

图1-7-24 电磁涡流检测示意图

电磁涡流管道智能内检测技术可检测多相流或干气,检测管道内部金属损失、轴向裂纹、环向裂纹、焊缝疲劳裂纹,检测管道结垢、结蜡的位置和程度,检测天然气管道积液的位置和程度,检测沉积物下的内部腐蚀。电磁涡轮检测工具技术指标见表1-7-30。

表1-7-30 电磁涡流检测工具技术指标

检测器长度	434.00mm
检测器直径	213mm
通过能力	1.5DS型弯头
最大变形量	10%
最大运行速度	6m/s
最低运行速度	0.5m/s
管道温度	0～70℃
最大压力	14MPa
检测工具传感器尺寸	51mm
检测工具传感器数量	11
检测工具重量	约15kg
电池工作时间	7h

(2)电磁涡流检测与漏磁检测对比。

目前天然气管道内检测主要采用漏磁检测的方法,电磁涡流检测与传统的漏磁检测相比,各自有如下特点:

电磁涡流检测:涡流的趋肤效应显著,越靠近管道内表面,电磁涡流的检测效果越好,涡流检测不需要耦合剂,也不需要将钢管磁饱和,检测效率高,可以在管道不停输的情况下检测,检测管径可以小至DN60。

漏磁检测:钢管内部有缺陷时,磁力线发生弯曲,并且有一部分磁力线泄漏出钢管表面,检测被磁化钢管表面逸出的漏磁通,就可判断缺陷是否存在。漏磁检测适用于检测中小型管道(DN150以上),可以对各种管壁缺陷进行检验,检测时无需耦合剂,也不会发生漏检。

2. 外防腐层检测技术

管道防腐层非开挖检测分为交流电位梯度法防腐层破损点检测（ACVG）和电流衰减法防腐层整体质量检测（ACAS）两个项目。

1）交流电位梯度法（ACVG）

（1）方法介绍。

交流电位梯度法的基本原理：当一个交流信号加到金属管道上时，在防护层破损点便会有电流泄漏入土壤中，这样在管道破损裸露点和土壤之间就会形成电位梯度，且越接近破损点，电位梯度越大。通过仪器在地面上检测到埋地管道的这种电位异常就可发现管道防护层破损点（图1-7-25）。

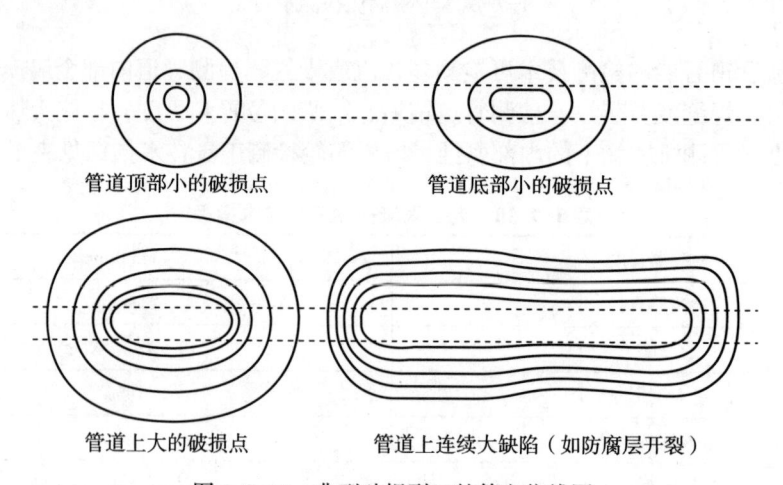

（2）适用性。

图1-7-25 典型破损裂口的等电位线图

交流电位梯度法（ACVG）可采用交流地电位差测量仪（A字架），通过测量土壤中交流地电位梯度的变化，查找和定位管道防腐层破损点。本方法不适用于未与电解质（土壤、水）接触破损点的查找，另外下列情况会使本方法应用困难或影响测量结果的准确性：

①A字架距离发射机较近；

②剥离防腐层或绝缘物造成电屏蔽的位置；

③测量不可到达的区域，如河流穿越；

④管段的覆盖层导电性很差，如铺砌路面、冻土、沥青路面、含有大量岩石回填物。

（3）测量基本要求，见表1-7-31、表1-7-32。

表1-7-31 防腐层漏损点修正系数及修正方法

修正系数F	0.8	1.0	1.2
突然含水状况	特干土	一般土	湿润图
地形地貌	山坡	旱地	水田
天气状况	连续晴天	普通晴天或阴天	雨天

修正公示：Δ'= 正公式

Δ'：修正后的漏损点dB值；

Δ：现场检测记录的漏损点dB值；

F：修正系数；修正系数F适用于四川盆地的土壤特性，其他地区的修正系数参照使用。需要通过统计分析直接开挖检测的防腐层状况与dB值的对应关系确定各自地区的修正系数。

表 1-7-32　防腐层漏损点分级标准（使用 A 字架）

防腐层类型	一级（极轻微）	二级（轻微）	三级（中等）	四级（严重）
三层 PE	＜40	40≤dB＜50	50≤dB＜65	≥65
硬质聚氨酯泡沫保温防腐层，沥青防腐层等	＜30	30≤dB＜40	40≤dB＜55	≥55

2）交流电流衰减法（ACAS）

（1）方法介绍。

交流电流衰减法的基本原理：由发射机向具有防腐层的埋地管道施加某一频率的交变电流信号，由于管道与地面之间存在分布电容及防腐层电阻，电流通过管道经大地回流到发射机的过程中，所施加的电流信号强度沿管道随距离的增加呈指数衰减。根据电流衰减的程度可判断防腐层的质量状况。常用设备有 PCM、PCM+、DM 检测系统（图 1-7-26）。

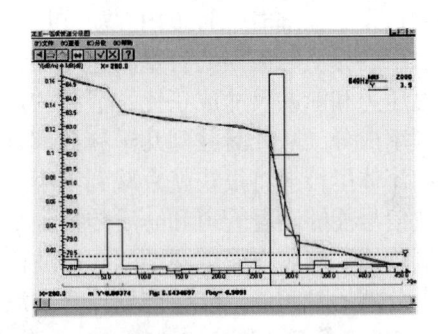

图 1-7-26　交流电流衰减法基本原理

（2）适用性。

交流电流衰减法适用于除钢套管、钢丝网加强的混凝土配重层（套管）外，在远离高压交流输电线的地区，任何交变磁场能穿透覆盖层下的管道外防腐层质量检测。根据电流衰减的斜率，可以定性确定各段管道防腐层质量的差异，为更准确的防腐层破损点定位提供基础；能准确给出埋地管道的位置、埋深、分支、外部金属构筑物搭接，以及大的防腐层破损等信息。

（3）测量基本要求。

检测开始应记录检测时间、发射机架设位置、输出电流、天气状况等基本信息。检测并记录感应电流大小，感应电流不得低于 60mA，否则视为不可靠测试。2 个检测位置最大间距不超过 30m，电流异常管段应加密检测。发射机信号输入位置起管道两侧各 50～100m 的范围内为检测盲区，应对检测盲区进行补充检测。

对防腐层为 PE 的管道不推荐对管道防腐层进行整体质量分级。对防腐层整体质量进行检测评级的管道，应根据开挖验证结果对防腐层评级结果进行修正，使其符合管道实际情况。

3）直流电位梯度法（DCVG）

（1）方法介绍。

直流电位梯度法的基本原理：采用周期性同步的通/断阴极保护电流施加在管道上后，利用两支硫酸铜参比电极，以密间隔测量管道上方土壤中的直流电位梯度，电位梯度会在接近破损点附近增大；破损面积越大，电位梯度也越大。根据测量的电位梯度变化，可确定防腐层破损点位置；通过检测破损点处土壤中电流的方向，可识别破损点的腐蚀活性；依据破损点 IR% 定性判断破损点的大小及严重程度。

（2）一般规定。

①直流电位梯度法（DCVG）适用于查找、定位管道防腐层破损点，确定防腐层破损大小和管体腐蚀活性。

②采用两支参比电极，以密间隔的方法测量管道上方的直流地电位梯度。通过检测破损点处土壤中电流的流向，可识别破损点的腐蚀活性；并依据计算的 IR% 降值定性判断漏点的相对大小及严重程度。

3. 管道次声波泄漏检测系统

1）技术原理

当管道发生泄漏时，管道内介质在压力的作用下，迅速涌向泄漏处，从泄漏处喷射而出，喷射出的介质与破损的管壁高速摩擦，在泄漏处形成振动而发出声音，声音能量的大小与管道压力和泄漏尺寸成正比，泄漏的声波信号沿着管道向管道两端传播。声波信号包含多种频率成分，从几赫兹到几千赫兹都有分布。根据声波的传播特性，高频的声波信号在管道和流体里传播将很快就衰减到很小，淹没到环境噪声中而无法有效监测，而频率较低的声波信号能够随着管道和介质传播到很远的距离。该振动从泄漏处以次声波的形式向管道两端传播，安装在管道两端的次声波传感器能够捕获该信号，通过计算泄漏信号到达相邻两个分站的时间差，能够准确计算出泄漏位置。在介质理想、工况理想的情况下，最长可监测 50km 管道（图 1-7-27）。

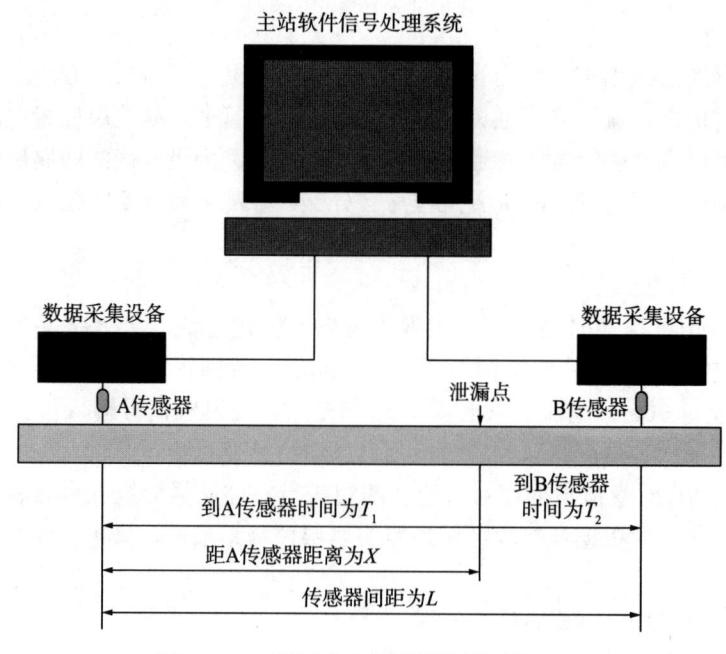

图 1-7-27　管道次声波泄漏检测系统原理

2）监测系统构成

管道次声波泄漏监测系统（图 1-7-28）由一个负责数据处理的主站和若干个负责数

据采集与预处理的分站组成。

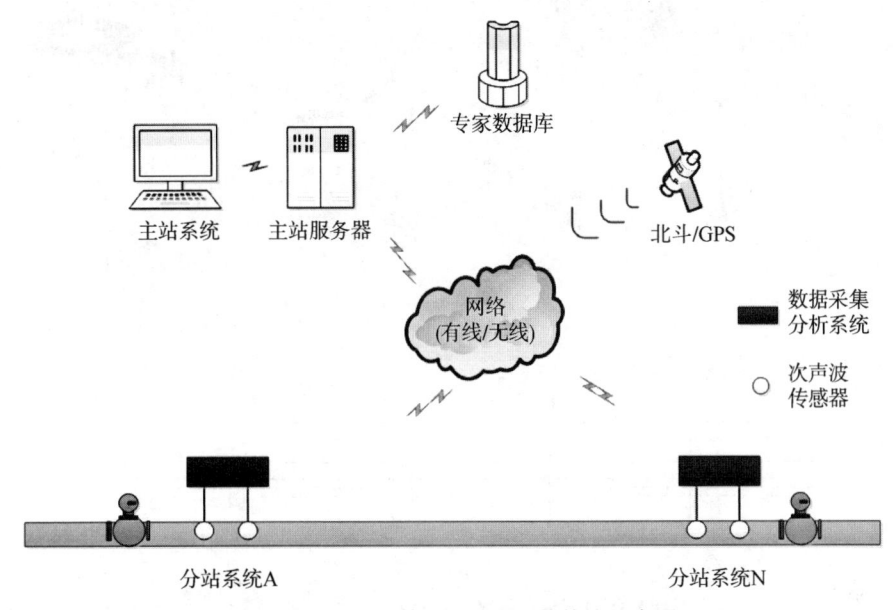

图 1-7-28　次声波泄漏监测系统构成示意图

主站一般位于用户的中心控制室。它由一台高品质的数据服务器、专业的控制软件和信号处理软件、报警系统、供电系统、通信系统及专家数据库组成。

分站是系统的现场单元。它由高精度次声波传感器、次声波放大器、信号采集分析系统（声态处理）、供电系统和通信系统组成。

3）技术特点及系统功能

管道次声波泄漏监测系统，通过分站双次声波传感器连续、高效、高精度的采集管道在运行过程中产生的次声波信号（低频），前置次声波放大器放大滤波，由数据采集系统转换成数字信号，然后通过通信网络传送至主站系统。主站信号处理软件对接收到的信号进行实时处理，通过与专家数据库进行大数据分析及系列精准算法（经验模态分解算法、盲源信号分离算法等），可准确地将泄漏信号提取出来，通过计算泄漏信号到达相邻两个分站的时间差，能够实现精确定位，如果确认报警，立刻发布报警信号。

管道次声波泄漏监测系统最具有特点的是：具有自我学习能力，通过连续不断地收集管道声场数据，能有效排除干扰提高准确率、降低误报率。

4. 第三方破坏光纤震动预警监测

1）技术原理

基于相位敏感 ϕ-OTDR 的分布式光纤扰动传感器的原理，与传统的 OTDR 技术相比，ϕ-OTDR 技术最大的区别在于光源的改进。ϕ-OTDR 技术采用超窄线宽激光器作为激光光源，将高相干光注入传感光纤，因此系统输出信号为后向瑞利散射光的相干干涉光强。ϕ-OTDR 分布式光纤扰动传感器的传感原理主要是通过检测扰动引起的光纤中后向瑞利散射信号的相干干涉光强来实现扰动定位的目的。光纤震动预警原理示意图如图 1-7-29、图 1-7-30 所示。

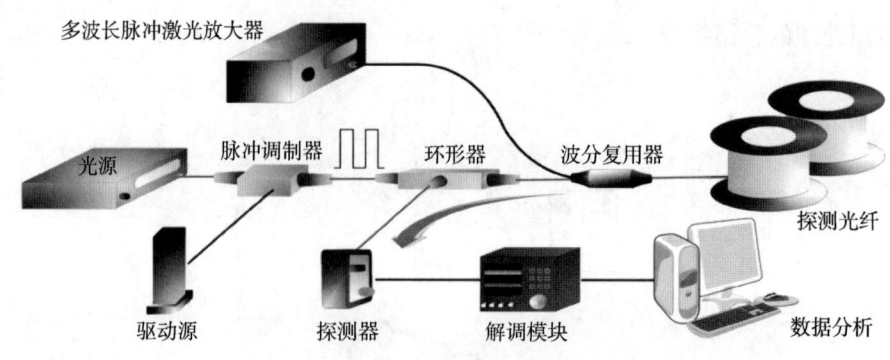

图 1-7-29　光纤震动预警原理示意图 1

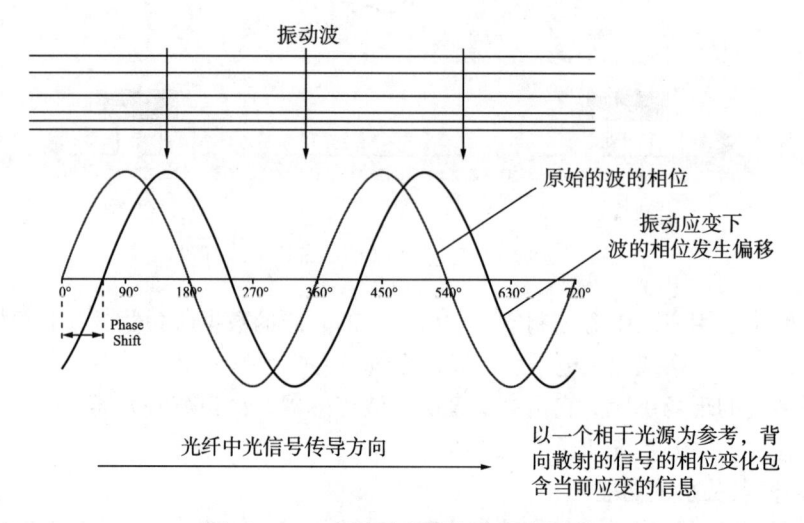

图 1-7-30　光纤震动预警原理示意图 2

2）技术特点

光纤资源占用少：采用通信光缆中的 1 芯光纤作为分布式传感器，采集管道光缆沿线的振动信号。

多点同时监测：多点事件同时监测，互不影响。

高探测灵敏度：可探测 5m 范围内的人工挖掘信号，横向 25m 范围内机械施工，如图 1-7-31 所示。

长距离监测：监测距离达到 60km（依据光纤损耗）。

定位精度高：定位精度达到 ±10m。

智能识别分析：可识别不同振动模式（人工挖掘、车辆穿越、机械挖掘等）。

图 1-7-31　光纤震动预警现场应用示意图

3）技术指标

技术指标见表 1-7-33。

表 1-7-33　光纤振动预警系统主要技术指标

序号	指标	性能
1	监控距离	≥40km
2	告警精度	±10m
3	灵敏度	人工挖掘≤5m，机械挖掘≤25m（典型值）
4	响应时间	≤3s
5	漏报率	0
6	误报率	≤10%
7	事件并发	同时满足以上指标

4）系统结构

光纤振动预警系统由传感光缆、监控主机、管理系统、监控终端及相关附件组成。

传感光缆：普通单模光缆。

监控主机：含一套光纤预警监控主机硬件、一套监控主机配套软件及相关附件。

管理系统：含一套服务器、管理系统软件及相关附件组成。

监控终端：含一套台式电脑主机、显示屏、键盘鼠标 1 套及相关附件组成。

（三）完整性管理维护与维修技术

1. 管道清管作业

为了减少管道内积水、污物，增加管道的输送效率，减缓管道内腐蚀，通常要进行管道的清管作业。

1）清管工具技术总体要求

所有产品须在 ISO9002 质量管理体系下生产，提供的密封盘、导向盘、皮碗、钢刷、清管工具的骨架的材料应在含硫的天然气管线中（H_2S 含量为 $50g/m^3$），应具备较高的抗硫、耐腐蚀性和耐磨性（表 1-7-34、表 1-7-35、表 1-7-36）。适合现场管道的实际情况，能够通过 1.5DN 的线路弯头，一次运行距离不小于 100km。

表 1-7-34　标准双向清管器

技术规范	说明
双向盘式 螺栓全连接 2 个聚胺酯导向盘 4 个聚胺酯密封盘 用于螺栓连接附件的前端支撑法兰（测径盘、清管器回收装置） 用于螺栓连接发射机的后支撑法兰 能够安装钢丝刷 能够安装磁铁组	清管器应能完全拆卸，在运行中损坏的盘不会挂掉。能够分别安装磁铁、钢丝刷、测径铝盘

表 1-7-35　除垢清管器

技术规范	说明
多螺栓连接，3 个以上个聚胺酯密封皮碗，4 个以上聚胺酯装配钢刺皮碗，用于螺栓连接附件的前端支撑法兰（清管器回收装置），用于螺栓连接发射机的后支撑法兰	清管器应能完全拆卸，在运行中损坏的皮碗不会挂掉。钢刺能够拆卸或反复使用。清洁力度可逐渐增加，最大时钢刺数量不得少于 90 颗

表 1-7-36　高密度泡沫清管器

技术规范	说明
本体泡沫密度为 115kg/m³ 以上，本体上双螺旋涂层	安装拉索或拉出设备，以便将其从收球筒中拉出

2）信号发射设备、接收设备技术要求

信号发射设备、接收设备技术要求见表 1-7-37、表 1-7-38。

表 1-7-37　信号发射设备

技术规范	说明
适用于清管器尾端或体内（ϕ32mm 管道），提供 1 套电池，当安装到清管器时，其开关系统便于操作，在 10MPa 压力下能防油、防酸气、防尘。 工作环境温度：-5～40℃，安装到清管器上时应确保其安全，包括开关系统	发射机信号不小于 1bip/s 电池持续工作时间不少于 72h。 装有发射机的清管器能通过 1.5D 弯头。如果清管器后面的法兰不能与发射机螺栓配套，则应提供适用于各种直径的发射机。提供一只充电器（220V，50Hz）

表 1-7-38　信号接收设备

技术规范	说明
应配备便携式信号指示器及耳机电缆和监测探头，不受气候影响防水，工作温度：-5～40℃ 本安型，重量：装置包括电池应轻于 2.5kg 检测探头轻于 1kg	电池持续工作时间不少于 8h；充电时间：不少于 8h；灵敏度：能在 1m 处清管器回收装置内 72h 后检测到发射机的信号 提供一只充电器（220V，50Hz）

3）管道清洁质量标准

在不损伤管道的前提下，利用高密度聚乙烯泡沫、带钢刷、带磁铁的双向清管器、带钢刺的除垢器等类型的清管工具，除去管线内壁的垢块、沉积物和液体，使其达到检测工具的要求：管道几何测径和腐蚀检测都要求了管道内壁的干净程度，即管道内污物量小于 5L/段 或 5kg/段。

2. 防腐层修复

管道防腐绝缘层是埋地管道防腐的重要措施之一，其作用是使管道表面与周围介质隔离开来,切断腐蚀电池的电路,从而避免管道发生腐蚀,防腐层的质量好坏将直接影响阴极保护系统输出电流的大小,阴极保护距离的长短,目前常用的绝缘层材料有石油沥青、煤焦油瓷漆、溶结环氧粉末(FBE)、聚乙烯等。

1)防腐层修复响应原则

防腐层按缺陷的轻重缓急可将维修响应分为3类:(1)立即响应;(2)计划响应(在某时期内完成修复);(3)进行监测。管道防腐层缺陷维修时间响应要求见表1-7-39。

表1-7-39 管道防腐层缺陷维修时间响应表

管道类别	立即响应	计划响应	进行监测
Ⅱ类低风险级、Ⅲ类	破损程度为"严重"缺陷	破损程度为"中等"的缺陷	破损程度为"轻微""极轻微"的缺陷
Ⅰ类、Ⅱ类高风险级	破损程度为"严重"缺陷;未达到有效阴极保护、高后果区、高风险的管段中破损程度为"中等"缺陷	其余管段破损程度为"中度"的缺陷:	破损程度为"轻微""极轻微"的缺陷
响应时间及要求	在1年内进行防腐层缺陷维修	在1个检验周期内进行防腐层缺陷修复	可以选择代表性强的防腐层缺陷开挖确认缺陷发展情况

2)绝缘层修复材料选取

常用的绝缘层修复(补口、补伤)材料有石油沥青、煤焦油瓷漆、无溶剂液态环氧/聚氨脂、冷缠胶带、压敏胶热收缩带、黏弹体+外防护带。防腐层修复一般应具备以下要求:

(1)经检测确认,埋地管道外防腐层发生龟裂、剥离、残缺破损,有明显的腐蚀老化迹象时,应进行防腐层修复。

(2)缺陷点分布零散时,应进行局部修复,缺陷点集中且连续时,应进行整个段管道的大修。

(3)防腐层大修应在金属管道缺陷修复(如智能检测缺陷修复)后进行。

(4)所选防腐材料应相互匹配。

(5)防腐材料在使用前和使用期间不应受污染或损坏,应分类存放,并在保质期内。

管道外防腐层修复材料应根据原防腐层类型、修复规模及管道运行工况等条件进行选择,常防腐层材料见表1-7-40,也可采用经过试验且满足技术要求的其他防腐材料。

表1-7-40 常用管道防腐层修复材料及结构

原防腐层类型	局部修复			大修
	缺陷直径≤30mm	缺陷直径>30mm	补口修复	
石油沥青、煤焦油瓷漆	石油沥青、煤焦油瓷漆、冷缠胶带、黏弹体+外防护带	冷缠胶带、黏弹体+外防护带	冷缠胶带、黏弹体+外防护带	无溶剂液态环氧/聚氨酯、无溶剂液态环氧玻璃钢、冷缠胶带
溶结环氧粉末	无溶剂液态环氧	无溶剂液态环氧	无溶剂液态环氧/聚氨酯	
聚乙烯	热熔胶+补伤片、压敏胶+补伤片、黏弹体+外防护带	冷缠胶带、压敏胶热收缩带、黏弹体+外防护带	无溶剂液态环氧+外防护带、压敏胶热收缩带、黏弹体+外防护带	

注:(1)天然气管道常温段宜采用聚丙烯冷缠胶带。
(2)外防护带包括冷缠胶带、压敏胶热收缩带等。

3. 常见管道本体缺陷维修

1）管道本体缺陷修复响应原则

管道本体缺陷包括腐蚀、制造缺陷、焊缝缺陷、凹陷、凹坑、泄漏等，在管道修复方案中应明确需要维修的管段位置，存在的缺陷类型，缺陷的严重程度，拟采取的修复方法，施工措施等。一般情况下的管道修复均应按永久修复进行，只有在抢修情况下才可进行临时修复，并在一定年限内进行永久性修复（表1-7-41）。

表1-7-41 不同评价方法所得各级缺陷对应维修响应措施

评价方法	立即响应	计划响应	进行监测
SY/T 0087.1—2006	Ⅴ级、Ⅳ级	Ⅲ级	Ⅱ级、Ⅰ级
SY/T 6151—2009	1类	2类	3类
SY/T 6477、SY/T 10048、ASME B31G、API 579、BS7910等	评价结论为不安全，且计算的最大允许操作压力低于运行压力	评价结论为不安全，且计算的最大允许操作压力低于设计压力	评价结论为安全的缺陷
内检测缺陷评价	结论为立即维修的缺陷	结论为计划维修的缺陷	结论为安全的缺陷
SY/T 6996—2014	凹陷深度＞6%	6%＞凹陷深度＞2%	凹陷深度＜2%
SY/T 6996—2014	凹陷应变＞6%	6%＞凹陷应变＞2%	凹陷应变＜2%
响应措施	5天内确认并评价，采取降压措施，根据评价结果修复	1年内进行确认，在1个检验周期内根据评价结果进行修复	可选择代表性强的缺陷定期开挖检测

对于凹陷，开挖待回弹完全（目视无变形或等待半小时以上）后，测量凹陷回弹后尺寸，可根据表1-7-42对凹陷采用不同的时间响应措施。采用适当方法进行强度评价时，参照表1-7-41要求进行修复。应优先修复高后果区及风险等级为"中高""高"的管段的凹陷。

表1-7-42 管道凹陷缺陷维修维护响应表

类型	立即响应 深度≥6% 外径	计划响应 2%外径≤深度＜6%外径	进行监测 深度＜2% 外径
普通凹陷	立即修复	1年内移除压迫体后进行表面磁粉探伤，无表面微裂纹则定期监控	巡线监控
弯折凹陷	立即修复	立即修复	表面磁粉探伤 无表面微裂纹则计划修复
焊缝相关凹陷	立即修复	立即修复	凹陷表面磁粉探伤，焊缝射线或超声波探伤，无缺陷则计划修复
腐蚀相关凹陷	立即修复	腐蚀缺陷评价结论为不安全则立即修复，腐蚀深度大于10%但评价结论为安全则计划修复	腐蚀缺陷评价结论为不安全立即修复，蚀深度大于10%但评价结论为安全则计划修复，腐蚀深度小于10%则巡线监控
划伤相关凹陷	立即修复	立即修复	划伤评价结论为不安全则立即修复，划伤评价结论为安全则计划修复
双重凹陷	立即修复	1年内进行表面磁粉探伤，无表面微裂纹则定期监控	1年内进行表面磁粉探伤，无表面微裂纹则巡线监控

注：普通凹陷：无壁厚减小，不与焊缝相关，管壁曲率平滑改变。
　　弯折凹陷：管壁曲率突然改变的凹陷。
　　相关凹陷：在凹陷尺寸范围内有焊缝、腐蚀、划伤等缺陷的凹陷。
　　双重凹陷：两个凹陷之间距离小于管道直径。

第七章　生产系统完整性管理

2）管道本体缺陷修复方式

不同的气田管道本体缺陷需要选择不同的修复方式。根据本体缺陷类型和尺寸修复技术包括：打磨、A型套筒、B型套筒、环氧钢套筒、复合材料、机械夹具（临时修复）及换管。对于管体打孔盗气泄漏，也可采用管帽或补板修复。不同类型和尺寸缺陷的修复方法按表1-7-43选择相应的修复方法。

表 1-7-43　管道缺陷修复方法选择

缺陷分类		缺陷尺寸	修复方法
腐蚀	外腐蚀	泄漏	B型套筒、环氧钢套筒或换管
		缺陷深度≥80%壁厚	B型套筒、环氧钢套筒或换管
		超过允许尺寸的	复合材料补强、A型套筒、B型套筒、环氧钢套筒或换管
		未超过允许尺寸的	修复防腐层（发现防腐层破损的），其余暂不修复
	内腐蚀	缺陷深度≥80%壁厚	B型套筒或换管
		超过允许尺寸的	B型套筒或换管
		当前或计划修复时间内未超过允许尺寸的	暂不修复（加强监控）
制造缺陷	内外制造缺陷	缺陷深度≥80%壁厚	B型套筒、环氧钢套筒或换管
		超过允许尺寸的	复合材料补强、A型套筒、B型套筒、环氧钢套筒或换管
		未超过允许尺寸的	不修复
凹陷	普通凹陷、腐蚀相关凹陷（移除压迫体后的尺寸）	深度≥6%外径	B型套筒或换管
		2%外径≤深度<6%外径	进行磁粉探伤，无裂纹则采用A型、B型套筒或环氧套筒或者换管修复，有裂纹采用B型套筒或换管修复
		深度<2%外径	巡线监控
	焊缝相关凹陷（移除压迫体后的尺寸）	深度≥6%外径	换管
		2%外径≤深度<6%外径	进行表面磁粉探伤，焊缝进行射线或者超声探伤，无裂纹则采用A型、B型套筒或环氧套筒或者换管修复，有裂纹采用B型套筒或者换管修复
		深度<2%外径	进行表面磁粉探伤，焊缝进行射线或者超声，无裂纹则不修复，有裂纹采用B型套筒或者换管修复
焊缝缺陷	开挖检测，采用射线和超声探伤得到焊接缺陷的长度、深度，进行缺陷强度评价	不安全（有裂纹）	换管
		安全（有裂纹）	打磨（表面裂纹）、B型套筒和换管
		经评价缺陷处于安全状态	不修复
	开挖检测，采用射线和超声探伤得到焊接缺陷尺寸，未进行缺陷强度评价	焊缝超过标准允许级别	打磨（表面裂纹）、B型套筒和换管
		焊缝在标准允许级别内	不修复

目前复合材料补强修复技术已广泛应用于石油天然气管道的维修中，与传统的修复方法不同，补强修复主要是利用复合材料与原有缺陷管壁共同承担管道的圆周应力，具有安全性、经济性的优势。目前常用的主要有玻璃纤维复合材料修复和套筒修复两种。

（1）复合材料补强修复。

管道纤维复合材料补强修复技术是20世纪90年代发展起来的一种结构修复补强技术，常见的补强材料有玻璃纤维复合材料和碳纤维复合材料。

玻璃纤维是一种性能优异的无机非金属材料，具有绝缘性好、耐热性强、抗腐蚀性好、机械强度高的特点，但同时也存在性脆、耐磨性较差的缺点。碳纤维是含碳量高于90%的无机高分子纤维。具有耐高温、耐摩擦、导电、导热及耐腐蚀、耐疲劳等特点。但其耐冲击性较差，在强酸作用下发生氧化，与金属复合时会发生金属碳化、渗碳及电化学腐蚀现象。与玻璃纤维复合材料相比，尽管碳纤维复合材料的强度要好许多，但因与钢质管道复合时可能产生电化学腐蚀，因此常用的为玻璃纤维复合材料，主要对位于直管、弯头及焊缝上的腐蚀缺陷、凹坑、沟槽等缺陷进行修复。

（2）钢质套筒修复。

钢质套筒补强材料主要由两片管道夹具、环氧树脂注入料两部分组成。适用于修复各类输油气钢质管线的缺陷，传统的修复工艺是钢管外壁直接焊接钢套管或钢板补丁对缺陷处进行补强，而复合套管是将钢壳管卡套在管道上并保持一定环缝隙，环缝隙两端用胶封闭，再用环氧填胶灌注封闭环缝隙，形成坚固的复合套管，对管道缺陷进行补强。

（四）管道腐蚀与控制

1. 管道外腐蚀控制

1）阴极保护系统检测技术

阴极保护是一种控制金属电化学腐蚀的保护方法。通过外加直流电源以及辅助阳极，对被保护金属施加阴极电流，使被保护金属电位低于周围环境，从而抑阻被保护金属自身的腐蚀过程。该方式主要用于保护大型或处于高土壤电阻率土壤中的金属结构，如：长输埋地管道，大型罐群等。

阴极保护系统使用中需检测的数据主要有管地电位、自然电位、通电电位、断电电位、绝缘接头（法兰）绝缘性能、接地电阻、土壤电阻等。

（1）测量管地电位。

管道与其相邻土壤的电位差称为管地电位。管地电位测量常采用数字万用表进行测量，测量时将电压表的负接线柱（COM端）与硫酸铜电极连接，正接线柱（V端）与管道连接，管地电位测量接线（图1-7-32）。仪表指示的是管道相对于参比电极的电位值，正常情况下显示负值。

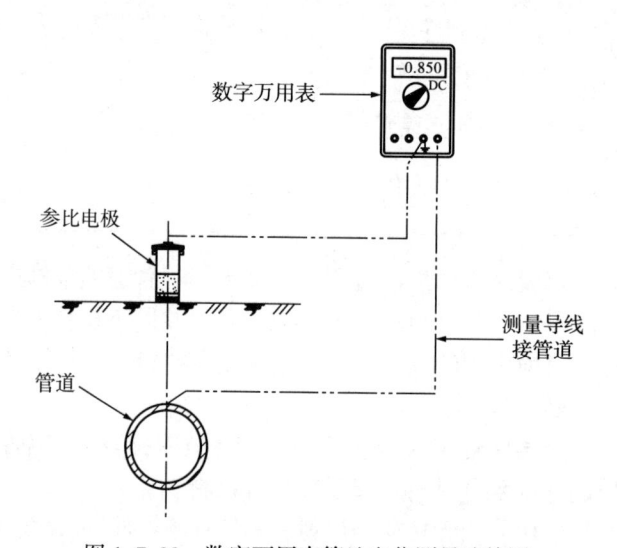

图1-7-32 数字万用表管地电位测量连接图

第七章　生产系统完整性管理

（2）测量自然电位。

未施加阴极保护电流的管道腐蚀电位称为管道自然电位，是了解管道基本情况和去极化电位测试的基准数据，其测量步骤如下：

①测量前，管道应没有施加阴极保护。对已进行阴极保护的管道应在完全断电24h后再进行测量。

②测量时，将硫酸铜电极放置在管顶正上方地表的潮湿土壤上，并保持硫酸铜电极底部与土壤良好接触。

③按图1-7-32的测量接线方式，将电压表与管道及硫酸铜电极相连接。

④将电压表调至适宜的量程上，所读取数据即为管道的自然电位。

（3）测量通电电位。

阴极保护系统持续运行时测量的管道对电解质的电位称为管道的通电电位，是极化电位与IR降之和，它包括来自强制电流、牺牲阳极和大地等电流源的电流。其测量步骤如下：

①测量前，管道阴极保护运行正常，且已充分极化。

②测量时，将硫酸铜电极放置在管顶正上方地表的潮湿土壤上，并保持硫酸铜电极底部与土壤良好接触。

③管地通电电位测量接线，如图1-7-32所示。

④将电压表调至适宜的量程上，所读取数据即为管道的通点电位。

（4）测量断电电位。

断电瞬间测得的管道对电解质的电位即为管道的断电电位，也称管道的保护电位。电化学的极化电位和土壤中的欧姆电压降具有不同的时间常数，因此，保护电流所引起的电压降可通过瞬时断开保护电流来予以消除。断电电位测量步骤如下：

①在测量之前，管道阴极保护正常运行，且已充分极化。

②测量时，在所有电流能流入管道的阴极保护电源处安装电流同步断续器，并设置在合理的周期性通/断循环状态下同步运行，同步误差小于0.10s。合理的通/断循环周期和断电时间设置原则是：断电时间应尽可能的短，以避免管道明显的去极化，但又应有足够长的时间保证测量采集及在消除冲击电压影响后的读数。为了避免管道明显的去极化，断电期一般不大于3s，典型的通/断周期设置为：通电12s，断电3s。

③将硫酸铜电极放置在管顶正上方地表的潮湿土壤上，并保护硫酸铜电极底部与土壤良好接触。

④管地断电电位测量接线，如图1-7-32所示。

⑤将电压表调至适宜的量程上，读取数据，读数应在通/断电0.50s之后进行。

⑥所测得的断电电位，即为硫酸铜电极安放处的管道保护电位。

（5）测量绝缘接头（法兰）绝缘性能。

绝缘接头（法兰）绝缘性能测量的方法比较多，如兆欧表法、电位法、漏电电阻法、PCM测量法、接地电阻测量仪法。兆欧表法主要适用于未安装在管道前的绝缘性能测量，其他方法适用于安装在管道上的绝缘接头（法兰）的测量。

①兆欧表法可测量绝缘接头（法兰）的绝缘电阻值，其测量方法比较简单，用两根导线将500V/500MΩ（误差不大于10%）兆欧表与绝缘接头（法兰）两端进行连接，摇动手柄到规定的转速并持续10s，稳定指示的电阻值即为绝缘接头（法兰）的绝缘电阻值。

②电位法是用数字万用表测量未保护端 a 端分别在管道阴极保护未通电和通电下的电位值及在通电下的 b 端的电位值。根据三者数值大小关系来判断绝缘性能。

（6）测量接地电阻。

接地电阻测量分长接地体电阻测量法和短接体电阻测量法。强制电流辅助阳极地床（浅埋式或深埋式）、对角线长度大于 8m 的棒状牺牲阳极组成或长度大于 8m 的锌带，采用长接地电阻测量法，对角线长度小于 8m 的棒状牺牲阳极组成或长度小于 8m 的锌带，采用短接地电阻测量法。

（7）测量土壤电阻率。

土壤电阻率的测量有等距法和不等距法两种测量方法。等距法适用于从地表至深度为等距离值的平均土壤电阻率的测量；不等距法适用于测深不小于 20m 情况下的土壤电阻率的测量。等距法和不等距法计算电阻率的公式因为距离关系不同而不同。

等距法：等距法将测量仪的四个电极以等距 a 布置在一条直线上，电极入土深度应小于 $a/20$，通过测量仪测得接地电阻，再由电阻和间距计算出土壤电阻率。

不等距法：根据确定的间距将四个电极布置在一条直线上，外侧距离相邻内侧电极的距离大于内侧两电极的间距，通过测量仪测得接地电阻，再根据电阻和间距计算出土壤电阻率。

2）杂散电流排流防护

沿规定回路以外流动的电流称为杂散电流。在规定的电路中流动的电流，其中一部分自回路中流出，流入在地、水等环境中，形成了杂散电流。当该环境中存在油气管道时，电流从管道的某一部位进入，沿管道流动一段距离后，又从管道另一部位流出进入土壤，在电流流出部位，管道发生腐蚀，称该腐蚀为杂散电流腐蚀。管道附近铺设由电气化铁路的铁轨时，杂散电流腐蚀现象较为明显，需采取排流防护措施。

把油气管道中流动的杂散电流直接流回至电气化铁路的铁轨，需要将油气管道与铁路的铁轨用导线做电气上的连接，称为排流法，利用排流法保护油气管道不受杂散电流的危害，称为排流防护措施。排流保护法可分为直流排流法、极性排流法、强制排流法和接地排流法。

（1）直接排流法。

把管道与电气化铁路变电所中的负极或回归线（铁轨）用导线直接连接起来。这种方法无须排流设备，最为简单，造价低，排流效果好，但是当管道对地电位低于铁轨对地电位时，铁轨电流将流入管道内（称为逆流）。所以这种排流法，只能适用于铁轨对地电位永远低于管地电位。

（2）极性排流法。

由于负荷的变动，变电所负荷分配的变化等，管地电位低于铁轨对地电位而产生逆流的现象比较普遍，因此为防止逆流，使杂散电流只能由管道流入铁轨，必须在排流线中设置单向导通二极管整流器、逆电压继电器装置，这种装置称为排流器。具有这种防止逆流的排流法称为极性排流法。

（3）强制排流法。

在油气管道和铁轨的电气接线中加入直流电流，促进排流。这种方法也可看作是利用铁轨做辅助阳极的强制电流阴极保护。在管地电位正负极性交变，电位差小，且环境腐蚀性较强时，可以采用此防护措施。

（4）接地排流法。

接地排流法与前三种排流法不同的是，管道中的电流不是直接通过排流线和排流器流回铁轨，而是连接到一个埋地辅助阳极上，将杂散电流从管道排出至辅助阳极，散流于大地，然后再经大地流回铁轨。这种排流法还可以派生出极性排流和强制排流法。虽然排流效果较差，但是在不能直接向铁轨排流时却有优越性，缺陷点要定期更换阳极。

2. 管道内腐蚀控制

1）管道内涂层技术

内涂层防腐工艺是指在天然气管道停运、放空前提下，在管道起终点两端进行切割断管，向管道内部注入定量液体涂料，利用挤涂工具，以压缩空气为动力将液体涂料均匀地涂覆在管道内壁上形成内涂层保护膜，抑制管道内腐蚀，达到保护天然气管道的目的，如图 1-7-33 所示。

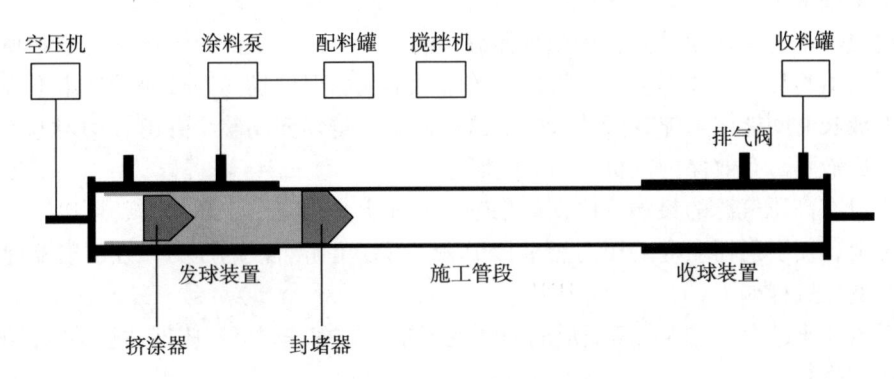

图 1-7-33　内涂层施工工艺示意图

内涂层施工具体步骤如下：

（1）管线查找确认（PCM探管确认走向、埋深）。

（2）工艺适应性改造：氮气置换→断开原管道→安装临时清管装置。

（3）内涂层施工：清管→管道内表面除锈→管道吹扫→安装临时挤涂装置→挤涂环氧涂料→通气干燥→整体验收。

（4）内涂层检验。

（5）工艺流程恢复：断管点连接恢复→断管点防腐层恢复→回填→氮气置换→竣工→恢复生产。

2）管道缓蚀剂加注

（1）集输管道缓蚀剂常规加注工艺。

①滴注工艺。

滴注工艺工作原理是：将缓蚀剂配成所需浓度，通过设置或管线上面高差1m以上的高压平衡罐，依靠其高差产生的重力，通过注入器，滴注到或管道内并依靠气流速度将缓蚀剂带走。此加注工艺简便，然而缓蚀剂的效率发挥和管道保护距离将随气流速度大小、管道铺设的地势陡缓而变化。此法要求缓蚀剂气相效果要高，使用量相应地增加。

②喷雾泵注工艺。

喷雾泵注工艺工作原理是：缓蚀剂储罐（高位罐）内的缓蚀剂灌注到高压泵内，经过高压加压送到喷雾头，缓蚀剂在喷雾头内雾化，喷射到管道内。雾化后缓蚀剂液滴能够比较均匀地附着在管道内表面上，形成保护膜，喷雾泵注工艺的技术关键是喷雾头，其雾化效果好坏决定了缓蚀剂的保护效果。在现场缓蚀剂加注系统上可选合适排量的柱塞隔膜计量泵进行缓蚀剂的加注。可行的情况下将小排量的柱塞隔膜计量泵加工成橇装装置，可以机动灵活调节缓蚀剂的加量和连续加注的频率，保证最好的缓蚀剂使用效果。

③引射注入工艺。

引射注入工艺工作原理是：储存在中压平衡缓蚀剂罐内的缓蚀剂，在该罐与引射器高差所产生的压力下滴入引射器喷嘴前的环形空间，缓蚀剂在喷嘴出口高速气流冲击下与来自高压气源的天然气充分搅拌、混合、雾化并送入注入器然后喷到管道内。经过引射器雾化后的缓蚀剂液滴比较均匀的悬浮在管道天然气中，能比较均匀地附着在管道内壁，形成液膜，保护钢材表面不受腐蚀。

④引射喷雾工艺。

引射喷雾工艺工作原理是：缓蚀剂储罐（高位罐）内的，经过高压加压送到喷雾头，喷射到引射器喷嘴前的环形空间。雾化后的缓蚀剂在引射器嘴高速气流的冲击下进行二次细化，形成长时间能够悬浮在天然气中的微小液滴，均匀充满整个管道，均匀地附着在管道内壁形成液膜，有效保护钢材表面不受腐蚀。

对于没有高压气源的集输管线，如果输气管线上允许有一定压降时，可以把引射器安装在管道上，使引射器喷嘴的压力能来自于输气管线上游管段的压力，在引射器内流体压力及速度变化过程如下：

a.降压加速过程：气体在渐缩形的喷嘴流道中降压加速，当气体抵达喷嘴喉部时速度、压力都达到临界值。

b.扩压加速过程：气体经过喷嘴喉部后，在喷嘴渐扩段上进一步加速，使流速超过临界值。

c.携带混合阶段：高速气体通过喷嘴出口，经过喷射器环形空间时，将喷雾头喷洒出来的缓蚀剂带走，缓蚀剂在高速气流的冲击与气相充分搅拌，二次雾化，形成能长时间悬浮在气相中的微小液滴，相当均匀地充满了整个管道，对管道起到很好的保护作用。

d.扩压恢复过程：含有液相缓蚀剂的高速流体在扩压管渐扩管道上，流速渐渐降低，压力逐渐恢复，最后流速达到管输速度，压力恢复到原来的85%左右，进入管道系统中去。

（2）集气管道缓蚀剂预膜工艺。

预膜工艺是指在输气管道生产运行中利用天然气为动力，通过定量注入（或涂敷）工具将缓蚀剂均匀地涂敷在管道内壁上形成缓蚀剂保护膜，抑制腐蚀达到保护输气管道内壁的目的。

①常规清管工艺预膜。

常规清管器预膜是在两个清管球之间注入缓蚀剂，通过压差的推动使之在管道内运行，在管道内壁涂抹缓蚀剂的工艺。其工艺原理如图1-7-34所示。

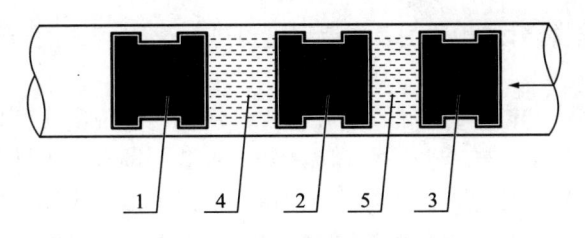

图 1-7-34 清管器加注工艺
1, 2, 3—清管器；4—清洗液；5—缓蚀剂

当第 1 号清管器通过管线时，将管线内残存的脏物大部分推走，然后第 2 号清管器推动清洗液，洗下并带走管壁上的脏物，主要是上次留下的缓蚀剂、重烃、铁锈和污积物，最后由第 3 号清管器推动缓蚀剂，使其均匀地黏附在被清洗过的管壁上。

该工艺的优点是设备简单、操作简便，但也存在以下缺点：

a. 只适用于内壁比较清洁的管道，尤其是干气输送的管道。对于腐蚀严重的酸性气田地面湿气输送管线，腐蚀垢物和产物不容易清洁，水垢和硫堵严重，必须采取泡沫清管器和双向清管器进行清洁和干燥，才能进行缓蚀剂预膜。

b. 采用的清管器为球状或圆柱状，对于 10 点到 2 点位置的管壁预膜不充分，工艺上不好控制，不能保证两个清管器之间的液柱均匀运行，特别是在下坡、弯道等位置容易造成线顶腐蚀。

② V-Jet 清管器内涂工艺。

V-Jet 清管器是 TDW 公司专门为欧洲油气田公司开发的专利清管器。该装置与常规清管器的最大区别是在清管器上开有符合流体力学文丘里原理的喷嘴，旁通内的流动可以在喷嘴区产生一个低压，这会使流体通过喷嘴时加速并汽化。同时这种压降会在 V-Jet 流体吸入口前造成真空，从而吸取管底部的抑制剂流体进行再循环和喷涂。随着清管器的向前运行，残留并积于管底的抑制剂流体就被不断的虹吸至吸入口，再喷洒到内管壁的顶部。V-Jet 通过装配平衡铁来保持喷嘴的合理的方位，喷射时，以平行于管轴线 45°的角度喷出，再以垂直于管道 120°的扇形展开，能够充分实现缓蚀剂的雾化和喷射，在管线内壁 10 点到 2 点位置进行充分的预膜。此外它还可以用来干燥管内壁和除水。BP 公司通常采用 2～4 周清管 1 次的频率，1 条管线每次用时 4～8h。对于多相流气体集输系统尤为适用。

该清管工艺的优点有：

a. 具有清管器跟踪系统，在出现情况时可以迅速找到该装置处于管线内何处，节约成本，保证管道安全。

b. 该装置可以用于缓蚀剂预膜、对管道内壁进行除水干燥、缓蚀剂的连续加注。

c. 改装置可以实现全周向 360°的管道内壁预膜，特别是 10 点到 2 点位置的缓蚀剂均匀涂抹。

d. 当管线内输送温度较高、流动介质复杂时可以有效控制线顶腐蚀。

③荷兰 PNS 内涂工艺。

该工艺进行缓蚀剂预膜的基本程序如下：

a. 准备管道发球装置（双球）：现场井站管线首尾两端设计有清管器发送系统和清管器接收系统。

b.清洁管道：在进行管道预膜前首先要对管道进行清洁，祛除管道内壁上的腐蚀产物、污垢等。

c.定量注入缓蚀剂：定量注入是通过在主管发送端已建成的缓蚀剂储存段注入预膜所需的缓蚀剂，由两只高密度定量注入球（隔离器）夹载缓蚀剂以天然气为动力推动缓蚀剂均匀通过管道，该注入技术在第二只高密度定量注入球上设有旁路的喷射孔使定量注入的缓蚀剂发生湍流，在缓蚀剂均匀通过管道时实现有效优化预膜（图1-7-35、图1-7-36）。

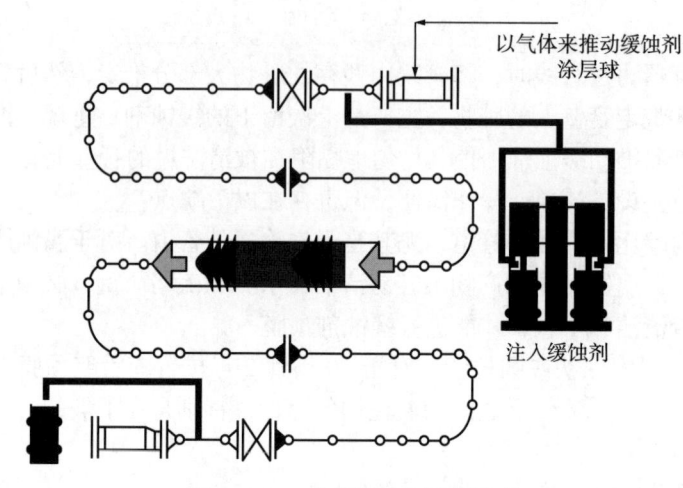

图1-7-35　定量注入缓蚀剂流程

图1-7-36　定量加注缓蚀剂示意图（蜘蛛头）

④优化缓蚀剂效果。

由于通过高密度定量注入球喷涂受到天然气流速的不稳定，以及缓蚀剂密度、黏度多种因素的影响，难保预膜均匀，且部分缓蚀剂液滴沉积到管道的底部。因此第一次完成预膜，当两只高密度定量注入球到达，收球筒内有明显余量的缓蚀剂时，并经分析残液成分、残液内缓蚀剂含量及缓蚀剂的污染程度经确认基本合格后进行优化维护通球：优化维护通球是采用"带回路的蛛头球"或"环形球"通过内部有旁路的定量注入球的喷射孔将管道底部滞留的液态缓蚀剂搅动制造湍流，再次将缓蚀剂均匀喷涂到管道内壁上而实现优化预膜。为使预膜达到预期效果，进行优化维护通球应重复二次、三次或更多（必须按每次优化维护通球后的检测结果而定）。

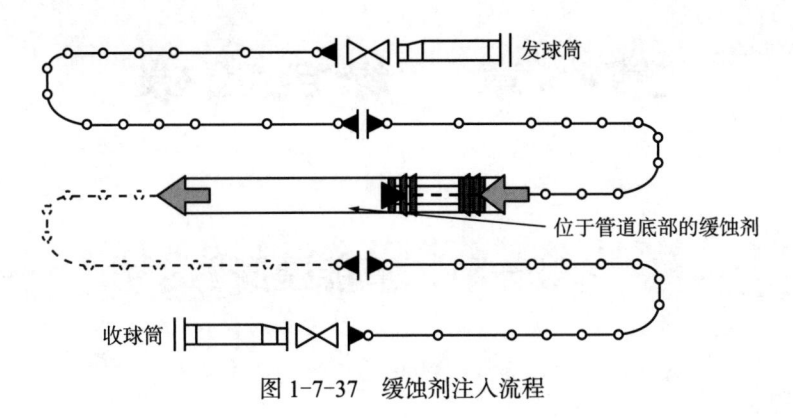

图 1-7-37　缓蚀剂注入流程

⑤缓蚀剂用量确定。

$$Q = \pi \cdot d \cdot L \cdot \sigma \tag{1-7-9}$$

式中　Q——缓蚀剂用量，L；
　　　d——管道内径，mm；
　　　L——管道长度，km；
　　　σ——预膜厚度，通常取 0.1。

在实际的预膜过程中，应考虑适当的缓蚀剂余量，以确保预膜的成功率。

第八章　绿色低碳

第一节　节能瘦身

一、节能降耗

油气田已建集输系统规模庞大，随着油气田开发的变化和调整，天然气集输系统存在机泵功率与生产系统匹配性不好、负荷不均衡、地面系统运行效率低、天然气和伴生气资源损耗大、余热资源没有充分利用等问题。采气生产过程中常用节能降耗技术主要有：井下节流技术、集气处理系统区域性整体优化调整技术、零散井放空天然气CNG回收技术、天然气脱硫脱碳富液能量回收技术、超音速旋流分离技术、压缩机负荷优化改造技术、压缩机级间换热器改造技术、压缩机运行参数优化技术、单井增压混输技术。

（一）井下节流技术

1. 技术原理

井下节流器安装于油管的适当位置，把节流降压的过程放到井下，在实现井筒节流降压的同时，充分利用地温对节流后的天然气流加热，使节流后气流温度高于该压力条件下的水合物形成温度，从而达到降低地面管线压力、防止水合物生成、取消地面保温装置、简化井场地面流程、降低生产电耗、气耗和注入防冻剂的成本、达到节能减排的目的。井下节流器大致分为两种：活动型和固定型，节流后气流温度与井下节流器位置的井温有关，节流器下入越深，节流后温度越高，但同时对井下工具承压、耐温性能要求更高，节流器的下入深度一般通过软件理论计算和现场试验相结合。

2. 技术特点

1）技术优点

能够降低地面管线压力等级，实现中低压集气，减少地面建设投资；能够减少注醇量，降低加热炉负荷或取消加热炉，降低运行成本。

2）技术缺点

对泡沫排液效果产生影响，对于积液严重的井，存在节流器泡沫剪切消泡现象，生产后期井筒积液程度不断增加，需要及时打捞节流器。

3. 适用范围

井下节流技术适用于含硫量较低、压力较高的井。

第八章　绿色低碳

4. 现场应用情况及节能效果

西南油气田应用井下节流技术，替换地面水套炉节流保温，平均单井投资80万元，年节气$27×10^4m^3$/口，年节约费用35万元/口，单井投资回收期2.3年，万元投资节能量4.5tce。

（二）集气处理系统区域性整体优化调整技术

1. 技术原理

气田生产后期，根据区域天然气生产情况，通过区域性整体优化调整，实施低效井和配套处理装置（如增压站、脱水站）的"关、停、并、转"，同时调整天然气外输流程，有效降低气田生产能耗。

2. 技术特点

该技术节能效果显著，但可复制性较差，要结合区域整体优化调整改造方案。

3. 适用范围

该技术适用于气田中后期，天然气产量下降较大的区块，处理装置关停后下游应有其他处理装置可以利用。

4. 现场应用情况及节能效果

西南油气田磨溪气田嘉二气藏由于气田天然气产量的下降，同时考虑脱硫富剂的安全处理，在2016年实施了该区域的优化调整，停用磨溪气田嘉二气藏磨1号站、磨36井站等共14套干法脱硫装置，同时停用嘉二气藏脱水站、增压站，新建和调整地面集输管网，原料气增压处理后进入磨溪净化厂处理。调整后片区装置运行稳定，满足生产要求，年节气量$88×10^4m^3$，节电$32×10^4kW·h$，节约用能1277tce，投资回收期1.8年，万元投资节能量6tce。

（三）零散井放空天然气CNG回收技术

1. 技术原理

零散天然气主要类型有边远井伴生气、站场以及测试、放空等多种方式，一般采取的回收措施有管线输送和罐车拉运。由于生产的不确定因素，建设远距离输气管网投资大、风险高。通过罐车拉运的方式对零散井放空天然气CNG回收是一种较好的技术。罐车拉运有高压CNG回收和中压CNG回收两种方式。

高压CNG回收是放空天然气经过预处理、干法脱硫、膜法脱烃、增压、分子筛高压脱水等处理措施后，利用CNG拖车，运送到新建的卸气站将天然气卸入天然气输送管线（图1-8-1）。

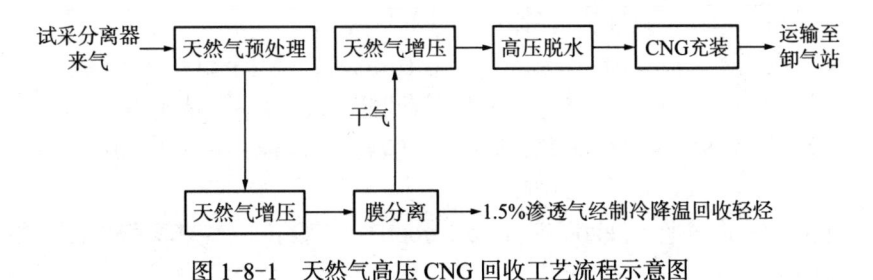

图1-8-1　天然气高压CNG回收工艺流程示意图

中压CNG回收技术利用地面现有处理站场，零散井经过气液分离后增压至4.0MPa（或者6.4MPa），充入中压运输罐车，拉运至卸气站卸入天然气处理厂，从而实现天然气回收（图1-8-2）。

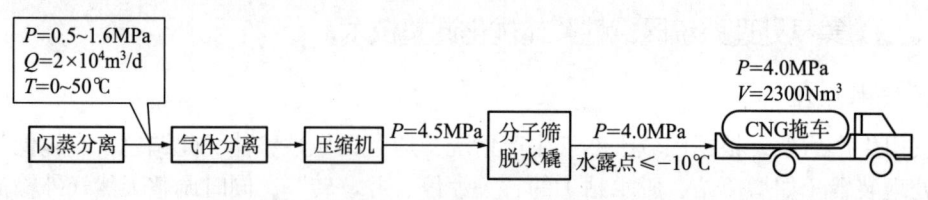

图1-8-2　天然气中压CNG回收工艺流程示意图

2. 技术特点

放空天然气CNG回收技术无须大量投资建设输气管网，建设周期短，独立性、灵活性强，采用橇装化设备，当放空量递减后可将各橇装设备调迁到其余零散井重复利用。

对于两种CNG回收方式，高压CNG回收耗电较高、投资较大，但不受地面处理站场限制，能直接进入天然气外输管线。中压回收技术输送湿天然气，建设周期短、投资少、经济效益好，但需要依托的处理厂有富余的处理能力。

3. 适用范围

高压CNG回收适用于距离处理厂比较远的井，单井产气量在 $2\times10^4m^3$ 以上的井才具有回收价值。中压CNG回收技术适用于含硫量较低、周边有可依托处理场站的井，单井产气量 $0.8\times10^4m^3$ 以上的井才具有回收价值。

4. 现场应用情况及节能效果

塔里木油田从2009年开始进行零散井放空天然气CNG项目施工，已建成CNG回收站18个，年节气量 $8400\times10^4m^3$，年节费用7266万元，投资回收期2.1年，万元投资节能量7.4tce。

（四）天然气脱硫脱碳富液能量回收技术

1. 技术原理

常用的天然气湿法脱硫方法其吸收塔通常在高压下操作，而汽提塔（再生塔）则在低压下操作。因此，需要用溶液循环泵将汽提塔塔底的贫液增压后进入吸收塔，溶液循环泵扬程高，功率大，甚至需要选用高压电动机驱动；另一方面，离开吸收塔塔底的高压富液通常经液位调节阀节流降压后进入闪蒸罐。这样，就造成了高压富液压力能的浪费。将高压富液通过液力透平进行能量回收，则电动机的驱动功率就可以降低很多。常用于脱硫高压富液能量回收的液力透平有以下三种：

（1）反转泵透平（Reverse Running Pump Turb），是根据流体力学相似理论把离心泵的叶轮进行可逆式设计，透平泵与电动机靠离合器连接，透平泵转速高于电动机时离合器啮合，转速低于电动机时离合器脱开，以防止电动机带动透平泵做功，其效率一般不超过71%。

（2）冲击叶轮式透平（Pelton Impulse Turbo），该设备与大型蒸汽轮机的结构相似，设有多个高压喷嘴,高压液体直接冲击叶轮旋转,将液体的高压能量转化成透平轴的旋转机械能输出,适合于高扬程和中小流量的工况使用,能量回收效率在80%左右。

(3)透平增压泵(Hydraulic Turbo Charger TM),透平增压泵把冲击叶轮式透平与离心泵相结合,平叶轮直接驱动离心泵叶轮,实现高压富液能量直接转换为低压贫液能量,由于透平增压泵叶轮能自动适应透平叶轮的转速,受富液流量和压力的变化影响较小,使透平增压泵始终保持高效率,透平和泵的综合能量转化效率最可达81%,运转比较可靠。

2. 技术特点

应用反转泵液力透平能量回收技术只有在液力透平转数高于电动机转数时,超越离合器才啮合,传动部件多,能量回收传递效率一般低于50%。透平增压泵结构简单,设备空间小,受富液流量和压力的变化影响较小,转化效率较高,运转比较可靠。

3. 适用范围

该技术适用于存在压力能余能同时又有动力需求的场所。

4. 现场应用情况及节能效果

西南油气田天然气净化厂脱硫脱碳装置应用透平增压泵能量回收,年节电$187×10^4$kW·h,年节电费用112万元,总的能量回收效率61%,投资回收期1.9年,万元投资节能量3.0tce。

(五)超音速旋流分离技术

1. 技术原理

超音速旋流分离技术是一种集低温制冷及气液分离于一体的新技术。超音速旋流分离器由旋流器、超音速喷管、工作段、气液两相分离器、扩散器和导向叶片组成。天然气首先进入旋流器旋转,产生很高的加速度,沿超音速喷管入口表面的切线方向高速旋转,同时在喷管内膨胀降压、降温和增速。由于天然气温度降低,其中的水蒸气和ＮＧＬ凝结成液滴,在旋转产生的切向速度和离心力的作用下被"甩"到管壁上,从而实现气液分离。由于在喷管后半部经过扩散器的减速、增压、升温作用,天然气经旋流分离器喷管损失的压力能大部分得以恢复,从而大大减少了天然气的压力损失。因此,与传统的Ｊ—Ｔ阀和膨胀机制冷设备相比,在相同压差情况下,旋流分离器可使天然气产生更大的温降。天然气在设备内停留时间很短,因此,旋流分离器内部不会生成天然气水合物。

2. 技术特点

超音速旋流分离器是一种集成低温制冷及气液分离的新技术,相对于传统制冷设备,其优势非常明显。

(1)效率高。在超音速喷管中进行能量转换过程,过程快得能量损失低。

(2)能耗低。与低温法丙烷制冷相比,在凝液收率相同的情况下,旋流分离器可减少制冷压缩机电耗50%～70%;而旋流分离器代替膨胀机,在凝液收率相同的情况下,可多回收15%～20%的压缩功率。

(3)工艺过程和设备简单,体积和占地面积小,投资省;本身无消耗,无须水、电、仪表风的支持,无转动部件,属于属静设备,因此运行更加安全可靠。

3. 适用范围

该技术采用超音速旋流分离器，可用于深度脱水脱油，从而提高商品天然气的品质并可增加凝液产量。

4. 现场应用情况及节能效果

该技术在塔里木油田公司牙哈作业区凝析气处理厂应用，原料天然气流量为 $380×10^4m^3/d$，温度为49℃、压力为10.5MPa。投用3s后，低温分离器总的凝液量比运行J—T阀时（J—T阀后制冷温度为-17℃）有较大幅度的增加，每日液相流量增加了127m³，即61t，轻烃（C_3）收率增加25%；同时干气的水露点由J—T阀运行时的-20℃降至-41℃，效果非常明显，投资回收期0.8年。

（六）压缩机负荷优化改造技术

1. 技术原理

当气田开发进入后期，为了维持产量，经常需要靠压缩机抽吸作用进行降压输送，气井生产受输压影响明显。增压后期，增压机入口压力进一步降低，增压机动力出力不够，能效低下，增压效果不明显，需要对偏离经济运行区的压缩机进行改造，增大压缩缸尺寸，以增大增压机的处理量，使增压机对管网的抽吸作用加强，从而进一步降低管网压力，提高了气井产能，并且提高了压缩机效率，减少了压缩机运行台数，降低了能耗。

2. 技术特点

优点：改造后的压缩机在新的生产工况条件下平稳运行，有效提高了机组的运行效率。相对于压缩机组整体更换，投资费用小。

缺点：必须由原压缩机生产厂家根据新的工况条件进行核算，如果核算结果达不到预期，则不能采用该技术。改造周期长，必须进行压缩机组的返厂整改，现场必须有满足生产的备用机组。

3. 适用范围

如压缩机不能满足实际生产运行情况可考虑改缸。

4. 现场应用情况及节能效果

西南油气田蜀南气矿昌8井站原有增压机4台，采用三用一备的方式。改造前昌8井增压站4台压缩机组最低吸入0.6MPa，影响了其他井正常生产。通过对压缩机增大缸径等改造，投入资金50万元，增加了单体机组处理量，将四台机组运行改为两用两备的方式运行，改造后年节约天然气消耗 $56.5×10^4m^3$，经济效益56.5万元，投资回收期1年，万元投资节能量14tce。

（七）压缩机级间换热器改造技术

1. 技术原理

压缩机的压缩功正比于压缩缸进气温度，进气温度越低，进气气质越好，压缩功耗越低。因此，提高各级冷却器的冷却效果以降低压缩机各级进气温度、提高各级分离器的分离效果以降低各级压缩缸进气的含液率，可实现压缩机的节能降耗。

压缩机第 1 级的入口气源温度由原料气的温度确定。由于压缩机直接将第 2 级、第 3 级间"呼吸"回收气（高温天然气，约 110℃）直接导入第 1 级压缩的入口，使得第 1 级压缩的入口温度达到 50℃，直接降低了第 1 级压缩的效率，增加了第 1 级压缩的出口温度，达到 120℃。由于一级出口温度直接降低了以后 2 级、3 级、4 级汽缸的运行工况和运行效率，造成机组能源单耗的增加。在压缩机 2 级、4 级级间回流气管上加装热交换器和气液分离器，并改造相关工艺流程，以降低压缩机级间回流气温度，提高原料气品质，实现节能降耗的目的。

2. 技术特点

该技术对于无级间换热器的压缩机的节能效果明显，设备改造投资小，见效快。

3. 适用范围

该技术适用于级间换热器冷却效果较差或者无级间换热器的压缩机。

4. 现场应用情况及节能效果

西南油气田雅安 CNG 站通过 4 级压缩机，将天然气从 0.5MPa 增压至 1.85～2.5MPa，供天然气汽车作燃料。投资 5×10^4 元新增安装级间换热器，年节电 9×10^4 kW·h，年经济效益 5.4 万元，投资回收期 0.9 年，万元投资节能量 6tce。

（八）压缩机运行参数优化技术

1. 技术原理

气田增压普遍采用往复式压缩机，机组运行过程中的能耗主要与发动机点火提前角、转速和负荷等参数有关。

1）点火提前角影响

点火时刻是用点火提前角来衡量的，点火提前角是从发出电火花到上止点位置为止的曲轴转角，点火提前角过大时，使活塞在压缩行程未完成前，混合气就燃烧完毕，缸内压力上至最高，增加了活塞上行的阻力，导致发动机的功率下降；点火提前角过小时，会降低做功行程推动力，导致发动机功率也下降，由于燃烧气体与汽缸接触面积增大，使发动机易发生过热。

2）转速的影响

当发动机转速提高时，混合气进入气缸的流速增加，活塞速度随之提高，压缩过程中挤压气流得到加强，改善了燃料和空气的混合。同时转速增高，使得压缩终了温度增加，混合气的燃烧准备加快，提高了火焰传播速度。

3）负荷的影响

负荷加大时，进入气缸的混合气量增多，燃烧压力升高，同时残余废气相对量减少，燃烧充分。反之，当负荷降低时，残余废气相对量增加，燃料分子和氧分子接触机会减少，燃料消耗量增多，发动机性能下降。

2. 技术特点

该技术的优点是无须增加投资，无须对现有设备进行大修改造。缺点是受机组本身性能及气田产量变化情况制约。

3. 适用范围

该技术适应于处理量有一定的调节范围的机组。

4. 现场应用情况及节能效果

西南油气田重庆气矿黄草峡增压站将1号、2号机组由一缸单作用、二缸双作用改为一缸双作用、二缸单作用，并将3号机组改为备用机组。通过优化，运行的两台机组负荷率提高，增压单耗降低，无须投资，实现年节约天然气 $11\times10^4m^3$，折合143tce，年经济效益为11万元。

西南油气田重庆气矿将沙罐坪增压站等9个增压站，20台机组进行点火提前角调整，无须改造费用，20台机组调整后燃料气平均消耗率降至 $0.446m^3/(kW\cdot h)$，平均下降2.30%。

（九）单井增压混输技术

1. 技术原理

气田开发后期地层压力普遍下降，部分井井口压力低于集输管线压力，难以利用气井自身能量将油气带入集输管线。单井增压混输技术在每口井上设置液力驱动式气液混输增压橇，该设备集容积式气体压缩机和液体柱塞泵的工作原理而开发，电动机带动液压泵产生高压油驱动液压缸内活塞运动，通过周期性的改变动力油的流动方向，控制并带动液压缸活塞往复运动，液压活塞与两个气液缸的活塞通过一根活塞杆连接在一起，气液缸活塞随液压缸活塞往复运动，实现气液的吸入和增压排出。设备不需要对井流物进行气液分离，只需要先进行除砂处理，通过前置缓冲罐压后进行增压，然后连接主管道进入管网输送。

2. 技术特点

该技术的特点是安全性高，井口地面建设工艺流程简单，工作故障率降低，基本实现全智能无人值守。现场适应性强，进口、出口压力范围宽，可以实现气液混输，采用集成模块化设计方式，可实现一橇双机，液压增压机可随时起动，无须卸载。

3. 适用范围

该技术可用于气、液单相或两相增压使用，适用于单井产量较高的井，单井产量较低的情况下可将单井产物集中后统一增压混输。低压油气井增压时需要注意井口产物固相杂质的过滤。

4. 现场应用情况及节能效果

塔里木牙哈凝析气田为边底水凝析气藏，个别井压力下降速度较快，单井井口压力无法达到进入系统的要求，需要配套地面工艺来实现油气增压、混输进入主集输系统。塔里木油田选择因低压关井的气井应用该技术，应用的单井年产油3200t，年产气 $1440\times10^4m^3$，新增产值2720万元。气液混输年运行成本224万元，相比于原油拉运方式每年减少运行成本864万元，投资回收期0.4年，万元投资节能量14tce。

二、余热利用

余热是指生产过程中释放出来多余的副产热能，主要包括高温废气余热、冷却介质余热、废汽废水余热、高温产品和炉渣余热、化学反应余热、可燃废气废液和废料余热以及高压流体余热七种。这些副产热能在一定的经济技术条件下可以回收利用。各行业的余热总资源占其燃料消耗总量的17%～67%，可回收利用的余热资源约为余热总资源的60%。

余热利用主要是从生产工艺上来改进能源利用效率，通过改进工艺结构和增加节能装置以最大幅度的利用生产过程中产生的余热。余热利用主要途径有余热直接利用和余热转换两大类。

（一）余热直接利用

余热温度范围广，能量载体形式多样，由于所处环境和工艺流程不同及场地固有条件的限制，设备型式多样，如空气预热器、窑炉蓄热室、余热锅炉、低温汽轮机等。工业余热回收利用有多种分类方式，根据余热资源在利用过程中能量的传递或转换特点，可以将国内目前的工业余热利用技术分为热交换技术、余热制冷制热技术。

1. 热交换技术

余热回收应优先用于本系统设备或本工艺流程，尽量减少能量转换次数。对余热的利用不改变余热能量的形式，只是通过换热设备将余热能量直接传递给自身工艺的耗能流程，降低一次能源消耗的技术设备，可统称为热交换技术，这是回收工业余热最直接、效率较高的经济方法，相对应的设备是各种换热器，既有传统的各种结构的换热器、热管换热器，也有余热蒸汽发生器（余热锅炉）等。

1）间壁式换热器

工业用的换热器按照换热原理基本分为间壁式换热器、混合式换热器和蓄热式换热器。其中间壁式和蓄热式是工业余热回收的常用设备，混合式换热器是依靠冷热流体直接接触或混合来实现传递热量，如工业生产中的冷却塔、洗涤塔、气压冷凝器等，在余热回收中并不常见。

间壁式换热器主要有管式、板式及同流换热器等几类，管式换热器虽然热效率较低，平均仅26%～30%，紧凑性和金属耗材等方面也逊色于其他类型换热器，但它具有结构坚固、适用弹性大和材料范围广的特点，是工业余热回收中应用最广泛的热交换设备。冶金企业40%的换热器设备为管式换热器，允许入口烟气温度达1000℃以上，出口烟温约600℃，平均温差约300℃。

板式换热器有翅片板式、螺旋板式、板壳式换热器等，与管式换热器相比，其传热系数约为管壳式的两倍，传热效率高，结构紧凑，节省材料。冶金行业的联合、中小企业多采用板式换热器预热助燃空气，热回收率平均为28%～35%，入口烟气温度700℃左右，出口温度达360℃。但由于板式换热器的使用温度、压力比管式换热器的限制大，应用范围受到限制。

对于各种工业炉窑的高温烟气回收，还常采用同流热交换器，主要有辐射式和对流式两类，应用较为广泛，多用在均热炉、加热炉等设备上回收烟气余热，预热助燃空气或燃料，降低排烟量和烟气排放温度。常见的辐射同流换热器入口烟气温度可达1100℃以上，出口烟气温度亦高达600℃，可将助燃空气加热到400℃，助燃效果好；温度效率可达40%以上，但热回收率较低，平均在26%～35%。

2）蓄热式热交换器

蓄热式热交换设备原理是冷热流体交替流过蓄热元件进行热量交换，属于间歇操作的换热设备，适宜回收间歇排放的余热资源，多用于高温气体介质间的热交换，如加热空气或物料等。

根据蓄热介质和热能储存形式的不同，蓄热式热交换系统可分为显热储能和相变潜热储能。显热储能应用已久，简单换热设备如常见的回转式换热器，复杂设备如炼铁高炉的蓄热式热风炉。由于显热储能热交换设备储能密度低、体积庞大、蓄热不能恒温等缺点，在工业余热回收中有局限性。相变潜热储能换热设备利用蓄热材料固有热容和相变潜热储存传递能量，高出显热储能设备至少一个数量级的储能密度，因此在储存相同热量的情况下，相变潜热储能换热设备比传统蓄热设备体积减小30%～50%。

此外，热量输出稳定，换热介质温度基本恒定，换热系统运行状态稳定是相变潜热储能换热设备的另一优点。相变储能材料根据其相变温度大致分为高温相变材料和中低温相变材料，前者相变温度高、相变潜热大，主要是由一些无机盐及其混合物、碱、金属及合金等和陶瓷基体或金属基体复合制成，适合于450～1100℃及以上的高温余热回收，应用较为广泛；后者主要是结晶水合盐或有机物，适合用于低温余热回收。

3）热管换热设备

热管是一种高效的导热元件，通过全封闭真空管内介质的蒸发和凝结的相变过程以及二次间壁换热来传递热量，属于将储热和换热装置合二为一的相变储能换热装置。热管导热性优良，传热系数比传统金属换热器高近一个量级，还具有良好的等温性、可控制温度、热量输送能力强、冷热两侧的传热面积可任意改变、可远距离传热、无外加辅助动力设备等一系列优点。热管工作需要根据不同的使用温度选定相应的管材和介质。其中碳钢—水重力热管的结构简单、价格低廉、制造方便、易于推广，使得此类热管得到了广泛的应用。实际应用中热管使用温度在50～400℃之间，用于干燥炉、同化炉和烘炉等的热回收或废蒸汽的回收，以及锅炉或炉窑的空气预热器。

4）余热锅炉

采用蒸汽发生器，即余热锅炉回收余热是提高能源利用率的重要手段，冶金行业近80%的烟气余热是通过余热锅炉回收，节能效果显著。

余热锅炉中不发生燃烧过程，而是利用高温烟气余热、化学反应余热、可燃气体余热以及高温产品余热等，生产蒸汽或热水，用于工艺流程或进入管网供热。同时，余热锅炉是低温汽轮机发电系统中的重要设备，为汽轮机等动力机械提供做功蒸汽介质。

实际应用中，利用350～1000℃高温烟气的余热锅炉居多，和燃煤锅炉的运行温度相比，属于低温炉，效率较低。由于余热烟气含尘量大，含有较多腐蚀性物质，更易造成锅炉积灰、腐蚀、磨损等问题，因此防积灰、磨损是设计余热锅炉的关键。直通式炉型、大容积的空腔辐射冷却室、设置的密封炉墙、除尘室、大量振打吹灰装置都是余热锅炉为解决积灰、磨损问题在结构上的考虑。另外由于受生产场地空间限制，余热锅炉把换热部件分散安装在工艺流程各部位，而不是像普通锅炉一样组装成一体。

近10年随着节能减排工作的推进，国内主要余热锅炉设计制造企业加速发展，余热锅炉正朝着大型化、高参数方向发展，如有色冶金行业每小时蒸发量50t、工作压力4.2MPa的余热锅炉，钢铁冶金行业每小时蒸发量100t、工作压力12.5MPa的干熄焦余热锅炉等。

此外，进一步提高锅炉传热效果、热利用率、减轻积灰、磨损等问题，在锅炉循环方式、受热面结构、锅炉内烟气流道及清灰方式等方面进行改造、革新是余热锅炉技术进步的主要内容。

2. 余热制冷制热技术

余热制冷制热技术相较于余热直接交换具有一定拓展，对余热进行了教深度利用，但需要配套相应设备和工艺。

1）余热制冷技术

与传统压缩式制冷机组相比，吸收式或吸附式制冷系统可利用廉价能源和低品位热能而避免电耗，解决电力供应不足问题；采用天然制冷剂，不含对臭氧层有破坏的含氯氟类物质，具有显著的节电能力和环保效益，在20世纪末得到了广泛的推广应用。

吸收式和吸附式制冷技术的热力循环特性十分相近，均遵循"发生（解析）—冷凝—蒸发—吸收（吸附）"的循环过程，但吸收式制冷的吸收物质为流动性良好的液体，制冷介质为氨—水、溴化锂水溶液等，其发生和吸收过程通过发生器和吸收器实现；吸附式制冷吸附剂一般为固体介质，吸附方式分为物理吸附和化学吸附，常使用分子筛—水、氯化钙—氨等介质对，解析和吸附过程通过吸附器实现。

以溴化锂水溶液为介质的吸收式制冷系统应用最广泛，一般可利用80～250℃范围的低温热源，但由于用水做制冷剂，只能制取0℃或5℃以上的冷媒温度，多用于空气调节或工业用冷冻水，能效比因制冷介质对热物性和热力系统循环方式的不同而有很大变化，实际应用的机组能效比最多不超过2，远低于压缩式制冷系统。但是此类机组可以利用低温工业余热、太阳能、地热等低品位热能，不消耗高品质电能，在工业余热利用方面有一定优势。吸收式余热制冷机组制冷效率高，适用于大规模热量的余热回收，制冷量小可到几十千瓦，高可达几兆瓦，在国内已获得大规模应用，技术成熟，产品的规格和种类齐全。

吸附式制冷机的制冷介质种类很多，包括物理吸附介质、化学吸附介质和复合吸附介质，适用的热源温度范围大，而且不需要溶液泵或精馏装置，也不存在制冷机污染、盐溶液结晶以及对金属的腐蚀等问题。吸附式制冷系统结构简单、无噪声、无污染，可用于颠簸震荡场合，如汽车、船舶，但制冷效率相对低，常用的制冷系统性能系数多在0.7以下，受限于制造工艺，制冷量小，一般在几百千瓦以下，更适合低热量余热回收利用，或用于冷热电联产系统。

2）热泵技术

工业生产中存在大量略高于环境温度的废热（30～60℃），如工业冲渣水、油田废水等，温度很低，但余热量大，热泵技术常被用于回收此类余热资源。

热泵以消耗一部分高质能（电能、机械能或高温热能）作为补偿，通过制冷机热力循环，把低温余热源的热量"泵送"到高温热媒，如50℃以上的热水，可满足工农商业的蒸馏浓缩、干燥制热或建筑物采暖等对热水的需求。目前，热泵机组的供热系数在3～5之间，即消耗1kW电能，可制得3～5kW热量，在一定条件环境下是利用略高于环境温度废水余热的经济可行的技术。

当前研制生产的大都是压缩式热泵，中型热泵正在开发，大型热泵尚属空白。压缩式热泵中以水源热泵技术应用最为广泛，可用于火电厂或核电厂循环水余热、印染、制药等行业的余热回收。例如，电厂以循环水作为热源水，通过热泵机组提升锅炉给水品位，使原有的锅炉给水由15℃提升到50℃，减少锅炉对燃煤的需求量，达到节能降耗的目的。

（二）余热转换

余热回收是通过降低温度品位仍以热能的形式回收余热资源，是一种降级利用，不能满足工艺流程或企业内外电力消耗的需求。此外，大量存在的中低温余热资源采用热交换技术回收，效益并不显著。因此，利用热功转换将余热转换为电能，提高余热的品位是回收工业余热的又一重要技术。

按介质分类，热功转换技术可分为传统的以水为介质的蒸汽透平发电技术和低沸点有机介质发电技术。由于介质特性显著不同，相应的余热回收系统及设备组成也各具特点。目前主要的应用是以水为介质，以余热锅炉+蒸汽透平或者膨胀机组成低温汽轮机发电系统。

低温汽轮机发电可利用的余热资源主要是高于350℃的中高温烟气，如玻璃、水泥等建材行业炉窑烟气或经一次利用后降温到400～600℃的烟气，单机功率在几兆瓦到几十兆瓦，包括钢铁行业氧气转炉余热发电、烧结余热发电，焦化行业干熄焦余热发电，水泥行业低温余热发电等多种余热发电形式。但从余热资源的温度范围来看，该技术属于中高温余热发电技术。

此外，通过余热锅炉或换热器从工艺流程中回收的大量蒸汽，其中1MPa左右的低压饱和蒸汽或热水占很大比例，大量剩余常被放散。目前这类低压饱和蒸汽发电利用，主要是采用螺杆膨胀动力机技术。该技术具有以下特点：可用多种热源介质作为动力源，适用于过热蒸汽、饱和蒸汽、汽液两相混合物，也适用于烟气、含污热水、热液体等；结构简单紧凑，可自动调节转速，寿命长、振动小；机内流速低，除泄漏损失外，其他能量损失少，效率较高，双转子非接触式的特性，运转时形成剪切效应具有自清洁功能、自除垢能力。

螺杆膨胀动力机属于容积式膨胀机，受膨胀能力限制，直接驱动螺杆膨胀动力机的热源应用范围为压力0.15～3.0MPa、温度低于300℃的蒸汽或压力0.8MPa以上、温度高于170℃的热水等，由于结构特点，螺杆膨胀动力机单机功率有限，多数在1000kW以下，主要用于余热规模较小的场合。

余热发电是一种成熟稳定的技术，已经在我国各行业各地区大量的运用，具有安全、可靠、灵活的特点，余热发电不仅节能，还有利于环境保护。用于发电的余热主要有高温烟气余热、化学反应余热、废气（废液）余热，低温余热（低于200℃）等，部分气田曾利用增压站内燃机排出的高温烟气余热进行发电，过程和原理如图1-8-3所示。

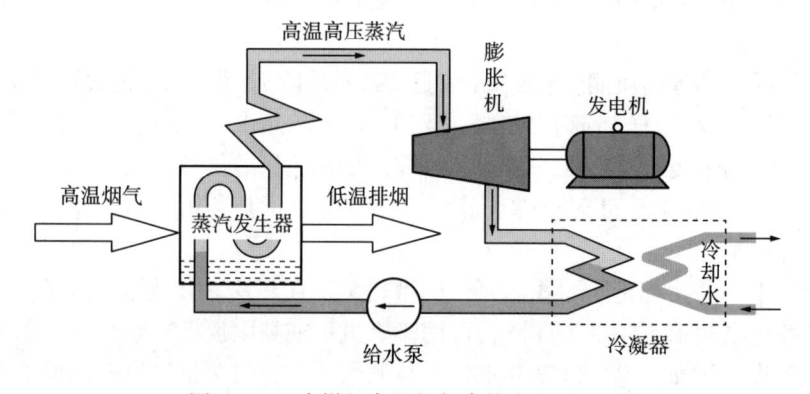

图1-8-3　内燃机高温烟气余热发电原理图

第八章 绿色低碳

机组燃烧方式为稀薄燃烧，空燃比为 30∶1。其烟气流程：燃烧室→集气管→涡轮增压机→波纹补偿管→排烟管→消声器。机组烟气温度测点位于燃烧室出口，从测点到烟道出口到排出房间需经过约 5m 的排烟管道。

根据增压机组排气温度、燃气耗量、空燃比等参数对余热资源进行了计算，计算方法如下：

$$Q=N\times(1+\alpha)\times(t_1-t_2)\times C \qquad (1\text{-}8\text{-}1)$$

式中　Q——烟气放热量，kJ/h；

　　　N——天然气耗量，m³/h；

　　　α——空燃比：30∶1；

　　　t_1——蒸汽发生器进口烟气温度，℃；

　　　t_2——蒸汽发生器出口烟气温度，℃；

　　　C——烟气比热，kJ/(m³·℃)。

余热利用的技术设备种类繁多，但都有一定的适用条件，应当根据工业余热温度、余热量，结合生产条件、工艺流程、内外能量需求，选择合适的余热利用方式。

第二节　清洁替代

一、清洁能源概述

（一）新能源定义

清洁能源是指能源清洁、高效、系统化应用的技术体系，不是对能源的简单分类，而是指能源利用的技术体系。清洁能源不但强调清洁性同时也强调经济性；清洁能源的清洁性指的是符合一定的排放标准。

相对于常规能源的新能源有太阳能、风能、地热能、海洋能、生物质能、核能、氢能等许多种。新能源的共同特点是比较干净，除核裂变燃料外，几乎是永远用不完的。由于煤、油、气常规能源具有污染环境和不可再生的缺点，因此，人类越来越重视新能源的开发和利用。

1. 太阳能

太阳能是太阳内部连续不断的核聚变反应过程产生的能量，它的利用主要集中在太阳能发电、太阳能取暖等方面，随着科技进步，太阳能光伏发电正在被大范围使用。我国的太阳能资源十分丰富，除了发电之外，目前对太阳能的利用有太阳能集热器、太阳能温室、太阳能干燥、太阳能制冷等。

2. 风能

风能资源是空气流动所产生的动能，具有分布广、能量密度低的特性，适合就地开发、就近利用。但风能受气象条件影响较大，电力输出并不稳定。风大的天气里，能产生不少电力，但气象条件一转变，风速下降，就会影响电力输出。

3. 地热能

地热能是由地壳抽取的天然热能，这种能量来自地球内部的熔岩，并以热力形式存在。地热能具有清洁环保、用途广泛、稳定性好、可循环利用等特点。与风能、太阳能等相比，地热能不受季节、气候、昼夜变化等外界因素干扰，是一种现实并具有竞争力的新能源。

4. 海洋能

海洋能指依附在海水中的可再生能源，海洋通过各种物理过程或化学过程接收、储存和散发能量，这些能量以波浪、海流、潮汐、温差、盐差等形式存在于海洋之中。中国作为拥有漫长海岸线和众多海岛的海洋资源大国，海洋能资源总量丰富，海洋能开发潜力巨大。

5. 生物质能

生物质能是指太阳能以化学能形式储存在生物质中的能量形式，基本来自地球绿色植物的光合作用，可转化为常规的固态、液态和气态燃料。草木枯荣，春风又生，因而生物质能是一种取之不尽、用之不竭的可再生能源。世界许多国家很早就已经开始积极研究和开发利用生物质能，我国更是拥有丰富的生物质能资源。

6. 核能

核能指的是原子核裂变或聚变时释放出来的能量，也叫原子能。核能发电时低碳环保，并且地球上核能储量丰富，但是核电废物后处理与和平利用核能仍任重道远。

7. 氢能

氢能利用形式多，既可以通过燃烧产生热能，在热力发动机中产生机械功，又可以作为能源材料用于燃料电池，或转换成固态氢用作结构材料；用氢代替煤和石油，不需对现有的技术装备作重大的改造，现在的内燃机稍加改装即可使用。

目前我国97%的氢气是由化石燃料生产的，其余的通过水电解法、太阳能制氢、生物制氢等方法生产；化石燃料制造氢气要向大气排放大量的温室气体，对环境不利。水电解制造氢气则不产生温室气体，但是生产成本较高；因此水解制氢适合电力资源如水电、风能、地热能、潮汐能以及核能比较丰富的地区。

（二）新能源的特点

（1）资源丰富，可再生，可供人类永续利用。

（2）能量密度低，开发利用需要较大空间。

（3）不含碳或含碳量很少，对环境影响小。

（4）分布广，有利于小规模分散利用。

（5）间断式供应，波动性大，对继续供能不利。

（6）目前除水电外，可再生能源的开发利用成本较化石能源低。

面对气候变化、环境风险挑战、能源资源约束等日益严峻的全球问题，用新能源来代替旧能源，已经刻不容缓。目前，国内碳达峰、碳中和目标也已经明确，从当前形势来看，"低碳或零碳"已经深入到了大多数传统化石能源产业中，为实现2030年碳达峰，新能源无疑将成为能源增量的主力军。

（三）清洁能源分类

1. 新能源按其形成和来源分类

（1）来自太阳辐射的能量：太阳能、水能、风能、生物质能等。

（2）来自地球内部的能量：核能、地热能。

（3）天体引力能：潮汐能。

2. 新能源按开发利用状况分类

（1）常规能源：水能、核能。

（2）新能源：生物质能、地热、海洋能、太阳能、风能。

3. 新能源按属性分类

（1）可再生能源：太阳能、地热、水能、风能、生物质能、海洋能。

（2）非可再生能源：核能。

4. 新能源按转换传递过程分类

（1）一次能源，直接来自自然界的能源：水能、风能、核能、海洋能、生物质能。

（2）二次能源，转化过形式的能源：沼气、蒸汽、火电、水电、核电、太阳能发电、潮汐发电、波浪发电等。

二、新能源发展趋势

（一）发展太阳能

太阳能的利用主要是指太阳能光伏发电和太阳能电池。在光伏发电方面，我国仍处在起步阶段，发展水平远远落后于经济发达国家，但随着我国国内光伏产业规模逐步扩大、技术逐步提升，光伏发电成本会逐步下降，未来我国国内光伏容量将大幅增加。

按照《可再生能源发展"十二五"规划》提出的目标，至2015年我国太阳能屋顶电站装机规模已达2011年规模的十倍。在太阳能电池方面，近年来，我国太阳能电池制造业通过引进、消化、吸收和再创新，获得了长足的发展，我国已在太阳能电池生产制造方面取得很大进展，也将成为使用太阳能的大市场。

（二）发展风能

我国风能储量很大、分布面广，开发利用潜力巨大。"十一五"期间，我国的并网风电得到迅速发展。至2011年我国全国累计风电装机容量再创新高，海上风电大规模开发也正式起步。"十二五"期间，我国风电产业持续每年10000MW以上的新增装机速度，风电场建设、并网发电、风电设备制造等领域成为投资热点，市场前景看好。

（三）发展水能

目前，我国不但是世界水电装机第一大国，也是世界上在建规模最大、发展速度最快的国家，已逐步成为世界水电创新的中心。随着我国经济进入新的发展时期，加快西部水力资源开发、实现西电东送，对于解决国民经济发展中的能源短缺问题、改善生态环境、促进区域经济的协调和可持续发展，无疑将会发挥极其重要的作用。

（四）发展新能源汽车

新能源汽车发展呈现出新特征，市场驱动成为发展主动力，家庭主体市场规模快速壮大，产业生态与格局进入加速重构期，新能源汽车与新兴技术加速融合。

随着动力电池技术不断提升，使用环境不断优化，新能源汽车综合性价比将继续提升，尤其是新能源汽车智能化程度不断提高，新能源汽车相较于传统燃油车的新优势将逐步建立，这或将成为新能源汽车发展的新动力。

总体来说，我国未来新能源发展的战略可分为三个发展阶段：第一阶段到2010年，实现部分新能源技术的商业化；第二阶段到2020年，大批新能源技术达到商业化水平，新能源占一次能源总量的18%以上；第三阶段是全面实现新能源的商业化，大规模替代化石能源，到2050年在能源消费总量中达到30%以上。

低碳经济、低碳生活呼唤新能源。由于我国处在工业化和城镇化的快速发展阶段，经济的快速发展将进一步增大资源消耗的强度，日益加剧的能源供求矛盾已经成为制约国家经济和社会发展的重要因素。

为此，要从战略和全局的高度重视节能降耗，充分认识新能源建设的重要性和紧迫性。所以新能源产业的发展是时代发展的必然。在双碳目标下，能源合作已经成为各国合作的主要方向。我国提出力争于2030年前二氧化碳排放达到峰值、2060年前实现碳中和，为实现这一目标，我国将加强生态文明建设，加快调整优化产业结构、能源结构。

第三节　战略接替

一、油气生产新能源技术应用

（一）光伏发电

光伏发电是利用半导体界面的光生伏特效应而将光能直接转变为电能的一种技术，主要由太阳能电池板（组件）、控制器和逆变器三大部分组成，主要部件由电子元器件构成。太阳能电池经过串联后进行封装保护可形成大面积的太阳电池组件，再配合上功率控制器等部件就形成了光伏发电装置。

光伏发电的主要原理是半导体的光电效应。光子照射到金属上时，它的能量可以被金属中某个电子全部吸收，电子吸收的能量足够大，能克服金属内部引力做功，离开金属表面逃逸出来，成为光电子。硅原子有4个外层电子，如果在纯硅中掺入有5个外层电子的原子，比如磷原子，就成为N型半导体；若在纯硅中掺入有3个外层电子的原子，比如硼原子，形成P型半导体。当P型和N型结合在一起时，接触面就会形成电势差，成为太阳能电池。当太阳光照射到P—N结后，空穴由P极区往N极区移动，电子由N极区向 P 极区移动，形成电流。

光电效应就是光照使不均匀半导体或半导体与金属结合的不同部位之间产生电位差的现象。它首先是由光子（光波）转化为电子、光能量转化为电能量的过程；其次，是形成电压过程。

多晶硅经过铸锭、破锭、切片等程序后，制作成待加工的硅片。在硅片上掺杂和扩散微量的硼、磷等，就形成 P—N 结。然后采用丝网印刷，将精配好的银浆印在硅片上做成栅线，经过烧结，同时制成背电极，并在有栅线的面涂一层防反射涂层，电池片就至此制成。电池片排列组合成电池组件，就组成了大的电路板。一般在组件四周包铝框，正面覆盖玻璃，反面安装电极。有了电池组件和其他辅助设备，就可以组成发电系统。为了将直流电转化交流电，需要安装电流转换器。发电后可用蓄电池存储，也可输入公共电网。发电系统成本中，电池组件约占 50%，电流转换器、安装费、其他辅助部件以及其他费用占另外 50%。

1. 光伏发电系统分类

1）独立光伏发电

独立光伏发电也叫离网光伏发电，主要由太阳能电池组件、控制器、蓄电池组成，若要为交流负载供电，还需要配置交流逆变器。独立光伏电站包括边远地区的村庄供电系统，太阳能户用电源系统，通信信号电源、阴极保护、太阳能路灯等各种带有蓄电池的可以独立运行的光伏发电系统。

2）并网光伏发电

并网光伏发电就是太阳能组件产生的直流电经过并网逆变器转换成符合市电电网要求的交流电之后直接接入公共电网。

并网光伏发电可以分为带蓄电池的和不带蓄电池的并网发电系统。带有蓄电池的并网发电系统具有可调度性，可以根据需要并入或退出电网，还具有备用电源的功能，当电网因故停电时可紧急供电。带有蓄电池的光伏并网发电系统常常安装在居民建筑。不带蓄电池的并网发电系统不具备可调度性和备用电源的功能，一般安装在较大型的系统上。并网光伏发电有集中式大型并网光伏电站一般都是国家级电站，主要特点是将所发电能直接输送到电网，由电网统一调配向用户供电。但这种电站投资大、建设周期长、占地面积大，还没有太大发展。而分散式小型并网光伏，特别是光伏建筑一体化光伏发电，由于投资小、建设快、占地面积小、政策支持力度大等优点，是并网光伏发电的主流。

3）分布式光伏发电

分布式光伏发电系统，又称分散式发电或分布式供能，是指在用户现场或靠近用电现场配置较小的光伏发电供电系统，以满足特定用户的需求，支持现存配电网的经济运行，或者同时满足这两个方面的要求。

分布式光伏发电系统的基本设备包括光伏电池组件、光伏方阵支架、直流汇流箱、直流配电柜、并网逆变器、交流配电柜等设备，另外还有供电系统监控装置和环境监测装置。其运行模式是在有太阳辐射的条件下，光伏发电系统的太阳能电池组件阵列将太阳能转换输出的电能，经过直流汇流箱集中送入直流配电柜，由并网逆变器逆变成交流电供给建筑自身负载，多余或不足的电力通过联接电网来调节。

2. 光伏发电的结构组成

光伏发电系统是由太阳能电池方阵，蓄电池组，充放电控制器，逆变器，交流配电柜，太阳跟踪控制系统等设备组成。部分设备的作用如下。

1）光伏发电电池方阵

在有光照情况下，电池吸收光能，电池两端出现异号电荷的积累，即产生"光生电压"，这就是"光生伏特效应"。在光生伏特效应的作用下，太阳能电池的两端产生电动势，将光能转换成电能，是能量转换的器件。太阳能电池一般为硅电池，分为单晶硅太阳能电池，多晶硅太阳能电池和非晶硅太阳能电池三种。

2）光伏发电蓄电池组

光伏发电蓄电池组的作用是储存太阳能电池方阵受光照时发出的电能并可随时向负载供电。太阳能电池发电对所用蓄电池组的基本要求是：（1）自放电率低；（2）使用寿命长；（3）深放电能力强；（4）充电效率高；（5）少维护或免维护；（6）工作温度范围宽；（7）价格低廉。

3）光伏发电控制器

光伏发电控制器是能自动防止蓄电池过充电和过放电的设备。由于蓄电池的循环充放电次数及放电深度是决定蓄电池使用寿命的重要因素，因此能控制蓄电池组过充电或过放电的充放电控制器是必不可少的设备。

4）光伏发电逆变器

光伏发电逆变器是将直流电转换成交流电的设备。由于太阳能电池和蓄电池是直流电源，而负载是交流负载时，逆变器是必不可少的。逆变器按运行方式，可分为独立运行逆变器和并网逆变器。独立运行逆变器用于独立运行的太阳能电池发电系统，为独立负载供电。并网逆变器用于并网运行的太阳能电池发电系统。逆变器按输出波形可分为方波逆变器和正弦波逆变器。方波逆变器电路简单，造价低，但谐波分量大，一般用于几百瓦以下和对谐波要求不高的系统。正弦波逆变器成本高，但可以适用于各种负载。

5）光伏发电跟踪系统

由于相对于某一个固定地点的太阳能光伏发电系统，一年四季、每天太阳的光照角度时时刻刻都在变化，如果太阳能电池板能够时刻正对太阳，发电效率才会达到最佳状态。世界上通用的太阳跟踪控制系统都需要根据安放点的经纬度等信息计算一年中的每一天的不同时刻太阳所在的角度，将一年中每个时刻的太阳位置存储到 PLC、单片机或电脑软件中，依靠计算太阳位置以实现跟踪。采用的是电脑数据理论，需要地球经纬度地区的数据和设定，一旦安装，就不便移动或装拆，每次移动完就必须重新设定数据和调整各个参数。原理、电路、技术、设备复杂，非专业人士不能够随便操作。把加装了智能太阳跟踪仪的太阳能发电系统安装在高速行驶的汽车、火车、以及通信应急车、特种军用汽车、军舰或轮船上，不论系统向何方行驶、如何调头、拐弯，智能太阳跟踪仪都能保证设备的要求跟踪部位正对太阳。

3. 光伏发电的特点

1）优点

常规能源都是很有限的，中国的一次性能源储量远远低于世界的平均水平，大约只有世界总储量的10%。太阳能是人类取之不尽用之不竭的可再生能源，具有充分的清洁性、绝对的安全性、相对的广泛性、确实的长寿命和免维护性、资源的充足性及潜在的经济性等优点，在长期的能源战略中具有重要地位。与常用的火力发电系统相比，光伏发电的优点主要体现在：

（1）无枯竭危险。

（2）安全可靠，无噪声，无污染排放外。

（3）不受资源分布地域的限制，可利用建筑屋面的优势，适用于无法供电以及地形复杂地区。

（4）无须消耗燃料和架设输电线路即可就地发电供电。

（5）能源质量高。

（6）建设周期短，获取能源花费的时间短。

2）缺点

（1）太阳能电池板的生产具有高污染、高能耗的特点。

（2）照射的能量分布密度小，即要占用巨大面积。

（3）获得的能源同四季、昼夜及阴晴等气象条件有关。

（4）目前相对于火力发电，太阳能发电成本相对较高。

（二）压差发电

天然气压差发电是利用压力管道内天然气的流动压力能作为原动力，驱动叶轮转动将能量转化来发电的过程。

天然气压差发电是一种利用天然气压力能转换为机械能，然后再转换为电能的分布式发电技术。该技术通过将降压前的高压天然气引入到膨胀机内，将其压力能转换为机械能，并对外做功带动同轴的发电机旋转，从而将机械能转换为电能。

1. 天然气压差发电的特点

天然气压差发电具有效率高、运行可靠、成本低等优点。在欧洲等地区已经得到了广泛的应用。该技术可以应用于工业园区、商业综合体、城市小区等分布式能源系统中，为终端用户提供高质量、可靠、安全的电力供应。

2. 天然气压差发电的流程

（1）引入高压天然气：将降压前的高压天然气引入到膨胀机内。

（2）压力能转换为机械能：在膨胀机内，高压天然气流经涡轮叶片时，压力能转换为机械能。

（3）机械能带动发电机旋转：膨胀机输出的机械能通过联轴器与同轴发电机相连，带动发电机旋转。

（4）机械能转换为电能：发电机内部有磁力和电力设备，旋转的叶片带动发电机线圈在磁场中旋转，从而产生电能。

（5）输出电能：产生的电能通过输电线路或变压器输送到用户端使用。

3. 天然气压差发电的结构和应用

天然气压差发电系统的核心设备是膨胀机，其作用是将天然气压力能转换为机械能。

膨胀机通常由涡轮、增速齿轮箱和轴承组成，结构紧凑、可靠性高。此外，该系统还包括同轴发电机、输电线路或变压器等设备，用于输出电能。

天然气压差发电的效率通常在40%～60%之间，相比传统的火力发电站，其效率更高。该技术在欧洲等地区已经得到了广泛的应用，可以为工业园区、商业综合体、城市小区等分布式能源系统提供高质量、可靠、安全的电力供应。

（三）光热

太阳能光热发电则是通过数量众多的反射镜，将太阳的直射光聚焦采集，通过加热水或者其他工作介质，将太阳能转化为热能，然后利用与传统的热力循环一样的过程，即形成高温高压的水蒸气推动汽轮机发电机组工作，最终将热能转化成为电能。

1. 光热发电的分类

光热发电形式有槽式光热发电、塔式光热发电、碟式光热发电和菲涅尔式光热发电等四种光热发电设备，目前国内常见为槽氏光热发电和塔式光热发电设备。

2. 光热发电系统

通过聚集太阳辐射能加热换热介质，再经热交换器加热水，产生过热蒸汽，驱动汽轮机带动发电机发电。

槽式光热发电系统：通过跟踪系统，控制槽式太阳能聚光集热器聚集太阳辐射能加热换热介质，再经热交换器加热水，产生过热蒸汽，驱动汽轮机带动发电机发电。槽式太阳能聚光集热器的结构主要由槽型抛物面反射镜、集热管、跟踪机构组成。

塔式光热发电系统：通过定日镜将光能反射到塔顶集热器上加热介质，热介质经热交换器与水进行热量交换，将水加热成过热蒸汽，驱动汽轮机带动发电机。塔式光热典型设备有定日镜和塔顶吸热器。

3. 光热发电系统的特点

太阳辐射情况受到地理纬度、季节、气候等因素的影响较大；占地面积大，且对场地平整度的要求较高；槽式光热的集热管管系长、散热面积大，环境温度对系统热耗影响较大；槽式光热的集热器抗风性能相对较差。

二、CCUS 技术

（一）CCUS 技术概况

1. CCS 定义

CCS（Carbon Capture and Storage）即碳捕捉和封存，是指把二氧化碳（CO_2）从工业或相关能源的源分离出来，输送到一个封存地点，并且长期与大气隔绝的一个过程。CCS的产业链由捕集、运输、存储和监测组成。根据国际能源机构的估计，到2050年，CCS要想对缓解气候变化产生显著影响，至少需要有6000个项目，每个项目每年在地下存储$100×10^4$t CO_2。

第八章 绿色低碳

2. CCUS 定义

CCUS（Carbon Capture，Utilization and Storage）是指碳捕获、利用与封存。CCUS 技术是 CCS 技术新的发展趋势，即把生产过程中排放的 CO_2 进行提纯，继而投入到新的生产过程中，可以循环再利用，而不是简单地封存。CCUS 通过将 CO_2 从工业排放源中分离后或直接加以利用或进行地下封存，以实现 CO_2 减排的过程，能大幅度减少使用化石燃料的温室气体排放，涵盖 CO_2 捕集、运输、利用和封存 4 个环节。作为一项有望实现化石能源大规模低碳利用的新兴技术，是我国未来减少 CO_2 排放、保障能源安全和实现可持续发展的重要手段。

（二）CCUS 应用

1. CO_2 捕集

CO_2 捕集阶段目前主要涵盖 3 种技术：（1）燃烧后捕集，主要应用于燃煤锅炉及燃气轮机发电设施；（2）燃烧前捕集，需要搭配整体煤气化联合循环发电技术（IGCC），投资成本较高，只能用于新建发电厂；（3）富氧燃烧，通过制氧技术获取高浓度氧气，实现延期再循环。

2. CO_2 运输

CO_2 输送可采用管道、船舶、铁路/公路等多种方式，管道输送由于输送量大，密闭封闭，正在作为一项成熟技术商业化应用，目前输送管道尚处于建设期，部分油气生产企业正拓展输气管道输送 CO_2 可行性，目前国内 CO_2 输送主要采用罐车运输。

3. CO_2 利用

CO_2 可用于地层驱油是一种把 CO_2 注入油层中以提高油田采收率的技术。在 CO_2 与地层原油初次接触时并不能形成混相，但在合适的压力、温度和原油组分的条件下，CO_2 可以形成混相前缘。超临界流体将从原油中萃取出较重的碳氢化合物，并不断使驱替前缘的气体浓缩。于是，CO_2 和原油就变成混相的液体，形成单一液相，从而可以有效地将地层原油驱替到生产井。CO_2 驱油一般可提高原油采收率 7%～15%，延长油井生产寿命 15～20 年。CO_2 驱油提高采收率和封存技术已经成为经济开发和环境保护上实现双赢的有效办法，实现温室气体的资源化利用并提高油气采收率前景可期。国内外大量的研究和现场应用已经证明，向油层中注入 CO_2 混相驱或非混相驱能够大幅度提高采收率。美国利用 CO_2 驱油技术已经采出了大约 15 亿桶原油，根据美国能源部国家能源技术实验室的评价结果，美国利用 CO_2 驱油的增油潜力达 340 亿桶。根据 1998 年《中国陆上已开发油田提高采收率第二次潜力评价及发展战略研究》的结果，仅在参与评价的 79.9 亿吨常规稀油油田储量中，适合 CO_2 驱油的原油储量约为 12.3 亿吨。另外我国现已探明的 63.2 亿吨低渗透油藏储量，尚有 50% 左右未动用。开发这些储量，CO_2 驱油比水驱油具有明显的优势。此外，CO_2 在提高稠油油藏采收率、提高煤层气和天然气采收率领域也具有很好的应用前景。

CO_2 资源化利用技术主要包括：合成可降解塑料、油田驱油、合成高纯 CO、烟丝膨化、化肥生产、超临界 CO_2 萃取、饮料添加剂、食品保鲜和储存、焊接保护气、灭火器、粉煤输送、改善盐碱水质、培养海藻等。其中合成可降解塑料和油田驱油技术是比较成熟且产业化应用前景广阔的技术。CO_2 降解塑料属完全生物降解塑料类,可在自然环境中完全降解,可用于一次性包装材料、餐具、保鲜材料、一次性医用材料、地膜等方面。CO_2 降解塑料作为环保产品和高科技产品,正成为当今世界瞩目的研究开发热点。利用此技术生产的降解塑料,不仅将工业废气 CO_2 制成了对环境友好的可降解塑料,而且避免了传统塑料产品对环境的二次污染。它的发展,不但扩大了塑料的功能,而且在一定程度上对日益枯竭的石油资源是一个补充。因此,CO_2 降解塑料的生产和应用,无论从环境保护,或是从资源再生利用角度看,都具有重要的意义。

通过利用可再生能源产生的电能使 CO_2 电解,从而生成高附加值燃料和化学品——乙烯、乙酸和乙醇等多碳产物,其具有较高的能量密度和市场需求,是理想的电解产物。然而,在工业级电流密度下,CO_2 电解反应技术尚未完全成熟,高选择性生成多碳产物仍然存在很大挑战。

4. CO_2 封存

适宜 CO_2 封存的地层主要分为正常煤层气、枯竭的油气藏、提高油/气采收率、深部咸水层 4 大类。枯竭的油藏、气藏是当前最为现实和具有可操作性的 CO_2 封存地层类型。因为这些油气藏已经被研究得较为彻底,所以数据资料丰富且容易获取,从而可以直接有效地支持 CO_2 地质封存评估以及了解注入地层后的动态情况。同时,这些地层的压力状态都比较适宜 CO_2 的注入和封存。

CO_2 注入地层后,是依靠一系列的地质捕获过程将其永久封存于地层中的,主要有地层捕获、残余捕获、溶解捕获和矿化捕获 4 种捕获过程。随着时间的推移,物理捕获过程(地层捕获,残余捕获)发挥的作用将会逐渐降低,而地球化学捕获过程(溶解捕获,矿化捕获)的作用则会逐步增加,并且封存的安全性也随之逐步得到提高。

模块二
数字气田

第一章　数据采集

第一节　静态数据采集

一、设备基础数据采集

设备是油气田公司生产经营的重要资产，设备基础数据则是管好这些设备的最基础也是最关键的数据。设备数据最初通过设备台账、设备档案等形式留存，这种方式不便于快速、及时查询、动态更新设备信息，也不便于对设备历史检维修等情况分析统计。随着信息技术的发展，各油气田企业通过信息系统逐步实现设备数据集中管理，从而为设备"全生命周期"管理创造了条件。

（一）主要数据采集项

设备基础数据主要包括：站场、阀室各类阀门、分离器、水套炉、汇管、流量计、压缩机、灼烧炉、重沸器、吸收塔等设备的设备类型、设备名称、设备ID、生产厂家、投用日期、安装日期、设备保养、维修记录等所有设备基础数据。

（二）数据采集实现方式

以西南油气田为例，通过在设备综合管理平台系统中录入设备基础信息，关联并同步到作业区数字化管理平台，生产现场手持终端扫描现场设备上的RFID标签，通过3G/4G网络，在采取网络安全措施后与作业区数字化管理平台相连，通过作业区数字化平台读取与RFID标签绑定的设备编码，从而实现读取设备基础信息（图2-1-1、图2-1-2）。

此外，当现场有设备保养、维修等情况时，可通过手持终端录入，可动态更新设备状态。

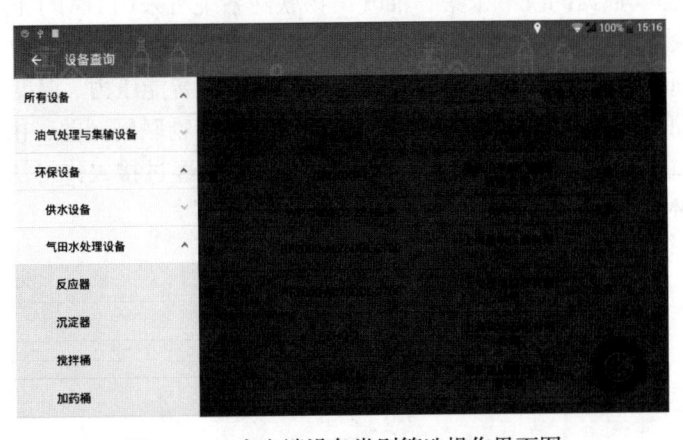

图2-1-1　客户端设备类别筛选操作界面图

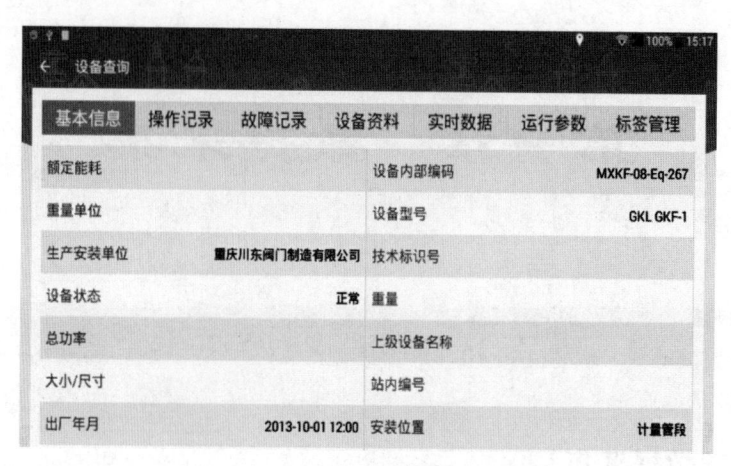

图 2-1-2　客户端设备信息界面图

二、静态物联数据采集

静态物联数据采集主要是对智能设备的静态基础信息采集,基于油气生产物联网技术,通过物联网设备对智能设备静态数据自动采集,这些数据主要用于设备的状态监测和可视化集中管理。相比常规的设备基础数据需要通过人工录入的方式在设备综合平台中集中管理,静态物联数据采集则可以通过物联网技术对智能设备的部分信息自动采集、更新。

（一）主要数据采集项

油气田生产智能设备主要包括：具有 HART 通信协议的智能压力变送器、温度变送器、液位变送器、气体检测仪、UPS、TDS、智能电表、流量计、智能电表、智能浪涌保护器、RTU（PLC）、路由器、交换机、智能摄像机等智能设备。智能设备静态数据主要包括：设备类型、设备名称（含 RTU 设备及 IP 地址）、设备 ID、生产厂家、量程、精度、电池更换日期、投用日期、安装日期、设备负责人、设备保养、校正周期频率、维修记录等。通过物联网手持终端与油气田设备管理平台关联,可以实时显示设备的静态数据。

（二）数据采集实现方式

为实现智能物联数据的统一采集,油气田物联网系统可采用 HART 协议。基于 HART 协议的智能设备物联网数据采集方案如下：

在信号采集回路中串接 HART 采集器,用于采集现场智能压力、温度、液位、流量计、智能电表、智能浪涌保护器等智能设备物联信息并传输至物联网网关,由物联网网关将采集的智能设备信息经过安全隔离后传输至 WIFI 网关,由经过接入许可认证的手持终端,实现现场数据实时展示、智能分析等,如图 2-1-3 所示。

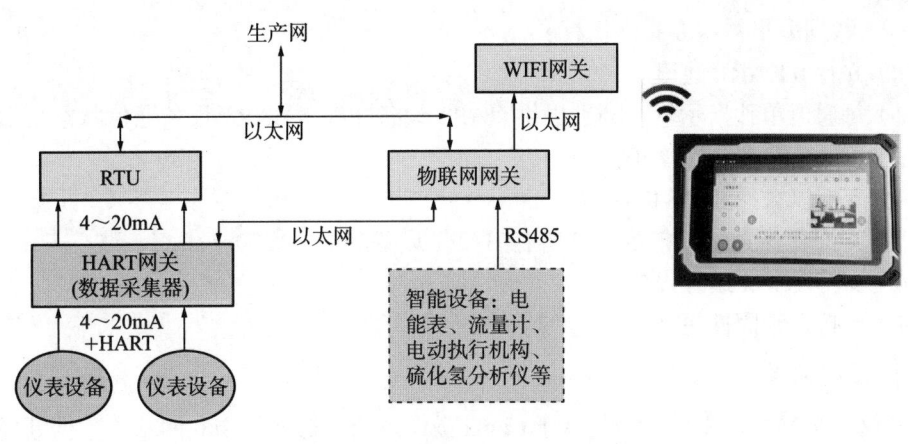

图 2-1-3　物联信息采集示意图

（三）采集回路主要设备

1. HART 采集器

HART 采集器（图 2-1-4）是一种对现场智能仪表 HART 信号进行读取、传输的数据采集器。HART 采集器一方面将现场 4～20mA 信号通过 HART 采集器电路硬通道继续传输到 RTU，另一方面将 HART 设备的 HART 信息采集后通过 TCP/IP 模式传送到物联网网关。HART 采集器支持全部通用 HART 命令，具备自动扫描 HART 设备功能，并根据扫描结果自动识别 HART 命令，并自动匹配到正确通道，实现透明转发。

图 2-1-4　物联网 HART 采集器设备图

HART 采集器支持与外部 HART 设备 8 通道并行通信的功能，能高效地读取现场 HART 智能设备传过来的 HART 信号不影响 4～20mA 的模拟信号，对原 RTU 系统不产生任何影响；因 HART 采集器 4～20mA 信号直接通过电路硬通道连接，正常工作及该设备停电时均不影响原信号采集回路 4～20mA 信号传输，不影响原 SCADA 系统数据采集及控制。

HART 数据采集器主要技术指标：
（1）并行 8 HART 通道。
（2）每通道单独指示灯，分别提供 HART 设备在线、HART 设备通信状态指示。
（3）每通道数据刷新率小于 1s。
（4）支持以太网和 RS485 接口。
（5）支持专有 HART 指令读取所有 HART 设备的 HARTID。
（6）支持 Telnet 远程设置。
（7）支持远程固件更新。

2. 物联网网关

物联网安全网关（图 2-1-5）是基于 Linux 操作系统的低功耗物联网核心数据处理设备。数据采集器所采集的 HART-IP 信号通过以太网传输至物联网网关处理，从而提供给手持终端读取；同时，物联网网关集成有 RS485 端口，可读取具有 RS485 通信接口的智能设备数据，例如智能电表、TDS 流量计等。物联网网关采用嵌入式 Linux 操作系统、集成两个独立（隔离）的以太网口，内置网络防火墙，实现生产网的与 WIFI 网关安全隔离。

图 2-1-5　物联网网关设备图

物联网网关主要技术指标：
（1）嵌入式 Linux 操作系统。
（2）工业级 32bit 处理器，不低于 32MB Flash 和 64MB SDRAM。
（3）集成两个独立（隔离）的以太网口。
（4）集成两以上个 RS485 端口（具备扩展多个 RS485 端口能力）。
（5）可扩展 3G/4G 无线通信选项。
（6）支持 ModbusTCP、ModbusRTU 协议。
（7）支持通过 HART-IP 网关与现场 HART 总线设备的通信，兼容全部 HART 命令规范。
（8）支持非标通信协议的流量计、UPS、多功能电能表等各类现场设备的通信。
（9）支持门禁、IPC 网络摄像机等安全设备的通信。
（10）具有嵌入式数据库，支持事件记录和历史数据功能。
（11）支持 32GB 存储卡扩展，嵌入式数据库保存到存储卡上。
（12）支持基于 Webservice 等云平台信息服务接口。

（13）支持远程维护、诊断和调试下载功能。
（14）支持远程更新固件和配置功能。
（15）内置网络防火墙，可确保只有指定的 IP 地址或 MAC 地址的用户通过指定的通信口并使用指定的工业通信协议才可以访问通信网关。

3. WIFI 网关

WIFI 网关安装于生产网内，用于将物联网网关（图 2-1-6）采集的数据通过无线 WIFI 的方式传输给手持终端。WIFI 网关安装有一个启动按钮开关，站场员工巡检时手动按下开关方能启动 WIFI 功能，巡检结束或一段时间无设备连接时自动断开 WIFI；WIFI 网关具有 MAC 地址过滤功能，需要在配置模式下预先设置接入手持终端的 MAC 地址，手持终端方能连接 WIFI；WIFI 网关同时只允许一个设备接入等。通过以上技术手段，保障信息安全。

图 2-1-6　物联网网关设备图

WIFI 网关主要技术指标：
（1）集成 1 个以太网接口、1 个无线接口、2 个 485 接口、1 个 DI 接口。
（2）支持无线接入设备 MAC 地址过滤功能，只有已设置 MAC 地址设备才能接入。
（3）支持白名单设定、协议包过滤、Modbus 协议过滤。
（4）同时接入无线接入设备唯一性原则，同一时刻只能 1 个设备接入。
（5）DI 控制进入休眠 / 唤醒模式。

第二节　时序数据采集

一、结构化数据

结构化数据是指可以使用关系型数据库表示和存储、表现为二维形式的数据。一般特点是：数据以行为单位，一行数据表示一个实体信息，每一行数据的属性是相同的。

在油气田数字化系统中，结构化数据主要是生产过程采集的各类生产数据，用于随时了解生产状况，保证生产安全高效地进行。这些结构化数据主要是生产过程压力、温度、物位、振动、流量等模拟量数据和阀位、启停等开关量数据。这些数据以一定的编码格式，在数据库中按照时间标签进行存储,用于实时显示、报表生产、趋势显示等。

(一)主要数据采集项

按照阀室、井站、站场工艺需求确定数据采集项,主要生产数据采集项有:井站油压、套压、井口温度、出站压力、流程切断阀阀位、计量参数、分离器液位、气田水液位、气体浓度监测参数、天然气产量等模拟量数据和阀门阀位、泵启停状态、火焰状态、入侵状态等开关量数据。

以常规天然气生产井站为例,生产实时数据采集项及适用条件见表2-1-1。

表2-1-1 某天然气井站主要数据采集项(部分)

序号	参数项	必选参数	可选参数	适用条件	备注
1	井口油压	√		通用	
2	井口套压	√		通用	
3	井口温度	√		通用	
4	井安系统动力源压力	√		通用	井安系统动力源为气驱动
5	井下安全阀压力	√		通用	
6	进/出站温度		√	通用	
7	进/出站压力	√		通用	带调压流程的井站
8	输压		√	通用	有分离器等节流分离设备的井站
9	供气/燃料气压力	√		通用	
10	供气/燃料气温度	√		通用	
11	调压/节流前后温度	√		通用	
12	调压/节流前后压力	√		通用	
13	分离器液位	√		通用	带分离流程井站
14	分离器温度	√		通用	带分离流程井站
15	水套炉水温	√		通用	带水套炉流程井站
16	水套炉液位	√		通用	带水套炉流程井站
17	水套炉火焰状态		√	通用	带水套炉流程井站
18	燃烧器运行状态		√	通用	带水套炉流程井站
19	燃烧器故障状态		√	通用	带水套炉流程井站
20	计量温度	√		通用	带计量流程井站
21	计量静压	√		通用	带计量流程井站
22	计量差压	√		通用	带计量流程井站
23	产量	√		通用	
24	药剂注入量	√		通用	
25	水罐/池液位	√		通用	
26	气体浓度检测	√		通用	
27	入侵监测	√		通用	
28	腐蚀检测数据	√		通用	
29	阴极保护数据	√		通用	
30	井安阀位	√		通用	
31	电动/气动/气液联动阀阀位	√		通用	
32	泵启停状态	√		通用	
33	能耗参数		√	通用	

（二）数据采集实现方式

模拟量信号：现场压力、温度、液位、流量等自控仪表采集的模拟量信号通过信号电缆传输至机柜间（控制室）端子柜，首先通过浪涌保护器对可能存在的电涌脉冲进行抑制、分流，保护后端模板卡件免遭电涌冲击；再传输至隔离器进行信号隔离处理，最后传输到 RTU 的 AI 模块进行 A/D 转换，并由 RTU 的 CPU 进行运算等处理，实现生产数据采集。

数字量信号：现场电动、气动、气液联动等自控阀门开关量、泵启停状态、入侵状态等数字量信号通过信号电缆传输至机柜间（控制室）端子柜，首先通过浪涌保护器对可能存在的电涌脉冲进行抑制、分流，保护后端模板卡件免遭电涌冲击；再传输到 RTU 的 DI 模块，并由 RTU 的 CPU 进行运算等处理，实现阀门状态采集。

采集到的结构化数据可在井站本地 LCD 触摸屏、控制室工控机、监控中心 SCS 等上位系统进行监视、报警。

结构化数据采集实现方式示意如图 2-1-7 所示。

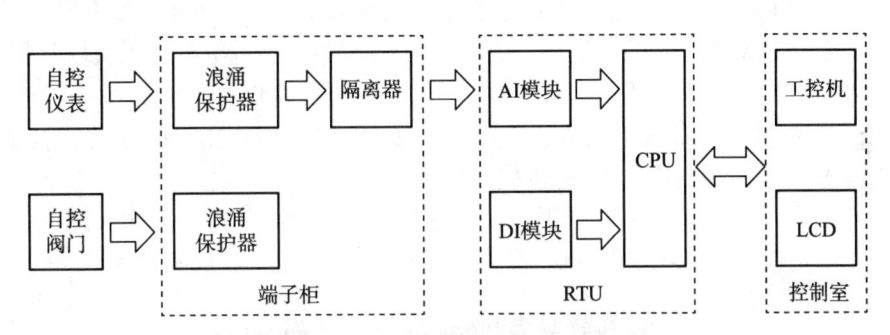

图 2-1-7　数据采集实现方式示意图

（三）采集回路主要设备

结构化数据采集回路主要设备有：压力变送器、差压变送器、液位变送器、温度变送器、气体检测仪、火焰检测仪、流量计等现场仪表，以及控制室内浪涌保护器、信号隔离器、RTU/PLC 等。现场仪表已在其他章节介绍，本章主要介绍 RTU/PLC、信号隔离器、浪涌保护器。

1. RTU/PLC

RTU/PLC（图 2-1-8）是实现天然气生产过程数据实时采集、远程控制、安全联锁保护的最底层媒介。通常由信号 AI 模块、AO 模块、DI 模块、DO 模块、微处理器 CPU、有线 / 无线通信模块、电源模块及机架等组成。

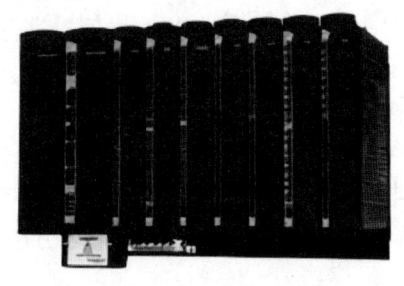

图 2-1-8　RTU 示意图

RTU英文全称Remote Terminal Unit，中文全称为远程终端控制单元，具有模块化结构的、特殊的计算机测控单元，通常由电源模块、CPU模块、通信模块、I/O模块及背板组成，与相关的外围设备一起构成SCADA系统；具有数据采集、数据存储、编程计算、控制输出、数据转发等功能，是实现天然气生产过程数据实时采集、远程控制、安全联锁保护的最底层媒介。

RTU能将采集到的现场设备信号转换为数值，实时发送到远程计算机，也可接收远程计算机的操作指令，控制末端的执行单元动作。

RTU通常具有优良的通信能力和更大的存储容量，长距离通信功能较强，适用于更恶劣的温度和湿度环境，提供更多的符合专有标准的计算功能，稳定性较强，但运算能力、速率相对PLC而言稍弱，它更适用于恶劣的现场环境，主要用于单井站、阀室等环境较为恶劣的生产现场。

PLC英文全称Programmable Logic Controller，中文全称为可编程逻辑控制器（图2-1-9）。PLC是实现天然气生产过程数据实时采集、远程控制、安全联锁保护的最底层媒介。它由电源模块、CPU模块、I/O模块、通信模块、计数模块等模块及背板组成，具有模块化结构的数字测控及运算操作单元。采用一类可编程的存储器，用于其内部存储程序，执行逻辑运算、顺序控制、定时、计数与算术操作等面向用户的指令，并通过数字或模拟式输入/输出控制各种类型的机械或生产过程。

PLC对温度、湿度等环境要求更高，其运算能力、数据处理能力比RTU更强，它更适用于对运算处理能力要求较强的地方，主要用于增压机组、脱水装置等生产现场。

图2-1-9 西门子PLC

2. 信号隔离器

信号隔离器（Signal Isolator）是通过电磁、光电耦合等技术，阻断信号回路传输干扰的一种信号隔离设备。信号隔离器将现场压力、温度、液位等变送器或仪表输出信号，通过半导体器件调制变换，再通过光感或磁感器件进行隔离转换，然后进行解调变换回隔离前原信号，同时对隔离后信号的供电电源进行隔离处理。保证变换后的信号、电源、地之间绝对独立。信号隔离器可对叠加在测量值上的干扰信号进行滤波，以及根据控制系统输入、输出要求对信号进行匹配。信号隔离器是阻断干扰途径、切断干扰耦合通道，实现抑制干扰的一种技术设备。其作用原理如图2-1-10所示。

信号隔离器除了主要的隔离抗干扰作用外，还具备信号变换（如将温度RTD传感器信号转换为标准信号）、配电（向现场两线制变送器或三线制变送器提供工作电源）、信号分配（输出两路或多路信号，实现多路信号采集）、信号分离（将HART信号和4~20mA信号分开）等功能。

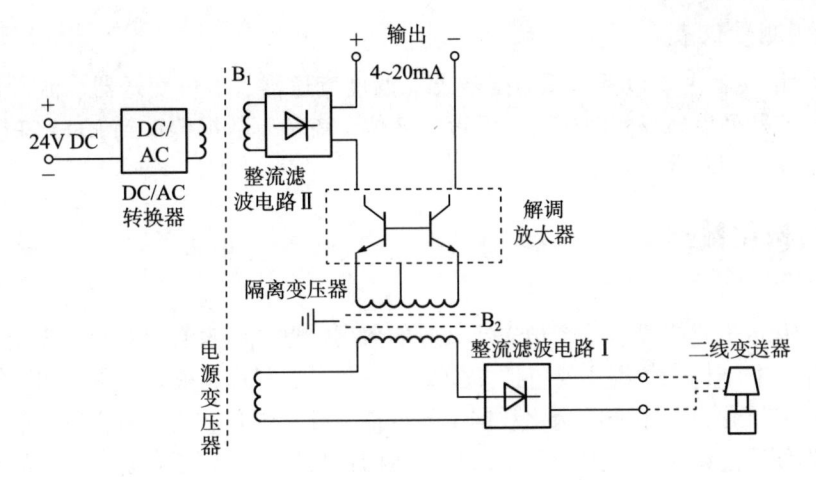

图 2-1-10　信号隔离器原理图

3. 浪涌保护器

浪涌保护器，又称电涌保护器（Surge Protection Device，SPD），是指用于限制瞬态过电压和泄放浪涌电流的装置，它至少应包含一个非线性元件。浪涌保护器并联在被保护设备两端，通过泄放浪涌电流限制浪涌电压来保护电子设备。泄放雷电流、限制浪涌电压这两个作用都是由其非线性元件（一个非线性电阻，或是一个开关元件）完成的。在被保护电路正常工作瞬态浪涌未到来以前此元件呈现极高的电阻，对被保护电路没有影响；而当瞬态浪涌到来时此元件迅速转变为很低的电阻，将浪涌电流旁路，并将被保护设备两端的电压限制在较低的水平。到浪涌结束，该非线性元件又迅速自动地恢复为极高电阻。如果这个动作与恢复的过程能迅速而顺利地完成，被保护设备和电路就不会遭受雷电或操作浪涌的危害，其工作也不会中断。浪涌保护器包含火花电压泄放部件、电压箝位部件和抗阻三大部分所组成（图 2-1-11、图 2-1-12）。

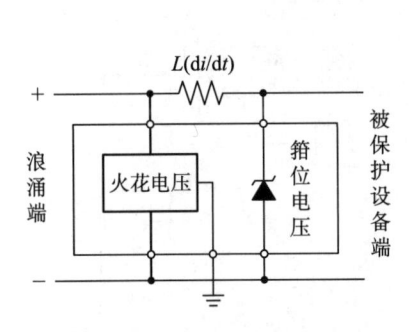

图 2-1-11　浪涌保护器结构图 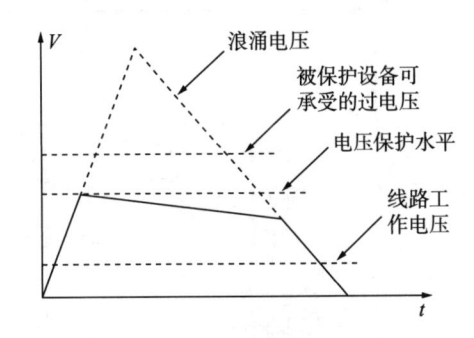　　　　图 2-1-12　浪涌保护器示意图

浪涌保护器作为一种安装在电源、控制信号或通信网络线路上的设备，当雷击发生时，它能够有效地泄放过高的浪涌电流，限制过高的浪涌电压，保护生产设施避免其被雷击损坏。安装在线路中的浪涌保护器不会对原有信号产生影响，浪涌保护器动作时仅吸收浪涌，而对信号不会造成干扰；当浪涌保护器泄放单元失效后，泄放单元将自动从线路上断开而不影响线路信号。

4. 现场测量仪表

现场测量仪表主要包括：压力变送器、温度变送器、液位变送器、流量计等，通过 4～20mA 信号采集现场实时压力、温度、液位、流量等数据传输到 RTU（PLC），测量仪表介绍详见本书相关章节。

二、非结构化数据

非结构化数据是指没有一个预先定义好的数据模型或者没有以一个预先定义的方式来组织的数据。非结构化数据主要包括办公文档、文本、图片、视频、图像和音频数据等。

油气田数字化系统中非结构化数据主要包括视频、图片、语音对讲等安防系统数据，这些数据不便通过结构化数据处理。这些非结构化数据主要用于安防监控和异常情况远程分析判断，为无人值守的井站提供一个可视化的远程监控系统，同样是数字化气田电子巡检和无人值守安全管控的重要基础。

（一）主要数据采集项

非结构化数据采集项有：实时视频监控、定时抓拍图片、入侵抓拍图片、人工手动抓拍图片、语音喊话及对讲等。

（二）数据采集实现方式

井站及有视频监控需求的阀室为无线通信时，只采集视频图片，摄像机每 1h 抓拍并上传一次图片，有入侵报警时每 30s 抓拍并上传一次图片，抓拍图片在中心站 SCS 站控系统中以图片弹出方式显示，并将图片逐级上传到 RCC、DCC 和 GMC；为有线通信时，采集实时视频流，实时逐级上传，并经单向网闸后镜像到办公网流媒体服务平台，提供给办公网应用系统实时监控。视频监控系统架构如图 2-1-13 所示。

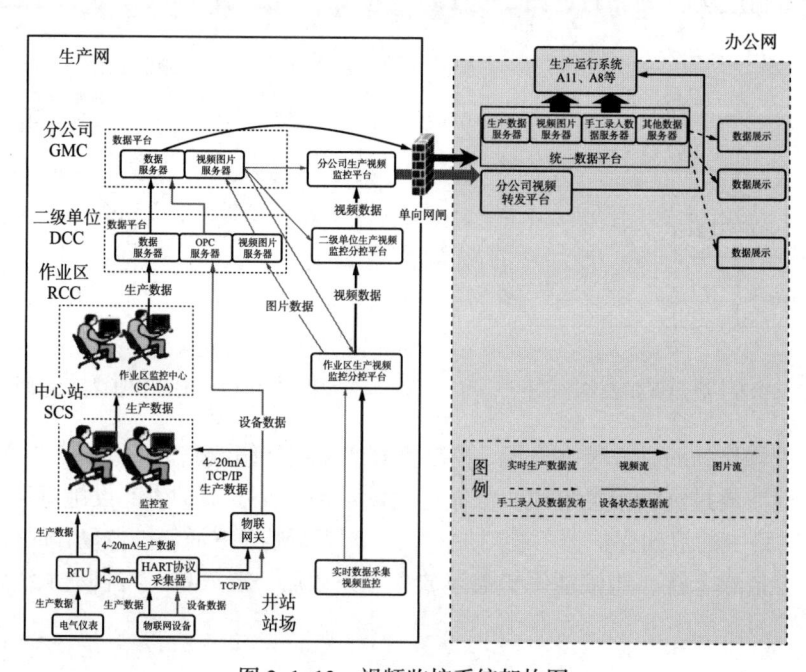

图 2-1-13 视频监控系统架构图

（三）采集回路主要设备

1. 摄像机

摄像机是最前端、最基础的一个设备，也是最关键设备，它负责对监视区域进行摄像监控。在油气田数字化系统中常常用于实时视频监控、图片抓拍等，是油气生产场所重要的安防设备。

摄像机的分类可以按云台运动方式、成像、感光器件以及功能等多种方式划分。如果按功能大致可以分为：枪机摄像机、半球型摄像机、一体化摄像机、红外日夜两用摄像机、高速球摄像机、网络摄像机。

（1）枪机摄像机：价格便宜，一般不具备变焦和旋转功能，只能完成一个角度固定距离的监视（图2-1-14）。

图 2-1-14　枪机摄像机

（2）半球型摄像机：外形小巧、美观，可以吊装在天花板上，安装便捷（图2-1-15）。

图 2-1-15　半球型摄像机

（3）一体化摄像机：内置镜头、可以自动聚焦，对镜头控制方便，安装和调试简单；可带云台旋转监控（图2-1-16）。

图 2-1-16　一体化摄像机

（4）红外日夜两用摄像机：将摄像机、防护罩、红外灯、供电散热单元综合成为一体的摄像设备，具有夜视距离远、性能稳定等优点（图2-1-17）。

图2-1-17　红外日夜两用摄像机

（5）高速球摄像机：集一体机化摄像机和云台于一身的设备，另外具有快速跟踪、360°水平旋转、无监视盲区等特点和功能（图2-1-18）。

图2-1-18　高速球摄像机

（6）网络摄像机：又称IP摄像机。它可以将图像采集后进行数字处理并加以压缩，通过IP网络将压缩的视频信号送入到后端平台，通过软件就可以实时查看远端的图像（图2-1-19）。

图2-1-19　网络摄像机

2.视频服务器DVS

网络摄像机可以将采集的视频数据直接通过网络传输到后端平台，非网络的模拟摄像机则需要专门的网络编码传输设备才能将视频数据传输到后端平台。这种设备主要有视频服务器DVS、硬盘录像机DVR等。

DVS（Digital Video Server），即网络视频服务器（图2-1-20），又叫数字视频编码器，是一种压缩、处理音视频数据的专业网络传输设备。在油气田数字化系统中，主要用于将模拟摄像机视频数据编码转化为网络信号传输至后端平台。

图 2-1-20　DVS 实物图

DVS 工作原理为：Web 服务器嵌入实时操作系统时，视频信号经过模拟 / 数字转换，由高效压缩芯片压缩，通过内部总线传送到 Web 服务器，配置好 IP 地址、网关、路由后，网络上用户可以直接用 IE 浏览器访问 Web 服务器浏览现场视频图像，可以进行镜头的变焦、变倍操作，控制摄像机云台的旋转。

3. 硬盘录像机 DVR

硬盘录像机（Digital Video Recorder，简称 DVR），也称为数字视频录像机（图 2-1-21）。它是一套进行图像存储处理控制的计算机系统，具有对图像 / 语音进行长时间录像、录音、远程监视和控制的功能。它既可进行本地独立工作，也可联网组成一个强大的视频安防系统。在油气田数字化系统中，主要用于站场本地模拟摄像机视频存储、控制，并转发到后端应用平台。

DVR 采用的是数字记录技术，集合了录像机、画面分割器、云镜控制、报警控制、网络传输等五种功能于一身。

图 2-1-21　硬盘录像机 DVR 实物图

4. 网络硬盘录像机 NVR、高清混合数字硬盘录像机 HVR

除硬盘录像机 DVR 外，用于本地视频存储处理和视频编码网络传输的设备还有网络硬盘录像机 NVR、高清混合数字硬盘录像机 HVR。

网络硬盘录像机 NVR 是通过网络接收 IPC（网络摄像机）设备传输的数字视频码流，并进行存储、管理。简单来说，通过 NVR，可以同时观看、浏览、回放、管理、存储多个网络摄像机。

高清混合数字硬盘录像机 HVR 同时支持模拟前端视频采集编码与网络前端高清接入、解码存储的高清网络硬盘录像视频监控设备。

DVR、NVR、HVR 三者的区别是：DVR 产品前端就是模拟摄像机，可以把 DVR 当作是模拟视频的数字化编码存储设备，而 NVR 产品的前端可以是网络摄像机（IPCamera）、视频服务器（DVS）、硬盘录像机 DVR，设备类型更为丰富。HVR 前端的设备则是网络硬盘摄像机 NVR 跟模拟摄像机的混合，具有 DVR 和 NVR 的综合功能。

5. 语音对讲系统

双向语音对讲系统一般指 IP 网络双向对讲语音通信系统。此类系统应用于大型工矿企业紧急求助对讲、企事业单位内部语音通信、远程视频会议等。

IP 网络双向对讲语音通信系统，是基于 TCP/IP 网络通信协议、数字音频技术的语音对讲系统。该系统可以在局域网和广域网上，将音频信号以数据包形式进行传输，为用户提供纯数字传输的网络双向对讲语音通信服务。可实现在局域网 LAN 和广域网 WAN 传输（可跨网段跨路由），实现跨地域即时交流沟通。采用稳定可靠的组网结构，有着占用带宽小、广域网直接通信、网络环境要求低等诸多优点；解决了远程传输中存在的延时、数据丢失、通信不畅、传输区域大、传输难、音频信号损耗高等诸多问题；系统采用网络服务器管理，减少网络带宽影响，满足工程中多点控制、多级控制、终端数量多等使用需求；该系统结构清晰，只需将终端接入计算机网络即可构成功能强大的数字化通信系统；每个接入点无须单独布线，轻松实现计算机网络、数字语音对讲多网合一。

此类系统一般由管理平台、MCU 服务器、终端三大部分组成，具备双向对讲、免提对讲、紧急呼叫、远程呼叫、音频流、应急广播等应用功能。

1）工业级三防 IP 话机

工业级三防 IP 话机具有良好的结构稳定性，完全满足油气田一线生产场所对防爆、防火、防水、防尘、抗破坏性、抗噪等工业通信领域的特殊使用要求。

此类设备支持一键拨号、自动重拨、回音消除等功能，而且组网便捷、安装方便、性能稳定，实物如图 2-1-22 所示。

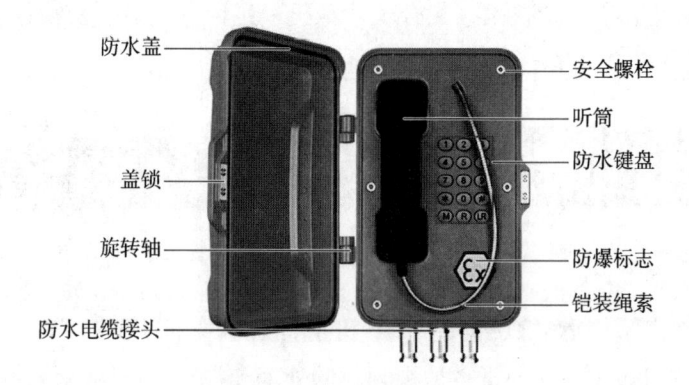

图 2-1-22　工业级三防 IP 话机

2）桌面式 IP 数字话机

桌面式 IP 数字话机从功能上来说与工业级三防 IP 话机相似，主要用于监控管理中心与生产现场的实时对话，不具备三防功能，操作简单、功能齐全，实物如图 2-1-23 所示。

图 2-1-23　桌面式 IP 数字话机

3）语音多点控制（MCU）调度服务器

通过多台 MCU 级联，可以建立多区域、跨区域、一中心多分区的 IP 网络电话系统，支持中心与分机、分机与外网、外网与中心、分机与分机之间相互通话。

调度服务器的软硬件具有良好的可扩充性，方便今后系统扩充和升级，既适应当前业务需求，也能满足后期业务增加扩容的需要。中心可对各分机进行广播操作。

4）IP 网络电话系统主要功能

（1）语音多点控制（MCU）调度服务器以标准 SIP 协议为核心，支持第三方设备接入、外线接入，支持国际标准 G.722 宽频语音编码，结合特有的回声消除技术，提供高保真、高清晰的音质。

（2）语音多点控制（MCU）调度服务器采用 Linux 操作系统，支持多个终端接入、多路同时通话，保证系统长期安全、可靠运行。

（3）所有电话全部注册到语音多点控制（MCU）调度服务器上，管理中心的办公电话也可接入本系统，安装有控制台软件的管理工作站宕机不影响系统的正常使用。

（4）现场三防话机采用一体化设计，保证话机的简洁、美观、可靠和施工、维护的便利性，铝合金材质防护等级 IP67。

（5）话机需配备保护前盖，保证设备长期放置、按键、指示灯等部件无灰尘和污垢。

（6）所有话机来电振铃时有声光指示，以方便现场人员能快速准确接听电话。

（7）话机内增加功放模块，外置广播扬声器，可实现单个广播、分区广播、全部广播、音乐广播、定时广播等功能。

5）工作原理

IP 网络电话系统工作原理是在监控中心安装语音多点控制（MCU）调度服务器、对讲广播接警话机等设备，设备接入生产网络。在井站上安装工业级三防 IP 话机、中心站安装桌面式 IP 数字话机，利用现有已建的通信网络进行传输，当其中一台工业级三防 IP 话机发生故障时，不会影响其他话机的正常工作。

IP 网络电话系统可实现井站与中心站、作业区调度中心的互通，中心站、调度中心均可实现通过 IP 网络电话系统实现对井站的喊话功能。

IP 网络电话系统的特点如下：

（1）IP 网络电话无须单独铺设电话线和光纤，可利用现有油气田生产网络（有线或者无线均可）灵活部署且易于迁移。

（2）工业级三防 IP 话机采用先进的多种语音编解码及语音处理优化技术，保证音质在低网络带宽条件下清晰流畅的通话效果。

（3）采用国际标准 SIP 协议，是一套开放的系统，遵循此标准的产品均可以接入系统，兼容性强，便于后期扩容。

（4）具备二次开发接口，可与第三方平台无缝集成。

… 第三节　数据传输

一、传输网络

油气田生产数据依托通信网络实现数据传输，传输网络的构建是实现生产指挥、数字化油田任务的稳定可靠的基础，为生产管理、调度指挥密切相关联的生产数据通信、监控视频（图片）、语音喊话等提供安全、高效、可靠的数据传输网络，为生产数据管理应用平台提供安全、高效的数据网络环境。传输网络主要有光纤通信、3G/4G无线数传通信、租用数字专线通信、卫星通信四种。

（一）主要传输方式

（1）光纤通信：光纤通信是以光波作为信息载体，以光纤作为传输媒介的一种通信方式，具有通信容量大、传输距离远、信号干扰小、保密性能好、寿命长等优点。一般规模性油气田以自建光纤作为通信传输骨干网络。

（2）3G/4G无线数传通信：利用石油内网搭建的无线数传平台，通过在场站安装的3G/4G终端把生产数据和视频安全传送到油气田生产网络。主要用于实现边远场站（有线网络不可达）数据通信，以实现远程实时数据采集、远程监控等信息化功能。此外，3G/4G无线数传通信也可以作为重要的场站"热备"链路，以提高生产网络的稳定性。

（3）租用数字专线通信：通过租用运营商的数字专线电路把石油光纤通信网络不能覆盖的场站或单位接入到油气田生产网络和办公网络，主要有两种电路：E1接口电路、以太网接口电路。其中E1接口电路主要是和多业务复用设备PCM结合使用，通过PCM设备在同一个E1传输通道上同时安全地传输办公网和生产网数据，达到节约电路租用费用的效果。

（4）卫星通信：通过在场站建设的地面卫星通信站，利用专用卫星通信频段把场站数据安全传送到油气田生产网络。但由于卫星通信传输带宽窄、费用贵、延时大、维护麻烦等不足，地面卫星通信已经越来越不适合场站通信需求，在逐步萎缩淘汰。

（二）主要传输设备

1. SDH设备

SDH（同步数字体系）是一种将复接、线路传输及交换功能融为一体、并由统一网管系统操作的综合信息传送网络，适用于光纤、微波和卫星传输（图2-1-24）。

SDH采用标准化的信息结构等级，称为STM-N（N=1、4、16、64），对应速率分别为：155M、622M、2.5G和10Gbit/s。

SDH的核心优点：强大的网管能力、标准的光接口、同步复用。

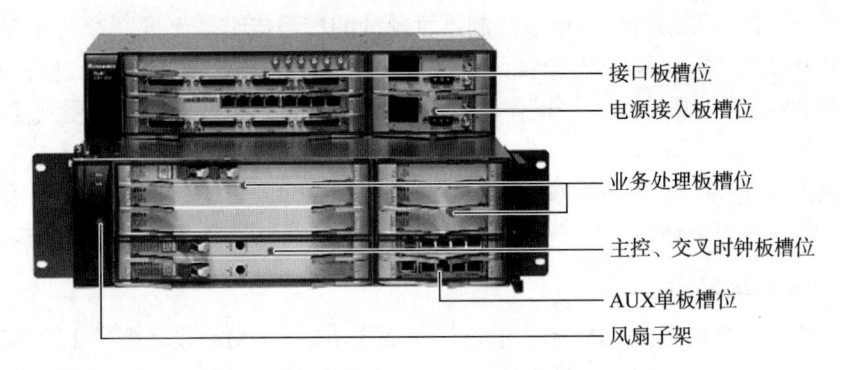

接口板槽位
电源接入板槽位
业务处理板槽位
主控、交叉时钟板槽位
AUX 单板槽位
风扇子架

图 2-1-24　某 SDH 设备外观

2. 工业以太网交换机

工业以太网交换机，即应用于工业控制领域的以太网交换机设备，由于采用的网络标准开放性好、应用广泛，能适应低温高温环境，抗电磁干扰强，抗震性强（图 2-1-25）。其工作原理是：当有一个帧到来时，它会检查其目的地址并对应自己的 MAC 地址表，如果存在目的地址，则转发，如果不存在则广播，广播后如果没有主机的 MAC 地址与帧的目的 MAC 地址相同，则丢弃，若有主机相同，则会将主机的 MAC 自动添加到其 MAC 地址表中。

图 2-1-25　某工业以太网交换机外观

工业以太网交换机特点：

（1）快速的恢复时间（＜300ms），可以保证在网络断开的情况下自动控制系统能在 300ms 时间内恢复正常状态。用于分布式应用的环网耦合功能：在分散式应用时可将一个冗余以太环网分成几个单独的环网，具有更高的灵活性。

（2）智能化网络管理，事件触发的自动继电器或 E-mail 警告：可以使系统管理员获得实时警告信息。

适用于 SCADA 监控系统的 SNMP OPC 服务器：使控制工程师可以从一个现有的、便于观察的控制中心监控网络状态。

预防不可预计的网络流量：可以限制不可预计的广播或组播流量。

基于 Web 的管理：可以实时监视网络的状态，更好地对工业通信系统进行规划。

（3）工业级的可靠性，扩展操作温度特性：确保以太网设备能够承受恶劣的环境状况（-40～75℃）。

工业强度安全等级：在按照（UL/cUL Class1 Div.2 和 ATEX Class 1 Zone 及 CE 标准中描述的危险环境要求而设计的产品，可确保以太网设备能够担任关键的工业应用。

3. 3G/4G 无线路由器

用内置的一张含资费的 SIM 卡，通过运营商提供的 CDMA 或高频谱无线 3G/4G 网络信号，拨号连接至运营商服务器，最终接入油气田生产网络，实现生产数据传输（图 2-1-26）。

图 2-1-26　某 4G 无线路由器外观

4. PCM 设备

PCM（脉冲编码调制）就是把一个时间连续、取值连续的模拟信号变换成时间离散、取值离散的数字信号后在信道中传输。脉冲编码调制就是对模拟信号先抽样，再对样值幅度量化、编码的过程（图 2-1-27）。

图 2-1-27　某 PCM 设备外观

（1）抽样，就是对模拟信号进行周期性扫描，把时间上连续的信号变成时间上离散的信号，抽样必须遵循奈奎斯特抽样定理。该模拟信号经过抽样后还应当包含原信号中的所有信息，也就是说能无失真地恢复原模拟信号。它的抽样速率的下限是由抽样定理确定的。抽样速率采用 8kHz。

（2）量化，就是把经过抽样得到的瞬时值将其幅度离散，即用一组规定的电平，把瞬时抽样值用最接近的电平值来表示，通常是用二进制表示。

（3）编码，就是用一组二进制码组来表示每一个有固定电平的量化值。然而，实际上量化是在编码过程中同时完成的，故编码过程也称为模/数变换，可记作 A/D。

PCM 多业务数字交叉连接设备是一种模块化的多业务接入设备。可通过各种业务接口盘，将话音、数据、图像等信号汇集在标准的 E1 接口内，实现各种业务的接入，是一种经济、高效、便利的数据和音频综合业务接入系统。本设备在专网中有广泛应用，适用于石油、电力、金融、煤炭、部队和铁路等部门综合通信组网。

5. 光纤收发器

光纤收发器的作用就是光信号和电信号之间的相互转换。从光口输入光信号，从电口（常见的 RJ45 水晶头接口）输出电信号，其工作过程为：在首端把电信号转换为光信号，通过光纤传送出去，在末端再把光信号转化为电信号，再接入路由器、交换机等设备（图 2-1-28）。

图 2-1-28 某光纤收发器设备外观

光纤收发器分类：

（1）按性质分类。

从光纤的性质来划分，可以分为多模光纤收发器和单模光纤收发器。它们两者的区别在于所传输的距离不一样，多模收发器一般的传输距离在 2～5km，而单模收发器覆盖的范围为 20～120km。

（2）按收发数据分类。

光纤按收发数据分为单纤光纤收发器和双纤光纤收发器。单纤光纤收发器是接收发送数据在一根光纤上完成；而双纤光纤收发器接收发送数据在一对光纤上完成。

（3）按网管分类。

光纤按网管可以分为网管型光纤收发器（一般用于传输机房统一管理）和非网管型光纤收发器。

（4）按工作方式分类。

光纤按工作方式，可以分为全双工方式和半双工方式。

二、数据传输架构

油气田数据传输架构采用分层分级架构，阀室、无人值守站场构成现场层，有人值守站场/中心站监控室及作业区区域控制中心构成监控层，地区调度管理中心构成调度层，应用平台及生产指挥管理系统构成应用层。

油气田数据传输系统框架结构如图 2-1-29 所示。

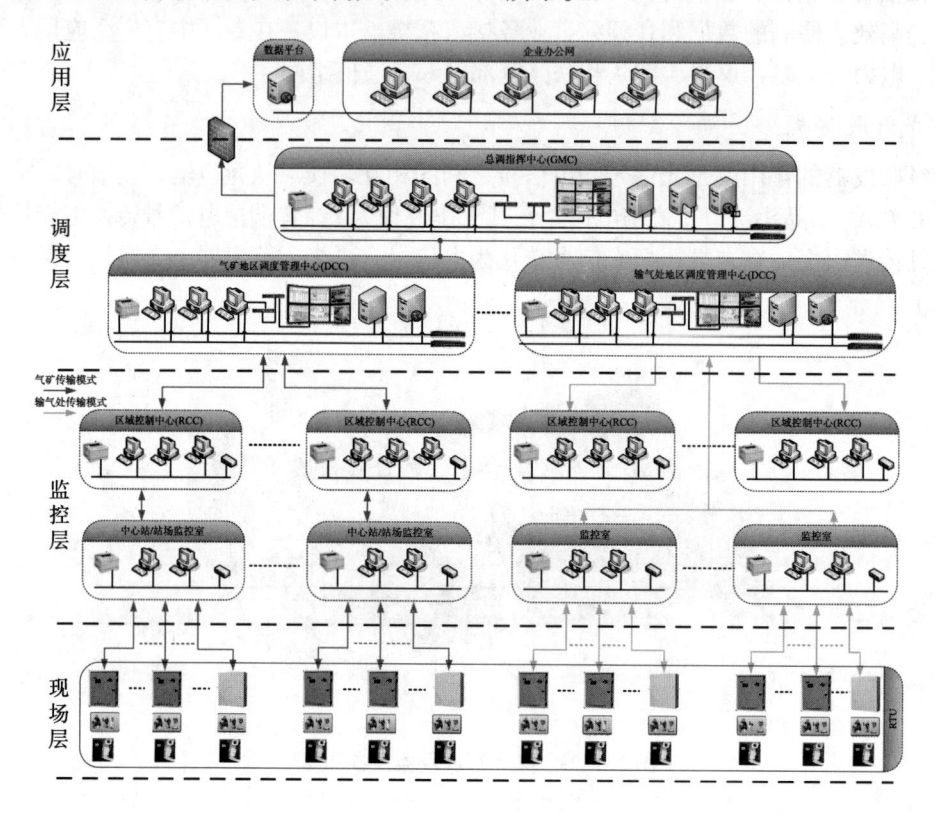

图 2-1-29　生产信息化系统框架结构示意图

根据业务需求及实现功能的不同，油气生产物联网系统建设按四级架构进行设计：即应用层、调度层、监控层和现场层。

（1）应用层：主要指生产数据经过处理之后的应用部分，包括数据平台的应用展示、各种基于数据分析和数据解释的应用。企业办公网从数据平台读取的数据主要用于 OA、生产运行管理指挥系统等的应用。

（2）调度层：是主要行使调度功能的集中管理单元，是实现生产调度管理的重要平台。调度层通常指设置在地区公司的总调指挥中心和设置在各二级单位的区域调度管理中心。

（3）监控层：是主要行使监控功能的集中管理单元，是实现生产监控、执行生产指令的重要平台。监控层通常指设置在作业区的区域控制中心、中心站监控室和站场监控室。

第一章　数据采集

（4）现场层：主要指实现现场生产数据采集、现场智能仪表设备的静动态信息和自诊断信息数据的采集、声光报警、入侵探测、工业视频监控、双向语音对讲及喊话、远程控制、状态检测及实时故障报警、电量检测及智能管理等功能的单元，包括现场仪表、设备标签、工业手持终端、RTU 控制器、控制柜、工业视频监控设备、双向语音对讲及喊话设备、声光报警设备、入侵探测设备、太阳能供电系统、电动阀、ESD 系统等。

以西南油气田为例，数据传输主用网络拓扑层次采用三层结构方式，第一层为核心层：即 总调度指挥中心（GMC、BGMC）之间构成核心网络层；第二层为汇聚层，即 GMC、BGMC 到各二级单位及所辖作业区（RCC）之间构成汇聚层；第三层为接入层，即各二级单位所辖作业区到中心站场和单井站之间构成接入层。

生产网络在作业区以上采用双网冗余设计。作业区以上主用通信电路依托地面石油专网光纤通信传输，备用电路为 VSAT 卫星通信或采用租用公网数字电路方式。作业区以下主要采用光纤通信传输、租用链路以及无线通信方式。

通信网络架构示意图如图 2-1-30 所示，其中实线代表有线通信，虚线代表 3G/4G 无线通信。

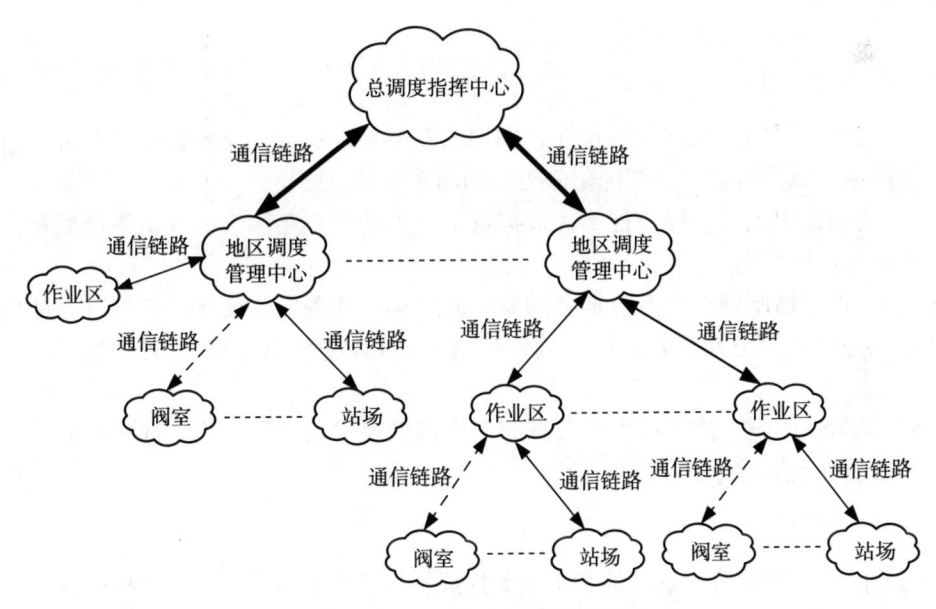

图 2-1-30　通信网络架构示意图

第二章　数据管理

第一节　数据编码

数据编码是为了便于使用、容易记忆，用一个编码符号代表一条信息或一串数据，并作为传送、接受和处理的一组规则和约定。油气田数字化系统中存在大量的数据，为了方便地对这些数据进行分类、校核、合计、检索等应用，数据编码显得异常重要。

一、数据分类

（一）分类原则

（1）系统性原则，数据资源存在着密切的联系和广泛的交叉。数据资源分类应保持简化分类体系、减少信息冗余、优化分类结构的系统性原则。

（2）实用性原则（可操作性），数据资源分类的终点是用户的人机界面展示，因此要充分考虑实用性原则。

（3）可扩充性原则，生产数据会随着时间推移，业务发展而得以扩展，因此数据资源分类体系应保证充分地可扩充性，确保信息种类和数量的增加不会因分类体系而造成影响。

（4）科学性原则，油气田生产数据编码应遵循科学性原则，优先选择最能代表该数据属性的本质特征进行分类。

（二）分类方法

将初始的分类对象按所选定的若干个属性或特征（作为分类的划分基础）逐次地分成相应的若干个层级的类目，并排成一个有层次的、逐级展开的分类体系。在这个分类体系中，同位类的类目之间存在着并列关系，下位类与上位类的类目之间存在着隶属关系，同位类的类目不重复、不交叉。

二、编码规则

为保持一致性，编码规则应由地区公司统一规划、各下属单位严格执行。以西南油气田为例，在生产信息化大规模建设前，便统一规划了编码规则。

（一）数据库标签与命名

以西南油气田为例，数据库标签与命名规则参照 Q/SY 201—2007《油气管道监控与

第二章 数据管理

数据采集系统通用技术规范》，并结合生产运行管理信息系统编码规则进行编制。数据库标签由17位字符（包括字母、数字）组成，编码规定如图2-2-1所示。

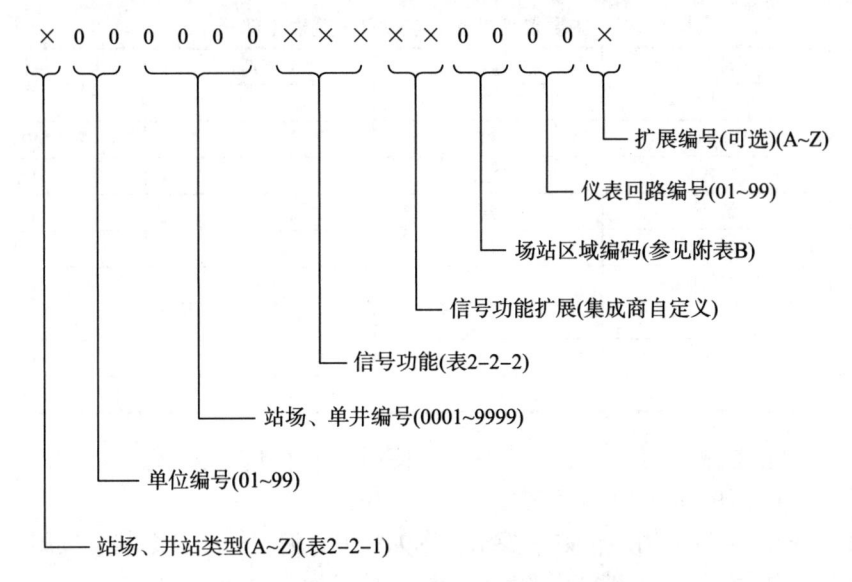

```
× 0000000 ×××× 0000 ×
```

- 站场、井站类型(A~Z)(表2-2-1)
- 单位编号(01~99)
- 站场、单井编号(0001~9999)
- 信号功能(表2-2-2)
- 信号功能扩展(集成商自定义)
- 场站区域编码(参见附表B)
- 仪表回路编号(01~99)
- 扩展编号(可选)(A~Z)

图 2-2-1 数据库标签与命名规则

（1）后14位可用于站控制系统人机界面数据库，前3位与后14位共同用于各级中心SCADA系统数据库。

（2）站场、类型采用1位字母表示（A～Z），按表2-2-1的规定执行。

表 2-2-1 场站类型代号

序号	字母	工艺站场类型	序号	字母	工艺站场类型
1	A	井站	14	N	天然气脱硫厂
2	B	清管站（包括分输清管站）	15	O	脱硫站
3	C	分输站（包括分输计量站）	16	P	脱水站
4	D	压气站	17	Q	污水处理站
5	E	远控阀室（包括远控分输阀室）	18	R	增压站
6	F	泵站（包括热泵站）	19	S	注水站
7	G	加热站	20	T	未定义的其他站场类型
8	H	减压站	21	U	
9	I	采气站	22	V	
10	J	防腐站	23	W	
11	K	集气站	24	X	
12	L	接转站	25	Y	
13	M	配气站	26	Z	

（3）站场、单井编号由4位数字表示，其中站场编号取生产运行管理信息系统中站场代码后3位，不足4位时从左至右补0处理；井站编号取生产运行管理信息系统中单井代码后4位。

（4）信号功能编号采用字母表示，见表2-2-2。信号功能编号采用左起编制方式进行编码。不足五位的用数字0补位。例如进站压力数据的表示方式为PT0。其中PT代表压力，0作为补位数字。

表2-2-2 主要仪表设备文字代号一览表（部分）

序号	变量名称	符号	小数点后位数	单位
1	温度	TI	1	℃
2	压力	PI	3	MPa
3	差压	PDI	3	kPa
4	流速	Fv	3	m/s
5	瞬时流量	Fl	7	m^3/d
6	日累计流量	FQ	7	m^3
7	液位	LI	3	m
8	阴保电位	CP	2	V
9	硫化氢	H_2S	1	mg/m^3

（5）信号功能扩展编号供集成商自行编制使用，用于扩展相关仪表功能，并且提供信号功能扩展编号说明文件，不使用的用数字0补位。

（6）仪表回路编号采用两位数字表示，例如：01、02、……。编制时按照工艺流程图中由左至右，由上至下，由进至出的原则进行顺序排列。

（7）扩展编号主要用于数据点细分工作时使用，使用单位出具该编号的使用，不使用的用数字0补位。

（二）视频图片命名

视频图片命名方式按照报警分类信息+Sn（Serial Number）码+视频图片生成时间信息的方式（共计27位编码）进行命名。为确保命名格式的统一，将对以下关键参数进行规范。

报警戳："A"；唯一编码号："＜SN＞"号；视频图片时间信息："yyyyMMddHHmmss"。

（1）报警戳"A"。

在命名格式 A＜Sn＞yyyyMMddHHmmss 中，第一位"A"是图片的报警戳，用来表示这张图片是否报警，报警戳使用一位字符代码表示：代码"0"，表示正常视频图片；代码"1"，表示报警视频图片。

（2）设备唯一标识号"Sn"。

在命名格式 A＜Sn＞yyyyMMddHHmmss 中，中括号内的 Sn 表示摄像机在公司范围内的唯一标识，该编码由生产数据平台统一生成。

（3）视频图片时间信息。

在命名格式 A＜Sn＞yyyyMMddHHmmss 中，yyyyMMddHHmmss 表示视频图片生成时间信息，yyyy 表示年；MM 表示月份；dd 表示天；HH 表示小时；mm 表示分；ss 表示秒；例如2012年10月8日9点9分9秒的视频图片，时间信息就应当是"20121008090909"。

完整的视频图片命名示例如图2-2-2所示。

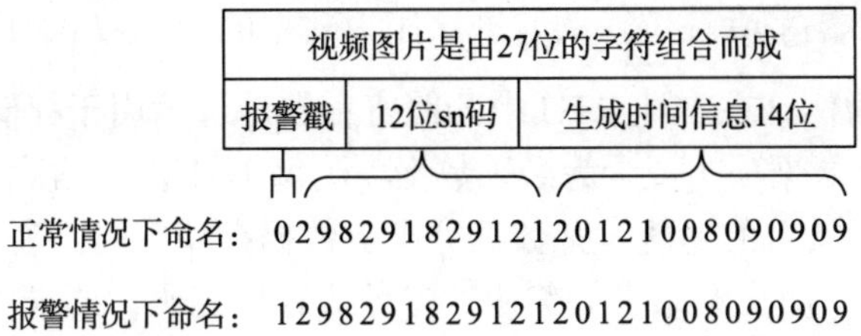

```
┌─────────────────────────────────┐
│   视频图片是由27位的字符组合而成    │
│ 报警戳 │ 12位sn码 │ 生成时间信息14位 │
└───┬────┴────┬─────┴─────────────┘
```

正常情况下命名： 029829182912120121008090909

报警情况下命名： 129829182912120121008090909

图 2-2-2　视频图片命名示例

第二节　数据存储

一、存储介质

存储介质是指存储数据的载体，比如软盘、光盘、硬盘、闪存、U 盘、CF 卡、SD 卡、MMC 卡、SM 卡、记忆棒（Memory Stick）、xD 卡等。流行的存储介质是基于闪存（Nand flash）的，比如 U 盘、CF 卡、SD 卡、SDHC 卡、MMC 卡、SM 卡、记忆棒、xD 卡等。

根据介质的工作特性，存储介质可分为以下几类：

（1）随机存取存储器（RAM），用户可以用编程器读出 RAM 中的内容，也可以将用户程序写入 RAM，因此 RAM 又称为读/写存储器。RAM 的工作速度高，是易失性的存储器，将它的电源断开后，储存的信息将会丢失。

（2）只读存储器（ROM），ROM 的内容只能读出，不能写入。它是非易失的，它的电源消失后，仍能保存储存的内容。

（3）电子程序控制只读存储器（EPROM），它是非易失性的，但是可以用编程器对它编程，兼有 ROM 的非易失性和 RAM 的随机存取优点，但是写入信息所需的时间比 RAM 长。

EPROM 是一种具有可擦除功能，擦除后即可进行再编程的 ROM 内存，写入前必须先把里面的内容用紫外线照射它的 IC 卡上的透明视窗的方式来清除掉。这一类芯片比较容易识别，其封装中包含有"石英玻璃窗"，一个编程后的 EPROM 芯片的"石英玻璃窗"一般使用黑色不干胶纸盖住，以防止遭到阳光直射。

二、存储方式

油气田数据存储采用"本地控制器—中心站—区域控制中心—地区控制中心"的多层级方式存储。其中本地控制器对关键控制信息、通信中断数据在自带的寄存器中进行本地存储，中心站、区域控制中心、地区控制中心对各自所属站场数据在站控系统中以数据库的形式进行存储，当数据量大时采用磁盘阵列等方式存储。

（一）本地控制器存储

以阀室生产数据为例，在本地 RTU 中开辟寄存器地址，用于存储关键数据和通信中断的缓存数据、将重要数据项（至少为必采数据项）每小时记录一次，需保存一个月。

根据阀室控制单元具有的功能，把数据分类成数据存储编码（表 2-2-3）、控制指令存储编码（表 2-2-4）、历史记录存储编码、参数表存储编码，要求以上四种类型的数据存储在本地控制器中需依次序存放。

表 2-2-3 阀室数据存储编码

数据描述	存储地址	数据格式	存储类型	说明
类型	N+0	整型	设定值	1：监视阀室 2：监控阀室
进阀室压力	N+1	实型	实际值	
出阀室压力	N+3	实型	实际值	
气体浓度	N+5	实型	实际值	
入侵检测	N+7	整型	实际值	
爆管检测压力	N+9	实型	实际值	
压降速率	N+11	实型	实际值	
备用	N+13	实型	实际值	预留
备用	N+15	实型	实际值	预留

注：①N 为控制器通用寄存器存储起始地址。
②同一控制器存储地址必须避免地址重叠。

表 2-2-4 控制指令储存储编码

数据描述	存储地址	数据格式	说明
切断阀控制	M+0	整型	1 关阀指令 2 开阀指令 动作执行完毕清 0
通信系统关闭控制	M+1	整型	1 关闭通信系统动作执行完毕清 0
通信系统关闭时长	M+2	整型	单位分钟，到达时长后自动开启
备用	M+3	整型	预留
备用	M+4	整型	预留
备用	M+5	整型	预留
备用	M+6	整型	预留
备用	M+7	整型	预留
备用	M+8	整型	预留
备用	M+9	整型	预留

注：①M 为控制器通用寄存器存储起始地址。
②同一控制器存储地址必须避免地址重叠。

（二）数据库存储

中心站、区域控制中心、地区控制中心是利用数据库的来存储大量数据的。

1. 数据库

数据库（Database）是按照数据结构来组织、存储和管理数据的仓库。简而言之可视为电子化的文件柜，存储电子文件的处所，用户可以对文件中的数据运行新增、截取、更新、删除等操作。数据库存储和管理中油气田生产数据，为生产动态分析和开发决策提供了重要基础。数据库可分为关系数据库、非关系数据库。

2. 数据库管理系统

数据库管理系统（Database Management System，简称 DBMS）是为管理数据库而设计的电脑软件系统，一般具有存储、截取、安全保障、备份等基础功能。

数据库管理系统主要分为以下两类：

1）关系数据库

关系数据库是创建在关系模型基础上的数据库，借助于集合代数等数学概念和方法来处理数据库中的数据。现实世界中的各种实体以及实体之间的各种联系均用关系模型来表示。几乎所有的数据库管理系统都配备了一个开放式数据库连接（ODBC）驱动程序，令各个数据库之间得以互相集成。典型代表有：MySQL、Oracle、SQL Server、Access 及 PostgreSQL 等。

2）非关系型数据库

非关系型数据库是对不同于传统的关系数据库的数据库管理系统的统称。与关系数据库最大的不同点是不使用 SQL 作为查询语言。典型代表有：BigTable（Google）、Cassandra、MongoDB、CouchDB。

第三节　数据调用

一、数据接口

数据接口是进行数据传输时向数据连接线输出数据的接口。例如常见的 RS-232 端口是最常用的一种串行通信接口。

数据接口的功能：实现数据可以从不同数据源进行实时采集。

接口规约：通常情况下，接口规约应包含以下信息：详细接口服务操作描述、数据类型、消息格式和结构、绑定的传输协议和服务的位置。

常用的数据接口有 ODBC、OLE DB、OPC、Webserver 等。现对其中部分常有的接口进行简要介绍。

（一）ODBC

ODBC：开放式数据库互联（Open Database Connectivity），是微软公司推出的一种实现应用程序和关系数据库之间通信的方法标准，是一个接口标准。所以它实际上是一种标准，符合标准的数据库就可以通过 SQL 语言编写的命令对数据库进行操作，但只能针对关系数据库进行操作（如 SQL Server，Oracle，Access，Excel 等），目前所有的关系数据库都符合该标准。ODBC 本质上是一组数据库访问 API（应用程序编程接口），由一组函数调用组成，核心是 SQL 语句。

一个基于ODBC的应用程序对数据库进行操作时，用户直接将SQL语句传送给ODBC，同时ODBC对数据库的操作也不依赖任何DBMS，不直接与DBMS打交道，它将所有的数据库操作由对应的DBMS的ODBC驱动程序完成，由对应DBMS的ODBC驱动程序对DBMS进行操作。也就是说，不论是FoxPro、Access还是Oracle数据库，均可用ODBC API进行访问。由此可见，ODBC的最大优点是能以统一的方式处理所有的关系数据库，具体如图2-2-3所示。

```
┌─────────────────────────────────────────────┐
│                ODBC应用程序                  │
└─────────────────────────────────────────────┘
                      │
┌─────────────────────────────────────────────┐
│             ODBC驱动程序管理器               │
└─────────────────────────────────────────────┘
        │              │               │
┌───────────────┬──────────────────┬──────────────┐
│Oracle ODBC驱动│SQL Server ODBC驱动│Excel ODBC驱动│
│   程序        │     程序          │    程序      │
└───────────────┴──────────────────┴──────────────┘
        │              │               │
┌───────────────┬──────────────────┬──────────────┐
│ Oracle DBMS   │ SQL Server DBMS  │  Excel DBMS  │
└───────────────┴──────────────────┴──────────────┘
        │              │               │
┌───────────────┬──────────────────┬──────────────┐
│  Oracle DB    │  SQL Server DB   │   Excel DB   │
└───────────────┴──────────────────┴──────────────┘
```

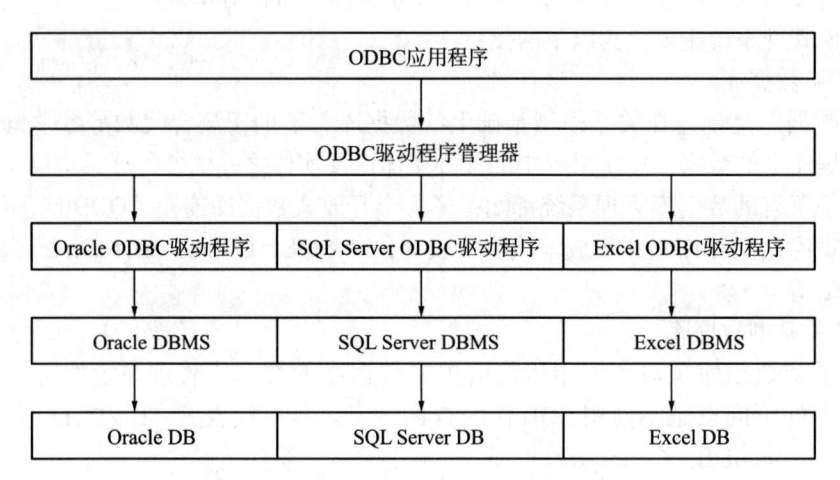

图2-2-3　ODBC应用程序对数据库操作流程

（二）OLE DB

OLE DB：数据库链接和嵌入对象（Object Linking and Embedding DataBase）。OLE DB是微软提出的基于COM思想且面向对象的一种技术标准，目的是提供一种统一的数据访问接口访问各种数据源，这里所说的"数据"除了标准的关系型数据库中的数据之外，还包括邮件数据、Web上的文本或图形、目录服务（Directory Services），以及主机系统中的文件和地理数据以及自定义业务对象等。OLE DB标准的核心内容就是要求对以上这些各种各样的数据存储（Data Store）都提供一种相同的访问接口，使得数据的使用者（应用程序）可以使用同样的方法访问各种数据，而不用考虑数据的具体存储地点、格式或类型。

OLE DB主要是由三个部分组合而成：

（1）Data Providers数据提供者：凡是透过OLE DB将数据提供出来的，就是数据提供者。例如SQL Server数据库中的数据表，或是附文件名为mdb的Access数据库档案等，都是Data Provider。

（2）Data Consumers数据使用者 凡是使用OLE DB提供数据的程序或组件，都是OLE DB的数据使用者。换句话说，凡是使用ADO的应用程序或网页都是OLE DB的数据使用者。

（3）Service Components服务组件：数据服务组件可以执行数据提供者以及数据使用者之间数据传递的工作，数据使用者要向数据提供者要求数据时，是透过OLE DB服务组件的查询处理器执行查询的工作，而查询到的结果则由指针引擎来管理。

（三）OPC

OPC 是 OLE for Process Control 的缩写，即应用于过程控制的 OLE。OPC 规范包括 OPC 服务器和 OPC 客户两个部分（图 2-2-4）。其实质是在硬件供应商和软件开发商之间建立一套完整的"规则"。只要遵循这套规则，数据交互对两者来说都是透明的，硬件供应商只需考虑应用程序的多种需求和传输协议，软件开发商也不必了解硬件的实质和操作过程。

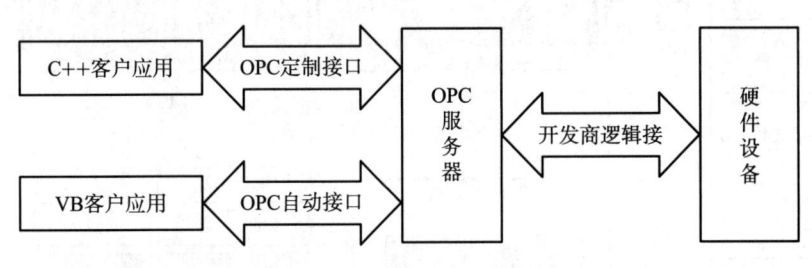

图 2-2-4　OPC 客户与 OPC 服务器

OPC 采用 Server/Client 架构 OPC Server 数据源，它本身拥有数据，或从其他系统、控制器、设备等得到数据。OPC Client 客户端，与 Server 交互，读或写。OPC 由以下几部分组成：

（1）Item：数据项对象，是读写数据的最小逻辑单元，一个数据项与一个具体的测点相连；数据项不能独立于组存在，它必须隶属于某一个组。

（2）Group：组对象，拥有本组的所有信息，同时包含 OPC 数据项（Item），组对象提供了客户组织数据的一种方法，组是应用程序组织数据的一个单位。

（3）Server：服务器对象，拥有服务器的所有信息，同时也是组对象（Group）的容器，一个服务器对应于一个 OPC Server，即一种设备的驱动程序。

二、数据订阅

数据订阅是指提供数据的交换和集成。数据订阅服务是一种在网络环境下在不同资源之间实现信息动态交换的一种信息共享机制，包括发送和接受订阅请求、自动获取变化的数据、分发用户订阅的内容、对本系统内的环境和数据进行自动维护并为整个网络提供分布式数据订阅服务。

数据订阅的原则：随着企业发展和业务融合的趋势，应用系统间存在大量的数据交换需求，数据订阅服务应保障异构系统之间数据的安全、可靠交换和共享，避免数据重复采集，保持基础数据的一致性。

PI 数据订阅实例，如图 2-2-5 所示。

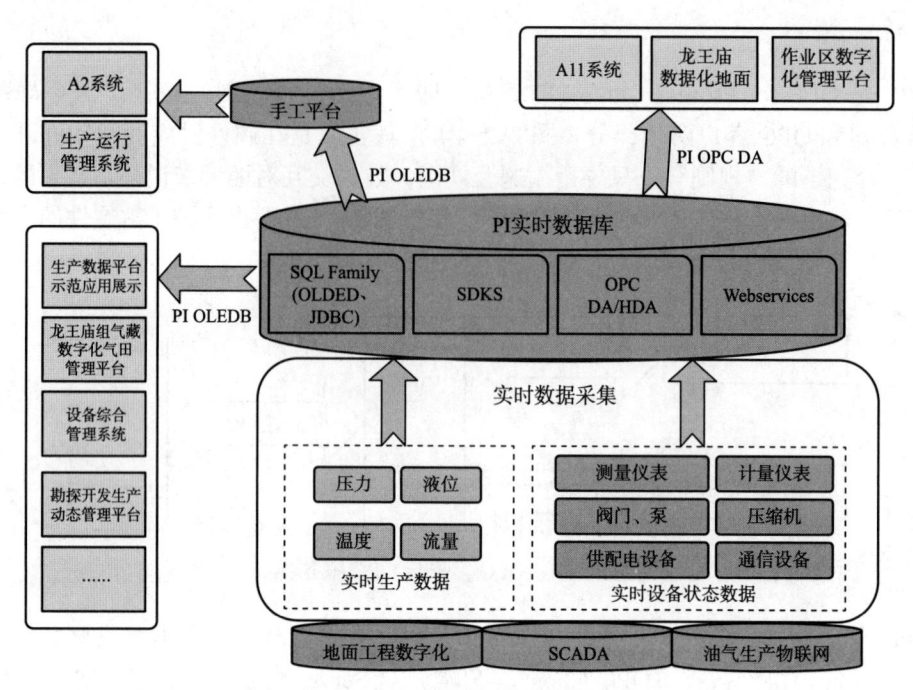

图 2-2-5　PI 数据订阅实例

PI 系统下有很多不同种类的接口，如 PI OPC Interface，PItoPI Interface，PI CNI Interface 等。

PI 接口可以安装在不同的服务器上，一般分三种安装类型，如图 2-2-6 所示。

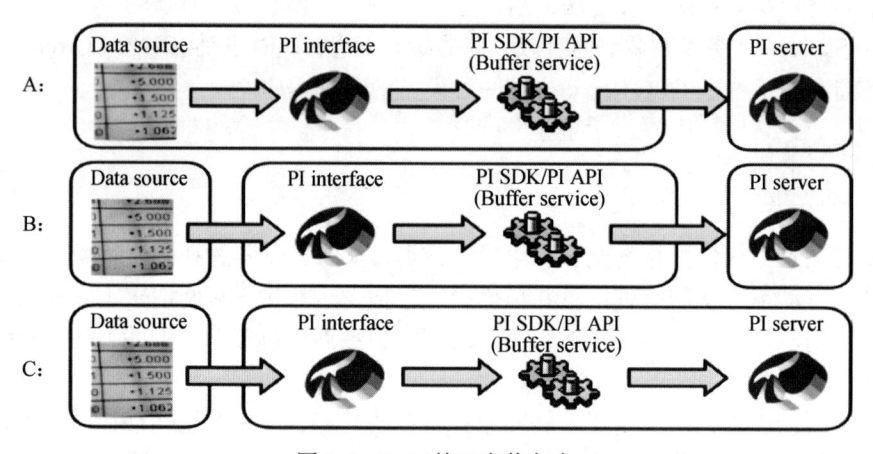

图 2-2-6　PI 接口安装方式

系统主要采用了三种接口类型：
（1）PI OPC Interface：采集作业区 OPC Server 中的实时数据。
（2）PI to PI Interface：二级单位 PI Server 与分公司生产网 PI Server 实时数据推送。
（3）PI CNI Interface：分公司生产网与办公网 PI Server 之间数据。

第三章 数据应用

第一节 概述

一、集团统建系统

常用的集团统建系统涉及生产、安全、经营管理领域共计 15 个，其中生产类 3 个，经营管理类 11 个，安全类 1 个。生产类系统主要有勘探与生产技术数据管理系统（A1）、油气水井生产数据管理系统（A2）、采油与地面工程运行管理系统（A5）。

（一）勘探与生产技术数据管理系统（A1）

勘探与生产技术数据管理系统（A1）是集团公司统建系统之一，A1 系统作为分公司勘探开发成果数据资源库，主要包括勘探开发成果数据采集、测井数据汇交、物探成果数据汇交、岩心数字化四大管理模块，满足油气田公司机关、各油气矿、研究院所以及事业部对勘探生产技术数据的需求。2016 年 A1 系统进行了 2.0 版升级，通过数据订单、智能搜索等功能使 A1 系统的应用功能更加优化，并与专业软件建立了推送接口，实现系统数据在专业软件中的无缝应用。

（二）油气水井生产数据管理系统（A2）

油气水井生产数据管理系统（A2）是中国石油"十二五"信息技术总体规划的提升完善项目，是中国石油"油气水井生产数据管理"统一应用平台，包括日月年报的生产数据采集、处理、审核发布、关键生产指标分析预警及辅助决策支持，面向对象是油气田各级生产管理和研究人员。目前系统覆盖总部和 16 家油气田，管理了 28 万多口油气水井，用户 2.8 万多人，日均访问 8 千多人次，为油气田的生产管理和决策提供了有力支持。A2系统实现了历史数据、正常化数据统一规范、完整管理，为勘探开发业务提供了可靠的数据支持。

伴随着油气田生产业务和信息化的发展，不断有新的业务需求提出，原有的数据模型、处理算法及数据应用展示已经不能满足油田公司实际开发生产需要 A2 系统超长服役，原有设备已逐渐老化，急需升级改造。A2 系统 2.0 体系架构继承 1.0 的设计成果，系统架构包括数据采集、数据管理存储、系统应用三个层次，实现总部、油田公司、油气矿、作业区各层级油气水井的生产管理。A2 系统 2.0 功能架构由系统管理、模型管理、基础数据管理、数据采集、数据处理、应用展示、决策支持、数据服务 8 个子系统 41 个模块构成（图 2-3-1）。

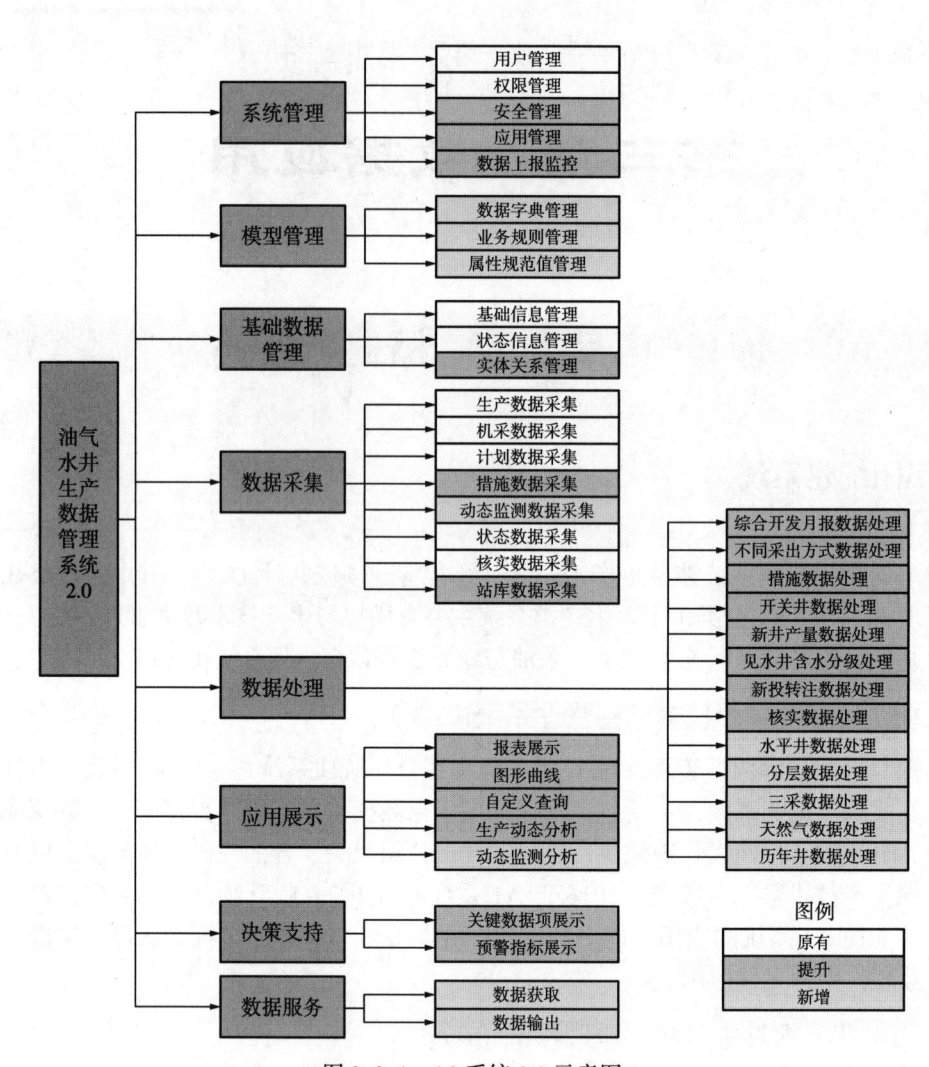

图 2-3-1 A2 系统 2.0 示意图

A2 系统 2.0 实现了系统以数据管理为核心向数据应用、集成应用为核心的跨越，在满足业务应用的范围和深度，系统应用功能以及集成应用等方面进行了重点的提升，实现了生产数据的采集、处理及发布等应用功能，提高油气生产运行和管理效率，全面支撑公司开发生产业务管理。

（三）采油与地面工程运行管理系统（A5）

采油与地面工程运行管理系统（A5）是中国石油地面工程统一管理平台，主要包含气集输系统、水处理系统、采气生产系统、井下作业系统四大功能模块，其中气集输系统包括采气井、增压站、输配气站、脱水站、集气站、阀室、清管站、处理厂、净化厂、气管线、压缩机、机泵、加热炉等站及设备的基础数据和生产运行数据的采集管理及关键指标对比分析功能；水处理系统包括水处理管线、过滤罐、水处理设备、水处理机泵、气田水回注井、气田水转输处理站等生产数据的采集管理及关键指标对比分析功能；采气生产系统包括采气树、井下节流器及安全阀等采气井设备、采气井防护、排水采气等生产数据的采集管理及关键指标对比分析功能。井下作业系统由施工单位每天填报或导入日报，开发管理人员可跟踪井下作业施工情况，同时实现作业在线设计、流转及查询打印等作业设计系统化和规范化管理。

二、地区自建系统

西南油气田分公司应用系统涵盖勘探、开发、运行、管道、工程、销售、经营办公、安全环保、科研协同、数据集成应用共计22个。主要应用包括作业区数字化管理平台、生产运行管理平台、生产数据集成整合与智能分析系统、协同办公平台。

（一）作业区数字化管理平台

作业区数字化管理平台以作业区业务管理和一线场站基础工作标准化成果为基础，借助于物联网、移动应用和大数据技术，建立作业区基础工作闭环管理与生产运行安全环保预警管理模式，实现作业区基础工作和业务管理的规范化操作、数字化管理和量化考核，从而全面提升作业区数字化管理水平，为优化生产组织形式、强化安全生产受控、提升油气田生产效率和效益提供保障。

平台业务上覆盖了生产管理、QHSE管理、经营管理、综合管理四大领域，技术上遵从SOA技术架构，通过数据总线（ESB）与相关信息系统实现高效率数据集成和应用。平台具备四大目标：一是建立一线场站基础工作质量标准信息化支撑。基于公司开发生产基础工作标准化管理成果，梳理采油气、集输气、输配气、增压、脱水、转水、气田水回注等场站以及管线的基础工作质量标准和"两书一卡"，建立标准体系数据库和开发移动应用，有效推动作业区基础工作质量的改善和提升。二是将基础数据采集应用融入场站日常操作。以一线场站基础资料标准化工作为参照，结合现场基础工作的具体要求，采用移动应用模式实现现场操作过程中的基础数据录取，避免数据交叉或重复、简化数据采集工作。三是规范作业区业务工作流程化管理。基于公司逐步规范的作业区业务管理流程，按照巡回检查、常规操作、维护保养、检查维修、分析处理、属地监督、危害因素辨识、变更管理、物料管理、作业许可、日常事务等11类管理流程，实现一线场站和管线基础工作的标准化管理，实现作业区生产管理、HSE管理、经营管理、综合管理的规范化管理。四是实现作业区基础工作精细管理、量化考核。以基础工作质量标准为依据，以基础工作规范化管理为基础，实现作业区基础工作可视化监督、多维度评价和可量化考核。

（二）生产运行管理平台

生产运行管理平台是集生产调度管理、钻井运行管理、土地管理、自然灾害防治管理、水电管理、油地关系协调管理六个子系统于一体的综合性管理平台，是公司生产运行管理部门重要的信息化管理平台。涉及井站员工操作使用的主要是生产调度管理子系统，以手工平台为主要维护操作对象，包括数据采集与数据质量管理两大部分。其中，数据采集通过手工平台实现单井、管线、用户、增压、脱水等业务数据的汇集、审核与发布。数据质量管理采取分级管理模式，层层把关制度，实行作业区—气矿—公司三层审核机制。

（三）生产数据集成整合与智能分析系统

生产数据集成整合与智能分析系统是为解决中心站数据录入多、数据采集系统多、数据处理耗时多等生产现状，组建专项攻关团队，深入生产现场开展调研，寻根求源分析出提升班组报表和数据可靠性的根本措施，历时半年研发成功。该系统以"源头采集、智能核准、全面共享"为原则，基于数据集成整合思路，对物联网实时数据、作业区数字化管理平台管理数据进行深化应用，集成整合了重庆气矿井站数字化管理系统等多个气矿在用自建系统，实现开发生产主要业务功能全覆盖，同时建立与主数据系统、A2、A4、A5、设备综合管理系统、生产运行管理平台、作业区数字化管理平台等系统接口，打通系统间壁垒，实现了开发生产业务领域全要素信息化管理。

该系统拥有数据配置、井站报表、数据分析、手工数据、系统管理5个一级模块，80个子模块。系统通过规法基础数据配置、数据质量核查、数据共享服务三大业务数据管理流程，实现了数据项模板化、配置可视化、核准智能化、服务共享化。同时，应用大数据、实时数据趋势、数据质量分析等先进信息技术手段，实现数据源统一、数据自动核准、报表自动生成、SCADA坏点监控、实时趋势多维分析、清管周期预测、管线泄漏预警、腐蚀数据智能管理等八大数据管理和应用分析功能。

（四）协同办公平台

西南油气田分公司协同办公平台通过对日常办公资源、业务的信息化管理，并对办公相关信息进行集成，建立移动化应用，实现信息协同、高效办公。平台建设与整合办公相关信息系统，满足办公流程化、一体化和移动化的应用需要，形成公司统一、协同、高效的协同办公平台。项目建设所涉及的主要业务为实现与分公司自建办公系统的办公事务待办集成与处理跳转；日常办公管理和办公资源管理；通过分公司移动应用平台实现分公司协同办公平台重要功能的移动化应用。

第二节　数字孪生体

一、数字孪生体的概念

数字孪生是一个物联网概念，指在信息空间内对一个结构、流程或者系统进行完全的虚拟映射，使得使用者可以在信息空间内对物理实体进行预运行，通过运行反馈回来的数据对物理实体的各方面进行评估，对产品或系统的设计进行优化。在物理实体运行过程中，数字孪生也可以通过传感器等数据源在虚拟空间里实时映射，通过异常数据实现故障精确快速的诊断和预测。

数字孪生五维模型是在数字孪生三维模型的基础上提出的，新增加的两个维度分别是孪生数据和服务。5个维度分别是物理实体（PE）、虚拟实体（VE）、孪生数据（DD）、服务（Ss）和各部分的连接（CN）。其中，物理实体是数字孪生模型的基础，是客观实体，如系统中的各个功能子系统及其上的传感器。虚拟实体是物理实体的镜像，模拟物理实体的真实状态。服务系统为物理实体和虚拟模型系统的运行提供了可靠的保障。孪生数据中包含着数字孪生系统运行时的实时数据，并且不断地更新和驱动着数字孪生系统的运行。将以上各个部分进行相互连接，保证数据的实时传输和系统的稳定运行。

二、数字孪生技术体系

数字孪生的发展和实现是众多技术共同发展的结果，从数据采集到功能实现主要分为四层，分别为数据采集传输层、建模层、功能实现层、人机交互层。每层之间是递进关系，都将上一层的功能实现扩展和丰富。数据采集传输层是整个数字孪生系统的支撑，整个系统运行所需数据都是通过这层的传感器等采集传输，另外系统运行后产生的历史数据也会在这层实现存储，以待利用。相比于设备维护人员或者相关专家的经验，灵敏的传感器采集到的产品数据更能体现产品的实时状态，这是整个系统的基础。建模层主要分为建模部分和运算部分。建模部分是对数据采集传输层传输来的数据进行特征提取，完成物理系统抽象和建模，该模型能够实现对物理系统的实时映射或者超前预测，对物理系统的故障进行检测和预防，对寿命进行预测，并结合物理系统实时和未来的状态评估任务完成度。运算部分主要分为嵌入式计算和云计算。嵌入式计算完成实时数据的计算和处理，减少传输数据时耗，提升孪生系统实时性；云计算完成复杂的建模计算和历史数据分析，减少现场进行复杂运算的压力，提升工作效率。本层是数字孪生系统的核心，是连接现实数据和数字模拟的通道。功能实现层是利用建模层的模型和数据分析结果来实现预期的功能，包括为物理系统从设计到后勤保障整个寿命周期提供相应的功能。作为数字孪生系统最核心功能价值的体现，该层能准确实时地反映物理系统的详细情况，并实现辅助决策等功能，提升物理系统在寿命周期内的性能表现和用户体验。人机交互层主要功能是为用户与数字孪生系统之间提供清晰准确的交流通道，让使用者能够迅速掌握物理系统的特性和实时性能，获得分析决策的数据支持，并能便捷地向数字孪生系统下达指令。理想情况下人机交互层包括但不限于触觉、视觉、听觉交互，在虚拟现实、3D投影以及人工智能等技术的发展下，集成3D动作感知和重力感知等，使用户身临其境地掌握和操控整个系统。作为直接面向用户的窗口，该层的衡量指标是易用性和友好性。

三、数字孪生体应用

数字孪生技术对计算机计算性能、传感采集性能、数据分析等要求十分高，因此受限于技术水平，使得数字孪生概念在提出伊始并没有得到重视，随着硬件条件的进一步发展，数字孪生才得到初步的应用。从产品全寿命周期角度来看，在产品或系统设计开发完成投入运营之前，可以使用数字孪生技术实现对设计的优化或者对生产性能的评估；在产品生产制造阶段，可以通过数字孪生技术将产品难以测量的数据进行虚拟映射，更加详细地将产品的状态刻画出来，降低生产难度，提高产品性能的稳定性。在产品或系统运行过程中，可以通过数字孪生技术在信息空间内对产品的运行参数和指标进行全方位监测，及时发现异常数据，从而指导产品的维护和故障预防。后勤保障时，通过采集产品内部数据构建虚拟模型，与海量历史数据进行对比，从而实现精确快速的定位和诊断。通过对数字孪生技术，使得产品从设计到后勤保障都能从内到外清晰明确地展现在用户面前，将生产过程做到透明化、精确化和智能化。

（一）在产品设计中的应用

使用数字孪生技术可以更加高效地开发产品。产品设计是根据用户提出的需求，设计解决方案来完成产品开发的过程。而基于数字孪生的产品设计，一般是通过虚实结合，用虚拟孪生体来模拟真实产品的设计过程，通过对虚拟模型进行设计、评估、测试等可以完全反映真实物理产品的全生命周期。基于数字孪生的产品设计将产品设计依靠个人经验型的驱动方式转变为孪生数据的驱动方式，从而可以规避产品设计中的人为错误。此外，数字孪生将传统的被动式创新转变为基于数据挖掘的主动式创新。

（二）在机电设备故障预测中的应用

将数字孪生技术引入到故障预测和健康管理技术中，通过物理实体和虚拟模型的虚实结合，以及信息物理数据的深度融合可以极大地增强故障预测和健康管理技术的使用效果，可靠性和有效性得到大大增强。对于物理风机建立虚拟模型来仿真其真实运行状况，通过物理实体和虚拟模型之间的数据实时传递来对比两者参数的一致性，从而对机电设备来进行故障预测，并做出相应的决策。

（三）产品质量分析中的应用

对于产品，除了需要设计精确合理的制造工艺，还要对其生产过程的加工质量进行实时分析，如果出现了加工质量问题，还应该准确定位出发生故障的关键点，发现问题并及时修改，保证产品的质量。在基于数字孪生的产品质量分析过程中，可以准确定位产品制造加工的各个环节；在虚拟模型的仿真运行下，可以实时地分析产品的质量。虚拟模型会对产品加工过程的相应数据进行分析，对产品的加工质量进行预测以及进行质量问题追溯。基于数字孪生的产品质量分析可以对产品的加工质量进行实时分析，可以对加工过程进行质量的优化控制，通过对数据的分析和自我学习来不断地改善产品加工质量。不过基于数字孪生的产品质量分析还并不完善，还有很多的难题没有得到解决，如基于虚拟模型的仿真智能预测算法的困难性、产品优化决策的困难性等。

（四）石油天然气管道全生命周期管理中的应用

在石油天然气行业，管道建设的过程包括设计和施工，这个过程也是建立管道数字孪生体的过程，从设计阶段开始统一数据标准，建立贯穿全生命周期的数据模型，基于GIS技术完成现场勘查、管道与站场的设计，形成最初的虚拟管道。在设计验证阶段，可以根据其他相关管道历史数据和实验数据对虚拟管道的功能进行初步验证，以减少后期的变更频率。在验收阶段，虚拟管道的可视化展示可提高评审专家的直观体验，从而高效沟通技术问题。施工阶段继承设计阶段的数字化成果，并进一步增加或修正相关数据，主要包括：管道中心线、里程桩、强焊缝、弯头、防腐层等管道本体数据，全自动超声波、数字射线等检测结果数据，自动焊机、机械化补口等施工过程数据，周边建筑物、地质水位信息、道路信息、生态保护区等周边环境数据。通过数据更新不断完善虚拟管理，并基于虚拟管道的分析和预测指导施工过程。在站场的建设过程中，涉及采购输油泵、压缩机组、阀门等相关设备，厂商在提供实体设备的同时，也需要提供虚拟设备，虚拟设备作为样品需要先测试其在虚拟管道工艺流程中的可用性和适用性，通过仿真测试为实体设备的选商选型以及调试测试提供指导。如建立 PLC 与虚拟设备的逻辑连接，通过 PLC 生成控制信号，虚拟环境中的设备作为受控对象，模拟整个工艺流程，在采购和安装物理设备前，发现相关问题并予以解决。管道施工的完成进一步完善管道数据、优化虚拟管道模型，为管道的运行维护提供了数据基础。

管道建设过程中同步建立的管道数字孪生体将在管道运行阶段继续发挥作用。在管道安全运行过程中，从实体管道中实时获取设备状态、控制参数、工艺参数等信息，不断完善管道数据孪生体，根据油气调运任务，通过虚拟管道的流体力学模型、能耗模型等工业机理模型，结合管道孪生数据中的相关历史数据，对油气调运计划进行仿真、预测分析及迭代优化，最终使生产运行中的资源配置、设备启停时间、流向优化、节能环保、生产安全等指标达到最优，同时管道数字孪生体对运行操作结果的预测分析也提升了管道系统的容错性，从而减少了管道运行事故。

在维检修作业中，管道服务系统根据维检修体系文件、作业指导书、历史数据以及设备设施实时运行状况进行智能预测，结合 ERP 系统中的物料数据，初步制定出维检修工作计划，经过虚拟管道的仿真运行以及管道服务系统的预测与优化，形成最终的工作计划，据此对实体设备或管道本体进行维检修操作。在操作过程中，实体管道与虚拟管道实时融合，通过虚拟管道的在线仿真设备或管道本体数据，不断修正操作步骤，最终完成维检修工作。通过数字孪生体可以直观观察设备内部结构，结合智能诊断技术提升设备维检修效果；识别地下管道、光缆等隐蔽工程的位置及土壤阻力信息，通过智能挖掘技术计算最优挖掘轨迹并转化成控制参数，有效减少对管体及其设施的破坏。

在应急演练过程中，根据历史事件事故的数据记录、管道相关数据以及现有应急预案，在管道服务系统中制定应急演练预案，通过虚拟管道仿真模拟爆炸损害、泄漏扩散、污染分析、自然灾害影响等应急场景，建立事故模型，并在虚拟管道上仿真演练，提升应急工作的培训效果，不断优化应急预案。在应急事件发生时，通过虚拟管道实时接收实体管道的变化状态，从虚拟管道中初步分析判断事件的类型和级别，通过管道服务系统智能调度应急资源，并制定应急方案，在现场应急抢修工作中通过智能装置实时获取实体管道的相关数据，为现场的实时操作和决策提供数据支撑。

第三节 智能化技术

物联网、5G 通信、大数据、人工智能是掀起新一轮科技革命和产业革命的四大重要信息技术，其市场应用成熟度满足油气行业"十四五"期间智能油气田建设的探索研究应用（图 2-3-2）。这四种技术内在联系紧密，全面推广应用需要彼此支撑。其中，物联网、5G 是应用基础，大数据技术是应用关键，人工智能是应用成效。

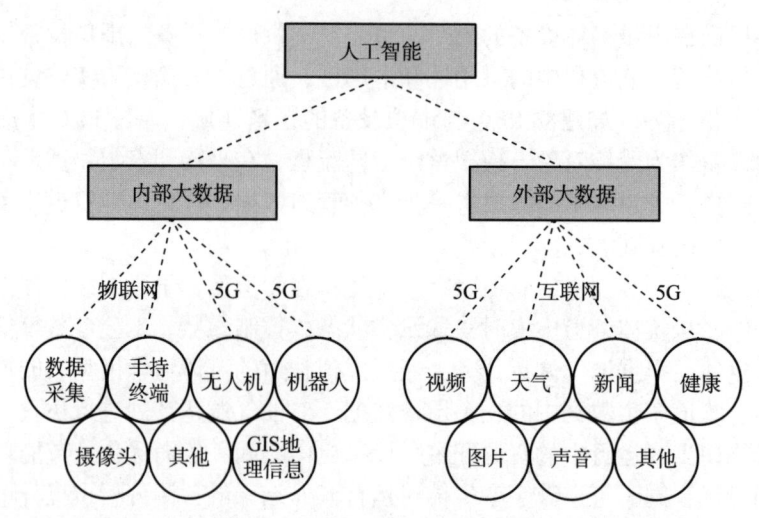

图 2-3-2　物联网、5G 通信、大数据、人工智能技术关系图

一、物联网技术

　　物联网是以智能设备组网互联和依托无线射频识别（RFID）、红外感应等传感器技术实现非智能设备并网接入实现企业设备"物物相连"的技术，物联网内各物体之间可进行信息交互、智能运转，企业管理者通过集中管理平台，实现现场智能设备的集中管控与优化调度。物联网技术在石油行业的应用，实现了油气田生产现场数据集中监视、关键工艺远程控制、生产辅助设施自动运转、智能设备集中管理、生产指挥智能高效等数字化管理，将传统的现场工作模式转变为物联网条件下"无人值守＋电子巡井＋远程操控＋周期巡护"的数字化管理模式，通过物联网条件下生产管理业务的重塑，正催生油气田数字化管理的转型升级，实现人力资源节约优化、生产效率效益提升（图 2-3-3）。

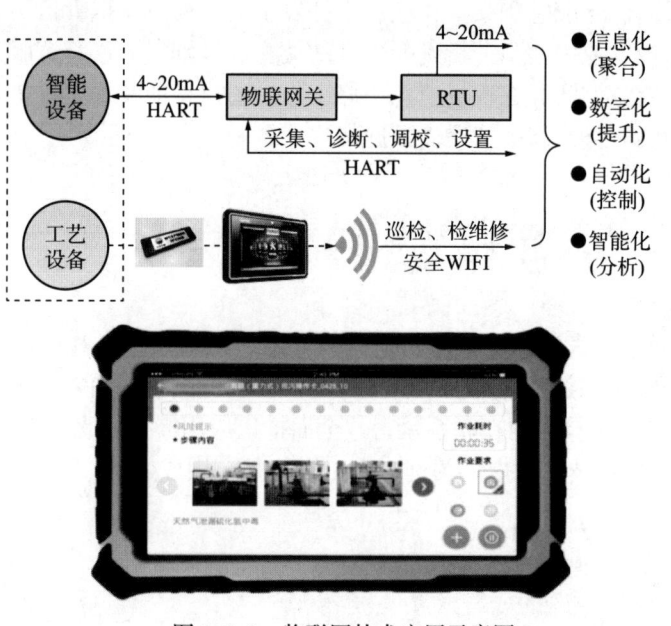

图 2-3-3　物联网技术应用示意图

二、5G通信技术

5G通信是第五代移动通信网络，由基站、承载网、核心网组成。5G通信主要有增强型移动宽带（eMBB）、超可靠低时延通信（uRLLC）和海量大规模连接物联网（mMTC）等三大应用，具有高带宽、大连接、低时延的特性。5G网络从人与人的沟通扩大到人与物、物与物的沟通，连接数成倍增长，网络也会越来越复杂。通过构建分布式的核心网络，网络切片根据不同应用场景的需求，将物理网络划分成多个虚拟网络。可以优化网络资源分配，实现最大成本效率，满足多元化需求。通过切片的方式，在一张物理网络上实现双网独立，并能通过灵活的资源调配实现行业网与大网的协同，可广泛服务于各类应用场景（图2-3-4）。

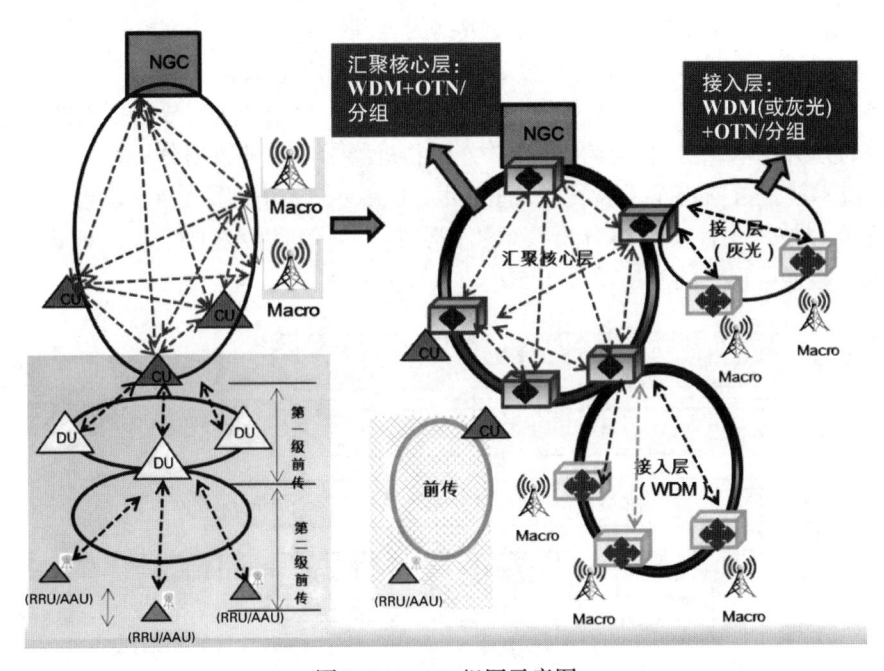

图 2-3-4　5G组网示意图

三、大数据技术

（一）大数据的定义

大数据（Big data），IT行业术语，是指无法在一定时间范围内用常规软件工具进行捕捉、管理和处理的数据集合。研究机构Gartner给出定义，"大数据"是需要新处理模式才能具有更强的决策力、洞察发现力和流程优化能力来适应海量、高增长率和多样化的信息资产。大数据有5V特点，即Volume（大量）、Velocity（高速）、Variety（多样）、Value（低价值密度）、Veracity（真实性）。

大数据主要包括结构化、半结构化和非结构化数据，非结构化数据越来越成为数据的主要部分。据互联网数据中心IDC的调查报告显示：企业中80%的数据都是非结构化数据，主要包括图形、图像、文本、语音、视频等，这些数据每年都按指数增长60%，预计2020年全球数据总量将达到40ZB。大数据就是互联网发展到现今阶段的一种表象或特征而已，这些原本看起来很难收集和使用的数据开始容易被利用起来了，通过各行各业的不断创新，大数据会逐步为人类创造更多的价值。

（二）大数据技术体系

大数据技术主要围绕"数据价值化"这个核心来展开，涉及数据采集、数据整理、数据存储、数据安全、数据分析、数据呈现和数据应用等技术。

数据采集技术，涉及物联网技术，物联网是大数据主要的数据来源，也可以说没有物联网的发展就不会有大数据。数据采集技术还包括互联网数据、企业数据等采集。

数据整理技术最常见的就是数据清洗，常规的数据清洗技术涉及规则表达式和Sql语言的运用，以及根据具体的业务规则对于数据的合理性、真实性和完整性进行甄别。

数据存储技术主要涉及数据库技术，包括Sql数据库、NoSql数据库。

数据分析技术是大数据技术体系的核心环节之一，数据分析需要根据不同的数据类型采用不同的分析技术，目前主要有统计学分析和机器学习两种数据分析方式。具体而言，数据分析技术就是数据仓库技术、数据库技术、Hadoop等衍生系统技术、数据挖掘技术、自然语言处理技术、社交网络分析技术（图分析）、信息检索技术、云计算技术、NoSQL技术、数据可视化技术（图2-3-5）。

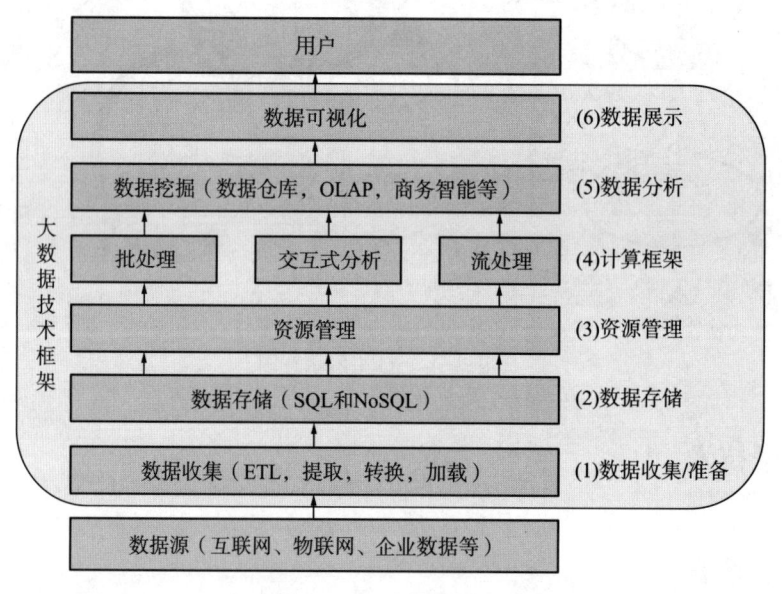

图2-3-5 大数据技术

（三）大数据应用

大数据应用已经融入各行各业，如制造业、金融、零售餐饮行业、医疗保健行业、能源行业、教育产业等。海量数据储存技术的发展对于油气行业以TB数量级计算的数据分析提供了应用基础，在油气田主要应用领域有数据处理、三维GIS大数据量场景快速可视化、设备预测性维护管理、管道泄漏预测、泡排智能加注、脱硫塔发泡预测、生产制度预测、抽油机智能调参等，并行计算和虚拟化服务器平台的应用，缩短了油气行业大规模数据处理分析的时间，提升了工作效率（图2-3-6）。

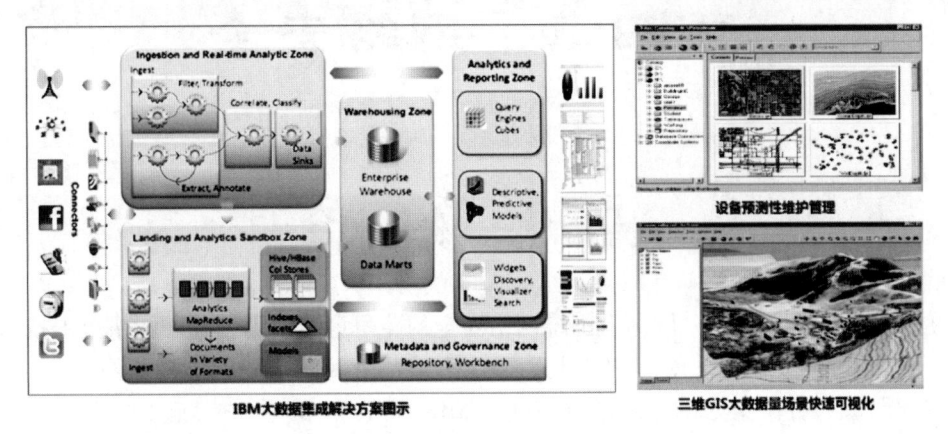

图 2-3-6　大数据在油气行业的应用

四、人工智能

人工智能（Artificial Intelligence）是研究、开发用于模拟、延伸和扩展人智能的理论、方法、技术及应用系统的一门新技术科学。其研究领域包括机器人、语言识别、图像识别、自然语言处理和专家系统等。它通过监测预警、智能分析、智能操控来简化人为决策、简化人工操作，替代人解决监测、分析、行动三个方向的问题。例如，算法控制可以用来优化一种水力压裂过程——簇射孔压裂技术，该算法实现了压裂泵的稳定运行和更好的流体分布，进而无须对压裂泵进行人工改变（图2-3-7）。

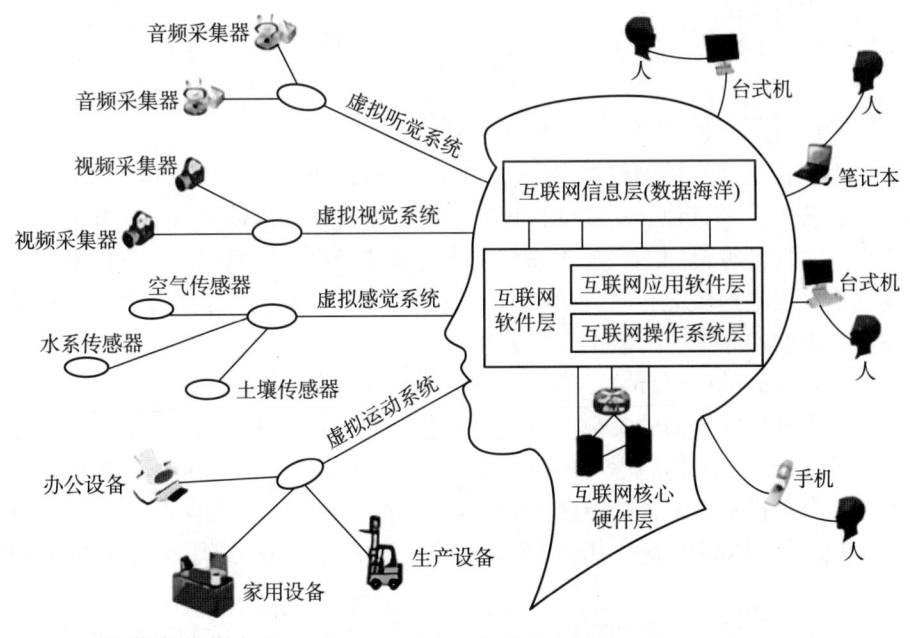

图 2-3-7　人工智能示意图

第四章 网络安全

第一节 网络安全

在全球信息化的同时，国际上围绕网络安全的斗争愈演愈烈，各种网络攻击技术层出不穷，对国家安全、社会稳定、商业秘密、个人信息所带来的安全风险和影响日益增加。网络空间已成为各国争夺的重要战略空间，2018年各国采取多种措施不断谋求增强网络防御和对抗能力，网络空间对抗态势不断加剧。

国家互联网应急中心发布的《2019年上半年我国互联网网络安全态势》显示，2019年上半年，我国互联网网络安全状况具有四大特点：个人信息和重要数据泄露风险严峻；多个高危漏洞曝出给我国网络安全造成严重安全隐患；针对我国重要网站的 DDoS 攻击事件高发；利用钓鱼邮件发起有针对性的攻击频发。

国家互联网应急中心从恶意程序、漏洞隐患、移动互联网安全、网站安全以及云平台安全、工业系统安全、互联网金融安全等方面，对我国互联网网络安全环境开展宏观监测。数据显示，与2018年上半年数据比较，2019年上半年我国境内通用型"零日"漏洞收录数量，涉及关键信息基础设施的事件型漏洞通报数量，遭到篡改、植入后门、仿冒网站数量等有所上升，其他各类监测数据有所降低或基本持平。

一、网络安全概述

（一）网络安全（Cyber Security）的概念

网络安全通常指计算机网络的安全，实际上也可以指计算机通信网络的安全。计算机通信网络是将若干台具有独立功能的计算机通过通信设备及传输媒体互连起来，在通信软件的支持下，实现计算机间的信息传输与交换的系统。而计算机网络是指以共享资源为目的，利用通信手段把地域上相对分散的若干独立的计算机系统、终端设备和数据设备连接起来，并在协议的控制下进行数据交换的系统。

网络安全在不同的应用环境下有不同的解释。针对网络中的一个运行系统而言，网络安全就是指信息处理和传输的安全。它包括硬件系统的安全、操作系统和应用软件的安全、数据库系统的安全、电磁信息泄露的防护等。狭义的网络安全，侧重于网络传输的安全。广义的网络安全是指网络系统的硬件、软件及其系统中的信息受到保护。它包括系统连续、可靠、正常地运行，网络服务不中断，系统中的信息不因偶然的或恶意的行为而遭到破坏、更改或泄露。

网络安全由于不同的环境和应用而产生了不同的类型，主要有以下几种：

（1）系统安全：运行系统安全即保证信息处理和传输系统的安全。它侧重于保证系统正常运行。避免因为系统的崩溃和损坏而对系统存储、处理和传输的消息造成破坏和损失。避免由于电磁泄漏，产生信息泄漏，干扰他人或受他人干扰。

（2）网络信息安全：网络上系统信息的安全，包括用户口令鉴别，用户存取权限控制，数据存取权限，方式控制，安全审计，安全问题跟踪，计算机病毒防治，数据加密等。

（3）信息传播安全：网络上信息传播安全，即信息传播后果的安全，包括信息过滤等。它侧重于防止和控制由非法、有害的信息进行传播所产生的后果，避免公用网络上自由传输的信息失控。

（4）信息内容安全：网络上信息内容的安全。它侧重于保护信息的保密性、真实性和完整性。避免攻击者利用系统的安全漏洞进行窃听、冒充、诈骗等有损于合法用户的行为。其本质是保护用户的利益和隐私。

信息内容的安全即信息安全，包括信息的保密性、真实性和完整性（主要强调对非授权主体的控制）。

①保密性：指信息在存储、传输、使用的过程中，不会被泄露给非授权用户或实体。

②真实性：指确保授权用户或实体对信息资源的正常使用不会被异常拒绝，允许其可靠而及时地访问信息资源。

③完整性：指信息在存储、传输、使用的过程中，不会被非授权用户篡改或防止授权用户对信息进行不恰当的篡改。

综合起来说，就是要保障电子信息的有效性。保密性就是对抗对手的被动攻击，保证信息不泄漏给未经授权的人。完整性就是对抗对手主动攻击，防止信息被未经授权的篡改。真实性就是保证信息及信息系统确实为授权使用者所用。

（二）网络安全的遵循原则

随着互联网、物联网和移动互联网等新网络的快速发展，传统的网络边界不复存在，给网络安全带来更大的挑战。传统的网络安全技术已经不能满足新一代网络安全产业的发展，企业对网络安全的需求也在不断发生变化，为了达到网络安全的目标，各种网络安全技术的使用必须遵守一些基本的原则。

（1）最小化原则：受保护的敏感信息只能在一定范围内被共享，履行工作职责和职能的安全主体，在法律和相关安全策略允许的前提下，为满足工作需要，仅被授予其访问信息的适当权限，称为最小化原则。敏感信息的"知情权"一定要加以限制，是在"满足工作需要"前提下的一种限制性开放。

（2）完整性原则：指在企业网络安全管理中，要确保未经授权的个人不能改变或者删除信息，尤其要避免未经授权的人改变公司的关键文档。

（三）网络安全的主要特性

（1）保密性：信息不泄露给非授权用户、实体或过程，或供其利用的特性。

（2）完整性：数据未经授权不能进行改变的特性。即信息在存储或传输过程中保持不被修改、不被破坏、不被插入、不延迟、不乱序和不丢失的特性。

（3）可用性：保证信息确实能为授权使用者所用，即保证合法用户在需要时可以使用所需信息。

（4）可控性：信息和信息系统时刻处于合法所有者或使用者的有效掌握与控制之下，对信息的传播及内容具有控制、稳定、保护、修改的能力。

（5）审查性：出现安全问题时提供依据与手段。

二、网络安全法律法规

日益严峻的网络信息安全问题，正越来越严重威胁着各国及全球的社会与经济安全，要求各国政府必须立即行动起来，采取有效措施加以解决。2014年2月27日，在中央网络安全和信息化领导小组第一次会议上，习近平总书记指出："没有网络安全就没有国家安全，没有信息化就没有现代化。"网络信息是跨国界流动的，信息流引领技术流、资金流、人才流，信息资源日益成为重要生产要素和社会财富，信息掌握的多寡成为国家软实力和竞争力的重要标志。网络信息是建设网络强国的必争之地，网络强国宏伟目标的实现离不开坚实有效的制度保障。

网络空间逐步成为世界主要国家展开竞争和战略博弈的新领域。我国作为一个拥有大量网民并正在持续发展中的国家，不断感受到来自美国的战略压力。这决定了网络空间成为我国国家利益的新边疆，确立网络空间行为准则和模式已是当务之急。现代国家是法治国家，国家行为的规制由法律来决定。

（一）网络安全法

2017年6月1日，国家正式施行《中华人民共和国网络安全法》（以下简称《网络安全法》），该法我国第一部全面规范网络空间安全管理方面问题的基础性法律，是我国网络空间法治建设的重要里程碑，是依法治网、化解网络风险的法律重器，是让互联网在法治轨道上健康运行的重要保障。《网络安全法》共七章七十九条，主要包括七大方面：

（1）维护网络主权与合法权益。该法第一条即明确规定"维护网络空间主权和国家安全、社会公共利益，保护公民、法人和其他组织的合法权益，促进经济社会信息化健康发展"。

（2）支持与促进网络安全。专门拿出一章的内容，要求建立和完善国家网络安全体系，支持各地各相关部门加大网络安全投入、研发和应用，支持创新网络安全管理方式，提升保护水平。

（3）强调网络运行安全。利用两节共十九条的篇幅做了详细规定，突出"国家实行网络安全等级保护制度"和"关键信息基础设施的运行安全"。

（4）保障网络信息安全。以法律形式明确"网络实名制"，要求网络运营者收集使用个人信息，应当遵循合法、正当、必要的原则，"不得出售个人信息"。

（5）监测预警与应急处置。要求建立健全网络安全监测预警和信息通报制度，建立网络应急工作机制，制定应急预案，重大突发事件可采取"网络通信管制"。

（6）完善监督管理体制。实行"1X"监管体制，打破"九龙治水"困境。该法第八条规定国家网信部门负责统筹协调网络安全工作和相关监督管理工作。国务院电信主管部门、公安部门和其他有关机关在各自职责范围内负责网络安全保护和监督管理。

（7）明确相关利益者法律责任。该法第六章对网络运营者、网络产品或者服务提供者、关键信息基础设置运营者，以及网信、公安等众多责任主体的处罚惩治标准，做了详细规定。

总体来说，《网络安全法》呈现出六大亮点：明确禁止出售个人信息行为；严厉打击网络诈骗；从法律层面明确网络实名制；把对重点保护关键信息基础设施的保护摆在重要位置；惩治攻击破坏我国关键信息基础设施行为；明确发生重大突发事件时可采取"网络通信管制"。

（二）网络安全等级保护条例2.0

在《网络安全法》第二十一条明确指出：国家网络安全等级保护制度。网络运营者应当按照网络安全等级保护制度的要求，履行安全保护义务，保障网络免受干扰、破坏或者未经授权的访问，防止网络数据泄露或者被窃取、篡改。《网络安全法》的施行为等级保护2.0提供了法律依据，《网络安全法》将等级保护工作提升到法律层面，不开展等级保护属于违法行为。

"等级保护1.0"的时代于2008年正式拉开帷幕，经过10余年的实践，为保障我国信息安全打下了坚实的基础，但从现实考量已经逐渐开始不适应网络环境的变化。2018年6月27日，公安部发布《网络安全等级保护条例（征求意见稿）》（以下简称"《保护条例》"）。作为《网络安全法》的重要配套法规，《保护条例》对网络安全等级保护的适用范围、各监管部门的职责、网络运营者的安全保护义务以及网络安全等级保护建设提出了更加具体、操作性也更强的要求，为开展等级保护工作提供了重要的法律支撑，为适应新技术的发展，解决云计算、物联网、移动互联和工控领域信息系统的等级保护工作的需要，国家市场监督管理总局、国家标准化管理委员会于2019年5月13日宣布，网络安全等级保护制度2.0标准正式发布，实施时间为2019年12月1日，等级保护正式进入2.0时代。"等级保护2.0"更加注重全方位主动防御、动态防御、整体防控和精准防护，除了基本要求外，还增加了对使用了云计算、移动互联、物联网、工业控制和大数据等新技术的保护对象全覆盖。"等级保护2.0"标准的发布，对加强国家及全社会网络安全保障工作，提升网络安全保护能力具有重要意义。

（三）关键信息基础设备安全保护条例

近年来，网络和信息技术迅猛发展，网络空间深度融入经济社会发展、人民生活和社会治理各个方面，极大地影响和改变了社会生产活动方式，在促进经济发展、技术创新、文化繁荣和社会进步的同时，网络安全问题，尤其是关键信息基础设施网络安全问题日益严峻。关键信息基础设施的认定、保护越来越成为业界各方关注焦点、研究重点。经过多方共同研究、探讨和实践，《关键信息基础设施安全保护条例》（以下简称《条例》）正式发布，于2021年9月1日正式施行。

关键信息基础设施安全直接关系到国家安全、国计民生和公共利益，关键信息基础设施的安全保护成为维护国家网络安全的重中之重。党的十八大以来，以习近平同志为核心的党中央高度重视网络安全工作，习近平总书记在"4·19"讲话中强调要加快构建关键信息基础设施安全保障体系。关键信息基础设施安全也是网络安全法的重要内容，网络安全法专门有一章节描述"关键信息基础设施的运行安全"总体要求，其中明确了关键信息基础设施的范围以及保障关键信息基础设施安全的技术和管理要求，是关键信息基础设安全保障体系的法律基础。

（四）数据安全法

《中华人民共和国数据安全法》（以下简称《数据安全法》）经第十三届全国人大常委会第二十九次会议通过并正式发布，于2021年9月1日起施行。《数据安全法》全文共七章五十五条，分别从数据安全与发展、数据安全制度、数据安全保护义务、政务数据安全与开放的角度对数据安全保护的义务和相应法律责任进行规定。

作为数据安全领域的基础性法律和国家安全法律制度体系的重要组成，《数据安全法》的出台有着深刻的时代背景和现实意义。

（1）对数据的有效监管实现了有法可依，填补了数据安全保护立法的空白，完善了网络空间安全治理的法律体系。随着近些年数据安全热点事件的出现，如：数据泄露、勒索病毒、个人信息滥用等，都表明对数据保护的需求越发迫切，因此有必要单独出一部针对数据安全保障领域的法律来加强对数据的监管。

（2）提升了国家数据安全保障能力。数据安全是国家安全的重要组成部分，目前随着"大物云智移"等新技术的使用，全场景、大规模的数据应用对国家安全造成严重的威胁，因此，通过该法律的立法和实施，可以有效提升数据安全的保障能力。

（3）激活数字经济创新，提升数据利用价值。国家鼓励数据依法合理有效利用，保障数据依法有序自由流动，促进以数据为关键要素的数字经济发展。

（4）扩大了数据保护范围。对数据安全保障的范围提出了更广泛的要求。

（5）鼓励数据产业发展和商业利用。从数据安全制度建设层面保障数据安全，进一步迭代和促进数据产业的健康发展，建立健全数据安全标准化体系，支持数据安全评估和认证服务的发展。

第二节　工控系统安全

一、网络隔离

（一）网络隔离的概念、技术原理和分类

1. 网络隔离技术的概念

隔离概念是在为了保护高安全度网络环境的情况下产生的，网络隔离技术是指两个或两个以上的计算机或网络在断开连接的基础上，实现信息交换和资源共享。也就是说，通过网络隔离技术既可以使两个网络实现物理上的隔离，又能在安全的网络环境下进行数据交换。网络隔离技术的主要目标是将有害的网络安全威胁隔离开，在可信网络之外和保证可信网络内部信息不外泄的前提下，完成网间数据的安全交换。以保障数据信息在可信网络内在进行安全交互。目前，一般的网络隔离技术都是以访问控制思想为策略，物理隔离为基础，并定义相关约束和规则来保障网络的安全强度。

第四章　网络安全

2. 网络隔离的技术原理

网络隔离技术的核心是物理隔离，并通过专用硬件和安全协议来确保两个链路层断开的网络能够实现数据信息在可信网络环境中进行交互、共享。一般情况下，网络隔离技术主要包括内网处理单元、外网处理单元和专用隔离交换单元三部分内容。其中，内网处理单元和外网处理单元都具备一个独立的网络接口和网络地址来分别对应连接内网和外网，而专用隔离交换单元则是通过硬件电路控制高速切换连接内网或外网。网络隔离技术的基本原理通过专用物理硬件和安全协议在内网和外网的之间架构起安全隔离网墙，使两个系统在空间上物理隔离，同时又能过滤数据交换过程中的病毒、恶意代码等信息，以保证数据信息在可信的网络环境中进行交换、共享，同时还要通过严格的身份认证机制来确保用户获取所需数据信息。

网络隔离技术的关键点是如何有效控制网络通信中的数据信息，即通过专用硬件和安全协议来完成内外网间的数据交换，以及利用访问控制、身份认证、加密签名等安全机制来实现交换数据的机密性、完整性、可用性、可控性。

3. 网络隔离技术的分类

网络隔离技术有很多种，包括：物理网络隔离、逻辑网络隔离、虚拟局域网（VLAN）、虚拟路由和转发、多协议标签交换（MPLS）、虚拟交换机等技术。

（1）物理网络隔离：在两个 DMZ 之间配置一个网络，让其中的通信只能经由一个安全装置实现。在这个安全装置里面，防火墙及 IDS/IPS 规则会监控信息包来确认是否接收或拒绝它进入内网。这种技术最安全但也最昂贵，因为它需要许多物理设备来将网络分隔成多个区块。

（2）逻辑网络隔离：这个技术借由虚拟/逻辑设备，而不是物理的设备来隔离不同网段的通信。

（3）虚拟局域网（VLAN）：VLAN 工作在第二层，与一个广播区域中拥有相同 VLAN 标签的接口交互，而一个交换机上的所有接口都默认在同一个广播区域。支持 VLAN 的交换机可以借由使用 VLAN 标签的方式将预定义的端口保留在各自的广播区域中，从而建立多重的逻辑分隔网络。

（4）虚拟路由和转发：这个技术工作在第三层，允许多个路由表同时共存在同一个路由器上，用一台设备实现网络的分区。

（5）多协议标签交换（MPLS）：MPLS 工作在第三层，使用标签而不是保存在路由表里的网络地址来转发数据包。标签是用来辨认数据包将被转发到的某个远程节点。

（6）虚拟交换机：虚拟交换机可以用来将一个网络与另一个网络分隔开来。它类似于物理交换机，都是用来转发数据包，但是用软件来实现，所以不需要额外的硬件。

（二）工控网络隔离防护现状

工控网络是生产系统运行的基础，各类生产控制指令、组态数据、状态信息等都需要在工控网络中进行传输，因此，做好工控网络的安全是非常必要的。

工控网络进行了安全域划分，明确安全域边界，对 VLAN 和 IP 地址进行统一分配和管理。

工控网络与企业网或互联网之间的边界进行安全防护，禁止没有防护的工业控制网络与互联网连接。

工业控制网络安全区域之间进行逻辑隔离安全防护，采用防火墙或网闸隔离。

工业控制网络具备入侵和异常行为检测能力，能及时发现入侵和异常行为并记录和告警。

1. 安全域划分

强化信息安全管理，确保网络内部各类信息在存储、获取、传递和处理过程中保持安全、完整、真实、可用和不被非法泄露。

安全域是由在同一工作环境中、具有相同或相似的安全保护需求和保护策略、相互信任、相互关联或相互作用的IT要素的集合。根据业务逻辑和区域网络功能，划分安全域。

2. 区域网络隔离

根据系统安全保护级别进行风险评估，然后根据评估结果，从安全体系、安全管理、安全控制、安全技术等方面进行整改与加固；最后在实施完安全整改后，再次评估以确定剩余风险是否消除。此过程是一个持续性过程，应随着安全形势的改变与发展不断地评估、改进、再评估。边界部署工业防火墙进行网络隔离，通过防火墙策略进行隔离，方便管理同时加强安全防护。

3. 安全准入

对所有网络设备对于未使用的端口可以进行逻辑关闭，并将端口进行物理封堵；在接入层交换机上启用IP、MAC绑定，并启用802.1X协议；在网络汇聚交换机上部署接入管控服务器，并在客户端上部署接入认证软件，对于接入网络的设备进行验证。非法设备或未进行MAC设备，即便接入网络，也无法通信，实现接入管控。只有取得认证的可信任设备，才能接入控制网络；只有可信任的数据或指令，才能在网络上传输和下达；只有可信任的软件，才允许被执行。避免任意人员都能随意的接入生产网络等违规接入的行为，保护生产网络。

二、工控系统完整性管理

（一）工控系统完整性管理概述

随着工业4.0、IIOT、智能工厂、中国制造2020以及两化融合的快速推进，工控系统的孤岛现象彻底消失，其开放性带来的风险也与日俱增，企业的管理系统与工控系统部分的集成不可避免，而企业由此面临的安全风险状况也变得愈加复杂，因此从企业的董事会到生产运营基层部门，工控系统的运行管理与安全越来越成为现代企业生产安全不可回避的一个重大课题。

Kaspersky（卡巴斯基）在2016年发布的报告，披露了绝大多数组织的工控系统面临威胁，该研究对188019套工控系统进行调查，发现91.1%的系统存在漏洞，可以被远程控制或利用，超过87%的系统具有中等风险漏洞，7%的系统具有严重安全漏洞。而来自美国工业控制系统网络应急响应小组（ICS-CERT）、卡巴斯基实验室（KasperskyLab）

和IBM威胁情报研究（IBM-X-ForceResearch）的分析数据表明，工控系统外来威胁占到大约39.2%，而来自内部的威胁则占到60%（其中45%属于恶意行为，15%属于人工失误范畴）。

到目前为止，工控系统信息安全主要是通过防火墙、网闸、漏洞扫描、白名单、防病毒软件、USB禁用和其他一些应用禁用策略等IT技术的解决。其优点是：典型的周界防护，防止外来攻击，容易理解容易实施；对已知的攻击方式有效。但也存在一些缺点：对未知的攻击无法进行预测与防护；对系统本身存在的安全漏洞和缺陷无能为力，对内部风险管控无能为力。网络安全的特点是，道高一尺、魔高一丈，因此以IT安全技术为中心的解决方案无法真正解决工控系统的管理和安全问题，比如蠕虫病毒在造成破坏之前，杀毒软件的病毒库根本没有它的特征进行识别；再比如，很难预测以后黑客会以什么样的方式和手段进行网络攻击；另外，工业过程环境中的漏洞扫描和评估也具备危险性；扫描或连接到敏感设备来收集漏洞数据可能会导致无法接受的生产中断，给生产带来损失。

（二）工控系统完整性管理面临的主要风险

完整性是可靠性和安全性的基础，工控系统的种类品牌多、专业性高、私有技术多、复杂程度高，特别是系统之间的逻辑和通信关系复杂，同时工控系统直接与生产相关，一旦有问题风险更大。工控系统除了面临外部攻击之外，面临的最主要问题和风险如下：

（1）控制系统种类多（DCS、PLC以及上位系统种类繁多，Intouch、三维力控等）、地理分散，管理难度大，同时专业人员技术水平有限等。

（2）工控系统本身是否有潜在风险。

（3）工控系统的管理、维护以及运行安全等面临巨大挑战。

（4）控制系统上线后，由于不停地组态变更或增加新的内容（硬件、上下位程序、控制策略等），用户对当前系统中运行的程序内容认识会越来越有偏离，技术人员往往对此潜在风险束手无策。

（5）对控制系统的修改无法进行自动记录与追踪。

（6）对非法修改无法进行自动识别和追踪，没有有效办法实现对系统的风险管控。

（7）对控制系统的安全漏洞和组态/逻辑缺陷没有有效的检测能力。

（8）缺乏对工控系统本身故障的远程诊断与分析能力。

（9）大修或改造期间极易产生系统组态修改带来的风险，缺乏手段跟踪与识别这些风险。

（10）不同工控系统之间的数据链路是否一致，有无可能引起事故的错误。

工控系统与外部系统之间的连接正在增多，极大地增加了网络攻击的一次攻击成功的可能性；而且风险不仅仅是确保数据的保密性、完整性和可用性，更重要的是要保护工控资产免受网络攻击，以保护人员安全、环境以及生产率和盈利能力。面临的另外一个挑战就是，工控系统种类繁多，不同供应商、不同种类、不同位置的工控系统，每个不同的系统运行的是各自不同的专业软件。

（三）工控系统资产完整性管理

非常简单的一个道理，如果想保护你的工控系统，首先要能够看到工控系统，清楚地知道工控系统的所有资产细节，这是能够保护工控系统资产的前提；工控系统的资产包括工控系统的软件、硬件等，但最核心的是控制策略（组态），因为控制策略才是真正驱动生产自动化的核心。

以DCS系统为例，从设计到组态完成、再到现场调试、开车，进入正常生产，小的改动、修正以及回路的增减等一直不断进行，随着时间的推移，这将导致装置工程师对DCS系统的认知与实际情况产生越来越大的认知偏差甚至错误。而这种认知偏差/错误将是很大的隐患。而消除工程师对实际工控系统的认知偏差，就需要能够对工控系统的在役库存进行监测，对每个控制器、每个卡件、每个卡件的每个通道、每个接线端子以及每个控制策略的情况了如指掌。

把不同品牌、不同种类、不同位置的工控系统进行数字化，通过一个统一的单独的平台对它们进行监管，不但可以实现工控系统的动态台账管理，还能实现对工控系统的风险预测，避免非计划停车。

上述这些系统的硬件、软件、版本、相互联系、控制策略等都透明可见。对工控系统所有的构成都可以分类进行查询和汇总，对所有的改变都可以自动感知。

（四）工控系统完整性风险评估

1. 工控系统的安全漏洞自动检查

工控系统的安全漏洞自动检查是基于IT技术的方案的漏洞检测主要还是对系统进行漏洞检测。

工控系统的漏洞检测，不但要HMI工作站的漏洞检测，还同时能够对软件/设备进行漏洞检测，同时要具备对漏洞库进行更新的机制。

2. 工控系统的组态缺陷检测

对工控系统的组态进行缺陷分析与汇总，发现丢失的位号、识别相互矛盾的组态数据等，组态缺陷可以根据情况进行定制。比如，安全边界冲突就是组态缺陷的一种，如果报警值比联锁值还高，则非常容易造成在没有对报警处理的情况下出现停车，即非计划停车，而非计划停车带来的经济损失和环境损失往往是巨大的。在一个成百上千个点的工控系统，人工进行这类缺陷的检查是不可想象的，因此，定义缺陷属性，对组态进行自动大数据分析，是可以快速发现缺陷问题的真正有效的手段。

3. 数据链的检查

工程师进行工控系统端组态、先进控制、HMI、现场测量系统需要与工控系统集成并采集数据以及以工控系统与现场测量系统的集成为例。由于测量系统与工控系统往往是不同厂家的产品，由不同的团队分别完成，由不同的团队进行维护，因此工控系统与测量系统的组态一致性就很容易出现偏差，导致测量采集数据的不准确。因此需要对系统之间的数据链路进行校对，确保一致。

组态管理与非法修改的识别与定位工控系统的组态变更主要由如下几种情况：（1）黑客侵入修改；（2）靶向病毒感染引起修改（如震网病毒针对西门子PLC）；（3）未经批准的恶意修改；（4）经过批准但由于疏忽导致错误修改。

其实无论哪种修改，只要能够知道工控系统组态被修改、什么地方被修改以及修改前后的不同之处，那么这种修改就很难对实际产生大的风险。

第四章 网络安全

4. 变更管理

现在对工控系统的变更与修改都有严格的规定，主要的问题是如何完善地执行这些规定。线下规则对恶意修改或人工疏忽导致的错误修改其实是无能为力的。因此，再好的规则，没有执行监督也是没有办法保证执行效果的。

因此结合用户的变更规定，将其进行客户化定制，把之前的线下变更要求提交、审批等变成动态的线上执行，这样就可以对用户的变更进行记录、跟踪、回溯、汇总以及比较等，帮助用户识别非法修改、并定位非法修改（无论是黑客所为、病毒所为或未经授权的恶意所为），而对方法修改则可以直接把处理任务分配给相应的工作人员进行处理，并对处理过程进行记录追踪，从而完成内部风险管控。无论是对于点组态的修改、逻辑或程序的修改，还是流程图画面的修改等，都应该可以进行识别。

5. 基准管理

通过基准管理可以进行阈值设置，即对比较重要的组态内容的变更提供限制，避免变更带来的风险；阈值设置后，一旦提交的变更值超过阈值，则审批人会自动得到风险提示，以避免进行错误的审批。

（五）跨系统控制关系完整性

在工控系统中，位号/设备之间的逻辑关系是相对容易弄清楚的，但如果不同系统之间存在逻辑关系或相互引用关系，要搞清楚就不是一件容易的事情了。比如在SIS和DCS系统之间、DCS和实时数据库之间，如何快速描绘它们中的位号之间的相互关系呢？这就需要对系统之间的通信协议进行解析，比如OPC通信，存在着一个位号之间的映射表，ModBus通信，存在着一个地址映射表，如果对这些进行了正确解析，则它们之间的相互调用关系及数据流向就可以自动描绘出来。这样，用户可以非常容易地追踪跨越从现场仪表到工控系统的信号流图谱，自动生成针对每个对象（位号/设备）的逻辑图，直接和间接关系，帮助用户快速进行故障处理。同时，可以作为应急预案的辅助设计。对设计提供的设计文档进行分析，生成从仪表到端子柜到安全栅柜到DCS端子接线、到IO卡通道位号以及到控制器控制算法模块位号之间的全程关联关系，而且能够和现场进行同步变更，这是对工控系统从现场到控制室的真正的完整性管理。

（六）交叉引用追溯完整性

在工控系统中，位号、文件（流程图等）都存在交叉引用的情况，对这些内容进行完全解析与追踪，可以帮助用户发现有价值的信息。

比如，搜寻FC1001这个位号,可以自动显示与FC1001相关的流程图名称、操作组名称、报表名称、相关接线图名称、其他系统如实时数据库等以及文档文件如仪表规格文件名称等。而通过这些名称，用户就可以直接打开这些文件。比如通过位号就可以查到回路所关联的仪表与阀门的详细规格材料、接线图等。

支持随时查询到所有用户感兴趣的内容，使得对特定对象的理解异常容易。

（七）工控系统工作站完整性管理

现实中，每个井站工作站（DCS工程师站、操作员站、OPC服务器、SIS系统的

HMI工作站、OPC服务器等以及PLC系统的HMI工作站等）较多，几乎没有哪个工程师能清楚知道：每个工作站安装软件的具体信息如操作系统哪个版本？打过什么补丁？工作站安装了哪些应用等。但工作站作为工控系统的重要部分，用户需要对它们有充分的了解，比如对操作系统和账户管理、追踪和记录不同账户的行为动作等。

对Windows的注册表等相关信息的解析，结合之前Windows的漏洞库，就可以自动对工作站是否面临如勒索病毒感染的风险进行判断，并把有风险的工作站直接推送给相关管理人员进行风险排除的工作安排，且对其进行记录与追踪，大大节约了工作人员的工作量并指明工作内容和方向。

比如，工作站做了USB禁用策略，一旦有人通过USB访问工作站，都会被记录。比如，一旦有人安装了程序，即使做了卸载，依然可以被记录下何时安装、何时卸载的全部信息。

（八）工控系统的数据备份和恢复完整性

对工控系统数据自动定期进行备份，以保障数据的有效性和系统恢复的可靠性；保持完整的IT存货和OT/ICS组态数据资产存库，包括控制策略、I/O卡件、硬件以及安装的软件和任何用户自定义数据等，这样一旦系出现崩溃等严重问题，这些数据可以帮助用户进行系统快速恢复。同时，工控系统数据的自动备份可以在线存储，也可以同时进行离线存储，万一受到勒索病毒类侵害，也可以通过备份的系统数据进行系统恢复，避免更大的损失。

总之，工控系统的完整性管理是实现工控系统本质安全的前提，传统的基于IT技术的解决方案是解决工控系统周界保护的有效办法，但无法解决工控系统的本质安全问题。

（九）信息安全完整性管理技术体系

1. 技术体系的构成

技术体系主要分为以下几个领域：

（1）物理安全：机房安全保护；设备安全管理；介质安全管理。

（2）网络安全：网络结构安全；网络访问控制及边界防护；网络数据安全；网络安全审计、监控及入侵检测；网络设备保护；冗余、备份与恢复。

（3）主机安全：身份鉴别；访问控制；数据的机密性和完整性；审计跟踪；系统监控与入侵防范；系统保护与恶意代码防范；备份与容灾。

（4）系统安全：身份鉴别；访问控制；系统的数据安全；审计跟踪；系统监控；系统保护与恶意代码防范；备份与恢复。

（5）终端安全：身份鉴别与访问控制；入侵防范；系统保护及恶意代码防范。

（6）数据安全：数据防泄露。

2. 开展的信息安全完整性技术工作

1）系统安全防护体系风险评估

通过风险评估工作的实施，发现现有网络和系统中存在的安全问题和隐患，提出针对性改进措施，完善自身信息安全技术体系建设，促进安全管理水平提高，增强信息安全风险管理意识。

评估通过资产分析、威胁分析以及脆弱性分析的手段，从管理体系、网络安全、物理环境安全、日志管理安全、系统漏洞扫描、基线配置检查六个方面进行安全检查和评估。

2）油气生产物联网基本安全防护体系

油气生产物联网基本安全防护体系是基于生产网信息安全现状，以国家及行业相关信息安全建设规范为指导，构建全面、完整、高效的生产网信息安全保障体系，从而提升公司生产网的整体安全水平，为公司生产网提供坚实的信息安全保障。

建立安全域模型：对生产网进行严格安全域划分，同时避免信息安全的重复建设。

原有设备加固：通过对生产网中现存设备进行配置核查及加固，有效提升生产网的健壮性。

建立入侵及病毒防护系统：在地区公司、二级单位、作业区一级核心交换机上旁路部署入侵检测系统，实现对各工业控制网络系统的有效入侵检测、病毒检测。

部署工业防火墙：作业区边界部署工业防火墙，有效降低网络被入侵及安全威胁迁移扩散的风险。

集中管理：在公司、二级单位部署统一安全管理平台，承载对工控安全设备统一管理的职能。

第三节　网络安全防护

目前，钓鱼邮件、系统（计算机）弱口令、一机双网、移动存储设备、计算机病毒木马、系统漏洞等都是信息网络安全高风险点。犯罪集团、内部员工、黑客组织已经成为企业最主要的攻击来源，呈现出"来源广泛、目标精准，频次增多，攻击方式多样"等特点。重大网络攻击事件国家背景凸显，有组织的，出于明确的政治、军事等目的攻击在增多。在此严峻的信息安全形势下，为保障石油内网信息安全，中国石油天然气集团有限公司（以下简称集团公司）发布了《中国石油天然气集团有限公司网络安全管理办法》，对相关的安全管理办法及细则对网络信息安全管理进行明确。

一、网络安全管理要求

网络安全管理原则：统一管理、分级负责、谁主管谁负责、谁运行谁负责、谁使用谁负责。

（1）终端要求：办公计算机使用固定 IP 地址，桌面安全管理系统（2.0）客户端部署率要达到 100%，禁止未安装集团公司统一部署的桌面安全管理系统（2.0）客户端的计算机接入内网。严格办公计算机考核数据的统计和管理，办公计算机基数以桌面安全管理系统的统计数据为准，禁止对基数数据修改。

（2）网络要求：禁止使用自建互联网出口和私自搭建代理访问互联网；禁止网络设备和应用服务器拥有互联网访问权限；禁止将网络设备和服务器具备远程管理能力的服务端口或管理页面映射至互联网；禁止使用非集团公司统一分配的 IP 地址或地址转换接入内网；禁止私搭无线网络接入内网。

（3）集成要求：各上线的信息系统必须与身份管理与认证系统集成，实现单轨运行，用户账号纳入身份管理与认证系统管理，禁止切换回原有用户管理和认证方式。各单位在办理人员离退职时，要确保其应用系统账号注销，不能注销的，要由责任部门审核批准，禁止离职账号不关闭、不变更、不下线行为。认真整改网络设备、服务器、数据库以及终端计算机账号弱口令问题。

（4）内容安全：做好敏感信息外发监测工作，应依照《中国石油天然气集团公司商业秘密分级保护目录》完成油商密数据的分类分级梳理，做好密级标识工作并向内容审计平台开放权限；存储在系统中的重要油商密数据应采取数据加密手段，当属性发生变化时，应及时更新到内容审计平台中。

（5）数据安全：信息系统中的数据实行分类分级管理，按照不同类别对数据的产生、传输、存储和应用采取相应的安全管理措施。重要数据要备份，实行加密保存和传输。

（6）等保要求：根据国家《信息安全等级保护管理办法》及有关标准，各单位要按照"自主定级，自主保护"的原则对信息系统进行定级、备案、测评和整改，在公安部门完成备案的信息系统应向集团公司信息管理部备案定级材料。信息系统在正式上线之前，需经过信息安全测评，测评不通过不能上线运行。

（7）运维要求：信息系统中所涉及的服务器、终端计算机和网络设备，应严格按照集团公司已发布的信息安全基线要求对终端计算机进行安全加固。加强日常信息安全管理，分析信息系统安全存在的差距，识别现有的安全风险和隐患，及时采取有效整改措施，把信息安全风险降到最低程度。

（8）建设要求：应用系统建设前，应根据系统实际情况做好等保定级备案准备工作；进行源代码安全检测；上线前信息安全测评；上线后定期进行信息安全风险评估。

（9）组织建设：各单位应落实信息安全管理员制度，合理配置信息安全管理岗、审计岗、操作岗人员，三岗分立；加强信息安全队伍建设，定期开展培训，强化信息安全意识，提高防护技能和管理水平。

（10）网站备案：根据《互联网信息服务管理办法》（国务院令第292号）、《非经营性互联网信息服务备案管理办法》以及《工业和信息化部关于开展加强网站备案管理专项行动的通知》及有关要求，做好网站备案工作，加强备案网站信息完整性、真实性检验；对未备案网站，要按照要求及时进行备案，禁止网站未备案接入发布。

二、网络安全日常行为规范

为保障公司网络安全，提高员工网络安全意识，增强员工保护公司集体资产的责任感，规范日常信息网络使用和操作的行为，集团公司制定了《中国石油天然气集团有限公司网络安全管理办法》办法内对网络安全的禁止行为和基本要求进行了明确。

（一）网络安全使用禁止行为

在内网接入和使用中，禁止以下危害内网安全的行为：

（1）宾馆、学校、家属区等非主营业务网络接入内网。

（2）非公司员工自带设备接入内网。

第四章　网络安全

（3）供应商未经许可直接接入内网进行远程维护。
（4）在内网中传输、存储、处理涉及超密级的信息。
（5）在内网中自建互联网出口、VPN、无线网络和卫星通信系统。
（6）在内网中提供电影、音乐、游戏等与工作无关的非业务应用。
（7）内网中的计算机为其他计算机提供代理或网关服务。
（8）其他危害内网安全的行为。

（二）网络安全使用基本要求

员工使用企业网络应遵守以下基本要求：

（1）禁止利用网络危害国家安全，违反国家法律，泄露国家秘密以及从事违法犯罪活动，侵害国家、社会和公民合法权益。
（2）禁止以任何理由、形式使用任何设备或软件攻击网络系统，以及破解、窥探、窃取、删除、更改其他用户使用的数据及信息，禁止未经授权的网络扫描等行为。
（3）禁止在办公计算机安装和处理与工作无关的软件、数据和信息，不应下载盗版及来历不明共享软件。
（4）用户在使用信息系统前应确保使用环境、浏览器及客户端软件安全，不应打开来历不明的邮件附件、网络链接。
（5）须定期更改账号密码，不得将信息系统账户提供给他人使用。
（6）须主动向本单位信息部门上报网络安全事件和隐患。
（7）遵守各信息系统使用要求，未经授权不得篡改、删除、拷贝、传输系统数据。
（8）禁止在互联网上传播内部资料或敏感数据。

（三）终端用户网络安全使用守则

（1）需要访问互联网服务的用户，需通过有线网络使用集团公司统建的互联网出口。
（2）办公网内的用户不得共享互联网服务，不通过WIFI、移动数据网络、拨号或专线等方式私自接入互联网。
（3）禁止在内网中的计算机为其他计算机提供代理网关服务。
（4）必须安装集团公司统一建设的桌面安全管理系统（2.0）客户端；及时更新系统补丁。
（5）桌面计算机须实名登记注册，对于多人共用的计算机，应指定唯一负责人进行实名登记。
（6）USBKey数字证书必须由用户本人持有，任何人不得以任何形式在非用户监管下使用，不得转借他人使用；必须在电脑终端上使用，且在不使用时应将USBKey拔出并妥善保管。
（7）严格按照集团公司已发布的信息安全基线要求对终端计算机进行安全加固。
（8）禁止在内网中传输、存储、处理涉密信息；传输重要工作文档，使用集团公司桌面安全管理系统（2.0）提供的加密功能进行加密。
（9）桌面计算机操作系统设置符合要求的密码，设置屏保恢复时输入密码，用户离开工位时应锁屏。

（10）禁止使用网盘、文库等互联网服务保存工作相关文档。

（四）网络安全使用提示

1. 严格区分内外网

中石油网络由办公网（图2-4-1）、生产网（图2-4-2）两套独立运行的网络组成，其中，办公网用于各级员工日常办公、信息发布、信息查询等，该网络采用有线延伸至有人站场，安全系统部署在计算机终端（主要有桌面安全系统2.0系统、敏感数据审计系统），核心层交换机、路由器、服务器端（主要有防火墙、VRV网络接入控制系统、日志审计系统等）。生产网用于生产站场数据采集、传输、存储，用于生产过程的监控，用于生产视频监视等，该网络采用有线加无线的方式延伸至一线生产井站，网络安全设备部署在核心层交换机、路由器、服务器端（主要有防火墙、日志审计系统、入侵检测系统等统），工控机防护采用封USB口、光驱、无线的方式进行物理防护。

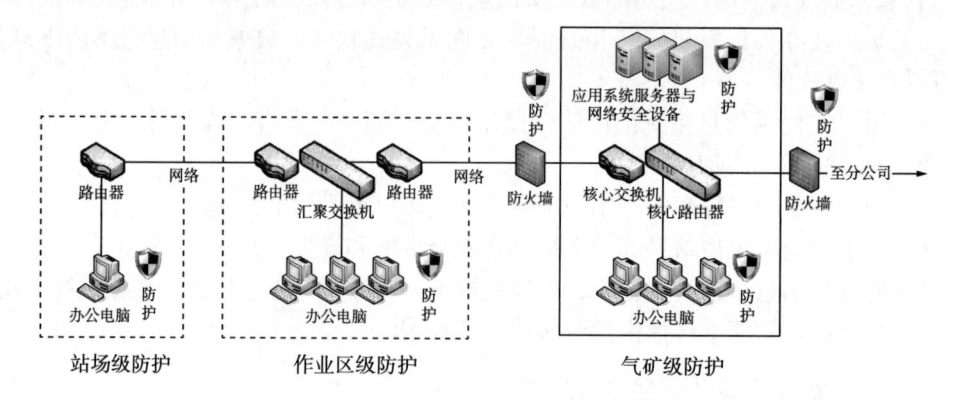

图2-4-1 办公网安全防护架构示意图

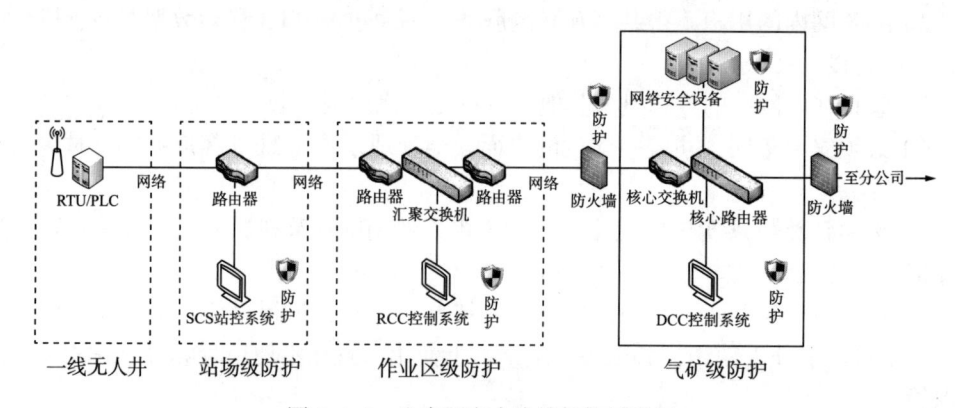

图2-4-2 生产网安全防护架构示意图

日常工作中要严格区分内外网，莫图一时之便。不在外网的计算机上处理和存放内部文件资料，也不将外网的计算机和私人计算机随便接入内网。安全提示：（1）生产网络和公共办公网络一定要严格区分；（2）不随意将个人电脑接入公司网络。

2. 规范使用移动介质

移动介质是盗取数据的便捷工具，也是病毒传播的便捷途径。安全提示：（1）移动介质中的文件使用后要立即删除；（2）不将私人移动介质插入工作电脑；（3）打开来自移动介质的文件前，需进行病毒扫描。

3. 备份重要数据

工作文件无论什么原因造成数据丢失，或将自己的劳动成果功亏一篑，或将给单位的正常工作带来影响。需要养成定期备份重要数据的工作习惯。安全提示：（1）重要数据一定要定期备份；（2）注意重要数据备份环境的安全，不要将重要数据备份在公用电脑或移动存储介质上，也不能备份在云盘等互联网存储服务中。

4. 杜绝使用盗版软件

集团公司内网桌面计算机，必须安装集团公司桌面安全管理客户端。安全提示：（1）工作软件须使用正版软件；（2）不下载和安装与工作无关的软件；（3）必须安装集团公司桌面安全管理客户端。

模块三
设备管理与维护

第一章　设备管理与维护基础知识

设备的管理与维护是企业正常运营不可或缺的工作。加强设备管理与维护能够提高设备的使用寿命、减少设备维修次数、保障产品质量、提高生产效率，从而创造更高的经济效益。

第一节　概述

一、设备综合管理基本要求

设备综合管理是指以科学的手段来管理企业与机构的各种设备，保障设备的正常运行以及提高设备的利用率和效益。设备综合管理要求综合考虑设备运营的全过程，包括设备的选型、采购、安装、试运行、维护保养、更新改造和报废处理等方面。

（一）全面规划和合理选型

设备综合管理应该通过对企业所需设备的类型、数量、技术性能、功能要求等进行全面规划，并根据企业的实际情况和需求来制定设备选型方案。选型方案应该重点考虑设备的经济性、效率性、安全性以及环保性等方面的因素，并综合考虑设备本身的性能和功能要求，以及设备的可靠性、维修保养和使用成本等方面的因素，选择最合适的设备。

（二）科学的采购和合同管理

设备综合管理要求企业对设备采购的过程进行规范和管理。包括制定科学的采购方案和合同管理制度，明确合同的内容和双方的权利和义务，确保采购合同的合法性、公正性和有效性。同时，还应该加强对供应商的评估和跟踪管理，及时掌握供应商的质量管理能力、交货能力和售后服务水平。

（三）标准的设备安装和试运行

设备综合管理要求在设备安装和试运行过程中，对设备进行标准的安装和调试。在安装过程中，要依据设备的设计要求和标准规范进行安装，确保设备的各项指标满足要求。在试运行过程中，要进行科学的测试和分析，及时发现和解决设备运行中的问题，确保设备的安全性和稳定性。

（四）全面的设备维护保养和故障处理

设备综合管理要求企业建立健全设备维护保养和故障处理制度，对设备实行全面的保养和检修，定期对设备进行维护和检查，及时发现和排除设备上的故障。通过全面的设维护保养，可以提高设备的使用寿命和效率，降低企业的运营成本。

（五）科学的设备更新改造和报废处理

设备综合管理要求企业根据设备的技术状况和经济效益，选择科学的设备更新改造和报废处理方式。在设备更新改造中，要着重考虑技术更新和环保要求，提高设备的效率和经济效益。在设备报废处理中，要进行科学的环保处理和资源利用，降低企业的环境污染物排放和资源浪费。

设备综合管理要求企业在设备的全生命周期内对其进行科学的规划、选型、采购、安装、试运行、维护保养、更新改造和报废处理等方面的管理，以保障设备的正常运行，提高设备的利用率和效益（图3-1-1）。

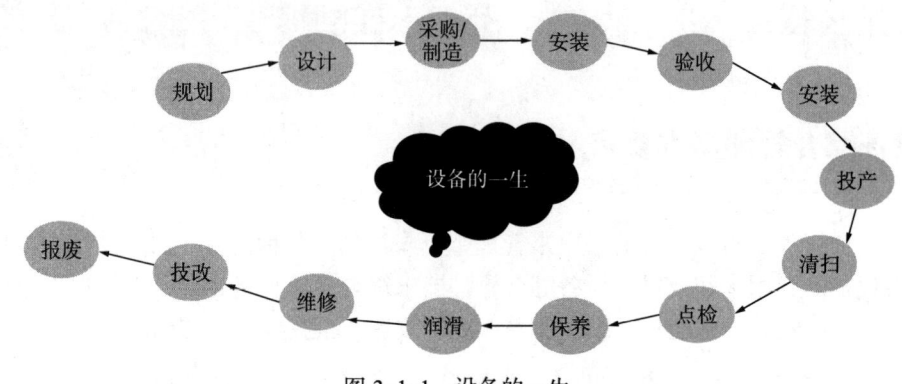

图3-1-1 设备的一生

设备综合管理的目的在于对企业或组织使用的各种设备进行全面、科学、规范的管理，以确保设备的正常运行和维护，提高设备的使用效率和安全性，从而实现企业或组织的生产经营目标。

设备综合管理的意义在于：

（1）提高设备的可靠性和稳定性，提高生产效率和产品质量。

（2）延长设备的使用寿命，降低设备维修成本和维修频率。

（3）提高对设备使用的控制能力，预防设备损坏和事故发生。

（4）强化对设备的保养和管理，使设备得到最佳的使用效益和发挥。

（5）提高资源利用效率和降低能源、物资和人力成本，从而增加企业或组织的经济效益并保证可持续发展。

二、设备现场管理与维护基本要求

（1）设备管理应该建立设备台账，做好设备编号、资料、操作指导书等相关资料的整理和归档，还要建立设备使用记录，及时记录设备的运行状态、维护和保养情况、维修次数及费用等情况，便于随时查看设备运行情况和进行数据分析。

（2）要对设备进行定期保养和维护。定期保养和维护能够及时发现和排除设备故障，保证设备正常运行，具体包括：清洁设备，检查松动、脱落等现象并加以修复；更换设备的易损件，如灯丝、滤网、电线等；加注设备所需的润滑油、冷却剂等。

（3）设备应该定期进行安全检查。对于使用较长时间的设备，需要重视它们的安全性。定期进行安全检查，发现隐患及时消除，防止设备意外事故的发生。检查的内容包括：设备固定和支撑结构是否稳定；电气设备和电气部件是否正常运行；易燃、易爆等有害物质是否符合安全要求等。

（4）要为设备制定专门的操作规程和操作指导书，并且培训操作人员。操作规程中需要详细说明设备的使用方法，要求操作人员如何使用设备、如何维护设备、如何保养设备等。培训操作人员的目的是提高他们的技能和操作规范性，从而保证设备的正常运行和产品的合格率。

设备的管理与维护要求不仅涉及设备的日常管理，还与设备的日常维护、安全管理以及操作规程和操作指导书的制定及操作人员的培训密切相关。只有做到全方位的设备管理与维护，才能提高生产效率和产品质量，创造更高的经济效益。

三、设备维护发展历程

（一）第一代维护模式

事后维护 BM（Breakdown Maintenance），20 世纪 50 年代前，坏了才修，不坏不修。

（二）第二代维护模式

仅考虑时间的预防维护 PM（Preventive Maintenance），20 世纪 60 年代至 80 年代，以时间为基础的维护 TBM（Time Based Maintenance）不管坏与不坏，修了再说。

计划维护 PPM（Planning Preventive Maintenance）按计划进行大修、中修、小修。

（三）第三代维护模式

以可靠性为中心的维护，译自英文"Reliability Centered Maintenance"，简称"RCM"（20 世纪 60 年代出现，从 20 世纪 80 年代至今广泛使用）。它是目前国际上流行的、用以确定设备预防性维护工作、优化维护制度的一种系统工程方法，也是发达国家军队及工业部门制定军用装备和设备预防性维护大纲的首选方法。

第二节　事后维护

事后维护又称为故障修理，是在设备发生故障后再进行修理的一种维修方式。这是最早形成的设备维修制度。由于事前不知道故障在什么时候发生，在什么零件上出现，因此缺乏修理前的准备，设备停工修理时间比较长。同时由于这种修理是无计划的，常常打乱生产计划，容易影响产品质量和交货期，给企业带来较大损失。它已被先进的维修制度所淘汰，但作为一种维修方式，对于任何突发故障都得采用。

一、事后维护优缺点

（一）优点

（1）节省成本：与预防性维护相比，事后维护可以避免不必要的维护，从而节省维护成本。

（2）侧重于问题解决：事后维护的重点是对已存在的问题进行解决，可以快速解决问题。

（3）提高设备利用率：事后维护可以在设备出现故障时及时进行修理，从而提高设备的利用率，控制停机时间。

（二）缺点

（1）不利于预测：事后维护需要在设备出现故障时才能进行处理，难以进行预测，可能造成长时间的停机。

（2）容易造成损失：如果设备出现严重的故障，可能会造成较大的损失，并且无法预测可造成的故障程度。

（3）对维修人员的维修技能要求较高：维修人员需要快速解决故障，确保设备迅速恢复正常运行。

二、事后维护关键操作步骤

（1）确认故障：首先要通过调查和诊断，确定设备出现的具体故障，必要时可以进行测试、检查和分析，以便尽快找到故障原因。

（2）制定维修方案：根据确定的故障原因，制定一份维修方案。方案应包含维修步骤、操作要点、所需材料和工具，以及对维修效果的测试计划。

（3）准备工具和材料：根据维修方案，准备所需的工具和材料，确保材料的质量符合标准要求，并审查维修人员的资质。

（4）进行维修：按照维修计划和步骤，进行维修操作。过程中需要仔细检查和验证每一步操作的效果，并在维修过程中注意安全措施。

（5）测试效果：在维修完毕后，需要进行相应的测试，验证维修效果。如果效果不理想，需要返工直到修复设备。

（6）记录维修情况：维修完成后，需要填写维修记录，包括维修过程、所用时间和材料、维修效果等内容，并要将记录储存档案，以便以后查询和追溯。

第三节 预防性维护

预防性维护（Preventive Maintenance，PM）主要是指在机械设备没有发生故障或尚未造成损坏的前提下即展开一系列维修的维修方式，通过对产品的系统性检查、设备测试和更换以防止功能故障发生，使其保持在规定状态所进行的全部活动。

一、预防性维护目的

预防性维护包括调整、润滑、定期检查等。预防性维护主要用于其故障后果会危及安全和影响任务完成，或导致较大经济损失的产品。预防性维护的目的是降低产品失效的概率或防止功能退化。它按预定的时间间隔或按规定的准则实施维修，通常包括保养、操作人员监控、使用检查、功能检测、定时拆修和定时报废等维护工作类型。

二、预防性维护分类

广义的预防性维护包括三种维护方式，分别是定期维护、状态维护和主动维护。以下将针对这三种维护方式进行介绍。

（一）定期维护

定期维护是传统的预防性维护，状态维护则可在一定程度上称之为预知性维护。在对系统设备的故障规律有充分了解的前提下，根据规定的维修间隔或者系统设备的工作时间，按照已经安排好的时间来进行计划内的维修工作，而不去考虑系统设备当时所处的运行状态。

定期维护是一种以时间为基准的维护方式，其适用于停机影响较大而劣化规律随时间变化较为明显的设备。定期维护需根据设备磨损规律提前确定维护时机，时机一到，不管设备运行状况如何，都需进行相应维护。这种方式使得维护工作能够有计划地被安排，适时组织设备停机，合理分配备件和人员，从而保证较高的维护质量，减少故障对生产活动的不良影响。其劣势在于可能导致设备并没有发生故障就进行了修复，而产生维护过剩、失修等问题。

（二）状态维护

状态维护是对系统设备采取一些状态检测技术，如振动监测技术、滑油技术和孔探技术等，将系统设备可能发生功能故障的各种物理信息进行周期性检测、分析、诊断，根据对物理信息的分析推断出系统设备当前所处的运行状态，以系统设备运行状态的发展情况为依据安排必要的预防性维护计划。

状态维护是一种利用传感器、监测技术和故障诊断技术分析、评估设备运行情况，并判断设备维修需求的维护方式。状态维护有两种方式：点检状态维护和远程监测状态维护，前者由检测人员利用简易检测设备定期检查，后者依靠设备中嵌入监测系统自动采集设备运行数据并对故障趋势进行分析。状态维护的要点在于状态监测和故障识别，因此，其对设备的监测和诊断技术有较高要求。

（三）主动维护

主动维护是寻求系统设备故障产生的根源，如润滑介质理化性能的降低、油液污染度变大及环境温度的变化等进行识别，主动采取一些事前的维护工作，将这些导致故障的因素控制在一个合理的水平或者强度内，来预防系统设备进一步发生故障或者失效。

三、预防性维护方式的局限性

（一）定期维护

传统的预防性维护（定期维护）适用于故障多、难维护、费用高、需改善性能（特别是安全性）、延长使用寿命的设备，如电梯、车辆、消防设备等，这种维护方式的局限性在于：

（1）即使进行预防性维护，也会发生某种程度的故障，而且不能保证实施预防性维护后实际故障率一定能下降。

（2）维护周期由统计方式确定，所以常会造成维护过度，以致造成资源浪费的情况出现。

（3）对于复杂机械设备维护效果差，适用于磨耗故障，而使设备的使用效率降低的情况。

（4）因定期维护而造成的停产，会对企业造成很大的经济损失。

由此可见，定期维护是按照一定的周期无条件进行修理、更换，虽然这样做简单而有效，但由于长期提前修理、更换，增加了企业成本、降低了企业竞争力。为了适应企业竞争环境的变化，更高级的预防性维护被提出。

（二）状态维护

状态维护是对设备劣化状态进行简单的诊断和趋势管理，必要时进行较准确的测量诊断，再进行维护的维护方式。状态维护基于设备基础数据（如振动、温度、压力数据等）而进行维护决策，因此，状态维护对于数据的准确性具有很大的依赖性，这种维护方式的局限性在于：

（1）依赖于数据的准确性，对于传感器的精确度要求较高。

（2）对于监测环境有一定的要求，环境干扰多易使监测数据产生奇异值，造成虚警率过高。

（3）往往设有一定的报警阈值，到达阈值后进行维护，阈值的设定较难。

（三）主动维护

主动维护往往注重于消除故障根源、控制故障因素，但由于故障产生因素错综复杂，其控制只能针对部分可控因素，无法完全防止故障的发生。

四、预防性维护的主要工作内容

（1）定期检查机械、电气和电子部件的运行状态，以确保它们没有受损，并处于最佳状态。

（2）对设备进行清洗和润滑，以确保设备的稳定运行。

（3）对电气设备进行维护保养，例如更换电线、插头、电容器、电动机等。

（4）定期更换易损件，如机器零件、开关、阀门、气动元件等。

（5）在设备运行正常的情况下，对设备进行预防性维护，以尽可能减少因故障停机造成的损失。

（6）对工作记录和设备运行数据分类整理和统计，以便在未来制定更为精准和有效的预防性维护计划。

（7）对设备进行定期校准和检查，以确保其精度和准确性。

（8）对设备的保护措施进行检查和测试，以确保设备在面对各种条件时能够安全运行。

（9）对设备的冷却系统进行维护和清洗，以确保设备的散热效果好。

（10）定期检查设备的联接件和压力储存设备，以确保它们没有受损，并处于最佳状态。

五、预防性维护优缺点

（一）优点

（1）降低设备故障率和停机时间：预防性维护能够及时发现设备存在的潜在问题，并进行修复，从而降低设备故障率和停机时间。

（2）延长设备使用寿命：通过预防性维护，在设备达到正常寿命前进行必要的维护保养，可以延长设备的实际使用寿命。

（3）提高设备运行效率：定期的预防性维护，能够使设备在运行中保持最佳状态，从而提高设备的运行效率。

（4）减少维护和更换成本：进行预防性维护可以有效减少故障的频率和程度，避免了因设备损坏引起的高昂维护和更换成本。

（5）提高工作效率和安全性：设备运行过程中的故障会影响工作效率和安全性，通过预防性维护排除设备故障，能够提高工作效率和安全性。

（二）缺点

（1）资金和人力成本：预防性维护需要耗费一定的资金和人力投入，特别是对于大型设备，成本较高。

（2）工作安排和时间安排：预防性维护一般需要在设备停机时进行，会对生产和工作造成一定的影响。

（3）预防性维护并不能完全避免所有设备故障的发生，也不能保证所有故障都能够及时发现。

第四节　以可靠性为中心的维护

一、以可靠性为中心的维护发展历程

以可靠性为中心的维护（RCM）是由美国联合航空公司的诺兰（Stan Nowlan）和希普（Howard Heap）于1978年首先提出的（《以可靠性为中心的维护》一书），主要用来制定有形资产功能管理的最佳策略，并对资产的故障后果进行控制。

随着 RCM 技术的发展，在不同领域其定义也不同，但最主要、最基本的定义仍属 John Moubray 教授的定义：RCM 是确定有形资产在其使用背景下维护需求的一种过程。

美军通过在 20 世纪 80 年代推行"以可靠性为中心的维护（RCM）"维护改革，使其装备保持了较高的完好率。英国、日本等国家通过应用 RCM 分析技术为其设备制定维护策略，避免了"多维护、多保养、多多益善"和"故障后再维护"的传统维护思想的影响，使维护工作更具科学性。实践证明：如果 RCM 被正确运用到现行的维护系统中，在保证生产安全性和资产可靠性的条件下，可将日常维护工作量降低 40%～70%，大大提高资产的使用效率。

RCM 作为一种分析方法，它表现出来的特点已引起各国对它的重视，主要集中在理论研究和应用方面。

RCM 方法中，所有资产的功能、功能故障以及所有可能的故障模式都要进行系统的分析和确认，进而明确各种可能故障造成的影响以及影响的方式。一旦收集到这些信息，就可以选择最恰当的资产管理策略。

二、以可靠性为中心的维护发展动态

（一）应用范围扩大

RCM 最初应用于飞机及其航空设备，后应用于军用系统与设备，现已广泛用于其他各个行业，如核电企业、电力公司、汽车制造厂等，逐渐扩展到企业的生产设备与民用设施。目前的 RCM 应用领域已涵盖了航空、武器系统、核设施、铁路、石油化工、生产制造、大众房产等各行各业。

（二）重视安全与环境性后果

RCM 认为：故障后果的严重程度影响着采取预防性维护工作的决策。即如果故障有严重后果，就应尽全力设法防止其发生。反之除了日常的清洁和润滑外，可以不采取任何预防措施。RCM 过程把故障后果分成下列 4 类：

（1）隐蔽性故障后果。隐蔽性故障没有直接的影响，但它有可能导致严重的、经常是灾难性的多重故障后果。

（2）安全性和环境性后果。如果故障会造成人员伤亡，就具有安全性后果；如果由于故障导致企业违反了行业、地方、国家或国际的环境标准，则故障具有环境性后果。

（3）使用性后果。如果故障影响生产（产量、产品质量、售后服务或除直接维护费用以外的运行费用），就认为具有使用性后果。

（4）非使用性后果。划分到这一类里的是明显功能故障，它们既不影响安全也不影响生产，它只涉及直接维护费用。

环境性后果已成为预防性维护决策的重要因素之一。将环境性后果引入 RCM 决策过程是 RCM Ⅱ 的重要贡献，也是 RCM Ⅱ 与其他 RCM 版本最显著的区别。

第一章　设备管理与维护基础知识

（三）分类更加科学

RCM Ⅱ 把预防性维护工作定义为预防故障后果而不仅仅是故障本身的一种维护工作，这样的定义使预防性维护的范畴大大扩展。这样划分后 RCM Ⅱ 把预防性维护分为主动性工作和非主动性工作两大类。

1. 主动性工作

为了防止产品达到故障状态，而在故障发生前所采取的工作，包括定期恢复、定期报废和视情维护等。

（1）定期恢复与定期报废。定期恢复要求按一个特定的工龄期限或在工龄期限之前，重新加工一部件或翻修一组件，而不管当时其状态如何。与此相同，定期报废工作要求按一个特定的工龄期限或在工龄期限之前报废，也不顾其状态。

（2）视情维护。视情维护是通过监控掌握装备的状况，对其可能发生功能故障的项目进行必要的预防维护。视情维护适用于耗损故障初期有明显劣化症候的装备，但需要适当的检测手段，如功能检测和先进的技术等。

2. 非主动性工作

当不可能选择有效的主动性工作时，选择非主动性对策处理故障后的状态，包括故障检查、重新设计和无预定维护。

（1）故障检查。在 RCM Ⅱ 中故障检查工作是指定期检查隐蔽功能以确定其是否已经发生故障。从预防故障的时机上讲，它是在隐蔽功能故障发生后为防止多重故障的后果而进行的一项检查工作。故障检查工作需要定期检查隐蔽功能以确定其是否发生故障（这里基于状态的工作是检查是否已发生故障）。

（2）重新设计。重新设计需改变系统的固有能力，它包括硬件的改型和使用操作程序的变化两个方面。

（3）无预定维护。这种对策对所研究的故障模式不需进行预计或预防，因此只是简单地允许这些故障发生并进行修理，这种对策也称为故障后修理。

（四）注重实施过程管理

尽管 RCM 的应用属于技术层面的问题，但它产生的结果对装备的使用以及维护制度产生直接的影响，因此没有决策部门的支持参与，RCM 的推广应用不可能取得理想的结果。当前在 RCM 的实施过程中比较注重加强管理，具体表现在：

1. 成立 RCM 指导小组

RCM 指导小组由熟悉并能对装（设）备维护制度运行产生影响的有关领导、熟悉 RCM 原理与分析过程的专家和熟悉装（设）备结构与维护的人员共同组成，主要负责 RCM 分析的管理与协调工作；负责 RCM 技术推广、人员培训，对装（设）备 RCM 分析小组给予技术支持。

2. 组织 RCM 培训

培训是投资回报率最高的一项工作，目的是在尽可能短的时间内把专家的经验传给别人。通过对 RCM 相关人员的培训使他们增强对 RCM 的认识，从而促进 RCM 的推广应用。

三、以可靠性为中心的维护研究方向

尽管 RCM 分析方法的体系结构已基本形成，但还有许多方面有待于进一步完善和发展，尤其是在实用性、科学性、专业性和高效性等方面。

（一）实用性

RCM 分析技术本身的发展方向是，在保持 RCM 最初的本意和回答 7 个基本问题的基础上，将逐渐完善和易于操作。其中 RCM 适用性准则、有效性准则和逻辑决断图等的改进和细化是未来的一个趋势。只有使适用性、有效性准则（包括参数、指标、度量方法）以及逻辑决断图制定得切合实际又便于实用，才能保证 RCM 决断更准确，使 RCM 分析更贴近实际，具有更强的实用性。工龄的探索、故障分布的确定、$P—F$ 曲线的研究等均是当前急需开展的工作。

（二）科学性

当前对 RCM 的理论分析和应用研究主要集中在定性的分析，定量研究工作不多。目前已开发出绝大多数的 RCM 支持模型，包括不同时间基准、不同复杂程度、不同决策目标下的使用检查模型、功能检测模型和定期更换模型等。英国 SALFORD 大学正在进行智能化的 RCM 决策支持模型的开发。如何把相关的支持模型引入 RCM 逻辑决断过程、提高分析决断的精确性，将是下一步的主要研究工作。

（三）专业性

应用是理论研究的根本目的。RCM 作为一种分析方法，尽管理论比较成熟，具有一套完整的思路，但在对不同的领域的资产进行 RCM 分析时，应针对资产的不同特点和所处的不同工作环境，对 RCM 分析方法中的相关内容进行充分的理解和适时扩展，只有这样才能提高 RCM 分析的针对性，才能获得应有的效果。

（四）高效性

RCM 分析内容复杂、工作量大，针对此情况，应尽快组织有关人员研制开发出界面友好、具有防差错能力、基于案例的 RCM 管理系统软件。该软件可以提高 RCM 分析的效率和准确度，减少重复性工作，解决技术层面的问题，规范 RCM 分析过程，显著降低分析人员的知识和经验要求。另外，对于以往已进行 RCM 分析的设（装）备也可以作为案例放到系统的案例库中，在对类似装备进行 RCM 分析时，可以通过索引进行调取，这样能大大减少分析的工作量。

第二章 静设备

第一节 井口装置

一、采气树材质级别及性能

目前执行的井口装置和采油（气）标准主要有：API6A20th/ISO10423—2009《石油天然气工业钻井和采油设备井口装置和采油树设备》和GB/T 22513—2013《石油天然气工业钻井和采油设备井口装置和采油树设备》。

（一）温度级别

API 标准温度代号有：K、L、P、R、S、T、U、V、X、Y 共 10 个级别。如 PU，就代表 -29～121℃，见表 3-2-1。

表 3-2-1　API 温度级别

温度类别	作业范围 ℃ min.	℃ max.	℉ min.	℉ max.
K	-60	82	-75	180
L	-46	82	-50	180
P	-29	82	-20	180
R	室温	室温	室温	室温
S	-18	66	0	150
T	-18	82	0	180
U	-18	121	0	250
V	2	121	35	250
X	-18	180	0	350
Y	-18	345	0	650

（二）材料级别

材料级别指金属材料对腐蚀的抵御能力，主要是根据产品将要使用的环境（如 CO_2、H_2S、其他介质要求等）确定产品所使用的材料（碳钢、低合金钢或不锈钢、合金材料），是 NACE 标准对材料加工和材料性能的要求。

材料级别分为：AA 级、BB 级、CC 级、DD 级、EE 级、FF 级、HH 级。从 DD 级至 HH 级，抗腐蚀性能逐步增强，见表 3-2-2、表 3-2-3。

表 3-2-2 API 材料级别要求

材料类别	材料最低要求	
	本体、阀盖、端部和出口连接	控压件、阀杆、心轴式悬挂器
AA——一般使用	碳钢或低合金钢	碳钢或低合金钢
BB——一般使用	碳钢或低合金钢	不锈钢 b
CC——一般使用	不锈钢	不锈钢
DD——酸性环境 a	碳钢或低合金钢 b	碳钢或低合金钢 b
EE——酸性环境 a	碳钢或低合金钢	不锈钢
FF——酸性环境 a	不锈钢	不锈钢
HH——酸性环境 a	抗腐蚀合金	抗腐蚀合金

表 3-2-3 API 材料级别

材料级别	H_2S 分压限制	封存流体	CO_2 分压限制	腐蚀性	其他限制
AA	低于 0.05psi	一般使用	低于 7psi	无腐蚀	
BB	低于 0.05psi	一般使用	7~30psi	轻度腐蚀	
CC	低于 0.05psi	一般使用	大于 30psi	高度腐蚀	
DD-NL	无限制	酸性环境	低于 7psi	无腐蚀	
EE-1.5	低于 1.5psi	酸性环境	7~30psi	轻度腐蚀	pH ≥ 3.5
EE-NL	无限制	酸性环境	7~30psi	轻度腐蚀	pH ≥ 3.5
FF-1.5	低于 1.5psi	酸性环境	30~200psi	中高度腐蚀	pH ≥ 3.5
FF-NL	无限制	酸性环境	30~200psi	中高度腐蚀	pH ≥ 3.5
HH-NL	无限制	酸性环境	无限制	高度腐蚀	

（三）性能级别

性能级别一般分为：PR1、PR2，其中 PR2 对不同工况下各种工作性能的要求更为严格，如：与 PR1 相比，阀门试压时，PR2 要求的稳压时间较长且试压重复次数增加，更加严格。其中 PR1 较为常见，PR2 一般用于高压气密封、腐蚀严重等要求较高的环境。

二、井口装置的操作、管理及维护

采油（气）井口装置是控制油气生产的重要地面设备之一，其综合技术性能（工作压力、材料级别、温度级别、通径、节流阀的效果等）及产品质量的好坏直接关系到井口的安全。

由于金属材料的腐蚀，结构设计与制造不够完善，造成个别生产井口装置中的闸阀开关失灵、力矩重、阀杆密封失效、节流阀失效、阀门内漏、密封钢圈漏等现象，有些零件表面出现点蚀、坑蚀，甚至断裂。轻则影响生产井的正常生产或正常供气，重则造成井毁人亡，资源浪费，污染等严重事故，给国家、企业、个人造成巨大甚至不可弥补的损失。因此，井口装置的维护和日常保养工作显得尤其的重要。

（一）井口装置管理

所有井口装置及部件应满足井口装置和采油树设备规范 API 6A《健康与环境问题》或 GB/T 22513—2023《石油天然气钻采设备 井口装置和采油树》和其他相关技术要求。新安装的井口装置使用前应进行整体水压和气密封试验合格，相关检验合格证、说明书等资料齐全，与井口装置一起送达现场。

井口装置未使用的阀门出口端应进行物理隔离，使用螺纹保护器保护螺纹或配齐取压截止阀和压力表，具备泄压、测压等功能，不得安装导致憋压的盲板或死堵。但套管头阀门（套管与套管之间即 B 环空、C 环空的阀门）其中一侧应配齐取压截止阀、压力表，具备泄压、测压等功能。

对超高压（井口关井压力接近井口装置的工作压力）气井必须安装紧急放喷泄压管线，制定泄压制度，加强巡检工作，确保井口压力不高于井口装置允许承受的工作压力。

对管辖的所有井口装置编制井口装置安全运行保障措施和应急预案，建立井口装置存在问题及隐患整改档案，定期巡检。

（二）井口装置维护

对所有井口装置必须进行定期维护，生产井每 1 年维护一次，非生产井每 2 年一次，封堵井每 3 年一次。对于含平板阀的井口装置维护的主要内容包括检查井口装置是否存在缺损、损坏、松动的部件和漏气；对相关阀门进行全行程开关检查，是否存在卡阻和开关是否灵活；对井口装置上阀门注密封脂、注润滑油，对 BT 密封部位注塑；对缺损、损坏、松动的部位进行扭紧或更换整改。井口装置维护需要更换的配件和材料必须符合该井气质要求，不得使用过期和三无产品。

井口装置的日常维护应定期向井口平板阀腔内注入密封脂，一般开关 10 次左右注入 1 次；对于很少开关的阀门（如未生产侧或未装压力表侧的阀门），应半年注入 1 次；对润滑部位要每月检查注满黄油，并做好记录；确保井口装置无锈蚀，阀门开关灵活，无外漏。

对采油气井装置定期进行清洗检查，除锈刷漆，加强对井口装置的防腐管理工作，不得在法兰之间填有任何充填物（如膏灰、油漆、棉纱布等），不得在螺帽丝杆和标牌上涂抹油漆，做好维护保养记录。具体维护保养措施见表 3-2-4～表 3-2-7。

表 3-2-4　正常使用中的检查项目

序号	检查项目
1	定期检查管线上的压力表显示，并做好记录
2	定期检查法兰连接螺栓松紧程度和完好情况，检查各处法兰连接是否存在漏气情况
3	定期检查井口下游管线是否存在异常现象
4	定期检查阀门是否存在漏油（气）现象，按照操作规程，分期检查每套井口阀门的开关性能
5	定期检查节流阀上下游压力变化，及时了解节流阀工作状况

表 3-2-5　月度定期保养项目

序号	保养项目
1	包括正常使用中的检查项目
2	对阀门轴承座上的油杯加注锂基润滑油，保证轴承转动灵活
3	清理井口表面油污

表 3-2-6　季度定期保养项目

序号	保养项目
1	包括月度定期保养内容
2	通过阀门阀盖上的密封脂注入阀注入 7903 密封脂，以使阀板和阀座得到润滑，并可密封微小渗漏

表 3-2-7　年度定期保养项目

序号	保养项目
1	包括季度定期保养内容
2	对套管头、套管四通、BT 副密封圈补注 EM08 密封脂，保证 BT 密封圈密封性能

三、井口安全截断系统

井口安全气动截断系统（简称：SSVG 或井安系统），是一种为保证天然气生产安全的设备，当天然气站场出现超压、场站发生爆管或火灾时，该装置能通过截断阀自动截断井口气源，防止事故的发生和蔓延，从而保护场站设备以及人员的安全。

井口安全截断系统主要由动力源部分、控制执行部分和截断阀三部分组成。生产现场，常用的井口安全截断系统执行动力源有气动和液动两种，因动力源不同，安全截断系统执行部分的结构存在差异，但系统的控制原理相同。

（一）气动井口安全截断系统

1. 气动井口安全截断系统的工作原理

气动井口安全截断系统主要由动力源部分，控制执行部分和截断阀部分三部分组成。

（1）动力源部分：为系统提供动力，支撑中继阀，为截断阀膜片提供压力。常采用生产管路中的带压天然气、压缩空气、氮气等。

（2）控制执行部分：控制系统内的压力和气体流向，由中继阀、高压导阀、低压导阀、易熔塞等组成。

（3）截断阀部分：控制气井的开关。

工作原理（气动）：气源经过粗过滤、减压、精细过滤后进入气控两位三通阀，一部分控制气体经过快速排气阀进入截断阀的气缸，使截断阀处于开启状态，另一部分控制气体被送到高压感测器、低压感测器、温度检测器（易熔塞）和手动放空阀，此时整个系统便投入运行。当高压感测器、低压感测器检测到压力异常，或者温度检测器的易熔塞熔化时，都会使气动两位三通阀迅速放空，导致执行气源供给关闭并泄放截断阀气缸内的压力，截断阀关闭，切断井口高压气流，实现自动安全切断功能（图 3-2-1、图 3-2-2）。

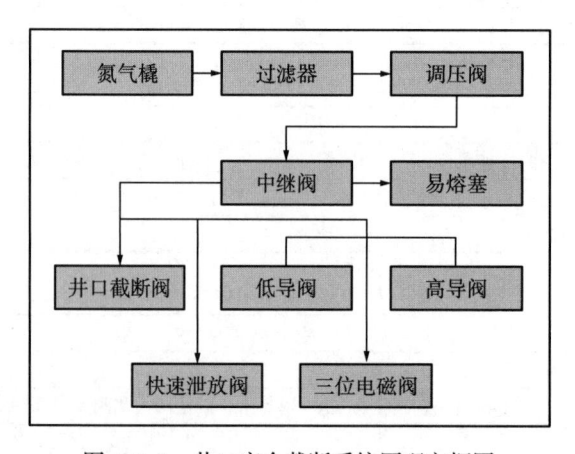

图 3-2-1　井口安全截断系统原理方框图

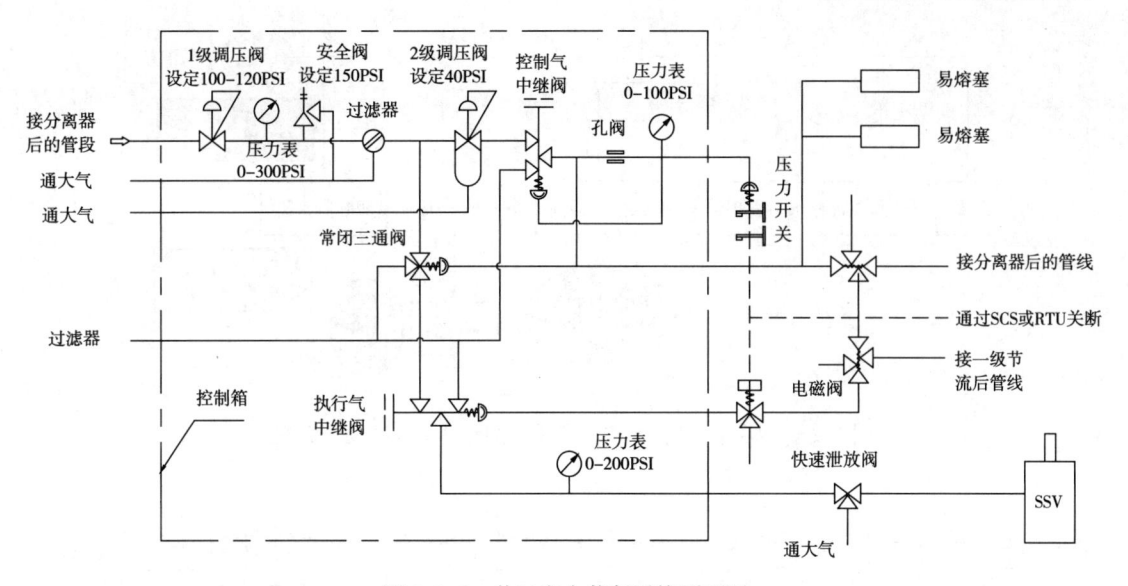

图 3-2-2　井口安全截断系统原理图

2. 气动井口安全截断系统性能特点

气动井口安全截断系统可以实现超压、失压、火灾自动关井，具有就地、远程紧急关断功能。根据生产需要，手动进行切断阀操作、无须接入动力电源，具有远程屏蔽功能。在特殊情况下，失去远程控制时，能保持系统的基本功能。感测压力精度为设定压力的±1%，动作可靠，关阀动作迅速，完成关阀动作时间小于10s。

（二）液动井口安全截断系统

1. 液动井口安全截断系统的工作原理

控制系统的液压能量是通过手动泵供给，保持在蓄能器中，为整个系统提供动力源。二位二通阀是核心控制元件，二位二通阀导通蓄能器的动力补给通道，蓄能器高压液体一路作用在感应器上，另一路到达截断阀油缸，使截断阀闸板向下移动，截断阀打开，此时主控阀处于关闭状态。当动力感测点压力高于（或低于）设定压力时，感测点的导阀油路导通，控制管路压力下降，使二位二通阀导通与主控阀相连管路，泄放截断阀油缸压力，截断阀的阀杆借助弹簧力，带动闸板向上运动，截断阀关闭。易溶塞溶解，导致主阀关闭的原理相同。在控制柜上，操作 ESD 开关，使二位二通阀导通与主控阀相连管路，泄放截断阀油缸压力，截断阀的阀杆借助弹簧力，带动闸板向上运动，截断阀关闭。远程 ESD 则通过电磁阀，控制二位二通阀动作，关闭主阀。系统复位需要首先将 ESD 按钮倒至自动，按下面板上的复位手柄，开启手动泵给系统补充压力，储能器压力恢复，井口安全阀主阀打开，系统投入使用（图 3-2-3、图 3-2-4）。

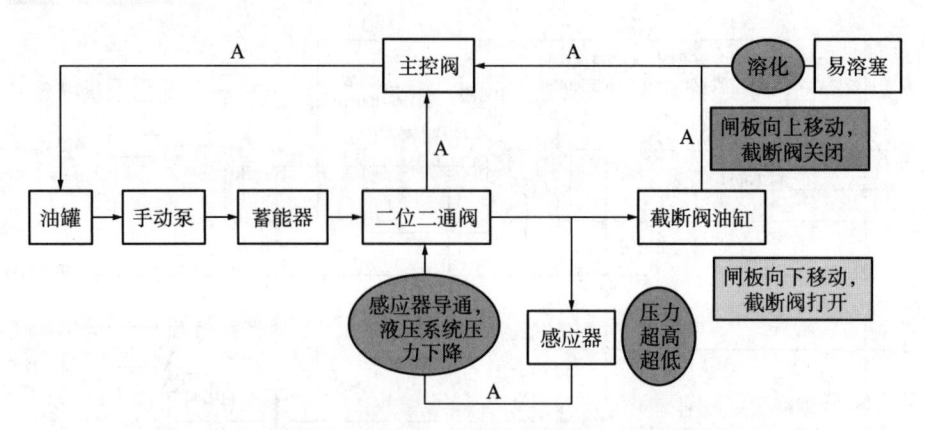

图 3-2-3　感应器压力超高、易熔塞溶化井口系统动作流程图

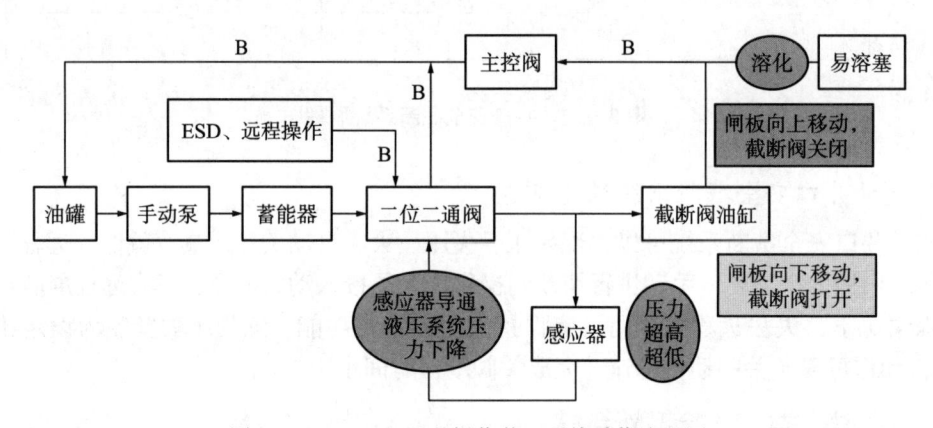

图 3-2-4　ESD、远程操作井口系统动作流程图

2. 液动井口安全截断系统的特点

液动系统可以井口安全截断对两套 SSV 实现分别控制，液压动力系统控制共用且互不影响。系统具有失压、火警自动截断功能，就地手动、远程紧急截断功能，压力信号、阀位信号远传功能，蓄能器压力手动补给，不需要外接能源。控制系统油路与气路隔离，保证液压油品质不受污染，系统工作稳定，日常维护工作量少。

（三）管理和维护

1. 井口安全截断系统动力部分维护

（1）检查控制柜面板上压力表指示值是否正常。

（2）氮气瓶作为气源的井安系统，检查氮气瓶压力保持 2MPa 以上。已用完的氮气瓶应做好标记，当氮气瓶组余量为最后 1 瓶时应及时补充。

（3）定期检查井安系统氮气瓶调压后压力（原则上为 100～140psi，具体压力值以厂家要求为准）。

（4）液动型井安系统，确保液压油体积为油箱总体积的 1/2～3/4，每年更换液压油并清洗油箱。

（5）检查系统各连接部位是否漏气，重点检查导阀阀体与感测阀体连接部位，每月定期检查连接螺栓是否松动。

（6）检查膜片下腔体观察孔是否外漏。

（7）检查中控室阀位、控制系统压力等显示是否正确。

2. 井安系统日常维护

（1）每年按要求调节和确认系统控制压力及执行压力值。

（2）在关井情况下，每年对井安截断阀动作一次，检查井安截断阀和控制系统工作是否正常。

（3）每月对阀杆、导阀螺杆涂抹黄油保养1次，非专业人员严禁设定螺杆弹簧调定值。

（4）保持设备整体的清洁卫生、确保无锈蚀、无污物。

（5）每月定期检查连接螺栓是否松动，若松动应及时泄压紧固。

（6）每年开展专业维护，定期更换系统内和操作器上易损配件。

3. 功能测试及其他

（1）井安系统每年至少进行一次功能测试，并将测试报告上报业务科部室。

（2）各单位定期完善井安系统统计表发业务科室。

第二节　站场装置

一、换热设备

（一）分类

换热设备又称换热器，是实现不同温度的两种或两种以上流体间热量传递的设备，同时也是提高能源利用率的主要设备之一。换热设备按传热原理分为间壁式换热设备、蓄热式换热设备、直接接触式换热设备三类，天然气开采过程中，广泛应用的是间壁式换热设备。另外，天然气生产中常需要在局部位置使用小型的加热设备，受到环境和能源供应的限制，无法采用传统的换热设备供热，在这些位置采用电能的电加热器被广泛应用。

1. 间壁式换热器

间壁式换热设备是温度不同的两种流体在被壁面分开的空间里流动，通过壁面导热以及流体自身对流，实现两种流体之间的换热。间壁式换热设备按照结构不同，主要分为管式和板面式两种类型。

1）管式换热设备

常见管式换热设备有套管式换热器、蛇管式换热器、管壳（列管）式换热器等。如低温环境下采气井口使用的套管式换热器；水套加热炉则是组合型的换热设备，烟气与水换热采用列管式换热，水与天然气采用沉浸式蛇管换热。

（1）套管式换热器的结构和特点。

套管式换热器由两根不同直径、同心组装的直管和U形弯管组成，进行换热的两种流体分别进入内管（天然气）和内管、外管的环形通道（水、水蒸气）进行换热，当需要较大传热面积时，可将几段套管串联排列。

套管式换热器结构简单、加工方便、耐高压、传热系数较大，能保持完全逆流使平均对数温差最大，同时可根据需要增减管段数量，应用方便。在较长管段应用时，则有结构不紧凑、金属消耗量大、接头多而易漏、占地较大等缺点。

（2）蛇管式换热器的结构和特点。

蛇管式换热器是最早出现的一种换热设备。蛇管多以金属管子弯绕而成，或由弯头、管件和直管连接组成，也可制成适合不同设备形状要求的蛇管，如圆形、螺旋形、往复形等。

蛇管式换热器结构简单，造价低廉，操作敏感性较小，管子可承受较大的流体介质压力。但是，由于管外流体的流速很小，因而传热系数小，传热效率低，需要的传热面积大，设备显得笨重。按使用状态不同，蛇管式换热器又可分为沉浸式蛇管和喷淋式蛇管两种。

（3）管壳式换热器的结构和特点。

管壳式换热器又称列管式换热器，是最典型的间壁式换热器，由壳体、传热管束、管板、折流板（挡板）和管箱等部件组成。壳体多为圆筒形，内部装有管束，管束两端固定在管板上。

进行换热的冷热两种流体，一种在管内流动，称为管程流体；另一种在管外流动，称为壳程流体。流体每通过管束一次称为一个管程；每通过壳体一次称为一个壳程。为提高管内流体速度，可在两端管箱内设置隔板，将全部管子均分成若干组。这样流体每次只通过部分管子，因而在管束中往返多次，这称为多管程。同样，为提高管外流速，也可在壳体内安装纵向挡板，迫使流体多次通过壳体空间，称为多壳程。多管程与多壳程可增加换热时间和换热面积，提高换热器的换热效率，二者可配合应用。

相比板式换热器，管壳式换热器单位体积设备所能提供的传热面积大、传热效果好、结构坚固，可选用的结构材料范围宽广，操作弹性大，在大型装置中采用较为普遍。

2）板面式换热设备

常见板面式换热设备有板式换热器和板翅式换热器等，在低温分离、脱水、增压等工艺中使用较多，如三甘醇贫富液换热的板式换热器，降低增压机组排气温度的板翅式换热器等。

（1）板式换热器的结构和特点。

板式换热器主要由板片和框架两大部分组成。板片是由不锈钢等材料制成的薄板，并压制成波纹状；框架由固定压紧板、活动压紧板、上下导杆、夹紧螺栓和密封垫片等构成。

板片以叠加的形式装在固定压紧板、活动压紧板中间，然后用夹紧螺栓夹紧，板片的四个角开有角孔，为换热介质的流动通道，板片周边及角孔处用密封垫片实现密闭和介质分隔，在板片间形成流体不直接接触的两条薄矩形通道，流体流过通道时通过板片进行热量交换。

板式换热器相比管壳式换热器具有以下特点：

①流通通道复杂，流体流态呈旋转流动，所以传热系数较高；

②结构紧凑，重量较轻，占地面积小，不需要预留抽出管束的检修场所；

③通过改变板片数量和排列，可改变换热面积或流程组合，换热工况适应性强；

④板片易拆卸，清洗维护方便。

（2）板翅式换热器的结构和特点。

隔板、翅片、封条是板翅式换热器的基本构件。在两块平行金属隔板间放置波纹状的金属导热翅片，并在两侧边缘以封条密封而组成单元体，将若干个单元体按不同的需求进行组合和排列，焊接组成具有逆流、并流和错流通道的板束，再将若干板束组装构成板翅式换热器。

板翅式换热器结构更为紧凑，但通道更为复杂，使得其传热效率更高，单位体积内换热面积更大。但复杂的结构使板翅式换热器制造难度大，清洗与检修困难，对换热介质本身的洁净度要求较高。

2. 电加热器

电加热器又称为电伴热带，是用电热来补偿被伴热体（容器、管道等）在工艺过程中的热量损失，以维持介质工艺温度的加热设备。电伴热带主要有恒功率电伴热带和自限式电伴热带两种形式。

1）恒功率电伴热带

恒功率电伴热带通电后功率输出是恒定的，不会随外界环境、保温材料、伴热的材质变化而变化，其功率的输出或停止通常是由温度传感器来控制。恒功率伴热电缆分为并联式电热带和串联式电热带。

恒功率并联电热带由于其多个发热节在整个长度并联联接，故简称为并联式电热带，它是由电源母线和母线绝缘、主绝缘、发热丝、外护套、金属屏蔽网、加强护套构成。电源母线为2根或3根平行绝缘铜导线，并在其表面上缠绕电热丝，并将该电热丝每隔一定距离（即发热节长）与母线连接，形成连续并联电阻，母线通电后，各并联电阻发热，因而形成一条连续的加热带，其发热核心为电热丝。

恒功率串联电热带由电源母线、复合绝缘、外护套、铜编织、加强层构成。根据焦耳定律可知，电流通过导体不断地放出能量，形成一条连续的、发热均匀的电伴热带，其发热核心就是母线。

恒功率电热带优点：

（1）不存在启动电流，功率恒定。

（2）使用寿命长、启动电流小。

（3）升温温度均匀，不会过热、安全可靠。

（4）耐温等级高，最高可耐温215℃。

（5）节约电能、运行费用低。

（6）最大使用长度长，最长单向使用长度较长，回路数量较少，总成本较低。

2）自限式电伴热带

自限式电伴热带的热功率随系统温度的变化自调，随时补偿温度变化，由导电塑料和2根平行母线加绝缘层、金属屏蔽网、防腐外套构成。其中由塑料加导电碳粒经特殊加工而成的导电塑料是发热核心。

当伴热线周围温度较低时，导电塑料产生微分子收缩，碳粒连接形成电路使电流通过，伴热线便开始发热。温度较高时，导电塑料产生微分子膨胀，碳粒逐渐分开，导致电路中断，电阻上升，伴热线自动减少功率输出，发热量便降低。当周围温度变冷时，塑料又恢复到微分子收缩状态，碳粒相应连接起来形成电路，伴热线发热功率又自动上升，这就是电阻正温度系数（PTC）特性。其整个温度控制过程是由材料本身自动调节完成的，其控制温度不会过高也不会过低。

自限温电热带在用于防冻和保温时，具有的优点：

（1）伴热管线温度均匀，不会过热，安全可靠。

（2）节约电能，正常稳态工作时每米功率为 8～10W。

（3）间歇操作时，升温启动快速。

（4）安装及运行费用低。

（5）安装使用维护简便。

（6）便于实现自动化管理。

（二）管理和维护

天然气生产过程中的换热设备管理和维护首先应遵循石油天然气行业的相关管理规定，设备外部整洁，保温层和油漆完好；压力表、温度计、安全阀和液位计等仪表和附件齐全、灵敏和准确；不得超温、超压、超负荷运行。结合换热设备的工作特点，对于不同的换热设备又有不同的维护要点。

1. 间壁式换热器

间壁式换热器的日常运行中需定期开展以下工作：

（1）分析换热器各流体出入口温度变动及传热量降低的推移量，以推定污染的情况。

（2）分析管内、管外附着的生成物使流体压力损失的情况，以判断污物堆积情况。

（3）通过对换热器低压流体出口的取样和分析来判断换热器内部是否存在泄漏。

（4）开展外观检查：①各接头部分不能存在泄漏；②基础、支脚架完好无变形；③保温保冷装置外部无损伤；④检查主体及连接配管有无发生异常振动和异响。

（5）需定期测量换热器壳体和管壁的厚度，判断换热介质对设备的腐蚀情况。

（6）设备操作中应注意：①开停换热器时，不能过快过猛，否则容易造成管子和壳体受到冲击，以及局部骤然胀缩，产生热应力，使局部焊缝开裂或管子连接口松弛；②尽可能减少换热器的开停次数，停止使用时应将换热器内的液体清洗放净，防止冻裂和腐蚀。

（7）板式换热器在使用中还需注意定期清理和切换过滤器，预防换热器堵塞。

2. 电加热器

电加热器的结构相比传统换热设备要简单，易于安装和拆卸，因此生产现场应做好电加热器的安装管理。

1）电加热器安装的注意事项

（1）严禁蒸汽伴热和电伴热混用于一体。

（2）安装前需处理被伴热物体锋利的边及毛刺。

（3）绝缘层不得损坏，应紧贴被加热体以提高热效率，若被伴热体为非金属体，应用铝箔胶带增大接触传热面积，用紧固带固定，严禁用金属丝绑扎。

（4）法兰处介质易泄漏，缠绕电热带时应避开其正下方。

（5）避免电伴热带两根母线直接接触，造成短路。

（6）电伴热接头与盲头应用防水密封胶和防水绝缘胶布处理。
（7）屏蔽层必须接地。
（8）电伴热带安装时的最小弯曲半径不得小于其厚度的5～6倍。
（9）缠绕方法应尽可能使被加热体在拆除进行维修或更换时不损坏电热带或影响其他线路。

2）电加热器使用过程中需巡检内容
（1）接线盒有无松动和过热现象。
（2）现场的电源盒，分线盒及密封端子密封是否良好，必要时加注密封胶。
（3）检查电热带上温度，如温度异常，应及时进行检查处理。
（4）当进行保温装修或更换被加热体时，检查伴热带有无损伤。
（5）电伴热外保温层破损、残缺应及时修复保温层。

二、分离类设备

（一）天然气中的杂质及其危害

从气井产出的天然气中往往含有液体和固体杂质，液体杂质有水和油，固体杂质有泥砂，岩石颗粒等，这些杂质如不及时清除，会对采气，输气、脱硫和用户带来很大危害，影响生产正常进行。其主要危害有：

（1）增加输气阻力，使管线输送压力下降：气液两相流动比气体单相流动时的摩阻大，对直径一定的管线来说，摩阻增大意味着通过能力下降。含液量越高，气流速度越低，越易在管线低凹部位积液，形成液堵，严重时甚至中断输气。

（2）含硫地层水对管线和采气设备的腐蚀：实验和生产资料表明，含硫化氢的液态水对金属腐蚀严重，会使管壁厚度大面积减薄或产生局部坑蚀。

（3）天然气中的固体杂质在高速流动时对管壁的冲蚀：如同喷砂除锈一样，高速流动的泥砂固体颗粒会对金属产生强烈的冲蚀，尤其在管线的转弯部位。因为在转弯部位气流运动方向改变时砂粒直接冲刷到管壁上，在管壁上形成一道道伤痕，从而有可能导致管线在这些部位破裂。

（4）使天然气流量测量不准：孔板差压流量计测量气体流量的主要要求是气体干净，保持单相流动。如果气液两相经过孔板，测出的流量就会偏大，若液体聚积在孔板下游侧管道的低洼部位，有时甚至隔断气流。气体推动液体沿管道斜坡从低处向高处流动过程中的滑脱和液体从高处倒流，给气流一个反方向的压力冲击波，使孔板流量计的差压下降，当气体推动液体上坡时，差压上升。形成差压高低波动，影响正确计算气量。

所以，为了避免上述危害，天然气从井底产出后，首先要进行气液分离。

（二）分离设备及类型

分离设备要求简单可靠、分离效率高，不要有经常要更换或清洗的部件，天然气通过分离设备时，压力损失也不能太大。

分离器是分离天然气中液（固）杂质的重要设备，按其作用原理有：立式重力分离器、卧式重力分离器、旋风分离器、多管干式除尘器、过滤分离器等。

1. 立式重力分离器

立式重力分离器由分离段、沉降段、除雾段、储存段四部分组成。图 3-2-5 所示为目前常用的两种。现以图 3-2-5（a）为例，分叙各组成部分作用。

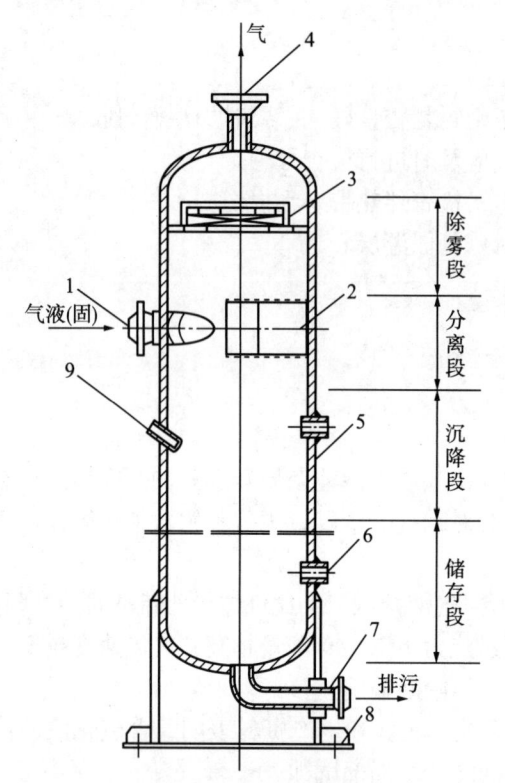

（a）立式重力分离器 1
1—进口；2—防冲板；3—捕集器；4—气出口
5—筒体；6—液位计接管；7—排污管
8—底座；9—温度计插孔

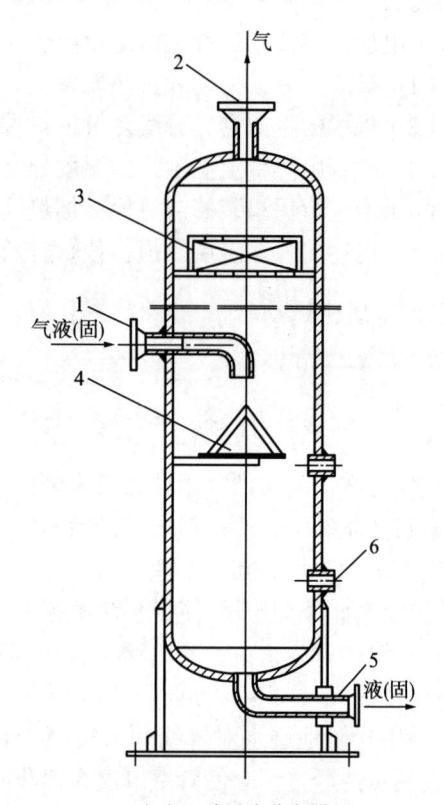

（b）立式重力分离器 2
1—进口；2—气出口；3—捕集器；
4—伞形板；5—排污管；
6—液位计接管

图 3-2-5　立式重力分离器

1）分离段

气液（固）混合物由切向进口进分离器后旋转，在离心力作用下密度大的液（固）体被抛向器壁顺流而下，液（固）体得到初步分离。防冲板是焊在器壁上的一块金属板，主要目的是防止气体中的固体颗粒直接冲刷到器壁上。

2）沉降段

沉降段直径比气液混合物进口管直径大得多。所以，气液（固）混合物进入分离器后，气流在沉降段流速急速降低。液（固）体被气体携带一起向上运动，但是，由于液（固）体的密度比气体大得多（如在 5MPa 时，水的重度是甲烷密度的 28 倍），同时液（固）体还受到向下的重力作用而向下沉降，如果液滴足够大，以致其沉降速度大于被气体携带的速度时，液滴就会向下沉降被分离出来（对固体颗收也一样）。

为了使液滴沉降，设计分离器时，必须使分离器中的气流速度低于液滴沉降速度，一般要求：

$$v = (0.7 \sim 0.8)w \tag{3-2-1}$$

式中　v——气流允许流速，m/s；
　　　w——液滴沉降速度，m/s。

　　液滴沉降速度与液体的密度、液滴直径、分离器工作压力（压力影响气体的密度）等因素有关，可以用公式计算或用图表查出。图 3-2-6 是不同压力下的水滴直径与沉降速度的关置。设计分离器时一般水滴直径取 100μm 计算。

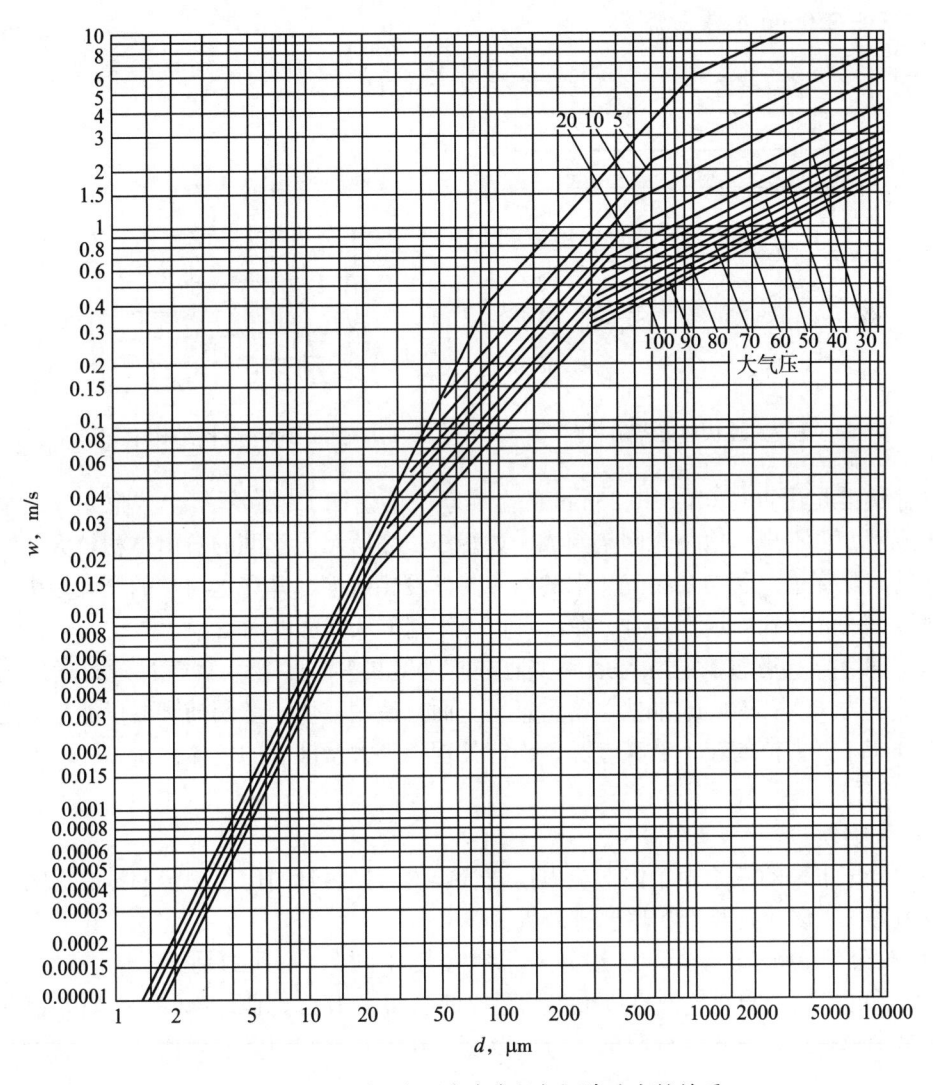

图 3-2-6　不同压力下水滴直径与沉降速度的关系

3）除雾段

用来捕集未能在沉降段内分离出来的雾状液滴。捕集器利用碰撞原理分离微小的雾状液滴。雾状液滴不断碰撞到已润湿的捕集器丝网表面上并逐渐聚积，当直径增大到其重力大于上升气流的升力和丝网表面的黏着力时，液滴就会沉降下来。

分离器内的捕集器厚度一般为 100～150mm，其顶面距出口管的距离不小于 300mm，捕集器的自由体积很大，气体通过捕集器的压力损失很小，而且质量轻，使用方便，捕集能力好。

捕集器有翼状（图 3-2-7）和丝网（图 3-2-8）两种。翼状捕集器是带微粒收集带平行金属盘构成的迷宫组成。捕集器内气体通道是曲折的，携带着液雾的气体进入捕集器在其中被迫折流时，由于液雾惯性力的作用，有一部分碰撞到湿润的折流板面上被吸附。气流不断改变方向，反复改变速度，就连续造成液雾碰撞分离的机会。吸附在折流板面上的液雾逐渐积聚起来沿板面流下。这种类型的捕雾器一般能除去 10～30μm 直径的液滴，压降约 25～250mm 水柱。

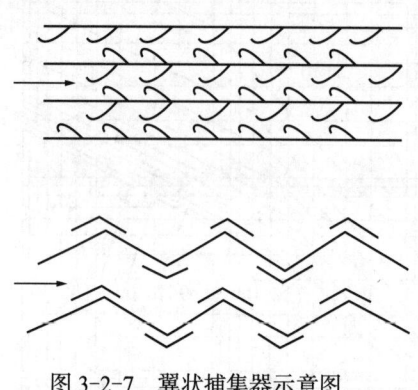

图 3-2-7　翼状捕集器示意图　　图 3-2-8　丝网结构示意图

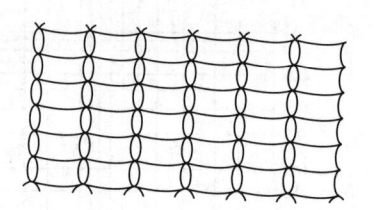

网捕集器是用直径 0.1～0.25mm 的金属丝（不锈钢、紫铜丝等）或尼龙丝、聚乙烯丝编织成网，再不规则地叠成网垫制成，如图 3-2-8 所示。丝网的自由体积较大，气体很容易从其间隙穿过，而夹杂在气体中的液雾与丝网相碰撞，并在丝与丝的交叉接头处积聚形成渡滴。液滴达到一定程度时，在自身重力作用下从捕雾网滴下。

丝网捕雾器具有较高的除雾效率（通常能达到 98%～99%），气体通过丝网的阻力降小（一般为 25～250mm 水柱），重量轻，而且使用方便。丝网捕雾器仅能用以把用重力沉降分离不能去掉的较小液雾除去，不能处理携带大量液滴的气体，所以一般安装在气流的出口部位。

4）储存段

储存分离下来的液（固）体，经由排液管排出。排污管的作用是定期排放污物（如泥砂，锈蚀等），防止污物堆积堵塞排液管。

图 3-2-5（b）的分离器和上述分离器结构大同小异，不同的是用径向进口并安有伞形板，后者的作用是防止气液直接撞击储存段的液面，引起已沉降的液体重新被气流夹带。气液撞击伞形板后，气流速度降低，方向改变。在惯性力作用下液滴被分离，黏附在伞形板上顺流而下。

影响重力分离器效率的主要因素是分离器的直径。在气量一定、工作压力一定时，直径大，气流速度低，对分离细小液滴有利。但直径过大，钢材消耗量大，加工不易。合理的分离器直径可按下式计算：

$$D = \sqrt{\frac{QTz}{19.2 \times 10^7 pv}} \qquad (3\text{-}2\text{-}2)$$

式中　Q——标准状态下气体流量，nm^3/d；
　　　p——分离器工作压力，MPa；
　　　T——分离器内气体温度，K；
　　　z——分离器压力和温度条件下的气体压缩系数；
　　　v——分离器内气流允许速度，m/s。

2. 卧式重力分离器

如图 3-2-9 所示，卧式重力分离器的结构主要由筒体、进口管、出口管、挡板、高效分离元件、积液包等组成。

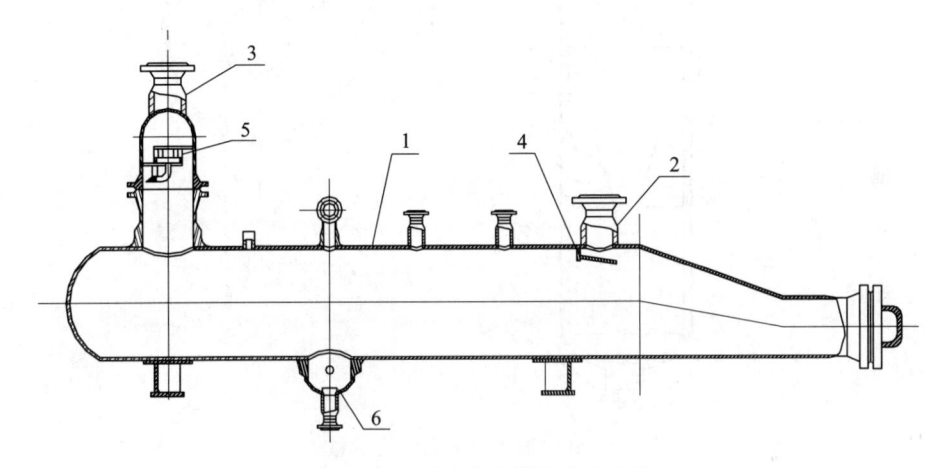

图 3-2-9　卧式分离器结构示意图
1—筒体；2—进口管；3—出口管；4—挡板；5—高效分离元件；6—积液包

当含有液（固）体杂质的天然气进入分离器后，在挡板的作用下改变流向，直径较大的液（固）体杂质在惯性力的作用下被分离出来；直径较小的液（固）体杂质随气流撞击挡板折向后水平运动，由于分离器直径增大，气流速度降低，在重力作用下，直径较小的液（固）体杂质沉降至筒体底部；天然气携带的直径更小的雾状液滴向上运动，由于截面变小，流速增加，与高效分离元件接触，逐渐聚积成大的液滴而沉降至筒体底部。除去液（固）体杂质的天然气由出口管排出。积液包汇集分离出的液（固）体杂质，达到一定量后，由排污阀排除。

立式和卧式重力分离器通常用于分离含液量较多、液（固）体颗粒较大的天然气，以及对净化要求不高的采气井站。采用重力分离器时，气体的压力和流量的波动对分离效率的影响较小。在分离器直径和工作压力相同的情况下，卧式重力分离器处理气量比立式高。

3. 旋风分离器

旋风分离器亦称离心式分离器，它用来分离重力式分离器难以分离的颗粒更微小的液（固）体杂质。天然气中的微小杂质颗粒，仅靠重力分离，就得加大分离器筒体的直径，这样不仅筒体直径大，且壁厚也增加，加工困难、笨重。旋风分离器结构简单、处理量大，分离效率比重力式分离器好，在天然气集输中得到广泛运用。

如图 3-2-10 所示，旋风分离器由筒体、气体进口管、气体出口管、排液口、螺旋叶片、锥形管、内管、支持板等部件组成。与重力式分离器的主要区别在于进口管为切线方向进入筒体，并且与筒体内的螺旋叶片连接，使天然气进入分离器筒体后发生旋转运动。

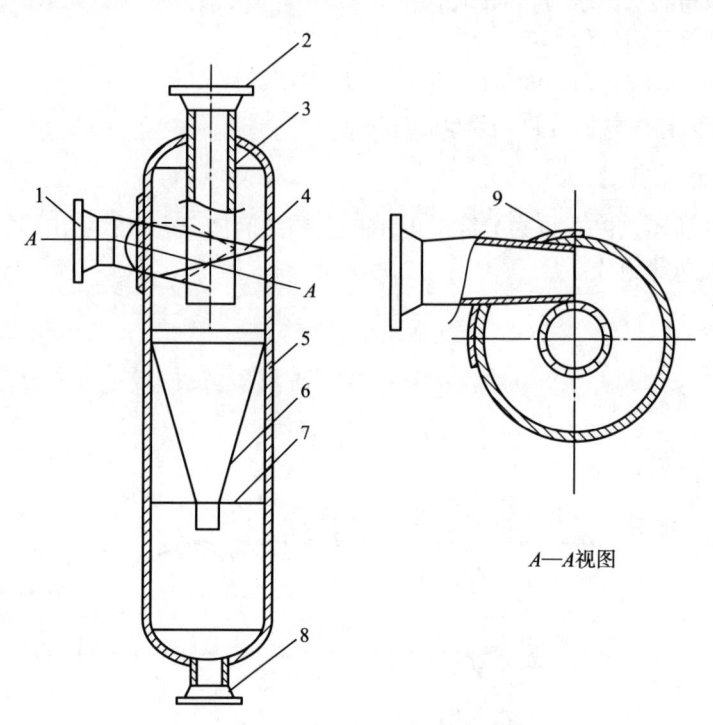

图 3-2-10　旋风分离器结构示意图
1—气体进口；2—气体出口；3—内管；4—螺旋叶片；5—筒体；
6—锥形管；7—支持板；8—排液口；9—加强板

旋风分离器主要利用离心力原理分离液（固）体杂质。气液（固）混合物由切线方向进入分离器后，沿分离器筒体旋转，产生离心力。离心力的大小与气液（固）颗粒的密度成正比。密度大，离心力大；密度小，离心力小。液（固）体颗粒的密度比气体大得多，产生的离心力也比气体分子大得多，于是液（固）体颗粒就被抛到外圈（靠近器壁）。较轻的气体则在内圈，液（固）体颗粒在离心力的作用下就被分离下来了。被抛在外圈的液（固）体颗粒继续旋转，并向下沉降，最后到达锥形管聚积后从下部出口排出，内圈的气体则从上部出口排出。

旋风分离器内部的螺旋叶片是焊接在内管上的薄钢板，对气体起导流和加速旋转作用。锥形管则是一个上大下小的锥筒状管，气流进入分离器后产生回旋运动，当下降到锥筒底部时，由于回旋半径逐渐减小，因而气流回旋速度逐渐增加，到锥形管下端时速度最大，而出锥形管后，速度急剧下降，其中分离出的净气，则反向上升，经中心管出口输出。分离器下部一般带有集液筒，可以打开手孔用水冲洗或用机械清理内部分离的杂质。

旋风分离器中液（固）体颗粒的沉降速度不仅与颗粒的直径、密度，以及气体的密度有关，而且与颗粒的旋转半径、角速度有关，这是与重力分离器不同之处。在颗粒的直径和密度相同、气体密度相同,以及流动状态(流动状态指层流、过渡流、紊流)相同的条件下,旋风分离器中颗粒的沉降速度比重力分离器大。分离同样大小的颗粒,旋风分离器的直径远小于重力分离器;或者同样直径时,旋风分离器的处理气量比重力分离器高得多。

旋风分离器与重力分离器比较,具有体积小、处理气量大的优点,但气体压力和流量波动对分离效率影响较大,并且当天然气中含液量较多,特别是夹带股水时影响更大,水由于撞击器壁而飞溅被中心旋转圈的气流再次夹带出分离器,因此常用于含液量较少的场合。

旋风分离器的直径取决于处理气量的多少,气体经过分离器时的压力损失和水力阻力系数,可按下式计算。

$$D = 0.536\sqrt[4]{\frac{Q^2\xi}{\frac{\Delta p}{\rho}\times 10^2}} \qquad (3\text{-}2\text{-}3)$$

式中　D——旋风分离器直径,m;
　　　Q——在分离器内压力、温度下的气体流量,m³/s;
　　　ξ——水力阻力系数,由实验室确定,一般取 180;
　　　Δp——旋风分离器内的压力降,kPa;
　　　ρ——在分离压力和温度下的气体密度,kg/m³。

$\frac{\Delta p}{\rho}$ 表示气体通过分离器时损失的压头。一般计算时取 $\frac{\Delta p}{\rho}$ 在 0.55～1.8 之间。对已知直径的分离器,取不同的 $\frac{\Delta p}{\rho}$ 值,可以得到最小和最大的允许处理气量。

当 $\frac{\Delta p}{\rho} = 0.55$ 时,最小处理气量 Q_{min} 等于:$Q_{min} = 1.92D^2$(m³/s);

当 $\frac{\Delta p}{\rho} = 1.8$ 时,最大处理气量 Q_{max} 等于:$Q_{max} = 3.48D^2$(m³/s)。

4. 多管干式除尘器

在大流量输气管道上使用切向入口的旋风除尘器时要求的直径很大,而效率却不高。可采用多管干式除尘器。多管干式除尘器主要用于大型输、配气站和脱水后的干气除尘,即分离干天然气中的粉尘等固体杂质。多管干式除尘器采用定型旋风子(分离单元),按照具体需要确定除尘器的旋风子数量。工作条件变化后,可用改变工作旋风子数量的方法加以调整。多管旋风除尘器还有噪声低,外壳不受磨损,工作安全可靠等优点。

如图 3-2-11 所示,多管干式除尘器主要由筒体、旋风子、隔板、破旋板等几部分组成,其上设有气体入口、气体出口、排污口、注水口、清掏孔。除尘器内安装有多个旋风子,单个旋风子由筒体、中心管、导向叶片、锥形管组成,旋风子中心管的外壁与上隔板相连、筒体的外壁与下隔板相连。

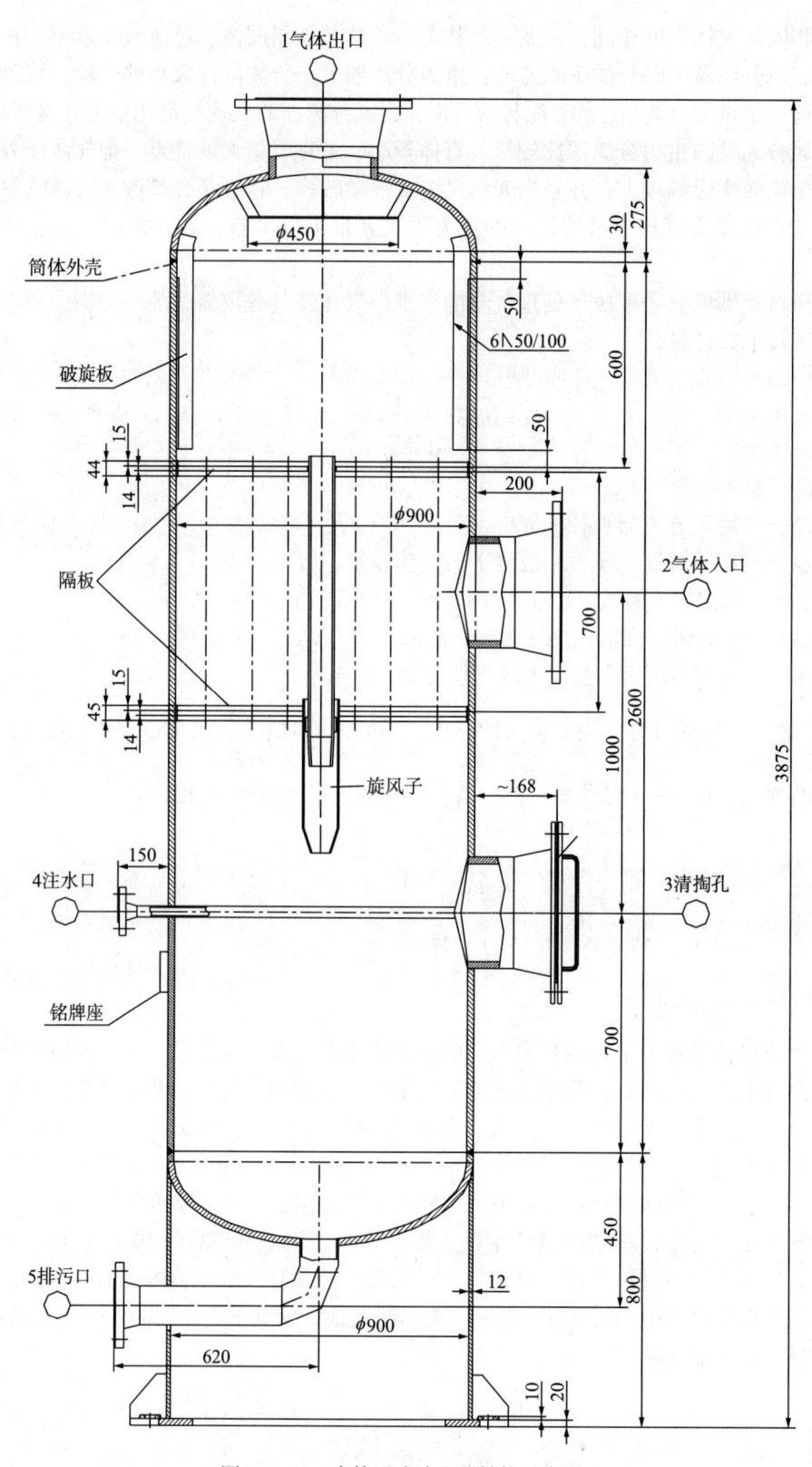

图 3-2-11 多管干式除尘器结构示意图

天然气由气体入口管进入上下隔板之间,经自由分配后进入各旋风子,在旋风子导向叶片的引导下以旋转的方式进入旋风子,并沿着旋风子筒体的内壁向下做回旋运动产生离心力,离心力的大小与固体颗粒的密度成正比,固体的密度远大于气体,产生的离心力比气体分子大,固体颗粒就被抛到外圈,较轻的气体在内圈,气固体得到分离。被抛在外圈的固体颗粒继续旋转并向下沉降,沿旋风子锥形管尾部沉降到除尘器底部,然后由排污管排出;气体则在锥形管尾部开始做向上的回旋运动,经旋风子中心管进入除尘器上部,经破旋板整流后,由出口管输入下游设备。

常用的旋风子有轴流式和涡流式两种(图3-2-12),轴汽式旋风子的气流由轴向进入,用一组螺旋叶片导致旋转运动。涡流式旋风子的气流由切向进入,经渐开线蜗壳形成旋转运动,蜗壳多用两根渐开线绕成,称为双蜗旋风子。由轴流式旋风子构成的除尘器,气量分配比较均匀稳定,有利于增加旋风子的布置密度,提高单台除尘器的处理能力;涡流式旋风子的流动阻力小,旋转后含尘气流远离出口管,容易避免尘粒逸出和对出口管外壁的磨蚀。

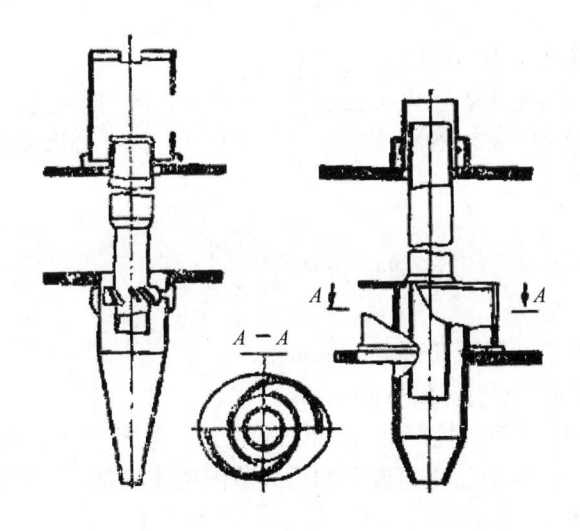

(a)轴流式旋风子　　(b)涡流式旋风子

图 3-2-12　旋风子类型

多管干式除尘器的旋风子,安装在一个圆柱形筒体中,旋风子的出口管(内管)和进口管(外管)分别安装在上下隔板上。两块隔板把涤尘器筒体分隔成进气室、排气室和灰斗三段。进气管、排气管安装在进气室、排气室的上部,其直径按进口流速为 15～20m/s,出口流速为 10～15m/s 的条件确定。进气室和排气室都应当有较大的容积,以使各旋风子的流量分配比较均衡,其高度应相当筒体直径的 0.8 倍。除尘器筒体的直径决定于旋风子的数量和中心距,相邻旋风子的距离如果太小,排灰时可能互相干扰,引起返混,一般需保持旋风子外管直径的 1.4～1.5 倍。旋风子可按同心圆格式排列,最外围旋风子的中心到筒体内壁的距离应不小于外管的直径。

在计算多管旋风除尘器时,旋风子轴向进气速度可取 12～20m/s(工作压力 10～20kg/cm^2)。较大的进气速度虽然可以增大处理量和提高效率,但会引起较大的压降,同时加剧了灰斗的返混现象。除尘器的处理量，可用式（3-2-4）计算：

$$Q = 2.45 \times 10^7 C_1 N F_1 \frac{P}{T} \quad (3\text{-}2\text{-}4)$$

式中　Q——处理量，nm³/d（以20℃和760mm汞柱为标准状态）；
　　　C_1——计算轴向流速，m/s；
　　　N——旋风子的数目；
　　　F_1——一个旋风子的轴向进气面积，m²；
　　　P——旋风除尘器的工作压力，kg/cm²（绝）；
　　　T——气体的温度，K。

多管旋风除尘器的压力损失 ΔP（kg/cm²）用式（3-2-5）计算：

$$\Delta P = \xi \frac{r_g C_1^2}{2g} \times 10^{-4} \quad (3\text{-}2\text{-}5)$$

式中　r_g——气体工作状态下的密度，kg/m³；
　　　ξ——除尘器的阻力系数，由实验确定，一般取 $\xi = 180$。

如果把从式（3-2-5）解出的 C_1 代入式（3-2-4），就可得出需要控制压降的除尘器处理能力的计算式（3-2-6）：

$$Q = 6.44 \times 10^8 N F_1 \sqrt{\frac{\Delta P P}{\xi T r_b}} \quad (3\text{-}2\text{-}6)$$

式中　r_b——气体在基准状态下的密度，kg/m³；
　　　ΔP——除尘器的控制压降，kg/cm²。

多管式除尘器的压力降可控制在 0.2kg/cm² 以内。这种除尘器的除尘效率为85%～98%，分离粒度在10μm以下，压力流量的适应范围也比较宽广。只需定期排尘和检查，日常管理工作非常简单。

5. 过滤分离器

过滤分离器用于气体的深度净化处理，以除去天然气中微小液、固体杂质。常用于脱水、脱硫、压缩机组等装置前的气体净化。

过滤分离器（图3-2-13）主要由筒体、储液罐、滤芯、除雾器、快开盲板等几部分组成。其上设有天然气入口、天然气出口、排污口。

过滤分离器分为过滤段和分离段。天然气经入口管进入过滤段，流速降低，由滤芯四周沿径向进入滤芯中部的气流通道，经中间隔板上的孔进入分离段。颗粒较大的液（固）体杂质，在滤芯外壁被过滤出来，液滴与固体的混合物逐渐聚集在一起，在重力的作用下，沉降至容器底部，经连接管进入左侧储液罐，由排污阀排出。

经过滤段后带有雾沫的气体，流速进一步降低，雾沫随气体以一定的流速与捕雾器的丝网发生碰撞，由于液体的表面张力而在丝网上凝结成较大的液滴，在重力作用下，沉降到容器底部，经连接管进入右侧储液罐，由排污阀排出。天然气通过捕雾器后，经出口管进入下游设备。

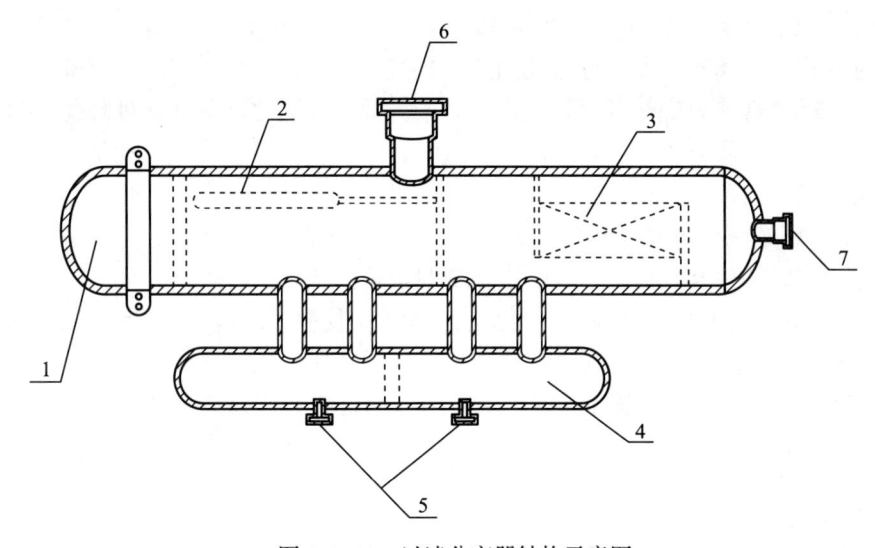

图 3-2-13　过滤分离器结构示意图

1—快开盲板；2—过滤杂质元件；3—不锈钢丝网捕集元件；4—储液罐；
5—排液口；6—含杂质天然气入口；7—无杂质天然气出口

过滤分离器在使用过程中应严格控制液位和进出口压差，并定期停产检修，检查、更换其内部过滤元件。

（三）分离器的选择和使用

1. 选择分离器的依据

（1）处理气量和工作压力：所选择的分离器规格要符合气井的产量和集输压力的要求。直径过大浪费钢材，直径过小不能保证分离效率。根据计算结果选择相应直径的分离器时，要选择稍大一点的分离器。例如，按气井产量和集输压力计算的分离器直径是 0.32m，但系列上没有 0.32m 的，有 0.3m 和 0.35m 的，则应选 0.35m 的分离器。

（2）气井产水量和产水状态：虽然从理论上讲，在直径相同时，旋风分离器的处理能力比重力分离器大得多，但实践证明，气井产水量大（50m³/d 以上），或出水量呈股状时，旋风分离器的效果变差。因为旋风分离器直径小，储液量小，水量大或股状来水时可能充满分离器。来不及分离就被气流夹带着从内管排走。所以，在这种情况下应选重力分离器，或者第一级用重力分离器，第二级用旋风分离器。当产水量少，水呈雾状或者固体杂质多时，应选旋风分离器或过滤分离器。多管干式除尘器不能用于分离液体杂质。

（3）气体性质和分离程度：选择分离器时应注意气体是否含硫，如含硫较高，应选抗硫分离器；如分离器温度很低，应选择低温分离器。

2. 使用分离器注意事项

（1）严格控制在设计压力以下使用，防止超压引起爆炸。如分离器后装有针阀，则应防止针阀冻堵引起分离器超压。

（2）分离器上或紧挨分离器的输气管道上应安装合格的安全阀，安全阀开启压力应控制在分离器工作压力的 1.05～1.1 倍。并定期检查，保持开关灵活可靠。

（3）分离器的实际处理气量应尽量符合分离器的设计处理能力，保持高效率的分离。对立式和卧式重力分离器，实际处理能力不得超过设计通过能力；对旋风分离器和多管干式除尘器，实际处理能力应在其设计的最小和最大通过能力之间。实际处理能力过小，离心力小，不足以使杂质分离，实际处理能力过大，分离器中的压力损失增加，同时也可引起液体被高速气流夹带。

（4）要严格控制分离器内的液面，防止分离出来的液体被带入下游设备或管线。分离器的液位计应定期检查、清洗，以防止出现假液位。

（5）分离器使用中受到多种介质的腐蚀和冲蚀，使壁厚减薄。为保证安全，每1～2年应测壁厚一次，如发现壁厚减薄，应用水压试验后降压使用。

（6）对于处理干气的各型分离器，应定期清掏过滤分离器内污物，在清掏其内部污物时应采用湿式作业。

三、塔类设备

（一）塔类设备及分类

塔类设备在化工生产过程中可提供气液或液液两相之间直接接触机会，达到相际传质及传热目的，又能使接触之后的两相及时分开，互不夹带的设备。它具有一定形状（截面大多为圆形），一定容积，内外装配一定附件。常见的可在塔设备中完成单元操作的有精馏、吸收、解吸、萃取及气体的洗涤、冷却、增湿、干燥等。按塔的内部构件结构形式，可将塔设备分为板式塔和填料塔两大类，具体结构如图3-2-14、图3-2-15所示。

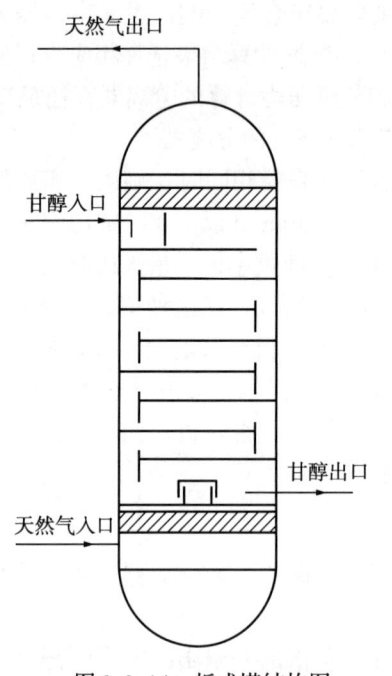

图3-2-14　板式塔结构图

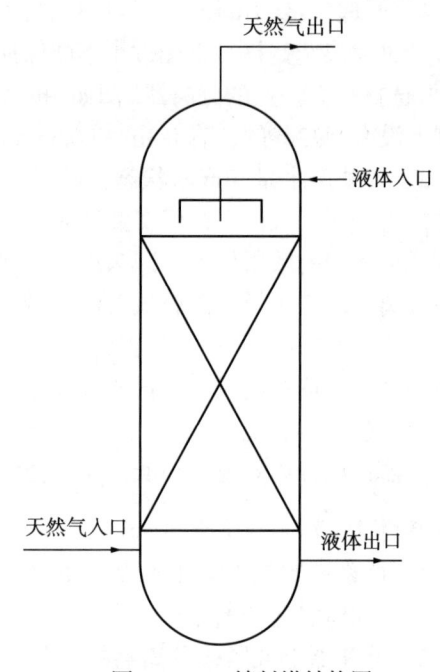

图3-2-15　填料塔结构图

（二）管理和维护

本书所述塔类设备主要指天然气脱水吸收塔设备，其管理和维护首先应遵循石油天然气行业的相关管理规定，设备各部件连接牢固、安装平整；外观整洁，设备完好无裂纹和破损；压力表、液位计、差压表、温度计、安全阀等仪表和附件齐全、灵敏、准确；不得超温、超压、超负荷运行。对于两种塔类设备又有不同的维护要点。

1. 液体吸收塔

1）日常管理

（1）确保吸收塔内液体高度在规定范围内（40%～50%），保证脱水效果和良好液封。

（2）液位在设定高低限范围内，避免液位过高时水进入甘醇系统（两段式塔）。

（3）差压变送器（差压计）显示值在正常范围内（小于15kPa）。

（4）压力和处理量需调整时，缓慢操作塔后调压阀，控制压力和处理气量的波动。

（5）根据处理气量和露点及时调整入塔脱水剂循环量，实现低能耗下最佳脱水效果。

（6）控制脱水剂入塔温度，减少蒸发损失。

（7）及时、完整、正确做好吸收塔主要运行参数的记录和分析，及时掌握该设备运行情况。

（8）按管理要求做好设备巡检工作，及时发现并处理设备跑、冒、滴、漏现象。

（9）长期处于停产状态（停产3个月以上）的液体吸收塔，应做好停车、泄压、回收脱水剂、清洗设备和管线，充氮保护。

2）日常维护

（1）定期对塔本体及附属设备进行"十字作业"保养，确保设备安全平稳运行。

（2）定期对差压仪表、压力仪表、液位仪表进行检定，确保工作正常。

（3）定期对自控阀门进行维护保养，确保工作正常。

（4）定期对塔进行大修，大修要求：用3%～4%$NaHCO_3$溶液及清水对吸收塔进行浸泡和清洗，打开吸收塔人孔盖，对塔盘拆卸、清洗、更换损坏部分；对塔内湿气、干气捕雾网清洗、检查，更换损坏部分；对塔壁进行内外对比定点测厚，检查塔内焊接、固定连接位置，查找潜在隐患。吸收塔塔盘的安装要满足JB/T 1205—2014《塔盘技术条件》的技术要求，对塔盘充水试漏，充水后10分钟内液面下降高度不超过5mm。

2. 固体吸附塔

1）日常管理

（1）观察差压变送器（差压计）显示值是否在正常范围内，确保设备运行正常。

（2）严格按照操作维护手册进行日常操作，防止油性物质、游离水、机械杂质等污染物进入到吸附塔。

（3）严格控制吸附塔投用和停用时的升压和降压速率（升压时＜0.3MPa/min，降压时＜0.2MPa/min），防止天然气冲击床层。

（4）严格按照吸附周期进行工作塔和备用塔的倒换，吸附周期根据水含量、流速、塔高径比、再生能耗、吸附剂装填量、吸附剂寿命等综合因素合理制定。

（5）严格控制再生时间，再生加热时间和冷却时间相同，一般为吸附周期的1/2。

（6）严格控制再生温度，再生气出塔温度达到规定值时，开始恒温完成加热；恒温完成后进行降温，当床层温度降至50℃时冷却完成。

（7）按管理要求做好设备巡检工作，及时发现并处理设备跑、冒、滴、漏现象。

（8）长期处于停产状态（停产3个月以上）的吸附塔，应按正常停车要求停车、泄压，把程序控制器停在停机时刻所处的位置，对吸附塔进行充氮保护。

2）日常维护

（1）定期对吸附塔本体及附属设备进行"十字作业"保养，确保设备安全平稳运行。

（2）定期对差压仪表、压力仪表、温度仪表进行检定，确保工作正常。

（3）定期对自控阀门进行维护保养，确保工作正常。

（4）定期对吸附塔进行大修，大修要求：更换分子筛，检查塔内保温层、修复损坏部分，检查床层支撑架，更换金属丝网及瓷球；检查进出管线等连接位置焊缝，检查、维护其他关键部位。

四、炉类设备炉类设备

（一）油气田加热炉及分类

设备具有耐火材料包围的燃烧室，利用燃料燃烧产生的热量将物质（固体或液体）加热，这样的设备称为"炉子"。工业中会使用各种炉子，如冶金炉、热处理炉、窑炉、焚烧炉和蒸汽锅炉等。管式加热炉是石油炼制、石油化工和化学、化纤工业广泛使用的加热炉，具有加热流体、直接受火方式、燃料为气体或液体、长周期运转，不间断操作等特点，其他行业的炉类设备不具有这些特点。

油气田和长输管道的加热炉是指用火焰加热原油、天然气、水及其混合物的专用设备，是油气生产和输送中广泛使用的设备，一般按照基本结构、加热介质种类、燃烧种类、加热炉型号进行分类。

1. 按基本结构分类

油气田加热设备按基本结构共可分为火筒式加热炉和管式加热炉两大类。

（1）火筒式加热炉分为：火筒式直接加热炉、火筒式间接加热炉。

（2）管式加热炉分为：立式圆筒管式加热炉、卧式圆筒管式加热炉、卧式圆筒异形管式加热炉。

2. 按照加热介质分类

油气田加热炉按加热介质的种类进行可分为：原油加热炉、生产用水加热炉、天然气加热炉。

3. 按照燃料种类分类

油气田加热炉按燃料种类可分为：燃气加热炉、燃油加热炉、燃油燃气加热炉。

4. 油气田加热炉型号

油田加热炉型号表示方法如图3-2-16所示。

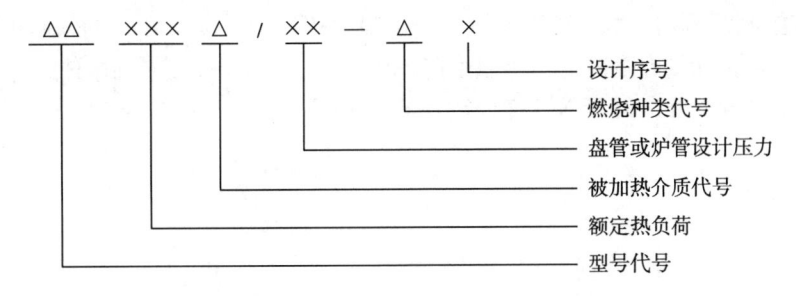

```
△△  ×××  △/××  —  △  ×
                      │  └── 设计序号
                      └───── 燃烧种类代号
                  └───────── 盘管或炉管设计压力
              └───────────── 被加热介质代号
         └────────────────── 额定热负荷
  └─────────────────────────  型号代号
```

图 3-2-16 油田加热炉产品型号组成图

（二）气田中的加热炉

从气井采出的天然气压力高，不能直接进入集输系统输送，必须进行节流降压。气体通过节流阀时，压力降低，体积膨胀，温度急剧下降，在节流阀处可能生成水合物堵塞管道，影响正常生产。为防止水合物的生成，在节流前必须对天然气进行加热。现场广泛采水套炉和蒸汽锅炉两种设备对天然气加热。

1. 水套炉结构和原理

现场使用的水套炉型号较多。水套炉属于火筒式间接加热炉，加热介质在壳体的盘管中，由中间介质加热盘管中的物质，而中间介质由火管直接加热。

水套炉的基本结构是卧式内燃两回程的火筒烟管结构，火筒是火管和烟管的总称。火筒布置在壳体的下部空间，加热盘管布置在壳体的上部空间，烟囱和燃烧器一般布置在水套炉的前端。火管和烟管形成 U 形结构，火筒在加热炉中，具有燃烧室的功能，主要传递辐射热，烟管与火管相连，主要传递对流热。

水套炉是天然气节流前对天然气提供热能的常用热力设备，目前常用的压力等级为：16MPa 和 32MPa 两种；热负荷有：60×10^4kW、120×10^4kW、240×10^4kW、360×10^4kW 等规格，分别可满足 $0 \sim 5 \times 10^4 m^3/d$、$5 \times 10^4 \sim 10 \times 10^4 m^3/d$、$10 \times 10^4 \sim 20 \times 10^4 m^3/d$、$20 \times 10^4 \sim 30 \times 10^4 m^3/d$ 气量气井的加热。

水套炉的耗气量为 $14m^3/h/60kW$，其中引导火的耗气量为 10% 左右。

1）水套加热炉的结构

水套炉是以水作传热介质的间接加热设备，水套炉结构如图 3-2-17 所示，它是由筒体、烟火管、气盘管和其他附件组成，气盘管与筒体进出口管处用填料密封。筒体和大气连通，筒体内的烟火管（燃烧室）经筒体后进入烟气出口排入大气。气流从气盘管一端进入，经加热后从另一端流出。

2）加热原理

天然气在燃烧器中燃烧并喷出高温火焰，直接进入烟火管和烟气出口，烟火管和烟气出口附近的水受热后密度减小而上升，与气盘管传热后温度下降，密度增加而下沉，再次和烟火管接触被加热上升，如此不断的循环，流经盘管的天然气从盘管不断获得热量而温度升高。

3）水套炉温度自动控制

水套炉温度控制原理如图 3-2-18 所示，水套炉燃烧器以主火和导火组成，导火为长明火，温度控制由天然气计量温度取样后控制主火实现温度控制。在给定天然气计量温度

t℃后，在其控制范围内（如 ±2℃），当计量温度超过 [（t+2）℃] 时控制阀关闭，主火熄火，水温下降，计量温度降低；当温度降低到 [（t-2）℃] 时，控制阀打开，主火点燃，水温升高计量温度上升，使天然气度控制在规定范围内。

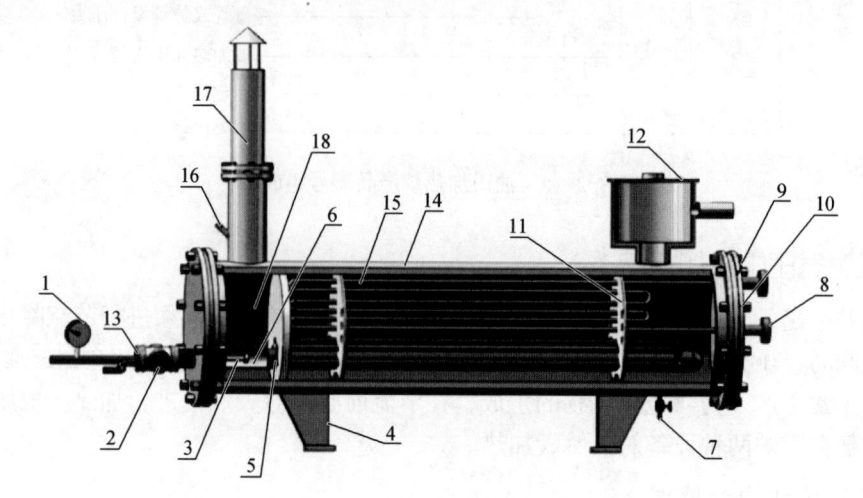

图 3-2-17 水套炉结构图

1—压力表；2—调风阻火器；3—燃烧器；4—支座；5—烟气管；6—火管；7—排污口；8—法兰；9—填料压盖；10—法兰盖；11—支撑板；12—水箱；13—火焰观察孔；14—筒体；15—气盘管；16—温度计管嘴；17—烟囱；18—烟箱

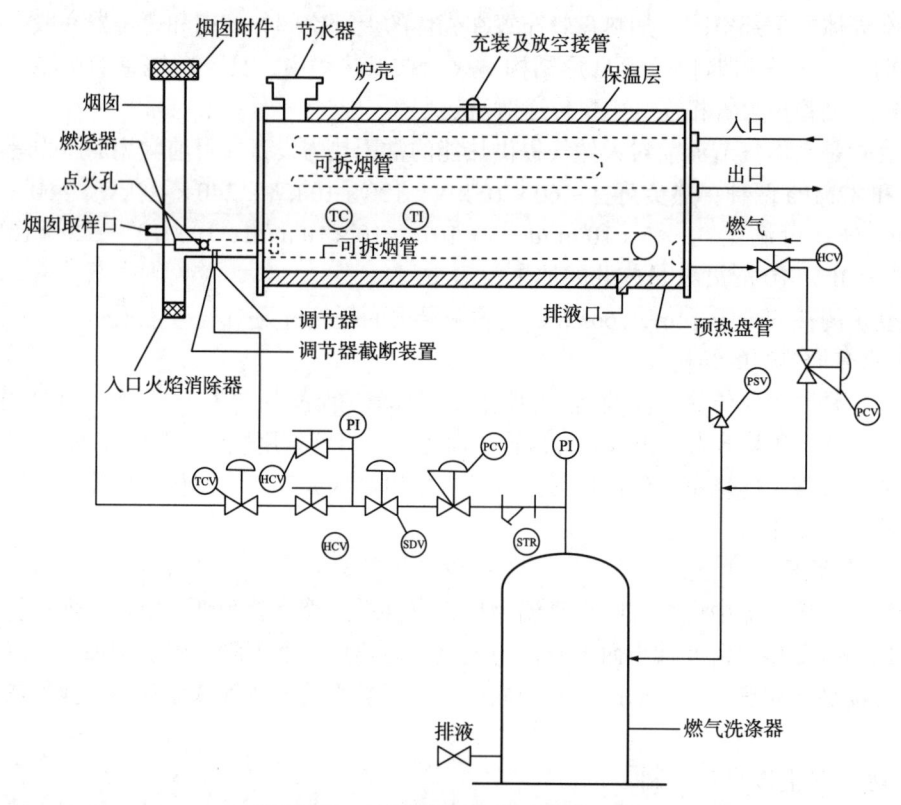

图 3-2-18 水套炉温度自动控制原理

PCV—减压调节器；TCV—控温阀；SDV—截断阀（电磁阀）；PSV—安全阀；HCV—手控阀；STR—过滤器

在炉膛靠近配风箱处，还设有两个紫外线探测仪监视燃烧器的火焰，实现远程监视功能。如主火和引火的火焰全部熄灭，自动控制系统将发出报警，并切断燃料气管路。

2. 管理和维护

水套炉作为采输气生产现场的重要生产设备，在天然气生产过程中，加热天然气，避免天然气在节流降压过程中生成水合物，保证天然气的正常生产。要保证水套炉安全运行，各功能组件必须保持正常工作状态，系统参数控制在合理范围内，整个系统在工况下建立流畅的循环，才能保证水套炉的正常安全运行。

1) 严格控制参数

（1）原料气的压力控制在 50kPa 以下，最好为 20kPa。

（2）火焰的颜色应为淡蓝色。

（3）气盘管的压力不超过最高工作压力。

（4）水温控制，根据计温具体决定。

（5）烟气温度控制在 200℃左右。

2) 日常操作和维护保养

（1）启用水套炉注意事项：

①点火前，排空时间不少于 5min，以排净炉膛内的残余天然气；

②加水至水套炉高度的 2/3 或满水位置，停止加水后，冲洗水位计，确认水位是否真实；

③应先点火，后开气，开气时人体不能正对炉门；

④水套炉的火焰要随气量的改变随时调整风门大小，各操作参数要严格控制在操作范围内；

⑤水套炉从点火升温到投入运行，一般不低于 2h，以避免水套炉升温过快造成设备事故；

⑥新安装的水套炉应提前用小火烘炉 16h；

⑦水套炉禁止超压使用，即气盘管内的天然气不能超过允许工作压力（管程设计压力）。

（2）停用水套炉应注意事项：

①长期停炉，应每隔 24h 用小火烘烤水套炉 1～2h，以保持干燥，减轻腐蚀；

②扫烟箱和烟火管必须在停炉、炉温降下后进行；

③一般每季度煮炉一次，如果水质较好，可延长至半年或一年，若水质较差，就要加密煮炉次数；

④若用磷酸三钠煮炉，每次加入 2～3kg，溶解后加入，煮炉时间为 24～36h，若采用除垢剂或酸洗法，按照说明书操作。

第三章　动设备

第一节　机泵类设备

一、分类

泵是输送流体或使流体增压的机械。它将原动机的机械能或其他外部能量传送给流体，使流体能量增加。

泵主要用于输送水、油、酸碱液、乳化液、悬浮液和液态金属等液体，也可输送液气混合物及含悬浮固体物的液体。

泵通常可按工作原理分为容积式泵、动力式泵（也称叶片泵、透平泵）和其他类型泵三类。

（一）容积式泵

容积式泵，依靠包容流体的密封工作空间容积的周期性变化，把能量周期性地传递给流体，使流体的压力增加并强化排出的泵。根据工作元件的运动形式又可分为往复泵和回转泵。

1. 往复泵

往复泵（图3-3-1、图3-3-2）是通过活塞的往复运动直接以压力能形式向液体提供能量的输送机械。它是正位移泵的一种，应用比较广泛。适用于高压头、小流量、高黏度液体的输送。有时由蒸汽机直接带动，输送易燃、易爆的液体。

图 3-3-1　单动往复泵结构图示　　　　图 3-3-2　双动往复泵结构图示

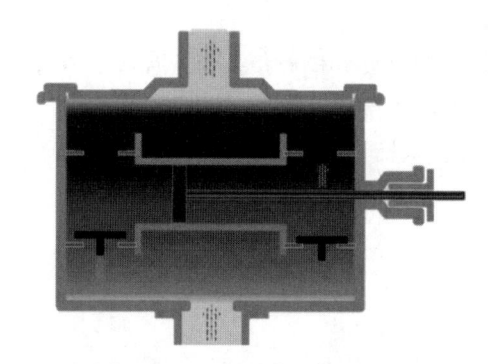

1）主要部件

往复泵主要部件包括：缸、活塞，活塞杆及吸入阀、排出阀。

2）工作原理

活塞自左向右移动时，泵缸内形成负压，则储槽内流体经吸入阀进入泵缸内。当活塞自右向左移动时，缸内流体受挤压，压力增大，由排出阀排出。活塞往复一次，各吸入和排出一次流体，称为单动泵。活塞往返一次，各吸入和排出两次流体，称为双动泵。流体活塞由一端移至另一端，称为一个冲程。

3）特点

（1）可获得很高的排压，额定排出压力与泵的尺寸和转速无关，而由泵的机械强度、原动机的功率等因素决定。

（2）吸入性能好（启动无须灌入液体），但其吸上真空高度亦随泵安装地区的大气压力液体的性质和温度而变化，故往复泵的安装高度也有一定限制。效率较高，其中蒸汽往复泵可达80%～95%。

（3）流量的固定性。由于往复泵的结构所致其瞬时流量不均匀，但在一段时间（一个工作周期）内输送的液体量却是固定的，仅取决于活塞面积、冲程和往复频率。理论流量是由单位时间内活塞扫过的体积决定的，而与管路压力特性无关。

（4）由于往复泵的结构所致其瞬时流量不均匀，尤其是单动往复泵就更加明显。实际生产中为了提高流量的均匀性，可以采用增设空气室，利用空气的压缩和膨胀来存放和排出部分液体，从而提高流量的均匀性。采用多缸泵也是提高流量均匀性的一个办法，多缸泵的瞬时流量等于同一瞬时各缸流量之和，只要各缸曲柄相对位置适当就可使流量较为均匀。

（5）对液体污染度不是很敏感，原则上可输送任何介质，几乎不受介质的物理或化学性质的限制。

（6）结构较复杂，同流量下比离心泵大，资金用量大；易损件较多，不易维修。

2. 回转泵

回转泵是一种将机械能转变为压力能的机构，其工作的共同特点是通过改变工作腔的容积吸入或排除流体。为保证回转泵连续工作，工作腔应能周期地增大和减小。当工作腔增大时，吸入腔与吸入口相连，吸入流体。吸入腔扩大到极限位置时。流体先要和吸入腔断开，再和排出腔相通，从而排出。根据回转泵主要运动构件的形状和运动方式来分，有齿轮泵、螺杆泵、罗茨泵、滑片泵等。

回转泵主要部件包括：泵壳、转子（如齿轮、螺杆、滑片、凸轮等）、定子等。

其工作原理是通过转子旋转的方式来改变工作腔的体积，从而实现流体的吸入、加压和泵出。

1）齿轮泵

外啮合齿轮泵在泵壳内装有两个外啮合齿轮，其中一个为主动齿轮（图3-3-3中上部齿轮），另一个为从动齿轮（图3-3-3中下部齿轮）。主动齿轮和从动齿轮分别安装在两根平行的转轴上。其中主动齿轮的转轴一端穿过泵端盖，由原动机驱动作单向等速回转。齿轮的齿顶和两侧端面，由泵体和前后端盖所包围。两齿轮轮齿的线性啮合使吸入端腔室和排出腔室彼此隔开互不相通。

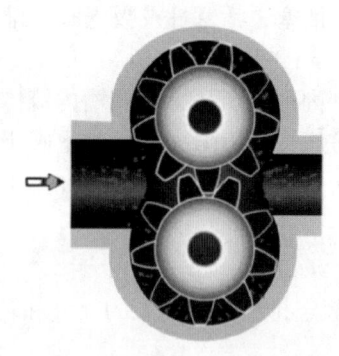

图 3-3-3　外啮合齿轮泵结构图示

当主动齿轮按顺时针方向旋转时，从动齿轮则做逆时针方向转动。吸入端腔室侧，轮齿退出啮合，吸入端腔室空间增大，产生局部真空，流体被吸入。随着齿轮的转动，一个个充满流体的齿间陆续转离吸入腔，并沿泵壳内壁转移至排出腔。

当各齿依次地重新进入啮合时，各齿间的液体受啮入的轮齿挤压并从泵出口排出。

齿轮泵特点：（1）结构简单，价格便宜；（2）工作要求低，应用广泛；（3）端盖和齿轮的各个齿间槽组成了许多固定的密封工作腔，只能用作定量泵；（4）质量轻、工艺性好、自吸力强、对油液污染不敏感、转速范围大、能耐冲击性负载，维护方便、工作可靠；（5）径向力不平衡、流动脉动大、噪声大、效率低，零件的互换性差，磨损后不易修复，不能做变量泵用。

适用范围：一般输送润滑性质的液体，如燃料油和润滑油；在机械行业中用于速度中等，作用力不大的液压系统以及润滑油系统中作为辅助油泵；在化工行业中可用于输送如尼龙、聚乙烯、聚丙烯和其他熔融树脂等高黏度物料。

2）螺杆泵

单螺杆泵（图 3-3-4）由排出体、定子、转子、万向节、中间轴、吸入室、轴封件、轴承、传动轴、轴承体构成。其核心部件为定子和转子。

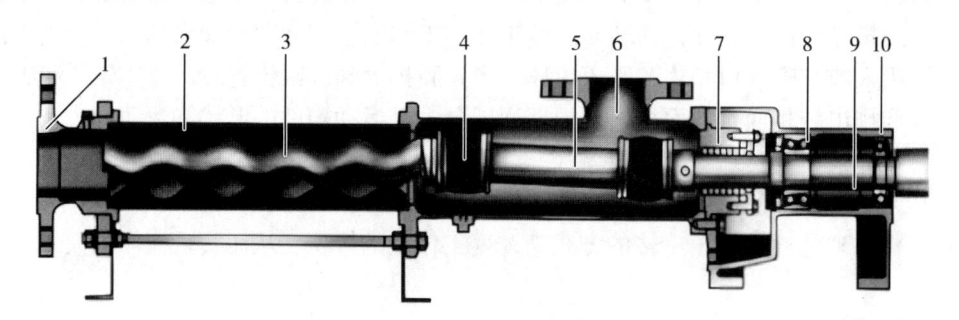

图 3-3-4　单螺杆泵结构图示
1—排出体；2—定子；3—转子；4—万向节；5—中间轴；6—吸入室；
7—轴封件；8—轴承；9—传动轴；10—轴承体

转子是偏心的螺杆，定子是与转子配合的内螺纹腔体。吸入端的流体因转子与定子不断形成真空而被吸入，又不断被螺杆挤压，运送至泵出端。

双螺杆泵（图3-3-5）与齿轮泵相似，一个螺杆转动，带动另一个螺杆，流体因螺纹的啮合而被拦截，沿着螺杆轴方向推进，最终被排出。

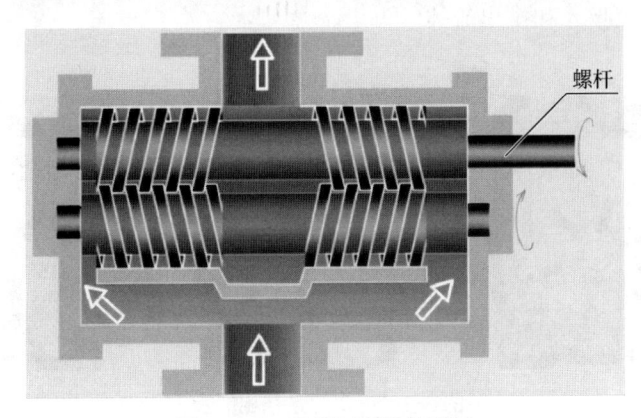

图3-3-5 双螺杆泵结构图示

螺杆泵特点：螺杆泵因其轴向流动连续均匀、脉动小、内部速度低以及允许有较多的空气和其他气体混入等优点，使它可以在不允许有液体发生搅动和旋转的许多场合得到应用。

适用范围：广泛用于石油、化工、化纤、电力、海上平台工程、造船、精密机床和食品等行业，用来代替离心泵、往复泵、齿轮泵、叶片泵等作为输油泵、液压泵、润滑油泵、燃油泵和封液泵等。

3）罗茨泵

罗茨泵（图3-3-6）因其转子形似凸轮，又称凸轮泵。罗茨泵与齿轮泵类似，都是利用相互咬合的转子来泵送流体。与齿轮泵不同的是，罗茨泵不能由其中一个转子驱动另一个转子。

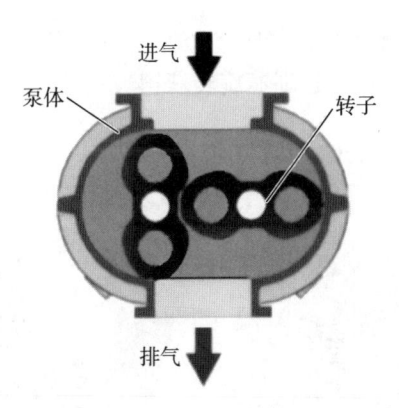

图3-3-6 罗茨泵结构图示

工作特点：在较宽的压强范围内有较大的抽速；启动快，能立即工作；对被抽流体中含有的灰尘不敏感；振动小，转子动平衡条件较好，没有排气阀；驱动功率小，机械摩擦损失小；结构紧凑，占地面积小；运转维护费用低。

适用范围：广泛应用于油气行业中气相流体的泵送及计量。

4）滑片泵

滑片泵（图3-3-7）的转子上有可伸缩的滑片，滑片在转动过程中周期性伸长和缩短，从而改变腔体容积，吸入和排出流体。

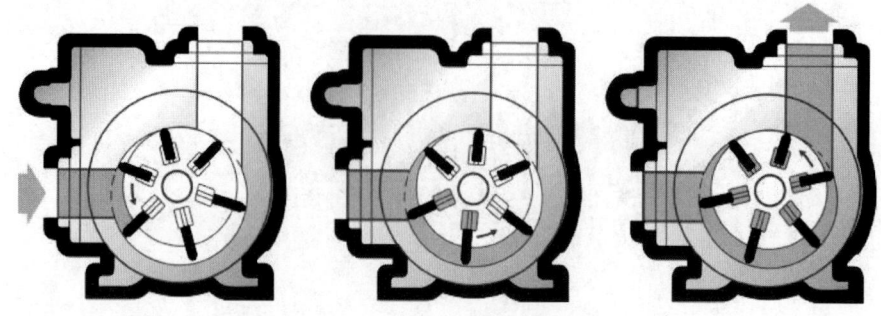

图 3-3-7　滑片泵结构图示

滑片泵特点：输出流量比齿轮泵均匀，运行平稳，噪声小；工作压力高，容积效率也高，单作用滑片泵易实现流量调节，双作用滑片泵因转子所受径向液压力平衡，使用寿命长；但是滑片泵自吸能力差，对油液污染较敏感，滑片容易被杂质卡死，工作可靠性差；结构复杂，对制作精度要求较高，造价高。

适用场合：适用于黏度中等的液体。

（二）动力式泵

动力式泵，又称叶轮式泵或叶片式泵，依靠旋转的叶轮对流体的动力作用，把能量连续地传递给流体，使流体的动能（为主）和压力能增加。动力式泵又可分为离心泵、轴流泵、旋涡泵等。动力式泵主要组成部件为叶轮和泵壳。

1. 离心泵

离心泵（图3-3-8）主要由叶轮和泵壳组成，单级离心泵由1个叶轮和1个泵壳组成。流体从叶轮的中心流入，与叶轮一起高速旋转获得较高速度后从叶轮的切线流出。

图 3-3-8　单级离心泵结构示意图

特点：结构紧凑；输送流体种类多，流量和扬程范围宽；适用于轻度腐蚀性液体；流量均匀、运转平稳、振动小，不需要特别减震措施；设备安装、维护检修费用较低。

适用场合：广泛用于油气行业，输送含有固体颗粒的液体。

多级离心泵（图3-3-9）由多个叶轮和泵壳组成，相当于多个单级离心泵串联。流体从初级叶轮的中心流入，与叶轮一起高速旋转获得较高速度后从叶轮的切线流出，进入下一级继续加速增压，如此循环直至结束。

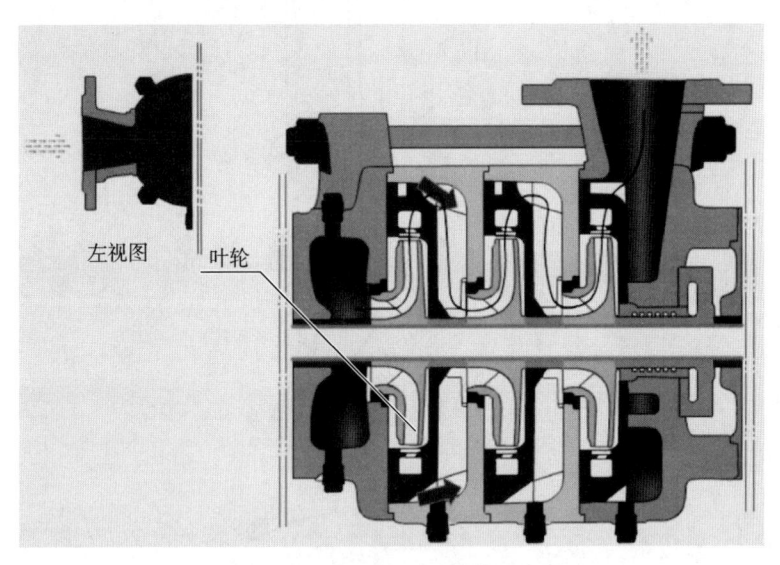

图3-3-9 多级离心泵结构示意图

特点：多级离心泵为立式结构，具有占地面积小的特点，泵重心重合于泵脚中心，因而运行平稳、振动小、寿命长；多级离心泵口径相同且在同一水平中心线上，无须改变管路结构，可直接安装在管道的任何部门，安装极为方便；电动机外加防雨罩可直接置于室外使用，而无须建造泵房，大大节约基建投资；多级离心泵扬程可通过改变泵级数（叶轮数量）来满足不同要求，故适用范围广；轴封采用硬质合金机械密封，密封可靠、无泄漏、机械损失小、高效节能、外形美观。

适用范围：多级离心泵具有高效节能、性能范围广、运行安全平稳、低噪声、长寿命、安装维修方便等优点；通过改变泵的材质、密封形式和增加冷却系统，可输送热水、油类、腐蚀性和含磨料的介质等。

2. 轴流泵

轴流泵（图3-3-10）主要有叶轮和泵壳组成。轴流泵叶轮装有2～7个叶片，在圆管形泵壳内旋转。叶轮上部的泵壳上装有固定导叶，用以消除液体的旋转运动，使之变为轴向运动，并把旋转运动的动能转变为压力能。

轴流泵通常是单级式，少数制成双级式。轴流泵一般为立式，叶轮浸没在水下面，也有卧式或斜式轴流泵。

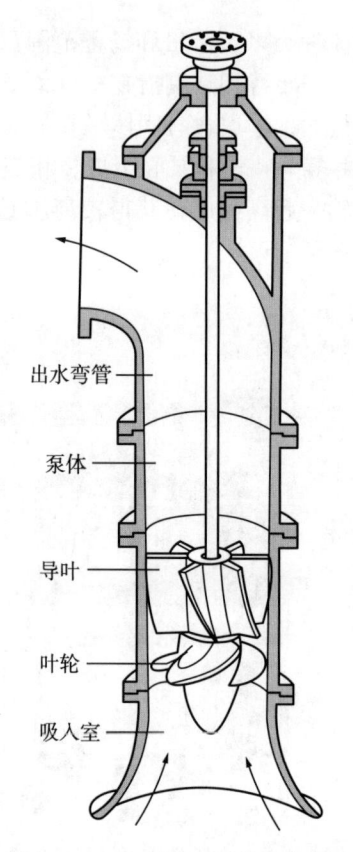

图 3-3-10 轴流泵结构示意图

小型轴流泵的叶轮安装位置高出水面时，需要用真空泵排气引水启动。轴流泵的叶片分固定式和可调式两种结构。小型泵的叶片安装角一般是固定的。

大型轴流泵的使用工况（主要指流量）在运行中常需要做较大的变动，调节叶片的安装角可使泵在不同工况下保持在高效率区运行。

轴流泵属于动力式泵中比转数最高的一种，比转数为 500～1600。泵的流量—扬程、流量—轴功率特性曲线在小流量区较陡，故应避免在这一不稳定的小流量区运行。

轴流泵在零流量时的轴功率最大，因此泵在启动前必须先打开排出管路上的阀，以减小启动功率。

特点：结构简单，便于维护；冷却性能好；流量大，但扬程较小；振动小，噪声低。

适用场合：轴流泵主要适用于低扬程、大流量的场合，如灌溉、排涝、船坞排水、运河船闸的水位调节，或用作电厂大型循环水泵。扬程较高的轴流泵（必要时制成双级）可供浅水船舶的喷水推进之用。广泛用于油气行业，输送清水和含轻度杂质的水。

3. 旋涡泵

旋涡泵（图 3-3-11）主要有叶轮和泵壳组成。流体从上流入叶轮中，与叶轮一起做圆周运动，又因惯性被甩出到叶轮与泵壳之间流道中，此时叶轮因流体飞出而形成低压，流道中的液体又因叶轮中的低压流入叶轮做圆周运动直至下次被甩出，如此往复直至流出泵。

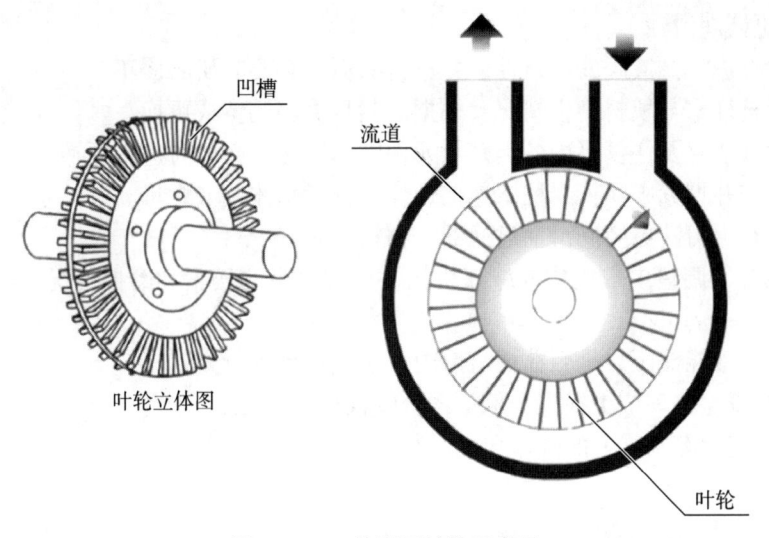

图 3-3-11　旋涡泵结构示意图

特点：旋涡泵结构简单、流量小、扬程高；效率很低（由于液体在流道内撞击损失较大），最高不超过45%，通常为15%～40%；大多数旋涡泵都具有自吸能力，有些旋涡泵还可以抽气或抽送气液混合物。

适用场合：主要用于用时短，需气液混输的场景。

二、管理和维护

（一）容积式泵

1. 巡回检查内容

（1）检查、紧固各部件连接螺栓。
（2）检查润滑油无乳化变质、温度正常、补充润滑油。
（3）检查压力表、安全阀、各阀门、密封垫完好情况。
（4）检查各摩擦部件的温升，应无局部温升过快现象。
（5）查听设备运动中有无异响，检查调整皮带松紧度。
（6）检查出口压力和排量应正常。
（7）检查调整密封函体，应泄漏正常、无发热现象。
（8）检查控制柜电压、电流应正常。
（9）有强制润滑系统时，检查润滑油应处于规定范围内。
（10）检查控制系统运行正常。
（11）检查设备保持清洁。

2. 月度保养内容

（1）完成日常维护保养的各项内容。
（2）检查、调试、修理润滑系统，检查或更换润滑油（新泵、大修出厂的泵，应清洗曲轴箱，更换润滑油）。

（3）检查进、排液阀的密封性，并进行除垢，必要时研磨修正。

（4）检查柱塞与填料磨损情况，根据泄漏量决定调整或更换。

（5）检查油封及往复泵内各类密封元件磨损情况，必要时进行更换。

（6）检查并拧紧中间杆、柱塞连接螺栓、密封函体调节螺母。

（7）检查、清洗更换润滑油过滤器，物料过滤器。

（8）检查、调整皮带机构或减速机构，检查皮带的松紧和磨损情况，必要时进行调整更换。

（9）检查蓄能器压力是否在规定值内，压力不足进行充氮。

（10）检查、修理或更换安全保护系统的仪表及部件。

（11）检查所有基础上的螺母和压紧装置的螺栓应无松动。

3. 季度保养内容

（1）完成月度维护保养的各项内容。

（2）检查和调整联轴器，并加注润滑脂。

（3）检查电动机温度，检查电动机有无异响；必要时，可拆开盖板，更换、加注电动机润滑脂。

（4）盘车无卡阻。

4. 半年保养内容

（1）完成季度度维护保养的各项内容。

（2）检查传动部件连接对中情况，必要时应重新调整。

（3）检查各装配间隙，超过规定值应进行调整，必要时更换磨损零件。

（4）检查曲轴是否有磨损现象。

（5）检查、清洗减速机内部机构。

（6）更换老化的密封元件。

（7）检查柱塞密封，更换填料。测试泵效。当泵效低于原来的90%时，检查进、排液阀（座、片）、阀体、阀弹簧、柱塞等磨损情况，必要时进行研磨或更换。

（8）化验曲轴箱（和减速箱）机油，根据化验结果添加或更换。

（9）检查油泵工作状况，必要时进行维修或更换。

（10）检查冷却系统工作状况，必要时进行清洗维护。

（11）检查安全阀工作状况，必要时进行调校或更换。

（12）检查减速机工作状况，必要时进行调校维护。

（13）检查、测试仪控系统，包括油温、油压的检测以及联锁停车测试。

（14）往复泵整体调整、调试，并按力矩要求紧固各部件。

5. 年度保养内容

（1）完成半年维护保养的各项内容。

（2）对磨损过大或损坏的零部件无法修复的部件进行更换。

（3）检查保养电动机、检查电动机轴承间隙，更换轴承或加注润滑脂、检修其他有关电器及线路。

（4）检查减速机轴承间隙及齿轮磨损情况，进行调整修复、更换。

（5）更换曲轴箱、减速箱机油。

（二）动力式泵

1. 运行状态检查

检查设备各项参数（转速、压力、温度、泄漏量以及辅助参数振动噪声、电流电压等），出现异常立即停机检查。

2. 常规检查维护

（1）每班清洁设备。

（2）每班检查运行时泵振动、温度、声音、油位是否正常。

（3）每周对备用或停用设备转动部件旋转一次，每次转一圈半。

3. 定期检查维护

（1）每月检查、清洗泵吸入端入口过滤器。

（2）每半年检查清洗、调试润滑系统。

（3）每半年检查、调整联轴器的对中度，排除变形，避免损坏。

（4）泵长期停用前应用清水冲洗，放尽泵体内的液体，涂上防锈油，并对整个泵进行防腐保养。

4. 设备润滑技术要求

（1）使用规定牌号润滑油和润滑脂。

（2）设备油位应处于观察窗 1/2～2/3 之间，出现油位不足时及时补充润滑油；润滑油每半年更换一次。

（3）润滑脂每月补充一次；检修或年保时应更换润滑脂。

第二节　压缩机类设备

一、分类

（一）按作用原理分类

压缩机按其作用原理的不同，可分为容积式和速度式两大类。

容积式依靠往复运动部件或旋转部件周期性运动，使工作腔内的气体体积缩小、压力提高，其特点是压缩机具有容积周期性变化的工作腔；速度式则借助于作高速旋转的转子，使气体流速提高，然后在特定容器内使气体的容积减小，动能转变为压力能，其特点是压缩机具有使气体获得流动速度的转子。

容积式压缩机和速度式压缩机按工作结构不同，还可做进一步划分，其常见分类如图 3-3-12 所示。

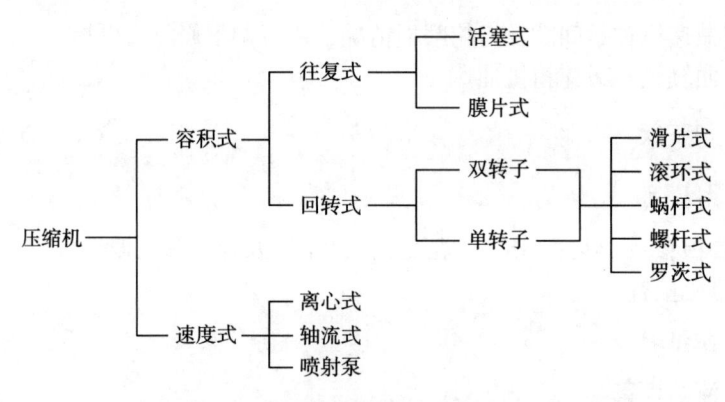

图 3-3-12　压缩机按工作结构不同分类

活塞式压缩机是依靠活塞在气缸中作往复运动而实现工作容积的周期性变化来吸排气体，实现对气体的增压和输送。

膜片式压缩机是依靠液压或机械驱动，利用膜片的往复运动来完成吸排气体，从而实现对气体的增压和输送。

回转式压缩机是利用转子在工作缸中的旋转过程实现工作容积的周期性变化来吸排气体；根据转子结构的不同有螺杆式、滑片式、叶环式等。

叶片式压缩机是依靠高速旋转的具有叶片的工作轮，将机械能传给气体介质，达到气体增压和输送。根据气体在叶轮中流动情况的不同可分为离心式、轴流式、混流式、漩涡式等。

离心式压缩机由旋转叶轮使气体获得离心方向的速度，而轴流式由旋转叶轮使气体获得轴向方向的速度。

喷射式压缩机也是速度式压缩机的一种，这种机械没有工作轮，没有运动部件，是依靠一种流体的能量来输送另一种流体介质。

各类压缩机因其结构特点的不同，适用范围也有所不同，目前各类压缩机的压力和排量适用范围如图 3-3-13 所示。

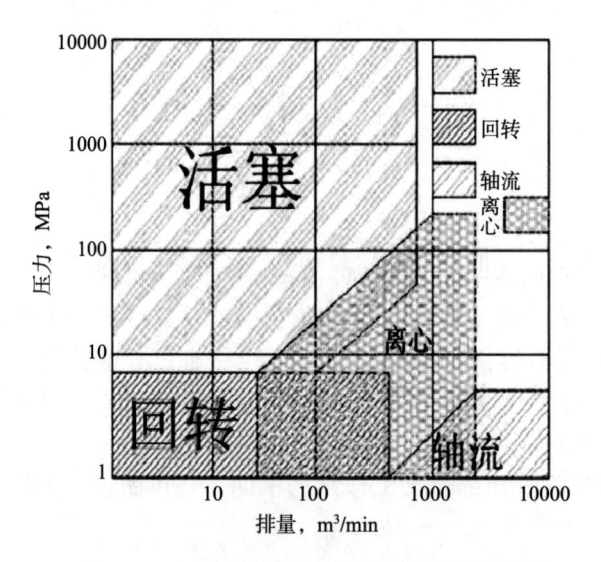

图 3-3-13　各类压缩机的压力和排量适用范围

（二）按排气压力分类

按其排气压力的不同，可分为低压压缩机、中压压缩机、高压压缩机和超高压压缩机。它们的压力范围见表 3-3-1。为区分压缩机和通风机、鼓风机，表中还同时列入了通风机和鼓风机的压力范围。

表 3-3-1　压缩机按排气压力分类

分类	名称	排气压力（表压）
风机	通风机	＜15kPa
	鼓风机	0.015～0.3MPa
压缩机	低压压缩机	0.3～1.0MPa
	中压压缩机	1.0～10MPa
	高压压缩机	10～100MPa
	超高压压缩机	＞100MPa

（三）按压缩级数分类

按其压缩级数的不同，可分为单级压缩机、两级压缩机和多级压缩机。

气体在压缩机内仅经过一次压缩就称为单级压缩；气体在压缩机内依次经过两次压缩称为两级压缩；同理，气体依次经过多次压缩，经过几次称为几级压缩。

需要注意的是，在容积式压缩机中，每经过一次工作腔压缩后，气体便进入冷却器中进行一次冷却；而在离心式压缩机中，往往经过两次或两次以上转子压缩后，才进入冷却器进行冷却，这时候常常会将经过一次冷却的多次压缩过程合称为一级。

（四）按排气量和轴功率分类

按其排气量或轴功率的不同，压缩机可分为微型压缩机、小型压缩机、中型压缩机和大型压缩机，它们的排气量与轴功率范围见表 3-3-2。

表 3-3-2　各类型压缩机的排气量和轴功率

类型	排气量，m^3/min	轴功率，kW
微型压缩机	＜1	＜18.5
小型压缩机	1～10	18.5～55
中型压缩机	＞10～100	55～500
大型压缩机	＞100	＞500

（五）按压缩气缸布置方式分类

按其压缩气缸的布置方式不同，压缩机分为卧式、立式、角度式和对称平衡型四种。

（1）立式压缩机：各列气缸中心线均与地面垂直。

立式压缩机的特点是活塞和气缸镜面磨损小且均匀，活塞环使用寿命长；占地面积小；多列结构惯性力平衡好，动力性能好；机身形状简单，轻巧，比重量小；最适宜迷宫密封和无油润滑结构。但对厂房的高度要求较高，同时管道布置、装卸、操作和维修困难；横向振动大，管系防振效果差。

（2）角度式压缩机：各列气缸中心线之间相互成不等于180°的夹角。按其气缸中心线夹角的不同，又分为L型、V型、W型、扇型等。除L型外，其余各型均为小型机组。具体结构如图3-3-14所示。

L型　　　　V型　　　　W型　　　　扇型

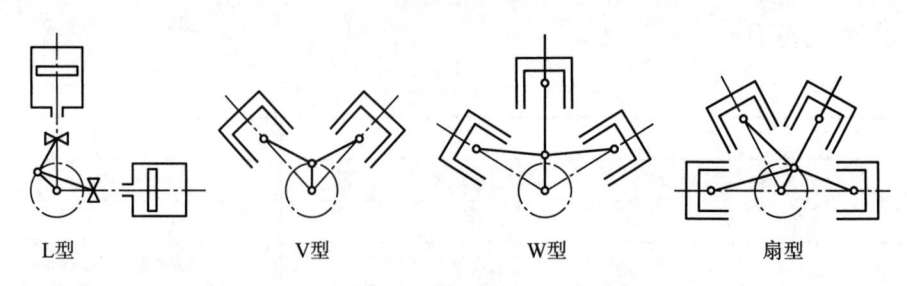

图3-3-14　角度式压缩机的结构型式

其特点是动力性能好，重量和体积相对较小；结构紧凑，布局合理，曲轴主轴承可采用滚动轴承，机械性能好。除上述优点外，L型压缩机还具有独特的性能，当其采用两列并且往复运动质量相等时，运转较平衡；其立式列设置为大直径缸，水平列设置为小直径气缸时，大缸磨损较小，机身受力较好；中间冷却器和级间管道可直接安装在机器上，结构更合理。但是，角度式压缩机身受力较复杂，不宜做成大型机器，管道架空安装，维修不便。

（3）卧式压缩机：各列气缸中心线与地面平行。按其气缸的布置又可分为一般卧式、对置型和对称平衡型。

一般卧式压缩机又称普通卧式压缩机，其气缸中心线做水平布置，且都在曲轴的一侧。其特点是装卸、操作、检修较方便；对厂房高度要求低，辅机设备及管路的安装布置整齐、方便、美观；机身、曲轴结构简单，运动部件和气缸填料数目较少；但往复惯性力平衡性差，转速低，致使压缩机及其基础重量、尺寸较大，占地面积宽，特别是大型压缩机，往复运动部件重量大，装卸维修困难，活塞杆、活塞环、气缸套及填料易磨损，基础投资费用大。目前仅在小型高压的场合采用，如实验、科研用的高压压缩机。

对置型压缩机是曲轴中心线两侧皆分布有气缸和传动部件，两侧活塞作同向、同速运动或不对称运动的卧式压缩机，在多列时能取得良好的动力平衡性能，但不及对称平衡型，故使用较少，仅为部分超高压压缩机采用。

（4）对称平衡型压缩机：气缸布置在曲轴两侧，两相对列的曲柄错角为180°。这种结构型式是20世纪40年代出现的，优点显著，是油气田天然气压缩机中采用最为主要的型式，常见的为D型、M型、H型等，具体结构如图3-3-15所示。

对称平衡型压缩机特点：Ⅰ阶、Ⅱ阶惯性力完全平衡，惯性力矩小，甚至为零，机器运转平衡，振动极小；每两个相对列的曲柄错角为180°。两侧活塞力基本全部抵消，主轴承受力良好，主轴瓦的使用寿命长；机器转速高，重量和体积都很小，造价低，基础重量轻、体积小；安装检修方便，对流程变化的适应性强；对驱动机械的性能要求不高。但运动部件和填料数量较多，维修工作量大；易损件的使用寿命低；两列的对称平衡型压缩机的总切向力均匀性差。

M型的特点：安装使用方便，便于改型，机组紧凑，占地面积小；便检修的技术要求高，安装、操作、检修的空间较小，曲轴支承轴多，检测不方便。

第三章 动设备

```
        D型              M型              H型
```

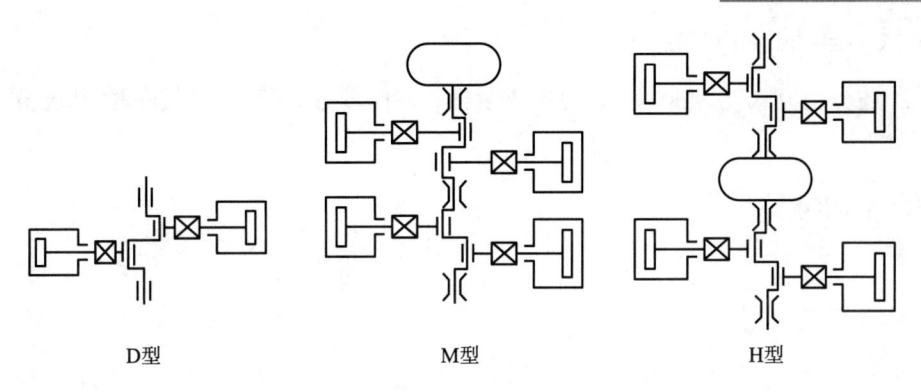

图 3-3-15　对称平衡型压缩机结构型式

　　H 型的特点：机器的列间距大，操作、检修方便，机身和曲轴尺寸小，支承合理，易于变型；但安装精度难于保证，且只能是四列以上的偶数列，比 M 型压缩机占地面积稍大。

　　四种压缩机分类特性详见表 3-3-3。

表 3-3-3　卧式、立式、角度式和对称平衡型压缩机特性比较

型式比较项目	卧式	立式	角度式	对称平衡式
1. 相对占地面积	100%	45%	50%	62%
2. 相对厂房高度	100%	200%	200%	100%
3. 相对基础重量	100%	49%	49%	53%
4. 相对转速	100%	200%	200%	200%
5. 相对重量	100%	70%	68%	70%
6. 零部件数量	少	较少	较少	多
7. 备品备件	少	较少	较少	多
8. 横向振动	大	小	较大	小
9. 垂直振动	小	大	较大	小
10. 稳定性	好	差	较差	好
11. 噪声	中	中	中	较小
12. 装卸工作	难	难	较易	易
13. 维修工作	方便	不方便	中等	方便
14. 管道工作	易	难	较难	易
15. 电动机重量	大	较大	较小	小
16. 电动机通用性	差	较差	较好	好
17. 电动机成本	高	较高	一般	一般
18. 压缩机成本	高	较高	较低	低
19. 基建投资	大	较大	较小	小
20. 流程适应性	差	较差	较好	好
21. 最大部件重量	大	较大	—	较小
22. 变型产品	难	难	较易	容易

（六）其他分类方式

除上述分类方式外，压缩机还可按重量分、按冷却方式分、按气缸润滑状况分、按压缩介质分等。

二、管理和维护

（一）管理

压缩机组管理应贯彻"有质量、有效益、可持续"的发展方针，坚持依靠科技进步，坚持全寿命周期管理，坚持使用与维修相结合，积极推行状态监测、预知维修和机械完整性管理，确保其配套完整，运行可靠，技术状态良好，综合效能最优。

对压缩机组实行全寿命周期管理，即对机组的合理选型、购置、监造、安装调试、试运、验收、日常运行、大修、改造、调剂及报废等环节，从技术、经济、制度等方面进行综合性管理。

（二）维护

压缩机组维护包括日常维护和定期维护。

日常维护主要是正确判断、排除压缩机组设备常见故障，保证增压生产工艺系统正常、安全的运行。

定期维护主要是指压缩机组设备在运行一定的周期之后进行的检查和检修，主要包括：预防性维护、班、周、月、半年、年度维护保养，维护保养周期：每班为8h，周保为150h，月保为700h，半年为4000h，年度为8000h。

1. 整体式压缩机组

1）每班维护保养

（1）检查并消除机组油、水、气泄漏现象，保持设备表面和环境的清洁。

（2）检查冷却水箱、高位油箱、曲轴箱、液压油油罐、调速器及注油器液位，必要时添加润滑油和冷却水；检查注油器的运行情况与供油量；检查润滑油压力和温度。

（3）每小时记录一次工艺气进排气压力和温度、冷却水温度、空气进气温度、发动机排温、排烟是否正常，观察压力和温度的变化以判断压缩机组的运行情况。多级压缩时，若一级排气压力和温度下降，说明一级缸有效行程容积减小；一级排气压力和温度上升，说明二级缸有效行程容积减小，以此类推。针对这些现象应重点检查气阀和填料泄漏、活塞环磨损、气缸内零件损坏。

（4）查看填料是否泄漏，活塞杆是否过热。

（5）检查滤油器、空滤器的阻力指示，根据需要清洗或更换。

（6）检查并排放洗涤罐的积液，防止液体进入气缸造成事故。洗涤罐自动排液后，液位计中应没有液体存在。

（7）检查刮油器排污管，若液体太多，说明刮油器串油，应查明原因及时排除。

（8）排放燃气分离器与原料气分离器的积液，检查压缩机组前端场站工艺气过滤分离器压差应≤50kPa。

（9）检查机组运行转速是否正常；运转中无论有任何异常振动和异常响声，都应立即查明原因并排除。

（10）检查阀盖、十字头、曲轴箱、空冷器、油冷器、油泵、水泵、调速器齿轮传动等重要部位温度。

（11）检查曲轴箱呼吸系统、空气进气系统、废气排放系统工作是否正常。空气进气过滤系统的差压计水柱高度之差不应大于25.4mm。

（12）检查仪表风压力应稳定在0.55～0.85MPa；空气压缩机工作是否正常，油位是否正常；对空气压缩罐、管线上滤清器进行排污。

（13）检查控制柜内各控制仪表工作是否正常，检查电气设备工作是否正常。

（14）整体机组主要运行参数控制值，见表3-3-4。

表3-3-4 整体机组主要运行参数控制表

类别	控制参数范围	备注
转速	ZTY85、ZTY170、DPC230：≤360r/min；DPC360、ZTY265、ZTY310、ZTY440：≤400r/min；ZTY470、DPC2803、ZTY630：≤440r/min	$n_运$＝80%～90%$n_额$
动力缸排温	ZTY85、ZTY170、DPC230、DPC360、ZTY265、ZTY310、ZTY440：≤400℃	两缸温差≤20℃
	ZTY470、DPC2803、ZTY630：≤420℃	两缸温差≤22℃
夹套水温	动力缸：55～85℃，压缩缸：50～80℃	
曲轴箱油温	30～80℃	
压缩缸排温	≤150℃	
燃料气压力	燃气进机压力应为0.055～0.083MPa（DPC2803、ZTY470、ZTY630为0.056～0.14MPa），温度≥2℃	机组燃料气调压阀前为0.5～1.0MPa
启动气压力	缸头启动1.78～2.4MPa，气马达启动0.6～1.0MPa	温度：≥2℃
机身振动	良好≤7.1mm/s，合格≤18mm/s	

2）每周维护保养（150工作小时）

（1）每班维护保养的全部内容。

（2）初次运转一周后，检查全部紧固件的拧紧情况，以后根据实际情况定期检查。

（3）初次运转一周后，检查轴承间隙和活塞杆的跳动，以后半年检查一次。

（4）初次运转一周后，将压缩机组曲轴箱润滑油全部更换，清洗压缩机润滑油粗滤，以后根据定期检测情况更换润滑油。

（5）初次运转一周后，检查皮带的张紧程度，运行中皮带应平稳，以后每月检查一次。

（6）向燃料气喷射阀补充适量的抗高温润滑脂。

（7）安装润滑油循环加热系统的机组应开启系统对润滑油进行过滤，每次运行时间为：10～15min。

3）每月维护保养（700工作小时）

（1）每周维护保养的全部内容。

（2）清洗空气滤清器滤芯，更换空滤器机油。

（3）检查测量燃气过滤分离器的压力降，超过规定值时应对过滤器滤芯进行清洗和吹扫。

（4）检查清洗空气进气混合阀，更换损坏零件。

（5）检查调整火花塞电极间隙，清除火花塞积垢，清除高压线圈高低压导线接点的氧化物，检查调整触发线圈与磁钢的间隙，清除其脏物。

（6）停机排放动力缸扫气室、十字头导轨存油池内积存的润滑油，并清洁十字头导轨的存油池；检查十字头滑道间隙情况及动力缸中体侧盖板到传动箱油路是否畅通，检查并适度拧紧十字头销、活塞杆锁紧螺钉及活塞杆锁紧螺帽和锁紧螺帽的止动块，检查刮油环、填料连接紧固情况。

（7）打开曲轴箱盖板检查润滑油外观色泽和曲轴箱油位；用油品分析仪检查曲轴箱油质和水分，根据检测结果并结合推荐的换油周期更换曲轴箱润滑油；盘车检查连杆大头螺栓及油匙紧固情况，检查中间轴瓦存油池、滑道上方存油池有无杂物。

（8）给风扇轴承、水泵轴承、惰轮轴承、余隙丝杆加注规定牌号的润滑脂。

（9）检查传动皮带松紧程度和磨损情况，进行必要的调整和更换。

（10）检查燃料气、启动气球阀是否内漏或关闭不严，燃气转阀检查是否存在磨损、开口位置是否正确，并进行必要的调整和更换。

（11）清洁飞轮表面，检查飞轮外观有无裂纹、紧固螺栓及键（涨紧）连接有无松动、飞锤紧固情况；检查各地脚螺栓、压缩缸支撑螺栓、各主要联结螺栓的紧固情况。

（12）检查机组所有安全保护装置和仪控系统的工作可靠性、灵敏度。

（13）试运转，检查机组是否正常。

4）半年维护保养（4000工作小时）

（1）每月保养的全部内容。

（2）根据现场运行情况，检查清洗压缩机组进、排气阀，并对气阀进行验漏；对损坏部件进行更换。

（3）检查点火系统电路、电器工作情况，检查或更换火花塞。

（4）检查、拧紧连杆螺栓与连杆大头瓦盖上的油匙锁紧情况。

（5）检查曲轴轴向窜动，检查记录中体滑道间隙。

（6）检查清洗燃料喷射阀，更换或修理损坏件。

（7）检查调整压缩缸活塞死点间隙，使缸头端为曲柄端间隙（冷态）的两倍。

（8）清洗冷却器散热面上的昆虫和杂物；冷却液水质化验。

（9）检测、调校仪控系统压力表、压力变送器、信号回路、联锁试验。

（10）试运转，检查机组是否正常。

5）一年维护保养（8000工作小时）

（1）半年维护保养的全部内容。

（2）检查清洗卧轴传动装置，包括启动器分配阀、注油器、调速器、柱塞泵等。

（3）检查点火系统中交流发电机工作的可靠性。

（4）清洗检查润滑装置，润滑系统管路及阀、泵等零部件，更换修理损坏件。

（5）清除动力缸、压缩缸、活塞、活塞环、气缸盖及进排气口上的积炭。

（6）检查并记录活塞、活塞杆、活塞环、气缸的磨损、断裂与弯曲情况、活塞开口间隙及侧向间隙、刮油环、填料组件，必要时进行修理或更换。

（7）检查活塞杆填料的磨损和密封情况，更换磨损件。

（8）清洗检查燃气注入系统管路、管件及阀件，更换磨损件。

（9）检查更换冷却器风扇传动皮带；检查更换水泵传动皮带、水泵机械密封和水泵其他易损件。

（10）检测飞轮端面跳动及径向跳动情况。

（11）检查、清洗工艺管路各安全阀，按期对安全阀进行调校。

（12）检查仪表柜上仪表显示是否正常，仪表柜与端子柜里连接线路工作是否正常；校验温度变送器、温度表。

（13）试运转，检查机组是否正常。

2. 分体式压缩机组

1）每班维护保养

（1）检查并消除机组油、水、气泄漏现象，保持设备表面和环境的清洁。

（2）检查冷却水箱、高位油箱、发动机与压缩机曲轴箱、调速器及注油器液位，必要时添加润滑油和冷却水；检查注油器的运行情况与供油量；检查润滑油压力和温度。

（3）每小时记录一次工艺气进排气压力和温度、冷却水温度、空气进气温度，观察压力和温度的变化以判断压缩机组的运行情况。多级压缩时，若一级排气压力和温度下降，说明一级缸有效行程容积减小；一级排气压力和温度上升，说明二级缸有效行程容积减小，以此类推。针对这些现象应重点检查气阀和填料泄漏、活塞环磨损、气缸内零件损坏。

（4）查看填料是否泄漏，活塞杆是否过热。

（5）检查滤油器、空滤器的阻力指示，根据需要清洗或更换。

（6）检查并排放洗涤罐的积液，防止液体进入气缸造成事故。洗涤罐自动排液后，液位计中应没有液体存在。

（7）检查刮油器排污管，若液体太多，说明刮油器串油，应查明原因及时排除。

（8）排放燃气分离器与原料气分离器的积液，检查压缩机组前端场站工艺气过滤分离器压差应≤50kPa。

（9）检查机组运行转速是否正常；运转中无论有任何异常振动和异常响声，都应立即查明原因并排除。

（10）检查阀盖、十字头、曲轴箱、中冷器、油冷器、油泵、水泵、调速器齿轮传动等重要部位温度。

（11）检查发动机空燃比调节系统、发动机与压缩机曲轴箱呼吸系统、空气进气系统、废气排放系统工作是否正常。

（12）检查控制柜内各控制仪表工作是否正常，检查电气设备工作是否正常。

2）每周维护保养（150工作小时）

（1）每班维护保养的全部内容。

（2）初次运转一周后，检查全部紧固件的拧紧情况，以后根据实际情况定期检查。

（3）初次运转一周后，检查轴承间隙和活塞杆的跳动，以后半年检查一次。

（4）初次运转一周后，检查联轴器的端面跳动、外圆跳动，以后根据实际情况定期检查。

（5）初次运转一周后，将压缩机组曲轴箱润滑油全部更换，清洗压缩机润滑油粗滤，以后根据定期检测情况更换润滑油。

（6）初次运转一周后，检查皮带的张紧程度，运行中皮带应平稳，以后每月检查一次。

（7）安装润滑油循环加热系统的机组应开启系统对润滑油进行过滤，每次运行时间为：10～15min。

3）每月维护保养（700工作小时）

（1）每周维护保养的全部内容。

（2）给主水泵、辅助水泵、风扇轴承及惰轮轴承加注规定牌号的润滑脂。

（3）检查润滑油滤清器压力降是否在0.015～0.04MPa，超过0.07MPa则应更换滤清器。

（4）用油品分析仪检查曲轴箱油质和水分，根据检测结果并结合推荐的换油周期更换发动机和压缩机曲轴箱润滑油。

（5）检查传动皮带松紧程度和磨损情况，进行必要的调整或更换。

（6）清洗检查压缩机组和发动机各油箱和曲轴箱呼吸器，清洗油滤器，清洗或更换滤芯；检查各分离器与排污装置。

（7）检查安全控制保护装置是否可靠、灵敏。

（8）检查清洗压缩机组进、排气阀，并对气阀进行验漏；对损坏部件进行更换（对于环状气阀应全部更换弹簧、阀片）。

（9）检查并适度拧紧十字头销、活塞杆锁紧螺钉及活塞杆锁紧螺帽和锁紧螺帽的止动块，检查刮油环、填料连接紧固情况。

（10）清洁飞轮表面，检查飞轮外观有无裂纹、连接螺栓有无松动；检查各地脚螺栓、压缩缸支撑螺栓等主要联结螺栓的紧固情况。

（11）试运转，检查机组是否正常。

4）半年维护保养（4000工作小时）

（1）每月维护保养的全部内容。

（2）检查主轴承、连杆瓦、十字头销间隙、十字头与滑道间隙和活塞杆跳动。

（3）卸下压缩机组活塞和气阀，清除气缸壁、气道、活塞、活塞环和气阀上的沉积物；检查活塞环和气缸的磨损情况，如活塞环过度磨损应更换。

（4）检查并清洗活塞杆填料，修理或更换零件。

（5）清除气缸水套、冷却器内外污物、结垢，检查空冷器管路有无泄漏、堵塞。

（6）检查压缩机组气缸活塞止点轴向间隙，使缸头端间隙为曲轴端间隙的两倍。

（7）检查、调整联轴器对中情况。

（8）检查所有控制保护装置和电气系统的工作可靠性、灵敏度。

（9）更换注油器和曲轴箱润滑油，清洗曲轴箱呼吸器、粗滤器和注油器的滤清器，必要时更换粗滤器和滤清器。

（10）检测、调校仪控系统压力表、压力变送器及信号回路。

（11）使用干净的棉纱检查气缸与活塞杆油膜是否合适。

（12）试运转，检查机组是否正常。

5）一年维护保养（8000工作小时）

（1）半年维护保养的全部内容。

（2）清洗并检查润滑系统管路、阀、油泵、润滑油冷却器等零部件，更换、修理损坏零部件。

（3）检查洗涤罐、缓冲罐内是否有尘土、铁锈和沉积物，必要时从机组上卸下清洗。

（4）检查、清洗工艺管路各安全阀，按期对安全阀进行调校。

（5）更换调速器内全部润滑油，检查调速器速度控制杆的平直度和损坏状况，调速杆两端的锁紧螺母是否可靠，向控制杆轴承加注润滑油脂。

（6）对燃气压力调节器的过滤器进行清洗或者更换，检测并调整空燃比到合适值。

（7）检查曲轴的轴向窜动，连杆与曲轴端面的间隙是否符合要求；调节曲轴箱自由端的驱动链条，检查链轮磨损情况。

（8）检查主轴承盖螺栓、连杆螺栓的紧固情况。

（9）用黄油枪在余隙缸的注油杯上加注润滑脂。

（10）检测、调校仪控系统温度传感器、温度表、温度变送器及信号回路。

（11）试运转，检查机组是否正常。

第四章　特种设备

第一节　特种设备的概念

一、基本概念

特种设备是对涉及人身和财产权、危险性较大的设备和设施的总称。《中华人民共和国特种设备安全法》（以下简称《特种设备安全法》）对特种设备的概念做了明确的定义，是指对人身和财产安全有较大危险性的锅炉、压力容器（含气瓶）、压力管道、电梯、起重机械、客运索道、大型游乐设施、场（厂）内专用机动车辆，以及法律、行政法规规定适用本法的其他特种设备。其中锅炉、压力容器（含气瓶）、压力管道属于承压类特种设备；电梯、起重机械、客运索道、大型游乐设施属于机电类特种设备。

特种设备是生产和生活中广泛使用的重要技术设备和设施。鉴于特种设备具有危险性的特点和在经济生产及设备会生活中的特殊重要性，其安全问题历来受到各国政府的高度重视。我国早在20世纪50年代，劳动部门就开始了对锅炉、压力容器的特殊监管，2003年国务院颁布《特种设备安全监察条例》，至此"特种设备"一词在我国有了明确的定义，并形成了统一的概念。

二、特种设备目录

《特种设备安全法》第二条明确规定"国家对特种设备实行目录管理"。即《特种设备安全法》中所称的特种设备，均由《特种设备目录》给予明确的定义和范围界定。2014年10月30日，原国家质检总局公布实施了新修订的《特种设备目录》（表3-4-1）。

表3-4-1　特种设备目录

代码	种类	代码	种类	代码	种类
1000	锅炉	2000	压力容器	5000	场（厂）内专用机动车辆
3000	电梯	8000	压力管道	6000	大型游乐设施
4000	起重机械	7000	压力管道元件	9000	客运索道
				F000	安全附件及安全保护装置

第二节 特种设备法律法规

一、概述

特种设备法规标准体系集合特种设备安全的各个要素，是对特种设备安全检查、安全性能、安全管理、安全技术措施等的完整描述。我国特种设备法规标准体系的结构可以分成法律、行政法规、规章、安全技术规范、技术标准5个层次（图3-4-1）。

图 3-4-1 我国特种设备法规标准体系层次示意图

（一）法律

现行法律中特种设备专项法是2013年6月29日十二届全国人大常委会第三次表决通过的《中华人民共和国特种设备安全法》，自2014年7月7日起实施。

（二）行政法规

现行行政法规中特种设备专门法规为《特种设备安全监察条例》，中华人民共和国国务院令第272号，2003年3月11日公布；第549号，2009年1月24日修订。

（三）规章

规章分为部门规章和地方政府规章。

1. 部门规章

现行的特种设备安全监督管理部门制定的部门规章见表3-4-2。

表 3-4-2 特种设备安全监督管理部门制定的部门规章

序号	名称	文件编号及发布日期
1	《特种设备目录》	国质检特〔2004〕31号发布；国质检特〔2014〕114号修改
2	《特种设备事故报和调查处理规定》	国家质检总局令第115号，2009年7月3日
3	《高能耗特种设备监督管理办法》	国家质检总局令第116号，2009年7月3日
4	《锅炉压力容器压力管道特种设备安全检查行政处罚规定》	国家质检总局令第14号，2001年12月29日

续表

序号	名称	文件编号及发布日期
5	《特种设备作业人员监督管理办法》	国家质检总局令第70号，2005年1月10日发布；国家质检总局令第140号，2011年5月3日修改
6	《锅炉压力容器制造监督管理办法》	国家质检总局令第22号，2002年7月12日
7	《小型和常压热水锅炉安全检查规定》	国家质量技术监督局令第11号，2000年6月15日
8	《气瓶安全监察规定》	国家质量技术监督局令第46号，2003年4月24日
9	《压力管道安全管理与监察规定》	劳部发〔1996〕140号
10	《特种设备质量监督与安全监察规定》	国家质量技术监督局令第13号，2000年6月29日
11	《起重机械安全监察规定》	国家质检总局令第92号，2006年12月29日
12	《大型游乐设施安全监察规定》	国家质检总局令第154号，2013年8月15日
13	《特种设备特大事故应急预案》	国质检特〔1996〕206号，2005年6月30日

2. 地方政府规章

省、自治区、直辖市和较大的市人民政府，可以根据法律、行政法规和本省、自治区、直辖市的地方性法规，制定规章，如《北京市电梯安全监督管理办法》《重庆市特种设备安全监察条例》。

（四）安全技术规范

特种设备安全技术规范是指国家质检总局对特种设备的安全性能和节能要求以及相应的设计、制造、安装、修理、改造、使用管理和检验检测等活动指定、颁布的强制性规定。安全技术规范是特种设备法律法规体系的重要组成部分，其作用是把与特种设备有关的法律、法规和规章的原则规定具体化。

特种设备安全技术规范编号各部分排列方式如图3-4-2所示。编号举例：《压力管道监督检验规则》的编号是 TSG D7006—2020。

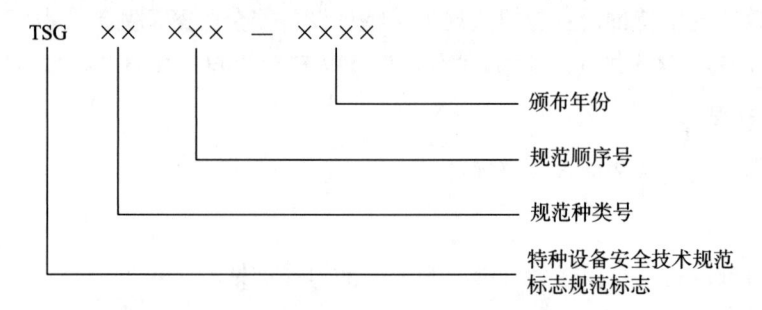

图3-4-2 特种设备安全技术规范编号各部分排列方式

（五）技术标准

技术标准是指一系列与特种设备安全有关的经法规、规章或安全技术规范引用的国家标准和行业标准。标准一旦被安全技术规范所引用，具有与安全技术规范同等的效力，具有强制属性，并成为安全技术规范的组成部分。我国目前有各类特种设备及其安全附件标准和相关标准5000多个，主要是国家标准和行业标准，以及少量企业标准；其中国家标准2500多个，机械行业标准1000多个，石化标准60多个，石油行业标准370多个，化工行业标准240多个。

二、使用特种设备的法律要求

（1）特种设备使用单位及其主要负责人对其使用的特种设备安全负责。使用单位应当按照国家有关规定配备特种设备安全管理人员、检测人员和作业人员，上述人员应当按照国家有关规定取得相应资格，方可从事相关工作。

（2）特种设备使用单位应当使用取得许可生产并经检验合格的特种设备；并在特种设备投入使用前或者投入使用后三十日内，向负责特种设备安全监督管理的部门办理使用登记，取得使用登记证书。

（3）特种设备使用单位应当建立岗位责任、隐患治理、应急救援等安全管理制度，制定操作规程，保证特种设备安全运行；并建立特种设备安全技术档案，安全技术档案应当包括以下内容：

①特种设备的设计文件、产品质量合格证明、安装及使用维护保养说明、监督检验证明等相关技术资料和文件；

②特种设备的定期检验和定期自行检查记录；

③特种设备的日常使用状况记录；

④特种设备及其附属仪器仪表的维护保养记录；

⑤特种设备的运行故障和事故记录。

（4）特种设备使用单位应当对其使用的特种设备进行经常性维护保养和定期自行检查，对特种设备的安全附件、安全保护装置进行定期校验、检修，并做记录。

（5）特种设备使用单位应当按照安全技术规范的要求，在检验合格有效期届满前一个月向特种设备检验机构提出定期检验要求。未经定期检验或者检验不合格的特种设备，不得继续使用。

（6）特种设备安全管理人员应当对特种设备使用状况进行经常性检查，发现问题应当立即处理；情况紧急时，可以决定停止使用特种设备并及时报告本单位有关负责人。特种设备出现故障或者发生异常情况，特种设备使用单位应当对其进行全面检查，消除事故隐患，方可继续使用。

（7）特种设备进行改造、修理，按照规定需要变更使用登记的，应当办理变更登记，方可继续使用。特种设备存在严重事故隐患，无改造、修理价值，或者达到安全技术规范规定的其他报废条件的，特种设备使用单位应当依法履行报废义务，采取必要措施消除该特种设备的使用功能，并向原登记的负责特种设备安全监督管理的部门办理使用登记证书注销手续。

（8）特种设备达到设计使用年限可以继续使用的，应当按照安全技术规范的要求通过检验或者安全评估，并办理使用登记证书变更，方可继续使用。允许继续使用的，应当采取加强检验、检测和维护保养等措施，确保使用安全。

第三节　常用特种设备安全管理

天然气生产过程中常用的特种设备有压力容器（含气瓶）、压力管道、起重机械、场（厂）内专用机动车辆。

一、压力容器

（一）压力容器概述

1. 压力容器定义

压力容器种类繁多，从广义上讲，是指所有承受压力载荷的密闭容器。按照《特种设备目录》的定义，是指盛装气体或者液体，承载一定压力的密闭设备，其范围规定为最高工作压力大于或者等于0.1MPa的气体、液化气体和最高工作温度高于或者等于标准沸点的液体、体积大于或者等于30L且内直径（非圆形截面指截面内边界最大几何尺寸）大于或等于150mm的固定式容器和移动式容器；盛装公称压力大于或者等于0.2MPa，且压力与体积的乘积大于或者等于1.0MPa·L的气体、液化气体和标准沸点等于或者低于60℃液体的气瓶、氧舱。

2. 压力容器分类

根据不同的管理目标，压力容器具有不同的分类方法。在国内特种设备管理体系中，压力容器分为固定式压力容器、移动式压力容器、气瓶和氧舱四大类，分别依据TSG 21—2016《固定式压力容器安全监察规程》、TSG R0005—2011《移动式压力容器安全技术监察规程》、TSG R7003—3011《气瓶制造监督检验规则》和TSG 24—2015《氧舱安全技术监察规程》进行管理。

（二）固定式压力容器

1. 固定式压力容器定义

TSG 12—2016《固定式压力容器安全技术监察规程》（以下简称《固容规》）规定，固定式压力容器是指安装在固定位置使用的压力容器，为了某一特定用途，仅在装置或者场区内部搬动、使用的压力容器，以及可移动式空气压缩机的储气罐等。

2. 固定式压力容器分类

1）按压力等级分类

按设计压力的高低，压力容器划分为低压、中压、高压、超高压4个等级：

低压容器（代号L）：$0.1\text{MPa} \leq p < 1.6\text{MPa}$；

中压容器（代号M）：$1.6\text{MPa} \leq p < 10\text{MPa}$；

高压容器（代号H）：$10\text{MPa} \leq p < 100\text{MPa}$；

超高压容器（代号U）：$p \geq 100\text{MPa}$。

2）按设计温度分类

根据容器壁面温度 T 的数值，可以分为四类：

低温容器：$T < -20℃$；

常温容器：$-20℃ \leq T < 200℃$；

中温容器：$200℃ \leq T <$ 高温容器对应的初始温度；

高温容器：T 达到或超过钢材的蠕变温度（碳素钢或低合金钢蠕变温度超过 420℃；合金钢蠕变温度超过 450℃；奥氏体不锈钢蠕变温度超过 550℃）。

3）按介质特性分类

介质危害性一般用毒性危害程度和易爆危险程度表示。根据《固定式压力容器安全技术监察规程》的规定，压力容器中化学介质毒性程度和易爆介质的划分参照 HG/T 20660—2017《压力容器中化学介质毒性危害和爆炸危险程度分类》的规定。无规定时，按介质最高允许浓度 MAC 确定毒性：

极度危害（Ⅰ级）：$MAC < 0.1\text{mg/m}^3$；

高度危害（Ⅱ级）：$0.1\text{mg/m}^3 \leq MAC < 1.0\text{mg/m}^3$；

中度危害（Ⅲ级）：$1.0\text{mg/m}^3 \leq MAC < 10\text{mg/m}^3$；

轻度危害（Ⅳ级）：$MAC \geq 10\text{mg/m}^3$。

4）按监察管理分类

为了便于安全技术管理和监督监察，根据介质特性、设计压力 p、容器全体积 V 三项指标，将压力容器分为Ⅰ类、Ⅱ类、Ⅲ类。分类方法：首先确认介质的组别，对于毒性程度为极度、高度危害的化学介质、易爆介质及液化气体统称为第一组介质（图 3-4-3）；除第一组以外的介质统称为第二组介质（图 3-4-4）；再选择压力容器分类图，根据 P、V 值标出坐标点，该点所落区域即为该容器的类别。

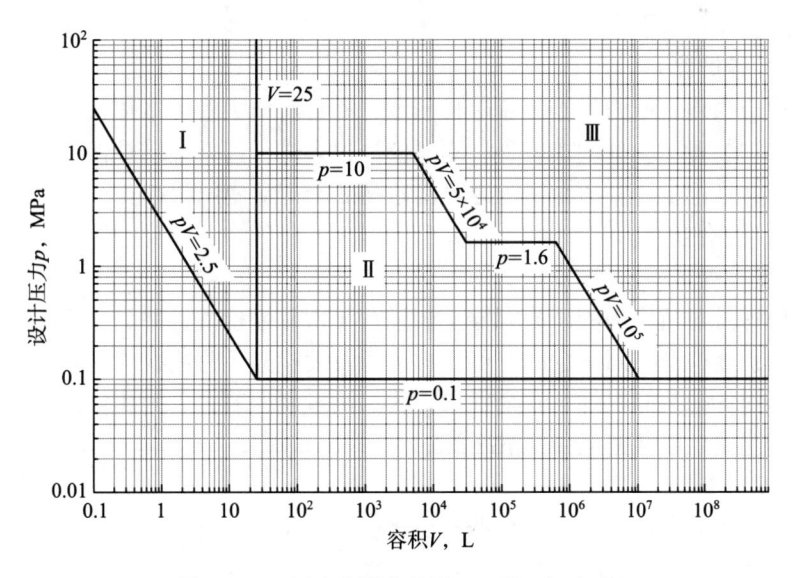

图 3-4-3　压力容器分类图——第一组介质

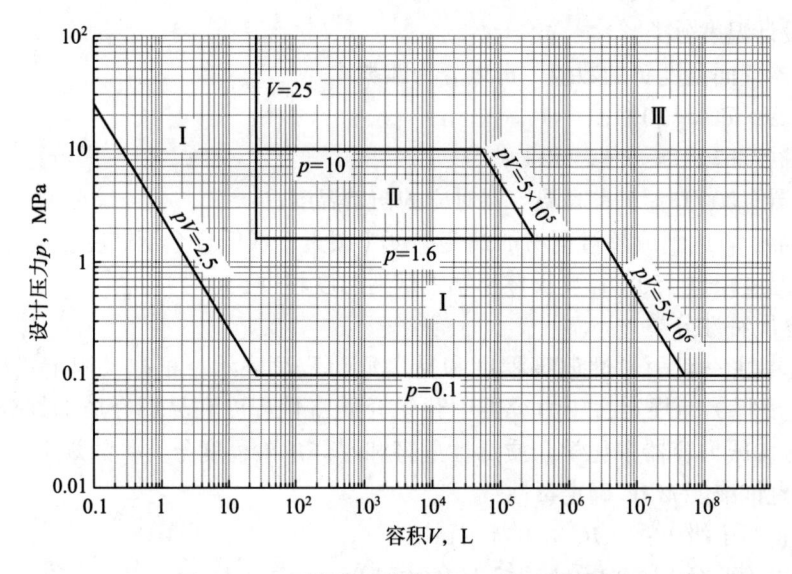

图 3-4-4 压力容器分类图——第二组介质

3. 固定式压力容器使用管理

1）操作规程

压力容器的使用单位，应当在工艺操作规程和岗位操作规程中，明确提出压力容器安全操作要求。操作规程至少包括以下内容：

（1）操作工艺参数（含工作压力、最高或者最低工作温度）。

（2）岗位操作方法（含开车、停车的操作程序和注意事项）。

（3）运行中重点检查的项目和部位，运行中可能出现的异常现象和防止措施，以及紧急情况的处置和报告程序。

2）经常性维护保养

使用单位应当建立压力容器装置巡检制度，并且对压力容器本体及其安全附件、装卸附件、安全保护装置、测量调控装置、附属仪器仪表进行经常性维护保养。对发现的异常情况及时处理并且记录，保证在用压力容器始终处于正常使用状态。

3）定期自行检查

（1）月度检查。

使用单位每月对所使用的压力容器至少进行1次月度检查，并且应当记录检查情况；当年度检查与月度检查时间重合时，可不再进行月度检查。月度检查内容主要为压力容器本体及其安全附件、装卸附件、安全保护装置、测量调控装置、附属仪器仪表是否完好，各密封面有无泄漏，以及其他异常情况等。

（2）年度检查。

使用单位每年对所使用的压力容器至少进行1次年度检查，年度检查工作完成后，应当进行压力容器使用安全状况分析，并且对年度检查中发现的隐患及时消除。年度检查工作可以由压力容器使用单位安全管理人员组织经过专业培训的作业人员进行，也可以委托有资质的特种设备检验机构进行。

（3）检查的基本内容。

压力容器本体及其运行状况的检查至少包括以下内容：

①压力容器的产品铭牌及其有关标志是否符合有关规定；

②压力容器的本体、接口（阀门、管路）部位、焊接（黏接）接头等有无裂纹、过热、变形、泄漏、机械接触损伤等；

③外表面有无腐蚀，有无异常结霜、结露等；

④隔热层有无破损、脱落、潮湿、跑冷；

⑤检漏孔、信号孔有无漏液、漏气，检漏孔是否通畅；

⑥压力容器与相邻管道或者构件有无异常振动、响声或者相互摩擦；

⑦支承或者支座有无损坏，基础有无下沉、倾斜、开裂，紧固件是否齐全、完好；

⑧排放（疏水、排污）装置是否完好；

⑨运行期间是否有超压、超温、超量等现象；

⑩罐体有接地装置的，检查接地装置是否符合要求；

⑪监控使用的压力容器，监控措施是否有效实施。

（4）定期检验。

使用单位应当在压力容器定期检验有效期届满的1个月以前，向特种设备检验机构提出定期检验申请。在用压力容器的安全状况分为1级至5级，金属压力容器一般于投用后3年内进行首次定期检验。以后的检验周期由检验机构根据压力容器的安全状况等级，按照以下要求确定：

①安全状况等级为1.2级的，一般每6年检验一次；

②安全状况等级为3级的，一般每3年至6年检验一次；

③安全状况等级为4级的，监控使用，其检验周期由检验机构确定，累计监控使用时间不得超过3年，在监控使用期间，使用单位应当采取有效的监控措施；

④安全状况等级为5级的，应当对缺陷进行处理，否则不得继续使用。

（5）达到设计使用年限使用的压力容器。

达到设计使用年限的压力容器（未规定设计使用年限，但是使用超过20年的压力容器视为达到设计使用年限），如果要继续使用，使用单位应当委托有检验资质的特种设备检验机构参照定期检验的有关规定对其进行检验，必要时按照要求进行安全评估（合于使用评价），经过使用单位主要负责人批准后，办理使用登记证书变更，方可继续使用。

（6）安装、改造与修理。

从事压力容器安装、改造或者重大修理的单位应当是取得相应资质的单位；安装改造修理单位应当严格执行法规、安全技术规范及技术标准。

压力容器安装、改造与重大修理前，从事压力容器安装、改造与重大修理的单位应当向使用地的特种设备安全监管部门书面告知。实施监检的改造与重大修理的施工过程，应当经过具有相应资质的特种设备检验机构进行监督检验，未经监督检验或者监督检验不合格的压力容器不得投入使用；固定式压力容器不得改造为移动式压力容器。

(三) 气瓶

1. 气瓶的定义

根据《特种设备目录》和《气瓶安全检查规定》，是指适用于正常环境温度(-40～60℃)下使用的、公称工作压力大于或等于0.2MPa（表压）且压力与容积的乘积大于或等于1.0MPa·L的盛装气体、液化气体和标准沸点等于或低于60℃的液体的气瓶（不含仅在灭火时承受压力、储存时不承受压力的灭火用气瓶）。

2. 气瓶的分类

1）按结构分类

特种设备目录将气瓶分为无缝气瓶、焊接气瓶和特种气瓶（包括：内装填料气瓶、纤维缠绕气瓶、低温绝热气瓶）。氧、氮、氢等永久气瓶或者二氧化碳、乙烷、氧化氩氮等高压液化气体，均使用无缝气瓶进行充装。而氨、氯、液化石油气等低压液化气体和溶解乙炔等均使用焊接气瓶进行充装。缠绕气瓶是在气瓶筒体外部缠绕一层或多层高强度纤维作为加强层，借以提高筒体强度的气瓶，缠绕气瓶筒体可以是钢制、铝合金、玻璃钢等材料。

2）按材料分类

以制造气瓶所用材料分类，可分为钢制气瓶、铝合金气瓶、复合材料气瓶。其中钢制气瓶又可以分为碳钢气瓶、锰钢气瓶、铬钼钢气瓶和不锈钢气瓶。复合材料气瓶是指气瓶瓶体由两种或两种以上材料制成的气瓶，如缠绕气瓶。

3）按充装介质分类

按气体充装时的状态，可以分成永久气体气瓶、液化气体气瓶和溶解气体气瓶。

3. 气瓶的使用管理

1）操作规程

使用单位应当根据气瓶使用特点和充装安全要求，制定操作规程。气瓶使用的操作规程一般包括气瓶的使用参数、使用程序和方法、维护保养要求，安全注意事项、日常检查和异常情况处置、相应记录等内容的规定。

气瓶充装相关的操作规程，应当包括充装工作程序、充装控制参数、安全事项要求、异常情况处理以及记录等。充装单位至少制定并有效实施以下操作规程：

（1）瓶内残液（残气）处理。

（2）气瓶充装前（后）检查。

（3）气瓶充装。

（4）气体分析。

（5）设备仪器。

2）检查、维护保养

使用单位应当按照气瓶出厂资料、维护保养说明，对气瓶进行经常性检查、维护保养。检查、维护保养一般包括以下内容：

（1）检查规定的气瓶标志、外观涂层完好情况、定期检验有效期是否符合安全技术规范及其相关标准的规定。

（2）检查气瓶附件是否齐全、有无损坏，是否超出设计使用年限或者检验有效期。

（3）检查气瓶是否出现变形、异常响声、明显外观损伤等情况。
（4）检查气体压力显示是否出现异常情况。
（5）使用单位认为需要进行检查的项目。
（6）使用单位根据检查情况，采取表面涂敷、送检气瓶、更换瓶阀等方式进行气瓶的维护保养，并将维护保养情况记录到档案中。

3）定期检验

使用单位应当在气瓶检验有效期届满前一个月，向气瓶定期检验机构提出定期检验申请，并且送检气瓶。

气瓶充装单位（车用气瓶充装单位除外）申请自行检验已办理使用登记的自有产权气瓶的，可在充装许可申请时一并提出申请，经评审机构按照特种设备有关检验机构核准的规定进行评审，符合要求的，在充装许可证书上备注"含定期检验"。

4）不合格气瓶的处理

使用单位不得使用存在严重事故隐患、经检验不合格或者应当予以报废的气瓶。对需要报废的气瓶，应当依法履行报废义务，自行或者将其送交气瓶检验机构进行消除使用功能的报废处理。

二、压力管道

（一）压力管道概述

1. 压力管道定义

根据质检总局关于修订《特种设备目录》的公告（2014年第114号）规定。

压力管道：是指利用一定的压力，用于输送气体或者液体的管状设备。

工作压力：最高工作压力大于或者等于0.1MPa（表压）。

输送介质：气体、液化气体、蒸汽或者可燃、易爆、有毒、有腐蚀性、最高工作温度高于或者等于标准沸点的液体。

公称直径：公称直径大于或者等于50mm的管道。

以下除外：公称直径小于150mm，且其最高工作压力小于1.6MPa（表压）的输送无毒、不可燃、无腐蚀性气体的管道和设备本体所属管道除外。

2. 压力管道分类

根据不同的管理目标，压力管道具有不同的分类方法。在国内特种设备管理体系中，压力管道分为长输管道、公用管道、工业管道三大类，分别依据 TSG D7003—2022《压力管道定期检验规则—长输管道》、TSG D7004—2010《压力管道定期检验规则—公用管道》、TSG D0001—2009《压力管道安全技术监察规程—工业管道》进行管理。

（二）长输（油气）管道

1. 长输（油气）管道定义

长输管道：产地、储存库、使用单位之间的用于输送商品介质的管道，划分为GA1

级和 GA2 级。

2. 长输（油气）管道分类

符合下列条件之一的长输管道为 GA1 级：

（1）输送有毒、可燃、易爆气体介质，最高工作压力 $p>4.0$ MPa 的长输管道。

（2）输送有毒、可燃、易爆液体介质，最高工作压力 $p \geqslant 6.4$ MPa，并且输送距离（指产地、储存地、用户间的用于输送商品介质管道的长度）$\geqslant 200$ km 的长输管道。

GA1 级以外的长输（油气）管道为 GA2 级。

3. 长输（油气）管道使用管理

1）操作规程

长输（油气）管道的使用单位，应当在工艺操作规程和岗位操作规程中，明确提出长输（油气）管道安全操作要求。操作规程至少包括以下内容：

（1）操作工艺参数（含工作压力、最高或者最低工作温度）。

（2）岗位操作方法。

（3）运行中重点检查的项目和部位，运行中可能出现的异常现象和防止措施，以及紧急情况的处置和报告程序。

2）经常性维护保养

使用单位应当建立压力管道装置巡检制度，并且对压力管道本体及其安全附件、装卸附件、安全保护装置、测量调控装置、附属仪器仪表进行经常性维护保养。对发现的异常情况及时处理并且记录，保证在用压力管道始终处于正常使用状态。

3）年度检查

年度检查是指在运行过程中的常规性检查。年度检查至少每年 1 次，进行全面检验的年度可不进行年度检查。年度检查通常由管道使用单位人员进行，也可委托国家质量监督检验检疫总局核准的具有资质的检验检测机构进行。

4）全面检验

全面检验是指按一定检验周期对在用管道进行基于风险的检验。新建管道一般于投用后 3 年内进行首次全面检验，首次全面检验之后的检验周期应按照 TSG D7003—2022《压力管道定期检验规则—长输管道》中第二十三条规定进行。承担全面检验的机构，应当经国家质检总局核准，并在核准范围内开展工作。

5）合于使用评价

合于使用评价应在全面检验之后进行。合于使用评价包括对管道进行应力分析计算；对危害管道结构完整性的缺陷进行的剩余强度评估与超标缺陷安全评定；对危害管道安全的主要潜在危险因素进行的管道剩余寿命预测；以及在一定条件下开展的材料适用性评价。承担管道合于使用评价的机构应当经国家质检总局核准。

定期检验中的全面检验和合于使用评价，应当采用完整性管理理念中的检验检测评价技术，开展基于风险的检验检测，并且确定管道的事故严重区。事故严重区的确定按照下列标准执行。

属于下列情况之一的管道，应当适当缩短全面检验周期：

（1）位于事故后果严重区的。

（2）1年内多次发生泄漏事故以及自然灾害、第三方破坏严重的。
（3）发现应力腐蚀、严重局部腐蚀或者全面腐蚀的。
（4）承受交变载荷，可能导致疲劳失效的。
（5）防腐（保温）层损坏严重或者无有效阴极保护的。
（6）风险评估发现风险值较高的。
（7）年度检查中发现除本条前几项以外的严重问题。
（8）检验人员和使用单位认为应当缩短检验周期的。

属于下列情况之一的管道，如超出风险可接受程度，应当立即进行全面检验和合于使用评价：
（1）运行工况发生显著改变从而导致运行风险提高的。
（2）输送介质种类发生重大变化，改变为更危险介质的。
（3）停用超过1年后再启用的。
（4）年度检查结论要求进行全面检验的。
（5）所在地发生地震、滑坡、泥石流等重大地质灾害的。
（6）有重大改造维修的。

（三）公用管道

1. 公用管道定义

公用管道是指城市或乡镇范围内的用于公用事业或民用的燃气管道和热力管道。

2. 公用管道分类

公用管道分为GB1和GB2两级，其中GB1级为燃气管道，GB2级为热力管道。按照定期检验方式和要求，GB1级管道依据设计压力（p，单位为MPa）划分为以下级别：

（1）GB1-Ⅰ级（$2.5 < p \leqslant 4.0$），GB1-Ⅱ（$1.6 < p \leqslant 2.5$）高压燃气管道。
（2）GB1-Ⅲ级（$0.8 < p \leqslant 1.6$），GB1-Ⅳ（$0.4 < p \leqslant 0.8$）次高压燃气管道。
（3）GB1-Ⅴ（$0.2 < p \leqslant 0.4$），GB1-Ⅵ（$0.1 < p \leqslant 0.2$）中压燃气管道。

3. 公用管道使用管理

1）操作规程

公用管道的使用单位，应当在工艺操作规程和岗位操作规程中，明确提出公用管道安全操作要求。操作规程至少包括以下内容：

（1）操作工艺参数（含工作压力、最高或者最低工作温度）。
（2）岗位操作方法。
（3）运行中重点检查的项目和部位，运行中可能出现的异常现象和防止措施，以及紧急情况的处置和报告程序。

2）经常性维护保养

使用单位应当建立压力管道装置巡检制度，并且对压力管道本体及其安全附件、装卸附件、安全保护装置、测量调控装置、附属仪器仪表进行经常性维护保养。对发现的异常情况及时处理并且记录，保证在用压力管道始终处于正常使用状态。

3）年度检查

年度检查是指在运行过程中的常规性检查。年度检查至少每年1次，进行全面检验的年度可不进行年度检查。年度检查通常由管道使用单位人员进行，也可委托国家质量监督检验检疫总局核准的具有资质的检验检测机构进行。

4）全面检验

全面检验是指按一定检验周期对在用管道进行基于风险的检验。新建管道的首次全面检验时间应当按照TSG D7004—2010《压力管道定期检验规则—公用管道》中第二十九条规定进行，首次全面检验之后的检验周期应按照TSG D7004—2010《压力管道定期检验规则—公用管道》中第三十条规定进行。

承担管道全面检验的检验机构，应当经国家质检总局核准，其中高压燃气管道的全面检验应当由具有长输（油气）管道全面检验资质的检验机构进行。

5）合于使用评价

合于使用评价应在全面检验之后进行。合于使用评价包括对管道进行应力分析计算；对危害管道结构完整性的缺陷进行的剩余强度评估与超标缺陷安全评定；对危害管道安全的主要潜在危险因素进行的管道剩余寿命预测；以及在一定条件下开展的材料适用性评价。

承担管道合于使用评价的机构应当经国家质检总局核准。

（四）工业管道

1. 工业管道定义

工业管道是指企业、事业单位所属的用于输送工艺介质的工艺管道、公用工程管道及其他辅助管道。

《石油天然气管道保护法》所称管道包括管道及管道附属设施，附属设施包括集气站、输气站、配气站、清管站、阀室、阀井、放空设施、储气库等。净化厂等厂内管道属于工业管道。

2. 工业管道分类

工业管道分为GC1、GC2和GC3三级。

1）GC1级工业管道

（1）输送GB5044《职业性接触毒物危害程度分级》中规定的毒性程度为极度危害介质、高度危害气体介质和工作温度高于标准沸点的高度危害液体介质的管道。

（2）输送火灾性为甲类、乙类可燃气体或甲类可燃液体介质且设计压力$p \geqslant 4.0\text{MPa}$的管道。

（3）输送GB 50160—2008《石油化工企业设计防火标准》及GB 50016—2014《建筑设计防火规范》规定的流体介质并且设计压力$p \geqslant 10.0\text{MPa}$或者$p \geqslant 4.0\text{MPa}$且设计温度$t \geqslant 400℃$的管道。

2）GC2级工业管道

除规定的GC3级管道外，介质毒性危害程度、火灾危险性（可燃性）、设计压力和设计温度小于规定的GC1级的管道。

3）GC3 级工业管道

输送无毒、非可燃流体介质，设计压力 $p\leqslant 1.0$MPa，设计温度 $-20℃<t<185℃$ 的管道。

3. 工业管道使用管理

1）操作规程

工业管道的使用单位，应当在工艺操作规程和岗位操作规程中，明确提出工业管道安全操作要求。操作规程至少包括以下内容：

（1）操作工艺参数（含工作压力、最高或者最低工作温度）。

（2）岗位操作方法。

（3）运行中重点检查的项目和部位，运行中可能出现的异常现象和防止措施，以及紧急情况的处置和报告程序。

2）经常性维护保养

使用单位应当建立压力管道装置巡检制度，并且对压力管道本体及其安全附件、装卸附件、安全保护装置、测量调控装置、附属仪器仪表进行经常性维护保养。对发现的异常情况及时处理并且记录，保证在用压力管道始终处于正常使用状态。

3）定期自行检查

管道使用单位应当建立定期自行检查制度，检查后应当做出书面记录，书面记录至少保存 3 年，发生故障、异常情况，应当及时报告使用单位有关部门处理。

4）定期检验

工业管道定期检验分为在线检验和全面检验。

在线检验是指在运行条件下对在用管道进行的检验，在线检验每年至少 1 次（也可称为年度检验）；全面检验是按一定的检验周期在管道停运期间进行的较为全面的检验。

GC1 级、GC2 级管道的全面检验周期按照以下原则之一确定：

（1）检验周期一般不超过 6 年。

（2）按照基于风险检验（RBI）的结果确定的检验周期一般不超过 9 年。

（3）GC3 级管道的全面检验周期一般不超过 9 年。

属于下列情况之一的管道，应当适当缩短检验周期：

（1）新投用的 GC1 级、GC2 级管道（首次检验周期不超过 3 年）。

（2）发现应力腐蚀或者严重局部腐蚀的。

（3）承受交变载荷，可能导致疲劳失效的。

（4）材质发生劣化的。

（5）在线检验中发现存在严重问题的。

（6）检验人员和使用单位认为需要缩短检验周期的。

全面检验一般进行外观检查、壁厚测定、耐压试验和泄漏试验，并且根据管道的具体情况，采取无损检测、理化检验、应力分析、强度校验、电阻值测量等方法。

全面检验时，检验机构还应当对使用单位的管道安全管理情况进行检查和评价。

三、起重机械

（一）起重机械概述

1. 起重机械定义

起重机械是指用于垂直升降或者垂直升降并水平移动重物的机电设备。其范围规定为额定起重量大于或者等于0.5t的升降机；额定起重量大于或者等于3t（或额定起重力矩大于或者等于40t·m的塔式起重机，或生产率大于或者等于300t/h的装卸桥），且提升高度大于或者等于2m的起重机；层数大于或者等于2层的机械式停车设备。

2. 起重机械分类

根据国家质检总局颁布的《特种设备目录》，起重机械分为：桥式起重机、门式起重机、塔式起重机、流动式起重机、门座式起重机、升降机、缆索式起重机、桅杆式起重机、机械式停车设备。下面将以桥式起重机为主进行介绍。

（二）桥式起重机

1. 桥式起重机定义

桥式起重机是横架于车间、仓库和料场上空进行物料吊运的起重设备。由于它的两端坐落在高大的水泥柱或者金属支架上，形状似桥。桥式起重机的桥架沿铺设在两侧高架上的轨道纵向运行，可以充分利用桥架下面的空间吊运物料，不受地面设备的阻碍。它是使用范围最广、数量最多的一种起重机械。

2. 桥式起重机分类

1）按起重量分类

桥式起重机按起重量可以分为小型起重机、中型起重机、重型起重机三个等级。

（1）小型起重机：5~10t。

（2）中型起重机：10~50t。

（3）重型起重机：50t以上。

2）按其载荷率和工作繁忙程度分类

桥式起重机按其载荷率和工作繁忙程度可分为轻级、中级、重级和特重级四种。

（1）轻级：运行速度低，使用次数少，满载机会少，通电持续率为15%。用于不紧张及不繁重的工作场所，如在水电站、发电厂中用作安装检修用的起重机。

（2）中级：经常在不同载荷下工作，速度中等，工作不太繁重，通电持续率为25%，如一般机械加工车间和装配车间用的起重机。

（3）重级：工作繁重，经常在重载荷下工作，通电持续率为40%，如冶金和铸造车间内使用的起重机。

（4）特重级：经常吊额定负荷，工作特别繁忙，通电持续率为60%，如冶金专用的桥式起重机。

3. 桥式起重机使用管理

1）操作规程

起重机械的使用单位，应当在工艺操作规程和岗位操作规程中，明确提出起重机械安全操作要求。操作规程至少包括以下内容：

（1）操作工艺参数（额定起重量、最大起重量、起升高度和下降深度）。

（2）岗位操作方法（含开、停车的操作程序和注意事项）。

（3）运行中重点检查的项目和部位，运行中可能出现的异常现象和防止措施，以及紧急情况的处置和报告程序。

2）经常性维护保养

使用单位应当建立起重机械装置巡检制度，并且对起重机械进行清洁、润滑、检查、调整、紧固、防腐、更换易损件和失效的零部件。对发现的异常情况及时处理并且记录，保证在用起重机械始终处于正常使用状态。

3）定期自行检查

（1）一级保养。

经常性的保养工作，由起重机操作人员负责，主要包括钢丝绳、卷筒、滑轮、轴承、联轴器、减速器、制动器等的检查、润滑、紧固和调整等。

（2）二级保养。

定期保养工作，由维修工负责，包括整台起重机各个机构和设备的维护和保养。

（3）年度检查。

使用单位按起重机械分类每 1 年或 2 年对所使用的起重机械至少进行 1 次年度检查，可与二级保养结合起来进行。起重机的计划检修是在计划规定的日期内对起重机进行维护和修理。其目的是为了防止起重机械过度磨损或意外损坏，及时消除设备隐患，使起重机械经常处于良好的技术状态，保证起重机械的安全运转，达到以最短的停歇时间和最低限度地维修费用来完成起重机械的维修工作，从而实现增产节约、降低成本的目的。

（4）检查的基本内容。

①全面清扫外表，做到无积尘、无污垢。检查有无裂纹、开焊。

②检查并紧固传动轴座、齿轮箱、联轴器及轴、键是否松动；检查并调整制动轮间隙使之均匀、灵敏、可靠。

③检查桥式起重机减速器主要看其是否漏油。运行时箱体内有异响时需开箱检查轴承、齿轮齿面磨损等。

④检查钢丝绳、吊钩、滑轮是否安全可靠，磨损超过规定值应进行更换；检查调整制动器，使之安全、灵敏、可靠。

⑤检查钢丝绳应着重观察断丝、磨损、扭结、锈蚀等情况，对某些磨损、断丝较为严重但尚未超标的位置，要做上记号，以便重点跟踪复检。要注意检查钢丝绳在卷筒中的安全限位器是否有效，卷筒上的钢丝绳压板是否压紧及压板数量是否合适。

⑥检查所有部位的油质、油量，按要求加入或更换润滑油。

⑦检查滑轮槽底磨损量是否超标和铸铁滑轮是否存在裂纹。安装前检查俯扬机构滑轮组的平衡轮，确保其转动灵活性。

⑧检查桥式起重机各联轴节有无松动甚至"滚键"。着重检查弹性柱销联轴节的弹性橡胶圈有无异常磨损，对齿形联轴节要特别注意其齿轮齿圈磨损状况。

4）定期检验

使用单位必须按《起重机械定期检验规则》规定，在检验有效期届满前1个月前向检验检测机构提出定期检验申请定期检验完成后，使用单位应当组织安装、监理等有关单位进行验收。

定期检验周期如下：

（1）升降机、流动式起重机每年1次。

（2）轻小型起重设备、桥（门）式起重机、旋臂起重机、机械式停车设备每2年1次。

（3）检验机构可根据起重机械的作业环境、工作级别及事故隐患风险，经市（地）级质量技术监督部门或省级质量技术监督部门同意，缩短定期检验周期。

5）达到设计使用年限使用的起重机械

达到设计使用年限的起重机械（我国起重机械的寿命一般为15年到50年之间，通常为30年），如果要继续使用，使用单位认为可以继续使用的，应当按照安全技术规范及相关产品标准的要求，经检验或者安全评估合格，由使用单位安全负责人同意、主要负责人批准，办理使用登记变更后，方可继续使用。允许继续使用的，应当采取加强检验、检测和维护保养等措施，确保使用安全。

6）安装、改造与修理

使用单位应当选择具有相应起重机械安装改造维修许可资格的单位进行安装、改造、重大维修，并督促其按照《起重机械安装改造重大维修监督检验规则》的要求履行书面告知义务，申请施工监督检查。起重机械维修和改造后，应按有关标准的要求试验合格。

四、叉车

（一）叉车概述

1. 叉车定义

叉车是工业搬运车辆，是指对成件托盘货物进行装卸、堆垛和短距离运输作业的各种轮式搬运车辆。国际标准化组织ISO/TC110称为工业车辆。常用于仓储大型物件的运输，通常使用燃油机或者电池驱动。叉车的技术参数是用来表明叉车的结构特征和工作性能的。叉车主要技术参数有：额定起重量、载荷中心距、最大起升高度、门架倾角、最大行驶速度、最小转弯半径、最小离地间隙以及轴距、轮距等。

2. 叉车分类

叉车通常可以分为三大类：内燃叉车、电动叉车和仓储叉车。生产过程中常用的是仓储叉车中的手动托盘叉车，因其车体紧凑、移动灵活、自重轻和环保性能好而得到普遍应用。

（二）仓储叉车

1. 仓储叉车定义

仓储叉车主要是为仓库内货物搬运而设计的叉车。除了少数仓储叉车（如手动托盘叉车）是采用人力驱动的，其他都是以电动机驱动的，因其车体紧凑、移动灵活、自重轻和环保性能好而在仓储业得到普遍应用。在多班作业时，电机驱动的仓储叉车需要有备用电池。

2. 仓储叉车分类

（1）电动托盘搬运车：承载能力1.6～3.0t，作业通道宽度一般为2.3～2.8m，货叉提升高度一般在210mm左右，主要用于仓库内的水平搬运及货物装卸。电动托盘搬运车有步行式、站驾式和坐驾式等三种操作方式，可根据效率要求选择。

（2）电动托盘堆垛车：电动托盘堆垛车分为全电动托盘堆垛车和半电动托盘堆垛车两种类型，顾名思义，前者为行驶，升降都为电动控制，比较省力。而后者是需要人工手动拉或者推着叉车行走，升降则是电动的。其承载能力为1.0～2.5t，作业通道宽度一般为2.3～2.8m，在结构上比电动托盘搬运叉车多了门架，货叉提升高度一般在4.8m内，主要用于仓库内的货物堆垛及装卸。

（3）前移式叉车：承载能力1.5～2.5t，门架可以整体前移或缩回，缩回时作业通道宽度一般为2.7～3.2m，提升高度最高可达11m左右，常用于仓库内中等高度的堆垛、取货作业。前移叉车可根据操作方式分为大前移（带有驾驶室，通过方向盘来操作转向）和小前移（通过手柄来操作转向）。

（4）电动拣选叉车：在某些工况下（如超市的配送中心），不需要整托盘出货，而是按照订单拣选多种品种的货物组成一个托盘，此环节称为拣选。按照拣选货物的高度，电动拣选叉车可分为低位拣选叉车（2.5m内）和中高位拣选叉车（最高可达10m）。承载能力2.0～2.5t（低位）、1.0～1.2t（中高位，带驾驶室提升）。

（5）低位驾驶三向堆垛叉车：通常配备一个三向堆垛头，叉车不需要转向，货叉旋转就可以实现两侧的货物堆垛和取货，通道宽度1.5～2.0m，提升高度可达12m。叉车的驾驶室始终在地面不能提升，考虑到操作视野的限制，主要用于提升高度低于6m的。

（6）高位驾驶三向堆垛叉车：与低位驾驶三向堆垛叉车类似，高位驾驶三向堆垛叉车也配有一个三向堆垛头，通道宽度1.5～2.0m，提升高度可达14.5m。其驾驶室可以提升，驾驶员可以清楚地观察到任何高度的货物，也可以进行拣选作业。高位驾驶三向堆垛叉车在效率和各种性能都优于低位驾驶三向堆垛叉车，因此该车型已经逐步替代低位驾驶三向堆垛叉车。

3. 仓储叉车使用管理

1）操作规程

叉车的使用单位，应当在工艺操作规程和岗位操作规程中，明确提出叉车的安全操作要求。操作规程至少包括以下内容：

（1）车辆检查（检查启动、运转及制动性能）。

（2）岗位操作方法（含起步、行驶、装卸注意事项）。

（3）运行中重点检查的项目和部位，运行中可能出现的异常现象和防止措施，以及紧急情况的处置和报告程序。

2）经常性维护保养

使用单位必须制定定期维护计划，根据制造厂家的维护说明书进行防护性检查、润滑、保养和维修。维护、检查、调整及修理应由专业人员进行，人员数量应与工作量相适应。本单位没有能力维修保养的，应委托有相应资质和条件的单位进行。

3）定期自行检查

（1）日常保养。

清洗叉车上污垢、泥土，重点部位是：货叉架及门架滑道、发电机及起动器、蓄电池电极叉柱、水箱、空气滤清器。

检查各部位的紧固情况，重点部位是：货叉架支承、起重链拉紧螺栓、车轮螺钉、车轮固定销、制动器、转向器螺钉。检查脚制动器、转向器的可靠性、灵活性。

（2）停用保养。

新叉车或长期停止工作后的叉车，在开始使用的两周内，对于应进行润滑的轴承，在加油润滑时，应利用新油将陈油全部挤出，并润滑两次以上，同时应注意下列几点：润滑前应清除油盖、油塞和油嘴上面的污垢，以免污垢落入机构内部。用黄油枪压注润滑剂时，应压注到各部件的零件结合处挤出润滑剂为止。在夏季或冬季应更换季节性润滑剂（机油等）。

4）定期检验

在用厂内车辆定期检验周期为1年，使用单位在定期检验合格有效期届满前1个月向当地特种设备监督检验机构提出检验申请。使用单位必须及时安排厂内车辆的定期检验计划，保证车辆安全运行。不得继续使用未经定期检验或者检验不合格的厂内车辆。遇可能影响其安全技术性能的自然灾害或者发生设备事故后的厂内车辆，以及停止使用1年以上再次使用的厂内机动车辆，进行大修后，应当按照《厂内机动车辆监督检验规程》的内容进行验收检验，检验合格后，方可重新投入使用。

5）转让、调剂和报废

厂内车辆过户使用的，由原使用单位到原注册登记机构办理注销手续。新的使用单位应当按照《特种设备注册登记与使用管理规则》的有关规定，分别申请备案、验收检验和注册登记的手续。车辆移交的，原使用单位应在30日内将安全技术档案及时、完整地移交新使用单位。移交资料时双方应进行签认，移交资料不齐全的，将追究原使用单位相关人员的责任。使用单位特种设备部门应监督厂内车辆报废的破坏性解体销毁。销毁过程应拍摄照片，报装备处备案后，方可将相关技术资料档案销毁。

模块四
故障分析与处置

第一章　采气井井下生产故障分析与处置

第一节　用生产数据分析井下故障及处理

气井是为了开采地下的天然气，经专门设计，从地球表面钻达目的层（天然气气层）的人工通道，具有完整的井身结构和井口装置。井身结构是由多层套管柱、套管柱外水泥环以及相应尺寸的钻头所组成。气井完钻后根据需要下入事先设计的完井管柱，通常称为油管柱。井口装置是指气井表层套管的最上部和油管头异径连接装置连接之间的全部永久性装置，主要由套管头、油管头和采气树三部分组成。

气井生产数据通常包括井口套压、油压（开井、关井）、井口气流温度（开井）、产气量、产水量、输压（出站压力）等。不同情况下气井正常生产时油压、套压之间的关系如图 4-1-1、图 4-1-2 所示。

开井：
- 纯气井
  - 油管生产 —— 油压<套压
  - 套管生产 —— 油压>套压
  - 油、套合采 —— 油压≈套压
- 气水同产井
  - 油管生产 —— 油压≪套压
  - 套管生产 —— 油压≫套压
  - 油、套合采 —— 油压≈套压

图 4-1-1　开井油套压关系图

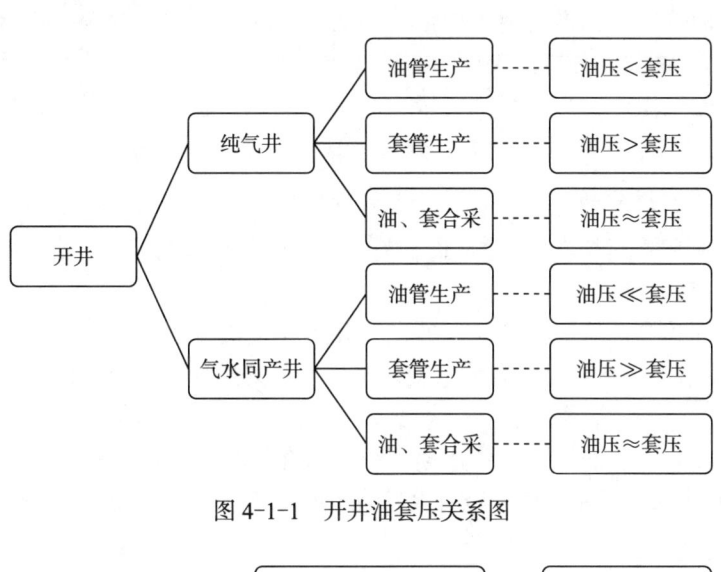

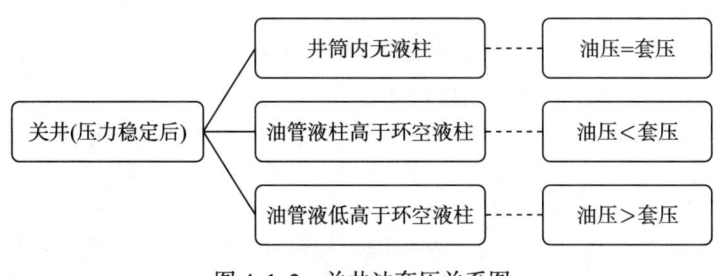

关井(压力稳定后)：
- 井筒内无液柱 —— 油压=套压
- 油管液柱高于环空液柱 —— 油压<套压
- 油管液低高于环空液柱 —— 油压>套压

图 4-1-2　关井油套压关系图

另外油管在井筒液面以上断裂，无论关井或开井，油压均等于套压。

一、井筒积液异常分析及处理

当气井产气量接近或低于携液临界流量时气体超越液体产生滑脱现象，生产管柱内逐渐形成段塞流、气泡流过渡，严重时部分液体回落至井底，形成积液，如不及时采取措施，井底积液增加，油管、套管内慢慢出现积液，影响气井正常生产。井筒积液是一个动态的过程，准确预测和判断井筒积液，及时采取预防措施，确保气井稳定带液生产。

（一）井筒积液的主要原因

（1）气井地层压力、产能下降，自喷带液生产能力不足。

（2）气井投产初期采用大油管生产，进入后期递减生产阶段时所需的临界携液量大，不利于气井带液生产。

（3）气井油管柱（或井下工具）在距离产层较远处异常穿孔或断落，下部形成大油管生产，带液能力不足造成井筒积液。

（二）井筒积液分析

1. 开井生产数据分析

（1）气井油管生产，当出现产气量、产水量波动或下降，液气比下降，油压、套压变化不明显，初步分析可能出现井底积液。

（2）气井油管生产，当出现产气量、产水量下降，液气比下降，同时油压下降、套压上升、油套压差增大，分析油管柱内有积液。

（3）气井油管生产，当出现产气量、产水量下降，液气比下降，同时油压下降、套压下降、油套压差变化不明显或增大，分析油管柱、套管柱内均有积液。

2. 关井压力数据分析

（1）气井油管柱、油层套管柱连通，关井后油压与套压相等，井筒无积液或油管柱、套管柱内积液高度一致。

（2）气井油管柱、油层套管柱连通，关井后在较长时间内油压低于套压，则表明油管柱内有积液或堵塞，开井后如有大量液体产出，或降压提喷有液体产出，则表明是油管内积液所致。

（3）气井油管柱、油层套管柱连通，关井后在较长时间内油压高于套压，则表明套管柱内有积液或堵塞，开井后如套压有上升或下降，则表明是套管内积液所致。

3. 井筒压力梯度分析

如果已知油管柱内压力剖面数据，当压力梯度出现拐点，则拐点以下油管柱内有积液；若套压、油压差值与油管柱内液柱高度产生的压力近似相等，则套管内无积液；若套压、油压差值小于油管柱内液柱高度产生的压力近似相等，则套管内有积液。

（三）井筒积液的处理

（1）结合气井油管柱结构、生产数据（压力、产气量、产水量）、地面工艺，提前

第一章　采气井井下生产故障分析与处置

做好排水采气方案论证，优选排水采气工艺措施，及时实施排水采气工艺，辅助气井带液生产。

（2）如果是因为气井油管柱出现异常（穿孔或断裂）导致井筒积液，则修井优化更换油管柱，确保气井带液生产。

（四）案例 1-1　TD96 井案例分析

TD96 井于 2004 年 8 月 10 日开钻，2005 年 6 月 19 日完钻，完钻井深 5085.0m，完钻层位志留系，射孔完井，射孔井段 5024.0～5047.1m，产层石炭系。

该井于 2005 年 11 月 9 日开井投产，投产初期套压 30.49MPa、油压 30.2MPa，日产气 $8.44 \times 10^4 m^3$，日产水量 $1.2 m^3$；2014 年 10 月 16 日产出地层水，2015 年 1 月进入增压生产；2017 年 6 月修井，更换油管 $\phi 73.0mm \times 5038.21m$。截至 2018 年 12 月，累计采气 $3.78 \times 10^8 m^3$，剩余动态储量 $1.26 \times 10^8 m^3$，累计产水 $1205.12 m^3$。

2018 年 1 月～2019 年 3 月生产数据见表 4-1-1。2019 年 3 月 15 日关井，期间 2018 年 4 月 28 日测试井筒压力，测试数据见表 4-1-2。

根据 TD96 井生产数据，分析该井生产故障。

表 4-1-1　TD96 井生产数据

日期 年/月	生产天数 d	套压，MPa 开井	套压，MPa 关井	油压，MPa 开井	油压，MPa 关井	日产气量 $10^4 m^3$	日产水量 m^3	液气比 $m^3/10^4 m^3$	备注
2018/01	31.0	4.60		2.30		2.9	3.5	1.195	
2018/02	28.0	4.88		2.21		2.7	3.0	1.112	
2018/03	31.0	4.98		2.03		2.5	2.6	1.044	
2018/04	30.0	4.98		1.85		2.2	2.1	0.965	
2018/05	31.0	5.10		1.64		1.9	1.8	0.947	
2018/06	30.0	5.53		1.63		1.7	1.6	0.889	
2018/07	24.0	5.59	7.15	1.54	7.16	1.4	1.2	0.836	转入间隙生产
2018/08	16.7	4.93	7.42	1.90	7.42	2.4	4.3	1.773	
2018/09	25.2	5.68	7.19	1.63	7.18	1.6	2.2	1.348	
2018/10	30.0	5.52	6.74	1.67	6.74	1.7	1.9	1.133	
2018/11	27.2	5.62	7.06	2.06	7.05	1.7	2.5	1.487	
2018/12	16.1	5.95	7.30	1.78	7.30	1.5	2.2	1.498	
2019/01	24.1	6.06	7.40	2.18	7.20	1.5	1.8	1.225	
2019/02	27.2	6.51	7.06	1.57	6.18	1.1	0.8	0.707	
2019/03	8.9	7.11	7.60	1.49	2.84	0.5	0.2	0.440	3月15日关井

表 4-1-2　TD96 井井筒测试数据

井深 m	压力 MPa	压力梯度 MPa/100m	温度 ℃	温度梯度 ℃/100m
4.6	1.880		25.31	
1000	2.556	0.068	37.12	1.186
2000	3.316	0.076	50.96	1.384

续表

井深 m	压力 MPa	压力梯度 MPa/100m	温度 ℃	温度梯度 ℃/100m
3000	4.160	0.084	66.45	1.549
4000	5.697	0.154	81.38	1.493
4500	6.852	0.231	91.76	2.076
5000	8.969	0.423	102.78	2.204

原因分析：

结合TD96井2018年1月—2019年3月生产数据、2018年4月井筒压力测试数据，分析该井油管内积液。

（1）2018年3—6月气井产气量、产水量下降，液气比下降，油套压差增大，油管内有积液趋势。

（2）2018年7月实施间隙生产，关井后套压与油压持平，气井能量得到恢复，开井产气量、产水量逐渐上升，液气比上升，带液生产能力得到改善。

（3）2019年1—3月关井后油压低于套压，开井后产气量、产水量逐渐下降，液气比下降，再次出现油管积液，2018年7—12月，关井油压低于套压4.27MPa，井筒积液较严重，2019年3月15日关井。

（4）2018年4月28日测试井筒压力，3000.0~4000.0m压力梯度出现拐点，4000.0m以下压力梯度逐渐增大，证实油管内出现积液。

处置措施：

随着气井的生产，地层能量下降，TD96井自喷带液生产能力下降，虽然采取增压＋间隙生产，也不能维持自喷生产。2019年3月关井套压7.11MPa，关井油压2.84MPa，剩余动态储量$1.26×10^8m^3$，生产过程中产水量较少。该井关井油套压差大，井筒积液较严重，如果不能自喷复产则采取车载气举复产，复产后建议实施泡沫排水采气或柱塞气举排水采气，辅助气井带液生产。

二、井筒堵塞异常分析及处理

在气井生产历程中，由于压力、温度的变化或地层流体、入井液的影响，可能出现井筒堵塞，影响气井正常生产。

（一）井筒堵塞的主要原因

1. 水合物堵塞

气井生产过程中，液态水在高压下与天然气中的某些组分生成冰雪状复合物，形成水合物堵塞。这种堵塞一般发生在气井投产初期，井筒尚未建立温度平衡，极易在井口附近形成水合物堵塞。含硫气井漏失的钻完井液、压井液或高含硫化氢气井容易出现水合物堵塞。

2. 高含硫气井硫沉积堵塞

高含硫气井生产过程中，随着天然气从储层进入油管和沿着油管往上流向井口，压力、温度发生变化,硫化氢在天然气中的溶解度随着局部温度和压力的下降而下降,形成单质硫析出,当气井产气量低于携硫临界流量时析出的单质硫在井筒内逐渐沉积,形成硫沉积堵塞。井筒硫沉积堵塞多发生在初期产量调试阶段和后期递减生产阶段。

3. 砂粒堵塞

气井生产过程中,稳定性较差的储层岩屑颗粒或加砂压裂注入储层的砂粒随高速气流携带进入井筒,当流速下降后在井筒内沉积,形成砂堵。砂岩储层或加砂压裂的气井容易出现砂堵。

4. 入井液复合堵塞

气井生产过程中,注入的缓蚀剂、起泡剂等与地层返出的岩屑颗粒、井筒腐蚀产物等适应性差或加注制度不合理,入井液不能及时带出井筒时互相裹挟在一起,形成复合堵塞。这种堵塞几乎贯穿气井生产全过程。

（二）井筒堵塞分析

用生产数据分析判断井筒堵塞,首先要从气井的类型出发,根据气井的类型初步判断可能出现的堵塞。

高含硫气井生产油压、产气量、井口气流温度明显下降,液气比无明显变化,关井后油压上升不明显,地面工艺无异常,则油管柱内可能出现硫沉积堵塞或水合物堵塞。计算携硫临界流量,查阅是否有漏失的入井液和水样分析资料,进一步分析堵塞的原因。

砂岩储层或加砂压裂的气井,生产油压、产气量明显下降,液气比无明显变化,关井后油压上升不明显,地面工艺无异常,则油管柱内可能出现砂堵。

（三）井筒堵塞的处理

1. 水合物堵塞

当井筒水合物堵塞不严重时可加大产气量,增大气流速度解除堵塞;当井筒水合物堵塞严重时,首先高压注入水合物抑制剂浸泡,然后大压差降压解堵;如果是井口附近水合物堵塞,可大排量快速注入蒸汽解堵。解堵后定期向井筒内注入水合物抑制剂,降低堵塞概率。

2. 硫沉积堵塞

当井筒硫沉积堵塞不严重时可加大产气量,增大气流速度解除堵塞;当硫沉积堵塞严重时,根据天然气组分合理选择解堵剂（溶硫剂）,高压注入解堵剂浸泡解堵,或者采用连续油管高压注入解堵剂冲洗循环解堵。解堵后定期向井筒内注入溶硫剂,降低堵塞概率。

3. 砂粒堵塞

合理控制气井产量,避免稳定性较差的储层岩屑颗粒或压裂加砂随高速气流带出,堵塞生产通道。

4. 复合堵塞

堵塞不严重时加大产气量将堵塞物携带出井;取样分析堵塞物主要成分,合理选择解堵剂（根据堵塞物配置复合解堵剂）,高压注入解堵剂浸泡解堵,或者采用连续油管高压注入解堵剂冲洗循环解堵。

（四）案例 1-2　T64 井案例分析

T64 井于 1997 年 5 月 26 日开钻，同年 11 月 30 日完钻，完钻层位志留系，完钻井深 5024m，射孔完井，人工井底 5020m，产层石炭系，中部井深 4981.00m。该井于 1999 年 3 月 29 日投产，初期生产套压 34.42MPa、油压 33.63MPa，日产气 $14.7 \times 10^4 m^3$，日产水量 $0.5m^3$；2008 年 12 月进入增压生产，2010 年 8 月实施泡沫排水采气；2013 年 11 月 22 日产出地层水，2015 年 6 月修井优化管柱，下入油管 ϕ73mm（壁厚 5.51m）×4976.33m；2016 年 1 月恢复加注 UT-11C 起泡剂 5.0～10.0kg（1∶10），2017 年 5 月开始加注 UT-15 起泡剂 5.0～10.0kg（1∶5～1∶10），2018 年 4 月开始加注 UT-11C 起泡剂 10.0kg（1∶10），2018 年 6 月 30 日停止加注起泡剂。截至 2018 年 12 月，累计产气 $4.56 \times 10^8 m^3$，剩余动态储量 $1.32 \times 10^8 m^3$，累计产水 $4748.0m^3$。

2017 年 1 月～2018 年 12 月 T64 井生产数据见表 4-1-3；2019 年 9 月 7 日采用 ϕ58.0mm 通井规通井，通井至 4565.0m 遇阻，加重后仍无法通过，取出通井规发现附着许多垢物。

根据 T64 井生产数据，分析该井生产故障。

表 4-1-3　T64 井生产数据

日期 年/月	生产天数 d	套压，MPa 生产	套压，MPa 关井	油压，MPa 生产	油压，MPa 关井	产气量 $10^4 m^3/d$	产水量 m^3/d	液气比 $m^3/10^4 m^3$
2017/01	7.4	8.14	9.10	5.35	9.60	3.2	0.1	0.042
2017/02	27.0	6.56	7.66	4.51	8.47	4.1	0.3	0.081
2017/03	27.5	5.63	7.25	4.54	5.93	3.5	0.3	0.073
2017/04	30.0	5.78		4.41		3.1	0.3	0.086
2017/05	31.0	5.85		4.43		3.1	0.3	0.104
2017/06	29.8	5.89	6.81	4.31	6.81	3.0	0.4	0.134
2017/07	31.0	5.72		4.32		3.2	0.3	0.101
2017/08	30.4	5.74	6.82	4.18	6.83	2.3	0.4	0.157
2017/09	30.0	5.87		4.06		2.1	0.3	0.143
2017/10	23.5	6.11	6.89	3.99	8.19	0.5	0.1	0.255
2017/11	26.8	6.64	7.23	4.43	8.47	4.0	0.9	0.213
2017/12	26.9	6.55	7.16	4.29	8.32	4.6	1.0	0.217
2018/01	27.7	6.75	7.10	3.86	7.56	3.9	0.8	0.213
2018/02	27.9	7.00	7.18	3.52	6.37	3.7	0.9	0.252
2018/03	31.0	7.38		3.72		2.8	0.7	0.250
2018/04	30.0	7.63		3.69		2.5	0.5	0.200
2018/05	31.0	8.06		3.55		3.2	0.5	0.141
2018/06	30.0	8.34		3.58		2.7	0.5	0.185
2018/07	31.0	8.17		3.78		2.5	0.3	0.116
2018/08	31.0	8.00		3.86		2.1	0.2	0.092
2018/09	29.6	7.90	7.83	3.67	6.31	3.7	0.3	0.082
2018/10	30.9	7.82	7.79	3.53	5.24	3.0	0.3	0.108
2018/11	8.7	7.86	7.80	3.50	8.50	6.2	1.1	0.185
2018/12	17.2	7.76	7.84	5.15	7.70	5.6	1.0	0.197

第一章　采气井井下生产故障分析与处置

原因分析：

结合 T64 井 2017 年 1 月—2018 年 12 月生产数据、起泡剂加注情况以及通井情况，分析该井油管内有堵塞、油套环空堵塞严重。

（1）2017 年 1—10 月，产气量逐渐下降、产水量稳定，液气比稳定，井筒无积液。

（2）2017 年 11—12 月，生产油压、套压较 10 月明显上升，产气量、产水量上升，液气比稳定，油管堵塞得到解除。

（3）2018 年 1—2 月，开井套压与关井套压基本一致；2018 年 3—6 月持续加注起泡剂，套压缓慢持续上升，分析环空进一步堵塞；2018 年 9—12 月开井套压与关井套压持平，分析油套环空严重堵塞。

（4）2019 年 9 月 7 日采用 ϕ58.0mm 通井规通井，通井至 4565.0m 遇阻，加重后仍无法通过，取出通井规发现附着许多脏物，分析油管内有堵塞。

T64 井生产过程中产水量较少，根据起泡剂加注情况，分析该井堵塞的主要原因是起泡剂加注量及加注浓度大，更换起泡剂时未进行配伍性试验，UT-15 起泡剂为缓蚀起泡剂（黏稠），两种药剂在井内互相裹挟，引起油管、油套环空堵塞。

处置措施：

对井下垢物进行组分分析，开展解堵剂室内配伍性实验，优选解堵剂、编制解堵方案，采取反复浸泡、降压解堵。

三、井下管柱异常分析及处理

气井井下管柱包括各层套管柱及油管柱。套管柱用来保护、封隔各种复杂地层、稳定井壁、建立油气通道、安装井口装置等；油管柱主要用来输送地层产出的流体，或者通过油管柱进行酸化、压裂、压井、洗井等井下作业。

（一）套管柱异常分析及处理

气井套管柱通常包括表层套管、技术套管、油层套管。表层套管用来封隔井眼上部地表疏松层和上部水层，技术套管用来封隔目的层上部易垮塌的地层及复杂地层，油层套管是为保证正常生产和井下作业而下入井眼内的最后一层套管。各层套管柱外注满水泥浆形成水泥环，用来封固油层、气层、水层，以及要求必须封固的腐蚀性、蠕变、垮塌、漏失等复杂地层，满足钻井工程对套管保护提出的特殊要求，如提高套管抗挤、抗内压强度或避免套管因过度磨损而发生断裂等。

生产过程中套管柱异常主要表现为套管损坏变形，套管损坏是指套管受外力作用发生变形（挤扁，弯曲）、穿孔（破裂）或错断等形态变化。

1. 套管变形的主要原因

（1）由于构造运动或地震等原因，引起套管受外力而损坏。

（2）套管外水泥环固井质量较差，其他层高压流体侵入，引起套管受外力而损坏。

（3）套管受流体腐蚀壁厚减薄，强度下降，受外力作用而损坏。

（4）频繁井下特殊作业，如重复补孔、压裂等，造成套管疲劳损坏，或工艺缺陷、措施不当也会造成套管损坏。

（5）邻近采煤、采盐等作业，造成地应力变化，引起套管损坏。

2. 套管异常分析

1）C环空压力异常上升

若B环空压力正常，则可能是表层套管外水泥环固井质量差，地层流体通过水泥环侵入C环空使表层套管腐蚀穿孔，导致C环空压力上升；或地层流体通过技术套管外水泥环侵入C环空，导致C环空压力上升。

若B环空压力异常上升，则可能是技术套管穿孔，流体通过穿孔部位、水泥环侵入C环空，导致C环空压力上升。

2）B环空压力异常上升

若A环空、C环空压力正常，则可能是技术套管外水泥环固井质量差，地层流体通过水泥环侵入B环空，使技术套管腐蚀穿孔导致B环空压力上升；或地层流体通过技术套管外水泥环侵入B环空，导致B环空压力上升；或者油层套管穿孔，油套环空流体侵入B环空，引起压力上升。

若A环空压力异常上升、C环空压力正常，则可能是油层套管穿孔或错断，A环空流体通过穿孔部位进入B环空，引起压力异常上升。

若A环空压力正常、C环空压力异常上升，则可能是表层套管穿孔，C环空流体通过穿孔部位进入B环空，引起压力异常上升。

3）A环空压力异常上升

若气井油管柱无管外封隔器，A环空压力异常上升，可能是油层套管穿孔或错断，地层流体通过水泥环、穿孔或错断部位侵入A环空，导致A环空压力异常上升；若气井油管柱安装有管外封隔器，则可能是封隔器失效，或油管柱（含井下节流器工作筒、井下安全阀短接等）穿孔（或断裂），油管柱内流体通过封隔器或油管柱进入A环空，导致A环空压力异常上升。

4）A环空压力异常下降

A环空压力异常下降，可能是油层套管被外力挤压变形，环空通道变窄，引起A环空压力异常下降；或者是入井液、地层流体堵塞环空，引起A环空压力异常下降。

3. 套管异常的处理

1）套管损坏检测

如果通过生产数据分析套管损坏，可以采取以下措施进一步分析判断套管损坏类型，为套管异常处理提供参考。

下入腐蚀检测仪器检测套管腐蚀情况，或下通井工具串试探套管内径变化，如工具串遇阻则打铅印，分析判断鱼顶情况；对套管间流体进行同位素测井，如果有外来流体侵入，可进一步开展微井径测井或封隔器找漏，确认穿孔部位。

2）套管异常处理

根据地层流体性质，优选套管材质，固井时提高水泥浆顶替效率，避免窜槽，确保固井质量。

针对套管受外挤力过大造成的套管缩径、挤扁或弯曲变形损坏，通常采用管内膨胀力外顶复原的方法修复套管，套管整形结束用通径规通井检验，通径规顺利通过即整形成功。

第一章 采气井井下生产故障分析与处置

由于气井对套管的密封性要求比油井高,因此气井套管破裂、错断后,不能采用油井普遍采用的补贴套管、补接套管、下扶正器注水泥、挤水泥修复套管等方法,而采用下套管或尾管封隔套管破裂、错断部位,对破裂、错断严重的井,可采取套管开窗侧钻,恢复气井生产。

4. 案例1-3 L24井案例分析

某石炭系气藏有生产井4口,气藏内部各井连通。其中L24井于1992年10月8日完钻,完钻井深4729m,射孔完井,人工井底4726.28m,产层井段4666.00～4716.00m。套管程序为 ϕ339.7mm×187.71m+ϕ244.5mm×2876.04m+ϕ177.8mm×4646.5m+ϕ127.0mm×(4625.18～4718.01)m,固井质量合格。

该井于1994年9月25日开井生产,初期生产套压38.48MPa、油压35.69MPa,产气量40.0×10^{4}m^3/d,产少量凝析水;1997年5月产出地层水,2009年3月修井,更换油管为ϕ73mm×1282.01m+ϕ60.3mm×3422.08m;2011年3月生产套压下降至6.65MPa、油压下降至5.17MPa,产气量7.1×10^{4}m^3/d,产水25.0m^3/d,之后进入增压开采。截至2013年12月,该井累计采气13.366×10^{8}m^3,累计产水7.03×10^{4}m^3,剩余动态储量8.244×10^{8}m^3,折算地层压力约18.52MPa。

2014年1月—2015年4月L24井生产数据见表4-1-4,2015年5月29日用ϕ22mm通井规通至3800m左右遇阻。

已知L24井钻井油气显示见表4-1-5,天然气性质分析见表4-1-6。

根据L24井基本情况、生产数据,分析该井生产异常。

表4-1-4 L24井生产数据

日期 年/月	生产天数 d	套压,MPa 生产	套压,MPa 关井	油压,MPa 生产	油压,MPa 关井	产气量 10^{4}m^3/d	产水量 m^3/d	液气比 m^3/10^{4}m^3
2014/01	31.0	4.78		2.53		4.1	21.8	5.311
2014/02	28.0	4.96		2.55		3.8	22.2	5.836
2014/03	31.0	5.02		2.72		3.7	23.4	6.312
2014/04	30.0	5.31		2.74		3.6	24.4	6.769
2014/05	31.0	4.87		2.41		3.5	24.4	6.968
2014/06	30.0	5.12		2.37		3.4	23.9	7.039
2014/07	31.0	5.20		2.52		3.3	24.1	7.292
2014/08	31.0	5.26		2.73		3.2	24.0	7.510
2014/09	30.0	5.32		2.52		2.9	23.6	8.149
2014/10	31.0	6.29		2.87		5.2	19.9	3.828
2014/11	30.0	6.41		2.81		6.1	11.5	1.885
2014/12	31.0	6.54		2.96		7.2	1.6	0.224
2015/01	31.0	6.52		3.01		7.7	1.5	0.193
2015/02	28.0	6.63		3.27		7.8	1.4	0.179
2015/03	19.4	6.68	17.94	3.32	17.84	7.6	1.4	0.190
2015/04	0		21.24		21.39			

表 4-1-5　L24 井钻井油气显示

层位	显示井段起，m	显示井段止，m	类别
嘉二 1	2994	3002.2	
飞三~飞一	3377.3	3386	气显示
飞三~飞一	3401.4	3408.4	气显示
长兴组	3734.1	3740.4	气浸
长兴组	3761.2	3783.7	气浸
长兴组	3927.3	3929.3	气浸
长兴组	3954.2	3969.2	气浸
龙潭组	4137.8	4140	气浸
茅口组	4174.3	4181.2	井涌
石炭系	4666	4676.7	气显示
石炭系	4682	4702.4	气显示
石炭系	4705.2	4715.7	气显示

表 4-1-6　L24 气井天然气性质分析

分析日期	油压 MPa	套压 MPa	取样条件	取样部位	相对密度	甲烷 %	重烃总量 %	硫化氢 %	二氧化碳 %	氮 %
2013/10/9	2.72	5.20	生产	油压表	0.5921	92.38	0.45	0.08	1.75	1.59
2014/3/10	2.88	5.12	生产	一级节流后	0.5967	94.302	0.45	0.08	3.5	1.59
2015/3/23	2.28	4.76	生产	油压表	0.6145	92.017	0.18	4.00	3.49	0.29
2015/4/7	17.63	17.77	关井	油压表	0.6133	92.19	0.19	3.77	3.53	0.27
2015/4/24	20.77	20.6	关井	油压表	0.6124	92.356	0.19	3.54	3.58	0.28
2015/6/10	17.64	17.59	生产	油压表	0.6101	92.402	0.17	3.75	3.23	0.33
2016/6/3	12.7	12.71	关井	油压表	0.6167	91.783	0.18	4.02	3.71	0.28
2017/5/16	5.37	6.23	生产	油压表	0.6139	92.173	0.18	3.80	3.56	0.27

原因分析：

根据 L24 井 2014 年 1 月—2015 年 4 月生产数据，结合钻井油气显示、气质分析参数、通井情况，分析该井油层套管穿孔、变形，异层天然气窜入气井。

（1）2014 年 1—9 月，L24 井产气量缓慢下降，套压缓慢上升，油压基本稳定，产水量稳定，液气比稳定。

（2）2014 年 10 月产气量由 $2.9 \times 10^4 m^3/d$ 上升至 $5.2 \times 10^4 m^3/d$，产水量由 $23.6 m^3/d$ 下降至 $19.9 m^3/d$，油压、套压略有上升；2014 年 12 月—2015 年 3 月，气井产气量稳定在 $(7.2 \sim 7.8) \times 10^4 m^3/d$，产水量下降至 $1.5 m^3/d$ 并保持稳定，生产油压、套压稳定；2015 年 4 月关井压力达到 21.39MPa，关井井口压力高于 2013 年 12 月地层压力，分析该井异层气窜入。

（3）2015 年 5 月 29 日用 ϕ22mm 通井规通至 3800m 左右遇阻。从钻井资料分析，L24 井钻井油气显示，通井遇阻段附近地层发生气侵；从天然气气质分析表得知：2015 年 3 月 L24 井天然气硫化氢含量由 0.08% 上升至 4.0% 左右，为高含硫气体。初步判断为油层套管由于固井质量差高含硫气体对套管造成腐蚀穿孔，由于压力差的原因，造成套管变形，通井遇卡。

综合分析，L24 井 3800.0m 附近套管受该处高含硫天然气腐蚀穿孔、变形，引起生产异常。

第一章 采气井井下生产故障分析与处置

处置措施：

（1）该井异层高含硫天然气窜入井筒，井下管柱不满足高含硫天然气生产需求，同时该处所处气藏内部各井连通，为避免高含硫天然气进入石炭系气藏其他气井，加剧对其他气井井下管柱腐蚀，建议对 L24 井封堵石炭系产层，该井剩余储量由其他气井开采。

（2）该井生产异常后产气量稳定、关井压力较高，分析该井异层天然气开发潜力，如有潜力则上试该层位，重新下入抗硫油管，油管柱安装永久式封隔器（环空充填保护液），重新配套地面开采工艺，发挥异层天然气潜力。

（二）油管柱异常分析及处理

井下油管柱由多根油管连接而成，除油管及连接油管用的接头外，某些气井还安装特殊功能的井下工具，如节流器工作筒、管外封隔器等。

1. 油管柱异常的主要原因

（1）油管柱受流体介质腐蚀、冲蚀，引起薄弱部位穿孔，严重时断裂。

（2）油层套管变形挤压油管，使油管变形或弯曲。

2. 油管柱异常分析

（1）油层套管、油管连通的气井，生产套压、油压、产气量异常上升，液气比正常，排除气井渗透性改善、堵塞解除外，可能是油管穿孔或断裂，气流通道增大引起井口压力、产气量、产水量上升；当生产套压、油压接近或相等时分析井口附近的油管穿孔或断裂；带液生产困难的气井，油管穿孔或断裂后会逐渐产生井筒积液，引起产气量、产水量下降。

（2）油层套管、油管不连通的气井，套压与油压保持相同变化趋势，环空流体组分与油管流体组分一致，可能是油管柱穿孔或断裂。

（3）油层套管、油管连通的气井，气井生产压力、产气量、产水量异常下降，液气比正常，排除气井堵塞外，可能是油管变形或弯曲，气流通道减小引起井口压力、产气量、产水量下降。

3. 油管柱异常的处理

（1）对油管定期进行缓蚀剂防护，减缓油管腐蚀。

（2）优选油管材质，修井、更换油管。

4. 案例 1-4 Y45 井案例分析

某气藏为边水含硫气藏，原始地层压力为 35.355MPa，地层水氯离子含量约为 16000mg/L。该气藏 Y45 井于 2013 年 4 月 13 日开钻，2013 年 11 月 4 日完钻，射孔完井，产层中部井深 2445m，井下油管为 ϕ73.0mm×2439m。该井钻遇气层用钻井液密度为 1.28～1.35kg/L，且当时有漏失。该井于 2014 年 6 月投产，8 月 17～31 日进行大型酸化作业。数值模拟预测该井最大产水量 21～30m^3/d。2014 年 6 月—2016 年 12 月生产数据见表 4-1-7。

已知该井地质储量 $15.8×10^8m^3$，可采储量 $14.5×10^8m^3$，天然气中硫化氢含量为 3.7%，二氧化碳含量 6.4%。

根据 Y45 井生产数据及预测，分析该井异常情况，提出下步措施建议。

表 4-1-7 Y45 井生产数据

生产日期 年/月	生产时间 d	套压 MPa	油压 MPa	日产气 $10^4 m^3$	日产水 m^3	Cl⁻ mg/L	备注
2014/6	15	32.17	30.28	36.25	3.89	887	
2014/7	31	31.87	29.59	36.25	3.91	992	
2014/8	16	33.98	31.01	16.25	1.98	1083	
2014/9	30	31.46	29.09	36.55	3.87	1287	
2014/10	31	31.15	28.52	36.25	3.9	1298	
2014/11	30	30.82	28.01	38.25	3.98	1392	
2014/12	31	30.55	27.72	36.45	3.87	1295	
2015/1	31	30.23	27.31	36.25	3.89	1080	
2015/2	28	29.91	26.90	36.25	3.89	589	
2015/3	31	29.59	26.49	36.35	2.14	589	
2015/4	30	29.27	26.08	36.55	3.89	595	
2015/5	31	28.95	25.67	36.25	3.89	589	
2015/6	30	28.63	25.26	36.25	3.89	589	
2015/7	31	28.31	24.85	36.35	3.89	589	
2015/8	31	27.99	24.44	36.25	3.89	589	
2015/9	30	27.67	24.03	36.25	3.89	589	
2015/10	31	27.35	23.62	33.25	4.35	16887	
2015/11	30	27.03	23.21	29.25	5.55	16841	
2015/12	31	26.71	22.80	26.25	6.15	16340	
2016/1	31	26.39	22.39	24.25	7.15	16043	
2016/2	28	26.29	22.18	21.25	7.55	16021	调产
2016/3	31	25.61	21.45	21.45	7.95	16055	
2016/4	30	25.22	20.72	21.25	8.35	16043	
2016/5	31	24.83	20.09	21.35	9.15	16020	
2016/6	30	24.44	19.46	21.25	9.55	16043	
2016/7	31	24.05	18.83	21.45	10.35	16068	
2016/8	31	23.66	18.20	21.25	10.75	16020	
2016/9	30	23.27	17.57	21.25	11.15	16013	
2016/10	30	22.88	16.94	21.25	11.95	16023	
2016/11	30	20.49	20.31	24.45	13.25	16023	
2016/12	15	20.10	20.08	25.25	13.65	16042	

异常分析：

根据 Y45 井 2016 年 11—12 月生产数据，分析该井油管在距离井口附近穿孔或断裂。

（1）2016 年 11—12 月 Y45 井产气量由 $21.25 \times 10^4 m^3/d$ 上升至 $24.45 \times 10^4 m^3/d$，产水量由 $11.95 m^3/d$ 上升至 $13.25 m^3/d$，生产油压上升，并与套压一致，液气比稳定，分析该井油管在距离井口附近穿孔或断裂。

（2）该井于 2015 年 10 月产出地层水，天然气中硫化氢含量为 3.7%，二氧化碳含量 6.4%，地层水氯离子含量约为 16000mg/L，产出流体对油管产生腐蚀，引起油管穿孔或断裂。

措施建议:

截至 2016 年 12 月 Y45 井累计生产天然气 $2.672\times10^8m^3$,剩余可采储量 $11.828\times10^8m^3$,数值模拟预测该井最大产水量 21～$30m^3/d$。建议及时修井,优选更换耐腐蚀油管;当气井带液生产困难时,实施泡沫排水采气或柱塞气举排水采气。

四、井下工具异常分析及处理

气井井下工具通常包括封隔器、井下节流器、井下安全阀、排水采气工具等,通常安装在油管柱上,在井下长期与流体接触,出现异常情况后将影响气井安全平稳生产。

(一)封隔器异常分析及处理

井下封隔器通常用来分层开采,减少产层之间的相互干扰;也通常在气层顶部下入封隔器,以保护油层套管及油管外壁。生产过程中井下封隔器异常主要表现为密封失效。

1. 封隔器密封失效的主要原因

(1)封隔器长时间受流体腐蚀密封件失效。

(2)油管柱在流体流速、温度作用下受力,封隔器随之发生伸缩,使封隔器密封失效。

(3)套管变形使封隔器密封失效。

2. 井下封隔器密封失效分析

(1)用于封隔(保护)油套环空的封隔器,若出现油层套管压力异常升高,井口油压、产气量、产水量无异常变化,可能是封隔器密封失效,或者是下部油管(接箍)穿孔,可以借助井下油管腐蚀检测、噪声监测进一步分析。

(2)用于分层开采的封隔器,若出现压力、产量、流体性质发生异常变化,可能是封隔器密封失效,异层流体窜入。

3. 封隔器密封失效的处理

(1)井下封隔器密封失效后需要对封隔器进行更换时,应根据流体性质选择耐腐蚀的封隔器。

(2)易产生蠕动的特殊油管柱配套安装油管锚,防止油管柱伸缩。

(3)因为套管变形引起失效的封隔器更换时,应避开套管变形部位。

4. 案例 1-5　Y012-2 井案例分析

Y012-2 井为某气田长兴气藏的一口生产井,2009 年 1 月 8 日开钻,同年 8 月 14 日完钻,完钻井深 4995.00m,完钻层位长兴组,射孔完井,产层中部井深 4849.5m,井下油管为 $\phi88.9mm\times6.45mm\times1731.83m+\phi73.0mm\times5.51mm\times3214.04m$,油管柱安装永久式管外封隔器,下入深度 4645.48～4646.98m。

该井于 2009 年 11 月 1 日投产,投产前关井套压 17.07MPa、油压 38.62MPa,投产初期生产套压 18.07MPa、油压 30.66MPa,产气量 $55.0\times10^4m^3/d$,产水量 $2.2m^3/d$,天然气中硫化氢含量为 6.7%,二氧化碳含量 8.4%,储层温度 107.0℃。该井动态储量 $43.06\times10^8m^3$,截至 2014 年 12 月累计产气 $9.42\times10^8m^3$。

Y012-2 井 2013 年 1 月—2015 年 12 月生产数据见表 4-1-8，天然气组分分析参数见表 4-1-9。

表 4-1-8　Y012-2 井生产数据

日期 年/月	生产天数 d	套压，MPa 关井	套压，MPa 生产	油压，MPa 关井	油压，MPa 生产	产气量 $10^4 m^3/d$	产水量 m^3/d	备注
2013/1	31.0		9.82		7.55	57.4	3.6	
2013/2	27.9	8.80	9.80	27.41	7.64	57.3	3.7	
2013/3	30.9	8.80	9.60	27.34	7.59	57.0	3.3	
2013/4	29.4	8.80	10.06	27.88	13.51	49.4	2.7	
2013/5	29.6	10.40	11.42	28.35	8.29	60.1	3.3	
2013/6	26.7	10.82	11.60	29.13	8.87	59.4	3.3	
2013/7	31.0		10.63		8.47	55.6	3.2	
2013/8	31.0		10.25		18.39	41.9	2.4	
2013/9	6.5	15.80	16.01	29.53	19.48	45.5	2.3	
2013/10	30.9	14.00	14.50	28.24	10.13	59.0	3.1	
2013/11	28.4	10.20	10.91	27.04	8.90	59.2	3.1	
2013/12	30.6	10.10	10.69	26.65	8.60	58.7	3.1	
2014/1	31.0		10.50		8.69	56.3	3.2	
2014/2	27.5	10.00	10.18	26.24	9.35	53.9	3.3	
2014/3	30.6	12.00	9.78	26.47	11.94	50.7	3.1	
2014/4	25.4	12.00	11.00	27.80	13.45	49.7	3.0	
2014/5	10.8	12.50	12.71	28.67	14.99	47.5	3.1	
2014/6	29.9	12.37	13.26	25.82	13.05	53.8	3.0	
2014/7	30.7	18.02	14.27	26.47	14.03	45.9	2.9	
2014/8	30.3	16.37	13.97	27.11	14.97	47.7	2.7	
2014/9	30.0		13.13		17.66	43.1	2.7	
2014/10	31.0		11.70		17.86	42.6	2.7	
2014/11	28.7	12.60	10.54	27.28	18.53	42.8	2.4	
2014/12	30.0	12.61	11.20	27.37	19.86	38.1	2.4	
2015/1	21.7	16.92	15.02	27.77	21.95	32.3	2.8	
2015/2	28.0		15.82		19.23	35.6	2.5	
2015/3	30.7	17.00	15.56	25.60	20.93	31.6	2.1	
2015/4	30.0		15.50		17.81	38.7	2.9	
2015/5	31.0		15.26		14.61	43.7	3.1	
2015/6	19.4	17.15	16.97	26.15	17.51	37.7	2.6	
2015/7	31.0		17.09		18.64	36.1	2.5	
2015/8	30.3	16.67	16.23	24.90	18.30	36.5	2.1	
2015/9	30.0		15.32		16.62	37.3	2.2	
2015/10	7.9	22.56	20.64	25.77	15.56	42.6	2.4	
2015/11	29.5	16.44	14.77	24.71	15.24	40.1	2.6	
2015/12	31.0		14.29		18.99	33.2	2.4	

第一章　采气井井下生产故障分析与处置

表 4-1-9　Y012-2 井天然气组分分析

采样日期	采样部位	采样条件	真实相对密度	分析成分含量，mol%				硫化氢 g/m³	二氧化碳 g/m³
				甲烷	重烃总量	硫化氢	二氧化碳		
2009/11/4	二级节流后	生产	0.677	84.83	0.07	6.31	8.29	90.519	152.67
2010/10/22	分离器	生产	0.6798	84.324	0.07	6.85	8.31	98.334	153.038
2011/11/25	分离器	生产	0.6769	84.808	0.07	6.46	8.24	92.623	151.749
2012/9/20	分离器	生产	0.6779	84.724	0.07	6.43	8.35	92.293	153.775
2012/9/20	套压表	生产	0.5953	94.397	0.09	0.01	4.24	0.092	78.085
2012/11/16	分离器	生产	0.6719	85.654	0.07	5.56	8.29	79.832	152.670
2012/11/16	套压表	生产	0.5963	94.088	0.07	0.02	4.23	0.217	77.910
2013/1/25	分离器	生产	0.6762	84.975	0.07	6.23	8.31	89.413	153.038
2013/1/25	套压表	生产	0.6003	93.648	0.1	0.02	4.79	0.279	88.213
2013/10/15	分离器	生产	0.6787	84.602	0.09	6.4	8.43	91.834	155.248
2013/10/15	套压表	生产	0.6093	92.346	0.1	0.57	5.57	8.219	102.510
2014/2/17	分离器	生产	0.6933	83.189	0.11	6.16	10.09	88.442	185.819
2014/2/17	套压表	生产	0.6463	88.264	0.15	1.1	8.9	15.736	163.904
2014/12/16	分离器	生产	0.678	84.728	0.07	6.42	8.37	92.142	154.143
2014/12/16	套压表	生产	0.6293	90.013	0.09	2.24	6.33	32.185	116.574
2015/1/19	套压表	关井	0.6305	89.85	0.09	2.26	6.43	32.488	118.416
2017/7/12	分离器	生产	0.6826	84.205	0.07	6.63	8.72	95.111	160.589
2017/7/12	套压表	生产	0.6541	87.141	0.08	4.78	7.14	68.646	131.491

原因分析：

根据 Y012-2 井生产数据及气质组分参数，分析该井井下封隔器密封失效，储层流体通过封隔器进入油套环形空间。

（1）Y012-2 井油管柱安装有永久式封隔器，完井后环形空间充填保护液，2013 年 1 月—2014 年 6 月生产套压低于油压，生产时油管内流体温度升高，由于热传递效应导致生产套压略高于关井套压，分析封隔器正常。

（2）2014 年 7 月 Y012-2 井关井套压由 12.07MPa 上升至 18.02MPa，之后关井套压保持在 17.0MPa 左右，关井套压高于生产套压，期间关井套压远远低于关井油压、生产套压低于生产油压。分析油管柱上管外封隔器密封失效，关井后井底压力升高，井底天然气通过封隔器进入油套环形空间，引起关井套压上升。

（3）2013 年 10 月 15 日—2015 年 1 月 19 套压表取样分析，天然气中硫化氢、二氧化碳含量逐渐升高，但是低于油管内天然气中硫化氢、二氧化碳含量，说明封隔器泄漏量较小。

处置措施：

持续监测 Y012-2 井套压及套管天然气组分变化趋势，评估储层流体对套管、油管的腐蚀影响，当气井完整性不能满足生产需求时修井，优选更换油管，重新安装管外封隔器。

（二）井下节流器异常分析及处理

井下节流器是用来实现井下节流降压、防治水合物的一种采气工具，安装在一定深度的油管柱上，一般用于高压气井投产初期，天然气通过节流嘴后压力大大下降，到达地面后无须再进行节流降压即可外输。气井生产过程中井下节流器常见异常是节流器密封失效、节流器移位、节流嘴冲蚀、节流嘴堵塞。

1. 井下节流器异常的主要原因

（1）地层流体腐蚀节流器密封件，节流器密封件失效。

（2）井下节流器卡瓦受腐蚀、冲蚀等卡定不牢，在流体压差作用下产生位移。

（3）井内砂粒等固体物质在高速流动过程中对节流嘴产生冲蚀，使节流嘴直径增大。

（4）井内带出的液固体杂质在节流嘴堆积，导致节流嘴堵塞。

2. 井下节流器异常分析

（1）采用井下节流工艺的气井，当产气量、井口油压异常上升、套压下降（油管柱无管外封隔器），可能是节流器密封失效，或节流器移位密封失效；若油管柱有管外封隔器，节流器密封失效后因井下节流压差减小、油管内流体温度上升，热效应导致环空流体温度升高、套压上升（上升幅度较小）。

（2）采用井下节流工艺的气井，当产气量异常下降、油压下降、套压上升（油管柱无封隔器），可能是节流嘴堵塞；若油管柱有管外封隔器，节流嘴堵塞后因油管内流体温度下降，热效应导致环空流体温度下降、套压下降（下降幅度较小）。

（3）采用井下节流工艺的气井，当产气量、油压缓慢上升，可能是节流嘴被冲蚀使节流嘴直径增大，通过节流嘴的产量增加使油压上升。

3. 井下节流器异常的处理

根据气井压力、产量、流体性质定期开展井下节流器维护，当井下节流器密封失效、节流嘴堵塞、节流嘴冲蚀后应及时进行更换维护，确保气井正常生产。

4. 案例 1-6　T007-X9 井案例分析

T007-X9 井为某石炭系气藏生产井，产层井段 5680.6～6381.54m，井下油管柱为 ϕ88.9×1779.95m+ϕ73.0mm×3781.59m+ 裸眼井段分段酸化工具串 ×771.63m，井下节流器工作筒下入深度 2727.84m。酸后测试稳定套压 26.64MPa、油压 22.92MPa，测试产气量 $42.17\times10^4m^3/d$。

2012 年 9 月 3 日下入井下节流器，配产 $30.0\times10^4m^3/d$，节流嘴直径 8.2mm，2012 年 9 月 4 日开井投产，投产前套压 28.34MPa、油压 29.07MPa，开井后生产套压 26.5MPa、油压 8.2MPa、输压 8.0MPa、产气量 $29.0\times10^4m^3/d$、产水量 $1.3m^3/d$，井下节流器工作正常。

2013 年 2 月 20 日—3 月 10 日，T007-X9 井生产数据见表 4-1-10。

第一章　采气井井下生产故障分析与处置

表 4-1-10　T007-X9 井生产数据

生产日期	生产时间 h	套压，MPa 关井	套压，MPa 平均	油压，MPa 关井	油压，MPa 平均	日产气量 m³	日产水量 m³	输压 MPa	备注
2013/02/20	24		23.10		7.90	271550	7.5	7.80	
2013/02/21	24		23.10		7.90	273550	7.5	7.80	
2013/02/22	24		23.00		7.90	272317	7.5	7.80	
2013/02/23	24		23.00		8.00	272561	7.4	7.90	
2013/02/24	24		23.00		8.10	271914	7.4	8.00	
2013/02/25	24		23.00		8.10	272627	7.5	8.00	
2013/02/26	24		23.00		8.10	273392	7.4	8.00	
2013/02/27	24		23.00		8.10	274100	7.5	8.00	
2013/02/28	24		23.00		8.00	275185	7.5	7.90	
2013/03/01	16.55	23.2	22.40	23.6	18.10	292324	7.3	8.30	未动操作
2013/03/02	5	23.2	22.50	23.6	8.10	58333	1.5	8.00	维护井下节流器
2013/03/03	24		22.50		8.10	272063	8.0	8.10	
2013/03/04	24		22.50		8.10	271985	7.4	6.83	
2013/03/05	24		22.50		8.00	270879	7.4	8.00	
2013/03/06	24		22.40		8.00	271346	7.3	8.10	
2013/03/07	24		22.40		8.10	270762	7.5	8.10	
2013/03/08	24		22.40		8.00	271438	7.6	8.00	
2013/03/09	24		22.40		8.00	270576	7.2	8.00	
2013/03/10	24		22.30		8.00	271059	7.3	8.20	

异常分析：

根据 T007-X9 井生产数据，分析该井井下节流器密封失效。

2013 年 3 月 1 日，T007-X9 井生产油压由 8.0MPa 上升 18.10MPa，瞬产气量由 $27.5 \times 10^4 m^3/d$ 上升至 $41.2 \times 10^4 m^3/d$，生产套压下降了 0.6MPa、输压上升了 0.4MPa，分析井下节流器密封失效；2013 年 3 月 2 日维护井下节流器后气井井口油压、产气量恢复正常。

措施建议：

采取井下节流器工艺的气井，生产过程中要密切关注生产油压、产气量的变化，发现生产油压、产气量突然上升，应及时采取关井或控制产气量措施，避免产气量升高导致输压上升，引起管线、设备超压运行安全隐患，维护井下节流器后恢复生产。

（三）井下安全阀异常分析及处理

井下安全阀是安装在气井的油管柱内，在地面生产设施发生超压、失压、火灾或不可抗拒的自然灾害时，能够实现紧急关井，防止发生井喷事故的一种井下安全工具。井下安全阀按其控制方式分为地面控制和井下流体控制，目前常用的是地面控制的井下安全阀。

气井生产过程中井下安全阀常见异常表现为异常关闭、不能打开等。

1. 井下安全阀异常的主要原因

（1）井下安全阀异常关闭的主要原因有控制管线压力不足、控制管线泄漏（导致压力下降）、井口油压升高而安全阀的控制压力没有及时同步升高。

（2）井下安全阀不能打开的主要原因有控制管线压力不足、控制管线堵塞或泄漏压力无法传递、阀板被脏物卡死等。

2. 井下安全阀异常分析

（1）安装有井下安全阀的气井，产气量突然下降为0，若井口油压略有下降，可能是井下安全阀异常关闭；若井口油压上升，可能是井口安全阀异常关闭。

（2）安装有井下安全阀的气井，井口安全阀正常开启，缓慢打开井口节流阀后无产气量，检查井口节流阀无异常，则可能是井下安全阀未打开。

3. 井下安全阀异常的处理

（1）检查井下安全阀控制管线压力，若压力不足则补足压力，若无法补足压力则控制管路泄漏，若补压时压力持续上升则控制管路有堵塞，通过修井更换控制管路解决。

（2）若控制管线开启压力正常，井下安全阀还是无法打开，可能是阀板卡死，可采用专用工具打开井下安全阀（常开），或者修井清洗、更换井下安全阀。

4. 案例1-7　B001-1井案例分析

B001-1井于2010年1月27日开钻，2010年10月10日完钻，完钻井深4369m，完钻层位志留系，尾管射孔完井。井下油管柱为ϕ73.0mm（BG110S）×5.51mm×4089.2m，井下安全阀下入井深77.18m，井下节流器下入井深2619.94m，SB-3完井封隔器下入井深2869.57m，SABL-3完井封隔器下入井深4012.60m。

该井于2010年11月27日15：43开井，开井前油压25.15MPa、套压27.58MPa。开井后2min油压降至5.57MPa，气井产量为零，15：50关井，16：00井口油压恢复至25.2MPa，套压27.58MPa（未变）；16：29-16：33再次开井均未能成功。现场分析可能由于井下安全阀液压管线破损或安全阀连接管线接头处泄漏，不能正常加压开启井下安全阀，造成气井无法正常开井。

2010年12月4日采取连续油管顶开井下安全阀失败，然后拆除井下安全阀液压导压管线，利用高压加注泵往油套环空注清水打压，压力升至41.0MPa将井下安全阀打开，成功开井投产，投产初期日产气量$15\times10^4m^3$，日产凝析水$0.5m^3$。

2014年12月29日22：50在环空打压情况下套压由36.2MPa突然下降至14.3MPa，油压由15.7MPa下降至5.7MPa，气井产量为零。2015年2月11日采用压裂车往油套环空注清水，泵注数立方米水后油套压均下降，疑似井下油管柱穿孔，通过套管补水压打开井下安全阀失败。

2016年5月10日对B001-1井修井，取出上部油管柱，发现安全阀液压控制管线完好，与安全阀连接的控制管线固定不牢，起出第10根油管发现穿孔（孔径39mm）。

第一章　采气井井下生产故障分析与处置

第二节　用试井资料分析井下故障及处理

一、储层污染

通过开展压力恢复或压力降落试井,可以对储层的渗流特征进行分析,通常可以得到井筒储集系数 C、渗透率 K、表皮系数 S 以及边界特征参数,其中表皮系数 S 是反映储层受污染状况的一个重要参数,如果一口井在多次试井解释中均存在表皮系数 S,且存在增大的趋势,则需要结合生产动态资料分析该井是否存在井下堵塞的问题。

表皮系数:对于一口正常钻开地层并固井完井的油气井,压力分布如图4-1-3中细实线所示。但是,由于钻井过程中钻井液侵入地层,固井时水泥的侵入,以及射孔不完善等原因,使得完井后的井壁附件受到某种程度的伤害,这样在油气井开井后,压力梯度加大,如图4-1-3中双点划线所示。

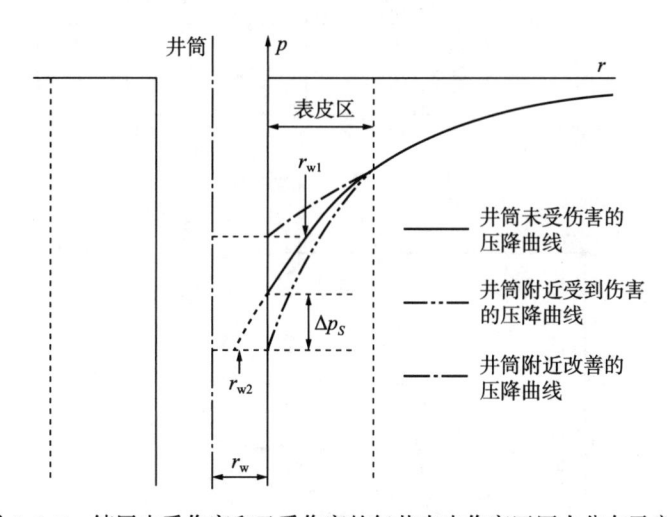

图 4-1-3　储层未受伤害和已受伤害的气井表皮伤害区压力分布示意图

受到伤害的区域称为表皮伤害区。在表皮伤害区内,由于储层伤害造成的井底附加压降为 Δp_S。

Δp_S 对于渗透性不同的地层,具有不同的含义,例如,当渗透率 K 值很低时,生产压差本身就很大,此时如果存在一个数量值不大的 Δp_S,对于气井的生产不一定造成多大的影响。相反,如果渗透率 K 值很高,那么对于一个同样量值的 Δp_S,也可能造成产气量成倍的变化。因此需要对 Δp_S 加以无量纲化,才能显示受伤害的真实程度。无量纲化后的系数,称为表皮系数,定义为:

$$S = \frac{542.8Kh}{qB\mu} \cdot \Delta p_S \qquad (4-1-1)$$

从公式可以看到:

$\Delta p_S = 0$ 时,$S=0$,井未受伤害;

$\Delta p_S > 0$ 时，$S > 0$，井受到伤害；
$\Delta p_S < 0$ 时，$S < 0$，井底得到了改善。

二、储层污染处理办法

利用常见的试井解释软件 Saphir 和 Pansyestem，对试井资料进行处理后得到压力恢复（降落）的双对数曲线（图4-1-4）、压力恢复（降落）的生产历史曲线（图4-1-5）。

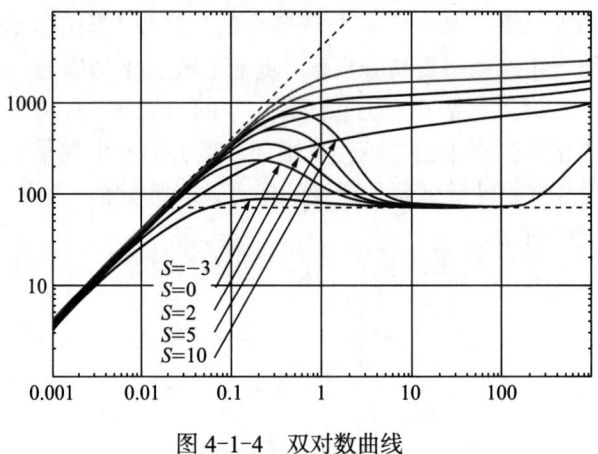

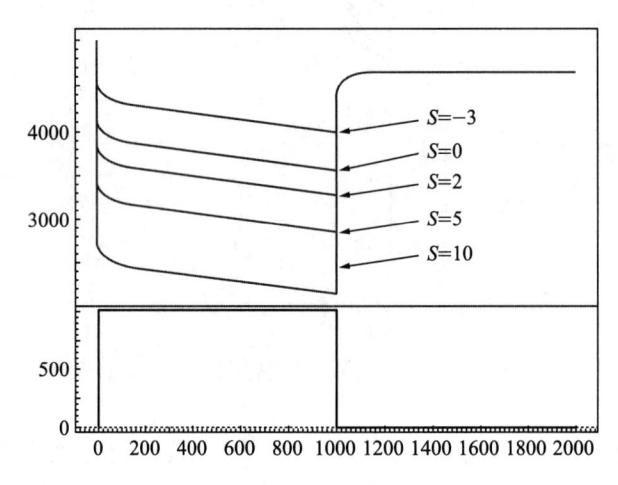

图4-1-4 双对数曲线

图4-1-5 生产历史曲线

从图4-1-4不同表皮系数在双对数曲线上的变化情况、图4-1-5不同表皮系数在生产历史曲线上的变化情况可以看出，在双对数曲线上随着表皮系数的增大，压力导数曲线向上凸起的幅度越大；在半对数曲线上随着表皮系数的增大，压力系数曲线下掉得越快、下掉幅度越大；在生产史曲线上随着表皮系数的增大，井底流压降低得越大，表明井下堵塞造成了压力和能量损失。

处置措施：对于产层存在堵塞的气井，程度较轻的可试着通过提产、防喷解除；对于堵塞程度较严重的，可采取酸化解堵等措施解除。

第一章　采气井井下生产故障分析与处置

三、案例 1-8　TD2 井案例分析

利用试井解释表皮系数来判断产层堵塞，如果试井解释表皮系数为正，表明近井地带产层存在一定堵塞。以 TD2 井生产情况为例分析。

TD2 井位于某气藏北段近轴部，与该区块长兴气藏 TD10 井同井场。该井 1989 年 1 月 30 日开钻，同年 12 月 30 日完钻，完钻层位志留系，裸眼完井，产层井段 4433.5～4467.0m。1990 年 9 月 4 日采用 42.7m³ 浓度为 16.9% 的常规酸酸化后，测试产气 $88.07 \times 10^4 \text{m}^3/\text{d}$。

TD2 井井口装置型号为 KQ65-60，最近一次通井时间为 2005 年 4 月，通井深度 4420m，通井正常。该井完钻井深 4483m，全井最大井斜 8.17°（井深 3775m）。油管为 (ϕ88.9+ϕ73.0) mm × 4425.76m 的复合油管，油管底部较产层中部 4450.1m 高 24.3m，井身结构示意图如图 4-1-6 所示。

TD2 井于 1992 年 12 月 16 日投产，投产前井口油压 46.932MPa，初期日产气 $40 \times 10^4 \text{m}^3$，至 2014 年 2 月，累计产气 $16.37 \times 10^8 \text{m}^3$，累计产水 10560m³（图 4-1-7），生产套压 5.55MPa，油压 3.43MPa，日均产气 $2.7 \times 10^4 \text{m}^3$，日均产水 0.5m³。根据生产历史拟合计算 TD2 井动态储量 $22.04 \times 10^8 \text{m}^3$，剩余动态储量 $5.67 \times 10^8 \text{m}^3$，目前地层压力 12.924MPa，压力系数 0.27。

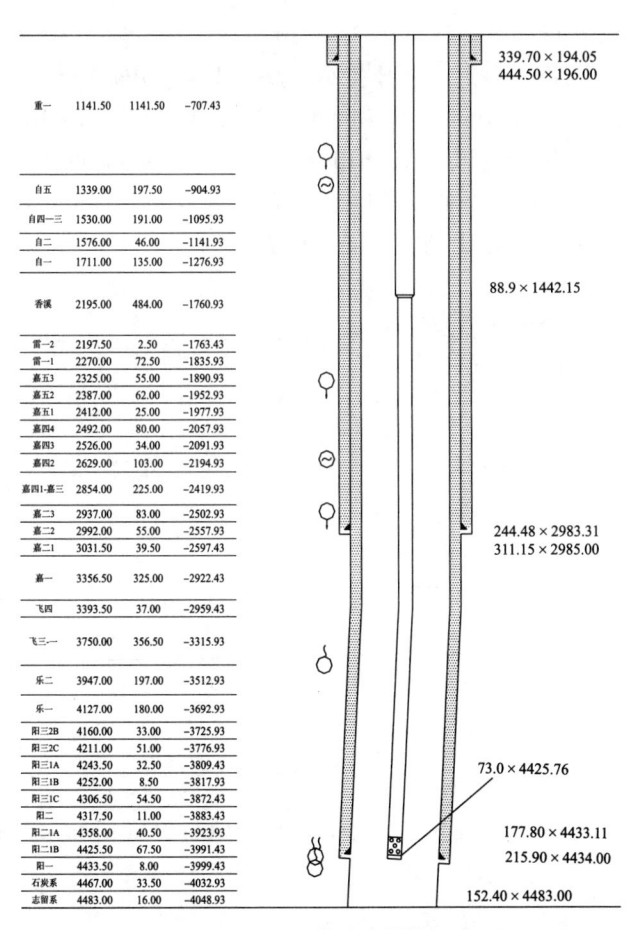

图 4-1-6　TD2 井井身结构示意图

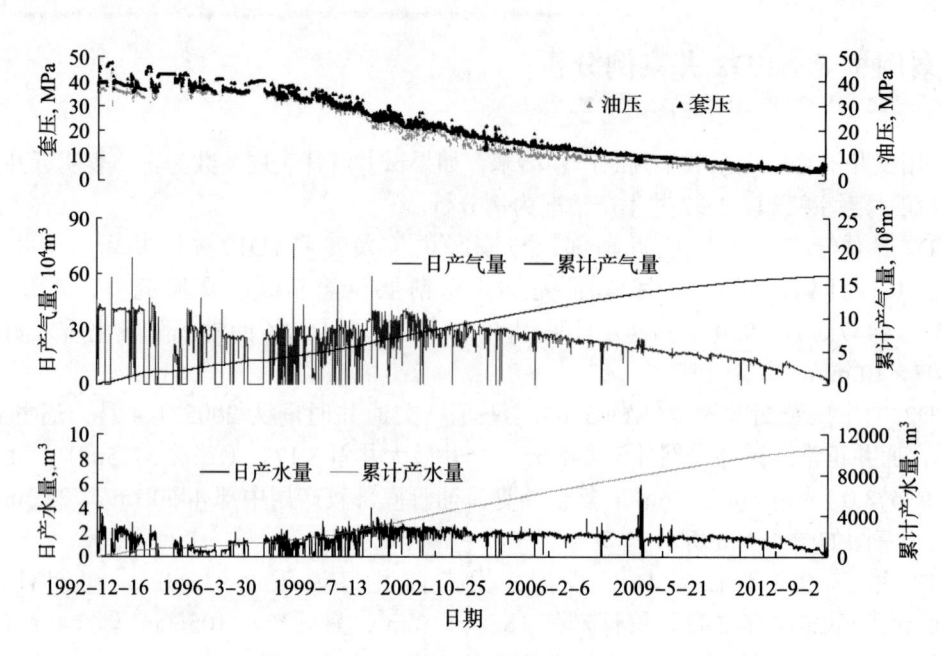

图 4-1-7　TD2 井历年采气曲线图

（一）异常表现

2014 年 2 月 19 日，TD2 井产气量由 $2.7\times10^4\text{m}^3/\text{d}$ 下降为零，被迫进行放空提液，积液量较少，关井复压。再次开井后，套压持续升高，由 4.4MPa 上升到最高 7.3MPa，日产水量由 0.8m^3 下降到 0.3m^3，甚至不产水（图 4-1-8），日产气 $2.4\times10^4\text{m}^3/\text{d}$ 左右。该井自 2012 年 11 月初产气量开始快递减，至 2013 年 11 月，一年的时间由 $12\times10^4\text{m}^3/\text{d}$ 下降到 $5\times10^4\text{m}^3/\text{d}$（图 4-1-9）。2013 年 12 月初开始，产量逐步下降到 $3\times10^4\text{m}^3/\text{d}$，套压波动频繁，一般在 $4.2\sim6.9\text{MPa}$，表现出油管积液的特征。

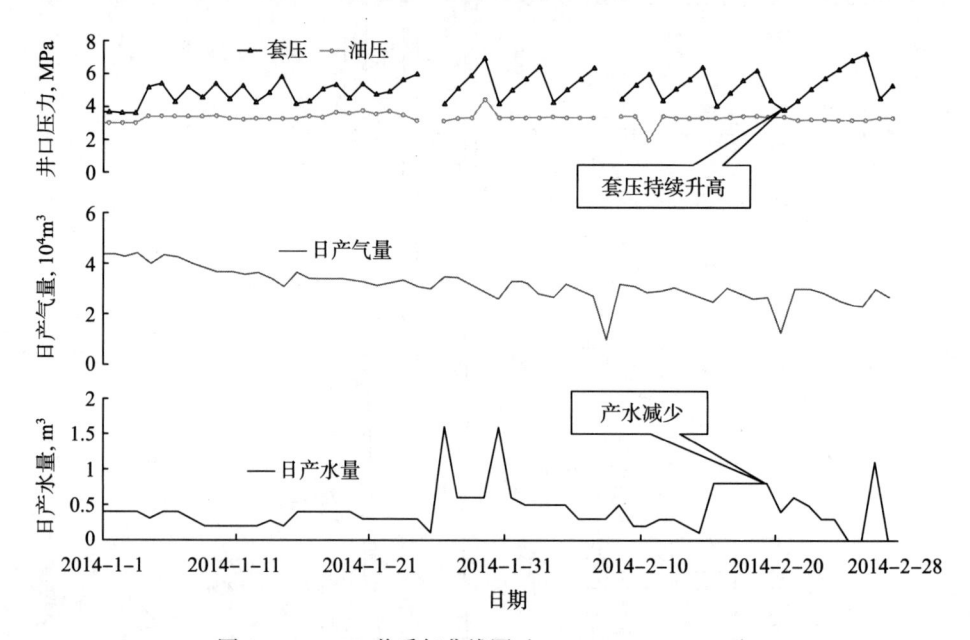

图 4-1-8　TD2 井采气曲线图（2014.1.1—2014.2.28）

第一章 采气井井下生产故障分析与处置

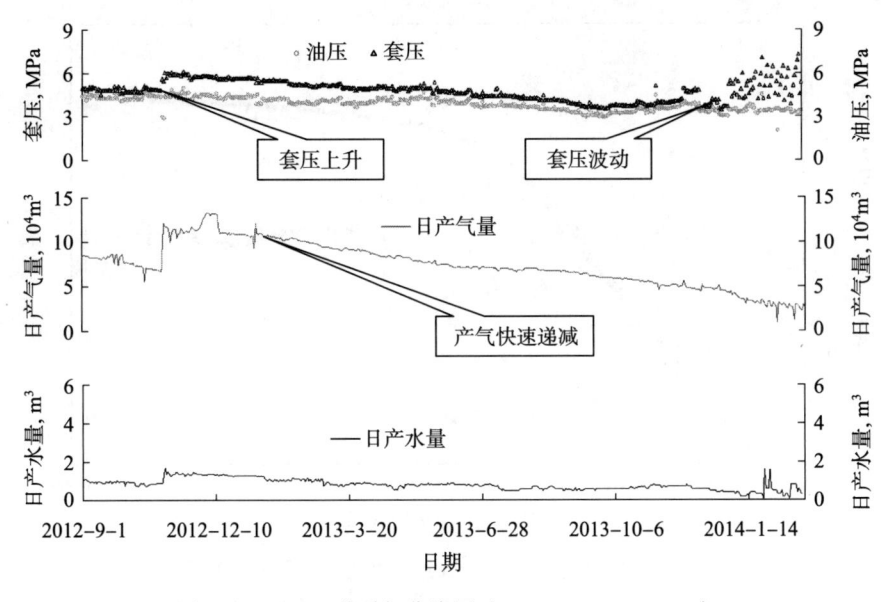

图 4-1-9 TD2 井采气曲线图（2012.9.1—2014.2.28）

（二）原因分析

该井出现以上异常情况的原因为产层堵塞导致产气量下降加快，随之出现井筒积液，理由如下：

1. 关井压力恢复试井资料显示产层存在污染

2014 年 1 月 24 日 9：24 至 25 日 9：44 该井关井复压，利用井口变送器录取的套压数据进行压力恢复试井解释（图 4-1-10），表皮系数达到 8.86，对比早期解释成果，证实产层存在污染（图 4-1-11、表 4-1-11）。

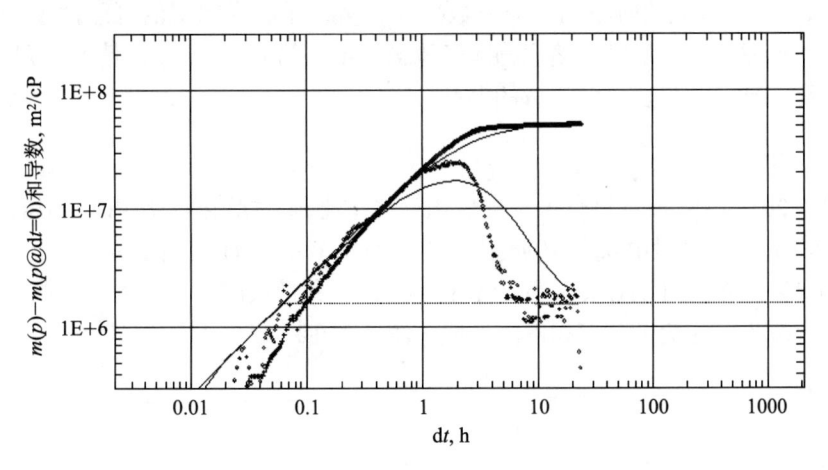

图 4-1-10 TD2 井压力恢复试井双对数曲线图（2014 年）

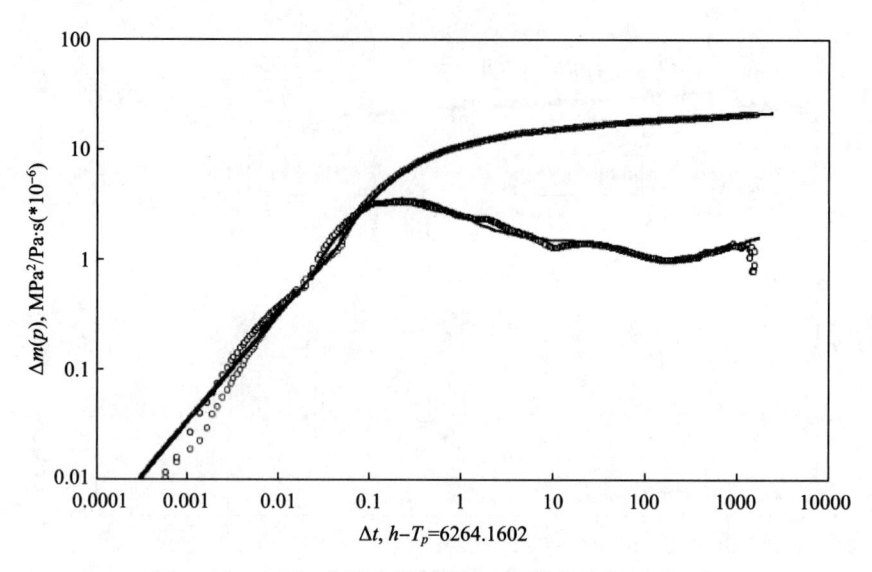

图 4-1-11　TD2 井压力恢复试井双对数曲线图（1996 年）

表 4-1-11　TD2 井历年试井解释成果统计表

时间	1996.5	2014.1.24
模型	复合模型	无限大模型
井储系数		5.98m³/MPa
表皮系数	-2	8.86
渗透率	1.92	1.89

2. 生产动态显示该井产层存在堵塞

2012 年 11 月 1 日，该井产量由 $6.7 \times 10^4 m^3/d$ 上升到 $12 \times 10^4 m^3/d$，套压由 4.8MPa 上升至 6.0MPa。查阅该井此阶段的气分析数据无异常，排除了窜层的可能性。分析原因，认为是由于生产过程中产层部分堵塞物随气流被带出井筒后，地层渗流情况得到一定改善，井底流压升高，导致井口套压和产量的上升。

（三）处置措施

TD2 井于 2014 年 8—9 月进行了常规酸化解堵作业，经过酸化解堵，井口油压由 3.00MPa 上升至 4.90MPa，日产气量由 $0.5 \times 10^4 m^3$ 上升至 $8.95 \times 10^4 m^3$，日产水量由 $0.4 m^3$ 上升至 $2.4 m^3$，井口油压和日产气量上升明显，随着产量的上升，气井携液能力也得到了提高，产水量上升，油套压差减少，避免了井筒积液的形成（图 4-1-12）。

第一章 采气井井下生产故障分析与处置

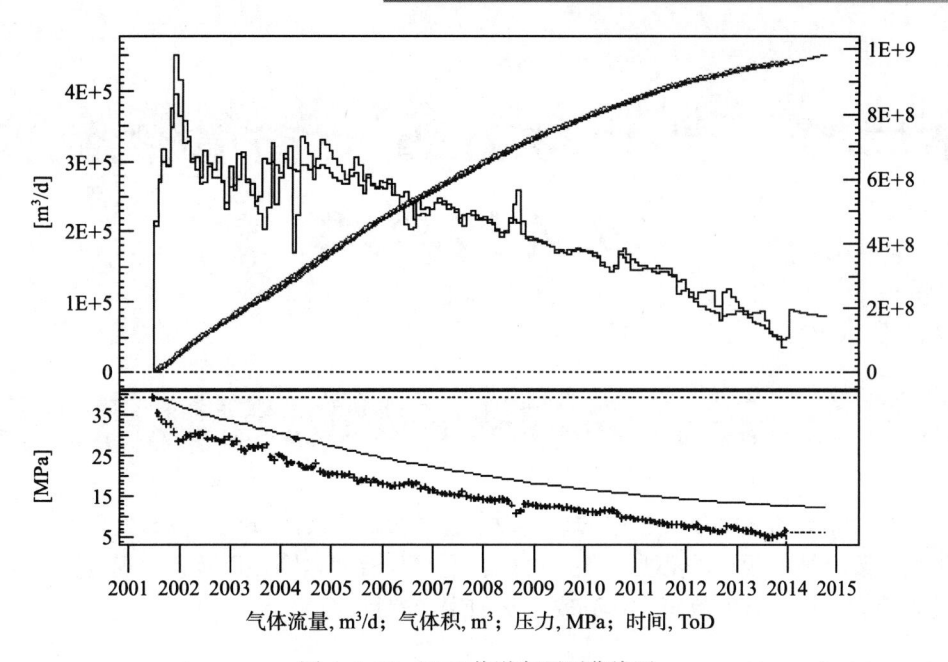

气体流量, m³/d；气体积, m³；压力, MPa；时间, ToD

图 4-1-12 TD2 井增产预测曲线图

第二章　井口装置及地面管线故障分析与处置

第一节　井口装置故障及处置

井口装置是天然气开采过程中的重要设备，对其进行故障分析，及时处理安全隐患是保障天然气安全平稳生产的必要条件。因此，通过分析和总结井口装置出现故障的原因，从而及时处理井口装置的故障，达到安全平稳生产的目的。

一、常见故障类型及处理方法

井口装置是钻采设备中最关键的安全设备之一，常见井口装置故障及处理办法有以下。

（一）阀门内漏

原因分析：（1）操作不当，造成阀板关过位；（2）使用不当，长期处于半开状态，甚至当作节流阀使用，造成阀板或阀座的密封面被刺坏；（3）阀座的密封圈损坏；（4）波行弹簧（明杆阀）损坏；（5）阀门开关时阀腔的密封脂被流体带出，或者阀腔内杂质过多造成泄漏。

处置措施：（1）调整关闭位置，活动阀门或者向阀腔注入密封脂；（2）清洗维护，如果部件损坏造成严重内漏，需及时维修及更换。

（二）阀门外漏

1. 平板阀阀杆、尾杆及节流阀阀杆处外漏

原因分析：（1）阀门的震动造成密封圈压帽的松动导致泄漏；（2）密封圈长期在压力、腐蚀作用下已经损坏。

处置措施：（1）先泄放阀腔的压力然后拧紧密封圈压帽；（2）拧紧密封圈压帽后，再通过注塑孔注塑，注入密封脂；（3）如果渗漏严重，密封圈损坏，可以利用阀门阀盖和阀杆处的倒密封结构带压更换密封圈。

2. 平板阀阀盖处外漏

原因分析：（1）阀盖螺栓出现松动；（2）钢圈腐蚀损坏。

处置措施：（1）拧紧阀盖上的螺母；（2）更换钢圈。

3. 阀门注脂阀漏气

原因分析：（1）阀腔内缺少新鲜的密封脂；（2）注脂阀损坏；（3）注脂阀与阀盖（阀体）连接处漏气。

处置措施：（1）向阀腔内加注密封脂；（2）泄压拆卸注脂阀，重新安装；（3）拧紧注脂阀，或者泄压更换注脂阀。

4. 螺纹法兰丝堵连接部位外漏

原因分析：（1）连接螺栓未上紧或者震动造成松动；（2）压力表接头损坏。

处理措施：（1）泄放压力，检查清理螺纹，重新拧紧接头；（2）更换压力表接头。

5. 阀门法兰连接处外漏

原因分析：（1）连接螺栓松动；（2）连接螺栓变形。

处置措施：（1）泄压后拧紧连接螺栓；（2）泄压后更换连接螺栓。

6. 油管头顶丝处泄漏

原因分析：（1）顶丝压帽松动；（2）密封圈失效，导致发生泄漏。

处置措施：（1）拧紧顶丝压帽；（2）更换密封圈。

7. 套管头上法兰试压孔、下部试压接头处渗漏

原因分析：（1）试压单流阀螺纹出现松动；（2）试压单流阀弹簧失效，无法密封；（3）BT密封圈失效。

处置措施：（1）使用专用工具泄放法兰处的内压，检查单流阀并重新拧紧单流阀；（2）更换单流阀；（3）检查BT密封圈并注入密封脂，如果还是存在泄漏，则更换BT密封圈。

（三）节流针阀异响

原因分析：（1）阀针脱落；（2）压差控制不合理。

处理方法：（1）更换阀针；（2）合理调节各级压力。

（四）阀门无法正常开关

原因分析：（1）阀腔内结冰；（2）阀腔内有污物；（3）阀门传动机构螺纹锁死。

处置措施：（1）采取热水冲淋；（2）对阀门泄压，清理阀腔内污物；（3）缓慢活动阀门，或者清洗阀门传动机构。

（五）套管悬挂器密封失效

原因分析：（1）密封件老化；（2）悬挂器安装不到位；（3）套管头坐封部位损伤。

处置措施：（1）更换悬挂器；（2）安装试压保护环。

二、典型案例分析

（一）案例2-1　井口闸阀案例分析

异常表现：闸阀阀盖与阀体之间漏液（图4-2-1）

图 4-2-1 平板闸阀阀盖与阀体漏液示意图

原因分析：（1）阀盖采用单面密封垫环（钢圈），阀体与密封垫环之间密封失效，发生泄漏；（2）阀盖连接螺栓发生塑性变形，失去弹性，预紧力不够，造成密封垫环与阀盖密封阀产生间隙；（3）气体中的腐蚀介质腐蚀钢圈和密封面，造成密封面产生缺陷，发出不可修复性缺陷。

处置措施：更换阀体和阀盖之间的钢圈，重新加注阀体内密封脂。

（二）案例 2-2　井口阀门外漏案例分析

异常表现：尾杆护套处出现密封脂泄漏并伴有液体渗出（图 4-2-2）。

图 4-2-2 尾杆护套处漏液示意图

原因分析：组合密封圈老化，失去弹性，在压力变化的情况下，组合密封圈受力变形后，不能完全恢复原有的特性，再加上少量杂质的侵入黏附，密封脂变干涩及腐蚀产物的存在，造成密封圈不能紧抱阀杆，发生泄漏。

处置措施：更换或及旋紧紧尾杆密封圈，及时加注阀杆密封脂。

第二节　地面管线故障及处置

一、地面管线故障分类

站外天然气管道常见故障分类主要分为堵塞、泄漏两种类型，故障引发原因与管道输送介质组分、运行工况、管道附属设备等因素密切相关。

（一）管线堵塞

原因分析：（1）管道内部形成水合物；（2）管道内部积液、积污过多；（3）清管过程中清管器卡堵；（4）站内、阀室内阀门误操作。

处置措施：（1）加注水合物抑制剂；（2）采用清管器对管道进行清管，清除管道内部积液及污物；（3）增大通球压差或反向运行清管器不能解卡，则管道停运放空，对卡堵管段进行切割换管；（4）重新核查流程，恢复误操作阀门的正确阀位状态。

（二）管线泄漏

原因分析：（1）管道本体发生腐蚀穿孔；（2）阀室内阀门连接部位泄漏；（3）管道途径区域发生地质灾害引起机械破坏；（4）管道途径区域机械施工引起机械破坏。

处置措施：（1）管道停运放空，对泄漏管段进行切割换管；（2）检查核实阀室阀门法兰螺栓紧固情况、检查垫片（圈）完好情况、配对法兰是否有错位情况，检查法兰本身是否有缺陷；查找泄漏原因，并采取紧固螺栓、更换垫片（圈）、更换法兰等方法解决泄漏问题。

二、典型案例分析

（一）案例2-3　水合物堵塞案例分析

1. 异常表现

水合物堵塞：某高含硫气田外输管线，起点为集输站，途径阀室，终点是输气末站，管线规格 D273mm×11mm，长度 22.7km，设计压力 7.85MPa，设计输量为 $116×10^4m^3/d$。目前运行压力 5.58～7.00MPa，日输气量 $(170～180)×10^4m^3/d$，硫化氢含量 70～75g/m³。输气末站下游连接净化厂，脱硫后进入净化气管网。

2020年3月某日该管线上游生产井输压达到 7.1MPa，生产压力高限报警，输气末站去净化厂原料气总量由 $170×10^4m^3/d$ 下降至 $120×10^4m^3/d$。初步判断为管道内部形成水合物造成堵塞，上游井站陆续关井，关闭输气末站进站阀，点火放空泄压。待压力下降后，管道内水合物逐步消除，管道恢复生产。

2. 原因分析

1）天然气温度低于水合物形成温度

该管段目前条件下水合物形成温度 18.5～20.19℃，天然气输送温度约 15.0℃，天然气温度低于水合物形成温度,是导致堵塞的直接原因。

2)水合物抑制剂加注量未及时调整

遇寒潮天气未及时调整水合物抑制剂的加注制度,增加加注量,导致管线内积液形成水合物堵塞管线。

3)清管周期延长

该管线冬季清管周期为5d/次,因该管线前期进行了缓蚀剂预膜,为确保缓蚀剂预膜有效时间,临时将清管周期延长至8d/次。由于清管周期延长,同时遇寒潮天气,未及时清除管道内部积液,管线的积液管线低洼处沉积,在低温、高压的环境下形成水合物堵塞管道。

3. 处置措施

(1)放空降压解堵。

(2)根据输送环境实时调整水合物抑制剂加注量。

(3)根据输送条件优化调整清管周期。

(二)案例2-4 内腐蚀引起管道泄漏案例分析

1. 异常现象

某天然气管线设计压力8.6MPa,设计输量$20\times10^4m^3/d$,管道规格D159×7(8),管道长度1.5km,材质为20#无缝钢管,输送介质为含硫湿气,硫化氢含量$0.2g/m^3$,CO_2含量为$36g/m^3$,目前该管线运行压力3MPa,输送气量$6.8\times10^4m^3/d$。

某日在巡检中发现有细微的间断气流声,经过现场初步排查确认是天然气管线发生泄漏。随即对管线进行停运、放空及泄漏处管段开挖确认,发现为管道内腐蚀导致管道穿孔泄漏。

管道割开后发现泄漏处内腐蚀坑直径约20mm,并且距开口处上游约200mm处、250mm处顺气流7点钟方向各有两个独立分布圆坑状腐蚀点,腐蚀深度约5mm(该管节标准壁厚为7mm)直径20mm,完成腐蚀管线割除后,对腐蚀管段坑蚀情况进行检查,新发现坑蚀10处。

2. 原因分析

失效管段存在大量坑蚀点,该段管线内腐蚀严重是造成集输管线失效泄漏的直接原因。

(1)根据管线的高程图,该管线起伏较大,不利于带液,存在积液段。

(2)该井为产水井,输送天然气中CO_2含量为$36g/m^3$,根据管道的腐蚀点外观分析,由于CO_2在水介质中能引起钢铁迅速全面腐蚀和严重的局部腐蚀,加之腐蚀管段所处位置为低洼积液段,加快了管线腐蚀速率。

3. 处置措施

(1)更换腐蚀穿孔管道。

(2)制定合理的清管周期,防止管道内部形成积液。

(3)定期对管线加注缓蚀剂,抑制内腐蚀发生。

第二章　井口装置及地面管线故障分析与处置

(三) 案例 2-5　外腐蚀引起管道泄漏案例分析

1. 异常现象

某天然气管线于 2002 年 5 月建成投产,设计压力 6.4MPa,设计输量 $230 \times 10^4 \text{m}^3/\text{d}$,管道规格 ϕ426mm×8mm,管道长度 13.85km,外防腐材质为石油沥青,阴极保护方式为强制电流,材质为 X52,输送介质为净化天然气。目前该管线运行压力 1.75MPa,输送气量 $22 \times 10^4 \text{m}^3/\text{d}$。

某日管道管理单位人员在巡检中发现有细微的间断气流声,经过现场排查确认是天然气管线发生泄漏。随即对管线进行停运、放空并更换泄漏管段。

对观察泄漏管段发现,泄漏点外表面有一近似圆形的深坑,深坑内布满大小不一的圆形蚀坑,中心处有一穿透壁厚的小孔,小孔直径约 0.17mm。将泄漏管段沿深坑中心剖开,发现此深坑在外表面处的孔径最大,孔径沿壁厚方向由外表面向内表面逐渐减小,由此特征可判断,管道的泄漏因外壁发生腐蚀最终导致管道泄漏。

2. 原因分析

(1) 泄漏点管段防腐层破损,管道本体在土壤环境裸露。

(2) 该管线建成 3 年后才接入阴极保护系统进行保护,通过管线的电位数据发现,泄漏点管段曾处于欠保护状态,管道在防腐层破损点发生外部腐蚀。

(3) 通过对管道敷设环境调查以及对腐蚀坑内腐蚀产物的化验分析发现,管道沿线土壤属于中度腐蚀性土壤介质,并且在土壤介质发现 Cl^- 及 SRB、IOB 等会引发钢材腐蚀的离子及微生物,在中度腐蚀性土壤介质条件下引发管道的氧腐蚀和微生物腐蚀。

在上述 3 个原因的共同作用下,该管线发生外部腐蚀,管道壁厚持续减薄直至无法承受目前运行压力,从而发生穿孔泄漏。

3. 处理措施

(1) 更换腐蚀穿孔管段。

(2) 加强对该管道阴极保护系统以及阴极保护电位的监控、监测,防止管道出现欠保护情况。

(3) 全面检测管线防腐层,找出防腐层破损点并进行修复,确保管道安全运行。

第三章　站场设备故障分析与处置

第一节　换热类设备

一、常见故障的分析与处置

换热类设备的故障与设备的结构和原理密切相关，结构相似的换热设备常见故障也相似。本节主要对管式换热器、板式换热器和电加热器的常见故障的分析与处置进行介绍。

（一）管式换热器

1. 内漏

异常表现：指换热设备中不同换热流体间发生串漏，形成混合流体。

原因分析：（1）换热管腐蚀穿孔、开裂；（2）换热管与管板焊口开裂；（3）浮头式换热器浮头法兰密封漏。

处置措施：（1）更换换热管或封堵漏漏点；（2）换热管与管板补焊或堵死；（3）紧固螺栓或更换密封垫片。

2. 外漏

异常表现：指换热设备各法兰连接处发生外漏。

原因分析：（1）垫圈承压不足、腐蚀、变质；（2）螺栓强度不足，松动或腐蚀；（3）法兰刚性不足与密封面缺陷；（4）法兰不平或错位，垫片质量不好。

处置措施：（1）紧固螺栓，更换垫片；（2）螺栓材质升级、紧固螺栓或更换螺栓；（3）更换法兰或处理缺陷；（4）重新组对或更换法兰，更换垫片。

3. 传热效果差

原因分析：（1）换热管结垢或堵塞；（2）换热介质杂质较多；（3）多管程或多壳程换热器的隔板短路，减少换热次数。

处置措施：（1）清洗换热器，除垢解堵；（2）加强过滤、净化介质；（3）更换管箱垫片或更换隔板。

4. 压降过大

原因分析：（1）介质杂质较多；（2）换热管结垢或堵塞。

处置措施：（1）加强过滤和介质质量管理；（2）打开换热器进行清洗，除垢解堵。

第三章　站场设备故障分析与处置

5. 振动幅度大

原因分析：（1）壳程介质流动过快；（2）外部管路振动引起共振；（3）换热器内部结构不合理；（4）基座刚度不够或螺栓松动。

处置措施：（1）调节流量和流速；（2）加固管路，降低外部管路振动频率；（3）优化换热器内部各构件的结构；（4）加固基础座。

（二）板式换热器

1. 外漏

异常表现：外漏出现的主要部位为板片与板片之间的密封处、板片二道密封泄漏槽部位以及端部板片与压紧板内侧。

原因分析：（1）夹紧尺寸不到位、各处尺寸不均匀或夹紧螺栓松动；（2）部分密封垫脱离密封槽，密封垫主密封面有脏物，密封垫损坏或垫片老化；（3）板片发生变形，组装错位引起跑垫；（4）在板片密封槽部位或二道密封区域有裂纹。

处置措施：（1）在无压状态，按制造厂提供的夹紧尺寸重新夹紧设备；（2）在外漏部位上做好标记，然后换热器解体逐一排查解决，重新装配或更换垫片和板片；（3）对板片变形部位进行修理或者更换板片；（4）重新组装拆开的板片时，应清洁板面，防止污物黏附着于垫片密封面。

2. 内漏

异常表现：指换热设备中不同换热流体间发生串漏，形成混合流体。

原因分析：（1）由于板材选择不当导致板片腐蚀产生裂纹或穿孔；（2）操作条件不符合设计要求；（3）板片冷冲压成型后的残余应力和装配中夹紧尺寸过小造成应力腐蚀。

处置措施：（1）更换有裂纹或穿孔的板片；（2）调整运行参数；（3）调整换热器的夹紧尺寸至设计要求。

3. 压降过大

原因分析：（1）新安装系统管路中脏物（如焊渣等）进入板式换热器的内部，由于板式换热器流道截面积较窄，换热器内的沉淀物和悬浮物聚集在角孔处和导流区内，导致该处的流道面积大为减小，造成压力损失；（2）板式换热器选型时面积偏小，造成板间流速过高而压降偏大；（3）板片表面结垢引起压降过大；（4）板片排列错误；（5）内部空气未排净。

处置措施：（1）新安装系统应吹扫干净，投用初期应加密清洗周期；（2）合理选型；（3）拆卸清洗板片并除垢；（4）重新排列板片；（5）排净内部空气。

4. 传热效果差

原因分析：（1）热侧介质流量不足，导致热侧温差大，压降小；（2）冷侧温度低，并且冷、热末端温度低；（3）并联运行的多台板式换热器流量分配不均；（4）换热器内部结垢严重。

处置措施：（1）增加热源的流量或加大热源介质管路直径；（2）调整冷侧介质的流量；（3）平衡并联运行的多台板式换热器的流量；（4）拆开板式换热器清洗板片表面结垢。

(三)电加热器

1. 电伴热系统发热量偏低

原因分析：(1)接线盒内电热带没有被连接上或没有拧紧；(2)温控器错误设置；(3)管道处于高温状态；(4)电热带暴露环境温度过高；(5)供电电压趋零或偏低。

处置措施：(1)重新调校温控器；(2)检查电热带是否损坏，管道温度是否与设计温度相符；(3)测量管道温度，调整伴热方案；(4)对供电系统进行检修。

2. 伴热系统发热量正常但管道温度低于设计数值

原因分析：(1)电热带数量过少或选型不当；(2)保温层受潮湿；(3)在进行热损失计算时参数不一致。

处置措施：(1)补上所缺电热带，但总线路长度不可超越极限；(2)将受潮的保温层更换为干燥保温层，并加上防水罩；(3)重新调校温度控制器；(4)重新核对设计参数并做必要的调整。

3. 电伴热带冷热不匀

原因分析：(1)保温层未做防水处理，雨雪天保温层浸水，使电热带部分段长时间在低温或潮湿状态下以较大功率输出，造成衰减率不均或过速衰减；(2)未做保温层或保温层厚薄不均；(3)超过使用期限，此种情况一般是逐渐减弱。

处置措施：(1)严格按产品使用说明要求进行安装，沿保温层全线应做好防水层，使电热带在干燥状态下工作；(2)查看制造日期、使用期限和各项技术指标。

4. 电伴热线路断路器跳闸

原因分析：(1)线路需电量超过断路器容量；(2)断路器在低于设计起动温度起动；(3)断路器故障；(4)尾端处误将电热带两导线连接；(5)电热带首尾端导电体与管线或屏蔽层短路；(6)接线盒或其他配件有断路；(7)电热带受到机械损坏。

处置措施：(1)重新计算核对线路所需电量，再选配合用的断路器；(2)对断路器进行检修或更换；(3)重新正确装配尾端；(4)确定故障所在，进行重装或更换并测试。

5. 电伴热低温状态下送电跳闸、使用中途断路器跳闸

原因分析：(1)超过最大使用长度，引起跳闸。(2)漏电保护和过流保护选型不当。(3)调试时正常，使用中途出现短路，一般有下列原因：①接线首尾端绝缘层收缩，露出的导电部分受潮；②使用吸水性绝缘胶布；③安装时造成护套层损坏。

处置措施：(1)按要求重新进行安装；(2)选择合适的漏电和过流保护器；(3)恢复绝缘层。

二、典型案例分析

(一)案例3-1 管式换热器穿孔案例分析

1. 异常表现

某三甘醇脱水装置再生器缓冲罐为沉浸蛇管式换热器，罐体和换热管均为不锈钢材质，换热管为环状。管程流体是从吸收塔参与脱水后经闪蒸、过滤后的富甘醇;壳程流体是从重沸器经过高温加热再生的贫甘醇。正常生产状态下,贫甘醇体积百分浓度控制在98%以上,富甘醇体积百分浓度差控制在96%以上,二者浓度差控制在2%～3%之间。

某日班组测得贫甘醇浓度低于97%,富甘醇浓度96%左右,浓度差小于2%。随即开展数据分析,发现装置处理量、甘醇循环量、甘醇再生温度无明显变化,重沸器燃料气用气量有所下降,贫甘醇浓度从99%逐渐下降至当前浓度,富甘醇浓度下降不明显。随后采取了提高再生温度、辅助汽提再生等手段,试图提升再生效果,提高贫甘醇浓度,但均无明显效果。

年度装置例行检修时,发现换热器盘管存在多处穿孔,造成富甘醇串入壳程与贫甘醇混合,降低了贫甘醇浓度,以至于提高再生温度也不能改善再生效果。

2. 原因分析

换热盘管穿孔的原因主要是:三甘醇与天然气接触脱水过程中,同时混合了天然气中的烃类杂质、盐类杂质、二氧化碳、硫化氢等腐蚀介质,对换热管有一定的腐蚀作用;同时工作环境温度较高,促使腐蚀加速,最终造成换热管出现穿孔。

3. 处置措施

(1)加强对入塔天然气的管理,可以在一定程度上减少盐类介质进入甘醇循环系统。

(2)确保富液闪蒸罐的闪蒸效果,减少进入再生器的轻烃杂质。

(3)定期清洗、更换机械过滤器和活性炭过滤器的滤芯,可有效降低油类和盐类进入再生器的数量。

(4)定期测定甘醇的pH值,并通过加注pH调节剂使三甘醇pH值保持在7以上。

(5)定期开展换热管壁厚检测工作,在可能出现穿孔前,提前更换换热管。

(二)案例3-2 板式换热器堵塞案例分析

1. 异常表现

某低温分离站防冻剂入泵前采用板式换热器降低再生后的防冻剂温度。换热后的防冻剂温度控制在40℃左右,经过滤器后进入防冻剂注入泵,冷却水采用高位自流的方式进入换热器,冷却水流量由换热器前流量控制针阀调节。

巡检时发现防冻剂注入泵排液压力和排液量波动增大,注入泵吸入管线振动较大,判断为注入泵上游供液流程堵塞。班组对入泵前过滤器进行了清洗,发现过滤器滤芯并无明显脏污,重新安装后异常未解除,遂停泵待检修。检修人员拆卸板式过滤器后,发现板片间堆积污物较多使换热器防冻剂侧堵塞,从而造成入泵流量不足振动。

2. 原因分析

该板式换热器堵塞的原因主要有:(1)换热器排污周期过长或排污不净;(2)防冻剂流程中杂质较多;(3)板式换热器通道较小,应将泵前过滤器设置到板式换热器上游,减少杂质进入换热器。

3. 处置措施

(1)根据水质和防冻剂品质确定合理的排污周期。

（2）关注防冻剂品质，加强过滤和杂质处理。
（3）在板式换热器防冻剂和冷却水入口端设置过滤器，减少杂质进入换热器。
（4）加强冷却水管理，防止冷端通道结垢和堵塞。

（三）案例3-4　电加热器短路案例分析

1. 异常表现

某集输站冬季对计量装置导压管采用恒功率电加热器防止冻堵。某年冬季正常生产过程中，发生计量异常，经检查是导压管冻堵造成，导压管上电加热器无温度，供电开关跳闸。处置过程中，该电加热器无法合闸。

经检查，电加热器保温层中有水浸现象，绝缘层有破损，造成电加热器短路，更换伴热带后恢复正常。

2. 原因分析

该电加热器短路的原因主要有：（1）保温层密封性能不佳，造成环境中的水逐渐渗入；（2）安装电加热器时绝缘层有损伤，长期使用过程中绝缘层收缩造成破损扩大；（3）对计量装置导压管进行检维修时，破坏了保温层的密封和电加热器绝缘层。

3. 处置措施

（1）使用电加热器前检查确认保温层的完好，无水浸现象。
（2）电加热器安装后，应对伴热带外观进行检查，确保无受损现象。
（3）对被伴热设备检维修时，应尽量保护保温层和伴热带的完好，如有损伤应及时更换。

第二节　分离类设备

一、常见故障的分析与处置

（一）分离器油、水"翻塔"

异常表现：分离器内储集的油、水超过液位高限或满液位，造成油、水进入下游设备或管线。

原因分析：（1）手动排液不及时或排液系统失效（不能正常排液）；（2）液位计不能正常显示，误导操作人员；（3）自动排液系统故障。

处置措施：（1）加强分离器排液，根据气井产水量大小和状态，及时排液，严格控制分离器液位在安全范围以内；（2）检查清洗液位计，确保液位显示真实；（3）一旦发现自动排液系统失效，立即倒入手动排液，对自动排液系统进行维修。

（二）分离器分离效果差

异常表现：分离器未达到预期的分离效果。

第三章　站场设备故障分析与处置

原因分析：（1）分离器现场使用工况与设计不符，实际处理量超过设计处理量；（2）分离器内部构件失效。

处置措施：（1）调整分离器使用工况与设计相符合；（2）清洗、维修、更换受损部件。

（三）分离器进出口压差大

异常表现：分离器进出口压差超过规定范围。

原因分析：分离器滤网堵塞。

处置措施：清洗或更换滤网。

（四）过滤分离器无压差

异常表现：过滤分离器进出口压差低于规定范围或无压差。

原因分析：（1）滤芯破损；（2）滤芯座封不严；（3）滤芯选型不合适；（4）现场工况与设计不符。

处置措施：（1）更换滤芯；（2）对滤芯对中调平；（3）根据现场气质变化更换合适滤芯；（4）调整工况与设计相符合。

（五）分离器液位计不能正常显示

异常表现：分离器液位计显示值与实际不符合。

原因分析：（1）控制阀未开启或通道有堵；（2）液位计筒体内卡、阻；（3）远传系统线路、电子元器件等系统故障；（4）液位计未校准、调校；（5）浮筒磁极安放不正确。

处置措施：（1）检查、开启液位计控制阀；（2）定期对液位计进行清洗，确保液位计工作正常；（3）检查更换损坏的部件；（4）对液位计进行调校；（5）调整浮筒磁极。

（六）三相分离器油水混排

异常表现：气田水罐（池）出现凝析油。

原因分析：（1）三相分离器内部出现故障；（2）油、水自动排放系统故障。

处置措施：（1）现场具备手动控制条件的应立即倒入手动控制；（2）检修维护分离器。

二、典型案例分析

（一）案例3-4　过滤分离器

1. 异常表现

某采集气站场有两台过滤分离器A和B，正常生产时过滤分离器A和B是"串联"状态，均具备旁通流程。员工巡检时发现过滤分离器A进出口压差突然从5kPa变为0，过滤分离器B出口压差突然从10kPa上升至70kPa。

2. 原因分析

过滤分离器A滤芯失效短路导致压差减小，B过滤分离负荷增大，压差增大。

3. 处置措施

临时倒换分离器旁通保障生产，更换A分离器滤芯和密封垫后倒回正常流程。

（二）案例3-5　气液分离器

1. 异常表现

某无人值守单井站，井口采出气经分离、计量后进入下游，气液分离器为卧式重力式分离器，规格型号为 D600×3426×32。某日关井放空对阀门进行更换，恢复生产时因分离器无旁通，井口压力较高，采用出站阀引入管道气进行置换、升压。气井开井后分离器出现持续啸叫，气井产量和生产参数无明显变化。

2. 原因分析

检维修后通过出站阀引入气源对场站进行置换和升压，气流逆向进入分离器，升压过程中流量过大、流速较快，造成分离器出口端捕雾网破损脱落，气井生产过程中气流冲刷形成异响。

3. 处置措施

停气检修，重新安装和更换分离器捕雾网后分离器恢复正常。

（三）案例3-6　多管干式除尘器

1. 异常表现

某大型输配气有人值守站场，上游净化气经除尘、计量后进入下游管线。日常生产数据通过本站 SCS 系统进行监控。某日，监控显示站内除尘器前后端压差值突然高限报警，查询除尘器前后端压差值历史曲线发现压差为突然升高导致超过报警高限，同时进站压力开始出现大幅上涨，出站压力开始急剧下降。当班人员通过 SCS 系统切断站内上下游控制阀、打开放空阀点火放空。

2. 原因分析

通过分析除尘器前后端压差值、进站压力、出站压力等参数近3天历史曲线，除尘器前后端压差值突然升高，同时进站压力开始出现大幅上涨，出站压力开始急剧下降，各控制阀状态均正常，判断是因为除尘器堵塞所致。

3. 处置措施

对除尘器进行解堵操作，解堵完成后生产恢复正常。

第三节　塔类设备

一、常见故障的分析与处置

（一）液体脱水吸收塔常见故障分析与处置

1. 塔盘表面脏污结垢

异常表现：塔盘脏污后会增加天然气和三甘醇流动阻力，表现在参数变化上为吸收塔

第三章　站场设备故障分析与处置

压差增大，甘醇损耗增加，干气露点略升。

原因分析：（1）上游来气含有油泥或悬浮颗粒等杂质，会在对流过程中沉积在塔盘上；（2）入塔甘醇未得到有效过滤含有较多固体杂质，在流动过程中沉积在塔盘上。

处置措施：（1）清洗或更换塔前过滤分离器过滤器滤芯；（2）清洗或更换三甘醇再生系统上过滤器滤芯；（3）停产检修，清洗塔盘。

2. 三甘醇污染

异常表现：三甘醇内杂质过多，有悬浮物，颜色变深。发泡严重，甘醇耗量增加，但脱水效果下降。表现在参数变化上为甘醇pH值降低或增加，甘醇损耗增加，干气露点升高。

原因分析：（1）进入吸收塔的天然气预处理深度不够，天然气中携带的液（固）体杂质进入三甘醇溶液中；（2）含硫天然气中硫化氢溶解在三甘醇中降低其pH值；（3）气田水中的无机盐与三甘醇生成结晶醇；（4）重沸器温度过高，甘醇降解；（5）塔盘脏污或气流速度过快等造成甘醇发泡，pH值升高。

处置措施：（1）清洗或更换过滤分离器滤芯；（2）密切关注三甘醇pH值情况，低于规定值加注pH值调节剂；（3）加强过滤分离器排污管理，防止液态气田水与三甘醇接触；（4）控制重沸器温度，清洗或更换醇路机械和活性炭过滤器滤芯；（5）停产检修，清洗塔盘。

3. 塔顶捕雾器脏污或破损

异常表现：天然气流动阻力大，表现在参数变化上为吸收塔压差增大；降低捕雾能力，表现在参数变化上为吸收塔差压降低，甘醇损耗增加。

原因分析：（1）天然气和甘醇脏污造成捕雾器脏污；（2）吸收塔升压过猛；（3）天然气流速过快；（4）天然气流量过大。

处置措施：（1）清洗或更换捕雾网；（2）更换破损捕雾网；（3）控制吸收塔升压速度、天然气流速和气量。

4. 三甘醇液位超高翻塔

异常表现：塔内三甘醇液位超高，超过天然气入塔升气帽挡板，进入塔内过滤器甚至返至上游过滤分离器内。表现在参数变化上为吸收塔液位计上升（在液位计未卡堵情况下）、吸收塔液位调节阀开度100%（调节阀无故障情况下）、吸收塔排污段液位上升、过滤器分离器液位上升、闪蒸罐液位下降、闪蒸罐压力下降、缓冲罐液位下降等。

原因分析：（1）停产后未及时回收三甘醇；（2）脱水装置进水；（3）吸收塔液位计卡堵；（4）吸收塔液位调节阀故障；（5）甘醇循环量过大。

处置措施：（1）控制吸收塔调节阀开度，将吸收塔内多余三甘醇尽可能均匀流动到下游闪蒸罐和缓冲罐，必要时回收到甘醇储罐内。（2）保持重沸器温度，不能因为温度上升过快而造成三甘醇冲塔；降低甘醇循环量，同时加密过滤分离器排污周期，防止更多水进入吸收塔。（3）检查现场液位计是否有卡堵，如有将液位调节阀倒为手动控制。（4）使用液位调节阀旁通阀控制塔内甘醇液位，维修故障调节阀。（5）调小甘醇循环量。（6）打开吸收塔和过滤分离器排污阀将污染甘醇进行排放。

5. 三甘醇液位过低窜压

异常表现：吸收塔内液位过低无法形成液封，天然气从吸收塔内进入低压和常压设备。在参数上表现为吸收塔液位下降，调节阀关为零，下游设备压力上升。

原因分析：（1）液位计卡堵；（2）调节阀故障。

处置措施：（1）立刻关闭吸收塔调节阀，如果调节阀内漏还需关闭调节阀上游控制阀；（2）如液位计故障将调节阀倒为手动操作，通过现场液位计控制吸收塔液位；（3）如调节阀故障则通过调节阀旁通阀控制塔内三甘醇液位，关闭调节阀上游控制阀。

6. 液位计卡堵

异常表现：液位计不能真实反映吸收塔内液位，液位调节阀根据假液位进行开度调节，造成吸收塔内液位超高或超低，严重时形成故障4和故障5的后果。在参数表现上为液位计液位值长时间保持不动或只在很小范围内波动，调节阀开度同样长时间保持不动或只在很小范围内波动。

原因分析：（1）温度过低液位计冻堵；（2）杂质过低液位计卡堵。

处置措施：（1）将液位调节阀倒为手动操作，通过现场液位计控制吸收塔液位；（2）停用液位计并进行冲洗，解除卡堵异常。

7. 调节阀故障

异常表现：调节阀不能实现自动调节吸收塔内三甘醇液位功能，在参数表现上，第一种异常情况为调节阀现场开度值与工控机显示开度值不符；第二种异常情况为吸收塔液位持续上升或持续下降；第三种异常情况调节阀开度为零后，吸收塔液位仍不断下降。

原因分析：（1）调节阀现场开度指示和工控机显示值未校对；（2）调节阀不动作；（3）调节阀内漏。

处置措施：（1）校对阀门现场开度值和工控机显示开度值；（2）启用调节阀旁通阀进行液位控制，调节阀停用维修；（3）维修调节阀。

（二）固体脱水吸附塔常见故障分析与处置

1. 吸附剂碎裂

异常表现：如破碎吸附剂数量较少，在参数变化上表现不明显，如果破碎吸附剂较多，吸收塔差压上升，脱水露点升高。

原因分析：（1）吸收塔进气时升压过猛；（2）装置生产时升温和降温太快。

处置措施：（1）破损吸附剂较少时注意控制进气速度、升压速度、升温速度、降温速度，可继续使用吸收塔，加强观察吸收塔差压、干气露点、再生温度和时间；（2）破损吸附剂较多，差压值超过设定值或露点低于要求值时停用该塔更换吸附剂。

2. 吸附剂粉化

异常表现：在参数上表现为吸附塔差压增大，露点升高，再生时间延长。

原因分析：（1）吸附剂填充方式不佳；（2）床层震动过大分子筛磨损；（3）再生次数频繁物性变差。

处置措施：（1）粉化情况较轻时注意控制进气速度、升压速度、处理气量、升温速度、降温速度，可继续使用吸收塔。加强观察吸收塔差压、干气露点、处理气量、再生温度和时间。（2）粉化情况严重，差压值超过设定值或露点低于要求值时停用该塔更换吸附剂。

3. 吸附塔"短路"

异常表现：吸附剂由水平状态变成沟壑状，吸附剂高度不一致，天然气从阻力小的地方通过，造成天然气脱水"短路"现象，在参数表现上为吸收塔压差降低，脱水露点升高，脱水深度达不到。

原因分析：（1）进塔天然气分散度不佳造成隧道效应；（2）流速过快；（3）升压速度过快。

处置措施：（1）吸附剂厚度差较小时注意控制进气速度和升压速度，可继续使用吸收塔，加强观察吸收塔差压和干气露点；（2）吸附剂厚度差较大，吸收塔差异值下降较多，露点不合格时停用该塔重新铺平吸附剂；（3）维修或更换天然气入塔分散设备，避免天然气冲击塔床填料。

4. 吸附塔进水

异常表现：塔内吸附剂板结，脱水能力降低或完全丧失。在参数表现上为脱水露点急剧升高超过规定值，吸收塔差压值升高。

原因分析：吸附塔前端过滤分离器未将来气中的液态水分离完全，水进入塔内。

处置措施：（1）加强过滤器分离器排污操作，避免更多水进入吸收塔；（2）导通备用塔脱水，将进水塔进行再生。

5. 温度仪表示值错误

异常表现：工控机温度值与现场温度变送器或现场温度计数值不一致；冷却装置不能及时启停；处理高含硫天然气时单质硫在吸收塔内沉积数量增加。

原因分析：（1）温度仪表损坏；（2）温度仪表未调校；（3）温度仪表现场与工控机量程设定不一致。

处置措施：（1）通过再生气在加热装置、吸收塔出塔和冷却装置3处温度对比判断故障仪表；（2）停止该塔再生操作，待故障排除后继续；（3）调校或维修故障仪表；（4）校对现场仪表与工控机温度仪表量程。

二、典型案例分析

（一）案例3-7 脱水装置高压窜低压案例

1. 异常表现

某150万脱水装置大修复产，当日14：50进气完毕。16：00时工控机数据不再更新，16：03分时闪蒸罐压力开始上升，16：12左右达到该点压力表和变送器满量程（1.6MPa），现场可见架空甘醇管路及精馏柱抖动。现场工作人员判断吸收塔高压气已窜入低压系统，立即关断吸收塔液位调节阀前端控制阀，并打开闪蒸罐放空阀进行放空泄压。15min后，闪蒸罐压力恢复正常。

2. 原因分析

（1）工控机数据不再更新导致液位计出现假液位，调节阀一直保持开度，吸收塔液位不断下降，液封失效，吸收塔高压天然气进入闪蒸罐，闪蒸罐压力上升。

（2）闪蒸罐安全阀未能及时起跳放空，导致高压天然气进入机械过滤器、活性炭过滤器、精馏柱等甘醇低压、常压设备。

（3）值班人员监控不到位，未能及时发现工控机数据不刷新问题。

3. 处置措施

（1）切断液位调节阀前端控制阀，防止更多天然气进入低压系统。

（2）打开闪蒸罐放空阀进行放空泄压。

（3）增大甘醇循环量，重新建立吸收塔液封。

（4）重启工控机，数据未恢复更新重启RTU。

（5）数据仍未更新现场对脱水装置进行手动控制，对自控系统进行维修。

（二）案例3-8 游离水污染三甘醇案例

1. 异常现象

某脱水站进行收球操作，球即将进入脱水站时，值班人员发现吸收塔底分离器液位、吸收塔液位快速上涨；再生系统的闪蒸罐、缓冲罐液位也开始上升；重沸器温度由200℃降为180℃。班长判断游离水进入脱水装置，立即安排值班室员工彭某在控制平台降低三甘醇循环量，同时开大吸收塔液位调节阀开度，增加去闪蒸罐三甘醇量；值班室员工黄某将重沸器温度降低到140℃，缓慢提浓三甘醇；员工钟某在现场打开吸收塔底部分离器进行排污；员工彭某打开吸收塔三甘醇回收管线进行回收，打开闪蒸罐三甘醇回收阀进行回收。10min后脱水装置各点液位基本稳定；1h后缓冲罐补充三甘醇，继续提浓；2h后三甘醇浓度检测合格，重沸器温度恢复200℃；恢复甘醇循环量；补充三甘醇到缓冲罐，装置恢复正常运行。

2. 原因分析

（1）上游来水太多，超过分离器负荷。

（2）排污不及时或排污点不全。

（3）清管球运行速度过快。

3. 处置措施

（1）加强上游分离器和脱水装置过滤分离器、吸收塔重力分离器排污。

（2）降低三甘醇循环量，开大吸收塔液位调节阀开度，防止翻塔。

（3）降低重沸器温度，缓慢提浓三甘醇。

（4）进水量过大缓冲罐三甘醇液位超高时回收三甘醇。

（5）甘醇再生系统有小循环可开启小循环提浓。

（6）甘醇浓度合格后恢复装置正常重沸器温度、甘醇循环量，装置正常生产。

（三）案例3-9　吸附塔吸附剂粉化案例

1. 异常表现

某分子筛脱水装置投产后分子筛粉化情况严重，每半年需更换新分子筛，2年就有5t分子筛碎成粉尘。新换分子筛就出现气体产品露点不合格、运行周期缩短、装置跳车、冷却装置结霜和堵塞等问题，每2个月需停工除霜。经分析调查，发现该吸附塔内粉化的分子筛吸附性能依然良好，但因工况设置不合理造成分子筛碎成粉尘和一系列问题。对生产工况进行调整后，分子筛使用寿命大幅延长，脱水效果良好。

2. 原因分析

（1）床层浮动、摩擦造成分子筛碎化。
（2）分子筛再生不完全。
（3）再生频繁，分子筛物性变差。
（4）气体分散度不佳。

3. 处置措施

（1）增加分子筛再生温度，有效延长生产时间，降低再生频率。
（2）调整生产工况，进行性能测试，解决结霜、跳车问题。

第四节　炉类设备

一、常见故障的分析与处置

天然气生产中，停运水套炉，对水套炉进行故障维修，将影响天然气的正常生产。水套炉连续工作，对水套炉进行周期性维护和保养不到位，是水套炉出现故障主要原因。水套炉故障主要有以下9种现象。

（一）脱火

火焰短，燃烧时，火焰根部离开燃烧器一段距离。

原因分析：一次配风调节过大，天然气和空气混合后喷出燃烧器口时，气流速度大于燃烧速度造成。

处理措施：（1）调整调风轮和配风轮的开度；（2）关小燃气调节阀。

（二）回火

火焰在燃烧器内燃烧，并发出响声。

原因分析：（1）调风轮和配风轮的开度过大，天然气和空气混合后喷出燃烧器时，气流速度小于燃烧速度；（2）燃料气气量较小。

处理措施：（1）调整调风轮和配风轮的开度；（2）适当开大燃气调节阀。

(三)燃烧不完全

火焰颜色不正常，积碳严重。

原因分析：（1）配风不够；（2）烟火管堵塞。

处理措施：（1）调节配风量；（2）用高压水清洗烟道内堵塞物。

(四)开大燃料气，火焰熄灭，关小燃料气，燃烧不完全

原因分析：（1）燃烧器喷射口堵塞；（2）烟火管有积炭。

处理措施：（1）清洗燃烧器喷射口；（2）清除烟火管内的积垢。

(五)炉内产生蒸汽并不断外溢

原因分析：（1）高压盘管内天然气量减少；（2）天然气输气管道堵塞；（3）燃料气开的过大。

处理措施：（1）调节输气量，关小燃料气；（2）天然气管道解堵；（3）调小燃气供气量。

(六)水套炉热效率低

原因分析：（1）烟管内壁黏附硫化物炭黑等燃烧产物，烟气排不出去；（2）火焰燃烧不充分；（3）气盘管结垢严重。

处理措施：（1）清洗烟道内堵塞物；（2）调节配风轮和调风轮开度；（3）加药剂煮炉，清除气盘管表面污垢。

(七)烟囱腐蚀

原因分析：烟囱受燃烧后的含硫气体腐蚀，同时受大气腐蚀。

处理措施：采用耐蚀涂层进行保护或采用耐腐蚀材料制作烟囱。

(八)火焰燃烧正常，节流处仍结冰现象

原因分析：（1）天然气盘管结垢严重；（2）输气量大，水套炉负荷过重。

处理措施：（1）加药剂煮炉，清除气盘管表面污垢；（2）更换大功率水套炉。

(九)水套炉保温层损坏

原因分析：（1）隔热保温层受潮脱落；（2）安装质量差。

处理措施：（1）采用防潮的保温材料；（2）重新安装保温层。

二、典型案例分析

(一)案例3-10 水套炉不能正常点火

1. 异常现象

2013年11月16日，某作业区××井建成准备投产，站场设备均为新设备。开井前，在对水套炉进行调试过程中，多次点火，火焰瞬间熄灭，点火均不成功。拆卸燃烧器，对调整调风轮和配风轮进行维护，使其各部件运转灵活，水套炉点火成功。

2. 原因分析

（1）燃烧器调风轮和配风轮不能正常调节，燃料气和空气配比不合适，点火不成功。

（2）设备完成组装后，厂家没有做设备性能测试。

（3）设备出厂前，调整风门维护不到位，不能实现调整功能。

3. 处置措施

（1）水套炉在出厂前，厂家对设备进行功能测试。

（2）水套炉在出厂前，对调风轮、燃烧器等部件进行保养。

（二）案例 3-11　水套炉热效率低

1. 异常现象

2014年12月28日3：52，某站员工在值班期间，发现该井生产参数中，天然气的温度逐渐下降，其他参数均正常，立即到现场检查设备运行情况。在现场发现水套炉二级、三级节流后温度都在下降，判断可能是水套炉燃烧器提供的热量不够，遂调大水套炉的燃气压力，增加水套炉的燃气供气量，1h后，天然气温度开始稳定。次日上午9：30，值班人员发现天然气温度又开始下降，前往检查水套炉，发现火焰燃烧略带黄色，火焰有回火现象，火管内壁附着杂质。班长组织员工，对水套炉进行打开检查，拆开水套炉烟箱挡板，发现烟箱和烟火管内壁，均附着大量污垢，对水套炉烟箱和烟火管清洗，清除大量附着的污物。水套炉组装完成后，重新点火后恢复正常。

2. 原因分析

（1）结垢：水套炉烟箱和烟火管表面附着大量污物，导致烟火管传热效率低。

（2）气质差：该站采用原料气作为气源，气质差，燃烧过程中产生大量杂质，在烟火管和烟箱内壁附着。

污垢在烟火管内附着，导致烟火管流通能力变小，烟气从烟囱排出不畅通，进而导致燃烧不完全，烟火管附着污物迅速增多，烟火管换热效率下降，气盘管内天然气加热不充分，导致天然气温度下降。

3. 处置措施

（1）加强水套炉燃料气气质监控，增设过滤装置，保证燃料气的供气质量。

（2）加强水套炉参数的监控，观察水套炉的运行状态。

（3）有引导火的水套炉，调整引导火燃烧的状态。

（4）发现水套炉烟火管积垢，要及时处理，避免因水套炉热效率太低，造成停产事故。

（三）案例 3-12　水套炉烟囱垮塌事件

1. 异常现象

2015年8月5日11：20，××站员工在值班时，突然听见站场工艺区有物体撞击声，立即到现场检查。在水套炉区域，发现水套炉烟囱倒在水套炉旁，烟囱的三根拉绳散落在周围，周围设备没有损坏。

该水套炉2009年投入使用，在使用过程中，曾多次发生烟火管堵塞，对烟火管清洗后，水套炉恢复正常工作。近期，水套炉炉膛出现滴水现象，但还能满足生产保温要求，工作人员对水套炉炉膛滴水现象没有太多关注。

2. 原因分析

（1）水套炉烟囱出现腐蚀，导致烟囱强度降低，烟囱在风的吹动下，发生摇摆，当烟囱底部无法承受烟囱的重量时，烟囱垮塌。

（2）水套炉工况未处于最佳状态。由于循环不畅通，燃烧的天然气在烟囱顶部不能排除，含水烟气在烟囱顶部凝结成液滴，集聚后，在重力作用下，沿着烟囱内壁坠落至炉膛，形成滴水显现。

（3）天然气中的硫化氢气体燃烧后生成二氧化硫，溶解在水滴中，形成亚硫酸，对烟囱内部产生腐蚀。

3. 处置措施

（1）完善水套炉的附属设施，加强对水套炉参数的监测。

（2）调整水套炉的工况，使水套炉烟气系统处于最佳状态，避免燃烧不完全导致的炉内结垢、滴水等现象。

第五节　机泵类设备

一、常见故障的分析与处置

（一）容积式泵常见故障及处理方法

1. 密封泄漏

原因分析：（1）填料没压紧；（2）填料或密封环损坏；（3）柱塞磨损或产生沟痕；（4）超过额定压力。

处置措施：（1）适当压紧填料压盖；（2）更换密封材料；（3）修理或更换柱塞；（4）调节运行压力。

2. 流量不足

原因分析：（1）柱塞密封泄漏；（2）循环阀关闭不严；（3）泵内有气体；（4）往复次数不够。

处置措施：（1）更换密封材料；（2）修理更换循环阀；（3）对加注流程进行排空；（4）通过调节环调节往复次数。

3. 压力表指示波动

原因分析：（1）安全阀、单向阀工作不正常；（2）进出口管路堵塞或漏气；（3）管路安装不合理造成振动；（4）压力表选型不合适或失效。

处置措施：（1）检查维修安全阀、单向阀；（2）维修更换阀门；（3）修改配管；

（4）选择抗震压力表或更换失效压力表。

4. 油温过高

原因分析：（1）机泵超负荷；（2）润滑油品质不合格；（3）润滑油量过高或过低；（4）冷却不良。

处置措施：（1）调整机泵负荷；（2）检查润滑油品质；（3）检查润滑油量在规定范围内；（4）改良冷却措施。

5. 产生异常声响或振动

原因分析：（1）轴承间隙过大；（2）传动机构损坏；（3）螺栓松动；（4）进出口阀零件损坏；（5）缸内由异物；（6）液位过低。

处置措施：（1）调节轴承间隙；（2）检查维修或更换传动机构；（3）检查并紧固松动部件；（4）更换阀件；（5）排出异物；（6）提高液位。

6. 轴承温度过高

原因分析：（1）润滑油脂不符合要求；（2）润滑系统发生故障，油量不足或过多；（3）轴瓦与轴颈配合间隙过小；（4）轴承装配不良；（5）轴承变形。

处置措施：（1）更换符合要求的润滑油；（2）排除故障，调节油量；（3）调节配合间隙；（4）更换阀件；（5）重新装配轴承；（6）对轴承进行校直或更换轴承。

7. 油压过低

原因分析：（1）吸入过滤网堵塞；（2）油泵齿轮磨损严重及各部位配合间隙过大；（3）油量未及时补充，（4）压力表失效。

处置措施：（1）清洗过滤网；（2）调节各部位间隙；（3）及时补充油量；（4）修理更换压力表。

（二）动力式泵常见故障及处理方法

1. 流量扬程下降

原因分析：（1）排出阀门开度不够，造成介质节流过度；（2）转速低于规定值；（3）吸入管路阻力大；（4）流量计仪表故障；（5）启泵时空气未排尽；（6）叶轮和导叶密封环磨损过多。

处置措施：（1）全开进出口阀门；（2）检查调节转速；（3）检查底阀、吸入管路及过滤器是否堵塞；（4）维修或更换流量计；（5）反复关小排出阀进行排气或停泵后重新灌泵；（6）更换密封材料。

2. 机械密封泄漏

原因分析：（1）机封压缩量过大或过小；（2）卤水结垢至机封弹簧卡死失去弹力；（3）动静环磨损或缺裂，密封圈老化或变形。

处置措施：（1）调整弹簧压缩量；（2）清洗除垢；（3）更换密封材料。

3. 振动噪声增加

原因分析：（1）联轴器失去对中；（2）流量超过最大允许流量，引起汽蚀或超功率

（3）转子腔进入异物，堵塞进口流道；（4）轴承损坏；（5）转子动平衡破坏；（6）泵体或基础地脚螺栓松动。

处置措施：①重新对中；（2）关小排出阀门；（3）打开转子腔，清除异物；（4）更换轴承；（5）拆卸转子，重做动平衡；（6）检查加固地脚螺栓。

4.电动机功率超高

原因分析：（1）泵在低扬程大流量下运行；（2）平衡盘和平衡环产生异常摩擦；（3）平衡管堵塞；（4）联轴器失去对中；（5）填料密封压盖太紧。

处置措施：（1）调整扬程和流量；（2）更换平衡盘和平衡环；（3）疏通平衡管；（4）重新对中；（5）调节填料压盖或更换填料。

二、典型案例分析

（一）案例3-13　单级往复泵流量不足

异常表现：某气田水回注泵为单级往复泵，正常工作时回注泵出口压力4MPa，排量为$6m^3/h$。某次运行中发现其流量明显不足，检查发现柱塞密封，进出阀，柱塞运行都正常。

原因分析：柱塞泵为容积式泵，通常造成容积式泵流量不足的原因有：（1）柱塞密封泄漏；（2）进出阀不严；（3）泵内有气体；（4）往复次数不够；（5）进出口阀开启度不够或阻塞；（6）过滤器阻塞；（7）液位不够。根据检查情况可以排除第（1）（2）（4）（5）等4个原因。剩下第（3）（6）（7）种情形。首先，分析第（7）种情形。通常在启泵前需通过液位计观察气田水池液位，液位到达一定高度才会启泵。在遵循操作规程情况下，此种情况不会发生。但是，通过液位计观察气田水池液位可能存在假液位情况，需要通过其他方式进行排除。

处置措施：第（3）种情况是最常见的情况，此时只需要重新排空即可。由于气田水常有各类杂质，因堵塞造成流量不足常有发生，因此需要定期清洗过滤器滤芯。

（二）案例3-14　单级离心泵噪声异常

异常表现：某气田水转输泵为单级离心泵，正常工作时出口压力5MPa，排量为$3m^3/h$，运行中发现其噪声异常增大。

原因分析：首先离心泵为动力式泵，通常造成动力式泵噪声异常的原因有：（1）联轴器失去对中；（2）流量超过最大允许流量，引起汽蚀或超功率；（3）转子腔进入异物，堵塞进口流道；（4）轴承损坏；（5）转子动平衡破坏。

处置措施：根据上述原因可对照以下方式进行处置。（1）重新对中；（2）关小排出阀门；（3）打开转子腔，清除异物；（4）更换轴承；（5）拆卸转子，重做动平衡；（6）检查加固地脚螺栓。

第六节　压缩机类设备

一、常见故障的分析与处置

（一）整体式压缩机组故障分析与处理

1. 发动机转速波动过大

原因分析：（1）调速器零部件松脱或磨损严重；（2）燃料气进气转阀卡阻或阀体磨损严重；（3）导线接触不良；（4）燃气调压阀故障；（5）机组负载波动较大。

处理措施：（1）检修或更换调速器内零件；（2）检修或更换进气转阀损坏部件；（3）压紧点火线圈接头，更换高压电缆；（4）检修清洗或更换调压阀；（5）调整机组负载到规定范围。

2. 动力缸熄火

原因分析：（1）发动机负载过大；（2）点火系统线路断裂；（3）燃气压力损失过大；（4）空气滤清器堵塞；（5）混合阀损坏；（6）液压油罐缺油或管路漏油；（7）燃气进气转阀卡滞。

处理措施：（1）将发动机负载调整到规定值内；（2）检查点火系统，更换点火线路；（3）清洗或更换燃气分离器滤芯，加强排放分离器污水使燃气压力达到规定值；（4）更换空气滤清器滤芯，湿式过滤器需更换机油；（5）检查清洗混合阀，更换阀片及弹簧；（6）给液压油管补充液压油到规定位置，紧固或更换泄漏的液压油管路；（7）清洗检查进气转阀，必要时进行更换。

3. 一级吸气压力异常降低

原因分析：（1）因分离器堵塞、管线液堵等原因造成吸入管路阻力大；（2）进气管线泄漏；（3）因上游关井或来气量倒入其他管线造成上游来气量减少；（4）排气压力异常降低。

处理措施：（1）清洗分离器，更换过滤管，对管线进行清管和解堵；（2）更换密封垫堵漏；（3）调整运行工况；（4）查找机组排气压力异常降低的原因并排除。

（二）分体式压缩机组故障分析与处理

1. 发动机达不到额定转速

故障原因：（1）机组负载过大；（2）燃料气压力过低，或燃气供应不足；（3）空气进气量不足，导致空燃比过大；（4）转速传感器或仪表显示故障。

处理措施：（1）查明机组负载过大的原因，并调整机组负荷；（2）检查燃料气供给系统的管路阀门，检查并调整各级调压阀，确保燃料气进机压力符合技术要求；（3）检查空滤器压差，视情况更换滤芯，检查并排除空气进气系统故障；（4）检查并排除转速传感器、转速表故障。

2. 发动机突然停机

故障原因：（1）发动机、压缩机运行参数超过上位机设定的停机门限自动保护停机；

（2）发动机运行参数超过 ESM 系统设定门限；（3）发动机负载过大；（4）燃料气压力不足或含水量超标；（5）空气滤清器或中冷器堵塞。

处理措施：（1）查明故障原因并及时处理，排除故障后复位保护装置；（2）查明发动机运行参数超过 ESM 系统设定门限的原因并处理；（3）调整发动机负载至规定范围；（4）查明燃料气压力不足的原因并排除，检查燃气气质并排放积液；（5）吹扫或更换滤芯，排除中冷器堵塞。

3. 发动机曲轴箱油位异常偏低

故障原因：（1）润滑油补充管线堵塞；（2）润滑油严重泄漏；（3）空气滤清器堵塞。

处理措施：（1）检查并排除高位油箱下油管线堵塞；（2）检查发动机润滑系统各管路、阀门，查清漏点并排出；（3）吹扫滤芯、视情况更换。

4. 压缩机润滑油消耗过多

故障原因：（1）压缩机润滑油压力过高；（2）润滑油温度过高；（3）气缸及填料注油量调整过大；（4）滤清器松脱或发生泄漏；（5）管路、阀门发生泄漏。

处理措施：（1）调节发动机油压至规定范围；（2）改善油冷器的冷却条件，检查并排除温控阀故障；（3）调整气缸、填料的注油量至规定值；（4）检查并排除滤清器泄漏；（5）检查并排除管路、阀门泄漏。

二、典型案例分析

（一）案例3-15　ZTY265压缩机组超速

1. 异常表现

某增压站的 4# 机组设备型号为 ZTY265MH9"×7"，主要用于某气田的增压开采。截至本次故障发生时累计运行 47401h，其中当年累计运行 7717h。该压缩机采用天然气缸头直接启动，启动气压力 2.0MPa。

4# 压缩机组压缩 1 缸靠曲轴端进气阀发生异响。操作人员停机检查发现进气阀弹簧、阀片已断裂，完成气阀维修并经启动前安全检查后启动机组。机组启动后转速迅速升高直至超速状态，操作人员立即按下仪表控制盘的紧急停车按钮、关闭燃料气进气球阀，但仍不能控制压缩机的超速势态，随后飞轮在高速离心力的作用下，解体碎裂，如图4-3-1所示。

图 4-3-1　超速导致飞轮解体

第三章　站场设备故障分析与处置

2. 原因分析

直接原因：机组在启机空载运行过程中，启动气进气球阀内漏，缸头放散阀未打开的情况下，导致压力为 2.0MPa 的启动气与动力缸内燃烧室形成一定压差。且该压差达到能够开启缸头止回阀时，启动气通过启动系统进入动力缸内，从而形成燃料气切断后的意外燃烧气源，导致机组超速。

间接原因：（1）机组启动后缸头放散阀未及时打开，导致内漏的启动气无法通过放散阀放空，只能进入动力缸；（2）启动气球阀手柄限位不好，阀门关闭不到位，从而产生内漏；（3）机组仪表保护控制系统功能不完善，在超速状态下点火系统未能实现对地放电，导致超速保护和人工紧急停机失效。

3. 处置及预防措施

处置措施：（1）更换启动气进气球阀；（2）更换飞轮、损坏的设备及零部件；（3）检查并完善仪表控制系统；（4）对机组各部件进行彻底检查。

预防措施：（1）严格按照启机加载规程进行操作，机组启动后及时打开缸头放散阀；（2）对压缩机组的启动系统定期检查，确保启动气进气球阀开关到位、无内漏；（3）改造原启动系统，机组启动气实现双阀控制，并在双阀间增设放散阀，如图 4-3-2 所示；（4）提高控制系统的安全可靠性，确保超速"断电断气"联锁保护停机；（5）将启动气源由天然气改为压缩空气。

图 4-3-2　改造后的启动系统

（二）案例 3-16　ZTY470 机组夹套水温异常

1. 异常表现

某增压站设置有 ZTY470 和 ZTY310 压缩机各一台，用于对某气藏进行增压采气，两台机组互为备用。ZTY470 机组累计运行时间为 28767h，机组负荷率为 79%。

10月7日 03：21，ZTY470 机因动力缸夹套水温高自动停机。操作人员调取历史趋势图，发现当晚动力缸夹套水温存在波动现象，在 01：30 左右动力缸夹套水温持续上涨，压缩缸夹套水温下降，直至动力缸夹套水温超限自动停机。初步分析造成夹套水温异常的主要原因是冷却水系统内有气阻现象。检查发现动力 1 缸缸盖内侧火花塞及喷射阀安装孔共有五道裂纹，如图 4-3-3 所示，检查其余两个动力缸均完好。更换动力 1 缸缸盖后该机组恢复正常运行。

图 4-3-3 开裂的缸盖

2. 原因分析

直接原因：因动力缸盖裂纹燃烧室气体窜入冷却系统，造成冷却水温升高，并形成气阻现象引起冷却水温异常。

间接原因：因制造或安装造成应力集中导致缸盖在使用过程中出现裂纹。

3. 处置及预防措施

处置措施：更换动力 1 缸缸盖。

预防措施：（1）使用合格的部件；（2）预防机组爆燃现象。

（三）案例 3-17　ZTY630 机组排气压力异常升高

1. 异常表现

某增压站设置 ZTY630 压缩机组四台，用于气藏增压开采。该机组采用两级压缩，设计排压 6.3MPa，排量 $120 \times 10^4 nm^3/d$，目前采用两用两备的生产方式。

9月10日23:03，地方供电局临时倒换线路停止供电，该增压站因 UPID 故障造成全站停电停机。23:28 该增压站重新启机，加载 1min 后机组自动保护停机，故障报警显示排气压力超高。

2. 原因分析

直接原因：该站出站控制阀故障异常关闭，导致排气压力超高自动停机。

间接原因：（1）市电计划外停电，UPID 故障导致全站停机。（2）停电后，出站控制阀气动执行头仪表风电关式电磁阀开启，泄放仪表风，控制阀关闭，出站控制阀的 BIFFI 气动执行头阀位指示器失效，导致阀位指示错误，阀门控制处于手动状态，上位机一直显示该阀为打开状态。（3）操作人员流程检查不到位，未发出打开出站控制阀指令。

3. 处置及预防措施

处置措施：（1）维修 UPID，保证供电；（2）维修 BIFFI 气动执行头阀位指示器；（3）开启出站控制阀后重新启机加载。

预防措施：（1）定期检查、维护 UPID 及气动球阀；（2）启机加载前，操作人员应对工艺流程实施步步确认。

第七节　阀门类设备

一、常见故障分析与处理

（一）气动阀

1. 阀座密封泄漏

原因分析：（1）阀门未关闭到位；（2）限位器设定不恰当；（3）阀座有杂质或损坏。

处置措施：（1）关断并排放检查；（2）调节限位器；（3）清洗或更换损坏部件。

2. 阀杆密封泄漏

原因分析：（1）阀杆填料压紧螺钉或螺母松动；（2）阀杆密封填料损坏；（3）阀杆损伤。

处置措施：（1）拧紧填料压紧阀杆螺钉或螺母；（2）更换阀杆密封填料；（3）更换阀杆。

3. 阀门卡阻

原因分析：（1）操作器故障；（2）杂质影响；（3）阀杆填料压紧螺钉或螺母太紧；（4）阀门长期不动作卡滞。

处置措施：（1）按规程对操作器进行维修；（2）清洗阀座区域杂质；（3）调整阀杆填料压紧螺钉或螺母；（4）气动操作前先手动操作消除卡滞。

4. 注脂嘴泄漏

原因分析：（1）注脂嘴单流阀有杂质；（2）注脂嘴损坏；（3）接头密封损坏。

处置措施：（1）清除注脂嘴杂质；（2）更换注脂嘴或安装一个辅助注脂口；（3）紧固或重新安装注脂嘴。

5. 气缸泄漏

原因分析：（1）连接螺栓松动；（2）密封O形圈受损。

处置措施：（1）紧固连接螺栓；（2）更换密封O形圈。

6. 气压管道泄漏

原因分析：（1）连接接头松动；（2）密封环受损。

处置措施：（1）紧固连接接头；（2）更换密封环。

7. 阀不动作

原因分析：（1）无执行气源；（2）电磁阀损坏；（3）信号传输故障。

处置措施：（1）检查、接通执行气源；（2）检查维修电磁阀；（3）检查调节器、信号线路。

8. 阀动作不平稳

原因分析：（1）执行气源压力不稳；（2）减压阀故障。

处置措施：（1）检查执行气源压力；（2）排除减压阀故障。

9. 上位机操作阀门无反馈信号

原因分析：（1）回讯器故障；（2）电磁阀故障；（3）无执行气源；（4）减压阀故障；（5）阀门故障；（6）DCS故障。

处置措施：（1）处理回讯器故障；（2）处理电磁阀故障；（3）检查气源系统；（4）维护减压阀；（5）处理阀门故障；（6）处理DCS故障。

10. 上位机操作阀门现场不动作

原因分析：（1）电磁阀故障；（2）气源压力不稳；（3）减压阀故障；（4）阀门故障。

处置措施：（1）处理电磁阀故障；（2）检查气源系统压力；（3）处理减压阀故障；（4）处理阀门故障。

（二）电动阀

1. 执行机构显示电池报警图标

原因分析：电池电量低。

处置措施：更换电池。

2. 阀位显示与实际阀位不符

原因分析：执行机构限位设置错误。

处置措施：重新设置关限位。

3. 电动阀在没有指令自动关闭

原因分析：（1）电动阀接线盒进水；（2）关阀接线柱短接。

处置措施：（1）处理积液和接线盒密封面；（2）更换主板。

4. 执行机构电动时堵转报警

原因分析：带离合器的执行机构侧装，手动转电动时，离合器未复位，主板没有检测到阀位传感器工作状态。

处置措施：重新上电。

（三）气液联动阀

1.SHAFER气液联动球阀常见故障

1）执行机构运行不稳

原因分析：执行机构缺油或有气体。

处置措施：排出执行机构中气体和泡沫，补充液压油至合适的油位。

2）执行机构动作过慢

原因分析：（1）液压油不合格；（2）单元管路堵塞、控制滤网上有污物、润滑脂、杂物、调试不当等造成动力气有节流、压力低；（3）速度控制阀开度过小；（4）阀门或执行机构扭矩过大。

处置措施：（1）更换液压油；（2）解堵，重新调试；（3）调节速度控制阀的开度；（4）充分清洗阀门或执行机构。

3）执行机构不动作

原因分析：（1）动力气压力低或阀门阻力矩过大；（2）阀门卡滞；（3）速度控制阀没有打开；（4）动力气源没有打开；（5）气路通道堵塞。

处置措施：（1）检查动力气压，尝试用手泵操作；（2）润滑阀门；（3）调节速度控制阀到一定开度；（4）打开动力气源；（5）检查气路并清除故障。

4）手泵操作不动作

原因分析：（1）缺液压油；（2）手泵故障；（3）执行机构内漏。

处置措施：（1）补充液压油，排空；（2）检修手泵；（3）检修执行机构。

5）控制箱无法读取数据

原因分析：（1）控制箱电路板损坏；（2）控制箱或笔记本电脑接口没有正确连接；（3）控制软件损坏。

处置措施：（1）更换电路板；（2）检查电缆和接口的连接；（3）重新安装控制软件。

2. BIFFI 气液联动球阀常见故障

1）执行机构不动作

原因分析：（1）无电源；（2）无气源；（3）阀门卡死；（4）手动泵换向不正确；（5）控制单元故障；（6）气源压力低。

处置措施：（1）检查电源；（2）打开进气截止阀；（3）修理或更换；（4）方向控制阀位置置于自动位置；（5）检查输入电压；（6）恢复气源压力值。

2）执行机构速度太低

原因分析：（1）气源压力低；（2）速度控制阀设置不正确；（3）阀门扭矩发生变化。

处置措施：（1）恢复气源压力值；（2）调整速度控制阀；（3）保养阀门。

3）执行机构速度太快

原因分析：（1）气源压力高；（2）速度控制阀设置不正确。

处置措施：（1）恢复气源压力值；（2）调整速度控制阀。

4）阀位不正确

原因分析：（1）机械限位设定错误；（2）位置信号开关设定不正确。

处置措施：（1）调整机械限位；（2）调整位置信号开关。

5）手泵不工作

原因分析：（1）方向控制阀位置不正确；（2）油量不足。

处置措施：（1）方向控制阀位置置于开或关位；（2）补充液压油。

二、典型案例分析

（一）案例 3-18　气动调节阀异常案例

1. 异常表现

2017 年 9 月，在某脱水站橇装 50 万脱水装置大修时，对重沸器燃料气调节阀进行了更换。将原吴忠调节阀更换为上海阀特 V1000 高性能气动调节阀（图 4-3-4）。阀门安装完毕后，由施工单位人员完成安装、调试、对点，现场未发现异常。

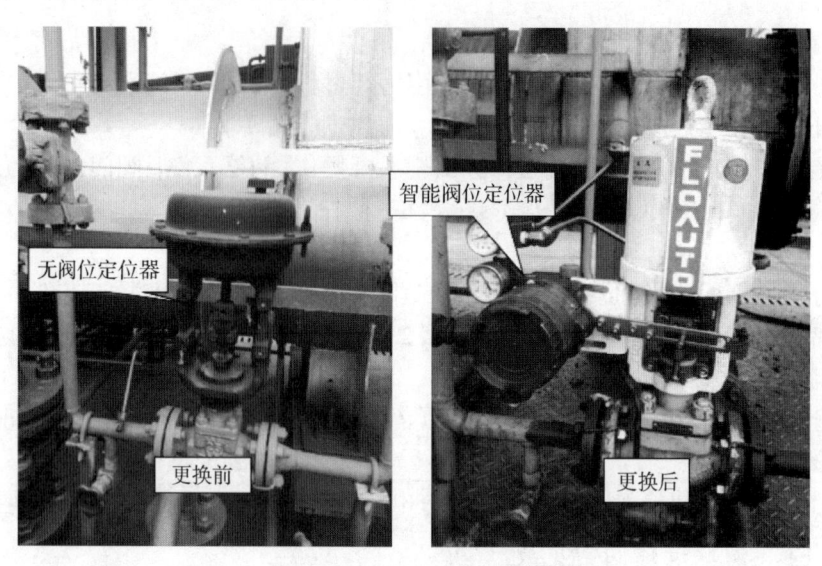

图 4-3-4　脱水装置调节阀

2017年10月4日，橇装50万进行热循环，值班人员在上位机上手动给定重沸器调节阀该阀开度为5%时，发现重沸器火焰燃烧非常大，几乎无法控制升温速度，导致重沸器无法正常进行热循环。由于橇装50万脱水装置燃料气仅有一级调压，压力为400kPa，初步判断原因为燃料气压力过高，调节阀开度设置与现场工况不匹配。

2017年10月5日，值班人员对燃料气压力进行了调节，由原来的400kPa降至300kPa，并由施工单位人员对该阀门的定位器进行了调试，调试后，阀门短暂恢复正常，但3h后，阀门再次出现异常，在对阀门给定开度指令后，执行机构迅速全开至100%后再回到给定开度，导致重沸器火头频繁发生因燃料气压力突然增大导致的脱火现象。

2017年10月8日，自控技术人员赴现场拟再次对该调节阀进行调试，在仔细阅读智能阀门定位器说明书并与厂家电话交流后，了解到该智能定位器（型号：日本山武AVP302-RSD3A-HART），在使用前需要对智能定位器进行校准操作，由于现场安装人员不熟悉该智能定位器整定操作，多次强行旋动该智能阀门定位器外部整定旋钮，导致定位器外部整定旋钮损坏，无法自动校准（图4-3-5）。作业区自控人员采用HART手操器连接该定位器仍无法进行校准操作，只能返厂维修。

图 4-3-5　智能阀门定位器

2. 原因分析

1）直接原因

更换上海阀特 V1000 高性能气动调节阀后，由于施工单位不熟悉智能阀门定位器整定操作，损坏定位器外部整定旋钮，导致调节阀无法正常使用。

2）间接原因

（1）厂家未按技术要求供货，物资需求中要求阀门流量系数为 1.0，到料阀门流量系数为 1.9，导致阀门的流通能力变大，在原燃料气压力及阀门开度不变的条件下，气体通过阀门后的燃料气压力损失越小，火焰燃烧越大。

（2）技术人员在收到材料后未对新安装的阀门参数进行仔细核对，未提前发现阀门流量系数的错误。

（3）使用前技术人员未提前对新安装设备产品说明及维修使用说明进行深入学习。

（4）施工单位人员在对该阀门不熟悉的情况下进行调试，损坏阀门定位器外部整定旋钮。

3. 处置及预防措施

1）处置措施

2017 年 10 月 13 日，将该定位器返厂维修并重新安装后，作业区自控技术人员按照使用说明使用外部整定旋钮一次校准成功，调节阀整定正常后将燃料气压力降至 200kPa，同时对该阀门的 PID 参数进行了调整，经试用，调节阀恢复正常（图 4-3-6）。

图 4-3-6 调节阀铭牌

2）预防措施

（1）大修期间，技术人员应对大修材料参数逐一核对准确，避免使用质量不合格或技术不达标的产品。

（2）施工单位或本单位维修人员，应在掌握了新设备的安装、使用和维修方法后，才可对设备进行安装、维修、调试。

（3）在使用新设备或更换设备时，技术人员必须掌握设备重点参数及其结构，并在设备技术要求中特别要求。

（4）在大修期间，班组员工应积极配合技术人员，主动学习和了解新设备的结构、原理，在现场施工监督中可以提出质疑，避免设备损坏。

（二）案例3-19　气液联动球阀异常案例

1. 异常表现

某作业区阀室气液联动球阀（图4-3-7）处于手动开启状态，在启用气动控制功能过程中，动力气源导通后，气液联动球阀立即执行了关断操作。

图4-3-7　气液联动球阀气动控制部分

2. 原因分析

1）直接原因

（1）设备部件装配欠妥，未进行性能测试。设备装备过程中存在生料带残留，导致"关"电磁阀无法关到位，一直处于微启通气状态，气液联动球阀控制阀接收到错误的气源信号，导致阀门紧急关闭。

设备装备完成后未对设备进行功能测试，出厂前未能发现设备装备缺陷。

（2）设备调试保养不到位。投运前因管线里无动力气源，未开展气动功能调试日常未开展检查保养。

2）间接原因

（1）培训不到位，导致员工对气液联动球阀的工作原理不清晰。

（2）隐患排查不到位，未发现设备存在的问题。

3. 处置及预防措施

1）处置措施

拆卸电磁阀清理出底部生料带后恢复正常。

2）预防措施

（1）在工程投产前，对关键设备、阀门的所有功能进行调试、测试，确保设备的可靠性。

（2）对新设备的关键部位逐一审查，验收合格后投用。

（3）强化厂家对技术人员和井站员工的现场培训工作，重点学习此类设备的操作、维护保养知识。

（4）关键阀门应在前期设计评审时对功能性、实用性、可靠性、紧急切断时效性进行整体评价。

（5）定期对关键阀门进行全面调试，保障功能可靠性。

第四章　计量设备故障分析与处置

第一节　流量计量设备

一、标准孔板节流装置

（一）常见故障分析与处置

1. 滑阀密封副内漏

原因分析：（1）杂质划伤；（2）滑阀损坏。

处置措施：（1）从注油嘴处加注密封脂，启闭滑阀（4~8次）；（2）停输分解检查，更换滑阀。

2. 启闭滑阀或升降孔板跳齿

原因分析：（1）齿轮啮合卡死；（2）齿轮轴损坏。

处置措施：（1）保持上下腔压力平衡，缓慢正向、反向旋转齿轮轴至齿轮啮合正常；（2）停输分解检查，更换齿轮轴。

3. 滑阀不能关闭

原因分析：（1）滑阀跳齿不能关闭；（2）孔板导板阻碍关闭；（3）压板密封垫凸出变形。

处置措施：（1）保持上下腔压力平衡，缓慢正向、反向旋转齿轮轴至齿轮啮合正常；（2）重新安装孔板导板；（3）更换压板密封垫。

4. 提升孔板导板部件有卡滞现象

原因分析：导板上有污物。

处置措施：清洁导板污物，重新提升孔板导板。

5. 注脂嘴泄漏

原因分析：（1）缺少密封脂或密封脂老化；（2）注脂嘴松动；（3）注脂嘴内漏。

处置措施：（1）加注新鲜密封脂；（2）拧紧注脂嘴帽；（3）更换注脂嘴。

6. 顶板压板处泄漏

原因分析：（1）密封垫片未放平整；（2）密封垫变形。

处置措施：（1）重新安装密封垫片；（2）更换变形密封垫。

7. 平衡阀不能平衡上阀腔、下阀腔压力

原因分析：（1）平衡孔堵塞；（2）平衡阀损坏。

处置措施：（1）停输、清洗、疏通平衡孔；（2）更换平衡阀。

8. 上阀腔余压不能排尽

原因分析：（1）滑阀泄漏；（2）平衡阀内漏。

处置措施：（1）加注密封脂、启闭滑阀，或者更换滑阀；（2）更换平衡阀。

9. 差压显示为零

原因分析：未安装孔板。

处置措施：安装孔板。

（二）案例 4-1　高级孔板阀案例分析

1. 异常现象

某输气站员工检查高级孔板阀时（GKFm DN250 PN4.0），关闭滑阀及平衡阀、放空 2min 后上阀腔仍有气体排出，关闭放空阀、平衡阀和滑阀后，5min 内上阀腔、下阀腔的压力就基本达到一致。

2. 原因分析

停输、泄压后打开压板，拆卸后发现滑阀座变形，导致滑阀与滑阀座密封不严，平衡阀本体损坏以及平衡阀阀芯有磨损。

3. 处置措置

更换滑阀座，更换平衡阀，恢复生产。

二、智能旋进（旋涡）流量计

（一）常见故障分析与处置

1. 表头无瞬时流量

原因分析：管道无介质流量或流量低于下限流量。

处置措施：提高介质流量，使其满足起步流量要求。

2. 工况流量超上限

原因分析：（1）用户用气量增大；（2）流量计上游压力低。

处置措施：（1）关小下游阀门，使流量低于上限流量；（2）提高上游压力。

3. 压力（温度）闪烁（或异常）

原因分析：（1）压力传感器绝缘不良；（2）压力（温度）信号线接触不良；（3）压力、流量突然增大，造成压力（温度）传感器损坏；（4）压力（温度）传感器损坏。

处置措施：（1）更换压力传感器；（2）重新连接信号线；（3）更换压力（温度）传感器；（4）更换（温度）压力传感器。

第四章　计量设备故障分析与处置

4. 瞬时流量示值显示不稳定

原因分析：（1）介质流体波动；（2）接地不良。

处置措施：（1）改进供气条件；（2）检查接地线路。

5. 累积流量示值与实际流量不符

原因分析：（1）流量计示值超差；（2）流量计超出仪表流量范围运行（低于下限或高于上限流量）；（3）流量计仪表系数 K 值或气质参数输入不正确；（4）流量仪表安装方向与气流方向不符。

处置措施：（1）重新标定流量计；（2）调整流量或重新选型；（3）输入正确的仪表系数或气质参数；（4）核实流量计安装方向，标示的安装方向与气流方向一致。

6. 流量计无法和上位机通信

原因分析：（1）流量计和上位机通信序号不一致；（2）接线错误。

处置措施：（1）重新设置；（2）重新接线。

7. 温度、压力、瞬时流量、累积流量始终不变，流量计出现死机

原因分析：流量计电路工作不正常。

处置措施：流量计断电（10s）后重新上电。

（二）典型案例分析

1. 案例 4-2　智能旋进（旋涡）流量计传感器损坏故障现象

异常现象：某燃气公司计量站场安装了两台 DN32 的智能旋进（旋涡）流量计（一用一备），倒换流程启用备用流量计后发现 DN32 备用智能旋进（旋涡）流量计压力、瞬流量出现异常（偏离正常值）。

原因分析：井站员工未严格按照操作规范倒换流程，致使压力、流量波动剧烈，损坏仪表。

处置措施：重新更换智能旋进（旋涡）流量计。

2. 案例 4-3　智能旋进（旋涡）流量计安装方向错误

异常现象：某燃气公司用户到期更换智能旋进（旋涡）流量计，该用户计量装置为一个橇装智能仪表计量系统，更换一周后发现智能旋进（旋涡）计量计产量异常，初步怀疑为流量计问题，仪表人员又更换了一台新的智能旋进（旋涡）流量计，两天后流量计计量的流量仍然比原正常流量偏低，期间，仪表人员将又一台智能旋进（旋涡）流量计送至地方计量检定机构重新进行检定，以确保其准确性，认真检查安装方向后将检定合格的流量计安装到计量橇，后经过观察，恢复正常计量。

原因分析：前两次更换安装新流量计过程中忽视了核实装置气流的方向，将流量计逆气流方向安装，从而造成计量流量大幅下降。

处理措施：重新按照正确的气流方向安装智能旋进（旋涡）流量计。

三、罗茨流量计

（一）常见故障分析与处置

1. 表头无显示（显示屏无任何显示）

原因分析：（1）电池无电量；（2）显示屏故障；（3）主板故障。

处置措施：（1）更换电池；（2）更换显示屏；（3）更换主板。

2. 无瞬时流量（温度、压力等显示均正常，过气不计量）

原因分析：（1）气量过小（低于起步流量或下限流量）；（2）转子或叶轮卡死；（3）流量传感器组件损坏；（4）主板故障。

处置措施：（1）调整实际用气量；（2）清洗或更换转子和叶轮；（3）更换流量传感器或前置放大器；（4）更换主板。

3. 工况流量超限

原因分析：（1）用户用气量增大；（2）流量计上游压力低。

处置措施：（1）关小出站阀门，限制流量；（2）提高上游压力。

4. 罗茨流量计内部不转动

原因分析：（1）上游过滤器堵死；（2）罗茨轮被脏物卡死；（3）强行安装造成应力过大；（4）罗茨流量计内部卡滞。

处置措施：（1）清洗过滤器；（2）清洗保养计量腔，清除脏物；（3）重新安装流量计，排除应力；（4）检查罗茨流量计内部组件。

5. 无法通信

原因分析：（1）通信序号不一致；（2）接线错误。

处置措施：（1）核对通信序号，重新设置；（2）重新接线。

6. 油杯渗漏

原因分析：（1）加（放）油处螺栓松动；（2）密封圈损坏。

处置措施：（1）拧紧螺栓；（2）更换密封圈。

7. 有异常响声

原因分析：（1）流量过大，超上限计量；（2）轴承无润滑或损坏；（3）罗茨轮与计量腔有摩擦。

处置措施：（1）调节流量或更换量程合适的流量计；（2）保养或更换轴承；（3）调整处理摩擦。

8. 流量计计量数值与实际流量值偏差大

原因分析：（1）流量过大，超上限计量；（2）流量过小，无法计量；（3）罗茨轮与计量腔有间隙。

处置措施：（1）调节流量或更换量程合适的表；（2）调整上游操作压力；（3）检查、调整流量计转子与计量腔的间隙。

第四章　计量设备故障分析与处置

（二）案例 4-4　罗茨流量计典型案例分析

1. 罗茨流量计润滑不良

异常现象：某用户在用罗茨流量计计量流量比正常值小，之后无法正常用气。

原因分析：固体杂质从罗茨流量计储油室两端从加油孔进入，导致流量计润滑不良和机械传动损坏。

处理措施：检查更换流量计。

2. 罗茨流量计转子损坏

异常现象：某燃气公司发现某餐饮用户某月用气量差异很大，月用气量约少了 30%。

原因分析：经燃气公司技术人员现场检查发现流量计转子损坏，使得流量计漏失计量。

处理措施：更换流量计。

四、涡轮流量计

（一）常见故障分析与处置

1. 气体正常流动时无流量显示

原因分析：（1）电源线、熔断丝、功能选择开关和信号线可能有断路或接触不良；（2）电池无电；（3）显示仪表内部印刷板和接触件接触不良。

处置措施：（1）万用表排查故障；（2）更换电池；（3）更换印刷板，反复插接。

2. 有流量时计数器不计数

原因分析：（1）管道流量低于仪表起步流量；（2）磁敏传感器线圈断线或焊点脱焊；（3）前置放大器损坏；（4）流量积算仪故障；（5）感应片脱落或叶轮卡死。

处置措施：（1）调整流量或更换合适的流量计；（2）更换线圈或重新焊接；（3）更换前置放大器；（4）检查修理或更换流量积算仪；（5）修复感应片或清洗腔体和轴承。

3. 无气流通过时有流量显示

原因分析：（1）流量计接地不良或与强电系统共地形成干扰；（2）前置放大器灵敏度过高，产生自激现象；（3）内电源、外电源电压不稳，有内部的电气或强外磁场的干扰；（4）管道有较强震动。

处置措施：（1）消除干扰，重新接地；（2）更换前置放大器；（3）修复内电源、外电源电压，屏蔽外磁场；（4）排除管道振动。

4. 未改变流量，流量显示呈减少趋势

原因分析：（1）流量计上游过滤器堵塞；（2）流量计上游阀门阀芯松动，阀门开度自动减少；（3）传感器叶轮受杂物阻碍或轴承间隙进入异物，导致叶轮减速。

处置措施：（1）清洗上游过滤器；（2）修理或更换上游阀门；（3）清洗流量计叶轮。

5. 瞬时流量显示不稳定

原因分析：（1）流量计叶轮上粘有脏物；（2）磁敏传感器下方壳体内壁处有铁磁物

体；（3）轴承磨损严重，致叶轮与壳体内壁碰撞；（4）流量计接地不良或与强电系统共地，有较强外磁场干扰和机械振动。

处置措施：（1）清洗流量计叶轮；（2）清磁排除铁磁物体；（3）更换轴承、重新安装叶轮；（4）重新接地，屏蔽干扰，消除振动源。

6. 累积流量与实际流量不符合

原因分析：（1）实际流量超出流量计的正常计量范围；（2）流量计的参数设置不正确；（3）流量计的传感器示值超差。

处置措施：（1）调节流量，提高压力或更换流量计；（2）重新设置参数；（3）流量计的传感器示值超差；重新调试和标定仪表。

7. 流量计输出信号错误

原因分析：（1）输入仪表的外电源异常；（2）信号输出驱动电路出现故障；（3）参数设置错误。

处置措施：（1）检查并输入外电源；（2）检查并排除信号输出驱动电路故障；（3）按要求重新设置参数。

8. 数据均维持不变

原因分析：（1）上电复位电路故障；（2）CPU的时钟晶振损坏。

处置措施：（1）按复位健进行手动复位；（2）更换损坏的相关元件。

（二）案例 4-5 涡轮流量计典型案例分析

异常现象：2016年5月16日，某站人员在巡检过程中发现用户涡轮流量计总量为 29841m³，与上周累计相减产量只有 2537m³，与正常时每周（7000～8000）m³ 的累计产量差异较大，存在异常，询问用户得知近期用气无变化，现场检查发现涡轮流量计表头压力、温度均显示正常，且能听见气流通过声音，但瞬产显示为零，累计产量不增加。

原因分析：调压阀不稳定，输出压力波动，引起流量计产生小幅震动，使接线桩紧固螺钉松动，流量传感器信号中断，造成瞬时流量为零，累计量不增加。

处理措施：检查并紧固流量传感器连线桩头，涡轮流量计恢复正常计量；减小气流波动，确保输出压力平稳，消除震动对涡轮流量计的影响。

第二节　压力测量设备

一、常见故障的分析与处置

（一）压力变送器无输出及表头无显示

原因分析：（1）电源正极、负极接反；（2）供电电压不正常；（3）电源线没接在变送器电源输入端；（4）仪表信号输出回路断线；（5）避雷器损坏；（6）变送器损坏。

处置措施：（1）正确连接电源正极、负极；（2）测量变送器的供电电源，确保24V直流电压输入正常；（3）正确连接电源线到变送器电源输入端；（4）检查并连接信号回路；（5）更换避雷器；（6）更换变送器。

（二）压力示值异常

原因分析：（1）导压管路有杂质等堵塞；（2）导压管路泄漏；（3）变送器接线部分进水；（4）流量计算机上设置的量程和压力变送器的量程不一致；（5）设备外壳接地未正确接地；（6）变送器主板损坏；（7）严重的过载已损坏隔离膜片。

处置措施：（1）吹扫导压管路并清理杂质；（2）紧固导压管接头或更换导压管；（3）干燥变送器接线部分；（4）检查并重新设置，确保流量计算机上设置的量程和压力变送器的量程一致；（5）设备外壳正确接地；（6）更换变送器主板；（7）更换变送器。

二、案例4-6　差压变送器案例分析

异常现象：某日某井孔板流量计差压变送器示值突然升高，超过差压变送器量程，表头显示差压百分比为110%。

原因分析：根据现象分析，差压回路可能存在的故障为：引压管路堵塞；节流装置故障。对差压变送器放空检查，放空后零位正常，校表结果也正常。吹扫导压管，导压管无堵塞。检查节流装置孔板发现，上游分离器滤网脱落，在孔板处形成堵塞，加大了孔板前后的差压。

处置措施：清除滤网，对孔板进行清洗检查，恢复正常计量。

第三节　温度测量设备

一、温度测量设备常见故障分析与处置

（一）变送器无显示

原因分析：（1）电源正极、负极接反；（2）供电电压不正常；（3）电源线未接在变送器电源输入端；（4）仪表信号输出回路断线；（5）避雷器损坏；（6）变送器损坏。

处置措施：（1）正确连接电源正极、负极；（2）测量变送器的供电电源，确保24V直流电压输入正常；（3）正确连接电源线到变送器电源输入端；（4）检查并连接信号回路；（5）更换避雷器；（6）更换变送器。

（二）变送器输出超上限

原因分析：（1）热电阻断路；（2）热电偶量程不符合工况；（3）变送器部分损坏。

处理措施：（1）检查、更换热电阻；（2）更换热电偶；（3）更换变送器。

（三）变送器输出超下限

原因分析：（1）热电阻连接线路短路；（2）热电偶连接线路断路；（3）变送器损坏。

处理措施：（1）检查连接热电阻线路；（2）检查连接热电偶线路；（3）更换变送器。

（四）变送器输出不正确

原因分析：（1）电源电压不正常；（2）变送器量程与控制室设置量程不一致；（3）接线松动；（4）变送器损坏。

处理措施：（1）检查电源电压；（2）变送器量程与控制室量程保持一致；（3）检查、重新连接线路接线；（4）更换变送器。

二、典型案例分析

（一）案例 4-7 温度显示超上限异常（以国光系统为例）

异常现象：某采气站 LWJG-A 型台式单机流量计算机系统，计算机上温度显示值为 88.0000℃，电流值为 22.0000mA（正常时显示计量温度对应的电流值 ±0.3%），而差压、静压均显示正常。

原因分析：根据故障现象，分析故障点可能原因为：

（1）温度变送器与热电阻之间的传输信号线存在开路或端子虚接。

（2）热电阻或避雷器损坏并造成开路，或接线端子虚接。

（3）补偿导线开路或端子虚接。

（4）温度变送器与数据采集模块之间的信号传输线存在开路或虚接。

处置措施：万用表通断测试法对现场故障回路进行排查，发现温度变送器与热电阻之间的传输信号线存在开路，恢复接线（下电状态）后对整个回路进行通断测试、校验，恢复正常计量。

（二）案例 4-8 温度显示超下限异常（以国光系统为例）

异常现象：某输气站 LWJG-E 型天然气计量系统，某日该系统计算机上温度电流显示为 0.0000mA，温度值显示为 -45.0000℃（正常时为计量温度对应的电流值 ±0.3%），差压、静压均显示正常。

原因分析：根据该故障现象，分析故障点可能原因为：

（1）温度变送器供电电源开关未合上或电源损坏。

（2）温度变送器供电传输导线存在开路或端子虚接。

（3）温度变送器损坏并造成短路。

（4）温度变送器与热电阻的传输信号线或端子之间存在短路。

（5）热电阻或避雷器损坏并造成短路。

处置措施：对异常温度回路排查，发现温度变送器供电传输导线存在开路，恢复接线并进行通断测试，恢复正常计量。

第四节　液位测量设备

一、常见故障的分析与处理

（一）磁翻板液位计

1. 就地面板显示异常

原因分析：（1）磁柱出现不规则翻动；（2）筒体内污垢过多，卡住磁浮子；（3）磁浮子破裂后进水。

处置措施：（1）用测试磁铁校验面板；（2）清洗液位计筒体；（3）更换浮子。

2. 就地面板显示正常，远传显示不正常

原因分析：（1）玻璃管干簧管易碎，干簧管短路或者开路，会导致远传异常；（2）电阻虚焊；（3）干簧管的金属触点间隙很小，当介质温度过高，其受热时金属薄片膨胀，容易出现闭合状态。

处置措施：（1）更换干簧管；（2）重新焊接电阻；（3）更换性能好的干簧管。

（二）浮筒式液位计

1. 现场仪表无显示，变送器输出为一固定电流值或不稳定

原因分析：变送器的显示板或放大板损坏。

处置措施：换变送器的显示板或放大板，重新输入参数并进行线性调整。

2. 现场仪表与变送器显示一致，但零点量程波动大，且输出不稳定

原因分析：仪表的扭力管工作性能不稳定。

处置措施：（1）检查确认扭力管损坏后，更换扭力管，重新输入参数并作线性调整；（2）重新校正扶正浮子挂钩。

3. 仪表不能正确指示液位，仪表输出随液位变化缓慢

原因分析：浮子上有附着物或浮子与舱室有摩擦现象。

处置措施：（1）清洗浮子；（2）在通风口加蒸汽管线，定时用蒸汽吹扫；（3）在仪表外壳增加伴热。

4. 现场仪表无显示，变送器输出低或显示与输出不吻合

原因分析：（1）仪表的显示板损坏；（2）仪表的放大板损坏。

处置措施：（1）更换显示板；（2）更换放大板，重新输入参数进行线性调整。

（三）双法兰差压式液位计

1. 仪表无指示

原因分析：信号线脱落或电源故障。

处置措施：重新接线或处理电源故障。

2. 指示位最大值

原因分析：（1）低压侧、膜片、毛细管或封入液泄漏；（2）低压侧（高压侧）放空引压阀没打开；（3）低压侧（高压侧）放空引压阀堵。

处置措施：（1）更换仪表；（2）打开引压阀；（3）清理杂物或更换引压阀。

3. 指示值偏大

原因分析：（1）低压侧（高压侧）放空堵头漏或引压阀没开；（2）仪表未校准。

处置措施：（1）紧固放空堵头，打开引压阀；（2）重新校准仪表。

4. 指示值无变化

原因分析：（1）电路板损坏；（2）高低压侧膜片或毛细管同时损坏。

处置措施：（1）更换电路板；（2）更换仪表。

（四）超声波液位计

1. 仪表无显示

原因分析：供电、接线错误，仪表内进水，机芯线路腐蚀。

处置措施：检查DC24V电源、线路的电源及电流输出，清洁干燥，无法处理时需要返厂维修。

2. 仪表有显示，但测量误差大

原因分析：（1）探头未对准液面；（2）液波动幅度大；（3）液面有较厚的泡沫层；（4）安装口过于狭小或过长，声波不能有效传播。

处置措施：（1）调整探头方向对准液面；（2）加塑料管或更换其他型号的液位计；（3）调整消泡制度；（4）调整安装口，探头尽可能从口内探出。

3. 测距正确，液位不正确

原因分析：测距值大于安装高度或安装高度未设定。

处置措施：修改安装高度为正确值。

4. 液位正确，电流输出不正确

原因分析：输出满度未正确设定或与上位机不一致。

处置措施：修改输出满度（对应20mA）为正确值。

5. 液位显示高或向高跳变

原因分析：（1）有反射声波的物体或结构，产生虚假回波；（2）使用了金属法兰盘或金属螺纹安装，产生共振；（3）有强的电磁干扰；（4）探头盲区变大，测距值小于或等于盲区值。

处置措施：（1）改变安装位置或加塑料管；（2）改用塑料法兰盘或加四氟带隔离；（3）仪表外壳接地；（4）修改内部参数抑制盲区。

6. 液位显示低或向低跳变

原因分析：探头未对准液面，波动大、挥发强或仪表进入盲区。

处置措施：调整探头位置，加大信号或增益，加塑料管，加高安装位置或防止液位过高。

第四章　计量设备故障分析与处置

（五）雷达波液位计

1. 导波雷达液位显示与实际液位值不符

原因分析：（1）介质不干净，污染导波杆；（2）介质的介电常数发生了变化，导致测量不准确。

处置措施：（1）对导波杆进行清洗，清理导波杆上附着物，安装后需重新校验；（2）调介电常数，如果仪表排放后显示归零，但投用后显示仍然不准，则判断为介质介电常数发生了变化，此时对仪表介电常数进行调整。

2. 导波雷达液位计指示波动大

原因分析：（1）介质波动引起导波雷达液位计指示波动；（2）导播强度过强或者过弱；（3）钢缆安装较松或无配重，容易造成钢缆摆动碰撞设备内壁；（4）钢缆安装位置离设备内壁太近，容易造成钢缆摆动碰撞设备内壁；（5）安装位置靠近进料口，进料冲刷钢缆造成导波雷达液位计指示波动。

处置措施：（1）盲区设置要根据现场需求进行调整；（2）导播强度要根据现场需求进行调整；（3）钢缆安装时应进行拉紧固定或重新配置；（4）可在钢缆底部加配重（如重锤），让钢缆在测量过程中不晃动；（5）安装位置应避开进料口且与罐壁保持适当距离。

二、案例 4-9　磁翻转液位计案例分析

异常现象：某无人值守井为气水同产井，具有自动排液功能，现场分离器液位计为磁翻转液位计，同时液位计筒体侧安装有检测杆及液位变送器。某日中心站上显示该井的液位为 18cm（液位计量程为 100cm），显示值不发生变化，液位显示异常，无法自动排液，造成液位翻塔，需人工排液。

原因分析：本井是加注起消泡剂的措施井，气田水混有消泡剂黏稠物，液位计筒体的内管壁和浮球表面附着大量黏稠物，浮球被固定在一恒定位置，不能随液位变化自动上升或下降，所以计算机上显示的液位为固定数字。

处置措施：定期对液位计筒体及浮球进行清洗；选用黏稠物较低的消泡剂或调配合理的加注量；加电伴热装置，对液位计筒体进行加热，降低黏度；安装在线清洗装置，在不放空泄压的条件下可以对液位计筒体内壁可以进行清洗。

第五节　气体检测设备

一、常见故障的分析与处置

（一）固定式气体检测仪

固定式气体检测仪常见故障现象、故障原因及处置措施如下。

1. 接通仪表电源后工作指示灯不亮

原因分析：（1）电源未能接通；（2）熔断丝断。

处置措施：（1）重新检查电源是否接通；（2）更换熔断丝。

2. 故障指示灯亮，蜂鸣器响声不断

原因分析：（1）检测器连线错误；（2）检测器断线。

处置措施：（1）正确接线；（2）重新接线。

3. 浓度指示不回零

原因分析：（1）探测器周围有残余气体；（2）零点漂移；（3）探测器护罩残留有被测气体；（4）传感器失效。

处置措施：（1）吹净残余气体；（2）在洁净空气下重新标定调整零位；（3）拆卸护罩，清理积灰；（4）更换传感器或仪表。

4. 数码管显示缺笔画

原因分析：（1）主板与数码管接触不良；（2）数码管管脚虚焊；（3）数码管笔画损坏。

处置措施：（1）重新使其接触好；（2）重新焊好；（3）更换数码管。

5. 浓度显示值不稳定

原因分析：周围电磁场干扰。

处置措施：排除干扰后重新复位。

6. 检测仪显示屏无显示

原因分析：（1）供电电压不正常；（2）表头进水；（3）电路板故障。

处置措施：（1）检查熔断器、线路；（2）清洁电路板并晾干，必要时更换电路板；（3）更换新电路板或新表。

7. 检测仪误报警

原因分析：（1）检测仪进水；（2）传感器老化。

处置措施：（1）清洁、干燥检测仪；（2）重新标定或更换传感器。

（二）便携式气体检测仪

便携式气体检测仪常见故障现象、故障原因及处置措施如下：

1. 无法开机

原因分析：（1）电压过低；（2）死机或者电路故障。

处置措施：（1）及时充电或更换电池；（2）维修或更换。

2. 对检测气体无反应

原因分析：（1）探头中毒；（2）检测仪电路发生故障。

处置措施：（1）将传感器放置清洁环境静置后重新开机，如果还是无反应则更换探头；（2）维修或更换检测仪。

第四章　计量设备故障分析与处置

3. 零点校准功能不可用

原因分析：传感器漂移过大。

处置措施：及时标定检测仪或更换检测仪传感器。

4. 检测器不能准确测量气体

原因分析：（1）检测器需标定；（2）传感器滤网堵塞。

处置措施：（1）标定传感器；（2）清洗传感器滤网。

5. 启动自检失败

原因分析：（1）传感器故障；（2）报警设定值不正确。

处置措施：（1）更换传感器；（2）重新设置报警值。

二、典型案例分析

（一）案例4-10　硫化氢气体检测仪故障

异常现象：某井站安装MSA PrimaX P型固定式硫化氢检测仪，某日巡检时发现该井井口区域硫化氢固定式检测仪表内积水，显示屏上显示"LO↓"报警。

原因分析：（1）检测仪未按要求安装防爆格兰头，导致埋地套管内湿空气进入壳体凝结成水，壳体内积水，主板被浸泡；（2）仪表负漂；（3）仪表探头坏。

处置措施：（1）断电后拆下主板，对主板线路进行清洁并烘干处理，再安装回表内，通电、标定；加装防爆格兰头，对电缆入口用防爆胶泥进行封堵，壳体内放置干燥剂；（2）进入M-01菜单，重新调零标定；（3）更换探头。

（二）案例4-11　可燃气体报警器故障

异常现象：某井站Primax IR PRO可燃气体报警器对可燃气体无反应，探测器显示E-52。

原因分析：（1）仪表零点漂移；（2）仪表信号线未接通；（3）PLC信号处理问题；（4）光路被阻挡；（5）探头启动期间或者探头正在标定；（6）仪表探头损坏。

处置措施：（1）对检测仪探头定期清洁维护；（2）检查仪表接线；（3）检查仪表控制系统（如检查浪涌，接地等）；（4）清理探头后断电重启；（5）等待探头启动或标定完成；（6）更换探头。

第五章　自动化设备故障分析与处置

第一节　远程终端控制单元（RTU）

一、常见故障的分析与处置

（一）远程终端控制单元电源模块故障

1. 电源指示灯不亮

原因分析：（1）停市电，不间断电源故障或处于电池电压超低断电保护状态；（2）远程终端控制单元电源模块故障；（3）远程终端控制单元电源模块输入端接线松动或存在虚接。

处置措施：（1）恢复市电，检查不间断电源状态，若不间断电源故障，可通过重启、切换至旁路模式、联系厂家维修等方式处理；（2）对电源模块断电后再重新上电，若仍未恢复需联系厂家维修或更换；（3）对电源模块输入端的接线进行紧固，接线两端使用U形接线端子连接。

2. 电源异常指示灯亮

原因分析：（1）电源输入故障；（2）电源输出故障；（3）电源故障。

处置措施：（1）检查电源的输入电压是否异常，若异常，需恢复正常供电，若正常，可能为电源模块故障，需联系厂家维修或更换；（2）有备用输出接口的电源模块可使用备用接口，无备用接口的电源模块需联系厂家维修或更换电源模块；（3）对电源模块断电后再重新上电，若未恢复则联系厂家维修或更换。

（二）远程终端控制单元CPU模块故障

1.CPU模块指示灯不亮

原因分析：（1）供电故障；（2）CPU模块与背板插槽连接松动；（3）背板插槽损坏；（4）CPU模块损坏。

处置措施：（1）恢复CPU模块供电；（2）将CPU模块重新插入背板插槽，拧紧紧固螺栓；（3）将CPU模块更换到备用插槽，若无备用插槽则需更换背板；（4）联系厂家维修或更换CPU模块。

2.CPU模块异常指示灯亮

原因分析：（1）远程终端控制单元程序错误；（2）远程终端控制单元配置文件错误。

第五章　自动化设备故障分析与处置

处置措施：（1）更正远程终端控制单元程序，编译无误后再重新下载至远程终端控制单元；（2）修改远程终端控制单元配置文件，重新下载至远程终端控制单元。

（三）远程终端控制单元 I/O 模块指示灯不亮

1. I/O 模块指示灯均不亮

原因分析：（1）供电故障；（2）I/O 模块连接松动；（3）I/O 模块连接设备损坏；（4）I/O 模块损坏。

处置措施：（1）恢复 I/O 模块供电。（2）对使用连接线连接的 I/O 模块，重新插入连接线，并紧固；对使用背板连接的 I/O 模块，将 I/O 模块重新插入背板插槽，拧紧紧固螺栓。（3）对使用连接线连接的 I/O 模块，更换连接线；对使用背板连接的 I/O 模块，将 I/O 模块更换到备用插槽，无备用插槽则需更换背板。（4）联系厂家维修或更换 I/O 模块。

2. I/O 模块个别通道指示灯不亮

原因分析：（1）指示灯故障；（2）信号线接线错误或松动；（3）通道损坏。

处置措施：（1）正确连接信号线并紧固；（2）将损坏通道的信号线更换到备用通道，若无备用通道则需新增 I/O 模块。

（四）远程终端控制单元通信故障

原因分析：（1）网线松动，未插到位；（2）网线损坏；（3）网口损坏；（4）通信协议配置不正确；（5）通信模块损坏。

处置措施：（1）重新插入网线，确保网线连接到位；（2）更换网线；（3）将网线插入备用网口，若无备用网口则需联系厂家维修或更换；（4）重新对远程终端控制单元的通信协议进行配置；（5）联系厂家维修或更换通信模块。

（五）上位系统数据值与现场变送器表头显示值不符

原因分析：（1）上位系统数据点组态错误；（2）上位系统数据点量程与现场仪表量程不一致；（3）信号线接线错误，或接线松动；（4）现场仪表变送或远传模块故障；（5）浪涌保护器故障；（6）信号隔离器故障；（7）I/O 模块通道故障；（8）远程终端控制单元程序错误。

处置措施：（1）更正上位系统数据点地址；（2）修改上位系统数据点量程或现场仪表量程，使上位系统数据点量程与现场仪表量程一致；（3）正确连接信号线并紧固；（4）更换现场仪表变送或远传模块，或直接对仪表进行整体更换；（5）更换浪涌保护器；（6）更换信号隔离器；（7）更换到备用通道；（8）更正远程终端控制单元程序，编译无误后再重新下载至远程终端控制单元。

（六）上位系统下发指令现场设备不动作

原因分析：（1）上位系统数据点组态错误；（2）信号线接线错误，或接线松动；（3）I/O 模块通道故障；（4）浪涌保护器故障；（5）继电器故障；（6）现场设备供电故障或设备损坏。

处置措施：（1）更正上位系统数据点地址；（2）正确连接信号线并紧固；（3）更

换到备用通道；（4）更换浪涌保护器；（5）检查继电器供电是否正常，若不正常则需恢复正常供电，再排查继电器接线是否正确，若接线错误则需正确接线，若接线正确可能为继电器损坏，需更换继电器；（6）恢复设备正常供电，若仍不动作联系厂家维修或更换设备。

二、案例 5-1　RTU 故障案例分析

异常表现：6 月 26 日，某站员工在巡检信息化机柜时，SCS 监控系统显示供某用户的管线出站压力出现短时低报，超过了超低联锁设定值，触发联锁导致供该用户用气的出站阀门关断。当班员工发现后立即对生产现场进行了检查，确认无误后恢复了生产流程，未对该用户正常供气造成影响。技术人员调查后初步怀疑为该条管线上的出站压力变送器故障，随即安排人员对该变送器进行了更换。

7 月 4 日，员工在巡检信息化机柜时，SCS 监控系统显示某管线出站压力和另一管线来气压力出现短时低报，超过了超低联锁设定值，触发联锁，导致该用户用气的出站阀门关断。当班员工在第一时间对生产现场进行了检查，确认无误后立即恢复了生产流程，未对该用户正常供气造成影响。

原因分析：7 月 30 日，单位组织多个部门的专业技术人员到现场进行了仔细排查，综合该站连续两次的压力超低误触联锁，在排除仪表故障原因后，发现这几个信号都是同一远程终端控制单元采集，在对该远程终端控制单元进行检查时，发现该设备老化，I/O 模块与背板插槽连接松动，在员工巡检信息化机柜时，开门、关门等微小的动作均会导致 I/O 模块与背板插槽失去连接，造成上位系统的多个由该远程终端控制单元采集的数据出现异常，触发联锁。

处置措施：技术人员对该远程终端控制单元的 I/O 模块进行紧固，未能解决根本问题。为确保对该用户的安全平稳供气，再对该远程终端控制单元的背板进行更换后，I/O 模块与背板连接恢复正常。

第二节　可编程逻辑控制器（PLC）

一、常见故障的分析与处置

（一）可编程逻辑控制器电源模块故障

1. 电源指示灯不亮

原因分析：（1）停市电，不间断电源故障或处于电池电压超低断电保护状态；（2）可编程逻辑控制器电源模块故障；（3）可编程逻辑控制器电源模块输入端接线松动或存在虚接。

处置措施：（1）恢复市电，检查不间断电源状态。若不间断电源故障，可通过重启、切换至旁路模式、联系厂家维修等方式处理；（2）对电源模块断电后再重新上电，若未

恢复则需联系厂家维修或更换；（3）对电源模块输入端的接线进行紧固，接线两端使用U形接线端子连接。

2.电源异常指示灯亮

原因分析：（1）电源输入故障；（2）电源输出故障；（3）电源模块故障。

处置措施：（1）检查电源输入电压是否异常，若异常，需恢复正常供电；若正常，可能为电源模块故障，需联系厂家维修或更换；（2）有备用输出接口的电源模块可使用备用接口，无备用接口的电源模块需联系厂家维修或更换电源模块；（3）对电源模块断电后再重新上电，若未恢复则联系厂家维修或更换。

（二）可编程逻辑控制器CPU模块故障

1.CPU模块指示灯不亮

原因分析：（1）供电故障；（2）CPU模块与背板插槽连接松动；（3）背板插槽损坏；（4）CPU模块损坏。

处理措施：（1）恢复CPU模块供电；（2）将CPU模块重新插入背板插槽，拧紧紧固螺栓；（3）将CPU模块更换到备用插槽，若无备用插槽则需更换背板；（4）联系厂家维修或更换CPU模块。

2.CPU模块异常指示灯亮

原因分析：（1）可编程逻辑控制器程序错误；（2）可编程逻辑控制器配置文件错误。

处置措施：（1）更正可编程逻辑控制器程序，编译无误后再重新下载至可编程逻辑控制器；（2）修改可编程逻辑控制器配置文件，重新下载至可编程逻辑控制器。

（三）可编程逻辑控制器I/O模块指示灯不亮

1.I/O模块指示灯均不亮

原因分析：（1）供电故障；（2）I/O模块连接松动；（3）I/O模块连接设备损坏；（4）I/O模块损坏。

处置措施：（1）恢复I/O模块供电；（2）对使用连接线连接的I/O模块，重新插入连接线，并紧固；对使用背板连接的I/O模块，将I/O模块重新插入背板插槽，拧紧紧固螺栓；（3）对使用连接线连接的I/O模块，更换连接线；对使用背板连接的I/O模块，将I/O模块更换到备用插槽，无备用插槽则需更换背板；（4）联系厂家维修或更换I/O模块。

2.I/O模块个别通道指示灯不亮

原因分析：（1）通道指示灯故障；（2）信号线接线错误或松动；（3）通道损坏。

处置措施：（1）不用处理；（2）正确连接信号线并紧固；（3）将损坏通道的信号线更换到备用通道，若无备用通道则需新增I/O模块。

（四）可编程逻辑控制器通信故障

原因分析：（1）网线松动，未插到位；（2）网线损坏；（3）网口损坏；（4）通信协议配置不正确；（5）通信模块损坏。

处置措施：（1）重新插入网线，确保网线连接到位；（2）更换网线；（3）将网线插入备用网口，若无备用网口则需联系厂家维修或更换；（4）重新对可编程逻辑控制器的通信协议进行配置；（5）联系厂家维修或更换通信模块。

（五）上位系统数据值与现场变送器表头显示值不符

原因分析：（1）上位系统数据点组态错误；（2）上位系统数据点量程与现场仪表量程不一致；（3）信号线接线错误，或接线松动；（4）现场仪表变送或远传模块故障；（5）浪涌保护器故障；（6）信号隔离器故障；（7）I/O 模块通道故障；（8）可编程逻辑控制器程序错误。

处置措施：（1）更正上位系统数据点地址；（2）修改上位系统数据点量程或现场仪表量程，使上位系统数据点量程与现场仪表量程一致；（3）正确连接信号线并紧固；（4）更换现场仪表变送或远传模块，或直接对仪表进行整体更换；（5）更换浪涌保护器；（6）更换信号隔离器；（7）更换到备用通道；（8）更正可编程逻辑控制器程序，编译无误后重新下载。

（六）上位系统下发指令现场设备不动作

原因分析：（1）上位系统数据点组态错误；（2）信号线接线错误，或接线松动；（3）I/O 模块通道故障；（4）浪涌保护器故障；（5）继电器故障；（6）现场设备供电故障或设备损坏。

处置措施：（1）更正上位系统数据点地址；（2）正确连接信号线并紧固；（3）更换到备用通道；（4）更换浪涌保护器；（5）检查继电器供电是否正常，若不正常则恢复正常供电，若正常再排查继电器接线是否正确，若接线错误则正确接线，若均正常则为继电器损坏，更换继电器；（6）恢复设备正常供电，若仍不动作联系厂家维修或更换设备。

二、案例 5-2　PLC 故障案例分析

某站 150 万脱水装置可编程逻辑控制器使用 AB 公司 controlLogix5571 型 PLC，具备 CPU、电源双冗余，支持 MODBUS 通信。

异常表现：

16：14，值班人员发现上位系统中 150 万脱水装置数据变为绿底且不刷新，疑似数据通信中断，立即安排人员到仪表间查看情况。

16：19，上位系统中 150 万脱水装置数据绿底消失，恢复正常刷新。

16：24，值班人员再次发现上位系统中 150 万脱水装置数据变为绿底且不刷新，数据再次通信中断。

16：37，上位系统中 150 万脱水装置数据仍未恢复，当班班长立即安排值班人员到现场对脱水装置各部分运行情况进行人工监控和手动控制，并将情况向上级汇报。

原因分析：

17：04，技术人员检查核实异常情况，现场检查 150 万脱水装置可编程逻辑控制器、交换机均运行正常，无报警指示信号，上位系统的网络结构图显示 150 万脱水装置可编程逻辑控制器通信正常（采用 PING 命令检测通信正常），但上位机数据不刷新，现场自控

阀门无法控制。

17：44，咨询系统集成商后，对150万脱水装置可编程逻辑控制器进行断电重启，上电后发现可编程逻辑控制器系统通信模块无法正常启动。

处置措施：

23：47，系统集成商人员到达现场，对可编程逻辑控制器系统通信模块进行更换。

00：22，150万脱水装置可编程逻辑控制器系统故障排除，恢复正常。

第三节　SCADA 系统

一、常见故障的分析与处置

（一）SCADA 系统通信故障

原因分析：（1）网线松动，未插到位；（2）网线损坏；（3）网口损坏；（4）通信协议配置不正确；（5）通信模块损坏。

处置措施：（1）重新插入网线，确保网线连接到位；（2）更换网线；（3）将网线插入备用网口，若无备用网口则需联系厂家维修或更换；（4）重新对分布式控制系统的通信协议进行配置；（5）联系厂家维修或更换通信模块。

（二）上位系统个别数据值不正确

原因分析：（1）远传仪表引压安装管路泄漏堵塞问题；（2）远传仪表变送模块或本体故障；（3）远传仪表检测回路接线错误、短路或断路；（4）远传仪表回路附件（浪涌保护器、配电器、信号隔离器）故障；（5）I/O模块通道故障；（6）控制系统硬件（CPU、电源模块、通信模块、交换机）问题；（7）远传仪表与上位系统量程不一致；（8）修改上位系统或远传仪表量程，使量程一致；（9）远传仪表软件组态通道地址和数据地址设置问题；（10）远传仪表软件组态数据转换和数据连接组态问题。

处置措施：（1）引压管路解堵；（2）更换远传仪表变送模块，或直接对仪表进行整体更换；（3）正确连接信号线并紧固；（4）维修或更换故障回路附件；（5）维修或更换I/O模块通道；（6）维修或更换故障硬件；（7）检查并更正下位机或上位系统数据地址；（8）检查并更正下位机或上位系统数据转换或连接。

（三）上位系统普遍数据不正确

原因分析：（1）控制系统硬件（控制器、电源模块、通信模块、交换机）问题；（2）控制系统通信模块与上位机之间的通信设备和通信状态问题；（3）控制系统控制器与通信模块之间及交换设备之间网络通信线路及接线问题；（4）控制系统接地问题；（5）上位计算机与本地上位机及服务器和控制器之间的远距离网络通信问题；（6）控制系统软件运行问题；（7）控制系统控制器与通信模块及交换设备之间的地址配置问题；（8）控制系统控制器与第三方设备通信软件运行问题；（9）远程上位计算机与本地上位机及之间的服务器软件运行问题。

处置措施：（1）维修或更换硬件；（2）对通信设备和通信软件检查维修；（3）检查并固定接线；（4）检查整改控制系统接地；（5）检查通信状态并修复；（6）检查软件运行状态并修复；（7）核对并修改通信地址；（8）检查通信软件运行情况并修复；（9）检查服务器软件运行情况。

（四）控制回路阀门无法在人机界面上正常操作动作

原因分析：（1）控制系统人机界面控制阀门手/自动操作设置、正反作用、PID参数设置问题；（2）控制阀门现场阀门手轮手动/自动状态问题；（3）控制阀门联锁动作后未进行复位操作或未进行现场复位；（4）控制阀门驱动气源或电源缺失或不正常问题；（5）控制阀门输出回路线路短路或断路问题；（6）控制阀门输出回路线缆穿线管和接线盒防护问题（进水）；（7）控制阀输出回路附件继电器、电磁阀、定位器问题；（8）远传控制阀输出通道问题；（9）控制系统硬件（控制器、电源模块、通信模块、交换机）问题；（10）控制系统上位机与控制器及交换设备之间网络通信线路及接线问题；（11）控制阀电磁阀人机界面组态与控制器程序数据连接问题；（12）控制阀电磁阀程序组态通道地址和数据地址设置问题；（13）控制阀电磁阀人机界面组态数据转换和数据连接组态问题；（14）控制阀电磁阀人机界面组态地址与控制器地址配置问题；（15）控制阀电磁阀上位机与控制器程序设置不匹配；（16）控制器电磁阀控制器输出有源无源与输出回路供电/不供电不匹配；（17）控制阀电磁阀上位机输出I/O与控制器程序设置不匹配。

处置措施：（1）检查并调整控制阀门手/自动操作设置、正反作用、PID参数设置；（2）（3）检查并调整阀门状态；（4）检查并处置驱动气源及电源问题；（5）检查并处置线路问题；（6）清理进水并处置密封问题；（7）维修或更换硬件；（8）更换通道；（9）维修或更换硬件；（10）检查并固定接线；（11）～（17）检查并修改内部程序。

（五）控制回路阀门无法在人机界面上正常操作动作

原因分析：（1）机泵电气操作后未进行复位；（2）设备现场阀门未动作到位；（3）按钮进行操作后未进行复位操作或未进行现场复位；（4）设备运行状态检测器件问题；（5）设备运行状态检测回路接线不牢固问题；（6）设备状态回路接线短路和断路问题；（7）设备状态回路附件（浪涌、配电器、隔离器）问题；（8）设备状态回路输入通道问题；（9）控制系统硬件（控制器、电源模块、通信模块、交换机）问题；（10）设备状态回路有源无源匹配问题；（11）设备状态回路人机界面组态与控制器程序数据连接问题；（12）设备状态回路程序组态通道地址和数据地址设置问题；（13）设备状态回路人机界面组态数据转换和数据连接组态问题；（14）设备状态回路人机界面组态地址与控制器地址配置问题；（15）设备状态回路上位机与控制器程序设置不匹配；（16）设备状态回路控制器输出有源无源与输出回路供电/不供电不匹配；（17）设备状态回路上位机输出I/O与控制器程序设置不匹配。

处置措施：（1）～（3）对状态进行核实并完善操作步骤；（4）对检测器件进行检修；（5）紧固线路；（6）对短路和断路点进行修复；（7）维修或更换回路附件；（8）更换通道；（9）维修或更换硬件；（10）核实并匹配有源无源状态；（11）～（14）对人机、控制器组态程序和连接进行检查调整；（15）～（17）对控制系统程序进行调整。

（六）控制回路、联锁回路不动作

原因分析：（1）控制回路检测输入回路与控制输出回路故障；（2）联锁回路中检测联锁条件回路与联锁输出回路故障。

处置措施：程序内对回路进行核对调整。

二、案例 5-3　SCADA 故障案例分析

异常表现：某站当班人员在巡检时发现上位系统中大量数据显示不刷新，该员工立即对现场进行人工巡检，发现现场数据正常，随即将故障上报调度室。

原因分析：经现场排查发现，该站大量数据显示不刷新，初步判断为线路通信或上位系统软件故障，通过 ping 命令测试发现网络通信正常，怀疑上位软件通信驱动程序或软件故障。

处置措施：重启上位通信软件和系统后，恢复正常。

第四节　分布式控制系统（DCS）

分布式控制系统（Distributed Control System），是以微处理器 CPU 为基础，采用控制功能分散、显示操作集中、兼顾分而自治和综合协调设计原则的新一代仪表控制系统。

分布式控制系统是计算机技术、控制技术和网络技术高度结合的产物。分布式控制系统通常采用若干个控制器对一个生产过程中众多的控制点进行控制，各控制器间通过网络连接并可进行数据交互。操作采用计算机操作站，通过网络与控制器连接，收集生产数据，传达操作指令。分布式控制系统的主要特点是分散控制、集中管理。

分布式控制系统由操作站和现场控制单元两大部分组成，操作站由系统、显示设备、输入/输出设备、储存设备等组成，现场控制单元由电源模块、CPU 模块、I/O 模块、通信模块等组成。分布式控制系统主要用于脱硫厂、注采站等生产现场。

一、常见故障的分析与处置

（一）分布式控制系统电源故障

1. 电源指示灯不亮

原因分析：（1）停市电，不间断电源故障或处于电池电压超低断电保护状态；（2）分布式控制系统的电源模块故障；（3）分布式控制系统电源模块输入端接线松动或存在虚接。

处置措施：（1）恢复市电，检查不间断电源状态。若不间断电源故障，可通过重启、切换至旁路模式、联系厂家维修等方式处理；（2）对电源模块断电后再重新上电，若未恢复则需联系厂家维修或更换；（3）对电源模块输入端的接线进行紧固，接线两端使用

U形接线端子连接。

2.电源异常指示灯亮

原因分析：（1）电源输入故障；（2）电源输出故障；（3）电源故障。

处置措施：（1）检查电源输入电压是否异常，若异常，则需恢复正常供电，若正常，可能为电源模块故障，需联系厂家维修或更换；（2）有备用输出接口的电源模块可使用备用接口，无备用接口的电源模块需联系厂家维修或更换电源模块；（3）对电源模块断电后再重新上电，若未恢复则联系厂家维修或更换。

（二）分布式控制系统 CPU 模块故障

1.CPU 模块指示灯不亮

原因分析：（1）供电故障；（2）CPU模块与背板插槽连接松动；（3）背板插槽损坏；（4）CPU模块损坏。

处置措施：（1）恢复CPU模块供电；（2）将CPU模块重新插入背板插槽，拧紧紧固螺栓；（3）将CPU模块更换到备用插槽，若无备用插槽则需更换背板；（4）联系厂家维修或更换CPU模块。

2.CPU 模块异常指示灯亮

原因分析：（1）分布式控制系统程序错误；（2）分布式控制系统配置文件错误。

处置措施：（1）更正分布式控制系统程序，编译无误后再重新下载至分布式控制系统；（2）修改分布式控制系统配置文件，重新下载至分布式控制系统。

（三）分布式控制系统 I/O 模块指示灯不亮

1.I/O 模块指示灯均不亮

原因分析：（1）供电故障；（2）I/O模块连接松动；（3）I/O模块连接设备损坏；（4）I/O模块损坏。

处理措施：（1）恢复I/O模块供电。（2）对使用连接线连接的I/O模块，重新插入连接线，并紧固；对使用背板连接的I/O模块，将I/O模块重新插入背板插槽，拧紧紧固螺栓。（3）对使用连接线连接的I/O模块，更换连接线；对使用背板连接的I/O模块，将I/O模块更换到备用插槽，无备用插槽则需更换背板。（4）联系厂家维修或更换I/O模块。

2.I/O 模块个别通道指示灯不亮

原因分析：（1）通道指示灯故障；（2）信号线接线错误或松动；（3）通道损坏。

处置措施：（1）不用处理；（2）正确连接信号线并紧固；（3）将损坏通道的信号线更换到备用通道，若无备用通道则需新增I/O模块。

（四）分布式控制系统数据显示异常

原因分析：（1）线路通信故障；（2）DCS监控软件通信驱动故障；（3）DCS监控软件地址配置错误；（4）DCS系统运行故障。

处置措施：（1）重新插入网线，排查通信线路故障；（2）重启通信驱动程序；（3）核查数据点地址配置；（4）重新运行DCS系统。

二、案例 5-3　DCS 故障案例分析

异常表现：某站当班人员在巡检时发现上位系统中供用户计量数据突然归零，该员工立即到现场检查计量装置，现场安装的计量装置为罗茨流量计，通过对计量装置表头的数据进行检查，发现该装置的就地数据正常无误，该员工随即将故障上报至作业区调度室。

原因分析：经现场排查发现，该计量装置的数据是通过 RS-485 信号传输至分布式控制系统，使用专用电脑对该计量装置的 RS-485 信号读取显示正常，但通过分布式控制系统对该计量装置的 RS-485 信号进行读取时显示失败，初步判断是分布式控制系统的 RS-485 接口损坏。

处置措施：将该计量装置的 RS-485 信号线接到分布式控制系统的备用 RS-485 接口，上位系统中的用户数据恢复正常。

第五节　浪涌保护器

一、常见故障的分析与处置

（一）浪涌保护器工作指示灯熄灭

原因分析：（1）浪涌保护器接线松动、虚接；（2）浪涌保护器工作模块安装不到位；（3）浪涌保护器被击穿损坏；（4）浪涌保护器老化或存在质量问题。

处置措施：（1）对浪涌保护器的接线进行紧固，接线两端使用 U 形接线端子连接；（2）将工作模块重新插入底板，确保连接到位；（3）更换浪涌保护器工作模块或进行整体更换；（4）更换浪涌保护器工作模块或进行整体更换。

（二）浪涌保护器失效

原因分析：（1）浪涌保护器浪涌端和保护端接反；（2）浪涌保护器未正确安装在导轨上；（3）浪涌保护器接地电阻不合格；（4）浪涌保护器老化、击穿或存在质量问题。

处置措施：（1）正确接线；（2）将浪涌保护器正确安装在金属导轨上；（3）排查接地不合格原因，并重新接地；（4）更换浪涌保护器。

二、案例 5-4　浪涌保护器故障案例分析

异常表现：某站当班人员在巡检时发现上位系统某气井的井口油压变为了 -4MPa，触发低限报警，该员工立即通知巡井班人员到现场进行检查。现场查看该井油压变送器示值 5.17MPa，与机械压力表一致，随即中心站值班人员前往仪控间进行检查。

原因分析：中间端子柜内油压变送器信号传输线路上的浪涌保护器外壳上附有黑色灰尘，伴随橡胶烧灼味，初步判断为该浪涌保护器被击穿导致烧坏。

处置措施：更换浪涌保护器，该井井口油压信号恢复正常。

第六节　信号隔离器

一、常见故障的分析与处置

（一）信号隔离器工作指示灯熄灭

原因分析：（1）开关电源供电异常；（2）供电开关未闭合；（3）开关保险损坏；（4）供电线路接线松动、虚接；（5）信号隔离器老化或存在质量问题。

处置措施：（1）维修或更换开关电源；（2）闭合供电开关；（3）更换开关保险；（4）对信号隔离器的接线进行紧固，接线两端使用U形接线端子连接；（5）更换信号隔离器。

（二）信号隔离器前后信号不一致

原因分析：（1）信号隔离器前后信号偏差较小；（2）信号隔离器接线不正确；（3）信号隔离器老化或存在质量问题。

处置措施：（1）调节信号隔离器上的零点和满度旋钮，使前后信号一致；（2）重新接线并测试；（3）更换信号隔离器。

二、案例5-5　信号隔离器故障案例分析

异常表现：某站当班人员在巡检时发现上位系统某输气压力变为了-2MPa，触发低限报警，该员工立即通知巡井班人员到现场进行检查。现场查看该压力变送器示值5.17MPa，与机械压力表一致，值班人员随即将故障上报至作业区调度室。作业区立即安排技术人员到现场检查。

原因分析：经现场排查后发现，中间端子柜中该输气压力变送器信号传输线路上的信号隔离器电源指示灯熄灭，随即对该信号隔离器的供电线路进行排查，在检查到24V直流分电盘时，发现对该信号隔离器进行配电的开关保险烧毁。

处置措施：更换开关保险后信号隔离器恢复供电，上位系统输气压力恢复正常。

模块五
采气 HSE 管理

第一章 风险辨识与控制技术

第一节 风险识别相关理论

企业应当选择适当的方法，对生产经营过程中的危害因素每年至少组织一次全面辨识，同时组织重大危险源辨识和事故隐患排查。在生产作业开始前应当进行动态危害因素辨识。企业应当结合实际，选用现场观察、工作前安全分析（JSA）、安全检查表（SCL）、危险与可操作性分析（HAZOP）、故障树分析（FTA）、事件树分析（ETA）等方法进行危害因素辨识，辨识结果应当形成记录。危害因素辨识的范围应当涵盖项目设计、施工作业、生产运行、检维修、废弃处置等全过程，包括作业人员与活动、设备设施、物料、工艺技术、作业环境等。涉及环境影响时，应当按照国家环境保护法律法规要求开展环境因素辨识和风险评估。

企业及下属单位应当组织生产、技术、设备、工程、物资采购等直线责任部门，按照职责分工开展危害因素辨识。车间（站队）应当根据工作任务，对岗位设置、设备设施、工艺流程和工作区域等进行梳理，确定危害因素辨识基本单元。按照基本单元，运用适当方法开展危害因素辨识。基层岗位应当根据作业活动细分操作步骤，针对操作行为和设备设施、作业环境等辨识危害因素。员工应当参与危害因素辨识活动。当作业环境、作业内容、作业人员发生改变，或者工艺技术、设备设施等发生变更时，应当重新进行危害因素辨识。

一、术语和定义

（一）危害因素

危害因素是指可能导致人员伤害和（或）健康损害、财产损失、工作环境破坏、有害的环境影响的根源、状态或行为或其组合。

（二）危害因素辨识

危害因素辨识是指识别健康、安全与环境危害因素的存在并确定其危害特性的过程。

（三）危害因素辨识单元

危害因素辨识单元是指按照某种特定规律将组织的组织机构、作业活动、设备设施、作业区域等划分成的各个基本组成部分。

（四）风险

风险是指某一特定危害事件发生的可能性，与随之引发的人身伤害或健康损害、损坏或其他损失的严重性的组合。

（五）风险分析

风险分析是指系统地获取相关信息以确定风险来源，了解风险性质，并对照相关准则评价风险等级的过程。

（六）风险评估

风险评估是指评估风险程度以及确定风险是否可接受的全过程。

（七）可接受的风险

可接受的风险是指根据组织的法律义务和健康、安全与环境方针，已降至组织可接受程度的风险。

（八）风险控制

风险控制是指采取包括技术措施和管理措施等手段，消减某一特定危害的风险或将风险控制在可接受的范围内。

（九）隐患

隐患是指设备设施或作业环境已经存在的不符合健康、安全与环境法律、法规、制度和工作标准的缺陷，或者是已经存在的经过风险评估具有不可接受风险的物的不安全状态。

二、危害因素辨识

生产经营活动指生产、经营过程中全部活动，包括生产管理活动和生产操作活动两部分。危害因素辨识的范围应当涵盖项目设计、施工作业、生产运行、检维修、废弃处置等全过程，包括作业人员与活动、设备设施、物料、工艺技术、作业环境等。

（一）生产管理活动风险识别

1. 梳理生产管理活动

（1）全面覆盖：生产管理活动覆盖试点专业的所有管理活动，从设计、施工、投产、运行等生产经营的全过程和各环节进行，没有遗漏。

（2）责任明确：各管理层级按照业务流程、部门职责梳理生产管理活动，从规划计划、人事培训、生产组织、工艺技术、设备设施、物资采购、工程建设等职能部门和属地管理岗位进行梳理。

（3）层次清晰：针对各个管理层级对照的专业领域、业务流程，梳理生产管理活动。

（4）重点突出：生产管理活动梳理应明确重点关注的、存在安全风险的管理活动。

（5）梳理有序：在时间进度方面综合考虑：按照核心流程先行梳理、辅助流程后梳理；存在业务逻辑先后顺序的先行业务先行梳理，后续业务后梳理；考虑人员能力，梳理责任人能力强的先行梳理，能力弱的后梳理。

2. 生产管理活动梳理方法与步骤

（1）企业进行生产管理活动梳理前应组织培训。

（2）企业应进行生产管理业务流程调研，做好信息收集工作。收集信息包括以下内容但不限于：

①企业组织机构图，包括企业、二级单位和车间（站队）；

②企业、二级单位和车间（站队）管理岗位设置及职责要求；

③管理活动相应的适用法律法规和标准规范要求；

④管理活动相应的企业规章制度要求；

⑤管理风险台账等资料和信息；

⑥管理活动与其他管理活动的关系说明，包括管理活动间的层次关系、关联性、交叉衔接区域（点）等，确定管理活动的边界。

（3）梳理生产管理活动。结合内控流程，按照逻辑顺序，梳理出具体的生产管理活动要求：

①生产管理活动边界划分是否合理；

②生产管理活动的归口部门、相关部门及有关单位是否正确、流程中各部门职责是否正确；

③各项生产管理活动的逻辑关系是否正确；

④生产管理活动的接口关系是否正确；

⑤生产管理活动是否符合适用法律法规及相关规章制度要求；

⑥是否满足"做什么？为何做？谁来做？何时做？怎样做？做到什么程度？需要多少资源？"等内容均已清晰描述。

（4）根据生产管理活动梳理，编制企业、二级单位、车间（站队）生产管理活动清单。

3. 生产管理活动风险分析

1）管理业务风险

管理业务风险包括但不限于以下情况：

（1）管理缺陷可能造成安全影响。

（2）本部门业务存在的不符合法律法规、标准规范和政府等部门要求。

（3）典型事故教训的启示。

（4）对照先进管理发现的薄弱环节。

（5）员工素质低、岗位设置、人员配置不合理、作业班制不合理。

2）分析管理业务存在的风险

对照企业、二级单位、车间（站队）三个层级的生产管理活动梳理结果，分析生产管理活动存在的管理风险，分析确认现有管控措施的有效性。

（二）生产操作活动风险识别

1. 分解生产操作活动

（1）调查岗位设置情况，收集有关信息，根据岗位的工作性质和职责，按属地管理的原则划分管理单元。针对管理单元，按照生产运行、工艺流程及设备设施管理要求，细化管理内容，确定操作项目和设备设施。收集资料信息包括但不限于：基层组织结构图；基层岗位设置清单及岗位职责要求；基层属地区域划分或区域位置图；相关工艺流程图；主要设备设施清单；主要管理制度、操作规程、两书一表和应急预案等；相关事故、事件案例；危害因素台账、风险评估或安全性评价报告、HAZOP分析报告等；其他必要的资料和信息。

（2）编制作业活动表，内容包括生产管理、工艺操作、施工维修、项目建设、废弃处理等涉及的设备设施、人员和程序。

（3）单元划分方法选择应结合专业特点，根据本单位生产、区域、设备、管理职责等方面的实际情况选择划分方法：按生产区域，按工艺流程，按设备设施（包括生产装置），按生产工作任务，按生产工作阶段，按岗位，上述方法的结合。

2. 生产操作活动危害因素辨识

1）辨识内容

（1）生产操作作业活动危害因素包括但不限于以下情况：物的不安全状态；人的不安全行为；环境的不良因素。

（2）根据岗位职责内的工艺流程、设备设施和工作区域，划分岗位管理单元。

2）划分原则

（1）应考虑基层生产操作活动的全过程，做到全面涵盖，辨识无遗漏。

（2）应考虑人、机、料、法、环等多种因素；应关注所有的常规、非常规和应急处置等作业活动。

（3）应考虑进入作业场所的所有人员（包括相关方的人员）的活动。

（4）应考虑作业场所的所有设备设施，包括租赁的设备设施。

3）划分方法

以岗位为基础，采用工艺流程、设备设施、工作区域相组合的方式进行单元划分。

4）辨识要求

（1）基层岗位应在生产作业开始前应进行工作前安全分析、安全讲话、安全交底等，对生产操作过程中的危害因素进行动态辨识。

（2）基层岗位危害因素辨识的范围应包括作业人员与活动、设备设施、物料、工艺技术、作业环境等。

（3）基层岗位应结合实际，选用现场观察、工作前安全分析（JSA）、安全检查表（SCL）、危险与可操作性分析（HAZOP）、故障树分析（FTA）、事件树分析（ETA）等方法进行危害因素辨识，辨识结果应形成记录。

（4）辨识出的危害因素应进行分类登记，危害因素分类执行GB/T 13861—2022《生产过程危险和有害因素分类与代码》标准要求。

（5）在作业环境、作业内容、作业人员发生改变或者工艺技术、设备设施等发生变更时，应重新进行危害因素辨识。

三、常用危害因素辨识方法

（一）现场观察

现场观察是一种通过检视生产作业区域所处地理环境、周边自然条件、场内功能区划分、设施布局、作业环境等来辨识存在危害因素的方法。开展现场观察的人员应具有较全面的安全技术知识和职业安全卫生法规标准知识，对现场观察出的问题要做好记录，规范整理后填写相应的危害因素辨识清单。

（二）工作前安全分析（JSA）

工作前安全分析（JSA）是指事先或定期对某项工作任务进行风险评价，并根据评价结果制定和实施相应的控制措施，达到最大限度消除或控制风险的方法。新工作任务开始前，理论上均应进行完全分析。若工作任务风险低且有胜任能力的人员完成，以前做过分析或已有操作规程的可不再进行安全分析，但应进行有效性检查，并判断工作环境是否变化及环境变化是否导致工作任务风险和控制措施改变。

（三）安全检查表（SCL）

安全检查表（SCL）是为检查某一系统、设备以及操作管理和组织措施中的不安全因素，事先对检查对象加以剖析和分解，并根据理论知识、实践经验、有关标准规范和事故信息等确定检查的项目和要点，以提问的方式将检查项目和要点按系统编制成的表，在设计或检查时，按规定项目进行检查和评价以辨识危害因素。安全检查表对照有关标准、法规或依靠分析人员的观察能力，借助其经验和判断能力，直观地对评价对象的危害因素进行分析。安全检查表一般由序号、检查项目、检查内容、检查依据、检查结果和备注等组成。

（四）危险与可操作性分析（HAZOP）

危险与可操作性分析（HAZOP）是指在开展工艺危险性分析时，通过使用指导语句和标准格式分析工艺过程中偏离正常工况的各种情形，从而发现危害因素和操作问题的一种系统性方法，是对工艺过程中的危害因素实行严格审查和控制的技术。HAZOP分析的对象是工艺或操作的特殊点（称为"分析节点"，可以是工艺单元，也可以是操作步骤），通过分析每个工艺单元或操作步骤，由引导词引出并识别具有潜在危险的偏差。

（五）故障树分析（FTA）

故障树分析（FTA）是通过对可能造成系统失效的各种因素（包括硬件、软件、环境、人为因素等）进行分析，画出逻辑框图（故障树），从而确定系统失效原因的各种可能组合方式及其发生概率的一种演绎推理方法。故障树根据系统可能发生的事故或已经发生的事故结果，寻找与该事故发生有关的原因、条件和规律，同时辨识系统中可能导致事故发生的危害因素。

（六）事件树分析（ETA）

事件树分析（ETA）是根据规则用图形来表示由初因事件可能引起的多事件链，以追踪事件破坏的过程及各事件链发生的概率的一种归纳分析法。事件树从给定的初始事件原因开始，按时间进程追踪，对构成系统的各要素（事件）状态（成功或失败）逐项进行二选一的逻辑分析，分析初始条件的事故原因可能导致的时间序列的结果，将会造成什么样的状态，从而定性与定量地评价系统的安全性，并由此获得正确决策。

第二节 风险评估

一、风险评估概述

企业应当结合实际，选用工作前安全分析（JSA）、危险与可操作性分析（HAZOP）等方法对辨识出的危害因素进行风险分析，选用作业条件危险分析（LEC）、风险评估矩阵（RAM）等方法进行风险评估。风险分析与评估结果应当形成记录或者报告。

（1）针对每项所识别的危害因素应从以下方面分析现有风险控制措施的完善性：控制文件是否完善，包括管理制度、操作规程、两书一表、作业许可、应急预案等；安全防护设备设施、个人防护用品、安全警示标志标识等是否齐全有效；是否纳入了定期的安全检查项；是否对岗位员工进行了必要的培训等；是否存在隐患或违章情况；是否发生过事故、事件。

（2）通过对现有控制措施的分析，找出现有控制措施的不足，为进一步开展风险评估并制定完善风险控制措施提供依据。

（3）企业应选用工作前安全分析（JSA）、危险与可操作性分析（HAZOP）等方法进行风险分析，选用作业条件危险分析（LEC）、风险评估矩阵（RAM）等方法进行风险评估。对评估为高风险的危害，应组织操作现场观察相应的操作步骤和设备设施进行确认和查证。依据风险可容许标准，确定出不可容许的风险。风险分级应根据以往发生的事故，按危害因素已经或者可能产生的危害及影响严重程度，结合风险控制管理需要划分。

（4）其他工作中针对车间（站队）和岗位工艺设备的HAZOP分析、安全环保现状评价等风险评估的结果等可作为风险评估的结果应用。

（5）评估确定的高风险应上报主管部门，由主管部门组织相应的专家进行审定。

二、常用风险评估方法

（一）作业条件危险分析（LEC）

作业条件危险分析（LEC）是针对在具有潜在危险性环境中的作业，用与风险有关的三种因素之积（$D=LEC$）来评价操作人员伤亡风险大小的一种风险评估方法，D值大，说明系统危险性大，需要增加安全措施，或改变发生事故的可能性（L），或减小人体暴露于危险环境中的频繁程度（E），或减轻事故损失（C），直至调整到允许范围。

（二）风险评估矩阵（RAM）

风险评估矩阵（RAM）是基于对以往发生的事故事件的经验总结，通过解释事故事件发生的可能性和后果严重性来预测风险大小，并确定风险等级的一种风险评估方法。在确定风险概率（表5-1-1）和事故后果严重程度（表5-1-2）的基础上，明确风险等级划分标准（表5-1-3），建立风险矩阵（表5-1-4）。

第一章 风险辨识与控制技术

表 5-1-1 事故发生概率表

概率等级	硬件控制措施	软件控制措施	概率说明/年
1	（1）两道或两道以上的被动防护系统，互相独立，可靠性较高。 （2）有完善的书面检测程序，进行全面的功能检查，效果好、故障少。 （3）熟练掌握工艺，过程始终处于受控状态。 （4）稳定的工艺，了解和掌握潜在的危险源，建立完善的工艺和安全操作规程。	（1）清晰、明确的操作指导，制定了要遵循的纪律，错误被指出并立刻得到更正，定期进行培训，内容包括正常、特殊操作和应急操作程序，包括了所有的意外情况。 （2）每个班组上都有多个经验丰富的操作工。理想的压力水平。所有员工都符合资格要求，员工爱岗敬业，清楚了解并重视危害因素。	现实中预期不会发生（在国内行业内没有先例）。 < 10^{-4}
2	（1）两道或两道以上，其中至少有一道是被动和可靠的。 （2）定期的检测，功能检查可能不完全，偶尔出现问题。 （3）过程异常不常出现，大部分异常的原因被弄清楚，处理措施有效。 （4）合理的变更，可能是新技术带有一些不确定性，高质量的工艺危害分析。	（1）关键的操作指导正确、清晰，其他的则有些非致命的错误或缺点，定期开展检查和评审，员工熟悉程序。 （2）有一些无经验人员，但不会全在一个班组。偶尔的短暂的疲劳，有一些厌倦感。员工知道自己有资格做什么和自己能力不足的地方，对危害因素有足够认识。	预期不会发生，但在特殊情况下有可能发生（国内同行业有过先例）。 10^{-3} 至 10^{-4}
3	（1）一个或两个复杂的、主动的系统，有一定的可靠性，可能有共因失效的弱点。 （2）不经常检测，历史上经常出问题，检测未被有效执行。 （3）过程持续出现小的异常，对其原因没有全搞清楚或进行处理。较严重的过程（工艺、设施、操作过程）异常被标记出来并最终得到解决。 （4）频繁的变更或新技术应用，工艺危害分析不深入，质量一般，运行极限不确定。	（1）存在操作指导，没有及时更新或进行评审，应急操作程序培训质量差。 （2）可能一班半数以上都是无经验人员，但不常发生。有时出现的短时期的班组群体疲劳，较强的厌倦感。员工不会主动思考，员工有时可能自以为是，不是每个员工都了解危害因素。	在某个特定装置的生命周期里不太可能发生，但有多个类似装置时，可能在其中的一个装置发生（集团公司内有过先例）。 10^{-2} 至 10^{-3}
4	（1）仅有一个简单的主动的系统，可靠性差。 （2）检测工作不明确，没检查过或没有受到正确对待。 （3）过程经常出现异常，很多从未得到解释。 （4）频繁地变更及新技术应用。进行的工艺危害分析不完全，质量较差，边运行边摸索。	（1）对操作指导无认知，培训仅为口头传授，不正规的操作规程，过多的口头指示，没有固定成形的操作，无应急操作程序培训。 （2）员工周转较快，个别班组一半以上为无经验的员工。过度的加班，疲劳情况普遍，工作计划常常被打乱，士气低迷。工作由技术有缺陷的员工完成，岗位职责不清，员工对危害因素有一些了解。	在装置的生命周期内可能至少发生一次（预期中会发生）。 10^{-1} 至 10^{-2}
5	（1）无相关检测工作。 （2）过程经常出现异常，对产生的异常不采取任何措施。 （3）对于频繁地变更或新技术应用，不进行工艺危害分析。	（1）对操作指导无认知，无相关的操作规程，未经批准进行操作。 （2）人员周转快，装置半数以上为无经验的人员。无工作计划，工作由非专业人员完成。员工普遍对危害因素没有认识。	在装置生命周期内经常发生。 > 10^{-1}

表 5-1-2 事故后果严重程度

严重程度等级	员工伤害	财产损失	环境影响	声誉
1	造成3人以下轻伤	一次造成直接经济损失人民币10万元以下、1000元以上	事故影响仅限于生产区域内，没有对周边环境造成影响。	负面信息在集团公司所属企业内部传播，且有蔓延之势，具有在集团公司范围内部传播的可能性。
2	造成3人以下重伤，或者3人以上10人以下轻伤	一次造成直接经济损失人民币10万元以上、100万元以下	(1)造成或可能造成大气环境污染，需疏散转移100人以下。 (2)造成或可能造成跨乡镇级行政区域纠纷。 (3)非环境敏感区油品泄漏量5t以下。	负面信息尚未在媒体传播，但已在集团公司范围内部传播，且有蔓延之势，具有媒体传播的可能性。
3	一次死亡3人以下，或者3人以上10人以下重伤，或者10人以上轻伤	一次造成直接经济损失人民币100万元以上、1000万元以下	(1)造成或可能造成大气环境污染，需疏散转移100人以上500人以下。 (2)造成或可能造成跨县(市)级行政区域纠纷。 (3)Ⅳ类、Ⅴ类放射源丢失、被盗、失控。 (4)环境敏感区内油品泄漏量1t以下，或非环境敏感区油品泄漏量5t以上10t以下。	(1)引起地(市)级领导关注，或地(市)级政府部门领导做出批示。 (2)引起地(市)级主流媒体负面影响报道或评论。或通过网络媒介在可控范围内传播，造成或可能造成一般社会影响。 (3)媒体就某一敏感信息来访并拟报道。 (4)引起当地公众关注。
4	一次死亡3~9人，或者10~49人重伤	一次造成直接经济损失人民币1000万元以上、5000万元以下	(1)造成或可能造成河流、沟渠、水塘、分散式取水口等水体大面积污染。 (2)造成乡镇以上集中式饮用水水源取水中断。 (3)造成基本农田、防护林地、特种用途林地或其他土地严重破坏。 (4)造成或可能造成大气环境污染，需疏散转移500人以上1000人以下。 (5)造成或可能造成跨地(市)级行政区域纠纷。 (6)Ⅲ类放射源丢失、被盗或失控。 (7)环境敏感区内油品泄漏量1t以上10t以下，或非环境敏感区内油品泄漏量10t以上100t以下。	(1)引起省部级或集团公司领导关注，或省级政府部门领导做出批示。 (2)引起省级主流媒体负面影响报道或评论。或引起较活跃网络媒介负面影响报道或评论，且有蔓延之势，造成或可能造成较大社会影响。 (3)媒体就某一敏感信息来访并拟重点报道。 (4)引起区域公众关注。
5	一次死亡10人以上，或者50人以上重伤	一次造成直接经济损失人民币5000万元以上	(1)造成或可能造成饮用水源、重要河流、湖泊、水库及沿海水域大面积污染。 (2)事件发生在环境敏感区，对周边自然环境、区域生态功能或濒危物种生存环境造成或可能造成重大影响。 (3)造成县级以上城区集中式饮用水水源取水中断。 (4)造成基本农田、防护林地、特种用途林地或其他土地基本功能丧失或遭受永久性破坏。 (5)造成或可能造成区域大气环境严重污染，需疏散转移1000人以上。 (6)造成或可能造成跨省级行政区域纠纷。 (7)Ⅰ类、Ⅱ类放射源丢失、被盗或失控。 (8)环境敏感区内油品泄漏量10t以上，或非环境敏感区内油品泄漏量100t以上	(1)引起国家领导人关注，或国务院、相关部委领导做出批示。 (2)引起国内主流媒体或境外重要媒体负面影响报道或评论。极短时间内在国内或境外互联网大面积爆发，引起全网广泛传播并迅速蔓延，引起广泛关注和大量失控转载。 (3)媒体来访并准备组织策划专题系列跟踪报道。 (4)引起国际或全国范围公众关注

第一章　风险辨识与控制技术

表 5-1-3　风险等级划分标准

风险等级	分值	描述	需要的行动	改进建议
Ⅳ级风险	16＜Ⅳ级≤25	严重风险（绝对不能容忍）	必须通过工程和/或管理、技术上的专门措施，限期（不超过6个月内）把风险降低到级别Ⅱ级或以下。	需要并制定专门的管理方案予以削减。
Ⅲ级风险	9＜Ⅲ级≤16	高度风险（难以容忍）	应当通过工程和/或管理、技术上的控制措施，在一个具体的时间段（12个月）内，把风险降低到级别Ⅱ级或以下。	需要并制定专门的管理方案予以削减。
Ⅱ级风险	4＜Ⅱ级≤9	中度风险（在控制措施落实的条件下可以容忍）	具体依据成本情况采取措施。需要确认程序和控制措施已经落实，强调对它们的维护工作。	个案评估。评估现有控制措施是否均有效。
Ⅰ级风险	1≤Ⅰ级≤4	可以接受	不需要采取进一步措施降低风险	不需要。可适当考虑提高安全水平的机会（在工艺危害分析范围之外）

表 5-1-4　风险矩阵

事故发生概率等级	5	Ⅱ级 5	Ⅲ级 10	Ⅳ级 15	Ⅳ级 20	Ⅳ级 25
	4	Ⅰ级 4	Ⅱ级 8	Ⅲ级 12	Ⅳ级 16	Ⅳ级 20
	3	Ⅰ级 3	Ⅱ级 6	Ⅱ级 9	Ⅲ级 12	Ⅳ级 15
	2	Ⅰ级 2	Ⅰ级 4	Ⅱ级 6	Ⅱ级 8	Ⅲ级 10
	1	Ⅰ级 1	Ⅰ级 2	Ⅰ级 3	Ⅰ级 4	Ⅱ级 5
风险矩阵		1	2	3	4	5
	事故后果严重程度等级					

说明：
（1）风险＝事故发生概率×事故后果严重程度。
（2）风险矩阵中风险等级划分标准见风险等级划分标准表，事故发生概率等级见风险等级划分标准表，事故后果严重程度等级见事故后果严重程度表。

第三节　工艺安全管理

工艺安全管理—PSM（Process Safety Management）对生产工艺综合应用管理体系和管理控制（制度、程序、审核、评估），使得工艺危害得到识别、理解和控制，从而达到预防工艺事故和伤害发生的目的。工艺安全管理要素（图5-1-1）包括：工艺安全信息（PSI）、工艺危害分析（PHA）、操作规程（OP）、作业许可（WP）、变更管理（MOC）、启用前安全检查（PSSR）、机械完整性（MI）、事故/事件管理（II）、承包商管理（CSM）、应急响应（ER）、培训（Training）、符合性审计（Audit）。

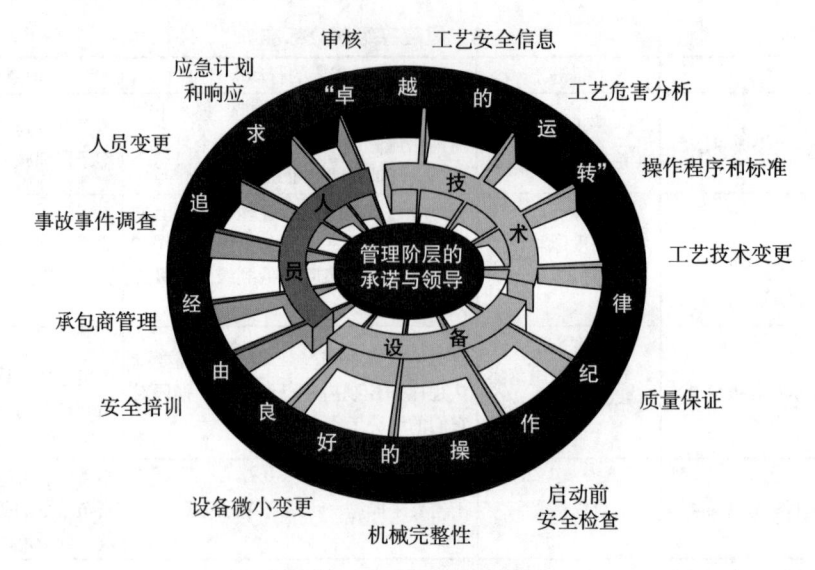

图 5-1-1 工艺安全管理系统

工艺安全管理（PSM）体系的目的是确保工艺设施如化工厂、炼油厂、天然气加工厂和海上钻井平台得到安全的设计和运行。工艺安全管理（PSM）体系专注于预防重大工艺事故，如火灾、爆炸和有毒化学品的泄漏等。

在20世纪80年代发生了一系列的严重事故，例如印度博帕尔的有毒气体泄漏事件，针对这些，第一部工艺安全管理(PSM)的法规得以出台。美国最重要的工艺安全管理(PSM)法规是职业安全及健康管理局（OSHA）于1992年颁布的29CFR1910.119高度危险化学品的工艺安全管理。1996年美国环境保护局（EPA）又将工艺安全的监管范围扩展到了环境和公众安全。此外有一些州制订了自己的工艺安全管理（PSM）法规，包括：新泽西州的毒害物灾难防治法（1986年）；特拉华州剧毒物风险管理法（1989年）；内华达州的化学品事故预防管理（CAPP）。各种专业协会还建立了不同的工艺安全管理（PSM）标准和指导程序，如美国石油学会（API）的建议实践750。各种专业公司和社团组织过与工艺安全管理（PSM）相关的各种研讨会，如化工工艺安全中心、"成功工厂"和石油工程师协会等。

工艺安全管理（PSM）不是一个由管理层下达到其员工和承包商工人的管理程序，而是一个涉及每个人的管理程序。关键词是："参与"，绝对不是仅仅沟通。所有管理人员，雇员和承包商工人都为工艺安全管理（PSM）的成功实施负有责任。管理层必须组织和领导PSM体系初期的启动，但员工必须在实施和改进上充分参与进来，因为他们是对工艺如何运行了解最多的人，必须由他们来执行建议和变动。如内部职能部门和外部顾问这样的专家组可以针对特定领域提供帮助，但工艺安全管理（PSM）从本质上来说是生产管理部门自己的职责。仔细考察其内容可以帮助我们进一步理解工艺安全管理（PSM）的概念。

一、工艺安全信息 PSI

工艺安全信息提供了工艺或操作的描述。它提供了识别和了解所包含危险的基础，是工艺安全管理工作中的第一步,是整个工艺安全管理的基础。任何新改扩建项目在验收前都应完成项目的工艺安全信息收集、整理、归档工作,并作为验收通过的重要条件。在役装置要根据变更管理的要求及时更新这些信息,以保证材料、工艺、设备的工艺安全信息的完整性和准确性,为今后的日常管理、技术更新、维修和操作等工作提供可靠依据。

工艺安全信息由物料的危害性,工艺设计基础,设备设计基础和装置启动、运行变更等其他信息组成。

(一)物料的危害性

物料的物理、化学及毒性数据以及原材料、中间体、废品、成品都需登记在册。

(二)工艺设计基础

工艺设计基础是对工艺的描述,包括工艺化学原理、物料和能量平衡、工艺步骤、工艺参数、每个参数的限值、偏离正常运行状态的后果。工艺设计基础应包括如下信息:框图或简化的工艺流程图;对工艺化学原理的描述,包括可能出现的不良副反应以及失控反应(仅限高危害工艺);工艺步骤、标准操作条件、超过最高或低于最低标准操作条件的偏离后果;危险物料的计划最大存量(仅限高危害工艺);物料和能量平衡(仅限高危害工艺);管道和仪表图(P&ID图);质量保证检验报告;电力系统安装图;通风系统设计;消防设施平面布置图及档案。

安全区域等级划分图;供货商资料和蓝图;附加信息。其他有助于描述工艺或确保工艺操作安全的信息,包括行业或企业的特殊安全制度、废弃物处理事项、工艺设备的细节(如仪器仪表、安全系统)或重大工艺事故的描述。

(三)设备设计基础

设备设计基础是设备设计的依据,包括设计规范和标准、设备负荷计算表、设备规格、厂商的制造图纸等。设备设计基础包括:设备设计依据、设备计算、设备的技术规格、设备操作维护程序或手册、设备供货商资料和设备蓝图、设备制造标准、设备质量保证检验报告、PSM关键设备清单。

(四)装置启动信息

新改扩建装置开工前,对装置进行的启动前安全检查相关资料应作为工艺安全信息资料保存。

(五)工艺危害分析信息

研究和技术开发、新改扩建项目、在役装置、停用封存、拆除报废等各阶段的工艺危害分析信息应完整记录并保存。

(六)运行过程信息

在役装置运行中,以下信息或记录应作为工艺安全信息管理:操作记录、工艺技术设备变更记录、设备检测记录、设备日常维修记录、停工检维修记录、事故资料,以及其他资料。

二、工艺危害分析

工艺危害分析是通过系统的方法来识别、评估和控制工艺过程中的危害，包括后果分析和工艺危害评价，以预防工艺危害事故的发生。

（一）工艺危害分析的应用范围

工艺危害分析（以下简称PHA）是装置生命周期内各个时期和阶段辨识、评估和控制工艺危害的有效工具。属于高危害工艺的下列情况应进行PHA：研究和技术开发、新改扩建项目、在役生产装置、工艺技术变更、停用封存装置、拆除报废装置。

存在下列情况时也可进行PHA：低危害性操作、设备及微小变更、事故调查。

（二）应用时机

1. 新改扩建项目

新改扩建项目在投用前应对所有工艺进行PHA，包括：

（1）在项目建议书阶段，进行危害辨识，提出对项目产生方向性影响的建议，包括考虑使用本质安全的技术，来显著地减少危害。

（2）在可行性研究阶段，评审自项目建议书阶段以来在项目范围或设计内容上有何变更、确认所有工艺危害均已辨识，并确定安全措施是否能足以控制所有的危害。按照国家规定必须进行安全预评价的项目，可以不再进行项目批准前PHA，但安全预评价内容必须符合《工艺危害分析管理规范》的要求。

（3）在初步设计阶段，在初步设计图纸完成后应进行PHA，对工艺过程进行系统和深入的分析，辨识所有工艺危害和后果事件，提出消除或控制工艺危害的建议措施。

（4）在详细设计阶段，如出现重大变更，应补充进行PHA。

（5）在项目竣工验收前，应形成最终的工艺危害分析报告，此报告是项目建议书阶段、可行性研究阶段、初步设计阶段、施工图设计阶段的PHA报告的汇编。该报告应在"启动前安全检查"前完成，作为检查的一项重要内容。

2. 在役装置

在役装置的整个使用寿命期内应定期进行PHA，包括：

（1）基准PHA。在试生产阶段，对最终的PHA报告进行再确认后，可作为基准PHA报告。如果期间出现了影响工艺安全的变更，应重新进行PHA。基准PHA作为周期性PHA的基础。

（2）周期性PHA。在生产阶段，周期性PHA至少每5年进行一次，油气处理、炼化工艺装置等高危害工艺的周期性PHA间隔不应超过3年；对于发生多次工艺安全事故或经常进行变更的工艺，间隔不应超过3年。周期性PHA可采用再确认的形式来更新，并作为下一周期性PHA的基准。

3. 停用封存、拆除报废装置

停用封存的装置在停用封存前应进行PHA，辨识、评估和控制停用封存过程中的危害，保证装置封存过程及封存后的安全。

第一章 风险辨识与控制技术

拆除报废的装置在拆除报废前应进行PHA，辨识、评估和控制拆除过程中的危害，保证装置拆除过程及结果的安全，降低环境影响。

4.研究和技术开发

研究和技术开发涉及新工艺、新技术、新材料、新产品的研究或开发方案，应在实施前应进行PHA，辨识、评估和控制研究和技术开发过程中的危害，保证其过程的健康、安全、环保。

（三）工艺危害分析（PHA）常用的危害分析方法

故障假设/检查表（what if/checklist）、故障类型与影响（FMEA）、危险与可操作性分析（HAZOP）、保护层分析（LOPA）、故障树分析（FTA）等。

三、变更管理（工艺技术、设备、人员）

"变更管理"是"工艺安全管理"中必不可少的组成部分，为了对人员、管理、工艺、技术、设备设施、场所等永久性或暂时性的变化及时进行控制，规范相关的程序和对变更过程及变更所产生的风险进行分析和控制，防止因为变更因素发生事故。

四、质量保证

质量保证工作的重点是确保工艺设备按照设计和相关规范制造并确保安装质量。其要点一是要确定《关键设备清单》，对列入关键设备清单内的设备实施严格的质量控制；二是对工艺设备的制造、安装过程有明确的质量控制程序并通过检查、检测等手段实施质量监督，以确保关键设备的制造和安装符合设计规格。关键设备通常包括且不仅限于以下：压力容器和罐（包括储罐）；管道系统（包括如阀、软管和膨胀波纹管/接头等管道部件）；压力释放（即安全阀）及通风系统和装置；联锁装置、警报器、重要仪表和传感器等；紧急装置，包括停机系统和隔离系统；消防系统（如消防水管，消防泵，自动喷淋系统，消防栓等）和防火隔离系统（如防火墙、防火门、阻火器等）；电气接地和跨接；紧急报警/通信系统；监测装置和传感器；泵。

五、启动前安全检查（PSSR）

启动前安全检查是在工艺设备投用前对所有相关安全要素进行检查确认，对必改项进行整改、跟踪、验证、批准投用的过程。

（一）启动前安全检查（PSSR）的实施步骤

（1）PSSR组长召集所有组员召开PSSR计划会议。

（2）针对施工作业性质、工艺设备的特点等编制PSSR清单。

（3）实施检查：分为文件审查和现场检查，PSSR组员应根据任务分工，分五个阶段按照检查清单实施具体检查，并形成书面记录。

（4）完成 PSSR 检查清单的所有项目后，各组员汇报检查过程中发现的问题，审议并将其分类为必改项、待改项，形成 PSSR 综合报告，确认启动前或启动后应完成的整改项目、整改时间和责任人。

（5）所有必改项已经整改完成及所有待改项已经落实监控措施和整改计划后，方可批准实施启动。

（6）文件整理。

（二）启动前安全检查清单

（1）人员：所有相关员工已接受有关 HSE 危害、操作规程、应急知识、工艺设备变更内容的培训和考核；承包商员工得到相应的 HSE 培训，包括工作场所或周围潜在的火灾、爆炸或毒物释放危害及应急知识；新上岗或转岗员工清楚新岗位可能存在的危险并具备胜任本岗位的能力。

（2）工艺技术：所有工艺安全信息（如危险化学品安全技术说明书、工艺设备设计依据等）已归档；工艺危害分析建议措施已完成；操作规程、作业指导书、操作卡、应急预案、工艺卡片等经过批准确认；工艺技术变更，包括工艺或仪表图纸的更新，经过批准并记录在案。

（3）设备：设备已按设计要求制造、运输、储存和安装；设备运行、检维修、维护的记录已按要求建立；设备变更引起的风险已得到分析，控制措施已得到落实，操作规程、作业指导书、操作卡、应急预案、工艺卡片等已得到更新，并得到批准确认。

（4）安全设施：消防设备设施已按设计要求配备、安装及检查确认；安防设备设施已按设计要求配备、安装及检查确认；作业现场、安全通道已按要求清理。

（5）环境保护：污染治理设施可以正常工作；处理废弃物（包括试车废料，不合格产品）的措施已落实；国家环保法规要求得到满足。

（6）事故事件的应急响应：应急资源是否得到保证；确认应急预案与工艺安全信息相一致，相关人员已接受培训；针对以往事故教训制定的改进措施已得到落实。

六、机械完整性管理

通过有效的维护、维修和保养，确保关键性设备在投运之后直至报废的整个生命周期内，其涉及风险因素控制的各个系统和装置设施的性能保持完整，这个过程称为机械完整性管理。其要点是：

（1）建立书面的维修程序。
（2）维修人员的培训。
（3）建立维修、备件和设备的质量控制程序。
（4）确保关键性设备的持续性可靠性分析，建立预见性/预防性维护程序。
（5）聘请顾问确保设备的完整性。

第二章 采气风险辨识与控制

第一节 介质风险辨识与控制

一、天然气

(一)理化性质

天然气是存在于地下岩石储层中以烃为主体的混合气体的统称,相对密度约0.65,比空气轻,具有无色、无味、无毒之特性。天然气主要成分烷烃,其中甲烷占绝大多数。天然气属易燃、易爆物质,爆炸极限常温/常压下为5%～15%(与空气的体积比),遇火源引起燃烧或爆炸。

天然气不像一氧化碳(CO)那样具有毒性,它本质上是对人体无害的。天然气在空气中含量达到一定程度后会使人窒息。当空气中甲烷达25%～30%时,可引起头痛、头晕、乏力、注意力不集中、呼吸和心跳加速、共济失调。若不及时脱离,可致窒息死亡。

虽然天然气比空气轻而容易发散,但是当天然气在房屋或帐篷等封闭环境里聚集的情况下,达到一定的比例时,就会触发威力巨大的爆炸。爆炸可能会夷平整座房屋,甚至殃及邻近的建筑。甲烷在空气中的爆炸极限下限为5%,上限为15%。

(二)急救措施

(1)皮肤接触:如果发生冻伤,将患部浸泡于保持在38～42℃的温水中复温。不要涂擦,不要使用热水或辐射热,使用清洁、干燥的敷料包扎,如有不适感应尽快就医。

(2)眼睛接触:不会通过该途径接触。

(3)吸入:迅速脱离现场至空气新鲜处,保持呼吸道通畅,如呼吸困难,应进行输氧。呼吸、心跳停止,立即进行心肺复苏术,就医。

(4)食入:不会通过该途径接触。

表 5-2-1 天然气浓度与伤害身体表

浓度值	不适反应
在空气中浓度达到10%	使人感到氧气不足
浓度达25%～30%	引起头痛、头晕、注意力不集中、呼吸和心跳加速、精细动作障碍
浓度达30%以上	可因缺氧窒息、昏迷

(三) 消防措施

（1）危险特性：易燃，与空气混合能形成爆炸性混合物，遇热源和明火有燃烧爆炸的危险。天然气与五氧化溴、氯气、次氯酸、三氟化氮、液氧、二氟化氧及其他强氧化剂接触剧烈反应。

（2）有害燃烧产物：一氧化碳。

（3）灭火方法：用雾状水、泡沫、二氧化碳、干粉灭火。

（4）灭火注意事项及措施：切断气源。若不能切断气源，则不允许熄灭泄漏处的火焰。消防人员必须佩戴空气呼吸器、穿全身防火防毒服，在上风向灭火。尽可能将容器从火场移至空旷处。喷水保持火场容器冷却，直至灭火结束。

（四）泄漏应急处理

应急行动：消除所有点火源。根据气体的影响区域划定警戒区，无关人员从侧风、上风向撤离至安全区。建议应急处理人员戴正压自给式呼吸器，穿防静电服。作业时使用的所有设备应接地。禁止接触或跨越泄漏物。尽可能切断泄漏源。若可能翻转容器，使之逸出气体而非液体。喷雾状水抑制蒸气或改变蒸气云流向，避免水流接触泄漏物。禁止用水直接冲击泄漏物或泄漏源。防止气体通过下水道、通风系统和密闭性空间扩散。隔离泄漏区直至气体散尽。

二、硫化氢

（一）理化性质

硫化氢（H_2S）为无色气体，在低浓度时具有臭鸡蛋气味，在高浓度时由于嗅觉迅速麻痹而无法闻到臭鸡蛋气味。H_2S 分子量34.08，比空气重，密度是空气的1.19倍，易溶于水，亦溶于醇类、石油溶剂和原油中。

（二）侵入途径

接触 H_2S 的主要途径是吸入，H_2S 经黏膜吸收快，皮肤吸收甚少。

（三）毒理学简介

H_2S 是一种神经毒剂，也是窒息性和刺激性气体。H_2S 主要作用于中枢神经系统和呼吸系统，亦可造成心脏等多个器官损害，对其作用最敏感的部位是脑和黏膜。

H_2S 的急性毒性作用器官和中毒机制，随接触浓度和接触时间变化而不同。浓度越高则对中枢神经抑制作用越明显，浓度较低时对黏膜刺激作用明显（表5-2-2）。

表5-2-2　吸入硫化氢浓度与伤害身体表

在空气中的浓度			暴露于硫化氢的典型特性
%（体积分数）	ppm	mg/m³	
0.000013	0.13	0.18	通常，在大气中含量为 0.195mg/m³（0.13ppm）时，有明显和令人讨厌的气味；在大气中含量为 6.9mg/m³（4.6ppm）时，就相当显而易见。随着浓度的增加，嗅觉就会疲劳，气体不在能通过气味来辨别。

续表

在空气中的浓度			暴露于硫化氢的典型特性
%（体积分数）	ppm	mg/m³	
0.001	10	14.41	有令人讨厌的气味。眼睛可能刺激。
0.0015	15	21.61	美国政府工业卫生专家联合会推荐的15min短期暴露范围平均值。
0.002	20	28.83	在暴露1h或更长事件后，眼睛有烧灼感，呼吸道收到刺激。
0.005	50	72.07	暴露15min或15min以上的事件后嗅觉就会丧失，如果超过1h，可能导致头痛、头晕和（或）摇晃。超过50ppm将会出现肺浮肿，也会对人员的眼睛产生严重刺激或伤害。
0.01	100	144.14	3～5min就会出现咳嗽、眼睛受刺激和失去嗅觉。在5～20min过后，呼吸就会变样，眼睛就会疼痛并昏昏欲睡，在1h后就会刺激厚道。延长暴露时间将逐渐加重这些症状。
0.03	300	432.4	明显的结膜炎和呼吸道刺激。
0.05	500	720.49	短期暴露后就会不省人事，如不迅速处理就会停止呼吸。头晕、失去理智和平衡杆。需要迅速进行人工呼吸和（或）心肺复苏。
0.07	700	1008.55	意识快速丧失，如果不迅速营救，呼吸就会停止并导致死亡，应立即采取人工呼吸和（或）心肺复苏
0.10+	1000+	1440.98	立即丧失知觉，结果将会产生永久性的脑伤害或脑死亡。应迅速进行营救。应用人工呼吸和（或）心肺复苏

从上面的分析可以看出发生 H_2S 中毒的特点：

（1）H_2S 最大的危害是意外接触造成突然死亡。

（2）不能根据臭鸡蛋味来判断作业场所的是否存在 H_2S 和 H_2S 浓度。

（四）进入事故现场

当中毒事故或泄漏事故发生时，需要人员到事故现场进行抢救处理，这时必须做到：

（1）发现事故应立即呼叫或报告，不能个人贸然去处理。

（2）佩戴适用的防毒面具，有两个以上的人监护。

（3）进入塔、容器、下水道等事故现场，还需携带安全带（绳）。有问题应联络立即撤离现场。

三、凝析油

凝析油是指从凝析气田或者油田伴生天然气凝析出来的液相组分，在地下以气相存在，采出到地面后则呈液态。凝析油其主要成分是 C_5 至 C_{11+} 烃类的混合物，并含有少量的大于 C_8 的烃类以及二氧化硫、噻吩类、硫醇类、硫醚类和多硫化物等杂质，其馏分多在 20～200℃之间，挥发性好。

（一）凝析油存在的危害

（1）凝析油是易燃、易爆、低毒物质，其蒸气与空气可形成爆炸性混合物。凝析油与氧化剂接触能发生强烈反应，引起燃烧或爆炸。

（2）凝析油导电性较差，在装卸、输送等过程中会产生静电，易引发油气燃烧爆炸事故。凝析油中含有少量水分和微量腐蚀性物质，会引起储罐和管线的电化学腐蚀，造成穿孔和油泄漏。

（3）液体迅速蒸发且可能会点燃，导致局部空间发生爆燃或爆炸。

（4）因为有可能使嗅觉失灵并有相当高的嗅味极限值，所以不可以依赖气矿为其存在的警告。

（5）即使在过低的闪点温度下，仍有可燃蒸气存在的可能。

（6）易积聚静电。

（7）即使正确接地和搭接，也可能积聚静电荷。

（8）如果积聚了足够的电荷，可能发生静电放电并点燃空气中的易燃蒸气混合物。

（9）由于凝析油蒸气比空气重，能在较低处扩散到相当远的地方，遇明火会引着回燃。不论是液体或汽态，均具有极度易燃性。

（二）凝析油储运危害

凝析油通过泵输送过程中会产生静电放电，从而引起火灾，所以需要搭接所有设备并接地，以降低风险。凝析油转移过程中所产生的污染，也会导致油罐顶部产生烃蒸气，遇到火源，存在爆炸风险。在极端情况下，即使正确接地和搭接，凝析油也可能积聚静电荷，当积聚了足够的电荷，就可能发生静电放电并点燃空气中的易燃蒸汽混合物。

1. 消防措施

（1）危险特性：遇明火或者火星可燃，具有爆炸可能，但爆炸极限不详，燃烧爆炸可能性较低。

（2）有害燃烧产物：一氧化碳、二氧化碳。

（3）灭火方法及灭火剂：灭火剂灭火，灭火剂可选用干粉、泡沫。

2. 操作与储存

操作人员必须经过专门培训，严格遵守操作规程。建议操作人员戴橡胶耐油手套。远离火种、热源，避免与氧化剂接触，配备相应品种和数量的消防器材及泄漏应急处理设备。

3. 急救措施

（1）皮肤接触：脱去污染衣物，用水冲洗暴露的部位，并用肥皂（如有）进行清洗，如刺激持续，请求医。

（2）眼睛接触：用大量的水冲洗眼睛，如刺激持续，请求医。

（3）吸入：于正常使用状况下，不需要治疗，若症状仍存在，应获取医疗建议。

（4）食入：如果发生吞咽，转移到最近的医疗机构，进行进一步的治疗；如果发生自发性呕吐，让头低于臀部以下，以防止其抽吸。

4. 泄漏应急处置

切断泄漏源，进行回收或用沙土等覆盖，泄漏处禁止明火。

四、二氧化硫

（一）理化性质

（1）二氧化硫（SO_2）为无色透明，有毒气体，有刺激性臭味，不燃烧，与空气重，也不组成爆炸性混合物。

（2）二氧化硫的阈限值：5.4mg/m³（2ppm）。

（3）STEL 值：10mg/m³（4ppm）。

（4）立即威胁到生命和健康的浓度（IDLH）：270mg/m³（100ppm）（表5-2-3）。

表 5-2-3　二氧化硫浓度与伤害身体表

在空气中的浓度，ppm	危害
0.5 以上	对人体已有潜在影响
1～3	多数人开始感到刺激
400～500	人会出现溃疡和肺水肿直至窒息死亡

（二）防护措施

（1）呼吸系统防护：防毒面具（全面罩）、正压自给式呼吸器。

（2）身体防护：穿聚乙烯防毒服。

（3）手防护：佩戴橡胶手套。

（三）急救措施

（1）皮肤接触：用大量流动清水冲洗，然后就医。

（2）眼睛接触：提起眼睑，用流动清水或生理盐水冲洗。

（3）吸入：迅速至空气新鲜处，保持呼吸道通畅，如呼吸困难，给输氧；如呼吸停止，立即进行人工呼吸。

五、氮气

（一）理化性质

氮气（N_2）是一种无色无味无臭的气体，比空气稍轻（相对密度为0.97），且通常无毒，生产应用中通常采用黑色钢瓶盛放氮气，或采用氮气车运输液体氮气。在生产中主要应用在氮封、惰化、气体置换、吹扫等方面。氮气的主要危害是窒息、液氮气化时存在低温风险。空气中氮气含量过高，氧气浓度下降到19.5%以下时，就可能造成人员缺氧窒息。吸入浓度不太高的氮气时，可能引起胸闷、气短、疲软无力，继而有烦躁不安、极度兴奋、乱跑、叫喊、神情恍惚、步态不稳，可能进入昏睡或昏迷状态。吸入高浓度的氮气（氮气浓度大于90%），可迅速导致人员出现昏迷、呼吸心跳停止而致死亡（表5-2-4）。

暴露于氮气危害环境中的人员，在出现明显征兆或症状之前，其生命可能已处于危险状态，应立即脱离现场，移送至空气新鲜处，并迅速进行医疗救护。

表 5-2-4　氮气浓度与伤害身体表

在空气中的浓度	危害
吸入氮气浓度不太高时	患者最初感胸闷、气短、疲软无力
吸入高浓度	使吸入气氧分压下降，引起缺氧窒息。患者可迅速昏迷、因呼吸和心跳停止而死亡

（二）使用要求

如果工作场所存在潜在的氮气危害，应设置警示标识并提供足够的控制措施。这些措施可包括但不限于：（1）具有声光报警功能的测氧仪；（2）强制通风系统；（3）警戒线或围栏；（4）通过上堵头、封头、加盲板等方式隔断氮气来源。

企业应定期对可能处在氮气危害环境中工作的员工（包括承包商员工）进行培训，培训包括氮气的危害、相关作业安全要求、预防窒息和急救的知识等内容。在使用氮气的作业场所应配备相应的防护用品和装备，并制定紧急情况下的应急措施。接触液态氮的操作人员还应进行皮肤和眼部等部位的防护。日常工作中氮气使用的安全要求应在操作规程中说明。系统中的氮气瓶、管线、储罐、氮气取用连接点等应有统一、明显的标识。在任何情况下氮气管线都不能与呼吸空气管道相互连接。

使用氮气的实验室、化验室等密闭空间应保持良好的通风，配备具有声光报警功能的测氧仪，并在入口处设置安全标识。

对于可能有氮气存在的设备、容器，在所有可能的人员出入口处都应设置清晰可见的安全标识。

氮气瓶的储存和搬运应符合《气瓶使用安全管理规范》的要求。禁止使用氮气用于以下目的：

（1）一般的表面清理（包括工艺区域、维修车间、室外工作区域、任何设备），除非工艺中要求使用氮气作为吹扫介质且进行了安全排放。

（2）气动工具的驱动。

（3）作为工艺、仪表的替代或备用气源，除非经过风险评估已确认所有潜在的危害，采取了风险削减和控制措施，并且有文件化的管理程序。

（4）在可能有人存在的区域中进行工程应急、冷却或灭火。

（三）急救措施

（1）皮肤接触：无明显危害（因空气中就含有约 78% 的氮）。

（2）眼睛接触：无明显危害。

（3）吸入：迅速脱离现场至空气新鲜处，保持呼吸道通畅，如呼吸困难应进行输氧。当呼吸心跳停止时，立即进行人工呼吸和胸外心脏按压术，并及时送医。

（4）食入：危害微小。

第二节　运行维护风险辨识与控制

天然气采集系统是一个具有较高压力的密闭系统，采气生产过程中具有密闭性、连续

第二章　采气风险辨识与控制

性的特点，存在火灾、爆炸、硫化氢中毒、灼烫等危险。天然气内部集输工程包括采气井站、集气站、增压站、回注站、脱水站等生产作业场所，以下将各作业场所的风险分类进行说明。

一、采气井与集输站场

（一）生产气井

由于油管和套管存在缺陷而发生漏失；固井质量不合要求没有形成有效防护段；含硫天然气由于封隔器和油管漏失而进入套管环空区造成腐蚀；设计、加工、材质、生产异常情况和管理不当造成的突然故障；井下安全阀失灵，在事故时不能及时关闭；气井完整性失效等因素可能会造成含硫天然气泄漏或井喷，引发火灾、爆炸和人员中毒。

（二）井口装置

由于井口装置未采用抗硫井口装置或结构设计不合理，在硫化氢的腐蚀下容易发生氢脆、开裂；井口套管头发生漏失；采气树的阀门、组件因腐蚀、质量等原因发生泄漏；在开采设计中，井口装置未按气井压力大小并依据相关规定选用；井口装置材料选取、制造工艺未按照相关抗硫标准执行，造成在应用中发生氢脆、应力开裂；非金属密封材料未采用抗硫材料或抗硫范围达不到，以致在应用一段时间后出现密封失效；井口高低压截断阀可能发生紧急关闭、突然开启、无法动作等，容易造成井口天然气泄漏无法控制；未对井场操作人员进行井口装置结构知识、操作规范、维护保养等方面的知识培训，造成操作人员不了解井口基本原理、未按照规定的操作规范、未按维护要求定期对阀门进行维护保养等因素可能会造成含硫天然气泄漏或井喷，引发火灾、爆炸和人员中毒。

（三）站场流程

由于地面安全控制系统内部出现故障，不能控制安全截断阀；安全阀、压力表、紧急切断装置及其安全附件存在制造质量问题或出现故障失效时，给系统安全运行带来隐患；未对井场操作人员进行安全阀工作原理、操作规范、维护保养等方面的知识培训，造成操作人员不了解安全阀基本原理、未按照规定的操作规范、维护要求定期对安全阀进行维护保养等因素可能会导致设备超压或者爆炸。

（四）站场溶剂加注装置

由于注入系统设备材质选择不当，工艺设计不合理；加注装置突然停泵、管路堵塞、加注量不稳定等情况；操作不当造成加注管路超压；加注装置的维护不到位易造成装置单向阀出现故障等因素可能会导致溶剂的泄漏。

（五）站场分离计量装置

分离器可能出现超压或腐蚀；计量装置因孔板阀上下腔密封不严，在清洗或更换孔板时可能发生孔板导板飞出伤人和含硫天然气泄漏导致火灾、爆炸。

（六）站场清管装置

由于收发球筒快开盲板正对其他设施；打开球筒前未及时加水或加水不足；人员的操

作不当、维护不到位等因素可能会导致含硫天然气泄漏和硫化亚铁自燃，引发火灾、爆炸和人员中毒。

（七）站场放空排污系统

由于放空系统出现窜压、堵塞和放空阀故障；放空系统可能因阀门密封不严或破裂，导致含硫天然气泄漏；自动点火装置故障；操作不当、维护不到位；排污管线腐蚀等因素可能会出现低压设备的损坏或含硫天然气泄漏，含硫污水泄漏释放。

（八）站场自控及通信系统

由于站场 RTU 控制系统故障；硫化氢、可燃气体检测报警系统、供电系统故障造成监测控制系统失效；通信系统出现故障，无法传输数据造成远程监测系统失效；通信联络不畅通等因素，将延误气体泄漏事故的处理时机，不能及时有效实施应急措施和开展救援行动。

二、增压站

与采集输场站相比，需对增压站的增压机组进行危害分析，主要风险有：
（1）压缩机卸压回收过程中回收罐压力骤增，可能使回收罐发生爆炸事故；压缩机冷却水管路由于结垢堵塞冷却循环水管路，高温报警时造成压缩机的紧急停车动作可能会损坏设备。
（2）增压机运行时可能发生机械事故。
（3）场站压缩机运行噪声长时间接触对听力的损伤。
（4）从压缩机和其连接的管道泄漏出的可燃气体在压缩机厂房中聚集，引起爆炸或中毒事故。
（5）增压机自身带的管线质量不过关，发生泄漏或爆炸。
（6）增压机厂房设计不合理可能使泄漏出的可燃气体在压缩机厂房内聚集，引起爆炸或人员中毒。
（7）增压机地基未采用防震措施可能由于地基破坏发生机械事故。
（8）分体式压缩机联轴器上裸露的突出部分可能钩住操作人员衣服等，造成人员伤害。
（9）对增压机房进行维修可能发生人员坠落。

三、脱水站

独立的脱水站往往采用甘醇脱水工艺，其主要的危险如下。

（一）窜压及超压

（1）湿净化气脱水时，TEG 吸收塔、TEG 吸收闪蒸罐、TEG 再生塔、TEG 再生气分流罐、产品气分离器在不同压力下运转，在出现液位过低、相关阀门未关闭或紧急停电等情况下，可能造成高压气窜入压力较低的压力容器。
（2）吸收塔液位过低，有可能发生吸收塔内天然气窜入闪蒸罐而导致闪蒸罐超压。

吸收塔超压运行可能使脱水吸收塔泄漏。

（3）闪蒸罐液位过低，有可能发生闪蒸罐内闪蒸气窜入TEG再生塔，闪蒸罐液位上涨有可能夹带富液至燃料气罐或导致闪蒸气量过大。

（4）脱水装置停止循环后，如果高、中、低系统之间的隔断阀门内漏，可能发生窜压，从而导致火灾、爆炸事故。

（二）其他危害

（1）设备或管线焊缝、接头、垫圈、仪表、阀门等因硫化氢、二氧化碳等的腐蚀而造成泄漏。

（2）脱水工艺TEG循环泵、补充泵等设备噪声危害。

（3）高温管道和高温设备的烫伤危害。

（4）工艺设备、装置间的连接管道、阀门失控而引起的事故。

四、回注站

气田水回注站主要为往复泵，因此生产过程中易发生触电、机械伤害、噪声危害等危险有害因素。

处理污水的回注站主要采用罐车拉运的方式拉往各气田水回注站进行回注，其次也有部分处理水量大的集气站通过气田水管线将污水输送至回注站。

气田水回注过程中存在的主要危险如下：

（1）由于固井质量差，套管长期处于非均匀水平应力状态，易造成套管变形和磨损。

（2）气田投产后随着规模的扩大，大面积注水会改变原始地层压力，出现区域地层压力不平衡，导致断层周围井套管出现损坏。

（3）注入水不断冲刷腐蚀套管，使套管壁逐渐变薄，强度降低，在地应力作用下发生变形漏失甚至错断。

（4）井下管柱起下、刮削、酸浸、套铣、射孔等作业过程，均会作用于套管，对套管造成不同程度的磨损、破坏或腐蚀，造成气体泄漏。

第三节　施工作业风险辨识与控制

一、动火作业

工业动火作业是指在易燃易爆危险区域内制造和维修容器、管线、设备，或对盛装过易燃易爆物品的容器、设备进行动火作业，或能直接或间接产生明火的其他施工作业；如：使用电焊、气割、喷灯、电钻、砂轮、非防爆工具及加热、化学反应等方式可能产生火焰、火花、炽热表面或使易燃易爆介质温度高于燃点的施工作业。

（一）工业动火基本原则

（1）凡可不动火的作业一律不动火。
（2）凡可采取其他安全方式代替动火作业的一律不动火。
（3）动火部件凡能拆移的，应拆移到易燃易爆区域外的安全地点动火。
（4）动火区域应设置灭火器材和警戒；严禁作业无关人员或车辆进入动火区域。
（5）确保应急疏散通道的畅通。

（二）动火作业隔离检测基本要求

（1）与动火部位相连的管线隔离、吹扫、清洗、置换。
（2）与动火点直接相连的阀门上锁、挂签、可燃气体检测。管道开口端、排放口、阀门的密封件、连接件、盲板、安全阀、泵的密封、管沟等部位应进行重点检测。
（3）距离动火点30m内不准有液态烃或低闪点油品泄漏，半径15m内不应有其他可燃物泄漏和暴露，且所有的漏斗、排水口、各类井口、排气管、管道、地沟等应封严盖实。

（三）设备机具要求

在油气生产防爆区域内动火必须使用防爆机具，设备的安全防护装置应完好、可靠，电器设备接地装置良好，具有漏电保护装置。电焊机外壳须接地。并应贴目视化合格标识。

气焊（割）动火作业时，氧气、乙炔气瓶间距和气瓶与明火距离分别不得小于5m和10m，且气瓶严禁卧放使用，并不得曝晒。在受限空间内实施焊割作业时，气瓶应放置在受限空间外。

采用电焊作业的储罐、容器及管道等应在焊点附近安装接地线，其接地电阻应小于10Ω。

二、高处作业

高处作业是指在坠落高度基准面2m以上（含2m）位置进行的作业；如无安全护栏的通道、屋面平台作业、临边作业或坑、洞边缘作业、悬挑作业、自上而下的拆除作业（图5-2-1）。

图5-2-1 高处作业分类

（一）高处作业人员资质

高处作业人员持高处作业特种操作证（图 5-2-2），高处作业人员身体健康，不得患有高血压、心脏病等禁忌高处作业的疾病。

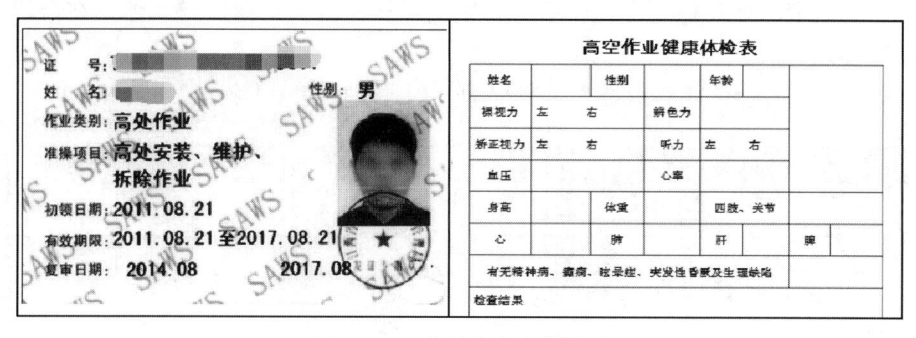

图 5-2-2　高处作业人员资质

（二）高处作业人员防护

高处作业劳保配备全，包括安全帽、安全带、安全网、速差式防坠器、自动抓绳器等（图 5-2-3）。

（1）安全带可以防止人员高处坠落，同时对人员也起到缓冲作用。

（2）安全网防止高处落物。

（3）差速器和自动抓绳器是救生索附件，当发生坠落时能够抓住救生索，防止人员高处坠落。

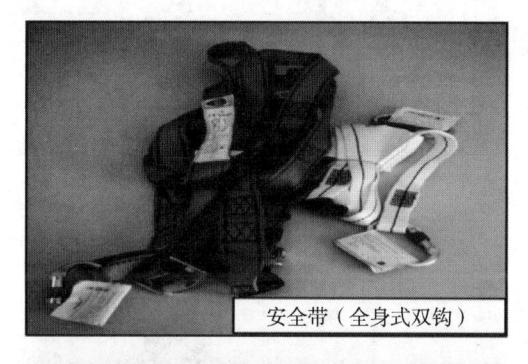

图 5-2-3　高处作业人员防护

（三）高处作业防护设施使用（图 5-2-4）

（1）具有锚固点，通常是横梁、支架、柱子等用来系救生索。

（2）安全带高挂低用。

（3）安全带应挂在稳定部位，不要将安全带挂在脚手架构件或其他正在搭建或拆除的不稳定结构上。

（4）双钩式安全带能够保证人员在移动过程中至少有一个钩能固定。

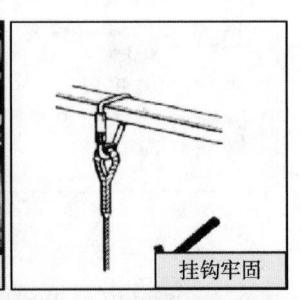

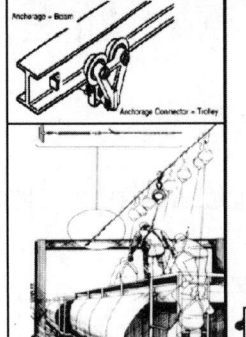

图 5-2-4　高处作业防护设施

（四）高处作业辅助设施

高处作业应正确搭设脚手架平台。高处作业应正确使用高空车（图 5-2-5）。

图 5-2-5　高处作业辅助设施

高处作业应正确使用直梯、人字梯、延伸梯，梯子使用前进行检查（图 5-2-6）。禁止使用简易梯子或竹子、木头编织的梯子。

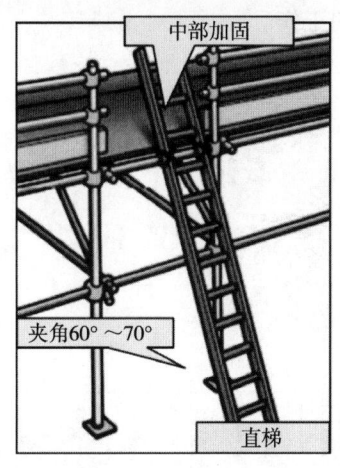

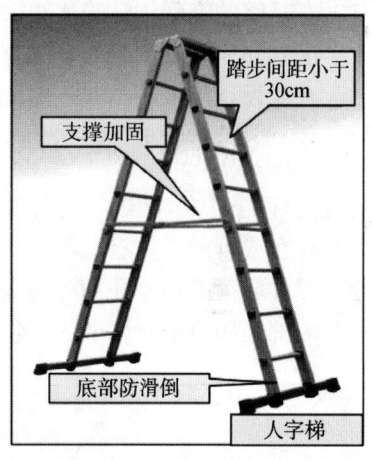

图 5-2-6　高处作业梯子的正确使用

（五）高处作业安全作业要求

高处作业区域设置警戒带，防止无关人员进入作业场所。高处作业工器具放入工具袋，工具配有防坠绳，防止落物发生（图 5-2-7）。

图 5-2-7　高处作业安全作业要求

三、受限空间作业

进入炉、塔、釜、罐、仓、槽车、管道、烟道、隧道、下水道、沟、坑、井、池、涵洞等封闭或半封闭的空间或场所应纳入受限空间作业管理（图 5-2-8）。

进入受限空间作业，是指应符合以下所有物理条件外，还至少存在以下危险特征之一的空间。

（一）物理条件

同时符合以下三条：
（1）有足够的空间，让员工可以进入并进行指定的工作。
（2）进入和撤离受到限制，不能自如进出。
（3）并非设计用来给员工长时间在内工作。

（二）危险特征

至少符合以下中的 1 项：
（1）存在或可能产生有毒有害气体或机械、电气设备等危害。
（2）存在或可能产生掩埋作业人员。
（3）内部结构可能将作业人员困在其中。

图 5-2-8　受限空间危险特征

（三）受限空间作业主要危害

进入受限空间作业可能存在的危险，包括但不限于以下方面：缺氧、易燃易爆气体（甲烷、乙炔气等）、有毒气体或蒸气（一氧化碳、硫化氢、焊接烟气等）、物理危害（极端的温度、噪声、湿滑作业面、坠落等）、吞没危险、腐蚀性化学品、触电。

（四）受限空间作业安全要求

1. 基本要求

（1）受限空间作业应办理作业许可证，开展工作安全分析，编制作业方案和应急预案。
（2）在进入受限空间前，应组织所有相关人员应接受培训并开展应急演练。培训内容包含，但不限于：作业方案、应急预案、危害及控制措施、防护器材、相应急救互救及消防措施（图 5-2-9）。
（3）应在受限空间进入点附近设置警示标识。

第二章　采气风险辨识与控制

图 5-2-9　受限空间作业安全要求

2. 进入前准备

（1）作业前进行隔离、置换、通风、清理、清洗。
（2）气体检测（表5-2-5），在可能产生易燃易爆气体环境下，使用低压、防爆电气设备。
（3）执行作业许可程序及JSA安全技术交底。
（4）进入前登记带入物品及数量。

表 5-2-5　常用气体检测项目的合格数据

常用气体检测项目的合格数据		
可燃气体（甲烷等）	受限空间内	室外环境
	＜1%LEL	＜10%LEL
H_2S	＜5ppm	＜10ppm
CO	＜25ppm	＜50ppm
氧气	氮气置换后管道内＜2%	作业环境为19.5%～23.5%

3. 作业过程

（1）严格执行作业许可程序，实施连续气体检测、安全监护和属地监督。
（2）根据实际采取自然通风或强制通风，严禁向受限空间通纯氧。强制通风设备必须持续、有效。
（3）根据要求佩戴空气呼吸器。
（4）受限空间内潜在人员伤害的设备（如搅拌器、叶轮），应采取固定，必要时应移出。
（5）受限空间内温度应保持不对人员产生危害。

（6）作业过程中，作业环境、能量隔离等发生变化，必须立即停止作业并撤出。

注意：受限空间内作业人员感觉身体不适时，必须立即离开（图5-2-10）。

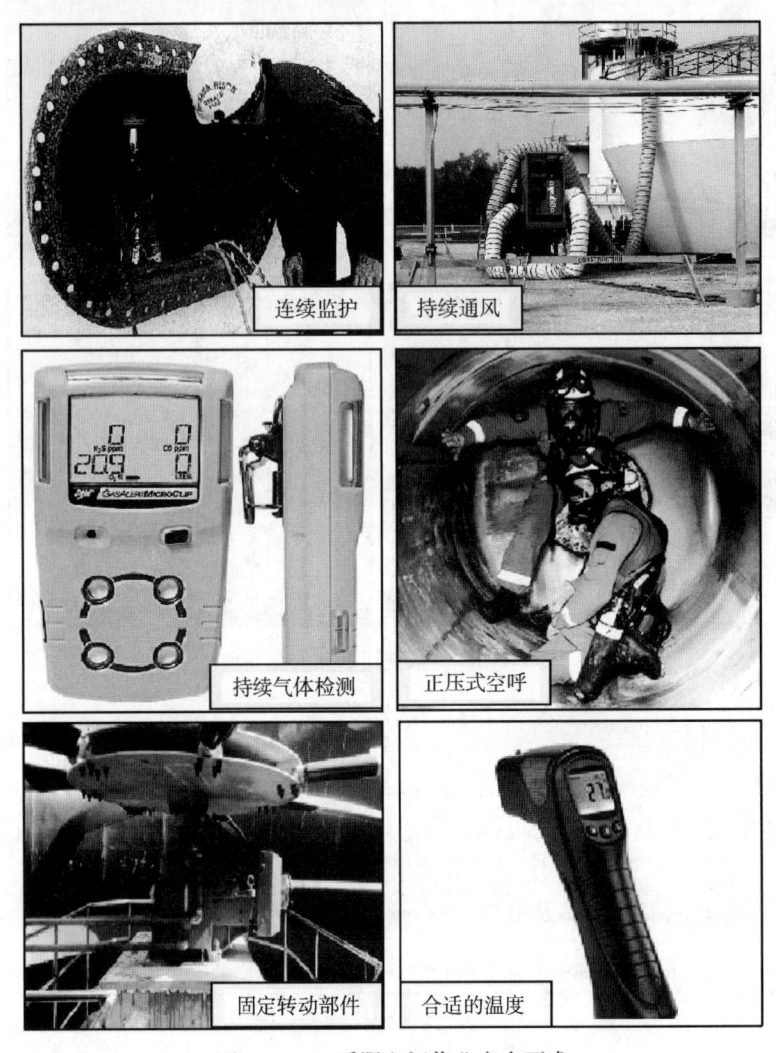

图 5-2-10 受限空间作业安全要求

4. 应急救援

（1）严格执行紧急情况下，按以下的优先顺序采取救援：进入者采取自救；救援者应在空间外部对进入者进行施救；救援者进入受限空间对进入者进行救援。

（2）应制定书面救援预案，每年开展模拟救援演习，所有相关人员都应熟悉救援预案。

（3）获得授权的救援人员均应佩戴安全带、救生索等便于救援，必要时还应佩戴空气呼吸器等，如图5-2-11所示。

（4）禁止无任何防护措施下进入受限空间进行急救。

第二章　采气风险辨识与控制

图 5-2-11　受限空间应急救援设备

四、临时用电作业

临时用电作业是指在生产或施工区域内临时性使用非标准配置 380V 及以下的低压电力系统不超过 6 个月的作业。

临时用电线路是指除按标准成套配置的，有插头、连线，插座的专用接线排和接线盒以外的，所有其他用于临时性用电的电气线路，包括电缆、电线、电气开关、设备等。

（一）接线基本要求

（1）采用三级配电：总配电箱，分配电箱，开关箱。

（2）送点操作顺序：总配电箱—分配电箱—开关箱。

（3）停电操作顺序：开关箱—分配电箱—总配电箱。

（4）采用二级漏电保护措施：处在开关箱内安装防漏电保护器外，在上一级分配电箱或总配电箱中再加装一级漏电保护器，总体形成两极漏电保护，如图 5-2-12 所示。

（5）采用 TN—S 接零保护系统（三项五线制）。

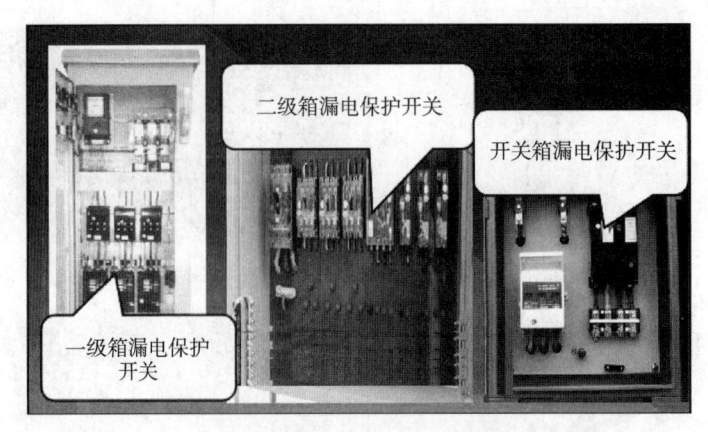

图 5-2-12　二级漏电保护示意图

（二）安装管理要求（图 5-2-13）

（1）安装必须由持证电气专业人员操作；配电箱要防雨、防潮、接地良好。

（2）线缆过路应埋地或架空敷设，在施工现场最大弧与地面垂直距离不低于 2.5m，并有保护措施和明显的警示标志。

（3）配电箱，开关箱中心与地面垂直距离为 1.4～1.6m；移动式配电箱，开关箱中心与地面垂直距离为 0.8～1.6m，电缆埋地敷设深度大于 0.7m。

（4）远离热源，腐蚀，碾压和装机区域布置。

（5）严禁将树、脚手架或金属管用作支架以架设临时电缆；所有临时用电电缆和配线禁止铁丝捆绑、浸泡水中。

图 5-2-13　临时用电安装管理要求

第二章　采气风险辨识与控制

（三）工器具和劳保用品要求（图 5-2-14）

电工专业工具要求：（1）必须使用合格的电工专业工具；（2）工具必须有绝缘护套，防止触电或产生电弧。

电工劳保用品要求：（1）必须穿戴合格电工作业专用劳保用品，包括绝缘手套，绝缘靴，绝缘服和绝缘操作杆等，如果存在电弧危害风险，还需穿戴合格的防电弧面罩，防电弧服；（2）电工专业劳保用品必须定期检验。

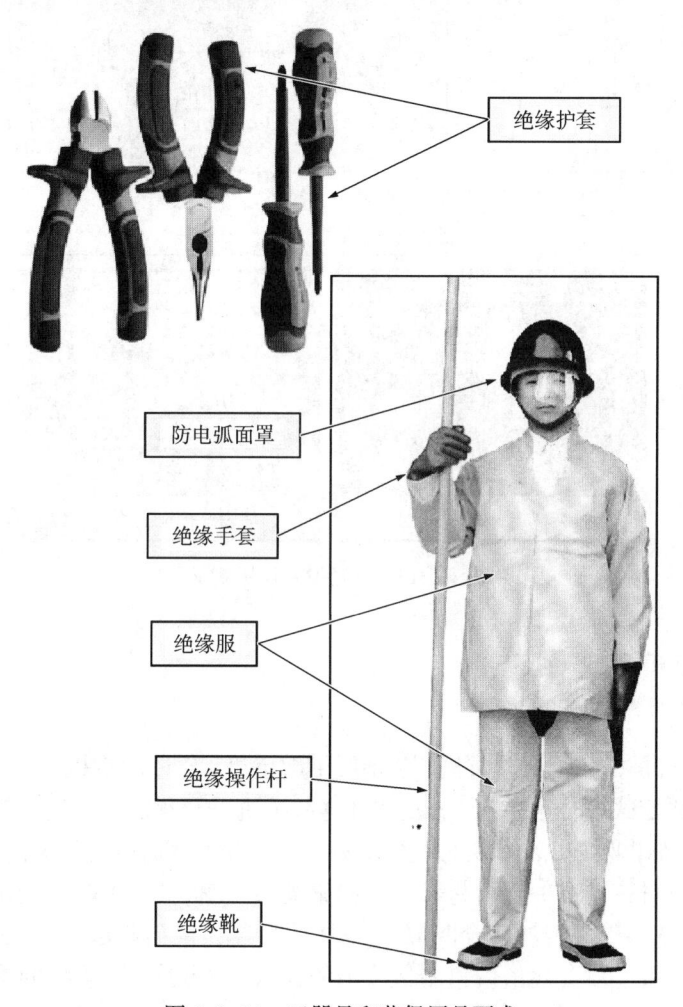

图 5-2-14　工器具和劳保用品要求

（四）电气设备使用要求（图 5-2-15）

（1）使用合格的设备，设备外壳接地良好。

（2）一机一闸，一个工具对应一个开关。

（3）所有便携式设备必须有漏电保护器。

（4）受限空间内移动电气设备或工具使用 12V 以下安全电压。

（5）电缆线绝缘良好，不得有破损或接头，户外插头须防水。

（6）远离高温，高腐蚀区域安装，防爆区域使用防爆类电气设备。

带护套软导线
电源指示灯
漏电保护器
防水插头

防爆电气/一机一闸　　接地实例

图 5-2-15　电气设备使用要求

五、移动式起重吊装作业

移动式起重机是指自行式起重机，包括履带起重机、轮胎起重机，不包括桥式起重机、龙门式起重机、固定式桅杆起重机、悬挂式伸臂起重机以及额定起重量不超过1t的起重机。移动式起重机吊装作业按吊装重物的重量及吊装方式分为普通吊装和关键性吊装。

关键性吊装包括：（1）载荷超过额定起重能力75%；（2）联合起吊；（3）吊臂和货物与管线、设备小于规定的安全距离；（4）吊臂越过障碍物起吊，操作员无法目视且仅靠指挥信号操作；（5）起吊偏离制造厂家的要求；（6）吊装重物的重量大于等于40t的吊装作业；（7）吊装物越过有人的建筑物、运行的设备或装置的。

注意：（1）任何非固定场所的临时吊装作业必须办理作业许可证；（2）关键性吊装生产单位需派专人到现场实施全程监督管理，并应制定关键性吊装计划。

（一）吊装基本要求（图 5-2-16）

（1）人员资质：起重机械司机、吊装作业指挥人员、司索工、安装维修工需接受专业技术培训取得特种作业操作证，并持证上岗，定期复审。

（2）起重机械：起重司机每天工作前应对起重机械进行检查，起重机拥有单位应对位起重机定期性检查且每年不得低于一次。

（3）吊装过程：吊装作业应遵循制造厂家规定的最大负荷能力，以及最大吊臂长度限定要求。起重机吊臂回转范围内应采用警戒带或其他方式隔离，无关人员不得进入该区域内。

图 5-2-16　吊装基本要求

（二）吊装环境要求

吊装作业前需对吊装现场进行观察（图 5-2-17），内容包括：
（1）作业空间满足吊臂回转需求。
（2）地表坚实，满足支撑腿水平放置需求。
（3）周边无影响正常吊装的设施，如高压线，电线等。
（4）天气状况良好，大雨、大雾、大风、雷电等恶劣天气不能开展吊装作业。
（5）吊装物越过有人的建筑物、运行的设备或装置时需按关键性吊装作业开展工作。

周围无高压线

地表坚实,确保支撑腿水平放置

图 5-2-17　吊装环境要求

(三)吊装环境要求

吊装作业前需对吊装安全装置检查(图 5-2-18),内容包括:
(1)大钩、小钩的吊装限位器是否完好,测试动作是否灵敏。
(2)力矩检测器安全保护开关是否关闭,操作室外报警灯工作是否正常。
(3)吊车力矩、限位、倒车报警装置是否完好。

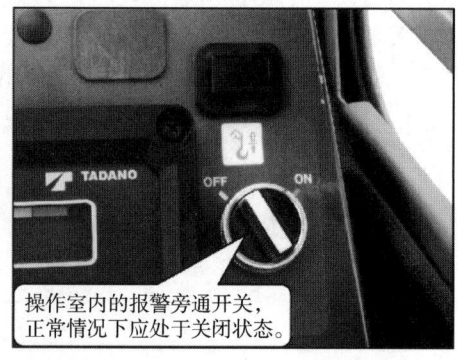

吊装限位器要进行试验,保证其完好性,作用是防止吊钩碰撞天车。

操作室内的报警旁通开关,正常情况下应处于关闭状态。

图 5-2-18　吊装环境要求

第二章　采气风险辨识与控制

（四）吊装工具要求

吊装作业前需对吊装工具检查（图 5-2-19），内容包括：
（1）吊钩安全装置是否完好，是否磨损严重，有无裂纹等。
（2）吊带是否完好、无破损。
（3）钢丝绳表面状态是否完好。

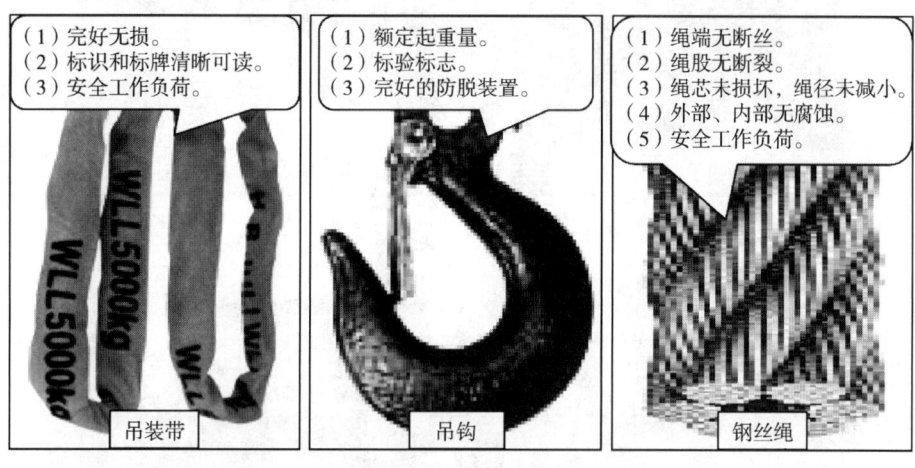

图 5-2-19　吊装工具要求

（五）吊装过程要求（图 5-2-20）

（1）开始吊装前必须进行试吊。
（2）作业过程中需通过引绳来控制货物的摆动。
（3）确保悬吊的货物下无人，且货物或吊钩上无人。
（4）在货物还处于悬吊状态或者起重机还在运动时不能停止控制。

图 5-2-20　吊装过程要求

（六）人员安全位置要求（图 5-2-21）

（1）严禁人员站在两吊物之间。
（2）严禁人员在吊物下方工作或经过。
（3）严禁人员站在吊物上作业。

（4）手应远离容易夹伤的危险位置。

图 5-2-21　人员安全位置要求

（七）吊装作业十不吊（图 5-2-22）

（1）信号不明、违章指挥，不吊。

（2）重量不明、超载，不吊。

（3）绑扎不牢，不吊。

（4）吊物上有人，不吊。

（5）安全装置不全、不完善，不吊。

（6）斜拉歪拽，不吊。

（7）吊物埋地或有钩连，不吊。

（8）尖角、尖棱不加衬垫，不吊。

（9）光线暗淡、视线不清，不吊。

（10）恶劣天气，不吊。

图 5-2-22　吊装作业十不吊示意图

六、管线与设备打开作业

（一）管线与设备打开作业内容

管线与设备打开作业是指采取下列方式（包括但不限于）改变封闭管线与设备及其附件的完整性：

（1）解开法兰。
（2）从法兰上去掉一个或多个螺栓。
（3）打开阀盖或拆除阀门。
（4）调换8字盲板。
（5）打开管线连接件。
（6）去掉盲板、盲法兰、堵头和管帽。
（7）断开仪表、润滑、控制系统管线，如引压管、润滑油管等。
（8）断开加料和卸料临时管线（包括任何连接方式的软管）。
（9）用机械方法或其他方法穿透管线。
（10）开启检查孔。

（11）微小调整（如更换阀门填料）。

（12）其他。

（二）系统隔离

需要打开的管线或设备必须与系统隔离，其中的物料应采用排尽、冲洗、置换、吹扫等方法除尽。清理合格应符合以下要求：

（1）系统温度介于 -10～60℃之间。

（2）已达到大气压力。

（3）与气体、蒸汽、雾沫、粉尘的毒性、腐蚀性、易燃性有关的风险已降低到可接受的水平。

（三）打开前的准备作业

管线与设备打开前并不能完全确认已无危险，应在管线与设备打开之前做以下准备：

（1）确认管线与设备清理合格。采用凝固（固化）工艺介质的方法进行隔离时应充分考虑介质可能重新流动。

（2）如果不能确保管线与设备清理合格，如残存压力或介质在死角截留、未隔离所有压力或介质的来源、未在低点排凝和高点排空等，应停止工作，重新制定工作计划，明确控制措施，消除或控制风险；应根据工作前安全分析及作业涉及危险物质特性，结合现场实际落实必要的安全技术措施。

七、动土作业

动土作业是指生产作业场所、生活基地、油气管道区域内进行的挖土、打桩、地锚入土作业，或使用推土机、挖掘机、压路机等施工机械进行挖填土或平整场地的作业。

土石方机械指完成土方的搬运、整平，对石方的填筑、开挖和石料的开采及加工的机械与设备，包括单斗挖掘机、装载机、推土机、压路机等。

挖掘中的潜在风险：（1）坑体坍塌；（2）物体或人员落入坑体内；（3）人员被物体击中；（4）损害建筑结构或临时设施基础；（5）损坏地下设施；（6）通道受影响；（7）烟雾和气体在坑道内聚集。

（一）挖掘作业基本要求（图 5-2-23、图 5-2-24）

（1）挖掘前应确认区域内地下管线/电缆的具体位置，确认挖掘不会影响附近脚手架或其他建筑结构的基础。

（2）所有的开挖区域应有警戒线，防止人员和车辆进入挖掘体内，挖掘深度达 2m 或以上时，要求放坡或支护，设置护栏，护栏高度为 1.5m。

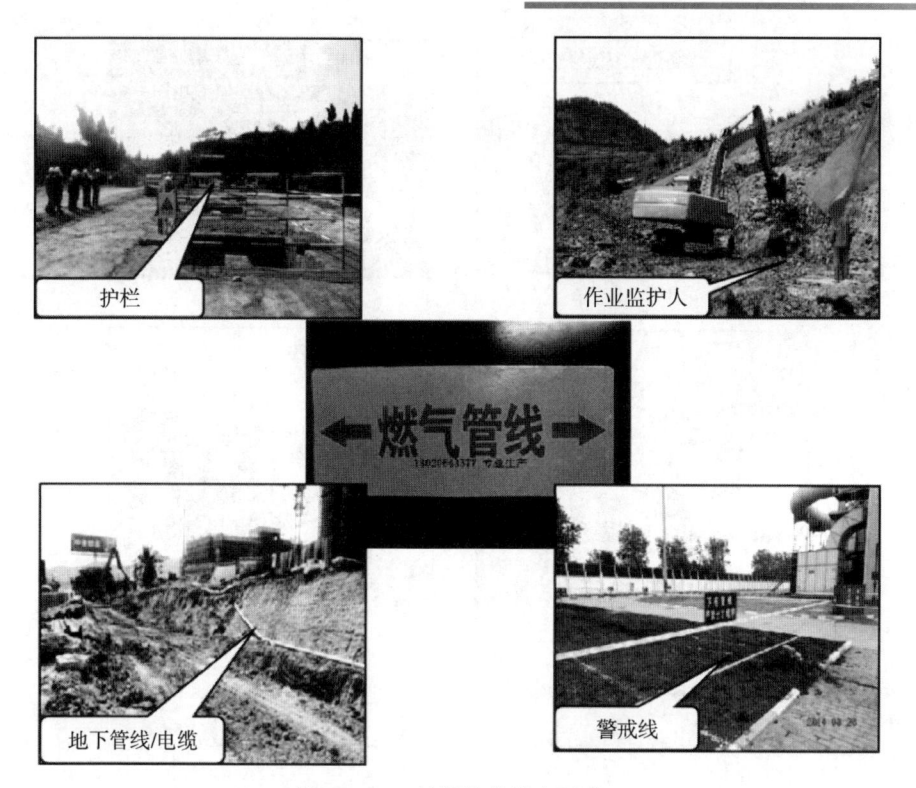

图 5-2-23　挖掘作业基本要求 1

（3）使用的设备应远离边缘，放在稳固的场所。
（4）挖掘出来的泥土不应堆在挖掘点旁，至少超过 1m，而且堆积高度不得超过 1.5m。
（5）夜间挖掘应有充足的照明。
（6）拟好排水计划，应对挖掘中可能出现的大量渗水。
（7）进出挖掘区要有合适的梯子或其他安全通道。
（8）以汽油或柴油为燃料的设备不能放置在尾气不能排出的挖掘区内或边缘。

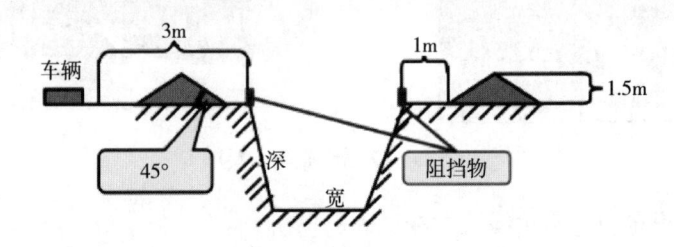

图 5-2-24　挖掘作业基本要求 2

（二）人工开挖注意事项（图 5-2-25）

（1）安排专业监护。
（2）挖掘区边缘须有支撑或筑成斜坡。
（3）坑体须有两个出入口。
（4）进入前需确认坑体干燥。
（5）坑内可能存在有害气体，开挖前和过程中应进行检测和监测。

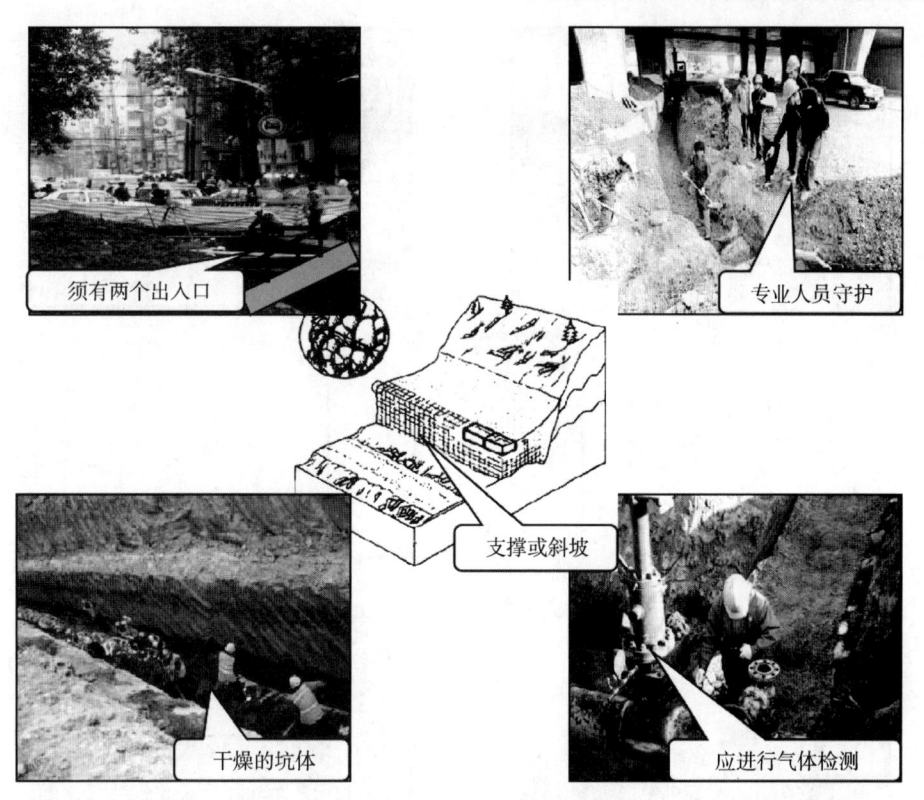

图 5-2-25 人工开挖注意事项

（三）机械挖掘注意事项（图 5-2-26）

（1）机械设备具有检查合格后方可入场。
（2）操作、指挥人员持有效证件方可上岗。
（3）当挖掘深度离地下设施 1m 左右时停止机械挖掘，采用人工挖掘挖出埋件。
（4）除专业人员外，其他人员不得进入机械设备工作范围。
（5）开挖过程中遇到不明的危险物体时，应停止工作，撤离现场，同时立即联系现场应急指挥人员。

图 5-2-26　机械挖掘注意事项

第三章　隐患管理

建立安全生产事故隐患排查、评估、整治的滚动式常态化工作机制，强化安全生产主体责任，加强事故隐患监督管理，是保障油气生产设施平稳安全运行，防止和减少事故，保障人民群众生命财产安全的重要手段。

第一节　隐患管理基本要求

一、概念

生产安全事故隐患，是指不符合安全生产法律、法规、规章、标准、规程和安全生产管理制度的规定，或者因其他因素在生产经营活动中存在可能导致事故发生或者导致事故后果扩大的物的危险状态、人的不安全行为和管理上的缺陷。

环境隐患，是指不符合环境保护法律、法规、标准、管理制度等规定，或者因其他因素可能直接或者间接导致环境污染和生态破坏事件发生的违法违规行为、管理上的缺陷或者危险状态。

二、隐患分级

（一）安全事故隐患分级

事故隐患按照整改难易及可能造成后果的严重性，分为一般事故隐患和重大事故隐患。一般事故隐患是指危害和整改难度较小，发现后能够及时整改排除的隐患。重大事故隐患是指危害和整改难度较大，应当全部或者局部停产停业或者监控运行，并经过一定时间整改治理方能排除的隐患，或者因外部因素影响致使本单位自身难以排除的隐患。

（二）安全事故隐患判定标准

1. 国家安监总局

依据有关法律法规、部门规章和国家标准，化工和危险化学品生产经营单位以下情形应当判定为重大事故隐患：

（1）危险化学品生产、经营单位主要负责人和安全生产管理人员未依法经考核合格。

（2）特种作业人员未持证上岗。

（3）涉及"两重点一重大"的生产装置、储存设施外部安全防护距离不符合国家标准要求。

（4）涉及重点监管危险化工工艺的装置未实现自动化控制，系统未实现紧急停车功能，装备的自动化控制系统、紧急停车系统未投入使用。

（5）构成一级、二级重大危险源的危险化学品罐区未实现紧急切断功能；涉及毒性气体、液化气体、剧毒液体的一级、二级重大危险源的危险化学品罐区未配备独立的安全仪表系统。

（6）全压力式液化烃储罐未按国家标准设置注水措施。

（7）液化烃、液氨、液氯等易燃易爆、有毒有害液化气体的充装未使用万向管道充装系统。

（8）光气、氯气等剧毒气体及硫化氢气体管道穿越除厂区（包括化工园区、工业园区）外的公共区域。

（9）地区架空电力线路穿越生产区且不符合国家标准要求。

（10）在役化工装置未经正规设计且未进行安全设计诊断。

（11）使用淘汰落后安全技术工艺、设备目录列出的工艺、设备。

（12）涉及可燃和有毒有害气体泄漏的场所未按国家标准设置检测报警装置，爆炸危险场所未按国家标准安装使用防爆电气设备。

（13）控制室或机柜间面向具有火灾、爆炸危险性装置一侧不满足国家标准关于防火防爆的要求。

（14）化工生产装置未按国家标准要求设置双重电源供电，自动化控制系统未设置不间断电源。

（15）安全阀、爆破片等安全附件未正常投用。

（16）未建立与岗位相匹配的全员安全生产责任制或者未制定实施生产安全事故隐患排查治理制度。

（17）未制定操作规程和工艺控制指标。

（18）未按照国家标准制定动火、进入受限空间等特殊作业管理制度，或者制度未有效执行。

（19）新开发的危险化学品生产工艺未经小试、中试、工业化试验直接进行工业化生产；国内首次使用的化工工艺未经过省级人民政府有关部门组织的安全可靠性论证；新建装置未制定试生产方案投料开车；精细化工企业未按规范性文件要求开展反应安全风险评估。

（20）未按国家标准分区分类储存危险化学品，超量、超品种储存危险化学品，相互禁配物质混放混存。

2. 中国石油天然气集团有限公司

中国石油天然气集团有限公司在遵循有关法律法规、部门规章和国家标准的基础上，针对油气田企业实际情况进一步明确和细化，将以下以下情形应当判定为较大事故隐患：

（1）高温、高压、含酸性气体的区域和新区钻井、试油、井下作业，开工前或者打开油气层前未经验收（评价）合格而进行施工的。

（2）钻井、修井、井下作业未按有关要求和标准安装井控装备或者采取防喷措施的。

（3）井口装置压力等级低于设计要求的。

（4）生产井转变开发方式或者生产用途未进行安全评估的。

第三章　隐患管理

（5）高含硫气井井口大四通法兰、套管双公短接等部位渗漏的，气水井井筒套管腐蚀严重或破损已危及饮用水层的，但未采取防护或治理措施的。

（6）油气管道占压、安全距离不足的，或者油气管道位于滑坡、崩塌、塌陷、泥石流、洪水严重侵蚀等地质灾害地段或者矿山采空区未采取有效防护措施的。

（7）在油气管道周边施工未及时告之施工方风险、未对施工区域管线进行监护或者未设立明显的管道标志桩和风险警示标识的。

（8）锅炉、承压加热炉未按要求配备超压、熄火保护等联锁保护功能或者保护装置失效的。

（9）天然气压缩机组未按要求配备安全监测及预警停机保护功能或者装置失效的，或者阀门失效、法兰连接处密封不严及工艺气管线泄漏的。

（10）滩海油田设施在日常巡检中发现路岛护坡护底有缺失、损坏，海底管道检测后发现管道悬空超过允许长度、缺陷尺寸与腐蚀速率超过设计要求，但未及时进行处置的。

（11）发生严重灾害海况（冰情、风暴潮、地震等）后对海上设施未及时巡查处置的。

（12）海上油井、钢平台、海底管道等设施在永久停用后未及时弃置的。

（13）外部架空电力线路穿跨越人员密集区、高杆植物区的净间距不符合国家标准要求的。

（14）油气生产区域内一级负荷未采用双回路或者双电源供电的。

（15）汛期汛情来临之前，未及时对低洼区域或者行洪区内设施设备采取有效防护措施的或者未制定人员撤离方案的。

（16）使用硫化氢、一氧化碳等有毒气体含量超标的伴生气进行加热取暖的。

（17）含硫化氢场所未按规定配备检测报警装置或者未进行危害公示告知的。

（18）自建含油污泥综合利用、油基钻井废弃物无害化处理等环保处理设施非正常运行，可能导致发生较大环境事件的。

（19）放射源与射线装置风险防控措施缺失或者执行不到位的。

（20）国家或者地方强制安装的在线监测数据传输有效率未达到85%，且未按规定进行数据异常申报和数据修约补遗的。

三、隐患管理职责与权利

（一）隐患管理职责

生产经营单位是事故隐患排查、治理、报告和防控的责任主体，应当建立健全事故隐患排查治理制度，完善事故隐患自查、自改、自报的管理机制，落实从主要负责人到每位从业人员的事故隐患排查治理和防控责任，并加强对落实情况的监督考核，保证隐患排查治理的落实。生产经营单位主要负责人对本单位事故隐患排查治理工作全面负责，各分管负责人对分管业务范围内的事故隐患排查治理工作负责。

各级安全监管监察部门按照职责对所辖区域内生产经营单位排查治理事故隐患工作依法实施综合监督管理；加强互联网＋隐患排查治理体系建设，推进生产经营单位建立完善隐患排查治理制度，运用信息化技术手段强化隐患排查治理工作。各级人民政府有关部门在各自职责范围内对生产经营单位排查治理事故隐患工作依法实施监督管理。

（二）隐患管理权利

任何单位和个人发现事故隐患或者隐患排查治理违法行为，均有权向安全监管监察部门和有关部门举报。

安全监管监察部门接到事故隐患举报后，应当按照职责分工及时组织核实并予以查处；发现所举报事故隐患应当由其他有关部门处理的，应当及时移送并记录备查。

鼓励和支持安全生产技术管理服务机构和注册安全工程师等专业技术人员参与事故隐患排查治理工作，为生产经营单位提供事故隐患排查治理技术和管理服务。对举报生产经营单位存在的重大事故隐患或者隐患排查治理违法行为，经核实无误的，安全监管监察部门和有关部门应当按照规定给予奖励。

四、隐患管理工作遵循原则

（1）安全第一、环保优先、综合治理。
（2）直线责任、属地管理、全员参与。
（3）全面排查、落实责任、有效监控。

隐患排查治理工作实行公司监管、企业负总责的管理体制。各企业是事故隐患排查、治理和监控的责任主体，负责建立健全事故隐患排查治理制度，采取技术、管理措施，及时发现并消除事故隐患。

第二节　隐患排查

生产经营单位应当定期组织安全生产管理人员、工程技术人员和其他相关人员排查本单位的事故隐患。对排查出的事故隐患，应当按照事故隐患的等级进行登记，建立事故隐患信息档案，并按照职责分工实施监控治理，切实做到整改措施、责任、资金、时限和预案"五到位"。

一、隐患排查制度

生产经营单位应当保证事故隐患排查治理所需的资金，建立资金使用专项制度。将生产经营项目、场所、设备发包、出租的，应当与承包、承租单位签订安全生产管理协议，并在协议中明确各方对事故隐患排查、治理和防控的管理职责。生产经营单位对承包、承租单位的事故隐患排查治理负有统一协调和监督管理的职责。

事故隐患排查治理制度主要内容：
（1）明确主要负责人、分管负责人、部门和岗位人员隐患排查治理工作要求、职责范围、防控责任。
（2）根据国家、行业、地方有关事故隐患的标准、规范、规定，编制事故隐患排查清单，明确和细化事故隐患排查事项、具体内容和排查周期。
（3）明确隐患判定程序，按照规定对本单位存在的重大事故隐患做出判定。

（4）明确重大事故隐患、一般事故隐患的处理措施及流程。
（5）组织对重大事故隐患治理结果的评估。
（6）组织开展相应培训，提高从业人员隐患排查治理能力。
（7）应当纳入的其他内容。

二、安全生产检查的类型

（一）定期安全生产检查

定期安全生产检查一般由生产经营单位统一组织实施，如月度检查、季度检查、年度检查等。通常和重大危险源评估、现状安全评价等工作结合开展，具有组织规模大、检查范围广、有深度、能及时发现并解决问题等特点。

（二）经常性安全生产检查

经常性安全生产检查是由生产经营单位的安全生产管理部门、车间、班组或岗位组织进行的日常检查，通常包括交接班检查、班中检查、特殊检查等几种形式。

（三）季节性及节假日前后安全生产检查

季节性及节假日前后安全生产检查是由生产经营单位统一组织，如冬季防冻保温、防火、防煤气中毒、防暑降温、防汛、防雷电等检查，节假日前后进行有针对性的检查。

（四）专业（项）安全生产检查

专业（项）安全生产检查是对某个专业（项）问题或在施工（生产）中存在的普遍性安全问题进行的单项定性或定量检查；如危险性较大的在用设备设施，作业场所环境条件的管理性或监督性定量检测检验。

（五）综合性安全生产检查

综合性安全生产检查一般是由上级主管部门组织对生产单位的安全检查。

（六）职工代表不定期对安全生产的巡查

职工代表不定期对安全生产的巡查是由工会定期或不定期组织职工代表进行的安全生产检查。

三、安全生产检查的内容

安全生产检查的内容包括软件系统和硬件系统。

软件系统主要是查思想、查意识、查制度、查管理、查事故处理、查隐患、查整改。硬件系统主要是查生产设备、查辅助设施、查安全设施、查作业环境。

对非矿山企业，目前国家有关规定要求强制性检查的项目有：锅炉、压力容器、压力管道、高压医用氧舱、起重机、电梯、自动扶梯、施工升降机、简易升降机、防爆电器、厂内机动车辆、客运索道、游艺机及游乐设施等，作业场所的粉尘、噪声、振动、辐射、温度和有毒物质的浓度等。

四、安全隐患评估

企业应当对排查出的事故隐患进行评估分级，对于重大事故隐患，应结合生产经营实际，确定风险可接受标准，评估事故隐患的风险等级。评估风险的方法和等级划分标准参照集团公司生产安全风险防控管理规定执行，评估结果应当形成报告。

安全隐患评估可以选用现场观察、工作前安全分析（JSA）、安全检查表（SCL）、危险与可操作性分析（HAZOP）、故障树分析（FTA）、事件树分析（ETA）等技术方法。

重大安全环保事故隐患评估报告应当包括以下内容：
（1）事故隐患现状。
（2）事故隐患形成原因。
（3）事故发生概率、影响范围及严重程度。
（4）事故隐患风险等级。
（5）事故隐患治理难易程度分析。
（6）事故隐患治理方案。

五、安全隐患报告

生产经营单位应当每月对本单位事故隐患排查治理情况进行统计分析，并按照规定的时间和形式报送安全监管监察部门和有关部门。

对于重大事故隐患，生产经营单位除按照上述要求报送外，还应当及时向安全监督监察部门和有关部门报告。

重大事故隐患报告内容：
（1）隐患的现状及其产生原因。
（2）隐患的危害程度和整改难易程度分析。
（3）隐患的治理方案。

第三节　隐患治理

各企业对发现的事故隐患应当组织治理，对不能立即治理的事故隐患，应当制定和落实事故隐患监控措施，并告知岗位人员和相关人员在紧急情况下采取的应急措施。在事故隐患治理过程中，应当采取相应的安全防范措施，防止事故发生。

一、隐患监控措施

（1）保证存在事故隐患的设备设施安全运转所需的条件。
（2）提出对设备设施监测检查的要求。
（3）制定针对潜在危害及影响的防范控制措施。
（4）编制应急预案并定期进行演练。

（5）明确监控程序、责任分工和落实监控人员。
（6）设置明显标志，标明事故隐患风险等级、危险程度、治理责任、期限及应急措施。

对威胁生产安全、环境安全和人员生命安全，随时可能发生事故的重大事故隐患，企业应当立即停产、停业整改。

对于因自然灾害可能导致事故灾难的隐患，企业应当按照有关法律、法规、标准的要求排查治理，采取可靠的预防措施，制定应急预案；在接到有关自然灾害预报时，应当及时向下属单位发出预警通知；发生自然灾害可能危及企业和人员安全时，应当采取撤离人员、停止作业、加强监测等安全措施，并及时向地方政府和集团公司有关部门报告。

二、隐患治理方案

一般事故隐患，由生产经营单位（车间、分厂、区队等）负责人或者有关人员及时组织整改。重大事故隐患由企业主要负责人根据评估结果，组织制定并实施重大事故隐患治理方案，做到整改措施、责任、资金、时限和预案"五到位"。治理方案主要包括以下内容：

（1）事故隐患基本情况，包括事故隐患部位、现状和治理的必要性。
（2）治理的目标和任务。
（3）治理采取的方法和措施。
（4）经费和物资的落实。
（5）负责治理的机构和人员。
（6）治理的时限和要求。
（7）安全控制措施和应急预案。

事故隐患治理过程中，应当采取相应的安全防范措施，防止事故发生。事故隐患排除前或者排除过程中无法保证安全的，应当从危险区域内撤出作业人员，并疏散可能危及的其他人员，设置警戒标志，暂时停产停业或者停止使用；对暂时难以停产或者停止使用的相关设施、设备，应当加强维护和保养，防止事故发生。

三、隐患治理验收

地方人民政府或者安全监管监察部门级有关部门挂牌督办并责令全部或者局部停业治理的重大事故隐患治理工作结束后，有条件的生产经营单位应当组织本单位的技术人员和专家对重大事故隐患的治理情况进行评估，其他生产经营单位应当委托具备相应资质的安全评价机构对重大事故隐患的治理情况进行评估。

经治理后符合安全生产条件的，生产经营单位应当向安全监察部门和有关部门提出恢复生产的书面申请，经安全监管监察部门和有关部门审查同意后，方可恢复生产经营。申请报告应当包括治理方案的内容、项目和安全评价机构出具的评价报告等。

重大事故隐患治理项目完成后，项目审批部门应当按照有关规定组织验收。严格执行"五不验收"，即：项目变更不履行程序不验收、治理项目不符合安全环保与节能减排要求不验收、挪用事故隐患治理资金的项目不验收、违反事故隐患治理原则搭车和扩能的项目不验收、项目竣工不进行效果评价不验收。

第四章 应急管理

突发事件应急管理应强调全过程的管理突发事件应急管理工作，涵盖了突发事件发生前、中、后的各个阶段，包含为应对突发事件而采取的预先防范措施、事发时采取的应对行动、事发后采取的各种善后措施及减少损害的行为，包括预防、准备、响应和恢复等各个阶段，并充分体现"预防为主，常备不懈"的应急理念。

应急管理是一个动态的过程，包括预防、准备、响应和恢复4个阶段，尽管在实际情况中这些阶段往往是交叉的，但每一阶段都有其明确的目标，而且每一阶段又是构筑在前一阶段的基础之上，因而预防、准备、响应和恢复的相互关联，构成了重大事故应急管理的循环过程（图5-4-1）。

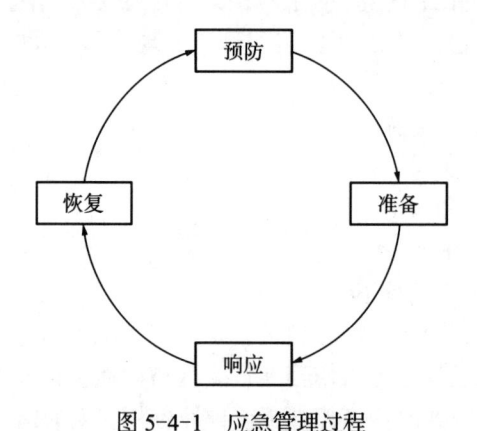

图 5-4-1 应急管理过程

第一节 应急预防

一、应急预防的基本概念

在应急管理中预防有两层含义，一是事故的预防工作，即通过安全管理和安全技术等手段，尽可能地防止事故的发生，实现本质安全；二是在假定事故必然发生的前提下，通过预先采取的预防措施，达到降低或减缓事故的影响或后果的严重程度，如加大建筑物的安全距离、工厂选址的安全规划、减少危险物品的存量、设置防护墙以及开展公众教育等。从长远看，低成本、高效率的预防措施是减少事故损失的关键。

二、应急管理相关的法律法规要求

组织应及时识别和获取适用于组织应急管理的有关法律法规、标准和其他要求,并建立获取这些要求的渠道。

组织应确定这些要求如何应用于组织的应急管理并予以实施,同时及时传达给为组织工作的人员,以及为组织应急工作提供服务的相关方。

(一)应急管理有关法律

对事故应急救援提出要求的主要法律包括《中华人民共和国安全生产法》《中华人民共和国突发事件应对法》《中华人民共和国职业病防治法》《中华人民共和国消防法》等。

《中华人民共和国安全生产法》:规定生产经营单位的主要负责人有组织制定并实施本单位的生产安全事故应急救援预案的职责;生产经营单位对重大危险源应当制定应急预案;县级以上人民政府应当组织制定本行政区域内特大生产安全事故应急救援预案,建立应急救援体系;危险物品的生产、经营、储存单位以及矿山、建筑施工单位应当建立应急救援组织并配备应急救援器材、设备。

《中华人民共和国突发事件应对法》:所有单位应当建立健全安全管理制度,定期检查本单位各项安全防范措施的落实情况,及时消除事故隐患;掌握并及时处理本单位存在的可能引发社会安全事件的问题,防止矛盾激化和事态扩大;对本单位可能发生的突发事件和采取安全防范措施的情况,应当按照规定及时向所在地人民政府或者人民政府有关部门报告;矿山、建筑施工单位和易燃易爆物品、危险化学品、放射性物品等危险物品的生产、经营、储运、使用单位,应当制定具体应急预案。

《中华人民共和国职业病防治法》:用人单位应当建立、健全职业病危害事故应急救援预案。

《中华人民共和国消防法》:消防安全重点单位应当制定灭火和应急疏散预案。

(二)应急管理有关规定

《国家突发公共事件总体应急预案》规定国务院是突发公共事件应急管理工作的最高行政领导机构;国务院有关部门负责相关类别突发公共事件的应急管理工作。地方各级人民政府是本行政区域突发公共事件应急管理工作的行政领导机构。该总体应急预案将突发公共事件分为自然灾害、事故灾难、公共卫生事件、社会安全事件4类,按照各类突发公共事件的性质、严重程度、可控性和影响范围等因素,将公共突发事件分为4级,即Ⅰ级(特别重大)、Ⅱ级(重大)、Ⅲ级(较大)和Ⅳ级(一般)。特别重大或者重大突发公共事件发生后,省级人民政府、国务院有关部门要在4h内向国务院报告,同时通报有关地区和部门。

《生产安全事故应急预案管理办法》对生产安全事故应急预案的编制、评审、发布、备案、培训、演练和修订等工作做了原则性的要求。该管理办法规定,应急预案的管理遵循综合协调、分类管理、分级负责、属地为主的原则。国家安全生产监督管理总局负责应急预案的综合协调管理工作;国务院其他负有安全生产监督管理职责的部门按照各自的职责负责本行业、本领域内应急预案的管理工作;县级以上地方各级人民政府安全生产监督管理部门负责本行政区域内应急预案的综合协调管理工作；县级以上地方各级人民政府其他负有安全生产监督管理职责的部门按照各自的职责负责辖区内本行业、本领域应急预案的管理工作；生产经营单位应当根据有关法律、法规和《生产经营单位生产安全事故应急预案编制导则》（GB/T 29639—2020），结合本单位的危险源状况、危险性分析情况和可能发生的事故特点，制定相应的应急预案并进行评审、发布、备案、培训、演练和修订。

《危险化学品安全管理条例》县级以上人民政府负责危险化学品安全监督管理综合工作的部门会同有关部门制定危险化学品事故应急救援预案。危险化学品单位应当制定本单位事故应急救援预案，配备应急救援人员和必要的应急救援器材、设备，并定期组织演练。危险化学品事故应急救援预案应当报设区的市级人民政府负责危险化学品安全监督管理综合工作的部门备案。发生危险化学品事故，单位主要负责人应当按照本单位制定的应急救援预案，立即组织救援，并立即报告当地负责危险化学品安全监督管理综合工作的部门和公安、环境保护、质检部门。

（三）应急组织机构

所有单位应确定与应急工作密切相关的职能部门、管理层及岗位。这些职能部门、管理层及岗位，无论是否还负有其他方面的责任，都应明确其与组织应急工作相关的职责和权限，并形成文件。应急工作的最终责任由组织的最高管理者承担。组织应在最高管理层中指定一名成员作为管理者代表，以确保按要求建立、实施、保持和持续改进应急管理体系，并向最高管理者报告应急管理体系运行情况，提出改进建议（图5-4-2）。

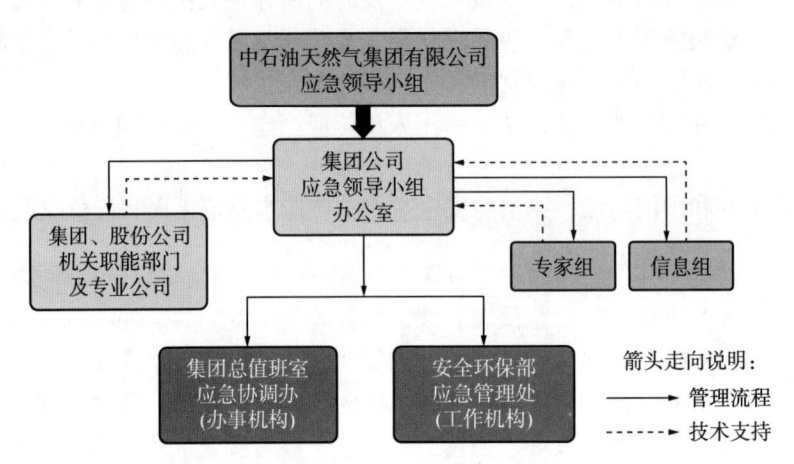

图5-4-2 中国石油天然气集团有限公司应急管理组织机构

（四）风险分析与应急能力评估

1. 风险分析

组织应识别其生产、服务或活动中存在的风险，分析其产生的原因、影响的范围、发生的可能性和潜在的后果，并结合组织生产、服务或活动的性质，应急工作方针，可接受的风险程度等因素，以及相关准则进行评价，确定风险等级。组织应根据风险分析与评价的结果，确定作为组织应急对象的突发事件，形成文件并及时更新。

第四章　应急管理

2. 应急能力评估

组织应针对所确定的突发事件的风险等级进行应急能力评估。应急能力评估应考虑突发事件的危害和影响的范围、性质和时限等，其评估内容应包括但不限于：

（1）现行适用的应急管理方面的法律法规及其他要求的获取和执行情况。
（2）应急管理的机构与职责。
（3）应急预案，包括应急程序。
（4）应急资源，包括外部资源。
（5）人员的应急能力和意识。
（6）与组织外部相关方建立的公共应急响应的程序或协议。
（7）应急能力评估的结果应形成文件，并及时更新。

（五）应急预案

1. 应急预案

应急预案是指为有效预防和控制可能发生的事故，最大程度减少事故及其造成损害而预先制定的工作方案。《生产经营单位生产安全事故应急预案编制导则》（GB/T 29639—2020）规定了生产经营单位编制安全生产事故应急预案的程序、内容和要素等基本要求。

组织应针对所确定的突发事件，建立相应的应急预案。应急预案应针对特定的突发事件，规定对其进行应急处置与救援，以及消除和减小其可能造成的影响和损失的程序和措施，并形成文件。组织应对应急预案的针对性、可操作性和有效性进行定期评审，必要时通过演练的方式予以测试和验证，并及时修订，尤其是在启动应急预案后。

应急预案在应急救援中的作用：

（1）明确了应急救援的范围和体系，使应急准备和管理有据可依，有章可循。
（2）有利于做出及时的应急响应，降低事故后果。
（3）是各类突发重大事故的应急基础。
（4）当发生超过应急能力的重大事故时，便于与上级、外部应急部门协调。
（5）有利于提高风险防范意识。

2. 应急预案体系的构成

生产安全事故应急预案体系由综合应急预案、专项应急预案和现场处置方案构成。生产经营单位风险种类多、可能发生多种事故类型的，应当组织编制本单位的综合应急预案。对于某一种类的风险，生产经营单位应当根据存在的重大危险源和可能发生的事故类型，制定相应的专项应急预案。对于危险性较大的重点岗位，生产经营单位应当制定重点工作岗位的现场处置方案（图5-4-3）。

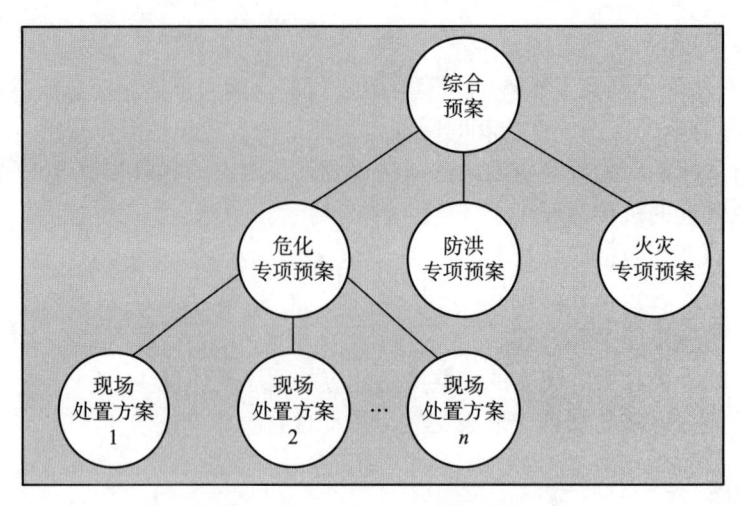

图 5-4-3　事故应急预案的层次

生产规模小、危险因素少的生产经营单位，综合应急预案和专项应急预案可以合并编写。

1）综合应急预案

综合应急预案是生产经营单位应急预案体系的总纲，主要从总体上阐述事故的应急工作原则，包括生产经营单位的应急组织机构及职责、应急预案体系、事故风险描述、预警及信息报告、应急响应、保障措施、应急预案管理等内容。

2）专项应急预案

专项应急预案是生产经营单位为应对某一类型或某几种类型事故，或者针对重要生产设施、重大危险源、重大活动等内容而制定的应急预案。专项应急预案主要包括事故风险分析、应急指挥机构及职责、处置程序和措施等内容。

3）现场处置方案

现场处置方案是生产经营单位根据不同事故类别，针对具体的场所、装置或设施所制定的应急处置措施，主要包括事故风险分析、应急工作职责、应急处置和注意事项等内容。生产经营单位应根据风险评估、岗位操作规程以及危险性控制措施，组织本单位现场作业人员及相关专业人员共同编制现场处置方案。

第二节　应急准备

一、应急准备的基本概念

应急准备是应急管理工作中的一个关键环节，应急准备是指为有效应对突发事件而事先采取的各种措施的总称，包括意识、组织、机制、预案、队伍、资源、培训演练。

二、应急救援运行机制

应急救援运行机制是应急管理体系的重要保障，目标是实现统一领导、分级管理，条块结合、以块为主，分级响应、统一指挥，资源共享、协同作战，一专多能、专兼结合，防救结合、平战结合，以及动员公众参与，以切实加强安全生产应急管理体系内部的应急管理，明确和规范响应程序，保证应急救援体系运转高效、应急反应灵敏、取得良好的抢救效果。

应急救援活动一般划分为应急准备、初级反应、扩大应急和应急恢复4个阶段，应急机制与这4个阶段的应急活动密切相关。应急运行机制主要由统一指挥、分级响应、属地为主和公众动员4个基本机制组成。

统一指挥是应急活动的基本原则之一。应急指挥一般可分为集中指挥与现场指挥，或场外指挥与场内指挥等。无论采用哪一种指挥系统，都必须实行统一指挥的模式，无论应急救援活动涉及单位的行政级别高低还是隶属关系不同，都必须在应急指挥部的统一组织协调下行动，有令则行，有禁则止，统一号令，步调一致。

分级响应是指在初级反应到扩大应急的过程中实行的分级响应的机制。扩大或提高应急级别的主要依据是事故灾难的危害程度，影响范围和控制事态能力。

三、应急预案的策划与编制

（一）应急预案的策划

策划预案的原则：结构合理、重点突出、针对重大灾难、避免交叉矛盾、适用有效、易于运作。生产安全事故应急预案的策划应考虑以下内容：

（1）重大隐患排查结果。
（2）本地区地质、气象、水文的不利条件。
（3）本地区以及上级机构制定应急预案情况。
（4）本地区以往的灾情发生情况。
（5）功能区的布置情况。
（6）周边危险、有害因素可能产生的影响。
（7）法律法规的要求。

（二）应急预案的编制

根据《生产经营单位生产安全事故应急预案编制导则》（GB/T 29639—2020）要求，生产经营单位应急预案编制包括成立应急预案编制工作组、资料收集、风险评估、应急能力评估、编制应急预案和应急预案评审6个步骤。

1. 成立应急预案编制工作组

生产经营单位应结合本单位部门职能和分工，成立以单位主要负责人（或分管负责人）为组长，单位相关部门人员参加的应急预案编制工作组，明确工作职责和任务分工，制定工作计划，组织开展应急预案编制工作。

2. 资料收集

应急预案编制工作组应收集与预案编制工作相关的法律法规、技术标准、应急预案、国内外同行业企业事故资料，同时收集本单位安全生产相关技术资料、周边环境影响、应急资源等有关资料。

3. 风险评估

（1）分析生产经营单位存在的危险因素，确定事故危险源。
（2）分析可能发生的事故类型及后果，并指出可能产生的次生、衍生事故。
（3）评估事故的危害程度和影响范围，提出风险防控措施。

4. 应急能力评估

在全面调查和客观分析生产经营单位应急队伍、装备、物资等应急资源状况基础上开展应急能力评估，并依据评估结果，完善应急保障措施。

5. 编制应急预案

依据生产经营单位风险评估及应急能力评估结果，组织编制应急预案。应急预案编制应注重系统性和可操作性，做到与相关部门和单位应急预案相衔接。

6. 应急预案评审

应急预案编制完成后，生产经营单位应组织评审。评审分为内部评审和外部评审，内部评审由生产经营单位主要负责人组织有关部门和人员进行。外部评审由生产经营单位组织外部有关专家和人员进行评审。应急预案评审合格后，由生产经营单位主要负责人（或分管负责人）签发实施，并进行备案管理。

（三）应急预案备案管理

根据《生产安全事故应急预案管理办法》（国家安全生产监督管理总局令第17号）规定，中央管理的总公司（总厂、集团公司、上市公司）的综合应急预案和专项应急预案，报国务院国有资产监督管理部门、国务院安全生产监督管理部门和国务院有关主管部门备案；其所属单位的应急预案分别抄送所在地的省、自治区、直辖市或者设区的市人民政府安全生产监督管理部门和有关主管部门备案。

生产经营单位申请应急预案备案，应当提交应急预案备案申请表、应急预案评审或者论证意见、应急预案文本及电子文档。

（四）应急预案的主要内容

1. 综合应急预案主要内容（表5-4-1）

表5-4-1 综合应急预案主要内容

1. 总则	1.1 编制目的	简述应急预案编制的目的。
	1.2 编制依据	简述应急预案编制所依据的法律、法规、规章、标准和规范性文件以及相关应急预案等。
	1.3 适用范围	说明应急预案适用的工作范围和事故类型、级别。
	1.4 应急预案体系	说明生产经营单位应急预案体系的构成情况，可用框图形式表述。
	1.5 应急工作原则	说明生产经营单位应急工作的原则，内容应简明扼要、明确具体。

第四章　应急管理

续表

2. 事故风险描述		简述生产经营单位存在或可能发生的事故风险种类、发生的可能性以及严重程度及影响范围等。
3. 应急组织机构及职责		明确生产经营单位的应急组织形式及组成单位或人员,可用结构图的形式表示,明确构成部门的职责。应急组织机构根据事故类型和应急工作需要,可设置相应的应急工作小组,并明确各小组的工作任务及职责。
4. 预警及信息报告	4.1 预警	根据生产经营单位监测监控系统数据变化状况、事故险情紧急程度和发展势态或有关部门提供的预警信息进行预警,明确预警的条件、方式、方法和信息发布的程序。
	4.2 信息报告	按照有关规定,明确事故及事故险情信息报告程序,主要包括:(1)信息接收与通报:明确24h应急值守电话、事故信息接收、通报程序和责任人;(2)信息上报:明确事故发生后向上级主管部门或单位报告事故信息的流程、内容、时限和责任人;(3)信息传递:明确事故发生后向本单位以外的有关部门或单位通报事故信息的方法、程序和责任人。
5. 应急响应	5.1 响应分级	针对事故危害程度、影响范围和生产经营单位控制事态的能力,对事故应急响应进行分级,明确分级响应的基本原则。
	5.2 响应程序	根据事故级别和发展态势,描述应急指挥机构启动、应急资源调配、应急救援、扩大应急等响应程序。
	5.3 处置措施	针对可能发生的事故风险、事故危害程度和影响范围,制定相应的应急处置措施,明确处置原则和具体要求。
	5.4 应急结束	明确现场应急响应结束的基本条件和要求。
6. 信息公开		明确向有关新闻媒体、社会公众通报事故信息的部门、负责人和程序以及通报原则。
7. 后期处置		主要明确污染物处理、生产秩序恢复、医疗救治、人员安置、善后赔偿、应急救援评估等内容。
8. 保障措施	8.1 通信与信息保障	明确与可为本单位提供应急保障的相关单位或人员通信联系方式和方法,并提供备用方案。同时,建立信息通信系统及维护方案,确保应急期间信息通畅。
	8.2 应急队伍保障	明确应急响应的人力资源,包括应急专家、专业应急队伍、兼职应急队伍等。
	8.3 物资装备保障	明确生产经营单位的应急物资和装备的类型、数量、性能、存放位置、运输及使用条件、管理责任人及其联系方式等内容。
	8.4 其他保障	根据应急工作需求而确定的其他相关保障措施(如经费保障、交通运输保障、治安保障、技术保障、医疗保障、后勤保障等)。
9. 应急预案管理	9.1 应急预案培训	明确对本单位人员开展的应急预案培训计划、方式和要求,使有关人员了解相关应急预案内容,熟悉应急职责、应急程序和现场处置方案。如果应急预案涉及社区和居民,要做好宣传教育和告知等工作。
	9.2 应急预案演练	明确生产经营单位不同类型应急预案演练的形式、范围、频次、内容以及演练评估、总结等要求。
	9.3 应急预案修订	明确应急预案修订的基本要求,并定期进行评审,实现可持续改进。
	9.4 应急预案备案	明确应急预案的报备部门,并进行备案。
	9.5 应急预案实施	明确应急预案实施的具体时间、负责制定与解释的部门

2. 专项应急预案主要内容（表5-4-2）

表5-4-2　专项应急预案主要内容

1. 事故风险分析	针对可能发生的事故风险，分析事故发生的可能性以及严重程度、影响范围等。
2. 应急指挥机构及职责	根据事故类型，明确应急指挥机构总指挥、副总指挥以及各成员单位或人员的具体职责。应急指挥机构可以设置相应的应急救援工作小组，明确各小组的工作任务及主要负责人职责。
3. 处置程序	明确事故及事故险情信息报告程序和内容，报告方式和责任人等内容。根据事故响应级别，具体描述事故接警报告和记录、应急指挥机构启动、应急指挥、资源调配、应急救援、扩大应急等应急响应程序。
4. 处置措施	针对可能发生的事故风险、事故危害程度和影响范围，制定相应的应急处置措施，明确处置原则和具体要求

3. 现场处置方案主要内容（表5-4-3）

表5-4-3　现场处置方案编制主要内容

1. 事故风险分析	（1）事故类型。 （2）事故发生的区域、地点或装置的名称。 （3）事故发生的可能时间、事故的危害严重程度及其影响范围。 （4）事故前可能出现的征兆。 （5）事故可能引发的次生、衍生事故。
2. 应急工作职责	根据现场工作岗位、组织形式及人员构成，明确各岗位人员的应急工作分工和职责。
3. 应急处置	（1）事故应急处置程序。根据可能发生的事故及现场情况，明确事故报警、各项应急措施启动、应急救护人员的引导、事故扩大及同生产经营单位应急预案的衔接的程序。 （2）现场应急处置措施。针对可能发生的火灾、爆炸、危险化学品泄漏、坍塌、水患、机动车辆伤害等，从人员救护、工艺操作、事故控制，消防、现场恢复等方面制定明确的应急处置措施。 （3）明确报警负责人以及报警电话及上级管理部门、相关应急救援单位联络方式和联系人员，事故报告基本要求和内容。
4. 注意事项	（1）佩戴个人防护器具方面的注意事项。 （2）使用抢险救援器材方面的注意事项。 （3）采取救援对策或措施方面的注意事项。 （4）现场自救和互救注意事项。 （5）现场应急处置能力确认和人员安全防护等事项。 （6）应急救援结束后的注意事项。 （7）其他需要特别警示的事项

4. 预案附件要求（表5-4-4）

表5-4-4　预案附件要求

1. 有关应急部门、机构或人员的联系方式	列出应急工作中需要联系的部门、机构或人员的多种联系方式，当发生变化时及时进行更新。
2. 应急物资装备的名录或清单	列出应急预案涉及的主要物资和装备名称、型号、性能、数量、存放地点、运输和使用条件、管理责任人和联系电话等。
3. 规范化格式文本	应急信息接报、处理、上报等规范化格式文本。
4. 关键的路线、标识和图纸	（1）警报系统分布及覆盖范围。 （2）重要防护目标、危险源一览表、分布图。 （3）应急指挥部位置及救援队伍行动路线。 （4）疏散路线、警戒范围、重要地点等的标识。 （5）相关平面布置图纸、救援力量的分布图纸等。
5. 有关协议或备忘录	列出与相关应急救援部门签订的应急救援协议或备忘录

第四章 应急管理

5. 应急预案编制格式和要求（表 5-4-5）

表 5-4-5　应急预案编制格式和要求

1. 封面	应急预案封面主要包括应急预案编号、应急预案版本号、生产经营单位名称、应急预案名称、编制单位名称、颁布日期等内容。
2. 批准页	应急预案应经生产经营单位主要负责人（或分管负责人）批准方可发布。
3. 目次	应急预案应设置目次，目次中所列的内容及次序如下： （1）批准页。 （2）章的编号、标题。 （3）带有标题的条的编号、标题（需要时列出）。 （4）附件，用序号表明其顺序。
4. 印刷与装订	应急预案推荐采用 A4 版面印刷，活页装订

四、应急演练

根据《中华人民共和国安全生产法》《中华人民共和国突发事件应对法》《国家突发公共事件总体应急预案》和国务院有关规定，生产经营单位应定期开展应急演练。按照《生产安全事故应急预案管理办法》（国家安全生产监督管理总局令第 17 号）规定，生产经营单位应当制定本单位的应急预案演练计划，根据本单位的事故预防重点，每年至少组织一次综合应急预案演练或者专项应急预案演练，每半年至少组织一次现场处置方案演练。

（一）应急演练目的

（1）检验预案。通过开展应急演练，查找应急预案中存在的问题，进而完善应急预案，提高应急预案的实用性和可操作性。

（2）完善准备。通过开展应急演练，检查应对突发事件所需应急队伍、物资、装备、技术等方面的准备情况，发现不足及时予以调整补充，做好应急准备工作。

（3）锻炼队伍。通过开展应急演练，增强演练组织单位、参与单位和人员等对应急预案的熟悉程度，提高其应急处置能力。

（4）磨合机制。通过开展应急演练，进一步明确相关单位和人员的职责任务，理顺工作关系，完善应急机制。

（5）科普宣教。通过开展应急演练，普及应急知识，提高公众风险防范意识和自救互救等灾害应对能力。

（二）应急演练原则

（1）结合实际、合理定位。紧密结合应急管理工作实际，明确演练目的，根据资源条件确定演练方式和规模。

（2）着眼实战、讲求实效。以提高应急指挥人员的指挥协调能力、应急队伍的实战能力为着眼点。重视对演练效果及组织工作的评估、考核，总结推广好经验，及时整改存在问题。

（3）精心组织、确保安全。围绕演练目的，精心策划演练内容，科学设计演练方案，周密组织演练活动，制订并严格遵守有关安全措施，确保演练参与人员及演练装备设施的安全。

（4）统筹规划、厉行节约。统筹规划应急演练活动，适当开展跨地区、跨部门、跨行业的综合性演练，充分利用现有资源，努力提高应急演练效益。

（三）应急演练分类

1. 按组织形式分类

应急演练按组织形式划分，可分为桌面演练和实战演练。

（1）桌面演练。桌面演练是指参演人员利用地图、沙盘、流程图、计算机模拟、视频会议等辅助手段，针对事先假定的演练情景，讨论和推演应急决策及现场处置的过程，从而促进相关人员掌握应急预案中所规定的职责和程序，提高指挥决策和协同配合能力。桌面演练通常在室内完成。

（2）实战演练。实战演练是指参演人员利用应急处置涉及的设备和物资，针对事先设置的突发事件情景及其后续的发展情景，通过实际决策、行动和操作，完成真实应急响应的过程，从而检验和提高相关人员的临场组织指挥、队伍调动、应急处置技能和后勤保障等应急能力。实战演练通常要在特定场所完成。

2. 按内容分类

应急演练按内容划分，可分为单项演练和综合演练。

（1）单项演练。单项演练是指只涉及应急预案中特定应急响应功能或现场处置方案中一系列应急响应功能的演练活动。注重针对一个或少数几个参与单位（岗位）的特定环节和功能进行检验。

（2）综合演练。综合演练是指涉及应急预案中多项或全部应急响应功能的演练活动。注重对多个环节和功能进行检验，特别是对不同单位之间应急机制和联合应对能力的检验。

3. 按目的与作用分类

应急演练按目的与作用划分，可分为检验性演练、示范性演练和研究性演练。

（1）检验性演练。检验性演练是指为检验应急预案的可行性、应急准备的充分性、应急机制的协调性及相关人员的应急处置能力而组织的演练。

（2）示范性演练。示范性演练是指为向观摩人员展示应急能力或提供示范教学，严格按照应急预案规定开展的表演性演练。

（3）研究性演练。研究性演练是指为研究和解决突发事件应急处置的重点、难点问题，试验新方案、新技术、新装备而组织的演练。

不同类型的演练相互组合，可以形成单项桌面演练、综合桌面演练、单项实战演练、综合实战演练、示范性单项演练、示范性综合演练等。

（四）应急演练的组织与实施

一次完整的应急演练活动要包括计划、准备、实施、评估总结和改进等五个阶段，如图5-4-4所示。

第四章　应急管理

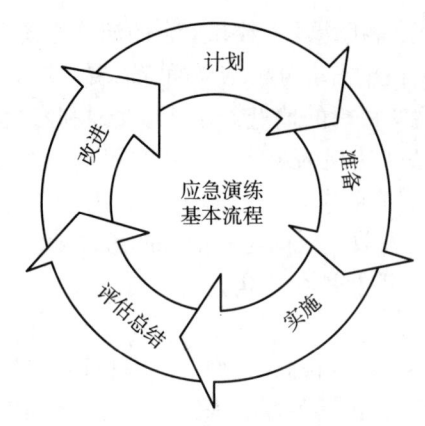

图 5-4-4　应急演练基本流程示意图

（1）计划阶段的主要任务：明确演练需求，提出演练的基本构想和初步安排。

（2）准备阶段的主要任务：完成演练策划，编制演练总体方案及其附件，进行必要的培训和预演，做好各项保障工作安排。

（3）实施阶段的主要任务：按照演练总体方案完成各项演练活动，为演练评估总结收集信息。

（4）评估总结阶段的主要任务：评估总结演练参与单位在应急准备方面的问题和不足，明确改进的重点，提出改进计划。

（5）改进阶段的主要任务：按照改进计划，由相关单位实施落实，并对改进效果进行监督检查。

1. 计划

演练组织单位在开展演练准备工作前应先制定演练计划。演练计划是有关演练的基本构想和对演练准备活动的初步安排，一般包括演练的目的、方式、时间、地点、日程安排、演练策划领导小组和工作小组构成、经费预算和保障措施等。在制定演练计划过程中需要确定演练目的、分析演练需求、确定演练内容和范围、安排演练准备日程、编制演练经费预算等。

1）梳理需求

演练组织单位根据自身应急演练、年度规划和实际情况需要，提出初步演练目标、类型、范围，确定可能的演练参与单位，并与这些单位的相关人员充分沟通，进一步明确演练需求、目标、类型和范围。

（1）确定演练目的：归纳提炼举办应急演练活动的原因、演练需要解决的问题和期望达到的效果等。

（2）分析演练需求：首先是在对所面临的风险及应急预案进行认真分析的基础上，发现可能存在的问题和薄弱环节，确定需加强演练的人员、需锻炼提高的技能、需测试的设施装备、需完善的突发事件应急处置流程和需进一步明确的职责等，然后仔细了解过去的演练情况：哪些人参与了演练、演练目标实现的程度、有什么经验与教训、有什么改进、是否进行了验证。

（3）确定演练范围：根据演练需求及经费、资源和时间等条件的限制，确定演练事件类型、等级、地域、参与演练机构及人数和适合的演练方式。

（4）事件类型、等级：根据需求分析结果确定需要演练的事件。

（5）地域：选择一个现实可行的地点，并考虑交通和安全等因素。

（6）演练方式：考虑法律法规的规定、实际的需要、人员具有的经验、需要的压力水平等因素，确定最适合的演练形式。

（7）参与演练的机构及人数：根据需要演练的事件和演练方式，列出需要参与演练的机构和人员，以及确定是否涉及社会公众。

2）明确任务

演练组织单位根据演练需求、目标、类型、范围和其他相关需要，明确细化演练各阶段的主要任务，安排日程计划，包括各种演练文件编写与审定的期限、物资器材准备的期限、演练实施的日期等。

3）编制计划

演练组织单位负责起草演练计划文本，计划内容应包括：演练目的需求、目标、类型、时间、地点、演练准备实施进程安排、领导小组和工作小组构成、预算等。

4）计划审批

演练计划编制完成后，应按相关管理要求，呈报上级主管部门批准。演练计划获准后，按计划开展具体演练准备工作。

2. 准备

演练准备阶段的主要任务是根据演练计划成立演练组织机构，设计演练总体方案，并根据需要针对演练方案进行培训和预演，为演练实施奠定基础。

演练准备的核心工作是设计演练总体方案，演练总体方案是对演练活动的详细安排。

演练总体方案的设计一般包括确定演练目标、设计演练情景与演练流程、设计技术保障方案、设计评估标准与方法、编写演练方案文件等内容。

1）成立演练组织机构

演练应在相关预案确定的应急领导机构或指挥机构领导下组织开展。演练组织单位要成立由相关单位领导组成的演练领导小组，通常下设策划部、保障部和评估组。对于不同类型和规模的演练活动，其组织机构和职能可以适当调整。演练组织机构的成立是一个逐步完善的过程，在演练准备过程中，演练组织机构的部门设置和人员配备及分工可能根据实际需要随时调整，在演练方案审批通过之后，最终的演练组织机构才得以确立。

（1）演练领导小组。

演练领导小组负责应急演练活动全过程的组织领导，审批决定演练的重大事项。演练领导小组组长一般由演练组织单位或其上级单位的负责人担任；副组长一般由演练组织单位或主要协办单位负责人担任；小组其他成员一般由各演练参与单位相关负责人担任。

（2）策划部。

策划部负责应急演练策划、演练方案设计、演练实施的组织协调、演练评估总结等工作。策划部设总策划、副总策划，下设文案组、协调组、控制组、宣传组等。

（3）保障部。

保障部负责调集演练所需物资装备，购置和制作演练模型、道具、场景，准备演练场地，维持演练现场秩序，保障运输车辆，保障人员生活和安全保卫等。其成员一般是演练组织单位及参与单位后勤、财务、办公等部门人员，常称为后勤保障人员。

（4）评估组。

评估组负责设计演练评估方案和编写演练评估报告，对演练准备、组织、实施及其安全事项等进行全过程、全方位评估，及时向演练领导小组、策划部和保障部提出意见、建议。其成员一般是应急管理专家、具有一定演练评估经验和突发事件应急处置经验专业人员，常称为演练评估人员。评估组可由上级部门组织，也可由演练组织单位自行组织，或由受邀承担评估工作的第三方机构组织。

（5）参演队伍和人员。

参演队伍包括应急预案规定的有关应急管理部门（单位）工作人员、各类专兼职应急救援队伍以及志愿者队伍等。参演人员承担具体演练任务，针对模拟事件场景做出应急响应行动。有时也可使用模拟人员替代未参加现场演练的单位人员，或模拟事故的发生过程，如释放烟雾、模拟泄漏等。

演练组织机构的部门设置和人员配备及分工可能根据实际需要随时调整.在演练方案审批通过之后，最终的演练组织机构才得以确立。

2）确定演练目标

演练目标是为实现演练目的而需完成的主要演练任务及其效果。演练目标一般需说明"由谁在什么条件下完成什么任务，依据什么标准或取得什么效果"。

演练组织机构召集有关方面和人员，商讨确认范围、演练目的需求、演练目标以及各参与机构的目标，并进一步商讨，为确保演练目标实现而在演练场景、评估标准和方法、技术保障及对演练场地等方面应满足的要求。

演练目标应简单、具体、可量化、可实现。一次演练一般有若干项演练目标，每项演练目标都要在演练方案中有相应的事件和演练活动予以实现，并在演练评估中有相应的评估项目判断该目标的实现情况。

3）演练情景事件设计

演练情景事件是为演练而假设的一系列突发事件，为演练活动提供了初始条件并通过一系列的情景事件，引导演练活动继续直至演练完成。

其设计过程包括：确定原生突发事件类型、请专家研讨、收集相关素材、结合演练目标，设计备选情景事件、研讨修改确认可用的情景事件、各情景事件细节确定。

演练情景事件设计必须做到真实合理，在演练组织过程中需要根据实际情况不断修改完善。演练情景可通过《演练情景说明书》和《演练情景事件清单》加以描述。

4）演练流程设计

演练流程设计是按照事件发展的科学规律，将所有情景事件及相应应急处置行动按时间顺序有机衔接的过程。其设计过程包括：确定事件之间的演化衔接关系；确定各事件发生与持续时间；确定各参与单位和角色在各场景中的期望行动以及期望行动之间的衔接关系；确定所需注入的信息及注入形式。

5）技术保障方案设计

为保障演练活动顺利实施，演练组织机构应安排专人根据演练目标、演练情景事件和演练流程的要求，预先进行技术保障方案设计。当技术保障因客观原因确难实现时，可及时向演练组织机构相关负责人反映，提出对演练情景事件和演练流程的相应修改建议。当演练情景事件和演练流程发生变化时，技术保障方案必须根据需要进行适当调整。

6）评估标准和方法选择

演练评估组召集有关方面和人员，根据演练总体目标和各参与机构的目标以及演练的具体情景事件、演练流程和技术保障方案，商讨确定演练评估标准和方法。

演练评估应以演练目标为基础。每项演练目标都要设计合理的评估项目方法、标准。根据演练目标的不同，可以用选择项（如：是/否判断，多项选择）、主观评分（如：1—差、3—合格、5—优秀）、定量测量（如：响应时间、被困人数、获救人数）等方法进行评估。

为便于演练评估操作，通常事先设计好评估表格，包括演练目标、评估方法、评价标准和相关记录项等。有条件时还可以采用专业评估软件等工具。

7）编写演练方案文件

文案组负责起草演练方案相关文件。演练方案文件主要包括演练总体方案及其相关附件。根据演练类别和规模的不同，演练总体方案的附件一般有演练人员手册、演练控制指南、技术保障方案和脚本、演练评估指南、演练脚本和解说词等。

8）方案审批

演练方案文件编制完成后，应按相关管理要求，报有关部门审批。对综合性较强或风险较大的应急演练，在方案报批之前，要由评估组组织相关专家对应急演练方案进行评审，确保方案科学可行。

演练总体方案获准后，演练组织机构应根据领导出席情况，细化演练日程，拟定领导出席演练活动安排。

9）落实各项保障工作

为了按照演练方案顺利安全实施演练活动，应切实做好人员、经费、场地、物资器材、技术和安全方面的保障工作。

（1）人员保障。

演练参与人员一般包括演练领导小组、演练总指挥、总策划、文案人员、控制人员、评估人员、保障人员、参演人员、模拟人员等，有时还会有观摩人员等其他人员。在演练的准备过程中，演练组织单位和参与单位应合理安排工作，保证相关人员参与演练活动的时间；通过组织观摩学习和培训，提高演练人员素质和技能。

（2）经费保障。

演练组织单位每年要根据具体应急演练方案规划编制应急演练经费预算，纳入该单位的年度财政（财务）预算，并按照演练需要及时拨付经费。对经费使用情况进行监督检查，确保演练经费专款专用、节约高效。

（3）场地保障。

根据演练方式和内容，经现场勘察后选择合适的演练场地。桌面演练一般可选择会议室或应急指挥中心等；实战演练应选择与实际情况相似的地点，并根据需要设置指挥部、集结点、接待站、供应站、救护站、停车场等设施。演练场地应有足够的空间，良好的交通、生活、卫生和安全条件，尽量避免干扰公众生产生活。

（4）物资和器材保障。

根据需要，准备必要的演练材料、物资和器材，制作必要的模型设施等，主要包括：

信息材料、物资设备、通信器材和演练情景模型等。

(5) 技术保障。

根据技术保障方案的具体需要,保障应急演练所涉及的有线通信、无线调度、异地会商、移动指挥、社会面监控、应急信息管理系统等技术支撑系统的正常运转。

(6) 安全保障。

应急演练组织单位要高度重视应急演练组织与实施全过程的安全保障工作。在应急演练方案编制中,应充分考虑应急演练实施中可能面临的风险,制定必要的应急演练安全保障措施或方案。大型或高风险应急演练活动要按规定制定专门应急预案,采取预防和控制措施。

10) 培训

为了使演练相关策划人员及参演人员熟悉演练方案和相关应急预案,明确其在演练过程中的角色和职责,在演练准备过程中,可根据需要对其进行适当培训。

在演练方案获准后至演练开始前,所有演练参与人员都要经过应急基本知识、演练基本概念、演练现场规则、应急预案、应急技能及个体防护装备使用等方面的培训。对控制人员要进行岗位职责、演练过程控制和管理等方面的培训。对评估人员要进行岗位职责、演练评估方法、工具使用等方面的培训。对参演人员要进行应急预案、应急技能及个体防护装备使用等方面的培训。

11) 预演

对大型综合性演练,为保证演练活动顺利实施,可在前期培训的基础上,在演练正式实施前,进行一次或多次预演。预演遵循先易后难、先分解后合练、循序渐进的原则。预演可以采取与正式演练不同的形式,演练正式演练的某些或全部环节。大型或高风险演练活动,要结合预先制定的专门应急预案,对关键部位和环节可能出现的突发事件进行针对性演练。

3. 实施

演练实施是对演练方案付诸行动的过程,是整个演练程序中核心环节。

1) 演练前检查

演练实施当天,演练组织机构的相关人员应在演练开始前提前到达现场,对演练所用的设备设施等情况进行检查,确保其正常工作。

按照演练安全保障工作安排,对进入演练场所的人员进行登记和身份核查,防止无关人员进入。

2) 演练前情况说明和动员

导演组完成事故应急演练准备,以及对演练方案、演练场地、演练设施、演练保障措施的最后调整后,应在演练前夕分别召开控制人员、评估人员、演练人员的情况介绍会,确保所有演练参与人员了解演练现场规则以及演练情景和演练计划中与各自工作相关的内容。演练模拟人员和观摩人员一般参加控制人员情况介绍会。

导演组可向演练人员分发演练人员手册,说明演练适用范围、演练大致日期(不说明具体时间)、参与演练的应急组织、演练目标的大致情况、演练现场规则、采取模拟方式进行演练的行动等信息。演练过程中,如果某些应急组织的应急行为由控制人员或模拟人员以模拟方式进行演示，则演练人员应了解这些情况，并掌握相关控制人员或模拟人同的通信联系方式，以免演练时与实际应急组织发生联系。

3）演练启动

演练目的和作用不同，演练启动形式也有所差异。示范性演练一般由演练总指挥或演练组织机构相关成员宣布演练开始并启动演练活动。检验性和研究性演练，一般在到达演练时间节点，演练场景出现后自行启动。

4）演练执行

演练组织形式不同，其演练执行程序也有差异。

（1）实战演练。

应急演练活动一般始于报警消息，在此过程中，参演应急组织和人员应尽可能按实际紧急事件发生时的响应要求进行演示，即"自由演示"，由参演应急组织和人员根据自己关于最佳解决办法的理解，对情景事件做出响应行动。

演练过程中参演应急组织和人员应遵守当地相关的法律法规和演练现场规则，确保演练安全进行，如果演练偏离正确方向，控制人员可以采取"刺激行动"以纠正错误。"刺激行动"包括终止演练过程，使用"刺激行动"时应尽可能平缓，以诱导方法纠偏，只有对背离演练目标的"自由演示"才使用强刺激的方法使其中断反应。

（2）桌面演练。

桌面演练的执行通常是五个环节的循环往复：演练信息注入、问题提出、决策分析、决策结果表达和点评。

（3）演练解说。

在演练实施过程中，演练组织单位可以安排专人对演练过程进行解说。解说内容一般包括演练背景描述、进程讲解、案例介绍、环境渲染等。对于有演练脚本的大型综合性示范演练，可按照脚本中的解说词进行讲解。

（4）演练记录。

演练实施过程中，一般要安排专门人员，采用文字、照片和音像等手段记录演练过程。文字记录一般可由评估人员完成，主要包括演练实际开始与结束时间、演练过程控制情况、各项演练活动中参演人员的表现、意外情况及其处置等内容，尤其要详细记录可能出现的人员"伤亡"（如进入"危险"场所而无安全防护，在规定的时间内不能完成疏散等）及财产"损失"等情况。

照片和音像记录可安排专业人员和宣传人员在不同现场、不同角度进行拍摄，尽可能全方位反映演练实施过程。

（5）演练宣传报道。

演练宣传组按照演练宣传方案做好演练宣传报道工作。认真做好信息采集、媒体组织、广播电视节目现场采编和播报等工作，扩大演练的宣传教育效果。对涉密应急演练要做好相关保密工作。

5）演练结束与意外终止

演练完毕，由总策划发出结束信号，演练总指挥或总策划宣布演练结束。演练结束后所有人员停止演练活动，按预定方案集合进行现场总结讲评或者组织疏散。保障部负责组织人员对演练场地进行清理和恢复。

演练实施过程中出现下列情况，经演练领导小组决定，由演练总指挥或总策划按照事先规定的程序和指令终止演练：①出现真实突发事件，需要参演人员参与应急处置时，要终止演练，使参演人员迅速回归其工作岗位，履行应急处置职责；②出现特殊或意外情况，短时间内不能妥善处理或解决时，可提前终止演练。

6）现场点评会

演练组织单位在演练活动结束后，应组织针对本次演练现场点评会。其中包括专家点评、领导点评、演练参与人员的现场信息反馈等。

4. 评估总结

1）评估

演练评估是指观察和记录演练活动、比较演练人员表现与演练目标要求并提出演练发现问题的过程。演练评估目的是确定演练是否已经达到演练目标的要求，检验各应急组织指挥人员及应急响应人员完成任务的能力。要全面、正确地评估演练效果，必须在演练地域的关键地点和各参演应急组织的关键岗位上，派驻公正的评估人员。评估人员的作用主要是观察演练的进程，记录演练人员采取的每一项关键行动及其实施时间，访谈演练人员，要求参演应急组织提供文字材料，评估参演应急组织和演练人员表现并反馈演练发现。

应急演练评估方法是指演练评估过程中的程序和策略，包括评估组组成方式、评估目标与评估标准。评估人员较少时可仅成立一个评估小组并任命一名负责人。评估人员较多时，则应按演练目标、演练地点和演练组织进行适当的分组，除任命一名总负责人，还应分别任命小组负责人。评估目标是指在演练过程中要求演练人员展示的活动和功能。评估标准是指供评估人员对演练人员各个主要行动及关键技巧的评判指标，这些指标应具有可测量性，或力求定量化，但是根据演练的特点，评判指标中可能出现相当数量的定性指标。

情景设计时，策划人员应编制评估计划，应列出必须进行评估的演练目标及相应的评估准则，并按演练目标进行分组，分别提供给相应的评估人员，同时给评估人员提供评价指标。

2）总结报告

（1）召开演练评估总结会议。

在演练结束后一个月内，由演练组织单位召集评估组和所有演练参与单位，讨论本次演练的评估报告，并从各自的角度总结本次演练的经验教训，讨论确认评估报告内容，并讨论提出总结报告内容，拟定改进计划，落实改进责任和时限。

（2）编写演练总结报告。

在演练评估总结会议结束后，由文案组根据演练记录、演练评估报告、应急预案、现场总结等材料，对演练进行系统和全面的总结，并形成演练总结报告。演练参与单位也可对本单位的演练情况进行总结。

演练总结报告的内容包括：演练目的，时间和地点，参演单位和人员，演练方案概要，发现的问题与原因，经验和教训，以及改进有关工作的建议、改进计划、落实改进责任和时限等。

3）文件归档与备案

演练组织单位在演练结束后应将演练计划、演练方案、各种演练记录（包括各种音像资料）、演练评估报告、演练总结报告等资料归档保存。

对于由上级有关部门布置或参与组织的演练，或者法律、法规、规章要求备案的演练，演练组织单位应当将相关资料报有关部门备案。

5.改进

1）改进行动

对演练中暴露出来的问题，演练组织单位和参与单位应按照改进计划中规定的责任和时限要求，及时采取措施予以改进，包括修改完善应急预案、有针对性地加强应急人员的教育和培训、对应急物资装备有计划地更新等。

2）跟踪检查与反馈

演练总结与讲评过程结束之后，演练组织单位和参与单位应指派专人，按规定时间对改进情况进行监督检查，确保本单位对自身暴露出的问题做出改进

第三节　应急响应

一、应急响应基本概念

应急响应是指事故即将发生或发生后，采取的挽救生命和财产，稳定和控制事态的一系列应急行动。

应急救援体系根据事故的性质、严重程度、事态发展趋势和控制能力分三级紧急响应：

（1）一级紧急情况：必须利用所有有关部门及一切资源的紧急情况。

（2）二级紧急情况：需要两个或更多部门响应的紧急情况。

（3）三级紧急情况：一个部门利用正常的资源能处理的紧急情况。

尤其需要解决好以下几个问题：

（1）要提高快速反应能力。响应速度越快，意味着越能减少损失。由于突发事件发生突然、扩散迅速，只有及时响应，控制住危险状况，防止突发事件的继续扩展，才能有效地减轻造成的各种损失。经验表明，建立统一的指挥中心或系统将有助于提高快速反应能力。

（2）加强协调组织能力。应对突发事件，特别是重大、特别重大突发事件，需要具有较强的组织动员能力和协调能力，使各方面力量都参与进来，相互协作，共同应对。

（3）要为一线应急救援人员配备必要的防护装备，以提高危险状态下的应急处置能力，并保护好一线应急救援人员。

二、应急救援体系响应程序

接警→响应级别确定→应急启动→救援行动→事态控制→应急恢复→应急结束。

三、现场指挥系统组织结构

生产经营单位应急救援现场指挥系统组织结构一般由指挥（现场总指挥）、行动（应急救援）、通信（通信联络）、后勤（后勤保障）等几个核心应急响应部门（职能）组成。

四、国家突发事件分类分级

《国家突发公共事件总体应急预案》根据突发公共事件的发生过程、性质和机理，突发公共事件主要分为自然灾害、事故灾难、公共卫生事件、社会安全事件四类：

（1）自然灾害，主要包括水旱灾害，气象灾害，地震灾害，地质灾害，海洋灾害，生物灾害和森林草原火灾等。

（2）事故灾难，主要包括工矿商贸等企业的各类安全事故，交通运输事故，公共设施和设备事故，环境污染和生态破坏事件等。

（3）公共卫生事件，主要包括传染病疫情，群体性不明原因疾病，食品安全和职业危害，动物疫情，以及其他严重影响公众健康和生命安全的事件。

（4）社会安全事件，主要包括恐怖袭击事件，经济安全事件和涉外突发事件等。

各类突发公共事件按照其性质、严重程度、可控性和影响范围等因素，一般分为四级：Ⅰ级（特别重大）、Ⅱ级（重大）、Ⅲ级（较大）和Ⅳ级（一般）。

五、中石油天然气集团有限公司突发事件分类

中国石油天然气集团有限公司突发事件分为自然灾害突发事件、事故灾难突发事件、公共卫生突发事件、社会安全突发事件4大类。

其中事故灾难突发事件又包括：
（1）井喷突发事件。
（2）油气站库及炼化装置爆炸着火突发事件。
（3）危险化学品严重泄漏失控和中毒突发事件。
（4）油气长输管道突发事件。
（5）海洋石油开发突发事件。
（6）剧毒化学品道路运输突发事件。
（7）环境突发事件。

第四节　恢复与重建

恢复与重建基本概念：恢复是指突发事件的威胁和危害得到控制或者消除后所采取的处置工作；恢复工作包括短期恢复和长期恢复。

从时间上看，短期恢复并非在应急响应完全结束之后才开始，恢复可能是伴随着响应

活动随即展开的。很多情况下，应急响应活动开始后，短期恢复活动就立即开始了，比如，一项复杂的人员营救活动中，受困人员陆续获救，从第一个受困人员获救之时起，其饮食、住宿、医疗救助等基本安全和卫生需求应当立即予以恢复，此时短期恢复工作就已经开始了，而不是等到所有受困人员全部获救之后才开始恢复工作。从以上角度看，短期恢复也可以理解为应急响应行动的延伸。

短期恢复工作包括向受灾人员提供食品、避难所、安全保障和医疗卫生等基本服务。在短期恢复工作中，应注意避免出现新的突发事件。《中华人民共和国突发事件应对法》第五十八条规定："突发事件的威胁和危害得到控制或者消除后，履行统一领导职责或者组织处置突发事件的人民政府应当停止执行依照本法规定采取的应急处置措施，同时采取或者继续实施必要措施，防止发生自然灾害、事故灾难、公共卫生事件的次生、衍生事件或者重新引发社会安全事件。"

长期恢复的重点是经济、社会、环境和生活的恢复，包括重建被毁的设施和房屋，重新规划和建设受影响区域等。在长期恢复工作中，应汲取突发事件应急工作的经验教训，开展进一步的突发事件预防工作和减灾行动。

单位组织应建立、实施和保持程序，以确保应急处置与救援结束后，发生突发事件与受其影响的场所和区域，以及应急资源能及时得到有效的恢复。

（1）对发生突发事件与受其影响的场所和区域进行持续监测，必要时采取其他措施，防止次生、衍生事件的发生。

（2）调查并统计应急资源的启用和调配情况，并及时予以恢复、补充和配置。

（3）及时对突发事件造成的损失进行评估，对发生突发事件的场所，包括受其影响的区域，及时恢复生产、生活、工作和社会秩序，必要时制定恢复重建计划。

（4）及时查明突发事件的发生经过和原因，总结突发事件应急处置工作的经验和教训。组织应将突发事件发生的原因、造成的损失和影响、应急处置工作的经验和教训，以及恢复重建计划，及时按要求报告上一级组织或相关方。

参考文献

［1］中国石油天然气集团有限公司人力资源部.采气工（上册）［M］.北京：石油工业出版社，2018.

［2］中国石油天然气集团有限公司人力资源部.采气工（下册）［M］.北京：石油工业出版社，2018.

［3］李士伦，王鸣华，何江川，等.气田与凝析气田开发［M］.北京：石油工业出版社，2004.

［4］李海平，任东，郭平.气藏工程手册［M］.北京：石油工业出版社，2016.

［5］何生厚，等.高硫化氢和二氧化碳天然气田开发工程技术［M］.北京：中国石化出版社，2008.

［6］黄桢，赵晴影，黄有为，等.川渝地区页岩气水平井钻完井技术［M］.重庆：重庆大学出版社，2018.

［7］廖仕孟，桑宇，李杰，等.南方海相典型区块页岩气开发技术与实践［M］.北京：石油工业出版社，2018.

［8］孙健.涪陵页岩气田开发技术［M］.北京：中国石化出版社，2018.

［9］屈彦，李青，等.天然气开采信息化专业操作维护培训教材［M］.北京：石油工业出版社，2021.